JN445255

김상식 · 이정윤 · 최광호 지음

구조역학

STRUCTURAL MECHANICS

도서출판 동화기술

머리말

건물은 우리의 주거생활과 산업 활동을 가능하게 하는 그릇이다. 이 그릇은 그 고유의 기능을 잘 발휘하면서 구조적으로 적합하게 만들어져야 한다. 건물의 구조 적합성은 골격을 이루는 구조물이 외력에 충분한 저항 성능을 가져 안전하면서 아울러 적절한 사용성과 경제성 및 조형성을 갖춘 것을 뜻한다.

건축을 전공하는 사람들에게 구조역학은 구조물을 적합하게 설계하는 방법을 배우기 위하여 거쳐야 하는 첫 번째 관문이다. 이 관문을 순조롭게 지나 구조역학의 이론과 원리를 습득하고 이를 적용하여 구조해석하는 방법을 알아야 목구조, 철근콘크리트구조, 강구조 등 보다 실제적인 구조설계 방법을 익힐 수 있기 때문에 구조역학은 건물 구조설계에서 밑바탕이 되는 가장 기본적이고 중요한 과목이다.

저자는 대학 강단에서 건물의 구조설계 과목들을 강의하면서 튼튼하고 믿음이 가는 구조물을 구조설계할 수 있는 미래의 구조기술자들을 길러내기 위해서는 구조역학의 강의 내용이 학부 과정의 학생들에게 구조이론을 체계적으로 설명하고 구조해석 방법을 알기 쉽게 이해시키는 방향으로 개편되고 강화되어야 한다고 믿어 왔고, 그런 믿음을 실천에 옮기기 위하여 이 책을 쓰게 되었다.

이 책은 크게 세 부분으로 이루어져 있다.

12장까지의 첫 부분은 보, 트러스, 골조 등 사용빈도가 높은 구조물의 정정 상태에서의 부재력을 해석하는 방법을 다루고 있다. 비틀림모멘트, 전단응력과 보의 주응력은 휨응력과 구분하여 별도로 설명하였고, 건축분야의 사용빈도가 상대적으로 낮아 강의 순서에서 뒷부분에 두는 케이블 구조와 아치 구조, 영향선 내용은 부재 변형 계산 이론 설명의 다음인 15, 16장에 배치하였다.

13장과 14장 그리고 17장에서 19장까지의 두 번째 부분은 부재 변형의 적합조건에 따라 부정정 상태에서 부재력을 계산하는 방법을 주요 내용으로 다루고 있다. 마지막 부분인 20장에서는 19장까지의 고전적인 구조해석과 달리 강성행렬을 사용하여 구조해석하는 방법을 다루고 있다. 강성행렬법은 고전역학 이론을 바탕으로 하여 컴퓨터 사용을 전제로 개발되었기 때문에 이론 적용에서 의식 전환이 필요하며, 컴퓨터의 해석과정에 따라 기술되어 있다.

이 책은 김상식 저 "구조역학"의 내용을 근간으로 집필되었으며 구조역학에 입문하는 공학도들과 구조 실무자에게 역학 이론과 구조해석 방법을 더 가깝게 이해시킬 수 있도록 보완 개편하여 만들었다.

최근의 어려운 사정에도 출판 의뢰를 기꺼이 받아들여 좋은 책을 만들기 위하여 애써주신 도서출판 동화기술 정우용 회장과 편집자의 노고에도 감사를 드린다.

저자 대표 김상식

차례

1 구조역학의 일반사항

2 하중

3 정정구조물의 판별 및 반력

4 정정보와 골조

5 정정 트러스

6 응력과 변형률

7 재료 강도와 탄성방정식

8 단면 성능

9 비틀림모멘트

10 휨응력

11 전단응력과 보의 주응력

12 기둥의 좌굴

13 보의 처짐

14 에너지 이론과 가상일법

15 케이블 구조와 아치 구조

16 영향선

17 응력법에 의한 부정정구조해석

18 처짐각법

19 모멘트 분배법

20 강성법에 의한 구조해석

제1장

구조역학의 일반사항

1.1 개요

구조역학은 설계에 관련하여 구조물의 외력에 의한 변형과 내력(內力, internal force)의 크기를 해석하고 설계하는 방법을 연구하는 학문이다.

구조물은 외력을 지지하여 지반까지 안전하고 효율적으로 전달하는 것을 주요 기능으로 하는 시설을 의미하며, 힘을 전달하기에 적절한 형태의 여러 구조부재로 구성된다. 구조해석에서 다루어지는 외력은 하중(荷重, load)이라는 용어로 통일되어 사용된다. 하중은 구조물에 실리는 무게를 가진 물질이나 또는 무게를 주는 작용을 통칭하며, 구조물의 설계를 위하여 규정된 하중을 설계하중(設計荷重, design load)이라고 한다. 따라서 설계하중을 규명하는 것은 구조역학의 첫 번째 순서가 된다.

구조부재는 강재나 목재와 같은 단일 재료나 또는 철근콘크리트와 같은 복합 재료로 되어 있으며, 일정한 단면의 형태를 가지고 있다. 구조부재의 재료와 단면 형태는 외력에 대한 저항 능력을 형성하며, 이러한 원리를 이론적으로 규명하는 것도 구조역학에서 큰 비중을 차지하고 있다.

구조부재는 하중을 지지하는 방법에 따라 보, 기둥, 기초 등 여러 개의 부류로 나뉘며, 하중을 효율적으로 지지하여 다른 구조부재 또는 지반에 전달하는 것은 전체 구조물의 안정성과 경제성을 높이는 일이 되기 때문에 구조역학에서는 이 부분도 중요하게 다루어지지 않으면 안 된다.

전반적으로 구조역학에서는 하중의 성질을 잘 파악하고 적절한 구조 재료와 단면 형태의 구조부재를 선정하여 설계 하중에 대하여 안정성(安定性, stability)과 강도(强度, strength) 및 강성(剛性, stiffness)을 갖춘 구조물을 설계하는 방법을 연구하게 된다. 여기에서, 구조안정성은 하중이 작용하더라도 과도한 변형을 하지 않고 하중의 제거와 함께 원래의 상태로 되돌아 갈 수 있는 복원(復原) 능력을 말하며, 강도는 구조부재 또는 구조체가 파괴되는 일이 없이 하중을 지지할 수 있는 최대한도, 강성은 부재 또는 구조체의 변형에 대한 저항 성능이다.

안정성, 강도, 강성은 구조부재나 구조물이 갖추어야 할 필요조건이며, 구조해석과 구조설계는 이 세 가지 조건을 만족시키는 범위에서 이루어져야 한다.

1.2 구조역학의 역사적 배경

구조역학은 사람의 주거와 산업 활동에 필요한 구조물을 설계하고 건설하는 방법을 연구하는 학문이기 때문에 인류의 문명 생활과 동시에 시작되어 같은 보조로 발달하여 왔다.

이집트시대나 그리스시대 궁전이나 신전은 기둥을 좁은 간격으로 배치하고 그 위에 보를 얹는 단순한 건축 기술에 의하여 지어졌지만, 로마시대에 들어서서 아치와 도옴이 개발되어 경간이 넓고 웅장한 규모의 건축물들이 축조되었다. 이런 건축술은 고딕시대를 거쳐 르네상스시대까지 계속됐지만, 이때까지의 구조해석은 조직적이고 체계적인 이론에 근거를 둔 것이 아니고 과거의 시행착오를 점진적으로 보완하면서 축적된 경험적인 것이었다. 르네상스시대에 들어 레오나르도 다 빈치(Leonardo da Vinci)는 정역학의 이론으로 보와 기둥의 강도를 규명하려는 최초의 시도를 한 바 있다.

근대 이론 역학의 연구는 17세기 들어 갈릴레오(G. Galileo)부터 체계적으로 시작되었다. 갈릴레오는 캔틸레버 보를 포함한 몇 가지 구조부재의 강도와 파괴를 연구하여 1638년 "두 개의 새로운 과학(Due Nuoue Scienze)"이라는 제명의 책을 발간하였다.

갈릴레오에 뒤이어 후크(R. Hooke)는 탄성체에 작용하는 힘과 변형의 선형 관계를 연구하여 1678년 "스프링에 관하여(De Potentia Restitutiva)"라는 논문을 발간하였다. 그의 연구 결과는 오늘날 후크의 법칙으로 요약되고 있다.

18세기에 접어들면서 구조역학 이론은 빠른 속도로 발전하게 되며, 이때의 주요 연구자와 연구 업적들로는 야콥 베르누이(Jacob Bernoulli)에 의한 보의 처짐곡선식 유도, 욘 베르누이(John Bernoulli)의 가상일 원리의 공식화, 다니엘 베르누이(Daniel Bernoulli)의 변형에너지에 의한 구조해석 이론 확립, 오일러(L. Euler)의 기둥의 좌굴이론 개발, 쿨롱(C. A. Coulomb)의 보의 휨에 대한 탄성해석 이론 확립 등을 들 수 있다.

19세기에 들어서서 1826년 나비에(C. L. Navier)는 재료역학의 연구 결과를 정리한 책을 발간하였고 평판의 휨과 좌굴 이론을 개발하여 쿨롱과 함께 구조해석의 기초를 확립하는 데 크게 기여하였다.

19세기 전반기에 영(T. Young)도 구조역학의 이론 개발에 큰 공헌을 하였다. 그는 부재의 인장 및 압축 변형에 관하여 최초로 탄성계수의 개념을 도입하였고, 보의 처짐과 곡률반경의 관계식을 유도하였다.

19세기 후반에는 구조해석 이론 개발의 황금기를 맞이하게 되는데, 이 시기의 주요 연구 결과들은 클라뻬이롱(B. P. E. Clapeyron)의 3연모멘트식에 의한 연속보 해석, 생브낭(B. de St. Venant)의 보의 처짐 및 비틀림 이론, 주라브스키(D. J. Jourawski)의 보의 전단응력 이론, 막스웰(J. C. Maxwell)의 변형일치법과 보 처짐의 상반원리, 모어(O. Mohr)의 공액보법과 모어의 응력원, 카스틸리아노(A. Castigliano)의 최소일법과 카스틸리아노의 정리, 뮐러-브레슬라우(H. Müller-Breslau)의 영향선 작성 원리, 리터(A. Ritter)의 트러스 해석 이론 등이 있다.

20세기 전반기에 구조해석 이론의 발달 과정에서 가장 두드러진 일은 마니(G. A. Maney)에 의한 처짐각법 이론과 크로스(H. Cross)의 모멘트 분배법의 개발이다. 처짐각법은 강성행렬 해석법의 기초를 이루었고, 모멘트 분배법은 1930년대부터 1970년대까지 구조해석에 사용되어 고층건물의 구조해석을 가능하게 하였다.

20세기 후반에는 전자계산기의 발달로 인하여 구조해석과 설계에 일대 변혁이 일어났다. 이제까지 간단한 계산기에 의한 손계산에서 탈피하여 전자계산기의 빠른 계산 능력을 활용할 수 있는 강성행렬 해석이론이 아자이리스(J. H. Argyris), 클러프(W. C. Clough), 마틴(H. C. Martin) 등의 연구자에 의하여 확립되었고, 이 이론에 의한 많은 구조해석 프로그램들이 개발 보급되었다.

이런 구조해석의 전산화에 힘입어 현존하는 100대 고층건물 중 1950년대 이전에 완공된 것은 8개에 불과하나, 그 이후로 60년대 6개, 70년대 18개, 80년대 30개, 90년대 이후 38개로, 100층을 넘는 고층 건물의 구조해석을 가능하게 하고 있다.

1.3 구조해석의 순서

전형적인 구조설계는 그림 1.1과 같이 3단계로 구분할 수 있다. 우선 구조물의 구조형태를 선정한 후에 재료와 부재의 크기를 가정하고, 부재력과 내력을 계산하는 구조해석 단계와 계산된 부재력을 갖도록 부재 단면을 결정하여 구조도면과 구조계산서를 작성한다. 그림 1.1의 순서도에서 알 수 있듯이 구조해석은 반복 작업을 통하여 이루어지고 있으며, 구조설계의 순서를 구체적으로 살펴보면 다음과 같다.

1.3.1 구조계획

구조계획이란 구조물의 구조형태를 결정하는 것을 말하며, 구조성능과 경제성 등과도 깊은 관계가 있다. 구조설계자는 구조물의 평면계획과 입지조건 및 건설예산 등을 반영하여 모멘트골조, 벽식구조, 무량판구조, 아웃리거 등 가장 적합한 구조형태를 결정해야 한다. 또한 기둥 및 보의 간격과 층고 등과 같은 구조물의 크기와 기초의 종류를 결정해야 한다.

1.3.2 구조해석

구조설계의 두 번째 단계인 구조해석 단계는 다음과 같이 구분할 수 있다.

① 1단계에서는 철근콘크리트, 강재, 벽돌 등의 사용재료를 결정하고 재료의 강도 및 부재의 단면크기를 가정해야 한다. 이 때 구조해석을 효율적으로 하기 위해서는 설계력을 지지할 수 있는 적절한 재료 강도와 부재의 단면 크기로 가정해야 하지만, 경험이 부족한 구조기술자가 처음부터 최적의 값을 가정하기는 쉽지 않다. 이러한 경우에는 먼저 재료의 강도와 부재의 크기를 가정하고, 가정된 값을 구조안전성 검토 후에 수정해야 한다.

② 2단계에서는 각 부재의 단면 크기를 가정한 후 여기에 작용하는 설계하중을 계산한다. 설계하중은 구조해석 결과에 큰 영향을 미치기 때문에, 구조물의 높이와 형상 및 위치 등에 따라 작용하는 모든 하중 조건을 고려하여 설계하중을 계산해야 한다.

③ 3단계에서는 설계하중이 정해진 후에 부재에 발생하는 휨모멘트, 비틀림모멘트, 전단력, 축방향력 등의 단면력을 계산한다. 단면력 계산에는 모멘트분배법, 응력법이나 변위법 등 다양한 계산법을 사용하며, 구조해석 프로그램을 이용하여 계산하는 경우가 많다.

④ 4단계에서는 계산된 부재 단면력, 즉 소요강도를 1단계에서 가정한 단면크기에 의한 부재 내력, 즉 설계강도와 비교·검토한다. 소요강도는 설계강도보다 작아야 하며 허용응력설계법, 강도설계법, 한계상태설계법 등의 설계법을 이용하여 두 강도를 비교, 검토해야 한다.

⑤ 5단계에서는 구조안전성을 검토한다. 구조안전성은 사용한계, 극한한계, 우발한계 등을 고려하여 이루어지며, 4단계에서 계산된 부재 단면력이 부재의 내력보다 큰 경우에는 1단계에서 가정된 재료의 강도 또는 부재의 크기를 조절해야 한다.

1.3.3 구조도면

구조계획과 구조해석이 이루어진 후에는 최종적으로는 구조계산서와 구조도면을 작성하여 구조설계작업을 마무리 한다. 구조계산서에는 구조물의 요구되는 품질 정도나 설계기준과 그 근거 등 설계자의 의도를 명확히 표현해 둔다. 작성내용은 확인신청과 같은 법적절차 뿐 아니라, 기타 장래의 증개축 등에 있어서도 활용되므로 관계자가 이해할 수 있는 내용으로 해 둘 필요가 있다. 구조계산서는 단순히 계산수치나 전산출력 결과물이어서는 안 된다. 계산결과가 단순한 수치 나열만으로는 그 내용을 정확히 평가하고 판단할 수가 없기 때문에 가급적 그림이나 표 등을 써서 알기 쉽게 정리하여 통합하도록 한다. 이는 계산 상 실수나 가정의 불합리성을 쉽게 찾을 수 있고 계산결과나 설계내용을 판단하는 자료로서 필요한 것이다.

구조도면은 구조계산서를 바탕으로 작성되며, 구조에 관한 사항에 대해서는 이해하기 쉽고, 정확하며, 오해가 없도록 가급적 도면에 표현해야 한다. 필요에 따라서 구조도면에는 건물 사용자에 대한 사용조건 등을 명기한다. 사용자 측의 구조물 관리자가 하중제한 등의 사용조건을 정확히 인식할 수 있도록 하고, 경우에 따라서는 적재하중 조건 등을 명기해 두는 것도 필요하다.

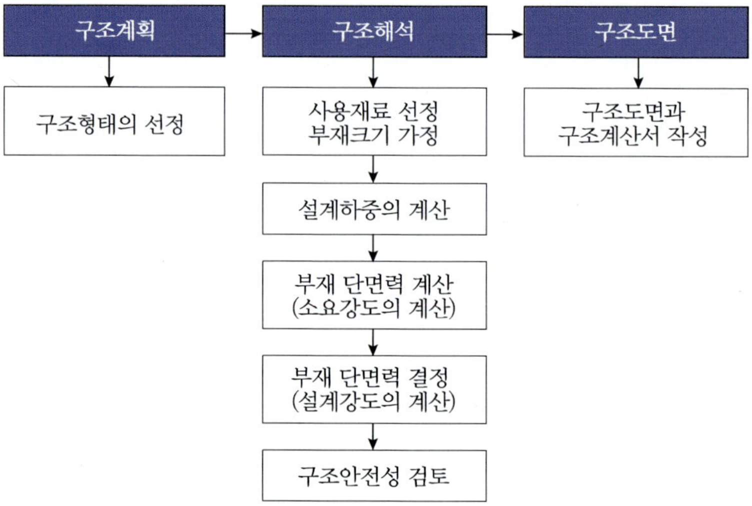

그림 1.1 구조설계의 순서

1.4 힘과 변형

하중의 작용 위치에 따라 구조부재에는 여러 가지 형태의 힘과 변형이 생긴다.

그림 1.2와 같이 부재의 축과 같은 방향으로 작용하는 힘을 축방향력이라고 하며, 축방향력 중에서 그림 1.2(a)와 같이 부재를 잡아당기는 형태로 작용하는 힘을 인장력(tensile foece)이라고 한다. 인장력이 작용하면 부재는 길이 방향으로 늘어나는데, 이와 같은 변형을 인장 변형이라고 하고, 인장력을 주로 지지하는 부재를 인장재라고 한다. 엘리베이터를 달아매는 케이블은 인장재의 좋은 예이다.

축방향력 중에서 그림 1.2(b)의 힘은 부재를 누르는 형태로 작용하는데, 이런 힘을 압축력(compressive force)이라고 하고, 압축력에 의하여 부재가 줄어든 형태로 바뀌는 것을 압축 변형이라고 한다. 인장재와 같은 개념으로 압축재는 압축력을 주로 받는 부재이며, 대표적인 압축재로 기둥을 들 수 있다. 그림 1.3과 같이 부재의 축에 수직으로 작용하는 하중은 비교적 복잡한 형태의 내부 저항력, 즉 내력(內力)과 변형을 일으킨다. 그림 1.3 부재의 지지점 부근에서는 부재에 작용하는 힘과 부재를 지지하는 힘이 서로 반대 방향으로 교차하면서 부재를 자르려는 성향을 나타내며, 이에 따라 부재는 그림 1.3(a)와 같은 형태의 변형을 한다. 이와 같이 서로 교차하면서 부재를 자르려는 힘을

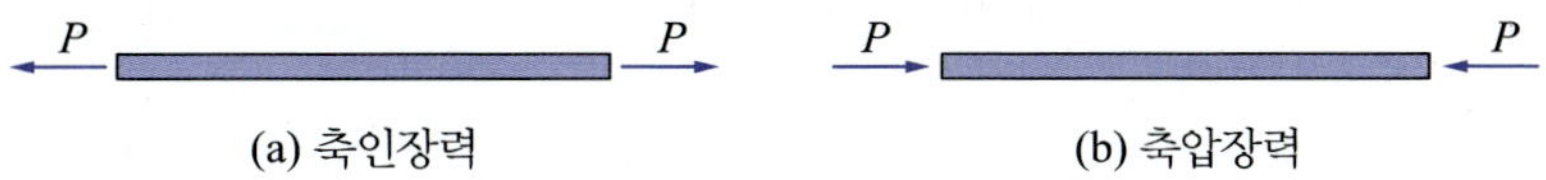

그림 1.2 축방향력

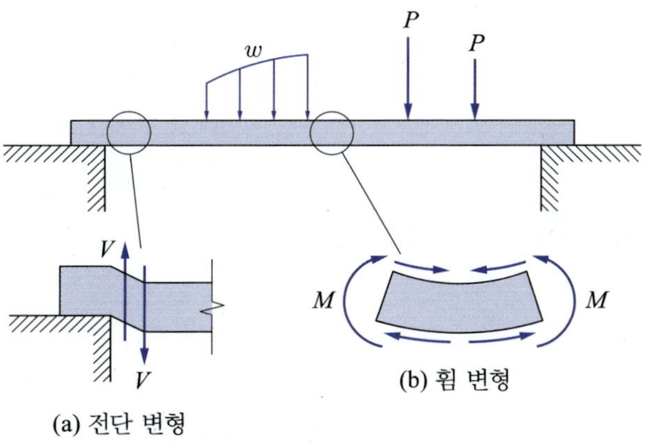

그림 1.3 전단 변형과 휨 변형

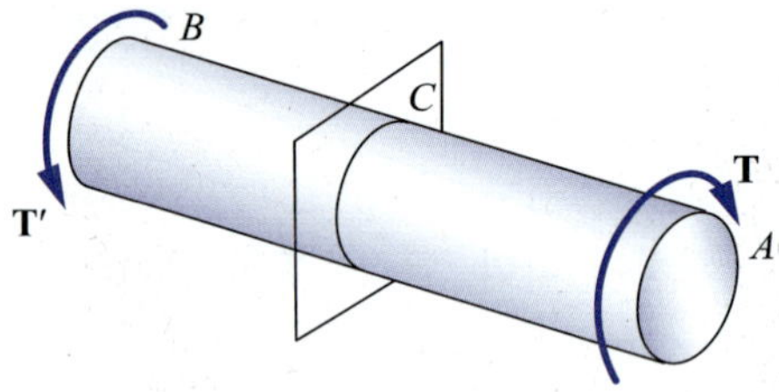

그림 1.4 비틀림 변형

전단력(shear force), 그에 의한 변형을 전단 변형이라고 하며, 전단력을 주로 지지하는 구조를 전단 구조라고 한다. 고층 건물에서 풍하중이나 지진 하중 등 수평하중을 지지할 목적으로 설치되는 전단벽은 전단 구조에 속한다.

그림 1.3 부재의 중앙은 축에 수직하게 작용하는 하중에 의하여 아래로 처지면서 휨 변형을 한다. 부재가 휘면, 그림 1.3(b)와 같이 오목한 면에는 압축 내력, 볼록한 면에는 인장 내력이 생겨 휨 변형을 일으키는 외력과 균형을 유지한다.

하중이 그림 1.2의 축방향이나 그림 1.3의 축에 수직 방향과 달리 그림 1.4와 같이 축에 서로 반대 방향으로 회전을 일으키게 작용하는 경우도 있다. 이런 힘에 부재는 비틀림 변형을 하며, 부재 내부에는 복잡한 형태의 내력이 생긴다. 부재가 H형강과 같이 얇은 판 부재로 되어 있는 경우에는 비틀림 변형에 의하여 전단 내력이 생기면서 축방향으로 인장 및 압축 내력이 생기나, 두꺼운 부재나 원형 단면의 부재에는 전단 내력만 생긴다.

외력에 의한 부재의 주요 변형은 인장 변형, 압축 변형, 전단 변형, 휨 변형, 비틀림 변형 등이 있으나, 부재 내력은 기본적으로 인장력, 압축력 및 전단력만 존재하며, 휨 변형과 비틀림 변형에 의한 부재 내력은 이 세 기본 내력의 복합된 형태가 된다.

1.5 구조부재와 골조

구조물은 여러 개의 구조부재로 구성되어 외부 하중을 지지하여 지반까지 전달하도록 되어 있다. 두 개 이상의 선형 부재가 접합되어 하중을 지지하는 단위 구조물을 골조(骨組, frame)라고 하며, 건축물의 구조물에 많이 사용되는 구조부재와 골조에는 다음과 같은 것들이 있다.

1.5.1 보와 기둥

보와 기둥은 건축물 구조에서 각각 수평재와 수직재를 대표하는 부재들이다. 그림 1.5(a)는 모멘트저항골조의 구조부재이다. 보는 대개 기둥이나 벽체를 지지점으로 하여 수평 방향으로 설치되어 연직 방향로 작용하는 하중을 지지하는 휨재이며, 기둥은 수직 방향으로 설치되어 보나 상부 하중으로부터 전달되는 하중을 압축력으로 지지하여 아래 기둥이나 기초로 전달하는 압축재이다.

1.5.2 트러스

트러스는 그림 1.5(b)와 그림 5.2에서 보는 바와 같이 비교적 가는 직선 부재들이 삼각형으로 구성되어 부재의 접합점에 작용하는 하중을 인장력 또는 압축력으로 지지하고 전달하는 골조 구조이다. 축방항력을 지지하는 인장재나 압축재는 휨재에 비하여 하중 지지 효율이 크고 또 삼각형 구조는 안정된 구조이므로 트러스는 구성 부재의 하중 지지 효율과 안정성이 높아 체육관과 같은 긴 경간 구조의 지붕 구조로 많이 사용된다.

1.5.3 강접 골조

강접 골조는 그림 1.5(a)에서 보는 바와 같이 수평재인 보와 수직재인 기둥이 강접합되어 하중을 지지하는 구조형식이다. 여기서, 보는 대개 기둥이나 벽체를 지지점으로 하여 수평 방향으로 설치되어 연직 방향로 작용하는 하중을 지지하는 휨재이며, 기둥은 수직 방향으로 설치되어 보나 상부 하중으로부터 전달되는 하중을 압축력으로 지지하여 아래 기둥이나 기초로 전달하는 압축재이다.

보와 기둥과 같은 직선 구조부재들이 강접합되어 하중을 지지하는 구조물이며, 좁은 의미에서 골조는 강접 골조를 의미한다.

강접 골조는 기둥과 보가 수직 수평으로 짜여져 있어 공간 효율성이 크고 시공이 편리하여 건물 구조로 가장 많이 사용된다. 그러나 사각형 구조는 안정된 구조가 아니므로, 골조의 안정성은 부재의 강접합에 의하여 유지된다.

1.5.4 아치

아치는 그림 1.5(c)와 같이 두 지지점 사이에 곡선 형태로 설치되는 선형 구조재이다. 아치는 주로 수직하중을 지지하는 점에서는 보와 비슷한 구조 기능을 가지고 있으나, 수직하중을 부재의 휨 저항성으로 지탱하는 보와는 달리 수직하중을 부재의 형태에 의

하여 부재 축으로 전달되는 압축하중으로 바꾸고 휨과 전단력을 거의 발생시키지 않으며, 공간 효율성도 좋기 때문에 체육관이나 역 건물 또는 교량 등 넓은 경간의 구조물에 많이 사용된다.

1.5.5 케이블 구조

케이블은 부재의 유연성으로 인장력만 지지할 수 있는 구조 재료이다. 케이블 구조는 그림 1.5(d)와 같이 등분포하중이나 집중하중에 대해 하중을 지지하여 인장력으로 지점에 전달하기에 가장 적합하게 형태를 바꾸고, 인장재는 하중 지지 효율이 가장 크기 때문에 긴 경간 구조인 교량에 현수교, 사장교 등의 형태로 사용되어 왔으며, 건축물에도 경기장이나 격납고 등 긴 경간의 구조에 쓰이고 있다.

1.5.6 평판 구조

골조를 구성하는 대부분의 구조부재들은 기둥이나 보 또는 트러스 구성재 등 선형 부재이나, 건축물의 구성 요소 중에는 그림 1.5(e)의 슬래브나 벽체와 같이 평면형으로 되어 있는 구조부재도 있다. 이와 같이 가로 및 세로 길이에 비하여 두께가 얇은 평면형 구조를 평판 구조라고 하며, 한 방향으로만 해석되는 선형 구조부재와 달리 평판 구조는 두 방향으로 해석되어야 한다. 평판 구조 중 슬래브는 면에 수직한 하중을 지지하므로 보와 같은 부류의 휨재이며, 벽체 중 내력벽은 상부로부터 전달되는 압축력을 주로 지지하므로 압축재에 속한다.

1.5.7 원통형 쉘 구조

원통형 쉘 구조는 그림 1.5(f)와 같이 일정한 곡률을 가진 원형 구조나 아치를 평면형으로 연장한 것과 같은 구조로, 아치가 수직하중을 압축력으로 바꿔 지지점에 전달하는 기능을 가지는 것과 같이 원통형 쉘도 그런 기능을 가지고 있어 보일러, 물탱크 토관 등의 구조재로 많이 쓰이며, 반원형 원통 쉘은 공장의 지붕 구조로 쓰인다.

(a) 보와 기둥

(b) 트러스

(c) 아치

(d) 케이블 구조

(e) 평판구조

(f) 원통형 쉘구조

그림 1.5 구조물의 종류

1.6 구조해석 모델

실제 구조물은 3차원 구조물이며 가장 정확한 구조해석은 3차원 구조물을 직접 해석하는 것이다. 그러나 3차원 구조물을 모델화하는 것은 많은 제약이 있으므로 구조해석에서는 일반적으로 3차원 구조물의 각 부재를 2차원 또는 선이나 점으로 단순화하여 해석한다. 이러한 것을 구조해석 모델이라 하며, 이는 해석을 위하여 실제 구조물을 단순화하여 표현하거나 이상화시키는 것을 의미한다. 따라서 구조공학자는 구조물의 거동 특성을 가능하면 정확하게 나타낼 수 있도록 단순화해야 하며, 그 모델의 구조 거동은 구조물의 실제 거동과 큰 차이가 없어야 한다. 해석 모델을 설정하는 것은 해석 과정 단계 중에서 중요한 단계이며, 구조공학자의 충분한 경험과 구조물의 거동에 대한 정확한 이해가 필요하다.

1.6.1 선 부재와 면 부재

3차원인 실제 구조물을 모델화하기 위한 첫 번째 단계는 그림 1.6과 같이 각각의 부재를 선 부재(linear members)로 표현하는 것이다. 선 부재로 이루어진 모델을 선 다이어그램(line diagram)이라 하며, 여기서는 구조물을 구성하는 각각의 부재를 부재의 도심축을 따라서 그려진 선으로 표시한다. 일반적으로 단면의 크기가 비교적 작은 보나 기둥은 선 다이어그램으로 모델화하여 해석해도 구조물의 실제 거동과 해석 모델의 구조 거동에 큰 차이가 발생하지 않는다. 그러나 슬래브나 벽체와 같이 단면이 큰 부재를 선 다이어그램으로 모델화할 경우에 구조물의 실제 거동과 해석 모델의 구조 거동에 차이가 발생할 수 있으므로 주의해야 한다. 이 경우에는 면 부재(plane members)로 모델화 하거나, 선 부재로 모델화 해서 해석한 결과를 면 부재에 적합하도록 보정해서 사용해야 한다.

1.6.2 지점과 절점

구조물에는 부재와 지면이 접합하는 지점(supports)과 부재와 부재를 연결하는 절점(joints)이 있다. 평면구조의 지점은 이동과 회전이 허용되지 않고 부재를 완전하게 고정하는 고정단, 이동은 할 수 없지만 회전이 가능한 회전단, 한 방향으로 이동만이 허용되는 이동단 또는 링크지점이 있다. 실제 구조물의 지점이 위의 세 가지 조건을 완벽하게 만족시킬 수 는 없지만 해석 모델에서는 일반적으로 지점을 위의 세 종류의 하나로 이상화하여 해석한다. 지점 및 지점의 모델에 대해서는 이 책의 3장에서 상세하게 설명한다.

또한, 부재와 부재가 만나는 구조물의 절점은 연결된 각 부재 단부에서 발생하는 상대적 변위와 회전이 허용되지 않는 강접합(rigid connection)과 절점에 연결된 각 부재 단부에서 발생하는 상대적 변위만을 억제하고 회전이 허용되는 힌지접합(hinged connection)으로 이상화 할 수 있다. 지점과 유사하게 부재의 절점도 위의 두 가지 조건에 완벽하게 속하지 않고 부재의 상대 강성에 따라서 달라질 수 있지만 해석 모델에서는 일반적으로 절점을 두 종류로 이상화하여 표현한다. 절점 및 절점의 모델에 대해서는 이 책의 3장에서 상세하게 설명한다.

1.6.3 평면 구조와 입체 구조

그림 1.6의 구조물은 선 부재와 지점, 절점으로 이상화 되어 xyz좌표계의 3차원 구조물로 표시되어 있다. 구조해석에서는 이러한 3차원 입체구조(space structures)를 해석하는 것은 어렵고 시간이 많이 소요되므로 일반적으로 몇 개의 평면구조로 분리하여 해석할 수 있다. 평면구조(plane structures)란 하중과 구조물을 구성하는 모든 부재가 하나의 평면 위에 놓여있는 구조물이다. 예를 들어, 그림 1.6에서 수직하중과 수평하중은 바닥판에서 작은 보(beam)로 전달된 후에 다시 큰 보(girder)를 통해 기둥으로 전달된다. 이들 하중은 부재의 면내 방향으로 작용하므로 이러한 골조를 xy좌표계 또는 yz좌표계를 기준으로 분리한 평면구조로 해석할 수 있다. 전체 구조물의 거동은 이들 평면 구조의 해석 결과를 조합하고, 면외 방향의 하중이나 복합하중에 대해서는 설계에서 특별 하중조합을 이용하여 해결할 수 있다. 대부분의 3차원구조는 이와 같이 몇 개의 평면구조로 분리하여 해석할 수 있지만, 래티스 돔(latticed dome), 우주공간 구조물, 송전탑과 같은 구조물은 구조물의 형상, 부재 배치 또는 작용하는 하중의 특성 때문에 평면구조로 해석할 수 없다. 이러한 구조물을 입체구조라 하며 3차원에서 힘을 받는 3차원구조로 해석해야 한다. 또한 원자력구조물이나 중요 시설물과 같이 매우 정밀한 해석이 요구되는 구조물의 경우도 3차원구조로 해석한다.

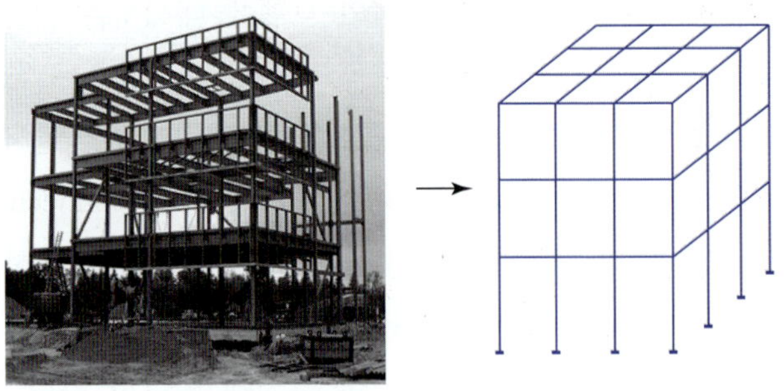

(a) 모멘트 저항골조의 구조해석 모델

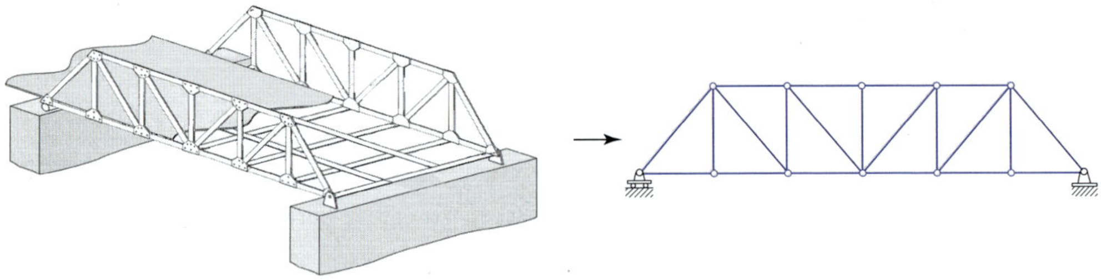

(b) 트러스 구조의 구조해석 모델

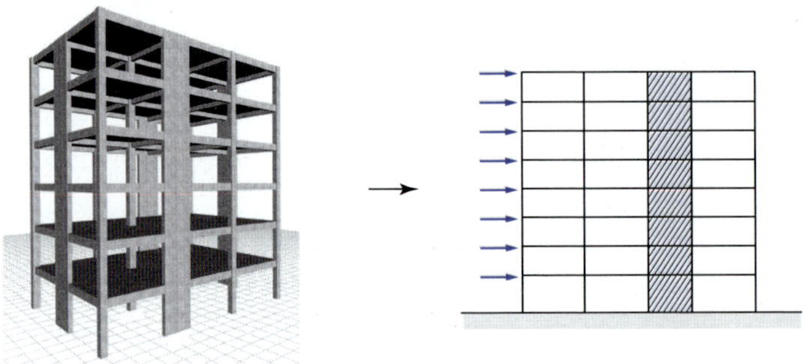

(c) 벽식 구조의 구조해석 모델

그림 1.6 구조해석 모델

제2장

하중

2.1 개요

구조물에는 다양한 외적 하중이 작용하며, 설계자는 이러한 하중에 충분히 저항할 수 있도록 구조물을 설계해야 한다. 설계자는 안전성, 사용성, 경제성을 합리적으로 고려하여 구조물이 사용기간 동안에 본래의 사용 목적에 맞게 유지될 수 있도록 구조물에 작용할 수 있는 모든 하중에 저항하게 구조물을 설계해야 한다. 건물에 작용하는 하중은 작용 원인에 따라서 고정하중, 활하중, 풍하중, 지진하중, 적설하중, 강우하중, 토압 등으로 분류된다. 설계자는 설계하중의 크기를 산정해야 하며, 몇 개의 하중이 동시에 구조물에 작용할 수 있는 가능성에 대해서도 고려해야 한다. 설계에서는 구조물의 사용기간 중에 작용할 수 있는 가장 불리한 하중 조합에 대해서 저항할 수 있도록 한다.

구조물에 작용하는 하중은 국토교통부에서 고시하고 있는 건축구조기준, 도로교설계기준 등에 명시되어 있다. 설계기준에 명시되어 있는 하중은 일반적으로 과거의 경험과 연구에 기반을 두고 있으며, 다양한 종류의 구조물 설계에 적용될 수 있는 최소 규정이다. 따라서 설계자는 설계기준에 명시된 것 외의 다른 하중이 구조물에 작용하는지를 검토해야 하며, 그러한 경우에는 추가하중에 저항할 수 있도록 구조물을 설계해야 한다.

2장에서는 대표적으로 작용하는 몇 가지 하중에 대한 내용을 요약하여 설명하며, 하중 전달 경로와 분단면적에 대하여 설명한다.

2.2 설계하중

2.2.1 고정하중

고정하중(dead load)은 구조물의 자체 무게, 즉 자중(自重)을 포함하여 구조물에 영구히 설치되어 크기와 위치에 변동이 없이 연직 방향으로 작용하는 하중을 의미한다.

건축 구조물에서 전형적인 고정하중은 보, 기둥, 기초, 벽체 등 구조물의 자중과 배관 및 배전 설비를 포함한 천장 재료, 바닥 및 벽체의 마감재료, 냉난방, 환기, 엘리베이터와 같은 기계 설비의 무게 등이다.

설계용 고정하중은 국토교통부에서 제정한 「건축물 하중기준 및 해설」에 규정되어 있으며, 대표적인 설계용 고정하중은 표 2.1과 같다.

표 2.1 건축용 재료의 단위 체적 중량

재료명	단위 중량(kN/m^3)	재료	단위 중량(kN/m^3)
시멘트	32	소나무, 낙엽송	5
자갈	17～21	단풍나무, 벚나무	07
화강암	26～29	철	79
보통 벽돌	19	동, 니켈	89
흙(보통상태)	16	알루미늄	27
철근콘크리트	24	보통유리	25

표 2.2 건축물의 부분별 활하중

건축물의 부분	활하중(kN/m^2)	건축물의 부분	활하중(kN/m^2)
주택의 거실 및 복도	2.0	영업용 주방	7.0
병원의 병실 및 복도	2.0	체육관 바닥	5.0
일반 사무실 및 복도	2.5	도서관 서고	7.5
교실 및 복도	3.0	도서관 열람실	3.0
상점, 백화점(1층)	5.0	승용차 전용 주차장	4.0
극장 및 집회장	4.0	중량품 저장 창고	12.0

2.2.2 활하중

활하중(live load)은 건축물의 사용자와 그에 달린 가구, 사무 집기, 저장품 등이 건축물을 점유함으로써 발생하는 하중이다. 활하중은 고정하중과 달리 건축물에 고정되어 있지 않고 수시로 이동할 가능성이 있기 때문에 정확한 분포를 계산하기 어려우며, 화재나 수해 등 비상시 건축물 사용자의 피난 등으로 하중 집중을 초래할 우려도 있다. 기둥, 기초, 큰 보, 연속 보 등 부담면적이 큰 경우 활하중의 집중도가 떨어지기 때문에 하중기준에서 정하는 저감계수를 적용하여 바닥보다 줄어든 값으로 설계할 수 있다.

건축물 하중기준에서 정하는 주요 등분포 활하중은 표 2.2와 같다.

2.2.3 적설하중

적설하중(snow load)은 눈이 지붕에 쌓여 발생하는 하중이다. 설계용 지붕 적설하중은 지상 적설하중의 기본 값 S_g를 기본으로 하며, 기본 지붕 적설하중계수 C_b, 노출계

수 C_e, 온도계수 C_t, 중요도계수 I_s 등을 고려하여

$$S_f = C_b \cdot C_e \cdot C_t \cdot I_s \cdot S_g \ (\mathrm{kN/m^2}) \tag{2.1}$$

의 식으로 산정한다. 지상 적설하중의 기본 값은 재현기간 100년에 대하여 수직으로 가장 깊은 적설 깊이를 기준으로 하며, 건축물 하중기준에서는 울릉도, 대관령 7.0 kN/m^2, 강릉 3.0 kN/m^2, 속초 2.0 kN/m^2, 인천 0.8 kN/m^2, 그 밖의 전 지역은 0.5 kN/m^{2}으로 하고 있다.

2.2.4 풍하중

풍하중(wind load)은 바람이 건축물을 밀거나 끌어당김으로써 생기는 하중이다. 바람은 기압차에 의한 공기의 이동으로, 운동에너지를 가지고 이동 중인 공기의 입자가 그 진로를 방해하는 건축물을 밀어내거나 주위에 복잡한 소용돌이를 만들면서 흡입하는 힘을 발휘하게 되는데, 이 힘이 건축물에는 수평 방향의 하중으로 작용하게 된다.

구조 골조용 풍하중 W_f는 구조 골조용 설계 풍력 p_f에 유효 수압면적 A를 곱하여 산정한다.

$$W_f = p_f \cdot A \ (\mathrm{kN}) \tag{2.2}$$

설계 풍력은 지표면에서 임의 높이 Z에 대한 설계 속도압 q_z, 구조 골조용 가스트 영향계수 G_f 및 풍력 계수 C_f 등의 적용에 의하여 식(2.3)으로 계산된다.

$$p_f = q_z \cdot G_f \cdot C_f \ (\mathrm{N/m^2}) \tag{2.3}$$

설계 속도압은 풍속에 의한 운동에너지로, 공기밀도 ρ, 높이 Z에서 설계 풍속 V_z에 대하여 $(1/2)\rho V_z^2$으로 주어지나, 공기 밀도는 균일하게 1.25 kg/m^{3}으로 하여

$$q_z = 0.0615\, V_z^2 \ (\mathrm{N/m^2}) \tag{2.4}$$

으로 주어진다.

구조물에 작용하는 풍하중의 산정은 복잡한 공기 역학적 문제로, 구조물이 위치하는 지역의 기본 풍속과 더불어 고도 분포, 지형에 따른 할증 등 여러 가지 계수들이 고려되어야 하며, 이 부분에 대해서는 건축물 하중기준에 상세히 규정되어 있다.

2.2.5 지진하중

지진하중(seismic load)은 지진이 일어났을 때 건축물에 작용하는 지반의 가속도와 건축물의 질량이 곱하여져 생기는 관성력에 의한 수평하중이다.

지진이 구조물이 지반 표면에 접하는 부위에 도달하여 구조물의 밑면에 작용하는 설계용 총 전단력을 밑면전단력이라고 하며, 구조물에 작용하는 지진하중의 근사해석에 많이 사용되는 등가정적해석법에서는 지진에 의한 구조물의 밑면 전단력을 다음 식으로 구한다.

$$V = C_s W \tag{2.5}$$

이 식에서 W는 건물의 고정하중과 함께 창고 건물에서는 활하중의 25퍼센트 등 활하중이나 적설하중이 일부 포함된 중량이며, C_s는 구조물의 지진응답계수이며 식(2.6)에 의해 계산한다.

$$C_s = \frac{S_{DS} I_E}{R} \tag{2.6}$$

여기서, S_{DS} : 단주기 설계스펙트럼가속도
R : 반응수정계수
I_E : 중요도 계수

건물의 고유주기는 근사적으로 건물 전체 높이의 0.72제곱에 철골모멘트 골조에는 0.085, 철근콘크리트 모멘트 골조에는 0.073 및 그 밖의 골조에는 0.049의 계수를 곱하여 구한다.

2.2.6 하중의 조합

구조물에 위에서 거론된 여러 종류의 하중들이 동시에 작용하는 경우에는 하중의 조합이 고려되어야 한다. 고정하중은 모든 구조물에 기본적으로 존재하며, 활하중은 건축물의 모든 내부 바닥에 작용하나, 지붕에는 활하중보다 적설하중이나 풍하중이 더 크게 작용하는 경우도 있다. 풍하중이나 지진하중은 고정하중과 활하중의 작용 상태에서 부가될 수 있으나, 최대 설계용 풍압과 지진하중이 동시에 작용할 확률은 매우 작으므로 풍하중과 지진하중의 조합은 고려되지 않는다.

풍하중이나 지진하중 등 작용 기간이 길지 않은 하중을 단기하중이라고 하며, 단기하중과의 하중 조합에서는 구조부재 또는 구조물의 저항 성능을 설계 기준에서 정하는 값보다 50퍼센트 또는 33.3퍼센트 더 크게 하여 구조 안전도를 검사할 수 있다.

2.3 하중의 분류

구조물에 작용하는 하중은 분류 방법에 따라서 다음과 같이 여러 가지로 구분할 수 있다.

2.3.1 공간적 분포 상황에 의한 분류

집중하중(concentrated load)과 분포하중(distributed load)으로 구분한다. 집중하중이란 비교적 작은 면적에 집중적으로 작용하는 하중을 말한다. 하중은 점이 아니라 일정한 면적에 작용하지만 구조물 전체 면적과 비교하였을 때 작용하는 면적의 크기가 상대적으로 작은 경우에는 하중이 특정의 한 점에 작용한다고 가정하여 구조해석을 수행한다. 따라서 집중하중의 단위는 kN 또는 N으로 표시된다. 분포하중은 고정하중 또는 설계기본활하중과 같이 넓은 면적에 분포된 하중을 말한다. 길이나 면적 전체에 일정한 크기로 작용하는 하중은 등분포하중이라 하며, 크기가 변화는 하중은 등변분포하중이라 한다. 분포하중은 보와 같이 선 부재는 단위 길이에 작용하는 하중으로 표시하며 단위는 kN/m이다. 그러나 슬래브에 작용하는 분포하중은 단위 면적에 작용하는 하중으로 하며 단위는 kN/m^2으로 표시한다.

2.3.2 작용 방향에 의한 분류

연직하중(vertical load)과 수평하중(horizontal load)으로 구분한다. 연직하중이란 중력방향으로 작용하는 하중을 말하며 대표적인 연직하중은 고정하중, 활하중, 적설하중 등이 있다. 수평하중이란 풍하중 또는 지진하중과 같이 구조물의 수평방향으로 작용하는 하중을 말한다.

2.3.3 작용 시간에 의한 분류

장기하중(long-time load)과 단기하중(short-time load)으로 구분한다. 장기하중이란 고정하중이나 활하중과 같이 구조물이 건설되어 사용 수명을 다할 때까지 오랜 시간 동안 작용하는 하중을 말한다. 반면 단기하중이란 풍하중이나 지진하중과 같이 짧은 기간에 구조물에 작용하는 하중이다. 장기하중과 단기하중은 항상 일정하지 않고 지역이나 구조물의 특성에 따라서 달라질 수 있다. 예를 들어, 기온이 낮아 오랜 시간 동안 눈이 녹지 않는 지역에서는 적설하중이 장기하중으로 포함되지만 그렇지 않은 지역에서는 단기하중으로 분류된다.

2.3.4 작용 원인에 의한 분류

하중의 발생 원인에 의한 구분은 2.2절에서 설명한 고정하중, 활하중, 적설하중, 풍하중, 지진하중 등이 있다.

2.3.5 영향에 의한 분류

직접하중(direct load)과 간접하중(indirect load)로 분류한다. 직접하중은 구조물에 직접 영향을 미치는 고정하중, 활하중, 적설하중, 풍하중, 지진하중 등을 의미한다. 간접하중이란 온도, 지점침하와 같이 주변 환경에 의하여 구조물에 간접적으로 발생하는 하중을 의미한다.

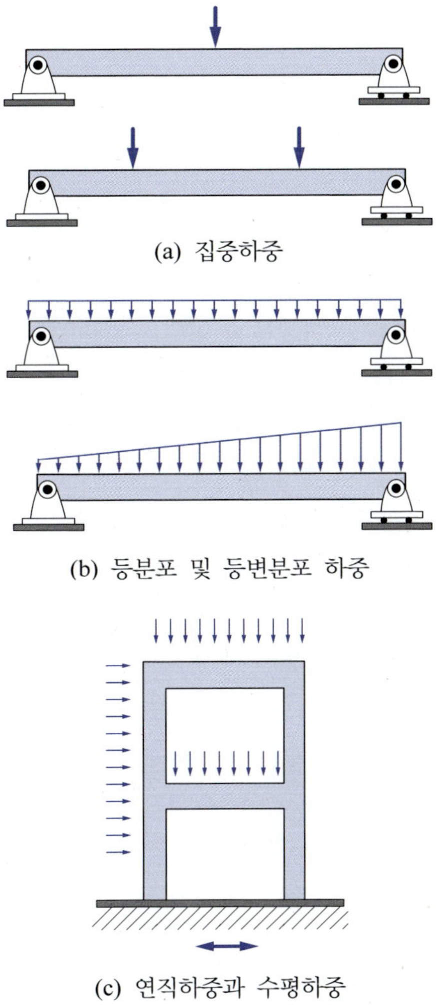

그림 2.1 하중 분류

2.4 하중경로

구조물은 보, 기둥, 슬래브, 벽체, 기초 등과 같은 여러 부재로 이루어져 있다. 외부에서 작용하는 하중은 각 부재를 통하여 상부에서 하부로 전달되며, 최종적으로 모든 하중은 기초를 거쳐 지반으로 전달된다. 하중경로(load path)란 구조물에 작용하는 하중이 구조시스템을 구성하는 다양한 부재를 통해 지면으로 전달되는 과정을 의미한다. 하중경로는 일반적으로 수직하중경로와 수평하중경로로 구분할 수 있다.

2.4.1 수직하중경로

수직하중경로는 고정하중, 활하중, 적설하중과 같이 중력방향으로 작용하는 하중과 지진하중, 풍하중과 같은 수평방향으로 작용하는 하중을 상부층에서 기초로 전달하는 하중전달경로를 의미한다. 그림 2.2에서 슬래브 EFKL에 수직방향으로 활하중과 자중에 의한 고정하중이 작용하고 있다. 이들 하중은 단위 면적에 작용하는 분포하중으로 단위는 kN/m^{2}이다. 슬래브에 작용하는 분포하중은 슬래브 아래쪽에 있는 작은 보(beam)로 전달된다. 이 때 슬래브에서 단위 면적에 작용하는 분포하중은 작은 보에는 단위 길이에 작용하는 선형 분포하중으로 단위는 kN/m로 바뀌게 된다. 따라서 작은 보 EF, GH, IJ, KL에는 슬래브에 작용하는 하중과 작은 보 자체의 자중이 작용한다. 작은 보에 작용하는 하중은 다시 큰 보(girder) EK, FL로 전달된다. 이 때 작은 보의 선형 분포하중은 집중하중으로 큰 보에 전달되게 된다. 따라서 큰 보에는 작은 보에서 전달되는 집중하중과 큰 보의 자중에 의하여 발생하는 선형 분포하중이 작용하게 된다. 큰 보의 하중은 큰 보를 받히고 있는 기둥에 집중하중으로 전달된다. 만일 큰 보를 지지하는 것이 구조벽체라면 큰 보의 하중은 벽체에 선형 분포하중으로 전달되게 된다. 다층 건물의 경우에는 상부 층에서 발생하는 하중이 하부 층으로 전달되고 최종적으로 이러한 하중들은 기초를 통하여 지면에 전달되게 된다. 즉, 수직하중경로는 일반적으로 슬래브 → 작은 보 → 큰 보 → 기둥 또는 구조벽체 → 다층의 경우에 반복 → 기초 → 지면의 경로이다.

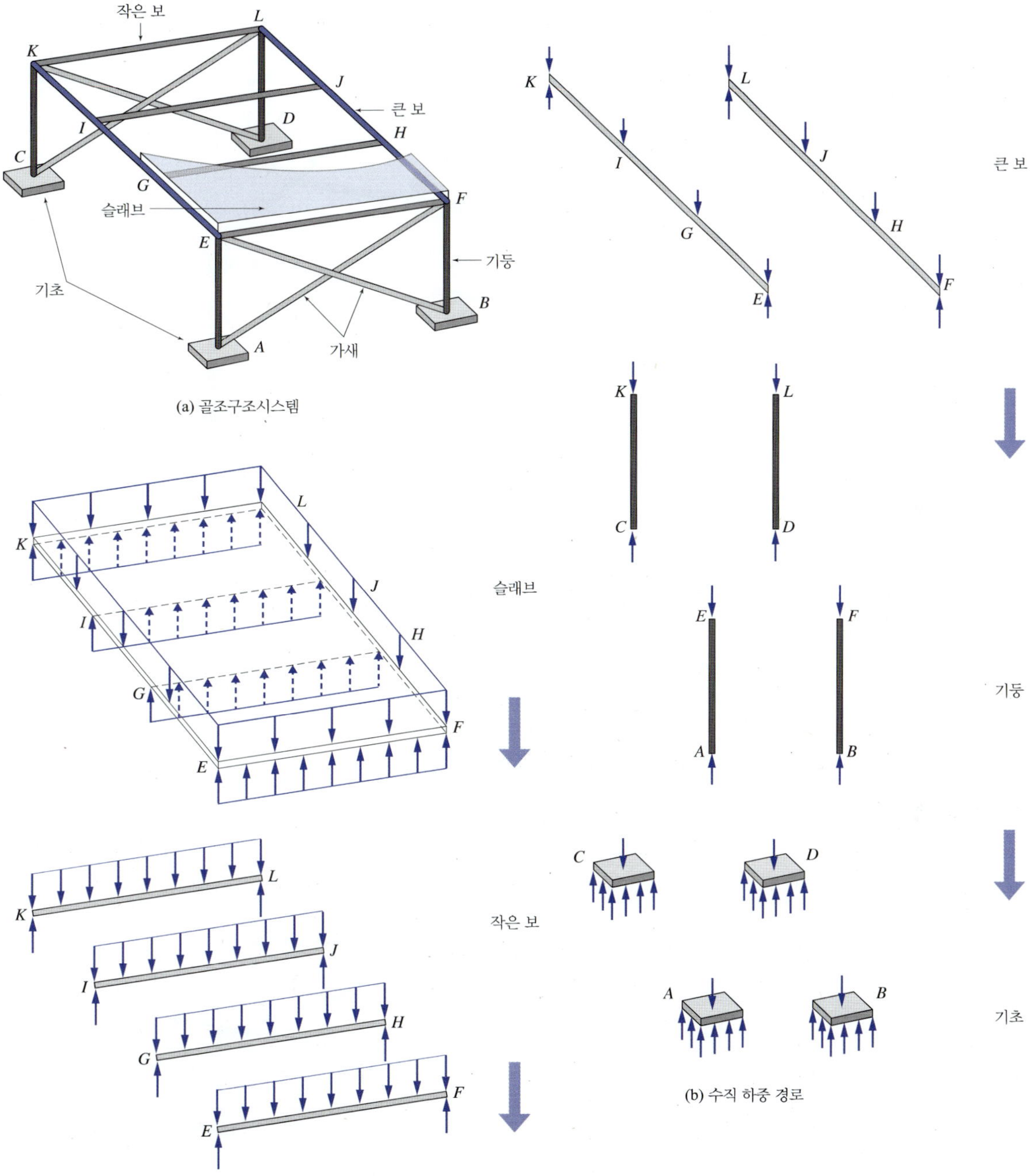

(a) 골조구조시스템

(b) 수직 하중 경로

그림 2.2 수직 하중의 전달 경로(Kassimali, 2020)

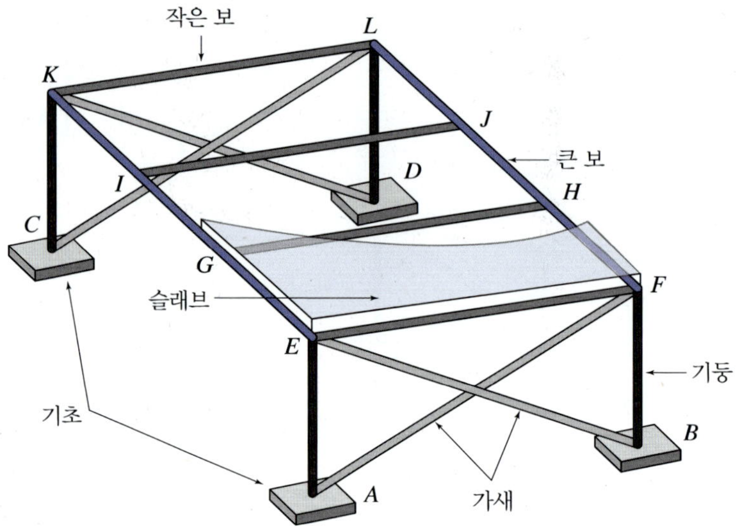

(a) 골조구조시스템

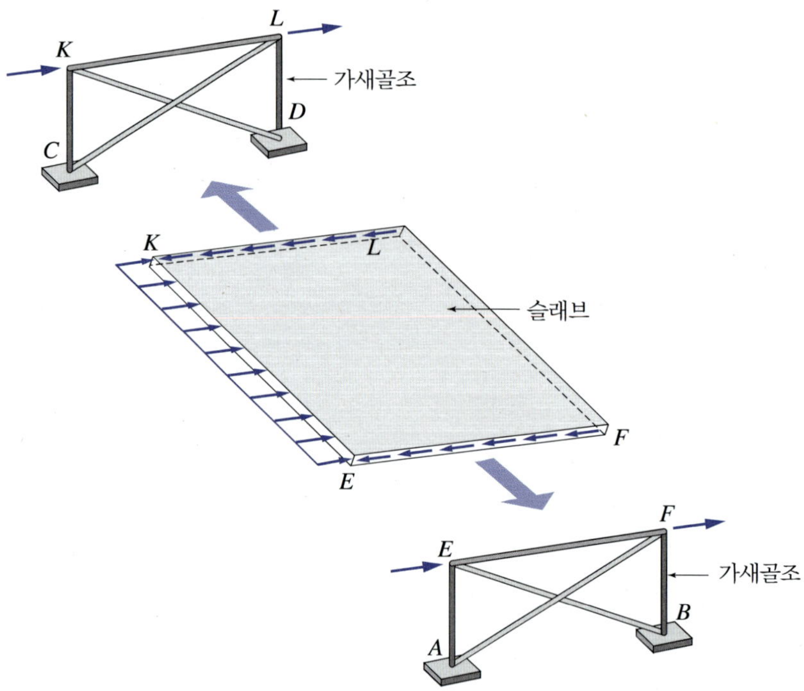

(b) 수평 하중 경로

그림 2.3 수평 하중의 전달 경로(Kassimali, 2020)

2.4.2 수평하중경로

수평하중경로는 지진하중, 풍하중과 같이 구조물에 횡방향으로 작용하는 하중을 기초로 전달하는 하중전달경로를 의미한다. 그림 2.3에서 구조물의 측면에 작용하는 횡하중은 슬래브 단면 내에서 단면에 수직한 방향인 면내방향으로 작용하게 된다. 이와 같이 횡하중을 받아 상하 수직부재로 전달하는 슬래브를 구조격막(다이아프램, diapram)이라 하며, 구조격막에는 현부재(chord member)와 수집부재(collector)가 포함되어 있다. 바람이나 지진에 의해 발생하는 수평하중은 면내방향 횡력으로 슬래브에서 2개의 수직방향 골조 AEFB와 CKLD에 전달된 후에 기초에 전해진다. 기둥 사이 경사방향으로 설치된 부재 AF, BE, CL, DK는 가새라고 하며, 수평하중을 받는 평면트러스와 같이 거동하고 지붕 또는 슬래브에서부터 기초로 하중을 전달한다.

2.4.3 분담면적

슬래브에 작용하는 분포하중 중에서 하부 부재로 전달되는 바닥 면적을 분담면적(tributary area)이라 한다. 분담면적은 하부 부재의 위치에 따라서 달라진다. 슬래브의 양 측면에만 보가 있는 1방향 슬래브의 경우에 슬래브의 분담면적은 수직부재를 중심으로 양 쪽 보의 절반을 폭으로 하는 직사각형 면적이다. 그림 2.4와 같이 4변에 보로 지지되는 2방향 슬래브의 분담면적 계산 시, 가로와 세로 보의 길이가 같은 경우 대각선으로 만들어지는 삼각형 면적이 분담면적이 되고, 보의 길이가 다른 경우 45도로 대각선을 그어 만들어지는 평행사변형이 분담면적이 된다.

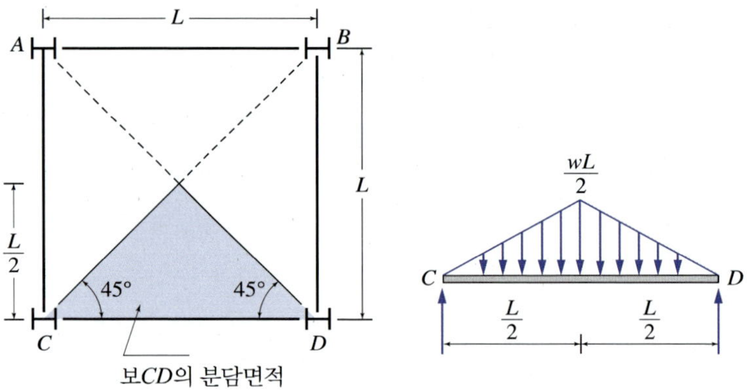

(a) 정사각형 이방향 슬래브

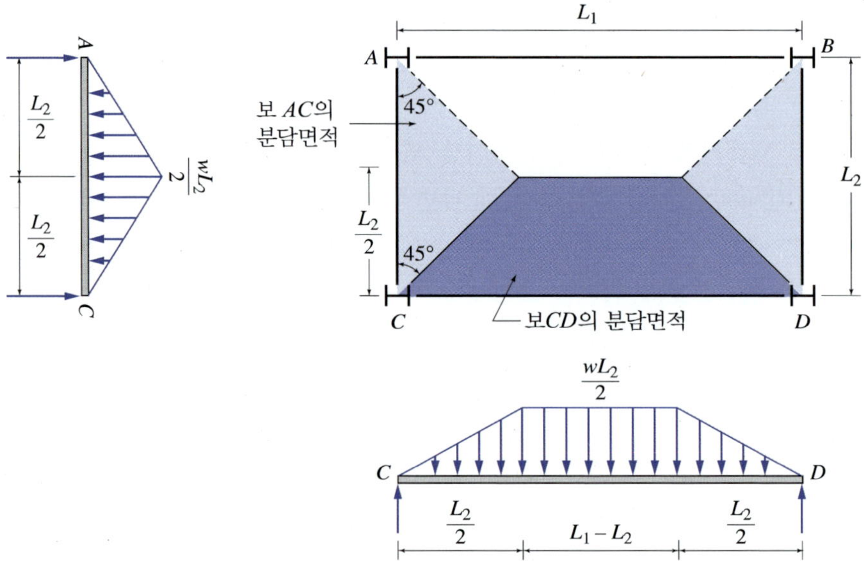

(b) 직사각형 이방향 슬래브

그림 2.4 하중 분담 면적

예제 2.1 그림 2.5는 등분포활하중을 받는 학교 교실의 바닥이다. 바닥은 150 mm 두께의 철근콘크리트 슬래브이며, 작은 보 AE, BF, CG, DH는 단면적 2,400 mm^2, 큰 보 AD와 EH는 단면적 4,800 mm^2의 철근콘크리트 보이다. 바닥시스템의 모든 부재에 작용하는 하중을 계산하라.

풀이 이 구조물은 학교 교실이므로 교실 바닥에 작용하는 활하중은 표 2.2에서 3.0 kN/m^2임을 알 수 있다. 또한 바닥과 보는 모두 철근콘크리트 부재이며 철근콘크리트 부재의 고정하중은 표 2.1에서 24 kN/m^3이다.

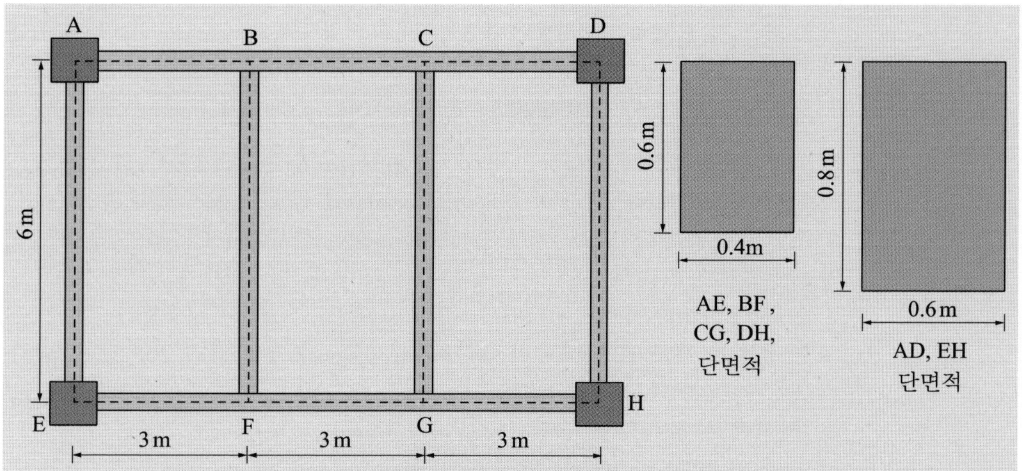

그림 2.5 바닥 시스템

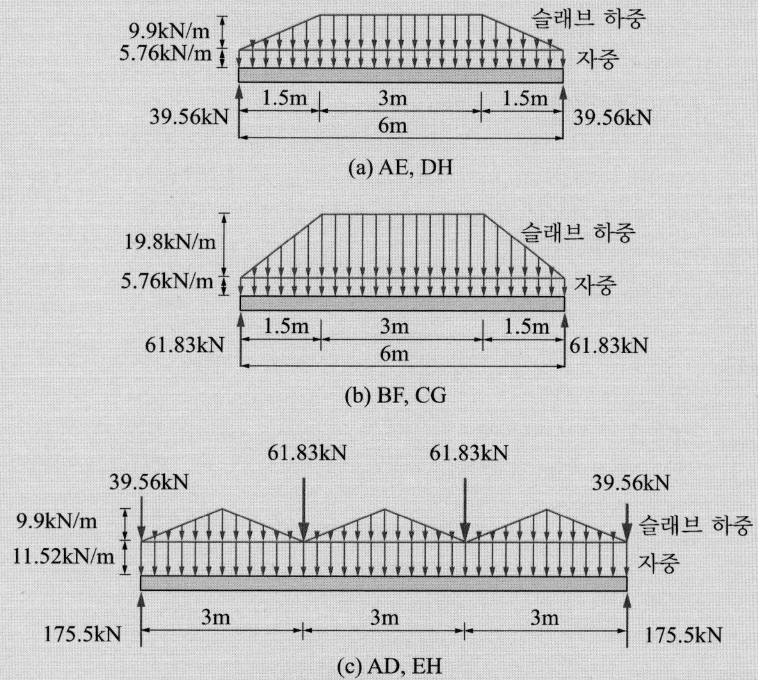

그림 2.6 하중 분포

- 작은 보 AE와 DH : 바깥쪽에 있는 작은 보 AE와 DH의 분담면적은 그림 2.6(a)와 같은 사다리꼴 하중을 받는다. AE와 DH는 바깥쪽에 있는 보이므로 3/2 = 1.5 m 내에 있는 슬래브 하중을 지지한다. 단위 길이 1 m에 대한 슬래브에 가해진 활하중과 슬래브의 고정하중의 최대 하중은 다음과 같다.
  - 슬래브 : $(3.0\,\text{kN/m}^2)\times(1.5\,\text{m})+(24\,\text{kN/m}^3)\times(0.15\,\text{m})\times(1.5\,\text{m}) = 9.9\ \text{kN/m}$

또한 작은 보 자체의 고정하중이 등분포하중으로 작용하며, 단위 길이 1 m에 대한 작은 보의 고정하중은 다음과 같다.

- 자중 : $(24\,\text{kN/m}^3) \times (0.24\text{m}^2) = 5.76\ \text{kN/m}$

- 작은 보 BF와 CG : 내부에 있는 작은 보 BF와 CG의 분담면적은 그림 2.6(b)와 같은 사다리꼴 하중을 받는다. BF와 CG는 안쪽에 있는 보이므로 3/2 + 3/2 = 3 m 내에 있는 슬래브 하중을 지지한다. 단위 길이 1 m에 대한 슬래브에 가해진 활하중과 슬래브의 고정하중의 최대 하중은 다음과 같다.

  - 슬래브 : $(3.0\,\text{kN/m}^2) \times (3.0\,\text{m}) + (24\,\text{kN/m}^3) \times (0.15\text{m}) \times (3.0\,\text{m}) = 19.8\ \text{kN/m}$

  또한 작은 보 자체의 고정하중이 등분포하중으로 작용하며, 단위 길이 1 m에 대한 작은 보의 고정하중을 계산한다.

  - 자중 : $(24\,\text{kN/m}^3) \times (0.24\text{m}^2) = 5.76\ \text{kN/m}$

- 큰 보 AD와 EH : 큰 보 AD와 EH의 분담면적은 그림 2.6(c)와 같은 삼각형 하중을 받는다. 큰 보는 3/2 = 1.5m 내에 있는 슬래브 하중을 지지한다. 단위 길이 1 m에 대한 슬래브에 가해진 활하중과 슬래브의 고정하중의 최대 하중을 계산한다.

  - 슬래브 : $(3.0\,\text{kN/m}^2) \times (1.5\,\text{m}) + (24\,\text{kN/m}^3) \times (0.15\text{m}) \times (1.5\,\text{m}) = 9.9\ \text{kN/m}$

  바깥쪽 작은 보 AE, DH와 안쪽 작은 보 BF, CG에 작용하는 전체 하중의 절반이 반력으로 큰 보에 집중하중으로 작용한다.

  - 보 AE, DH : $(9.9\text{kN/m}) \times (3 + 1.5\,\text{m})/2 + (5.76\text{kN/m}) \times (3\text{m}) = 39.56\ \text{kN}$
  - 보 BF, CG : $(19.8\text{kN/m}) \times (3 + 1.5\,\text{m})/2 + (5.76\text{kN/m}) \times (3\text{m}) = 61.83\ \text{kN}$

  또한 큰 보 자체의 고정하중이 등분포하중으로 작용하며, 단위 길이 1 m에 대한 큰 보의 고정하중을 계산한다.

  - 자중 : $(24\,\text{kN/m}^3) \times (0.48\text{m}^2) = 11.52\ \text{kN/m}$

- 기둥 A의 윗면 : 그림 2.6(c)에서 큰 보AD와 EH의 반력이 역방향으로 기둥에 집중하중으로 작용한다.

  $(39.56\,\text{kN}) + (61.83\,\text{kN}) + (9.9\text{kN/m} \times 4.5\text{m})/2 + (11.52\text{kN/m} \times 4.5\text{m}) = 175.51\ \text{kN}$

  기둥에 작용하는 축하중은 분담면적(4.5 m × 3 m)에 작용하는 슬래브 하중과 보의 자중을 더하여 계산할 수도 있다.

  $(3 + 24 \times 0.15)(4.5 \times 3) + (24)(3+3)(0.24) + (24)(4.5)(0.48) = 175.5\text{kN}$

골조와 하중이 대칭이기 때문에 나머지 세 기둥이 받는 하중은 기둥 A에 작용하는 하중과 동일한 하중이 작용한다. 최종적으로 네 기둥이 받는 축하중의 총 합은 바닥판 하중에 바닥판 표면의 분담면적을 곱한 값과 동일해야 한다.

2.5 힘

모든 물체는 그들의 현재 상태를 그대로 지속하려는 성질을 가지고 있다. 멈춰 있는 물체는 멈춘 상태로 머물고, 움직이는 물체는 외부의 간섭이 없는 한 움직임을 계속하려고 한다. 이러한 성질을 물리학에서는 관성이라고 하며, 뉴턴의 운동 제1법칙은 관성에 대하여 다음과 같이 요약하고 있다.

- 물체는 외력의 간섭이 없는 한 정지 상태나 또는 직선 방향의 일정한 운동 상태를 지속하려고 한다.

이 법칙에서 시사하는 바와 같이 외부에서 작용하는 힘은 물체의 관성에 변화를 일으킨다. 여기에서 직선 방향의 일정한 운동 상태는 일정한 속도와 방향으로 움직이는 것을 의미하므로, 힘(force)은 멈춰 있는 물체를 움직이게 하거나 움직이는 물체의 속도와 방향을 변화시키는 물리량으로 정의된다.

힘의 작용에 의하여 물체의 속도가 바뀌면, 그 물체에는 가속도가 생기며, 질량이 큰 물체에 가속도를 일으키는 데에는 그 질량에 비례하여 더 큰 힘이 필요하므로, 뉴턴의 운동 제2법칙에서 정의된 바와 같이 질량 내의 물체에 가속도 a를 일으키는 데 필요한 힘은 식(2.7)로 주어진다.

$$F = kma \tag{2.7}$$

이 식에서 k는 비례상수이다. 물리학에서는 질량 1 g_m의 물체가 1 cm/sec^{2}의 가속도를 발휘하는 데 필요한 힘을 1 dyne으로 정의하고 있으며, 이 때 비례상수 k는 단위 값을 가지므로 힘과 질량 및 가속도는 식(2.8)의 관계가 있다.

$$F = ma \tag{2.8}$$

이와 같은 힘의 단위를 절대 단위라고 한다. 그러나 이런 단위로 물체의 무게를 나타내기는 불편하기 때문에, 역학에서는 질량 1 kg_m의 물체에 중력의 가속도를 곱하여 얻어지는 값을 1 kg_f의 힘으로 하여 사용하고 있다. 이와 같은 힘의 단위를 중력 단위라고 하며, kg_f에서 첨자 f는 힘을 나타내나, 보통 사용시에는 kgf으로 표시하는 경우가 많다.

중력의 가속도는 대략 $g = 9.80665$ m/sec^{2}이나, 지역에 따라 1.0×10^{-5} m/sec^2 이내의 범위에서 조금씩 다르기 때문에 국제 단위로는 질량 1 kg_m의 물체에 1 m/sec^{2}의 가속도를 일으키는 힘을 1 N (newton)으로 하고 있다.

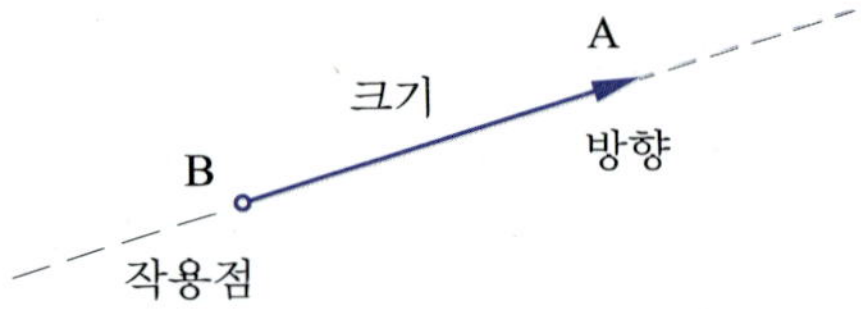

그림 2.7 힘의 3요소

힘은 크기와 방향을 가지는 물리량이기 때문에 벡터로 나타낸다. 그러나 힘을 완전히 나타내기 위하여서는 크기, 방향과 함께 작용하는 위치까지 표시되어야 한다. 크기, 방향 및 작용점을 힘의 3요소라고 하며, 그림 2.7과 같이 A의 화살표는 힘의 방향, B의 끝 부분은 작용점, 선분 AB의 길이를 일정한 축척에 의한 힘의 크기로 하는 것이 일반적인 힘의 표시 방법이나, 경우에 따라서는 화살표가 닿는 부분을 힘의 작용점으로 하기도 한다.

2.6 모멘트와 우력

힘은 물체에 이동과 회전을 일으키는 두 가지 기능을 가지고 있다. 책상 위에 놓인 책에 힘을 가했을 때, 책이 밀리는 것은 책이 힘의 작용 방향으로 이동하는 것을 의미한다. 그러나 정첩으로 고정된 여닫이문에 힘을 가했을 때에는 문이 밀리지 않고 회전을 하게 된다. 힘에 의한 물체의 회전 현상은 여닫이문 이외에도 시소, 지렛대, 저울 등 우리 생활의 여러 곳에서 찾아 볼 수 있다.

이와 같이 물체에 회전을 일으키는 힘의 기능을 모멘트(moment)라고 하며, 힘의 작용선으로부터 회전 중심까지의 수직거리와 힘을 곱한 값으로 정의된다. 따라서 그림 2.8(a)와 같이 벽체에서 돌출된 보에 수직하게 작용하는 힘 F가 점 O에 대하여 일으키는 모멘트는

$$M = Fl \tag{2.9}$$

이나, 그림 2.8(b)와 같이 보에 수직한 선에 대하여 θ의 각으로 비스듬히 작용하는 힘에 대하여서는 힘의 작용선에서 점 O까지의 수직거리가 $l\cos\theta$가 되기 때문에 이 힘에 의한 모멘트는 식(2.10)이 된다.

$$M = Fl\cos\theta \tag{2.10}$$

모멘트는 벡터인 힘에 스칼라인 거리를 곱한 값이기 때문에 벡터로 회전 방향과 크기를 가지며, kgf · cm, tf · m, lb · m 등 중력 단위나 N · m의 국제단위로 표시된다.

그림 2.9와 같이 일정한 거리를 두고 서로 반대 방향으로 작용하는 같은 크기의 두 힘을 우력(偶力, couple)이라고 하며, 우력도 회전 기능을 가지고 있다. 그림 2.9에서 두 힘간 수직 거리를 l로 하면, 왼 쪽 힘의 작용선으로부터 수직하게 x만큼 떨어진 임의의 점 O에 대한 두 힘의 시계방향 회전 능력, 즉 모멘트는

$$M_0 = F(x+l) - Fx = Fl$$

으로 계산되며, 점 O의 위치에 따라 x의 값이 바뀌어도 M_0의 값은 변함없이 Fl의 값을 가져, 우력에 의한 모멘트는 두 힘의 작용선 사이의 수직 거리에 한 힘을 곱한 값이 된다.

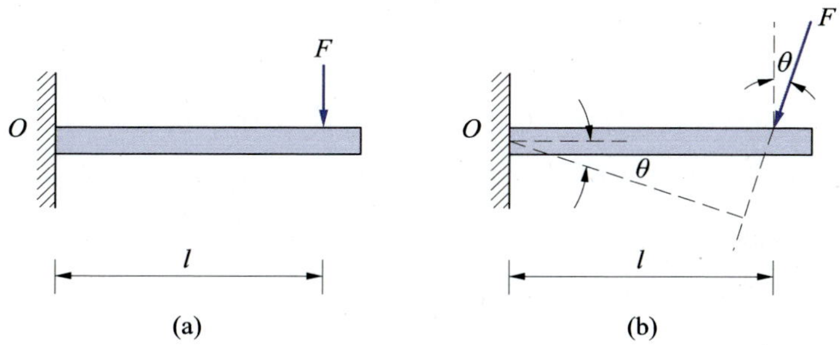

그림 2.8 모멘트

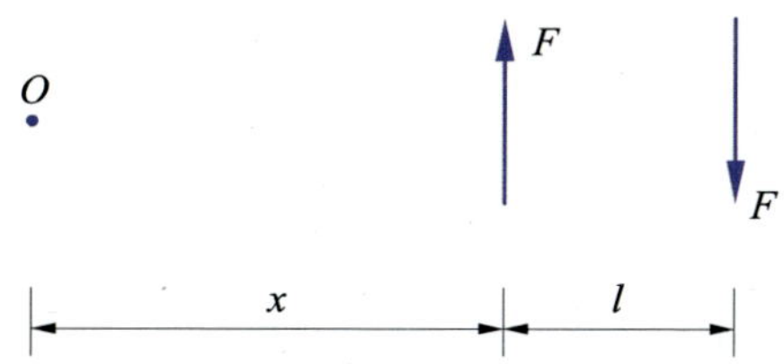

그림 2.9 우력

2.7 힘의 합성과 분해

물체에 작용하는 여러 개의 힘을 크기, 방향, 작용점 등 힘의 3요소에서 같은 효과를 가지는 한 개의 힘으로 나타내는 일을 힘의 합성이라고 하며, 합성된 힘을 합력(resultant)이라고 한다.

힘의 합성과 반대로, 한 개의 힘을 이와 같은 효과를 가지는 여러 개의 힘으로 나누는 일을 힘의 분해(component)라고 하며, 나뉜 힘을 분력이라고 한다.

힘의 합성과 분해에는 도식해법과 수식해법이 사용된다.

2.7.1 한 점에 작용하는 두 개의 힘

한 점에 작용하는 두 힘의 합력을 도식으로 구하는 방법으로는 힘의 평행사변형에 의한 해법과 힘의 삼각형에 의한 해법이 있다.

힘의 평행사변형에 의한 해법은 두 힘의 벡터가 주어졌을 때 이에 평행한 선분에 의한 평행사변형을 만들어 그 대각선을 합력으로 구하는 해법이다. 그림 2.10(a)와 같이 한 점 O에 작용하는 두 힘 F_1과 F_2의 크기와 방향을 각각 선분 OA와 OB로 나타낼 때, 힘 F_1의 선단인 A점에서 선분 OB와 평행하게 직선을 긋고 힘 F_2의 선단 B점에서 선분 OA와 평행하게 직선을 그으면, 두 직선은 점 C에서 만나게 된다. 새로운 선분 AC와 BC는 이미 있었던 선분 OA 및 OB와 함께 평행사변형을 이루게 되며, 이때 대각선 OC가 힘 F_1과 F_2의 합력이 된다. 힘의 삼각형에 의한 해법은 그림 2.10(b)와 같이 힘 F_2를 힘 F_1의 선단에 평행이동 시킨 후 힘 F_1의 작용점 O와 힘 F_2의 선단 C를 이으면 $\triangle OAC$가 힘의 삼각형을 이루며, 선분 OC가 합력이 된다. 이 해법은 합력 벡터는 벡터 F_1과 F_2로부터의 벡터 가산에 의하여 얻어짐을 나타내고 있다.

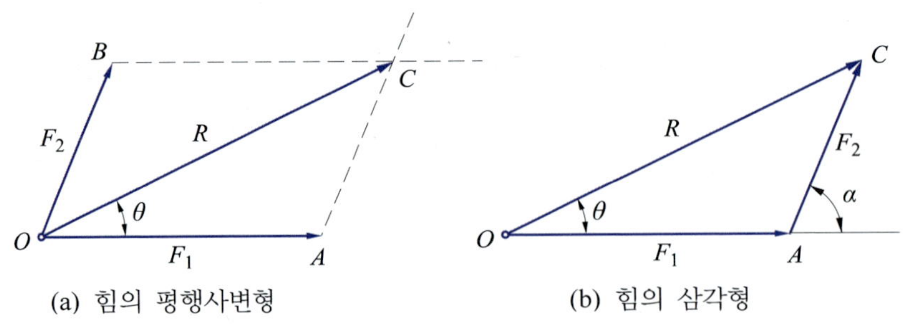

(a) 힘의 평행사변형 (b) 힘의 삼각형

그림 2.10 한 점에 작용하는 힘의 합성

$$R = F_1 + F_2$$

수식해법에서는 삼각함수에 의하여 합력의 크기는 다음과 같다.

$$R = \sqrt{F_1^2 + F_2^2 + 2F_1 F_2 \cos\alpha} \tag{2.11}$$

여기서, 방향은 식(2.12)에 의해 계산할 수 있다.

$$\tan\theta = \frac{F_2 \sin\alpha}{F_1 + F_2 \cos\alpha} \tag{2.12}$$

위의 두 식에서 α는 힘 F_1과 F_2가 이루는 각도이며, θ는 합력 R과 힘 F_1사이의 각도이다. 힘의 합성은 두 힘 F_1과 F_2를 이와 같은 효과를 가지는 단일 힘 R로 대체하는 것이며, 역으로 합력 R을 두 개의 힘 F_1과 F_2로 분해하더라도 힘의 크기와 방향 및 작용점은 변하지 않는다.

힘의 평행사변형을 사용한 힘의 분해에서는 그림 2.10(a)에서 합력 R의 작용점 O에서 분력 F_1과 F_2의 방향으로 직선을 그은 다음 R의 선단인 C점에서 이 두 직선에 평행선을 긋는다. 두 직선이 만나는 점을 각각 A, B로 하면 선분 OA는 분력 F_1, 선분 OB는 분력 F_2의 크기를 나타내게 된다. 힘의 삼각형을 사용하는 경우에는 그림 2.10(b)에서 합력 R의 작용점 O와 선단 C에서 F_1과 F_2 방향으로 직선을 그어 만나는 점을 A로 하면 선분 OA와 AC가 각각 분력 F_1과 F_2의 크기가 된다. 수식을 사용한 힘의 분해에서는 앞에서와 같이 힘 R과 분력 F_1이 이루는 각도를 θ, 분력 F_1과 F_2 사이의 각도를 α로 하면, 그림 2.10(b)에서

$$R \sin\theta = F_2 \sin\alpha$$
$$R \cos\theta = F_1 + F_2 \cos\alpha$$

의 관계로부터 분력의 크기를 식(2.13)에 의해 계산할 수 있다.

$$F_1 = \frac{\sin(\alpha - \theta)}{\sin\alpha} R$$
$$F_2 = \frac{\sin\theta}{\sin\alpha} R \tag{2.13}$$

2.7.2 한 점에 작용하는 여러 개의 힘

물체의 한 점에 세 개 이상의 힘이 작용하는 경우에도 앞 절에서 거론된 힘의 평행사변형과 힘의 삼각형을 거듭 사용하는 도식해법으로 합력을 구할 수 있다. 그림 2.11(a)와 같이 네 개의 힘 F_1, F_2, F_3 및 F_4가 한 점 O에 작용할 때 힘의 평행사변형 $OAEB$에 대각선 OE를 연결하여 합력 R_1을 구한다. 다음에는 합력 R_1과 힘 F_3에 의한 평행사변형 $OEFC$로부터 합력 R_2를 구하고, 같은 방법으로 R_2와 F_4의 평행사변형 $OFGD$로부터 최종 합력 R_3를 구하면, 힘의 평행사변형에 의한 네 힘의 합성이 끝나게 된다. 이 방법의 적용에서는 F_1과 F_2의 합력 및 F_3과 F_4의 합력을 먼저 구한 다음 두 합력의 평행사변형으로부터 최종 합력을 구하여도 같은 결과가 된다.

힘의 삼각형을 적용하는 경우에는 그림 2.11(b)와 같이 힘 F_1과 F_2가 이루는 삼각형 OAE로부터 합력 R_1을 구하고, 합력 R_1과 힘 F_3의 삼각형으로부터 합력 R_2와 힘 F_4의 삼각형으로부터 합력 R_3 등 차례대로 구해 나간다. 힘의 삼각형에 의한 합성은 힘의 벡터 합성이며, 그림 2.11(b)와 같이 힘의 벡터 합성에 의한 다각형을 시력도라고 한다.

그림 2.11(b)의 G 점과 같이 시력도가 원점으로 돌아오지 않는 경우에는 원점과 시력도의 선단을 잇는 선분이 합력 벡터를 나타내는 선분이 되며, 그림 2.11(b)에서는 선분 OG가 합력 R_3를 나타낸다. 그러나 시력도의 선단이 원점으로 돌아와 시력도가 닫혔을 때에는 한 점에 작용하는 모든 힘들이 상쇄되어 합력이 존재하지 않음을 의미한다.

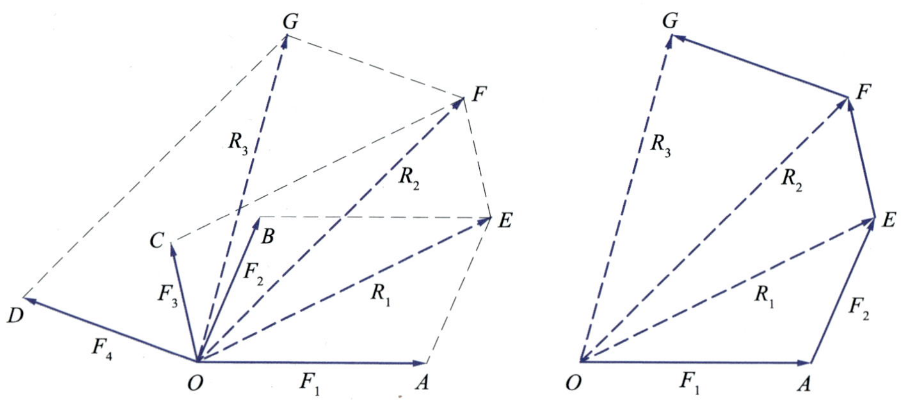

(a) 한 점을 중심으로 한 합성　　(b) 힘의 연결에 의한 합성

그림 2.11 한 점에 작용하는 여러 힘의 합성

한 점에 작용하는 여러 개 힘의 합력을 수식으로 구하기 위하여서는 먼저 힘의 작용점에 직교 좌표축을 설정한 다음 작용하는 모든 힘을 좌표축 방향의 힘으로 분해한다. 좌표의 가로축을 x, 세로축을 y로 하고, 힘 F_i와 x축 사이의 각을 θ_i로 하면, 힘 F_i의 x축 및 y축 방향 분력은 각각 다음과 같다.

$$F_{ix} = F_i \cos\theta_i, \quad F_{iy} = F_i \sin\theta_i$$

이 분력들을 합하여 x방향 및 y방향의 합력을 구한다. 이 합력들을 각각 R_x 및 R_y로 나타내면, n개의 힘에 대하여 주어진다.

$$R_x = \sum_{i=1}^{n} F_{ix}, \quad R_y = \sum_{i=1}^{n} F_{iy}$$

따라서 합력의 크기는 피타고라스 정리로부터 계산할 수 있다.

$$R = \sqrt{R_x^2 + R_y^2} \tag{2.14}$$

합력의 작용 방향은 x축에 대하여 다음의 각도로 계산된다.

$$\theta = \tan^{-1}\left(\frac{R_y}{R_x}\right)$$

한 점에 작용하는 여러 힘과 합력의 관계는 바리뇽(Varignon)의 정리에 의한 모멘트 사이의 관계로도 증명된다. 바리뇽의 정리는 다음과 같이 요약된다.

- 한 점에 작용하는 여러 힘의 임의의 점에 대한 모멘트의 합은 여러 힘의 합력이 그 점에 일으키는 모멘트의 값과 같다.

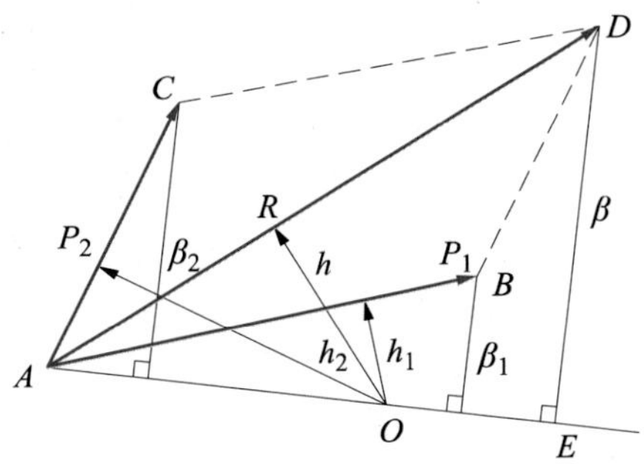

그림 2.12 바리뇽의 정리

이 정리를 증명하기 위하여 그림 2.12와 같이 한 점에 작용하는 두 힘 P_1 및 P_2와 합력 R이 평행사변형 법칙에 의하여 주어진 상태를 고려하면, 임의의 점 O에 대한 분력과 합력의 모멘트는 삼각형 면적의 기하학으로부터 다음과 같이 주어진다.

$$M_1 = P_1 h_1 = \overline{AB} h_1 = \overline{AO} \beta_1$$

$$M_2 = P_2 h_2 = \overline{AC} h_2 = \overline{AO} \beta_2$$

$$M = R h = \overline{AD} h = \overline{AO} \beta$$

사변형 $ACDE$에서 $\beta = \beta_1 + \beta_2$이므로, 이 식을 위의 세 식에 적용하면 다음과 같이 바리뇽의 정리가 증명된다.

$$M = M_1 + M_2$$

예제 2.2 네 개의 힘 $F_1 = F_2 = 3.0\ \text{kN}$, $F_3 = F_4 = 2.0\ \text{kN}$이 x축에 대하여 각각 30°, 60°, 120° 및 150°방향으로 한 점 O에 작용할 때 이 힘의 합력을 도식해법과 수식해법으로 구하라.

풀이 (1) 도식해법

힘의 평행사변형을 이용한 해석에서는 그림 2.13(a)와 같이 힘 F_1과 F_2의 합력 R_1과 힘 F_3 및 F_4의 합력 R_2를 구한 다음 합력 R_1과 R_2에 의한 평행사변형으로부터 최종합력인 선분 OG의 R를 구하게 된다. 힘의 삼각형인 시력도에 의한 해법에서 네 힘의 벡터 합성에 의한 시력도는 그림 2.13(b)에서와 같이 네 개의 연속된 선분 $OABCD$가 되며, 합력은 이 시력도를 닫히게 하는 OD 선분이 된다.

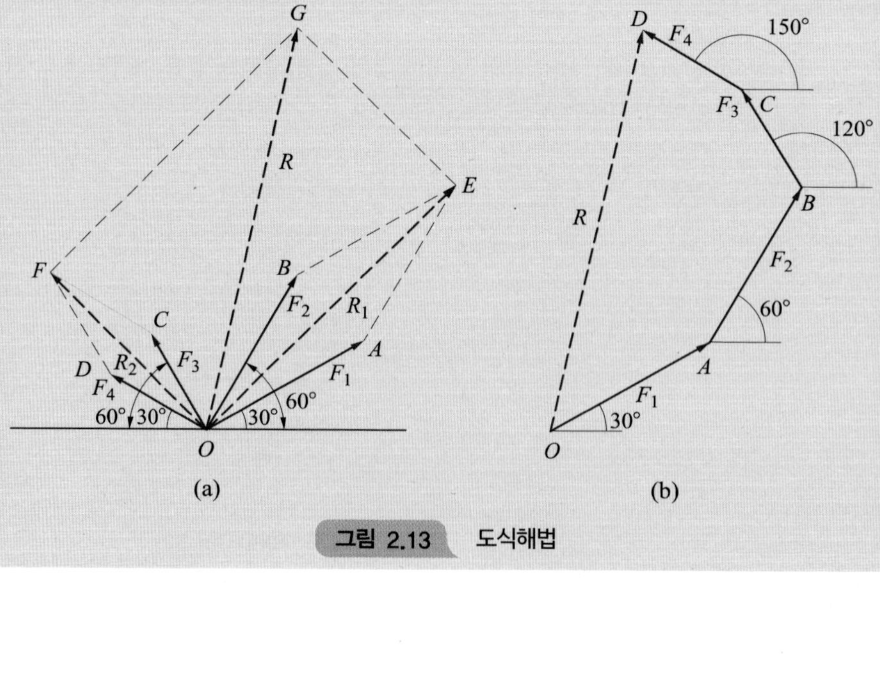

그림 2.13 도식해법

(2) 수식해법

힘 F_i의 x 축 및 y 축 분력을 구할 수 있다.

$F_{ix} = F_i \cos\theta_i$, $F_{iy} = F_i \sin\theta_i$

네 개의 힘에 대하여 다음의 값들을 얻게 된다.

	F_i (kN)	θ_i	F_{ix} (kN)	F_{iy} (kN)
1	3.0	30°	2.598	1.50
2	3.0	60°	1.50	2.598
3	2.0	120°	− 1.00	1.732
4	2.0	150°	− 1.732	1.00
		Σ	1.366	6.830

따라서 합력의 크기는 식(2.14)로부터 구한다.

$R = \sqrt{(1.366)^2 + (6.830)^2} = 6.965\ \text{kN}$

작용 방향의 x축에 대한 각도가 계산된다.

$\theta = \tan^{-1}\left(\dfrac{6.830}{1.366}\right) = 78.7°$

예제 2.3 그림 2.14의 점 A에 작용하는 $F = 2.0\ \text{kN}$이 점 O에 발생시키는 모멘트를 합력과 분력을 이용하여 구하라.

풀이 (1) 합력을 이용하는 방법

그림 2.15(a)와 같이 점 A에 작용하는 힘 F를 연장할 경우에 작용선에서 점 O에 수직을 이루는 거리는 $2\sin\theta$ m이므로 모멘트는 다음과 같다.

$2 \times 2\sin\theta = 4\sin\theta\ \text{kN} \cdot \text{m}$

(2) 분력을 이용하는 방법

그림 2.15(b)와 같이 점 A에서 힘 F에 대한 분력을 구한 후에 각 분력과 점 O에 수직을 이루는 거리를 곱하여 모멘트를 계산한다.

$F\sin\theta \times 2 + F\cos\theta \times 0 = 4\sin\theta\ \text{kN} \cdot \text{m}$

유사하게 그림 2.15(c)와 같이 힘 F의 작용선 위의 점 B에서 점 O에 작용하는 모멘트를 계산하면 다음과 같다.

$F\sin\theta \times (2 + l\cos\theta) - F\cos\theta \times (l\sin\theta) = 4\sin\theta\ \text{kN} \cdot \text{m}$

윗 식에서 $F\sin\theta \times (2 + l\cos\theta)$은 시계방향으로 모멘트를 유발하지만 $F\cos\theta \times (l\sin\theta)$는 반시계방향으로 모멘트를 유발하므로 $F\cos\theta \times (l\sin\theta)$는 서로 상쇄하여 "0"이 되므로 전체 모멘트는 $4\sin\theta\ \text{kN} \cdot \text{m}$이 된다. 이와 같이 어느 점에 발생하는 모멘트는 합력에 의한 결과와 분력에 의한 결과가 동일하다는 것을 알 수 있다.

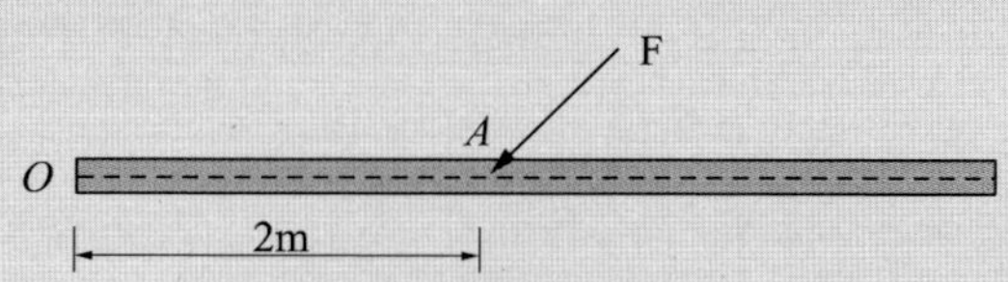

그림 2.14 모멘트

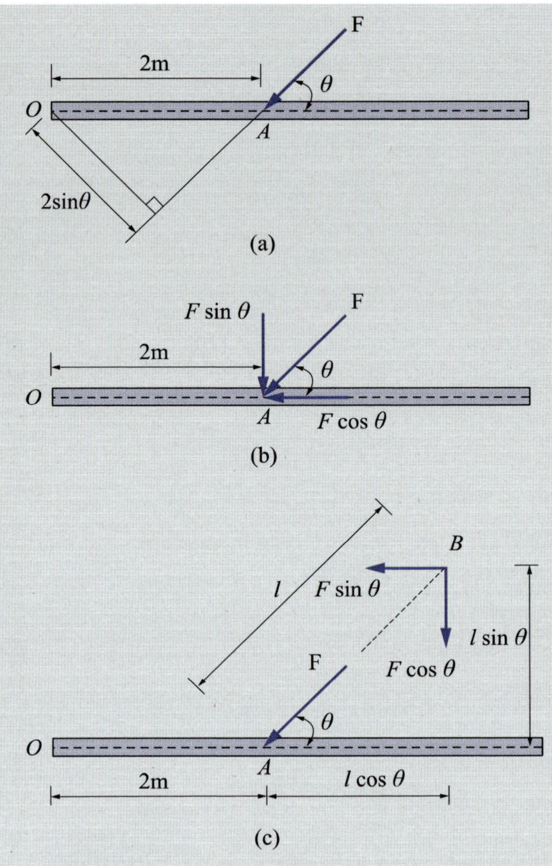

그림 2.15 합력과 분력에 의한 모멘트 계산

2.8 3차원 구조물과 2차원 구조물

실제로 모든 구조물은 입체구조물 즉 3차원 구조물이다. 구조물에는 다양한 방향으로 여러 힘이 작용할 수 있다. 힘들이 작용하는 모든 방향에 대하여 구조해석을 수행할 경우에 해석이 복잡해지므로 구조해석에서는 3차원 좌표축을 정한 후에 힘에 대한 합과 분해를 이용하여 해석을 수행한다. 구조물에 여러 방향으로 작용하는 힘을 합과 분해를 이용하여 3축에 평형하거나 수직하게 변경할 수 있다. 따라서 3차원 구조물에 작용하는 힘은 한 면에 3가지 힘이 작용하게 된다. 즉, 면과 수직을 이루는 1개의 힘 F_x 또는 F_y 또는 F_z 와 평행을 이루는 2개의 힘 F_{xy} 와 F_{xz} 또는 F_{yx} 와 F_{yz} 또는 F_{zx} 와 F_{zy} 가 존재하게 된다. 여기서 면과 수직을 이루는 힘을 수직력(normal force, 또는 연직력)이라 하며 면과 평행한 힘을 전단력(shear force)이라 한다. 한 쌍의 전단력이 일정한 거리로 떨어져 있을 경우에 우력을 3축에 유발한다. 임의의 축을 중심으로 회전하는 모멘트를 유발하기 위해서는 반드시 다른 축에 작용하는 힘과 거리가 필요하다. 예를 들어, z축을 중심으로 회전하는 모멘트 M_z를 발생시키기 위해서는 y축 방향으로 작용하는 한 쌍의 힘 F_{xy}와 x축 방향으로 떨어진 거리 l_x가 필요하다. 전단력 대신에 전단력이 유발하는 모멘트를 중심으로 3차원 구조물에 발생하는 힘의 상태를 나타내면 그림 2.16(a)가 된다.

$$F_{yz} \times l_y = M_x\,,\ F_{zy} \times l_z = M_x \tag{2.15a}$$

$$F_{xz} \times l_x = M_y\,,\ F_{zx} \times l_z = M_y \tag{2.15b}$$

$$F_{xy} \times l_x = M_z\,,\ F_{yx} \times l_y = M_z \tag{2.15c}$$

구조해석에서는 1장에서 설명하였듯이 허용 오차 범위에서 구조물을 단순화하여 해석할 수 있다. 따라서 그림 2.16(a)의 3차원 구조물의 앞뒤방향의 축 z를 단위 두께 1로 하여 그림 2.16(b)의 2차원 평면구조로 변화시킬 수 있다. 2차원 평면구조의 경우에 z축 방향으로 작용하는 힘이 존재하지 않으므로 F_x와 F_y만 존재하게 된다. 회전에 대한 평형에서는 z축 방향의 힘이 존재하지 않으므로 x축과 y축 방향에 모멘트가 발생하지 않게 되어 M_z만 존재하게 되며, 2차원 구조물에서 M_z는 휨모멘트가 된다.

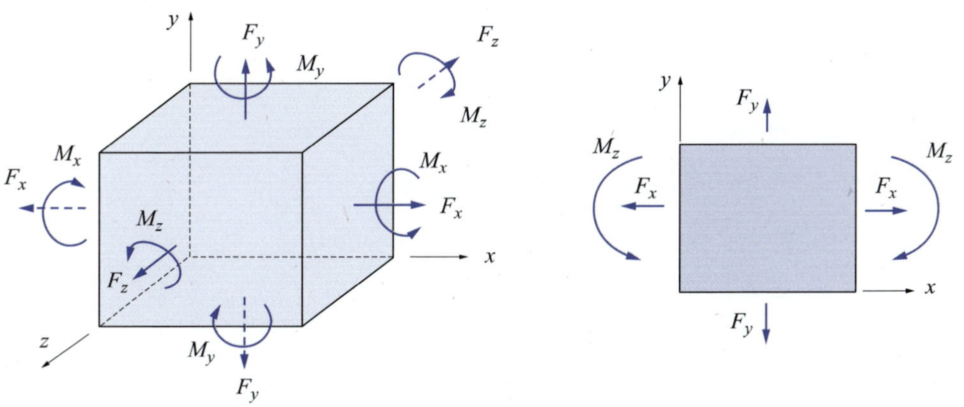

(a) 3차원 구조물 (b) 2차원 구조물

그림 2.16 3차원 구조물과 2차원 구조물

2.9 힘의 평형

정지 상태인 물체에 외력이 작용하면, 그 물체는 외력의 작용 방향으로 움직이나, 이 물체에 같은 크기의 외력이 반대 방향으로 작용하면 두 힘은 상쇄되어 힘의 합은 0이 되고 물체는 정지 상태를 그대로 유지하게 된다. 이와 같이 한 방향으로 작용하는 힘들의 합이 0이 되어 물체가 정지 상태를 유지하는 것을 평형(equilibrium)이라고 한다.

예를 들어, 줄다리기를 하는 두 팀의 힘이 백중하여 줄이 어느 방향으로도 움직이지 않는 상태가 평형 상태이다. 물체의 평형은 이동과 회전에 대한 평형이 있다. 정지 상태인 물체에 모멘트가 작용하면 그 물체는 모멘트의 작용 방향으로 회전하나, 물체에 같은 크기의 모멘트가 반대 방향으로 작용하여 모멘트의 합이 0이 되면, 그 물체는 회전하지 않고 정지 상태에서 평형을 유지하게 된다. 시소에 타 있는 두 아이의 몸무게에 의한 모멘트가 같을 때 시소가 어느 쪽으로도 기울지 않는 것은 모멘트의 평형의 한 예이다.

이 두 가지 경우를 더 일반화하면, 물체가 평형을 유지하기 위해서는 그 물체에 작용하는 모든 힘과 모멘트의 합이 0이 되어야 한다.

그림 2.16(a)와 같은 3차원 구조물에서 세 주축 x, y, z 방향에 대한 힘을 F_x, F_y, F_z, 모멘트를 M_x, M_y, M_z로 나타내면, 3차원 구조물의 이동과 회전에 대한 평형조건을 다음과 같이 나타낼 수 있다.

- 이동에 대한 평형(equilibrium of translation)

$$\sum F_x = 0 \qquad \sum F_y = 0 \qquad \sum F_z = 0 \tag{2.16}$$

- 회전에 대한 평형(equilibrium of rotation)

$$\sum M_x = 0 \qquad \sum M_y = 0 \qquad \sum M_z = 0 \tag{2.17}$$

2차원 평면구조의 경우에 이동에 대한 평형은 z축 방향으로 작용하는 힘이 존재하지 않으므로 $\sum F_x = 0$과 $\sum F_y = 0$만 존재하게 된다. 회전에 대한 평형에서는 z축 방향의 힘이 존재하지 않으므로 x축과 y축 방향에 모멘트가 발생하지 않게 되어 휨모멘트인 $\Sigma M_z = 0$만 존재하게 된다. 결과적으로 2차원 평면구조에서는 그림 2.16(b)와 같이 힘 F_x, F_y와 휨모멘트 M_z만 고려되므로 평형조건은 식(2.18)이 된다.

$$\begin{aligned} \Sigma F_x &= 0 \\ \Sigma F_y &= 0 \\ \Sigma M_z &= 0 \end{aligned} \tag{2.18}$$

식(2.18)을 간략히 표기하면 식(2.19)가 된다.

$$\begin{aligned} \Sigma F_x &= 0 \\ \Sigma F_y &= 0 \\ \Sigma M &= 0 \end{aligned} \tag{2.19}$$

연습문제

2.1 그림 2.17 및 2.18의 구조물에서 A점과 B점에 대한 휨모멘트를 구하라.

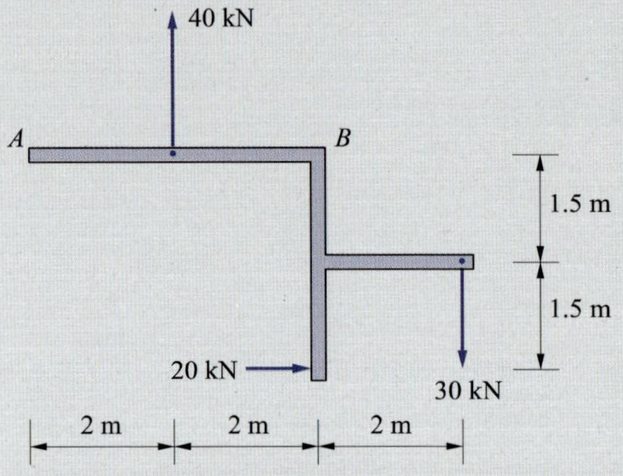

그림 2.17

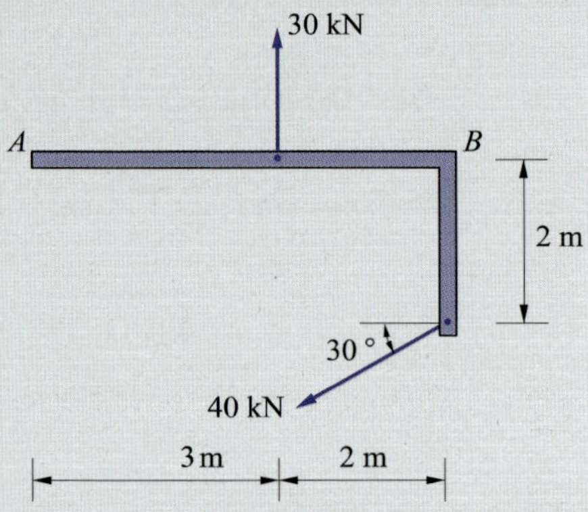

그림 2.18

2.2 그림 2.19 및 2.20에서 40 kN의 힘을 P_1, P_2의 두 힘으로 분해하라.

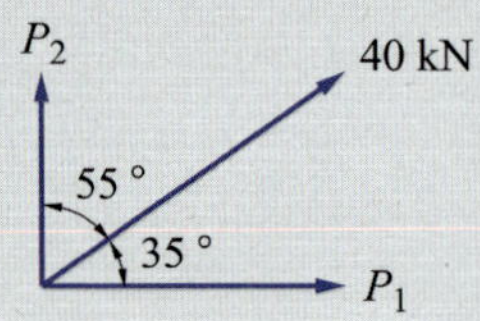

그림 2.19

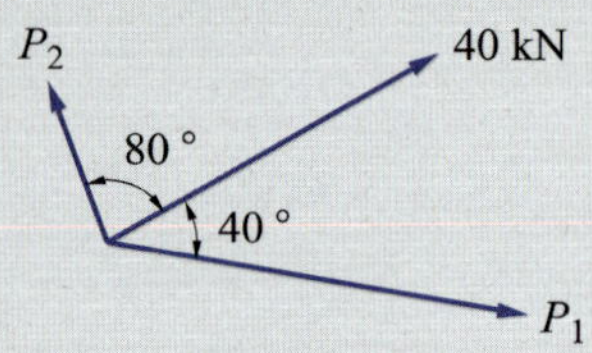

그림 2.20

2.3 그림 2.21~2.23의 힘들을 도식해법과 수식해법을 적용하여 합성하라.

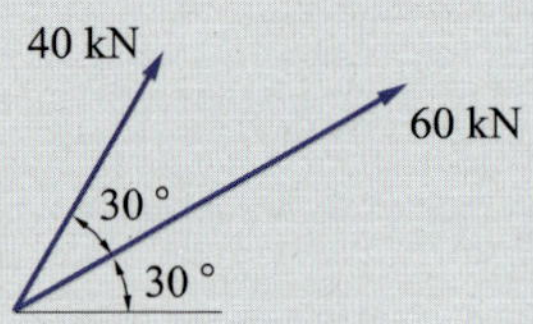

그림 2.21

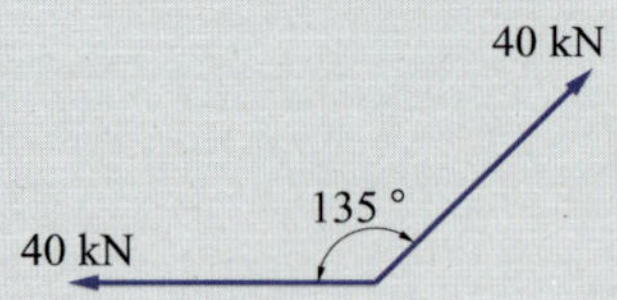

그림 2.22

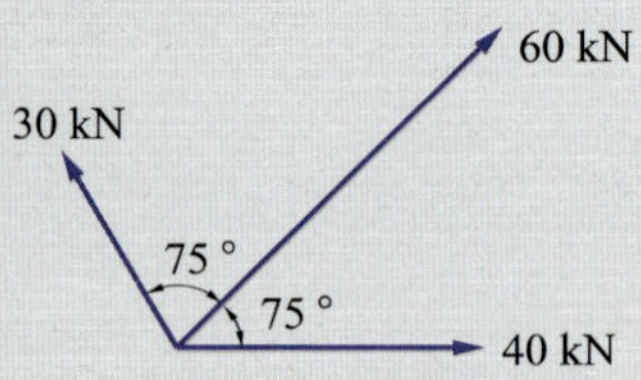

그림 2.23

2.4 그림 2.24 및 2.25와 같이 여러 힘들이 수직 방향으로 작용할 때 바리뇽의 정리를 이용하여 이들 힘의 합력의 크기와 작용 위치를 구하라.

2.5 그림 2.24와 2.25의 합력의 크기와 작용점 위치를 구하라.

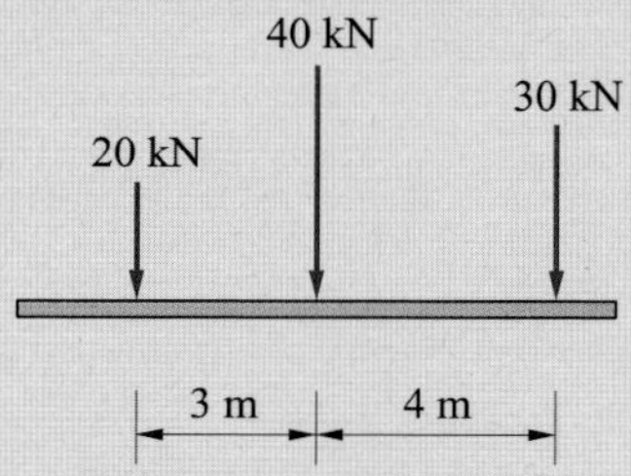

그림 2.24

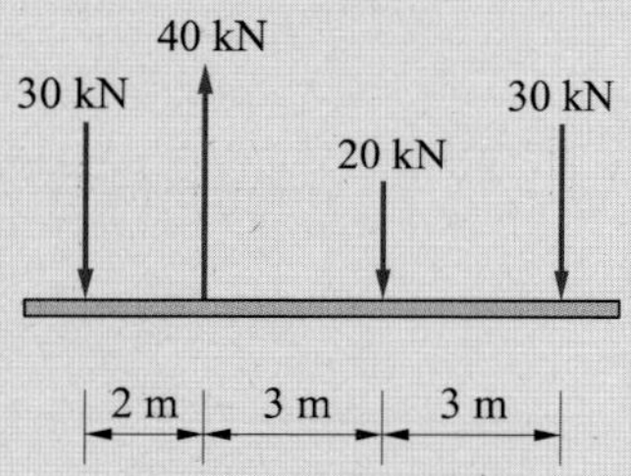

그림 2.25

2.6 그림 2.26과 2.27의 합력의 크기와 작용점 위치를 구하라.

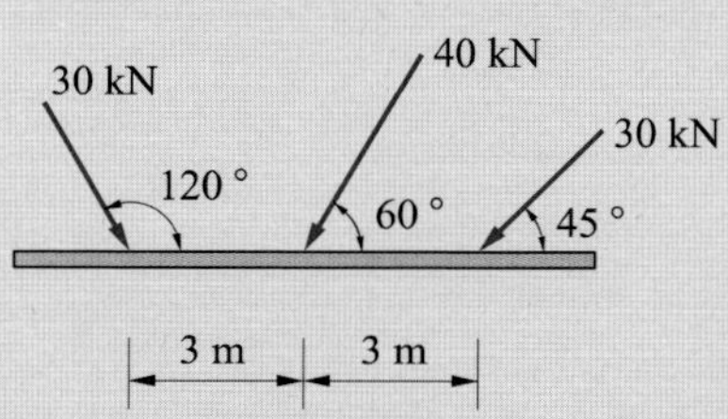

그림 2.26

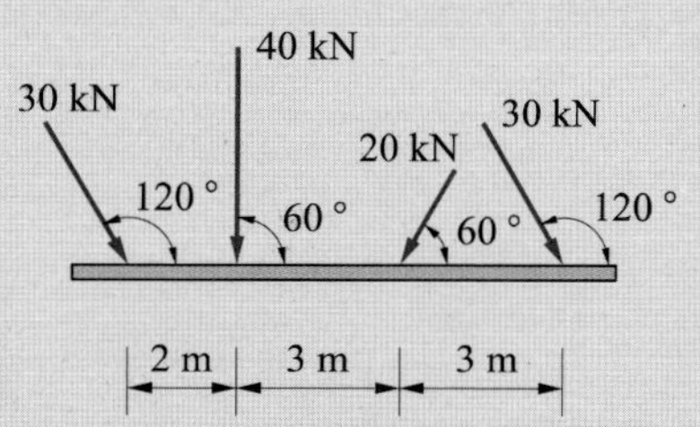

그림 2.27

2.7 그림 2.28과 2.29의 구조물에서 60 kN의 힘을 P_1, P_2, P_3의 세 힘으로 분해하라.

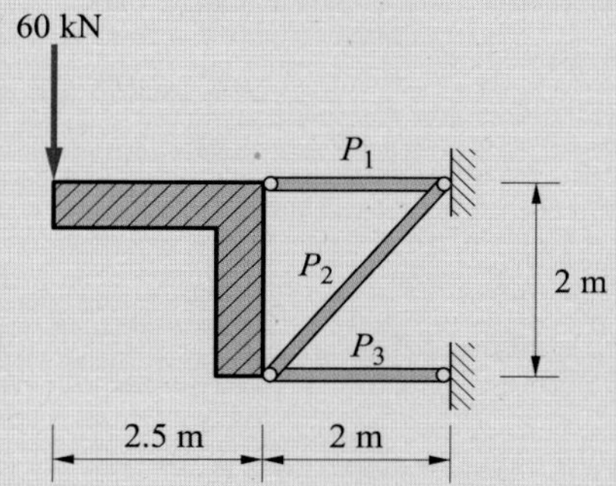

그림 2.28

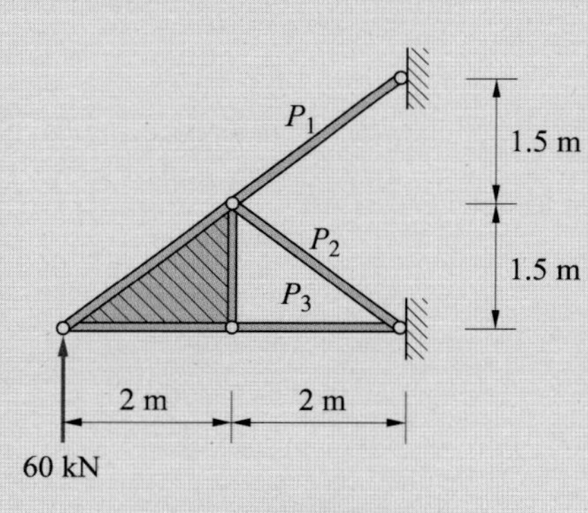

그림 2.29

2.8 그림 2.30과 2.31의 구조물에서 상부에 작용하는 힘에 평형을 이루는 R_1, R_2, R_3 등의 힘의 크기를 계산하라.

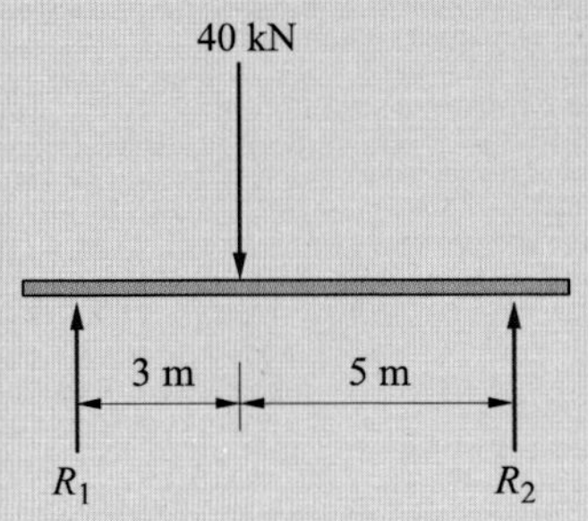

그림 2.30

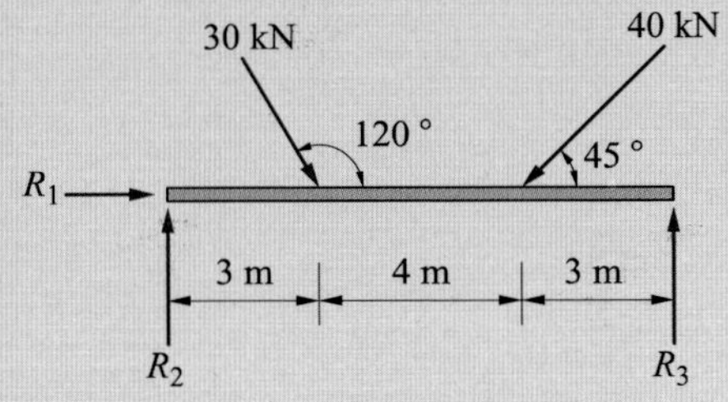

그림 2.31

제3장 정정구조물의 판별 및 반력

3.1 개요

구조물은 기본적으로 구조부재와 절점 및 지점으로 이루어진다. 구조부재에 작용하는 모든 하중은 절점이나 지점을 거쳐 다른 부재나 지반으로 전달되며, 이와 같은 힘의 전달 과정에서 부재와 절점 및 지점에는 힘의 평형조건을 만족시키는 부재력과 절점력 및 지점 반력이 생기게 된다.

하중에 의한 부재력으로서 축방향력과 전단력 및 휨모멘트에 대하여서는 4장에서 거론하며, 이 장에서는 구조물의 절점력과 지점 반력이 다루어진다. 구조물이 하중지지 및 전단 기능을 원활하게 발휘하기 위하여서는 구조부재들을 안정된 상태로 유지할 수 있는 절점 및 지점의 구속 기능이 적절하게 동반되어야 한다. 그러나 지점 및 절점이 과다하게 구속되어 있거나 부재수가 많은 경우에는 내력을 힘의 평형조건만으로 풀 수 없는 문제가 생기므로, 부재 수와 지점 및 절점의 구속과 관련하여 안정과 불안정, 정정과 부정정의 개념이 먼저 이해되어야 한다.

이런 관점에서 이 장에서는 구조 안정 및 정정 판별에 이어 정정구조물의 반력을 구하는 방법이 예제와 함께 다루어지며, 부정정구조물의 해석은 17장 이후에 거론된다.

3.2 외력과 내력

구조물에는 다양한 종류의 하중이 작용하고 이러한 하중은 부재를 통하여 지면으로 전달된다. 구조물에 작용하는 힘은 그림 3.1과 같이 외력과 내력으로 구분할 수 있다. 외력(external force)이란 구조물에 가해지는 힘을 의미하며 가력(applied force)과 반력(reaction force)으로 구분할 수 있다. 가력이란 고정하중, 활하중, 풍하중과 같은 2장에서 설명한 하중을 의미하며, 구조물에 운동을 유발한다. 반력은 구조물의 지점에서 발생하는 힘이며, 구조물의 운동을 억제하고 평형상태를 유지시키려는 특성이 있다. 구조해석에서 가력은 주어지는 값(known values)이며, 반력은 미지의 값(unknown values)으로 해석에서 계산해야 한다.

가력과 반력이 평형을 이룰 경우에 그 사이에 있는 모든 부재의 단면에서도 평형이 성립되어야 하기 때문에 구조물을 구성하는 내부에 힘이 발생하며 이런 부재의 내부 힘

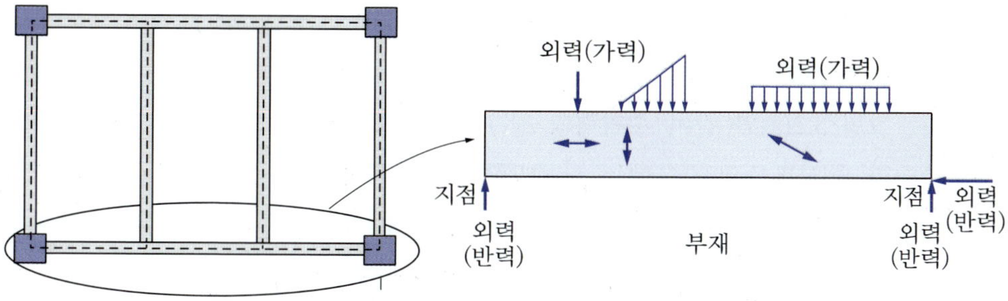

그림 3.1 외력과 내력의 구분

을 내력(內力, internal force), 단면력(斷面力) 또는 부재력(部材力)이라고 한다. 내력에 대해서는 4.2절에서 보다 상세히 설명한다.

3.3 자유물체도와 힘의 부호

구조해석에서 그림은 외력과 부재 내력을 나타내는 중요한 해석 수단으로 사용된다. 외력 분포와 이에 대한 구조물의 거동을 기하학적인 형태로 표시하는 것은 구조 해석자들에게 수식으로만은 이해하기 어려운 물리적 의미를 설명할 수 있을 뿐 아니라, 복잡한 구조물들을 단계적으로 풀어나갈 수 있는 순서와 방법을 제시해 준다.

외력과 구조물을 나타내는 그림은 힘의 크기, 방향, 작용점 등 3요소와 분포하중과 집중하중 등의 형태, 일정한 축척에 의한 구조부재의 기하학적인 구성, 절점과 지점의 형태 및 위치 등이 규정된 기호와 부호에 의하여 작성되어야 한다. 이런 과정을 거쳐 구조도가 작성되면, 식(2.19)의 평형조건을 적용하여 구조부재를 전체 구조물에서 가상적으로 개별 부재로 분리하여 부재력과 절점력을 구해 나간다. 부재를 분리할 때에는 그 부재에 작용하는 모든 외력과 지점 반력, 절점력 및 부재력 등이 표시되어야 하며, 이와 같이 구조물의 구성 요소와 똑같은 힘의 효과를 가지고 분리된 부재의 구조도를 자유물체도(free body diagram)라고 한다. 자유물체도는 부재력 계산과 힘의 전달 경로를 이해하는 데 매우 편리한 해석의 보조 수단으로, 대상 부재는 단일 부재에 국한하지 않고 해석의 편의에 따라 부재를 절단한 상태로 작성할 수도 있고, 또는 여러 부재를 가진 자유물체도를 작성할 수도 있다.

자유물체도를 포함하여 구조물에 작용하는 힘을 그림으로 나타내는 데에는 방향에 대한 부호가 규정되지 않으면, 해석과 구조도 표시에 많은 혼동이 생긴다. 이 교재에서는 그림 3.2(a)와 같이 수평력의 경우에는 좌측에서 우측 방향, 수직력의 경우에는 위쪽방향, 휨모멘트의 경우에는 시계방향으로 회전하는 경우를 "+" 부호로 하였다. 그 반대의 경우, 즉 수평력의 경우에는 우측에서 좌측 방향, 수직력의 경우에는 아래쪽방향, 휨모멘트의 경우에는 반시계방향으로 회전하는 경우를 "−" 부호로 한다.

3.4 지점과 절점

구조물이 외력을 지지하기 위하여서는 그 구조물의 어느 부분이 외력에 의한 이동이나 회전에 대하여 구속되어 있어야 한다. 이와 같이 외력에 의한 움직임을 구속하고 구조물을 지지하는 부분을 지점, 외력과 평형을 유지하기 위하여 지점에서 외력에 반대 방향으로 생기는 힘을 반력이라고 하며, 구조물은 외력을 지지하는 부재와 외력에 의한 움직임을 구속하여 지지되는 외력을 반력으로 다른 구조물이나 지반에 전달하는 지점으로 구성된다.

2차원 구조물에 작용하는 외력은 그림 2.16에 표시된 바와 같이 두 방향의 힘과 한 방향의 휨모멘트이며, 이 두 방향의 힘과 한 방향의 휨모멘트의 구속 정도에 따라 2차원 구조물의 지점은 이동단, 회전단 및 고정단으로 구분되며 각각의 반력과 구조해석에서의 표시는 표 3.1과 같이 한다.

이동단(roller end)은 지점에 수직한 힘에 대해서만 구속력을 가지며, 지점에 수평한 힘이나 회전력에 대하여서는 구속력을 가지지 못하는 지점이다. 따라서 이동단에는 지점에 수직한 방향으로 한 개의 반력만 생긴다.

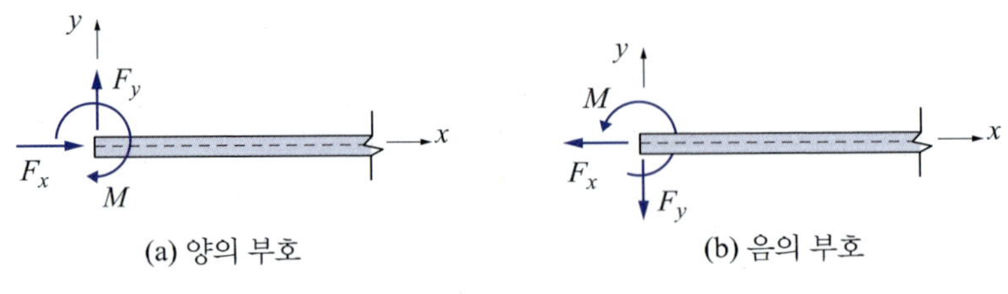

그림 3.2 부호 규약

표 3.1 지점의 종류

지점의 종류	표기법	반력수	지점의 특성
이동단	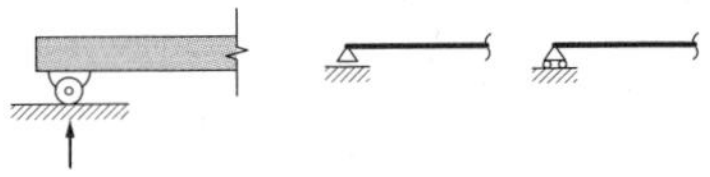	반력 1개 (수직반력)	회전가능, 수평방향으로만 이동가능
회전단	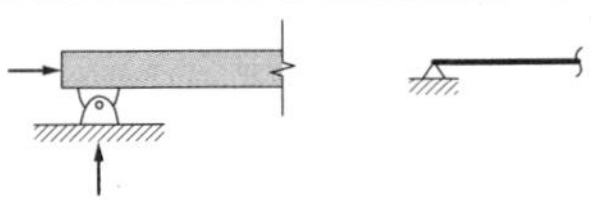	반력 2개 (수평반력, 수직반력)	회전가능, 수평과 수직방향 이동불가
고정단	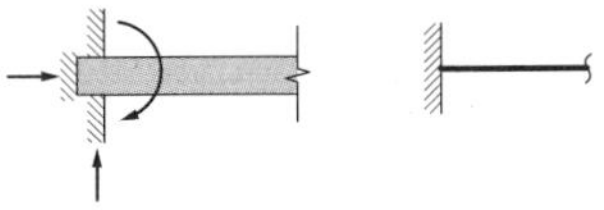	반력 3개(수평반력, 수직반력, 회전반력)	회전과 이동 모두 불가

표 3.2 절점의 종류

지점의 종류	표기법	절점력 수	절점의 특성
활절점	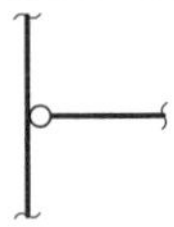	절점력 2개 (수평력과 수직력)	회전가능, 이동불가
강절점	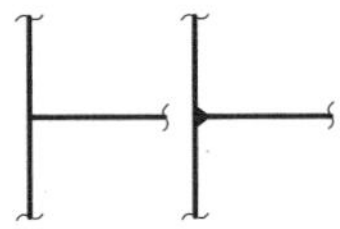	절점력 3개 (수평력과 수직력, 회전력)	회전불가, 이동 불가

회전단(hinged end)은 두 방향의 이동을 구속하나, 회전에 대해서는 구속력을 가지지 못하는 지점이다. 회전단은 두 방향의 반력을 가지며, 삼각형으로 표시된다.

고정단(fixed end)은 이동이나 회전이 불가능하게 고정되어 있는 지점이다. 고정단은 두 방향의 이동과 회전을 모두 구속하기 때문에 세 개의 반력이 생긴다.

여러 개의 부재로 구성된 구조물에서 부재 사이의 접합점은 절점(joint)이라고 한다. 절점은 활절점(hinge joint)과 강절점(rigid joint)으로 구성된다. 2차원 구조물에서 활절점은 회전단과 같이 부재간 상대적인 이동을 구속하여 두 방향의 부재력을 전단할 수 있으나 회전에는 구속력이 없어 부재간 휨모멘트를 전달하지 못하는 절점으로, 활절점이 지지할 수 있는 부재력 수는 2이며, 강절점은 고정단과 같이 부재간 상대적인 이동과 회전을 모두 구속할 수 있는 절점으로 3개의 부재력을 지지할 수 있다. 절점의 표시는 표 3.2와 같다.

절점이 지지하는 한 부재의 부재력은 그 절점에 연결된 다른 부재에 반력과 같이 작용하기 때문에 구조물의 안정 및 정정 판별에서 절점은 지점과 같은 방법으로 다루어진다.

3.5 구조물의 안정과 정정

구조물이 그에 작용하는 외력에 평형을 이루어 이동이나 회전을 하지 않으면서 원래의 형태를 그대로 유지하는 것을 구조물의 안정이라고 한다. 구조물이 안정을 유지하기 위하여서는 다음의 두 조건이 만족되어야 한다.

- 조건 1 : 2차원 구조물의 지점 반력의 수는 3 이상일 것
- 조건 2 : 지점 이외의 구조물은 강체 거동을 할 것

2차원 구조물의 평형조건은 식(2.19)와 같이 세 개의 방정식으로 주어지며, 이 조건들을 만족시키기 위하여서는 적어도 세 개의 반력을 가진 지점이 구조물에 갖춰져야 한다. 그림 3.3의 구조물은 세 개의 반력을 가진 지점들로 안정을 유지하는 구조물들의 예이다. 이와 같이 지점 반력에 의하여 이루어지는 구조물의 안정을 외적 안정이라고 한다. 지점 반력의 수가 3 이상 되어야 하는 것은 외적 안정의 필요조건이기는 하나, 3개 이상의 반력이 있는 지점을 갖추고도 지점 배열의 잘못으로 불안정하게 되는 경우도 있다. 그런 예로써, 그림 3.4(a)는 세 개의 이동단으로 3개 이상의 반력은 확보되고 있으나, 이동단이 모두 같은 방향으로 평행하게 배열되어 있어 수평력에 평형을 유지하지 못하여 불안정하게 되는 경우이며, 그림 3.4(b)는 이동단의 방향이 엇갈리어 수직력 및 수평력에 대해서는 평형을 유지하나, 세 이동단으로부터의 반력의 방향이 한 점 O에 모이기 때문에 O점에 대한 휨모멘트의 평형을 유지하지 못하여 불안정하게 되는 경우이다. 이와 같이 지점의 배열에 의하여 생기는 구조물의 불안정 현상을 기하학적 불안정이라고 한다. 기하학적 불안정 현상은 구조물의 이동단들이 같은 방향으로 평행하게 배열됐을 때나, 이동단 또는 회전단의 반력의 방향이 모두 한 점에 모일 때 일어난다.

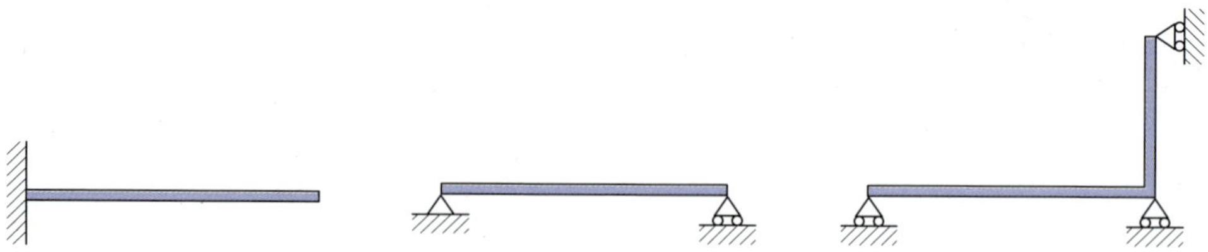

그림 3.3 외적 안정

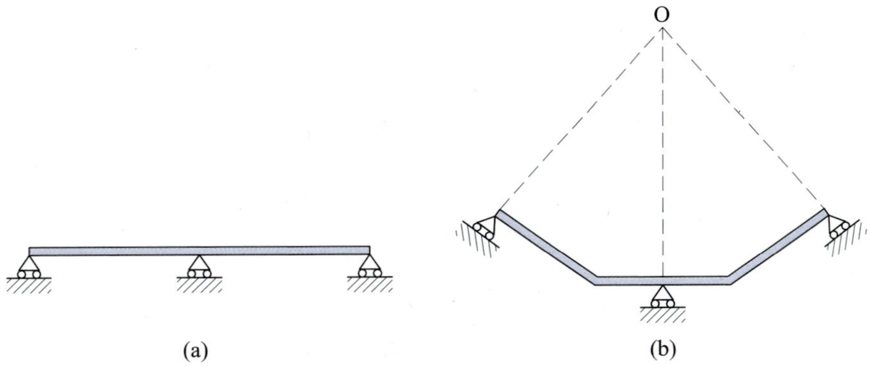

그림 3.4 기하학적 불안정

지점이 기하학적 불안정이 안 생기게 배열되어 있는 경우 지점 반력이 3이면 안정을 유지하면서 외력에 대하여 반력의 크기를 식(2.19)의 평형 조건으로부터 구할 수 있다. 그러나 지점 반력의 수가 3을 넘으면 안정을 유지하기는 하나 식(2.19)의 세 개 방정식으로는 그 보다 수가 많은 미지의 반력을 구할 수 없게 된다. 2차원 구조물에서 지점 반력을 평형조건식으로 구할 수 있는 구조물을 정정구조물, 구할 수 없는 구조물을 부정정구조물이라고 하며, 지점 반력의 수를 r로 하면, 평형조건으로 풀 수 없는 반력의 수를 외적 부정정차수라고 한다.

$$n_1 = r - 3 \tag{3.1}$$

구조물의 외적 안정 및 정정 판별식은 n_1의 값에 따라 식(3.2)로 주어진다.

$$\begin{aligned} &n_1 < 0 \quad \text{불안정} \\ &n_1 = 0 \quad \text{외적 안정, 정정} \\ &n_1 > 0 \quad \text{외적 안정, 부정정} \end{aligned} \tag{3.2}$$

지점 반력에 의하여 외적 안정이 확보된 경우에도 위의 조건 2와 같이 구조물의 지점 이외의 부분, 즉 부재의 절점으로 이루어진 부분이 강체 거동을 하여야 완전한 안정을 얻게 된다. 구조물에서 지점을 제외한 부분이 강체거동을 하여 원래의 형태를 그대로 유지하는 것을 내적 안정이라고 하며, 그림 3.5는 내적 안정 구조물의 예이다. 여기서, 그림 3.5 (a), (b), (c)와 같이 절점이 강절점으로 연결된 경우는 내적 안정이며, 절점이 활절점으로 되는 경우 구조물의 내적 안정 정정 판별식으로 판별하여야 한다. 먼저 그림 3.5(d)의 트러스를 예로 들면, 활절점에서는 휨모멘트가 0이 되기 때문에 식(2.19)의 세 방정식 중 $\Sigma F_x = 0$, $\Sigma F_y = 0$의 두 평형조건식만 적용하여 한 활절점에서 연결되

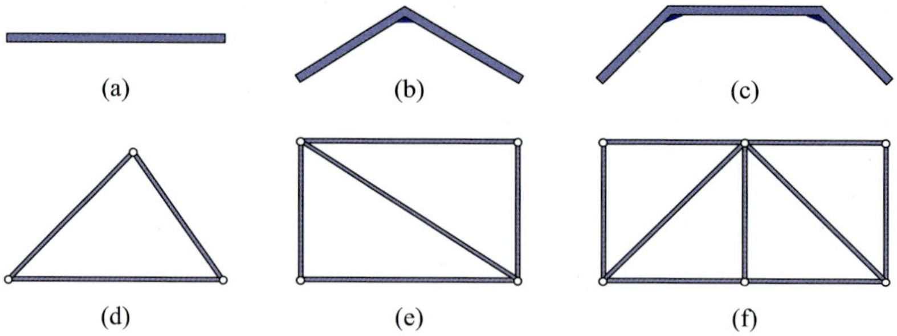

그림 3.5 내적 안정과 불안정

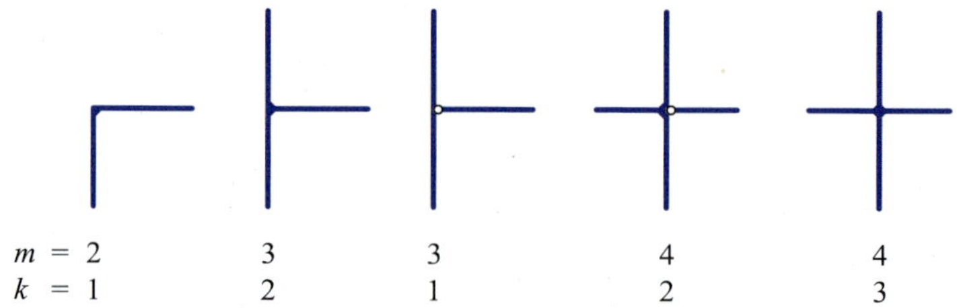

그림 3.6 하나의 부재에 강접된 다른 부재의 수

는 두 부재의 축방향력을 결정할 수 있으며, 그림 3.5(d)의 기본 트러스도 내적 안정을 이루면서 정정구조가 된다. 이들 트러스에서 부재가 하나라도 모자라면, 내적 불안정구조가 되고, 반대로 부재 수가 늘어나면 평형조건으로 구할 수 없는 부재력이 생겨 내적 부정정구조가 되므로, 부재의 수를 m, 지점 및 절점 수를 j로 하면, 트러스의 내적 부정정차수 계산식은 그림 3.5 (d), (e), (f)의 트러스로부터 식(3.3)이 된다.

$$n_2 = m + 3 - 2j \tag{3.3}$$

이 식 또한 식(3.2)와 같이 $n_2 < 0$일 때에는 내적 불안정, $n_2 = 0$일 때 내적 안정 정정, $n_2 > 0$이면 내적 안정 부정정으로 판별된다.

부재 사이의 연결이 활절점이 아니고 강절점일 때에는 활절점의 경우보다 회전의 구속에 따른 부재력이 하나 더 늘기 때문에 부정정차수는 모든 절점을 활절점으로 하여 설정된 식(3.3)에 강절점의 수만큼 추가된다. 따라서 구조물 내의 모든 강절점 수를 k로 하면, 구조물의 내적 부정정차수의 계산식은 식(3.3)에 k를 더하여 식(3.4)로 주어진다.

$$n_3 = m + k + 3 - 2j \tag{3.4}$$

이 식에서 k는 그림 3.6의 예에서와 같이 하나의 부재에 강접된 다른 부재의 수로 계산된다.

구조물의 안정은 위에서 거론된 두 조건이 만족되는 것을 전제로 하며, 이 중 첫 번째 조건은 외적 안정, 두 번째 조건은 내적 안정을 나타내는 것이다. 따라서 구조물의 부정정차수 계산식은 식(3.1)의 외적 부정정차수와 식(3.4)의 내적 부정정차수를 더하여 유도된다.

$$n = m + k + r - 2j \tag{3.5}$$

구조물은 n값에 따라 식(3.6)에 의해 판별된다.

$$\begin{aligned} &n_1 < 0 \quad \text{불안정} \\ &n_1 = 0 \quad \text{외적 안정, 정정} \\ &n_1 > 0 \quad \text{외적 안정, 부정정} \end{aligned} \tag{3.6}$$

예제 3.1 그림 3.7에 열거된 보의 안정 및 정정을 판별하라.

풀이 그림 3.7의 보의 안정 및 정정 판별은 식(3.5)의 적용에 따라 다음의 표와 같이 주어진다.

보	부재, 반력 및 절점의 수				식(3.5)의 n	판별
	m	r	k	j		
(a)	1	3	0	2	0	안정, 정정
(b)	1	3	0	2	0	기하학적 불안정
(c)	2	3	0	3	−1	불안정
(d)	1	4	0	2	1	안정, 1차불안정
(e)	2	4	0	3	0	안정, 정정
(f)	3	4	1	4	0	안정, 정정
(g)	1	3	0	2	0	안정, 정정
(h)	3	4	2	4	1	안정, 1차 부정정
(i)	2	6	0	3	2	안정, 2차 부정정

예제 3.1에서 그림 3.7(e)의 보는 내적 불안정이나 외적 1차 부정정으로 여분의 반력에 의하여 전체적으로 안정을 유지하는 경우이다. 이 보의 반력 수가 4이므로 식(2.19)의 세 조건식으로는 미지의 반력 한 개가 남으나, 보의 중앙 활절점에서 $\Sigma M = 0$의 방정식으로 이 반력을 구할 수 있어 안정 정정구조가 된다.

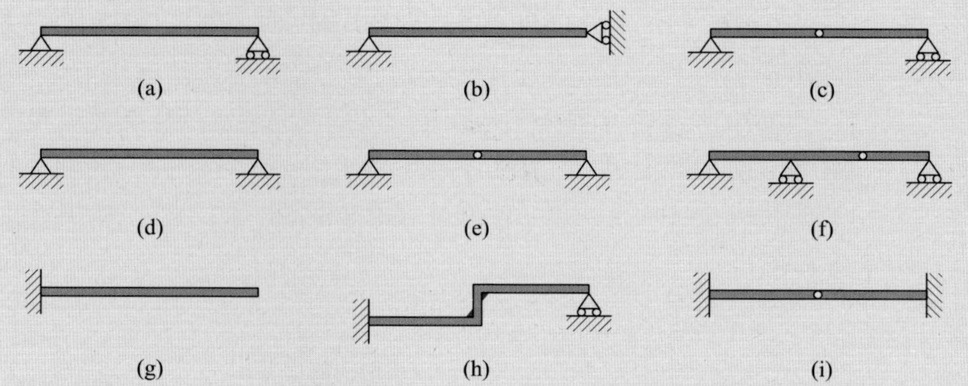

그림 3.7 보의 안정 및 정정 판정

예제 3.2 그림 3.8에 예시된 보의 안정 및 정정을 판별하라.

풀이 그림 3.8의 트러스 및 골조의 안정 및 정정 판별은 식(3.5)의 적용에 따라 다음의 표와 같이 주어진다.

트러스 및 골조	부재, 반력 및 절점의 수				식(3.5)의 n	판별
	m	r	k	j		
(a)	13	3	0	8	0	안정, 정정
(b)	7	5	0	5	2	안정, 2차 부정정
(c)	9	3	0	6	0	안정, 정정
(d)	3	6	0	4	1	안정, 1차 부정정
(e)	15	3	0	9	0	안정, 정정
(f)	10	3	0	7	−1	불안정
(g)	3	6	2	4	3	안정, 3차 부정정
(h)	4	4	2	5	0	안정, 정정
(i)	9	4	6	8	3	안정, 3차 부정정
(j)	8	4	8	8	4	안정, 4차 부정정
(k)	20	10	21	15	21	안정, 21차 부정정

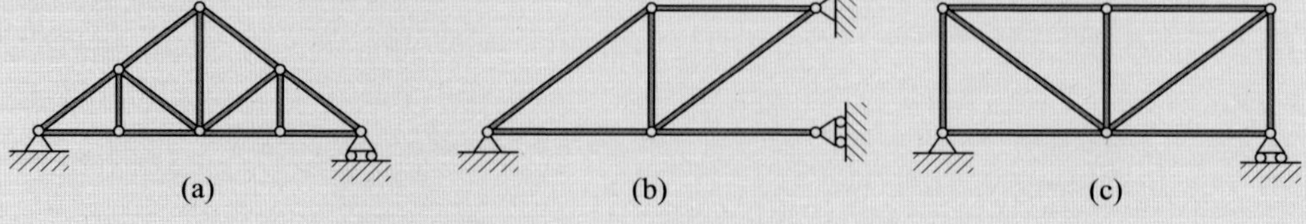

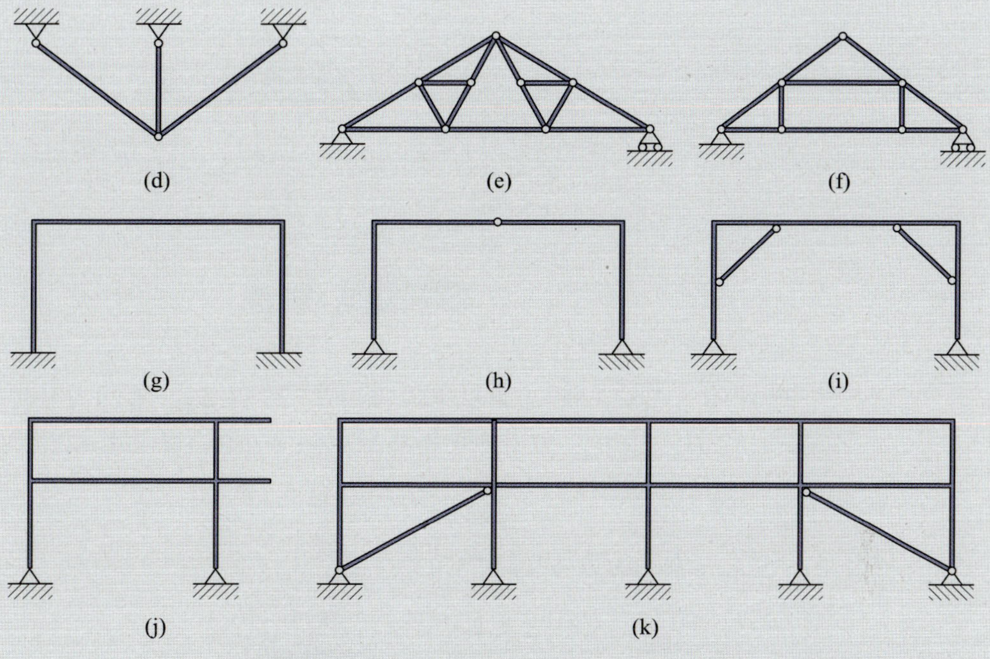

그림 3.8 트러스와 골조의 안정 및 정정 판정

3.6 정정구조물의 반력

구조해석에서 많이 다루어지는 대표적인 정정구조물은 그림 3.7(a)와 같이 한 단부는 회전지점이고 다른 단부는 이동지점인 단순보와 그림 3.7(g)와 같이 한 단부는 고정지점이고 다른 단부는 자유단인 캔틸레버 및 그림 3.8(h)와 같이 양 단부는 회전지점으로 되어 있고 부재에 회전절점이 있는 골조 등이다.

정정구조물이 작용하는 외력에 대하여 안정 평형을 유지하기 위하여서는 식(2.19)의 평형조건을 만족시킬 수 있는 반력이 각 구조물의 지점에 생겨야 한다.

단순보, 캔틸레버 및 부재에 회전절점이 있는 골조 등의 정정구조물의 반력은 미지의 지점 반력을 식(2.19)의 평형방정식을 적용하여 구한다.

3.6.1 단순보

단순보의 반력을 계산하는 데에는 식(2.19)의 평형방정식이 적용된다. 간단한 예로써

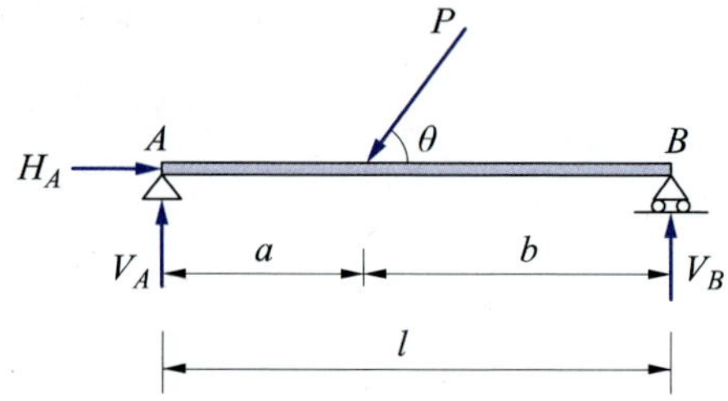

그림 3.9 단순보

그림 3.9와 같이 단순보에 힘 P가 θ의 경사각으로 작용할 때, A지점의 수평 및 수직 반력을 각각 H_A 및 V_A, B지점의 수직 반력을 V_B로 나타내면, 평형방정식은 다음과 같다.

$$\Sigma F_x = 0 \ : \ H_A - P\cos\theta = 0$$
$$\Sigma F_y = 0 \ : \ -P\sin\theta + V_A + V_B = 0$$
$$\Sigma M_B = 0 \ : \ V_A\, l - P\, b \sin\theta = 0$$

이 식으로부터 반력을 계산할 수 있다.

$$H_A = P\cos\theta, \ \ V_A = \frac{Pb}{l}\sin\theta, \ \ V_B = \frac{Pa}{l}\sin\theta$$

위의 평형방정식에서 두 번째 식 대신에 회전에 대한 평형식을 사용하여 반력을 계산할 수 있다.

$$\Sigma M_A = 0 \ : \ Pa\sin\theta - V_B\, l = 0$$

예제 3.3 그림 3.10 및 3.11 단순보의 반력을 구하라.

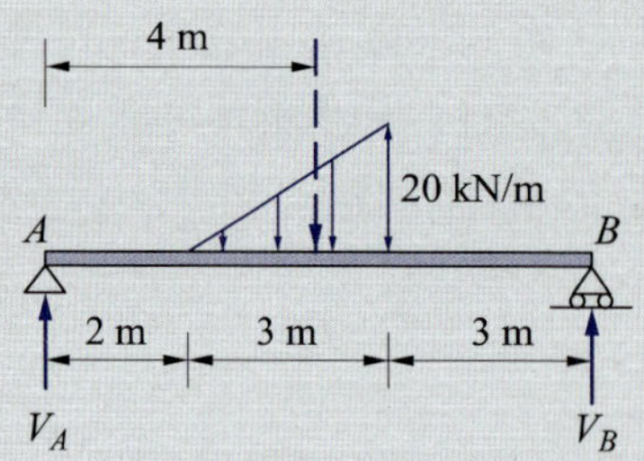

그림 3.10

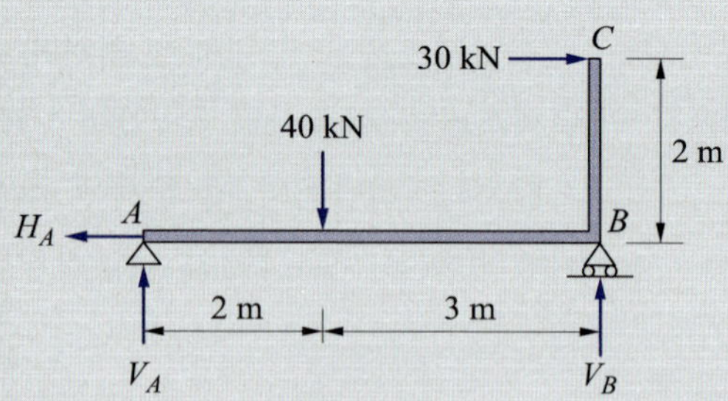

그림 3.11

풀이

(1) 그림 3.10의 단순보에서 보 중간에 작용하는 등변분포하중은 반력 계산에서 $(20\,\text{kN/m} \times 3\,\text{m})/2 = 30\,\text{kN}$의 집중하중이 점선으로 표시된 것과 같이 A지점에서 4 m 거리에 작용하는 것과 같으므로, 식(2.19)의 평형방정식을 이용하여 반력을 계산한다.

$\sum F_x = 0 \ : \ H_A = 0$

$\sum F_y = 0 \ : \ -20 \times 3/2 + V_A + V_B = 0$

$\sum M_B = 0 \ : \ V_A \times 8 - (20 \times 3/2) \times 4 = 0$

$H_A = 0, \ \ V_A = V_B = 15\,\text{kN}$

(2) 그림 3.11의 단순보의 평형방정식은 다음과 같다.

$\sum F_x = 0 \ : \ 30 - H_A = 0$

$\sum F_y = 0 \ : \ -40 + V_A + V_B = 0$

$\sum M_B = 0 \ : \ V_A \times 5 - 40 \times 3 + 30 \times 2 = 0$

평형방정식으로부터 반력을 계산할 수 있으며, 힘의 작용 방향은 그림 3.11에 표시된 것과 같다.

$H_A = 30\,\text{kN}, \ \ V_A = 12\,\text{kN}, \ \ V_B = 28\,\text{kN}$

3.6.2 캔틸레버 보

캔틸레버 보의 반력을 구하는 간단한 예로써, 그림 3.12와 같이 고정지점으로부터 a의 위치에 집중하중 P가 θ의 경사각으로 작용할 때 식(2.19)의 평형조건은 다음과 같다.

$$\sum F_x = 0 \ : \ -H_A + P\cos\theta = 0$$

$$\sum F_y = 0 \ : \ V_A - P\sin\theta = 0$$

$$\sum M_A = 0 \ : \ -M_A + Pa\sin\theta = 0$$

평형방정식으로부터 고정지점의 반력을 계산할 수 있다.

$$H_A = P\cos\theta, \ \ V_A = P\sin\theta, \ \ M_A = Pa\sin\theta$$

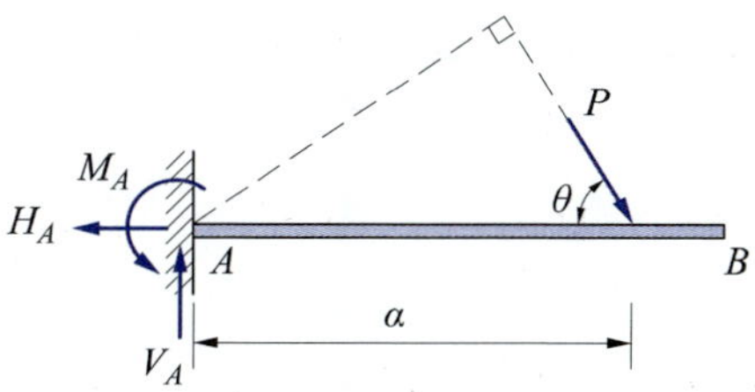

그림 3.12 캔틸레버 보-1

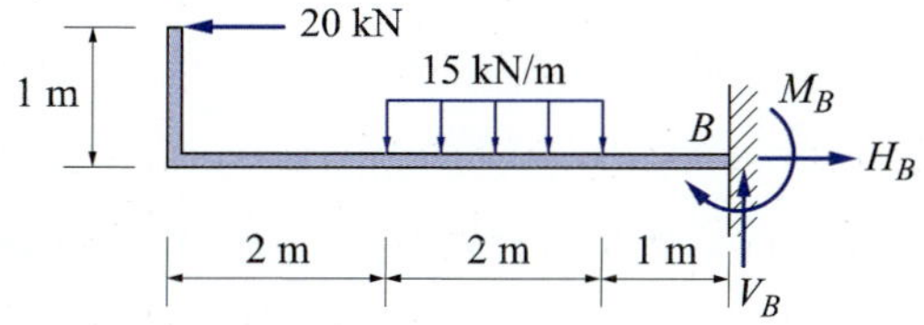

그림 3.13 캔틸레버 보-2

예제 3.4 그림 3.13과 같이 수직 등분포하중과 수평 집중하중을 받는 캔틸레버 보의 반력을 구하라.

풀이 등분포하중은 15 kN/m × 2 m의 집중하중이 등분포하중 구간의 중간에 작용하는 것과 같은 효과를 가지므로 식(2.19)로부터 B 지점에서의 평형방정식은 다음과 같다.

$$\Sigma F_x = 0 \ : \ H_B - 20 = 0$$

$$\Sigma F_y = 0 \ : \ V_B - 15 \times 2.0 = 0$$

$$\Sigma M_B = 0 \ : \ M_B - 15 \times 2.0 \times 2.0 - 20 \times 1.0 = 0$$

평형방정식으로부터 반력을 계산할 수 있다.

$$H_B = 20 \text{ kN}, \ V_B = 30 \text{ kN}, \ M_B = 80 \text{ kN} \cdot \text{m}$$

3.6.3 두 회전단과 한 회전 절점으로 된 골조

부재가 강접되어 있는 골조의 두 지점이 회전단으로 되어 있는 경우에는 지점의 반력 수가 네 개여서 식(2.19)의 평형방정식 수인 3개보다 하나 더 많기 때문에 1차 부정정 구조가 되어 식(2.19)만으로는 지점 반력을 구할 수 없다. 그러나 골조 부재 중 어느 한 부분이 회전 절점으로 되어 있는 경우에는 그 절점에서 휨모멘트가 0이 되는 조건을 적용하여 지점 반력을 구할 수 있다.

그림 3.14의 예에서 회전 절점 C의 좌우에 작용하는 두 힘에 대하여 휨모멘트가 0이 된다.

식(2.19)의 평형방정식을 적용하면, 다음 식을 얻을 수 있다.

$$\Sigma F_x = 0 \ : \ H_A - H_B = 0$$

$$\Sigma F_y = 0 \ : \ V_A + V_B - P_1 - P_2 = 0$$

$$\Sigma M_B = 0 \ : \ V_A(2l) - P_1(l+a) - P_2(l-b) = 0$$

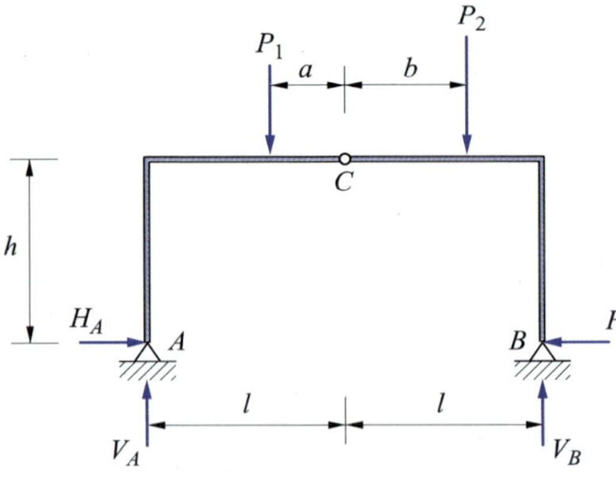

그림 3.14 회전 절점 골조

그러나 이 식에는 미지의 반력이 H_A, H_B, V_A, V_B의 네 개인 데 반하여 식은 세 개밖에 안되기 때문에 구할 수 없고, 앞에서 언급된 바와 같이 C점에서 휨모멘트가 0이 되는 조건이 추가된다. 단, C점은 회전이 가능한 활절점으로서 휨모멘트가 전달되지 않기 때문에 절점의 왼편이나 오른편에 대해서만 이 조건을 적용한다. C점의 왼편에 대해 평형조건을 적용하면 다음과 같다.

$$\sum M_C = 0 \ : \ V_A(l) - H_A h - P_1 a = 0$$

앞의 네 개의 평형조건을 이용하여 네 개의 반력을 계산할 수 있다.

$$V_A = [P_1(l+a) + P_2(l-b)]/(2l)$$
$$V_B = [P_1(l-a) + P_2(l+b)]/(2l)$$
$$H_A = H_B = [P_1(l-a) + P_2(l-b)]/2h$$

$\sum M_C = 0$의 조건 작용에서 회전 절점 C의 오른 편에 대하여 $-V_B l + H_B h + P_2 b = 0$으로 하여도 같은 결과를 얻게 된다.

예제 3.5 그림 3.15와 같은 두 회전단과 한 회전 절점의 골조에 수직과 수평 방향으로 10 kN/m의 등분포하중이 작용할 때 지점 반력을 구하라.

풀이

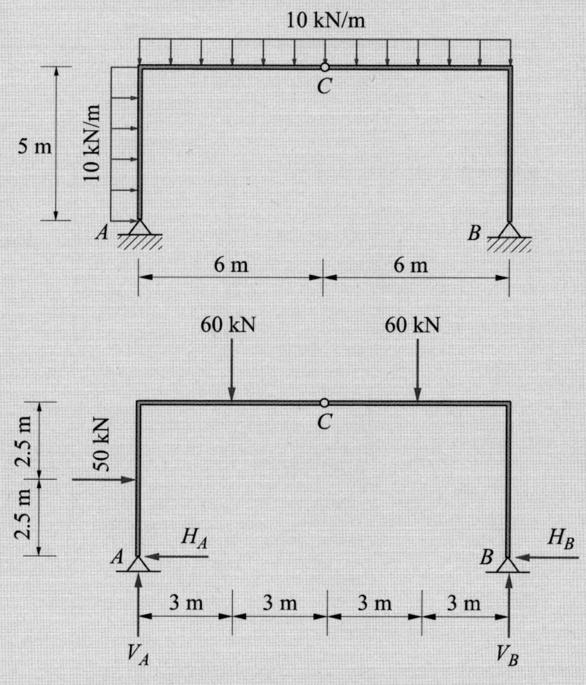

그림 3.15

그림 3.15의 하중과 반력 방향에 대하여 식(2.19)의 평형방정식과 회전 절점 오른편 힘에 의한 $\Sigma M_C = 0$의 조건을 다음과 같이 쓸 수 있다.

$$\Sigma F_x = 0 \ : \ 50\,\text{kN} - H_A - H_B = 0$$

$$\Sigma F_y = 0 \ : \ V_A + V_B - 60\,\text{kN} - 60\,\text{kN} = 0$$

$$\Sigma M_B = 0 \ : \ 50\,\text{kN} \times 2.5\,\text{m} + V_A \times 12\,\text{m} - 60\,\text{kN} \times 9\,\text{m} - 60\,\text{kN} \times 3\,\text{m} = 0$$

$$\Sigma M_C = 0 \ : \ 60\,\text{kN} \times 3\,\text{m} + H_B \times 5\,\text{m} - V_B \times 6\,\text{m} = 0$$

위의 네 식으로부터 그림 3.15 골조의 반력을 계산할 수 있다.

$$H_A = 1.50\,\text{kN}, \ H_B = 48.5\,\text{kN}$$

$$V_A = 49.6\,\text{kN}, \ V_B = 70.4\,\text{kN}$$

연습문제

3.1 그림 3.16에 예시된 여덟 구조물의 안정 및 정정을 판별하라.

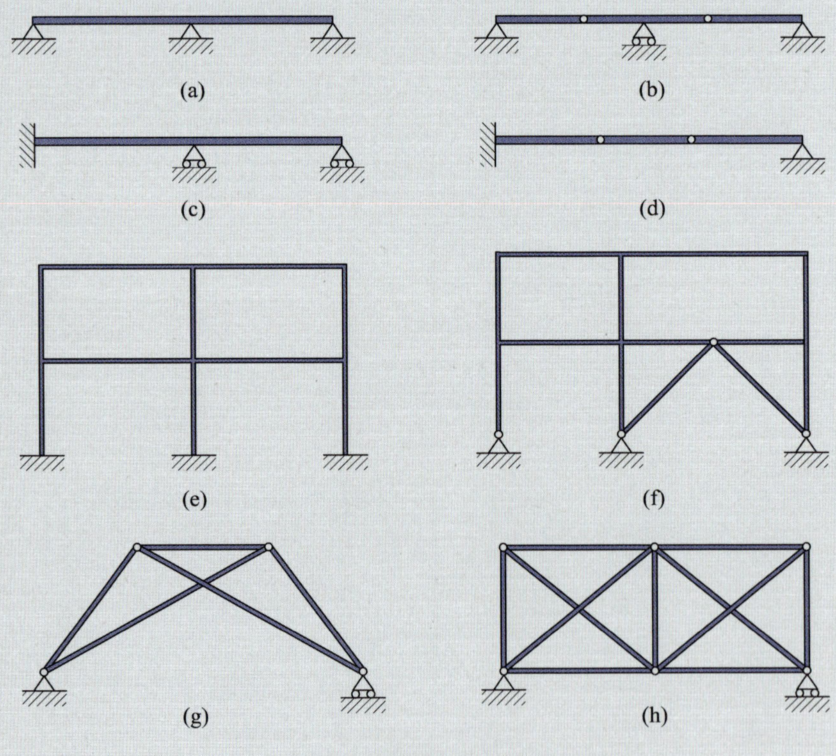

그림 3.16

3.2 그림 3.17과 3.18 보의 반력을 구하라.

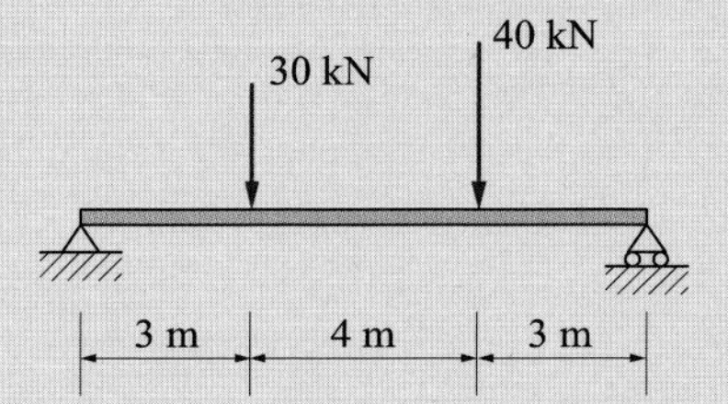

그림 3.17

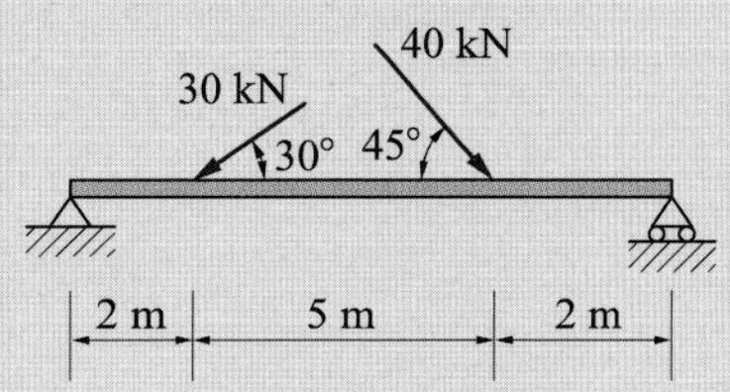

그림 3.18

3.3 그림 3.19와 3.20 보의 반력을 구하라.

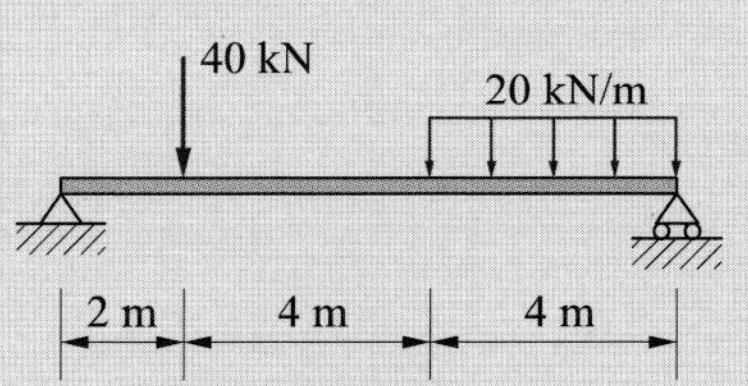

그림 3.19

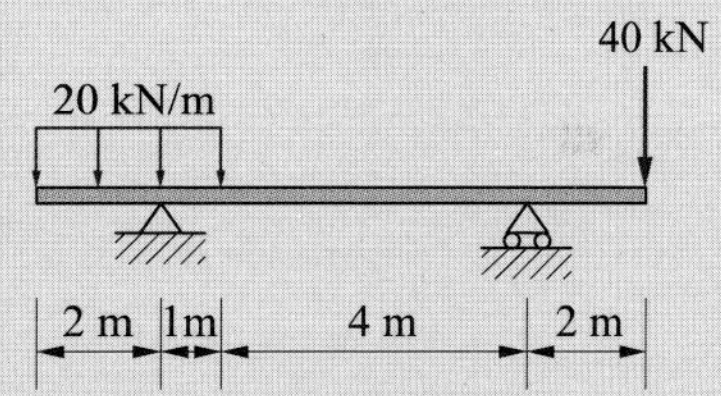

그림 3.20

3.4 그림 3.21과 3.22 보의 반력을 구하라.

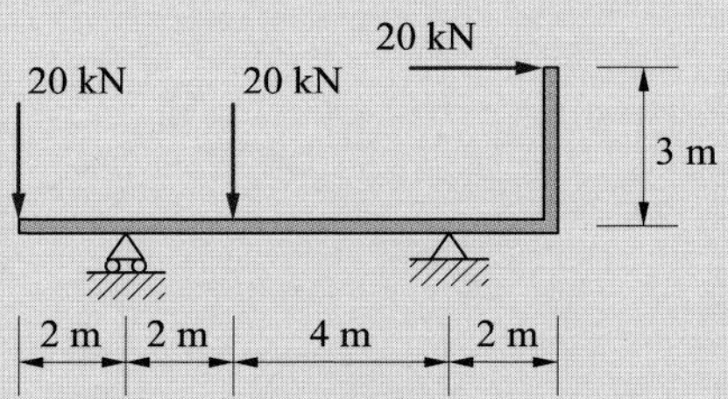

그림 3.21

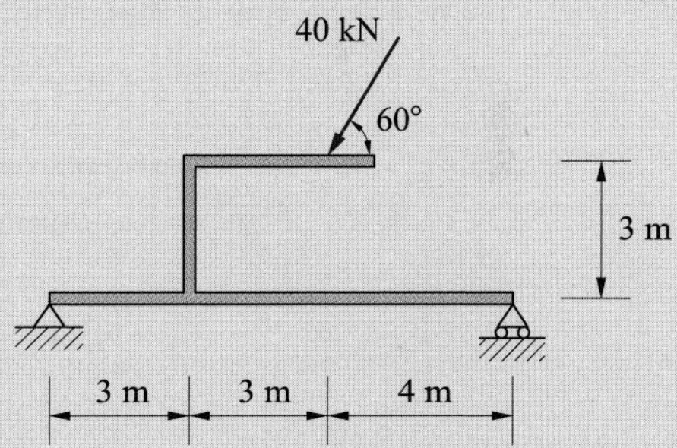

그림 3.22

3.5 그림 3.23～3.26 보의 반력을 구하라.

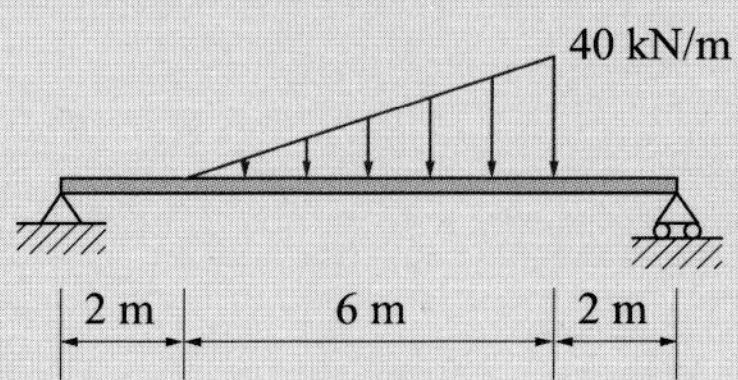

그림 3.23

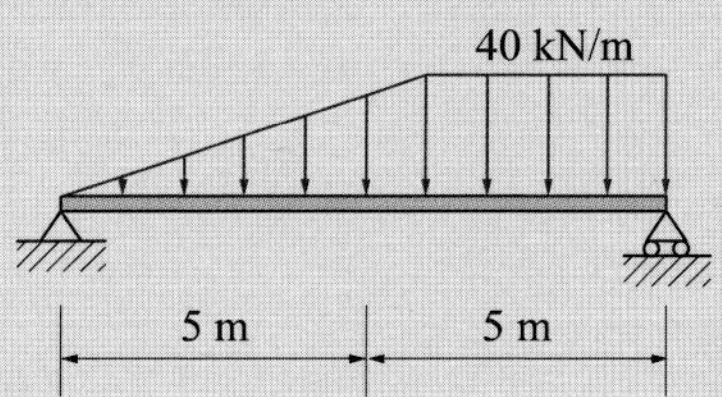

그림 3.24

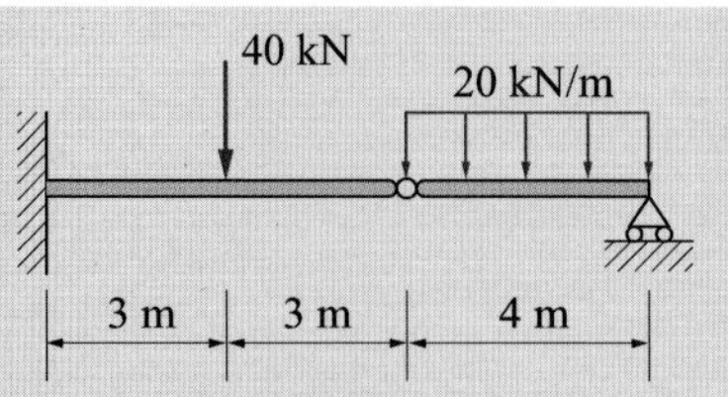

그림 3.25

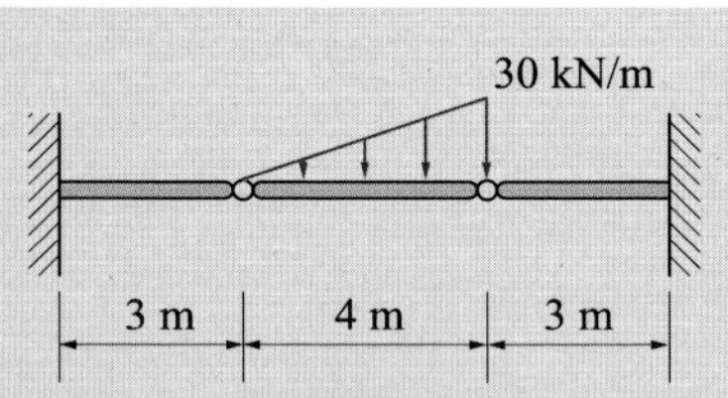

그림 3.26

3.6 그림 3.27과 3.28 골조의 반력을 구하라.

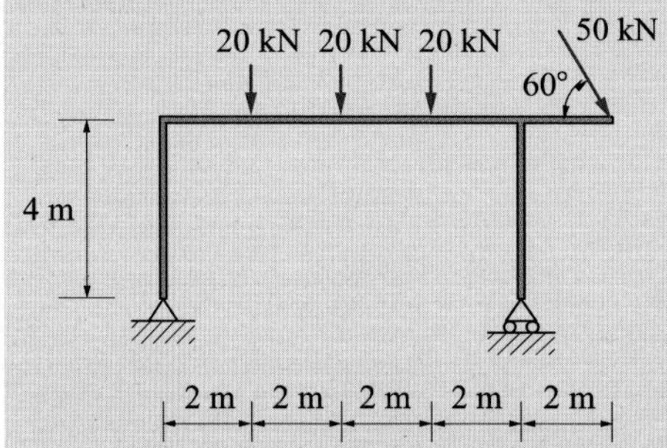

그림 3.27

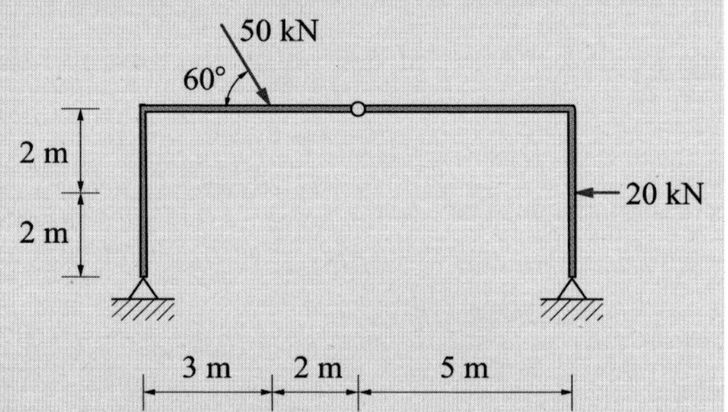

그림 3.28

3.7 그림 3.29와 3.30 골조의 반력을 구하라.

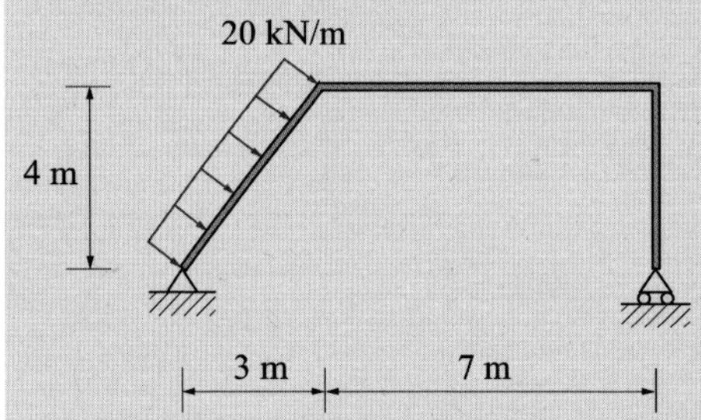

그림 3.29

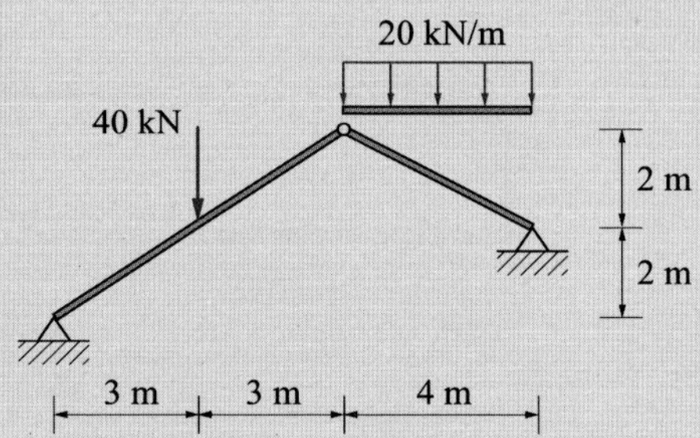

그림 3.30

제4장

정정보와 골조

4.1 개요

보는 축방향에 가로로 작용하는 하중을 지지하는 부재이며, 보와 같은 단일 부재들이 강접합되어 하중을 지지할 수 있게 구성된 구조물을 강접골조 또는 좁은 의미에서 골조(骨組, frame)라고 한다.

외력은 보와 골조의 부재 단면에 축력, 전단력, 휨모멘트 등의 형태로 작용하며, 이러한 부재력을 구하기 위해서는 먼저 반력을 산정하여야 한다.

정정구조물의 반력 산정은 3.6절에서 거론된 바와 같이 지점 또는 절점에서 힘의 평형조건만 적용하면 되기 때문에 계산에 큰 어려움은 없으며, 단순보, 캔틸레버보, 한 회전 절점이 있는 두 회전단 골조 등의 반력을 구하는 방법이 이미 설명되어 있어 이 장의 보와 골조 구조해석에서 첫 순서로 적용된다. 보와 골조의 구조해석에 앞서 하중과 전단력 및 휨모멘트 사이에 존재하는 미분 관계식이 유도되며, 이 식들은 부재의 전단력과 휨모멘트를 계산하는 데 유용하게 사용된다.

보에서는 단순보, 캔틸레버보, 내민보, 게르버보, 골조에서는 단순지지 골조, 캔틸레버 골조, 회전 절점이 있는 두 회전단 골조 등에서 기본적인 형태를 예제로 하여 여러 가지 하중에 대한 부재력 산정 방법이 거론되고 있다.

4.2 축방향력, 전단력 및 휨모멘트

3.2절에서 설명한 것과 같이 구조물에는 외력과 내력이 존재한다. 외력이란 다른 물체에서 구조물에 가해지는 힘을 의미하며, 그림 4.1에 표시된 가력과 반력으로 구분할 수 있다. 한편, 구조물의 평형은 외력의 작용점과 지점에서만 아니라 그 사이에 있는 모든 부재의 단면에서도 성립되어야 하기 때문에 부재의 단면에는 외력이나 반력에 평형을 이루는 부재 내부의 힘이 생기게 된다. 이런 부재의 내부 힘을 내력, 단면력 또는 부재력이라고 한다. 내력은 작용반작용 법칙인 뉴턴의 제3법칙에 의하여 구조물의 나머지 부분이 다른 일부에 동일한 크기에 반대 방향으로 힘을 가한다. 따라서 내력은 크기는 같지만 방향이 반대인 한 쌍의 힘이다. 동일한 면에 작용하는 내력은 서로 상쇄되기 때문에 전체 구조물의 평형방정식에는 표시되지 않는다. 해석에서 내력은 미지수이므로

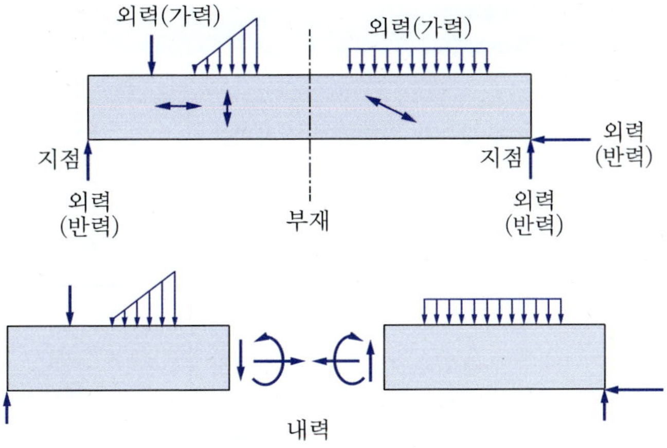

그림 4.1 외력과 내력

구조물을 구성하는 각 부재나 일부 구간에 대한 식(2.19)의 평형방정식을 이용하여 계산해야 한다. 하중과 반력 등의 외력이 평형인 상태에서 부재를 좌측과 우측 부분으로 분리하여 3.3에서 설명한 자유물체도를 그려보면, 분리된 부분 구조물에서도 평형조건이 성립하여야 한다. 이 때 분리된 단면은 좌측 부재의 단면인 동시에 우측 부재의 단면이 되기 때문에 단면에는 크기는 같지만 방향이 반대인 한 쌍의 힘이 발생하고, 이것이 단면의 내력이 된다.

구조물에 작용하는 내력도 외력과 동일하게 크기와 방향이 다양하다. 2.8절에서 설명하였듯이 힘들이 작용하는 모든 방향에 대하여 구조해석을 수행할 경우에 해석이 복잡해지므로 구조해석에서는 3차원 또는 2차원 좌표축을 정한 후에 힘에 대한 합과 분해를 이용하여 해석을 수행한다. 이 경우에 2차원 구조물에 작용하는 내력은 표 4.1과 같이 3종류만 존재하게 된다.

2차원 구조물의 내력도 외력과 같이 평면을 직교하는 두 방향의 힘과 휨모멘트의 형태로 생기며, 이런 힘들은 그림 4.2와 같이 부재축에 수평하게 작용하는 경우와 그림 4.3과 같이 수직하게 작용하는 경우로 나눠 구체적으로 고찰할 수 있다.

먼저, 그림 4.2(a)의 캔틸레버보에서 축방향의 반력은 평형조건으로 계산할 수 있다.

$$\Sigma F_x = -H_A + 3P - 2P = 0$$

$$H_A = P$$

표 4.1 내력의 종류

내력의 종류	특 성	
축력	부재축과 평행하게 작용하는 한 쌍의 힘	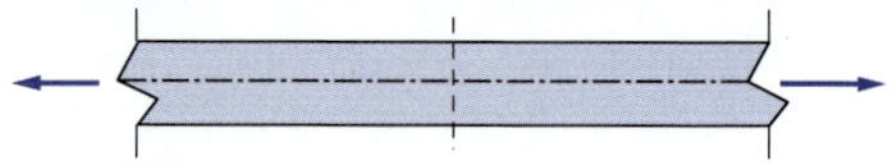
전단력	부재축과 직각되는 방향으로 작용하는 한 쌍의 힘	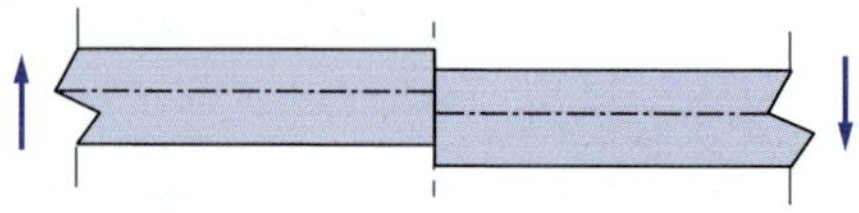
휨모멘트	부재축과 직각되는 방향으로 작용하는 한 쌍의 모멘트	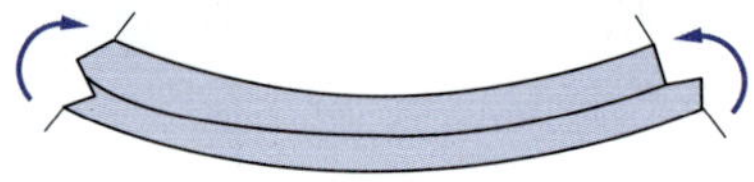

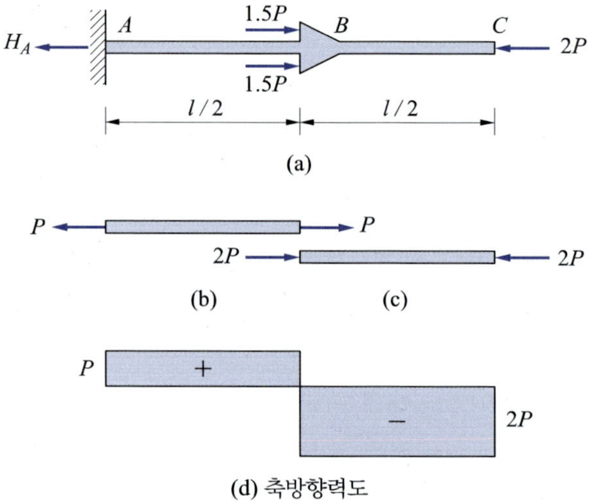

그림 4.2 축력과 축방향력도

반력은 하나만 생기며, 수직 방향의 반력과 휨모멘트는 생기지 않는다. 이 그림의 경우와 같이 부재의 축방향으로 작용하는 외력과 반력에 의하여 부재에 생기는 내력을 축방향력(軸方向力, axial force) 또는 축력(軸力)이라고 하며, N으로 표시한다. 축방향력 중에서 그림 4.2(b)와 같이 부재를 잡아 당기는 힘을 인장력(引張力, tensile force), 그림 4.2(c)와 같이 부재를 누르는 힘을 압축력(壓縮力, compressive force)이라고 하며, 부호는 인장력을 "+", 압축력을 "−"로 한다.

부재의 내력은 왼편에서 시작하여 지점과 하중 작용점 사이에서 평형조건을 적용하면서 오른편으로 계산해 나간다. 그림 4.2(a)의 보에서 AB 부재의 평형은 A점의 반력 $H_A = P$에 대응하여 B점에 H_A와 반대 방향으로 P가 작용하면 이루어지므로 그림

4.2(b)와 같은 평형상태가 되며, 표 4.2와 같은 인장력이므로 부호는 "+"로 표시된다. 하중 작용점 B에는 AB 부재 평형을 이루는 P 이외에도 $2P$의 축방향력이 더 있어 BC 부재에서 그림 4.2(c)와 같이 C점에 작용하는 힘 $2P$와 평형을 이루며, 힘의 작용 형태는 표 4.2와 같이 압축력이므로 부호는 "−"이다. 그림 4.2(b)와 (c)의 내력 분포는 그림 4.2(d)와 같이 전체의 부재에 대하여 하나의 그림으로 나타낼 수 있다. 이와 같이 부재의 축방향력 분포를 나타낸 그림을 축방향력도(axial force diagram, AFD)라고 한다.

그림 4.3(a)와 같이 집중하중이 부재축에 수직하게 작용하는 보에서 평형조건

$$\Sigma F_y = R_A + R_B - 3P = 0$$
$$\Sigma M_B = R_A(3l) - 3P(2l) = 0$$

으로부터 반력을 계산할 수 있다.

$$R_A = 2P, \; R_B = P$$

외력과 지점 반력에 의한 부재 수직 방향의 힘의 분포를 고찰하면, 그림 4.3(b)의 AC 부재에서 A점에 작용하는 반력 R_A의 오름세(↑) $2P$의 힘이 C점에 작용하는 내림세(↓) $3P$의 힘 중 $2P$와 평형을 이룬다. 이런 힘들은 부재를 수직으로 자르는 형태로 작용하기 때문에 전단력(剪斷力, shear force)이라고 하며, V로 표시한다.

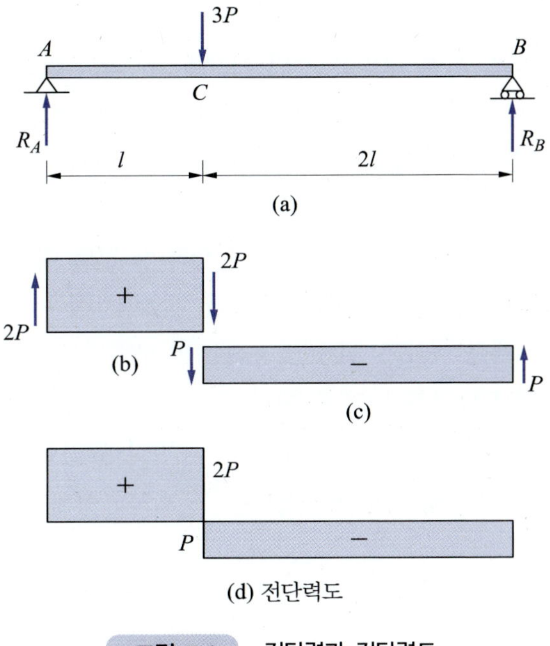

그림 4.3 전단력과 전단력도

표 4.2 내력의 부호

내력의 종류	양의 부호 (+)	음의 부호 (−)
축력	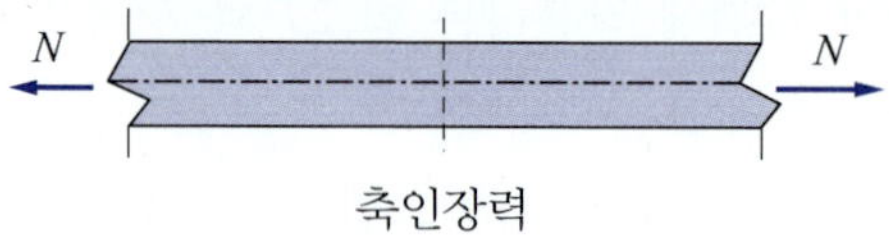 축인장력	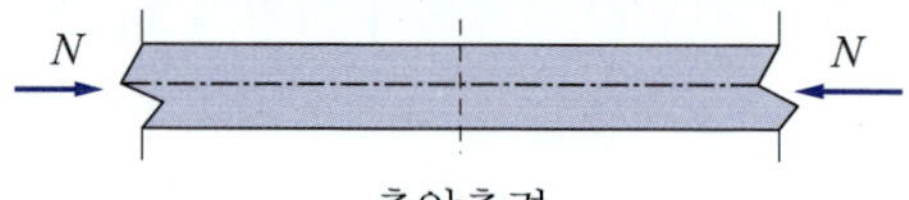 축압축력
전단력	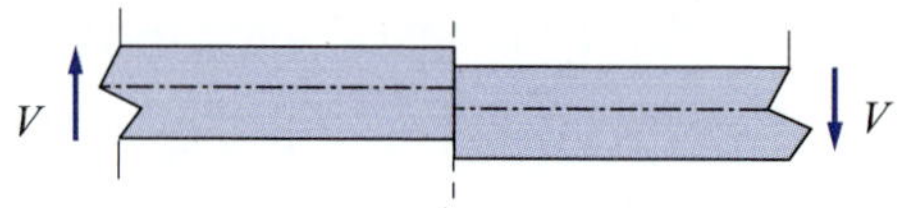	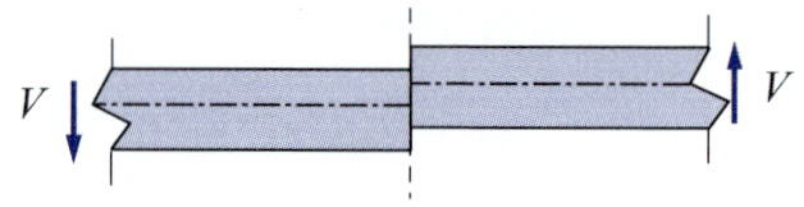
휨모멘트	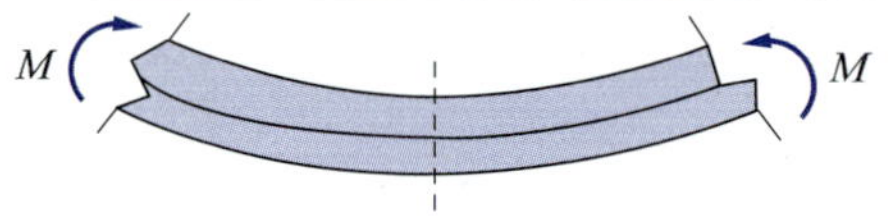	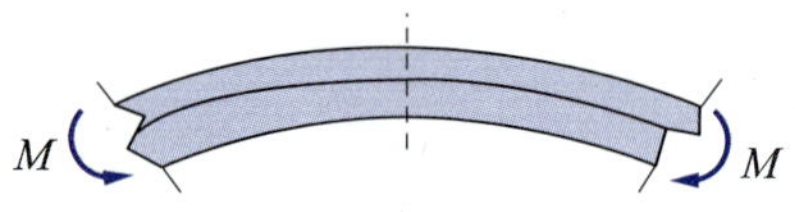

전단력의 부호는 표 4.2와 같이 왼쪽이 오름세, 오른쪽이 내림세로 시계방향으로 회전하는 형태로 작용하는 경우를 "+", 그와 반대로 표 4.2와 같이 반시계방향으로 회전하는 형태의 경우를 "−"로 한다. 그림 4.3(b)의 AC 부재에서는 시계방향 회전 형태이므로 "+" 부호이다. 하중 작용점 B에서는 AB 부재의 평형을 이루는 $2P$ 이외에 P의 내림세 힘이 더 있어 그림 4.3(c)의 CB 부재에서 반력 $R_B = P$의 오름세 힘과 평형을 이루고 있다. 이 부재에서는 반시계방향의 회전 형태이므로 부호는 "−"이다. 그림 4.3(b)와 (c)로부터 그림 4.3(d)와 같이 전체 부재의 전단력 분포를 나타내는 그림을 얻을 수 있으며, 이런 그림을 전단력도(shear force diagram, SFD)라고 한다.

그림 4.3(a)와 같이 부재축에 수직하게 하중이 작용하는 경우 수직 방향에 대해서만 아니라 회전에 대해서도 평형조건이 성립되어야 한다. 따라서 휨을 받는 부재에는 전단력과 휨모멘트가 동시에 생긴다.

휨모멘트 검토도 부재 왼쪽에서 시작하며, 검토 대상의 점을 가상의 고정단으로 하고 그 점까지의 모든 외력과 반력에 의한 휨모멘트를 계산한다. 휨모멘트의 부호는 표 4.2와 같이 부재를 아래로 휘게 작용하는 휨모멘트를 "+", (f)와 같이 부재를 위로 솟게 작용하는 휨모멘트를 "−"로 한다.

그림 4.4(a)와 같이 왼쪽 지점에서 x_1만큼 떨어진 곳에 가상 고정단을 설치하면, 오름세의 반력 $2P$에 의한 휨모멘트는 표 4.2의 형태가 되므로 부호는 "+"이며, 크기는 다음과 같다.

$$M_{x_1} = R_A \times x_1 = 2Px_1 \tag{a}$$

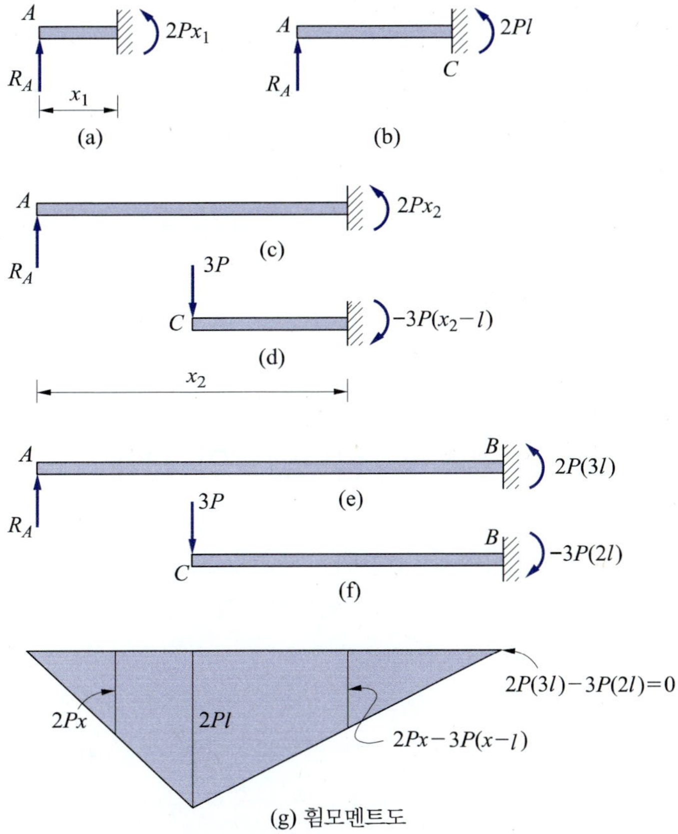

그림 4.4 **휨모멘트와 휨모멘트도**

이런 형태는 C점까지 계속되어 그림 4.4(b)의 C점에서 휨모멘트는 식(b)가 된다.

$$M_C = R_A \times l = 2P\,l \tag{b}$$

휨모멘트 검토 위치가 C점을 넘어 (e)와 같이 x_2의 위치에 가상 고정단이 설치되었을 때 그림 4.4(c) 및 (d)에 표시된 바와 같이 반력인 오름세의 $R_A = 2P$에 의한 휨모멘트는 부재를 아래로 처지게 하는 형태의 "+" 부호로 $2Px_2$로 계산되나, C점에 작용하는 내림세의 외력 $3P$는 $(x_2 - l)$의 구간에 부재를 위로 솟게 하는 표 4.2 형태로 작용하여 휨모멘트의 크기는 $-3P\,(x_2 - l)$이 되어, x_2점의 휨모멘트는 식(c)로 주어진다.

$$M_{x_2} = 2Px_2 - 3P\,(x_2 - l) \tag{c}$$

이 상태는 B점까지 계속되어 B점에서 $x_2 = 3l$이므로, 휨모멘트는 식(d)로 계산된다.

$$M_B = 2P \times 3l - 3P \times 2l = 0 \tag{d}$$

식(a)~(d)의 계산 결과는 그림 4.4(g)와 같이 전체 부재에 대한 휨모멘트 분포로 나타낼 수 있다. 이와 같은 그림을 휨모멘트도(bending moment diagram, BMD)라고 한다. 위에서 거론된 축방향력도 및 전단력도와 함께 휨모멘트도는 외력에 대하여 부재의 내력 분포를 일목요연하게 나타내는 기본적이고 중요한 그림이다.

4.3 하중과 전단력 및 휨모멘트의 관계

부재의 축에 수직하게 작용하는 하중과 전단력 및 휨모멘트 사이에는 수학적으로 미분 관계가 존재하며, 이 관계식들은 부재의 전단력과 휨모멘트를 계산하는 데 유용하게 사용된다. 이들 관계를 유도하기 위하여 그림 4.5(a)와 같이 분포하중을 지지하는 구조물의 한 구간에서 길이 dx 의 미소(微小, 아주 작은)한 한 요소를 예로 들면, 이 요소에 작용하는 하중과 단면력에 의한 자유물체도를 그림 4.5(b)와 같이 생각할 수 있다. 이 요소에서 수직 방향력의 평형조건은 다음과 같다.

$$V - (V + dV) - w\,dx = 0$$

이 식으로부터 전단력과 분포하중의 관계식은 식(4.1)로 유도된다.

$$\frac{dV}{dx} = -w \tag{4.1}$$

그림 4.5(b)에서 요소의 오른쪽 면에 대한 휨모멘트의 평형조건은

$$M + V dx - (w\,dx)\left(\frac{dx}{2}\right) - (M + dM) = 0$$

이 된다. 이 식에서 매우 작은 값을 가지는 $w(dx)^2/2$의 항을 무시하면, 휨모멘트와 전단력의 관계식을 식(4.2)로 구할 수 있다.

$$\frac{dM}{dx} = V \tag{4.2}$$

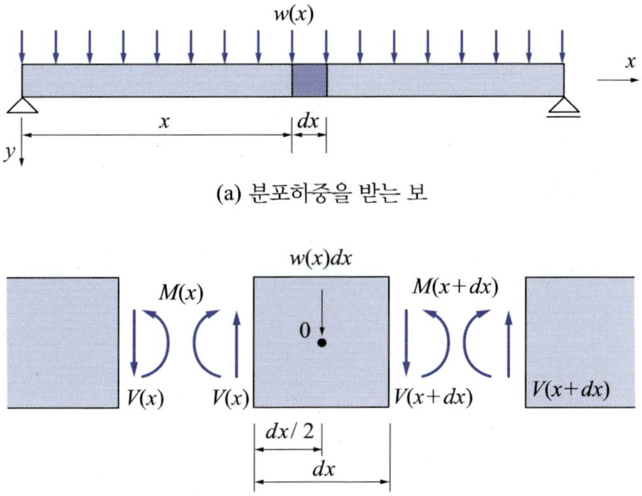

(a) 분포하중을 받는 보

(b) 자유물체도

그림 4.5 **하중, 전단력, 휨모멘트의 관계**

이 두 관계식에서 식(4.1)은 보의 길이에 대한 전단력의 변화율이 그 점에 분포된 하중의 크기와 같으나 부호는 반대인 것을 의미하며, 식(4.2)는 휨모멘트의 길이에 대한 변화율이 그 점에서의 전단력의 크기와 같음을 나타내고 있다. 식(4.2)와 식(4.3)에서 하중은 전단력의 1차 미분이고, 전단력은 휨모멘트의 1차 미분으로 되어 있기 때문에 이 두 식으로 휨모멘트와 전단력의 최댓값이나 최솟값을 구하는 일이 편리하다. 예를 들어, $a \le x \le b$의 구간에서 전단력이 x의 연속함수이고 그 도함수 dV/dx가 존재하는 경우 전단력의 최댓값이나 최솟값을 $w = -dV/dx = 0$이 되는 곳, 즉 하중이 작용하지 않는 곳에서 구할 수 있다. 휨모멘트에 대해서도 마찬가지로 $a \le x \le b$의 구간에서 휨모멘트가 x의 연속함수이고 그 도함수 dM/dx이 존재하면, 최대 휨모멘트 또는 최소 휨모멘트는 $V = dM/dx = 0$이 되는 곳, 즉 전단력이 0이 되는 곳의 휨모멘트이다.

하중함수 w가 연속함수로 주어진 경우 전단력은 식(4.1)로부터 계산된다.

$$V = -\int w\,dx + C_1 \tag{4.3}$$

이 식은 부재의 임의의 점에서 전단력은 작용하중의 적분이며, 도식적으로는 전단력의 크기가 하중 곡선의 면적임을 의미한다. 식(4.3)에서 상수 C_1은 x의 시작점에서의 전단력에 의하여 결정된다. 하중이 작용하는 구간 $a \le x \le b$에서 식(4.3)은 식(4.4)로 적분된다.

$$V_b - V_a = -\int_a^b w\,dx \tag{4.4}$$

이 식에서, $[a, b]$ 구간에서 전단력의 증분은 구간에 작용하는 하중들의 합과 같으며, 도식적으로는 a와 b 사이의 하중 곡선의 면적으로 나타낼 수 있음을 수학적으로 보여주고 있다.

휨모멘트에 관련해서도 전단력이 연속함수로 주어지는 경우 휨모멘트 계산식은 식(4.2)로부터 유도할 수 있다.

$$M = \int V\,dx + C_2 \tag{4.5}$$

부재의 임의의 점에서의 휨모멘트는 전단력의 적분이며, 도식적으로 휨모멘트의 크기는 전단력도의 면적인 것을 나타내고 있다. 식(4.5)에서 적분상수 C_2는 x의 시작점에서의 휨모멘트 값에 의하여 정해진다. 전단력이 연속으로 작용하는 구간 $a \le x \le b$에서 식(4.2)는 식(4.6)으로 적분된다.

$$M_b - M_a = \int_a^b V\,dx \tag{4.6}$$

이 식에서, $[a, b]$ 구간에서 휨모멘트의 증분은 전단력의 합과 같으며, 도식적으로 a와 b사이의 전단력도의 면적이 된다.

하중이 작용하지 않는 구간에서는 식(4.1)에서 $w = 0$으로 하면 $dV/dx = 0$으로부터 전단력은 식(4.7)이 된다.

$$V = C_3 \tag{4.7}$$

즉, 상수로 주어지며, 휨모멘트는 식(4.2)와 식(4.6)으로부터 식(4.8)이 된다.

$$M = C_3 x + C_4 \tag{4.8}$$

위의 두 식에서 C_3와 C_4는 상수이다. 하중이 작용하지 않는 구간에서 전단력은 식(4.7)과 같이 일정한 값을 가져 변하지 않으며, 휨모멘트는 식(4.8)이 나타내는 바와 같이 x를 따라 C_3의 기울기로 선형 증가 또는 감소하는 것을 알 수 있다. 위에서 설명한 하중, 전단력, 휨모멘트의 관계를 정리하면 다음과 같다.

- 전단력에 대한 일차 미분은 분포하중의 함수의 부호를 바꾼 것과 같다. 즉, 어느 지점에서 전단력도의 기울기는 그 점의 분포하중이며, 임의의 두 점 a와 b 사이의 전

단력의 변화량은 a와 b구간 사이의 분포하중의 면적과 동일하다.

$$\int_a^b dV = V_b - V_a = -\int_a^b w\,dx$$

- 휨모멘트에 대한 일차 미분은 전단력과 같다. 즉, 어느 지점에서 휨모멘트도의 기울기는 그 점의 전단력이며, 임의의 두 점 a와 b 사이의 휨모멘트의 변화량은 a와 b 구간 사이의 전단력의 면적과 동일하다.

$$\int_a^b dM = M_b - M_a = \int_a^b V dx$$

- 전단력 $V=0$일 때 휨모멘트 M의 값이 최대가 된다.
- 휨모멘트의 이차 미분은 분포하중에 대한 함수의 부호를 바꾼 것과 같다.
- 휨모멘트와 전단력의 관계

  $M =$ 3차 곡선이면, $V =$ 2차 곡선

  $M =$ 2차 곡선이면, $V =$ 차 곡선(직선)

  $M =$ 1차 곡선이면, $V =$ 일정

  $M =$ 일정 $V = 0$

4.4 보의 내력

정정보는 세 개의 지점 반력을 가지고 있어 부재 전체 또는 지점이나 하중 작용점의 자유물체도에서 평형조건을 적용하면, 반력이나 축방향력, 전단력 및 휨모멘트 등 내력을 비교적 쉽게 구할 수 있다.

보에는 외력이 집중하중, 등분포하중, 등변분포하중, 외부 휨모멘트 등의 형태로 작용하며, 부재력 해석에서는 반력을 구한 후 4.2절에서 거론된바와 같이 부재 왼쪽에서 오른쪽으로 각 지점과 하중 작용점 및 그 사이의 부재에 평형조건을 적용하여 부재 내력을 구한다.

4.4.1 집중하중을 받는 보

집중하중을 받는 단순보의 한 예로, 그림 4.6(a)와 같이 두 개의 집중하중이 θ의 각도로 비스듬히 작용하는 경우 반력은 다음 평형조건으로부터 계산할 수 있다.

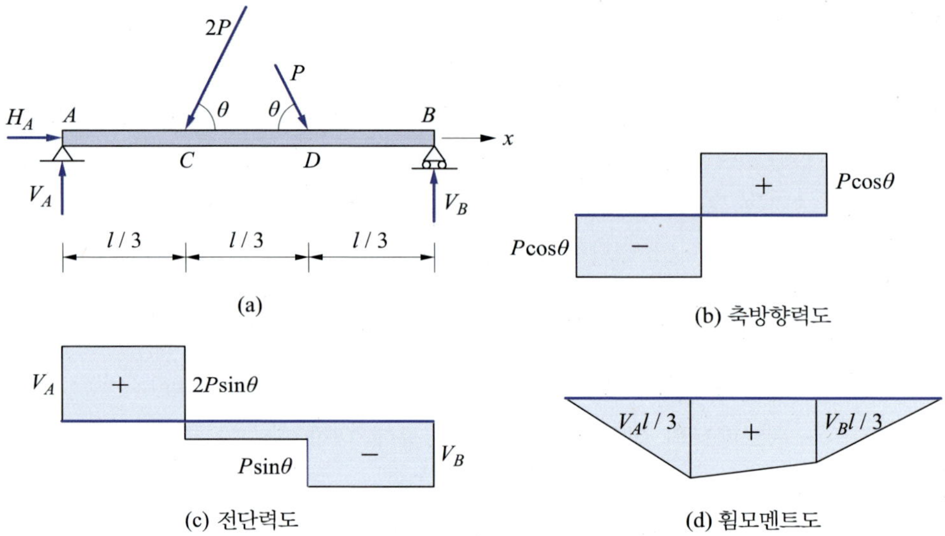

그림 4.6 집중하중을 받는 보(경사하중의 경우)

$$\sum F_x = H_A - 2P\cos\theta + P\cos\theta = 0$$
$$\sum F_y = V_A + V_B - 2P\sin\theta - P\sin\theta = 0$$
$$\sum M_B = V_A(l) - 2P\sin\theta(2l/3) - P\sin\theta(l/3) = 0$$
$$H_A = P\cos\theta,\ V_A = \frac{5}{3}P\sin\theta,\ V_B = \frac{4}{3}P\sin\theta \qquad \text{(a)}$$

그림 4.6(a)의 부재를 AC, CD 및 DB 부분으로 나누면, 식(a)의 수평 반력 $H_A = P\cos\theta$와 그림 4.6(a)의 외력의 수평 분력에 의한 축방향력의 구간별 분포는 다음 값이 된다.

AC 구간 $\quad N_{AC} = -P\cos\theta$

CD 구간 $\quad N_{CD} = P\cos\theta$

DB 구간 $\quad N_{DB} = 0$

이 값들을 그림 4.6(b)와 같이 축방향력도로 나타낼 수 있다.

그림 4.6(a)에서 수직 반력과 외력들의 수직 성분의 분포를 고찰하면, A 지점의 수직 반력 $V_A = (5/3)P\sin\theta$를 시점으로 하여 구간별로 계산할 수 있다.

AC 구간 $\quad V_{AC} = V_A = \dfrac{5}{3}P\sin\theta$

$$CD\ 구간 \qquad V_{CD} = V_{AC} - 2P\sin\theta = -\frac{1}{3}P\sin\theta$$

$$DB\ 구간 \qquad V_{DB} = V_{CD} - P\sin\theta = -\frac{4}{3}P\sin\theta$$

그러므로 전단력도는 그림 4.6(c)와 같이 된다. 부재의 각 구간별 휨모멘트는 A 점에서 시작하여 그림 4.3의 계산 과정을 참조하여 계산할 수 있다.

$$AC\ 구간 \qquad M_{AC} = V_A(x) = \frac{5}{3}P\sin\theta \cdot x$$

$$M_C = \frac{5}{3}P\sin\theta \times \frac{l}{3} = \frac{5}{9}Pl\sin\theta$$

$$CD\ 구간 \qquad M_{CD} = V_A(x) - 2P\sin\theta \times \left(x - \frac{l}{3}\right) = \frac{2l - x}{3}P\sin\theta$$

$$M_D = \frac{2l - 2l/3}{3}P\sin\theta = \frac{4}{9}Pl\sin\theta$$

$$DB\ 구간 \qquad M_{DB} = V_A(x) - 2P\sin\theta \times \left(x - \frac{l}{3}\right) - P\sin\theta \times \left(x - \frac{2}{3}l\right)$$

$$= \frac{4(l - x)}{3}P\sin\theta$$

$$M_B = \frac{4(l - l)}{3}P\sin\theta = 0$$

부재 전 길이에 걸친 휨모멘트의 변화는 그림 4.6(d)의 휨모멘트도로 표시된다.

집중하중을 받는 단순보의 또 한 예로, 그림 4.7(a)와 같이 양 지점에서 같은 거리 a 만큼 떨어진 곳에 같은 크기의 수직 집중하중 P가 작용하는 경우 수평 반력은 생기지 않으므로, 두 평형조건식으로부터 수직 반력을 계산할 수 있다.

$$\Sigma F_y = R_A + R_B - P - P = 0$$

$$\Sigma M_B = P(l - a) + P(a) - R_A(l) = 0$$

$$R_A = R_B = P$$

구간별 전단력의 크기는 다음과 같다.

$$AC\ 구간 \qquad V_{AC} = R_A = P$$

$$CD\ 구간 \qquad V_{CD} = R_A - P = 0$$

$$DB\ 구간 \qquad V_{DB} = 0 - P = -P$$

그러므로 그림 4.7(b)의 전단력도와 같이 되며, 휨모멘트는 다음과 같다.

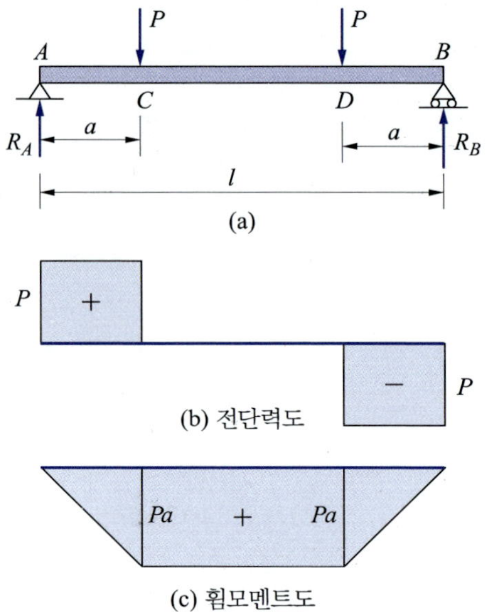

그림 4.7 집중하중을 받는 보(수직하중의 경우)

AC 구간 $\quad M_{AC} = R_A(x) = P(x)$

$\quad M_C = P(a)$

CD 구간 $\quad M_{CD} = R_A(x) - P(x-a) = P(a)$

$\quad M_D = P(a)$

DB 구간 $\quad M_{DB} = R_A(x) - P(x-a) - P(x-l+a) = P(l-x)$

$\quad M_B = P(x-x) = 0$

이들 휨모멘트에 의한 휨모멘트도는 그림 4.7(c)가 된다. 그림 4.7(b)의 전단력도와 그림 4.7(c)의 휨모멘트도를 비교하면, 하중이 작용하지 않는 곳에서 식(4.7)과 식(4.8)의 전단력－휨모멘트 관계가 성립되고 있다. 구간별 전단력－휨모멘트 관계를 식(4.7)과 식(4.8)로 나타낼 수 있다. 이 식에서 식(4.8)의 x는 구간의 왼쪽에서 측정되는 거리이다.

CD 구간에서는 전단력 $V=0$의 상태에서 휨모멘트가 일정한 값으로 주어지고 있는데, 이와 같이 전단력은 생기지 않고 휨모멘트만 일정한 크기로 작용하는 상태를 순수 휨(pure bending)이라고 한다.

구간	C_3	C_4	식(4.7)	식(4.8)
AC	P	0	$V=P$	$M=Px$
CD	0	Pa	$V=0$	$M=Pa$
DB	$-P$	Pa	$V=-P$	$M=-Px+Pa$

예제 4.1 그림 4.8(a)의 집중하중을 받는 캔틸레버보의 전단력과 휨모멘트를 구하라.

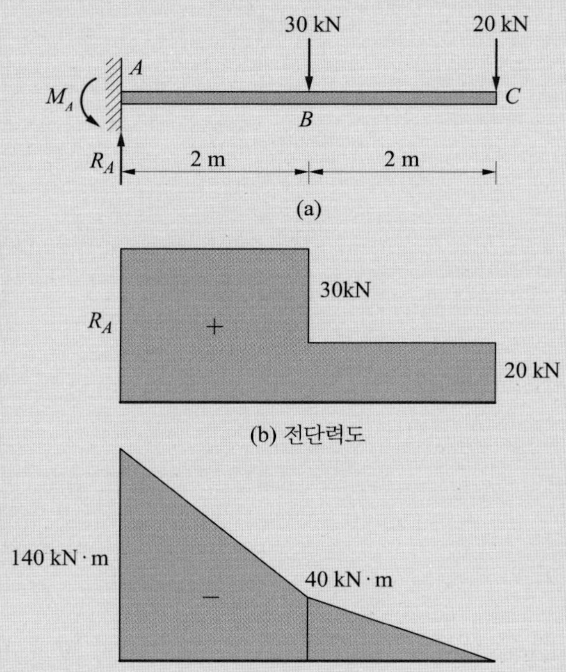

(a)

(b) 전단력도

(c) 휨모멘트도

그림 4.8

풀이

(1) 평형조건

$\Sigma F_y = R_A - 30 - 20 = 0$

$\Sigma M_A = -M_A + 30\times2 + 20\times4 = 0$으로부터 반력을 계산한다.

$R_A = 50\text{ kN},\ M_A = 140\text{ kN}\cdot\text{m}$

(2) 전단력은 보의 구간에 따라 계산된다.

AB 구간 $V_{AB} = R_A = 50\text{ kN}$

BC 구간 $V_{BC} = R_A - 30 = 20\text{ kN}$

전단력 분포를 그림 4.8(b)의 전단력도에 표시하였다.

(3) 휨모멘트를 보의 구간별로 계산한다.

AB 구간 $M_{AB} = -M_A + R_A(x) = -140 + 50x$

$M_B = -140 + 50\times2 = -40\text{ kN}\cdot\text{m}$

BC 구간　$M_{BC} = -M_A + R_A(x) - 30(x-2)$

$M_C = -140 + 50 \times 4 - 30(4-2) = 0$

휨모멘트 분포를 그림 4.8(c)의 휨모멘트도에 표시하였다.

예제 4.2　그림 4.9(a)의 집중하중을 받는 단순보의 전단력과 휨모멘트를 구하라.

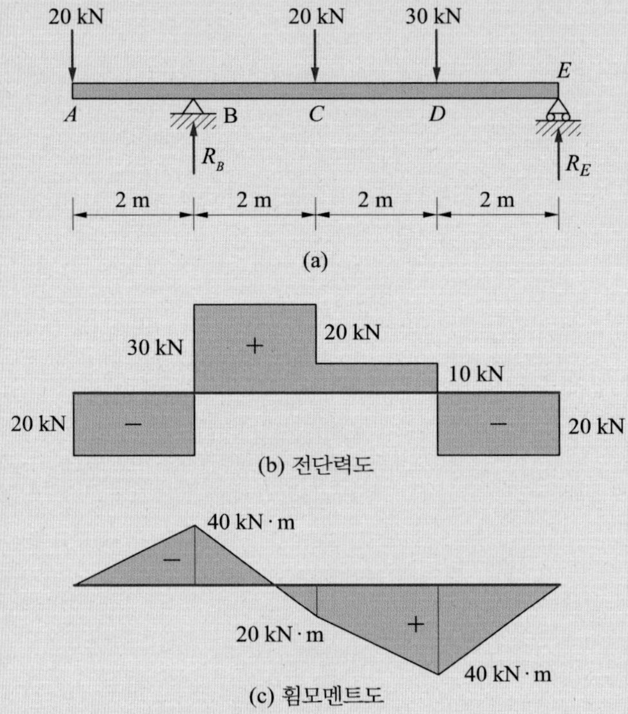

그림 4.9

풀이

(1) 수직 방향력 및 휨모멘트의 평형조건

$\Sigma F_y = R_B + R_E - 20 - 20 - 30 = 0$

$\Sigma M_E = -20 \times 8 + R_B \times 6 - 20 \times 4 - 30 \times 2 = 0$으로부터 반력을 계산한다.

$R_B = 50$ kN, $R_E = 20$ kN

(2) 전단력을 보의 구간에 따라 계산한다.

AB 구간 : $V_{AB} = -20$ kN

BC 구간 : $V_{BC} = -20 + R_B = 30$ kN

CD 구간 : $V_{CD} = 30 - 20 = 10$ kN

DE 구간 : $V_{DE} = 10 - 30 = -20$ kN

전단력 분포는 그림 4.9(b)의 전단력도와 같다.

(3) 휨모멘트를 보의 구간별로 계산한다.

AB 구간 : $M_{AB} = -20\,(x)$

$M_B = -20 \times 2 = -40$ kN · m

BC 구간 : $M_{BC} = -20(x) + R_B(x-2) = 30x - 100$

$M_C = 30 \times 4 - 100 = 20$ kN · m

CD 구간 : $M_{CD} = -20(x) + R_B(x-2) - 20(x-4) = 10x - 20$

$M_D = 10 \times 6 - 20 = 40$ kN · m

DE 구간 : $M_{DE} = -20(x) + R_B(x-2) - 20(x-4) - 30 \times (x-6) = -20(x) + 160$

$M_E = -20 \times 8 + 160 = 0$

휨모멘트 분포는 그림 4.9(c)와 같다.

예제 4.3 그림 4.10과 같이 집중하중 P_1과 P_2가 a의 간격으로 C점과 D점에 작용하는 보에서 $P_1 \geq P_2$일 때 최대 휨모멘트가 생기는 C점의 위치와 그 때의 휨모멘트 크기를 구하라.

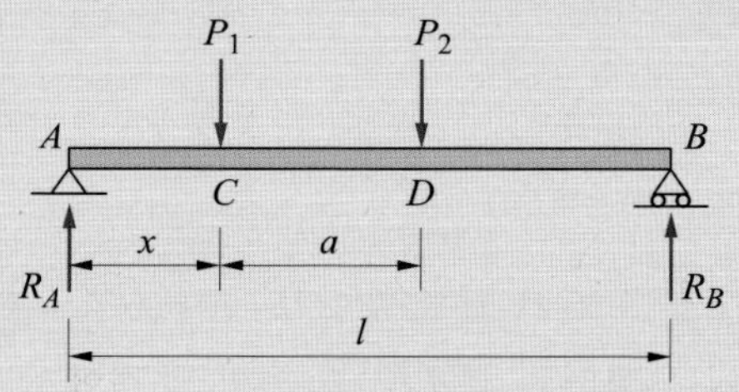

그림 4.10

풀이 그림 4.10과 같이 A지점에서 P_1 하중이 작용하는 C점까지의 거리를 x로 하고, 반력 R_A만 계산하면, $\sum M_B = R_A(l) - P_1(l-x) - P_2(l-x-a) = 0$으로부터 구할 수 있다.

$$R_A = (P_1 + P_2)\frac{l-x}{l} - P_2\frac{a}{l}$$

C점의 휨모멘트는 다음과 같다.

$$M_C = R_A(x) = (P_1 + P_2)\frac{(l-x)x}{l} - P_2\frac{ax}{l}$$

최대 휨모멘트의 위치를 계산한다.

$$\frac{dM_C}{dx} = (P_1 + P_2)\left(1 - \frac{2x}{l}\right) - P_2\frac{a}{l} = 0$$

그러므로 $x = \dfrac{P_1 + P_2\left(1 - \dfrac{a}{l}\right)}{P_1 + P_2} \cdot \dfrac{l}{2}$ (4.9)

최대 휨모멘트는 식4.9)의 x의 값을 M_C의 항에 대입하여 계산한다.

$$M_{\max} = \frac{[P_1 l + P_2(l-a)]^2}{4(P_1 + P_2)l} \tag{4.10}$$

$P_1 = P_2 = P$인 경우 최대 휨모멘트가 생기는 위치와 최대 휨모멘트의 크기는 식(4.6) 및 (4.10)으로부터 계산된다.

$$x = \frac{l}{2} - \frac{a}{4} \tag{4.11}$$

$$M_{\max} = \frac{P}{8l}(2l - a)^2 \tag{4.12}$$

4.4.2 분포 하중을 받는 보

집중 하중이 작용하는 경우 하중을 연속된 함수로 나타낼 수 없기 때문에 부재의 전단력이나 휨모멘트 크기를 모든 하중 작용점에 대하여 검토하여야 한다. 그러나 부재에 등분포하중 또는 등변분포하중 등이 연속된 형태로 작용하는 경우에는 보의 길이에 대한 전단력과 휨모멘트의 크기를 연속함수로 나타낼 수 있고 4.3절에서 거론된 전단력과 휨모멘트의 미분 관계식이 적용된다.

분포 하중의 가장 간단한 예로, 그림 4.11(a)와 같이 보의 전 길이에 등분포하중 w가 작용하는 경우 반력은 $\sum F_y = R_A + R_B - wl = 0$의 평형조건과 대칭 조건 $R_A = R_B$로부터 계산된다.

$$R_A = R_B = \frac{wl}{2} \tag{a}$$

전단력은 부재의 왼쪽 단부에서 $R_A = wl/2$ 오름세 전단력이 내림세의 등분포하중에 의하여 감소되는 형태의 분포를 보이며, A 점에서 x만큼 떨어진 거리에서 내림세 등분포하중의 전체 크기는 wx가 되므로 보의 전 구간에 걸쳐 전단력은 다음 식으로 계산된다.

$$V_x = R_A - wx = \frac{wl}{2} - wx \tag{b}$$

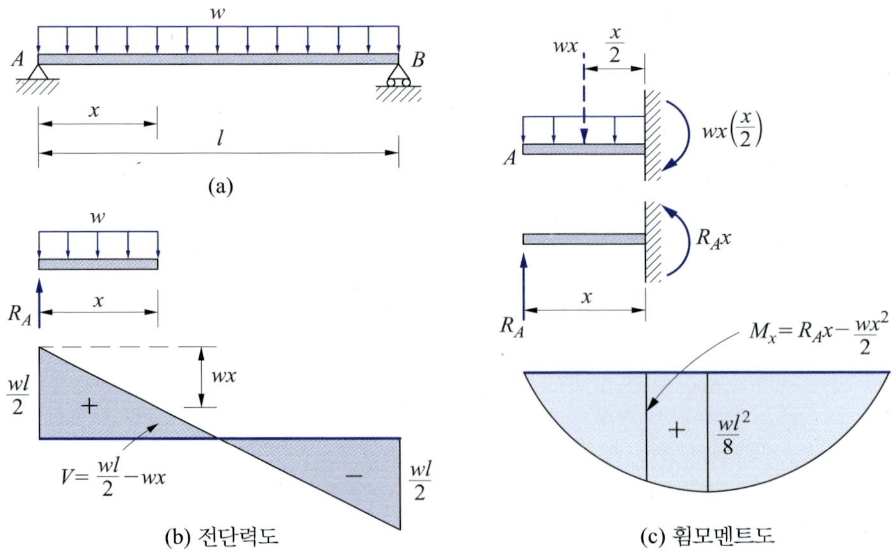

그림 4.11 분포 하중을 받는 보

이 식에 의한 전단력 분포는 그림 4.11(b)와 같다. 등분포하중이 작용하는 보의 전단력 공식은 식(4.3)에 의하여서도 유도된다. 식(4.3)에서 C_1은 $x=0$에서의 전단력, 즉 전단력의 경계조건이므로, $C_1 = V_A = wl/2$이며, w는 등분포하중의 단위 길이당 크기로 상수이기 때문에 식(b)와 같은 공식을 얻게 된다.

$$V = -\int w\,dx + C_1$$

휨모멘트 계산에서는 A점에서 x만큼 떨어진 위치에 그림 4.11(a)와 같이 가상의 고정단을 설치했을 때 등분포하중은 wx의 합력이 작용 구간의 중심 $x/2$에 작용하는 것과 같으므로, 고정단에 표 4.2와 같은 "−" 부호의 휨모멘트를 $wx(x/2)$ 크기로 일으킨다. 같은 위치에 작용하는 반력 R_A에 의한 휨모멘트는 표 4.2의 "+" 부호 휨모멘트 $R_A x = (wl/2)x$이므로, A점에서 x 되는 위치의 휨모멘트의 크기는 식(c)로 계산되며, 이 식은 전 구간에 통용된다.

$$M_x = \frac{wlx}{2} - \frac{wx^2}{2} \tag{c}$$

전단력이 식(b)와 같이 연속함수로 주어지는 경우 이를 식(4.5)에 의한 휨모멘트 계산식에 대입하면 다음이 된다.

$$M = \int V\,dx + C_2 = \int\left(\frac{wl}{2} - wx\right)dx + C_2$$

이 식에서 C_2는 $x=0$, 즉 A점에서의 휨모멘트이나, 단순지지 상태에서는 휨모멘트가 생기지 않으므로 $C_2 = 0$으로 하면, 식(c)와 같게 유도된다. 식(c)에 의한 휨모멘트 분포는 그림 4.11(e)의 휨모멘트도와 같다. 분포하중이 작용하는 경우 최대 휨모멘트는 4.3절에서 거론된 바와 같이 전단력이 0이 되는 곳에 생긴다. 그림 4.11(a)의 예에서 전단력이 0이 되는 곳은 식(b)에서 계산할 수 있다.

$$V_x = \frac{wl}{2} - wx = 0,\ \ x = \frac{l}{2}$$

즉, 보의 중앙부이며, $x = l/2$의 값을 식(c)에 대입하면 최대 휨모멘트는 식(4.13)으로 계산된다.

$$M_{\max} = M_{x=l/2} = \frac{wl}{2}\left(\frac{x}{2}\right) - \frac{w}{2}\left(\frac{x}{2}\right)^2 = \frac{wl^2}{8} \tag{4.13}$$

등변분포하중의 경우에는 등분포하중보다 차수가 한 차수 더 높기 때문에 전단력과 휨모멘트 분포가 복잡한 식으로 나타난다.

그림 4.12(a)와 같이 보의 전 구간에 걸쳐 최대 크기 w_0의 등변분포하중이 작용하는 경우 삼각형의 도심은 밑변에서 높이의 1/3 위치에 있음을 고려하여 평형조건식으로부터 반력을 계산할 수 있다.

$$\Sigma F_y = R_A + R_B - \frac{w_0 l}{2} = 0$$

$$\Sigma M_B = R_A(l) - \frac{w_0 l}{2}\left(\frac{l}{3}\right) = 0$$

그러므로

$$R_A = \frac{w_0 l}{6}, \quad R_B = \frac{w_0 l}{3}$$

A점에서 x만큼 떨어진 곳의 하중의 크기는 $w_x = w_0 x/l$이고, A점에서 이 점까지 내림세로 작용하는 등변분포하중의 합은 다음과 같다.

$$\frac{w_x x}{2} = \frac{w_0 x^2}{2l}$$

그러므로 전단력은 식(d)의 2차식으로 계산된다.

$$V_x = R_A - \frac{w_0 x^2}{2l} = \frac{w_0}{6l}(l^2 - 3x^2) \tag{d}$$

이 식에 의한 전단력 분포의 그림은 그림 4.12(b)와 같다. 전단력이 0이 되는 위치는 식(d)에서 $V_x = 0$으로 하여 계산한다.

$$x = \frac{l}{\sqrt{3}} = 0.577l \tag{e}$$

식(4.3)에서 $w = w_0 x/l$, $C_1 = V_A = w_0 l/6$의 값을 대입하여 계산해도 식(d)와 같은 전단력의 공식을 얻게 된다.

보의 휨모멘트 계산을 위한 일반식을 유도하기 위하여 그림 4.12(c)와 같이 A점에서 x의 위치에 가상의 고정단을 설치했을 때 등변분포하중은 $w_x x/2 = w_0 x^2/(2l)$의 합력이 고정단에서 $x/3$의 위치에 작용하는 것과 같으며, 이런 상태에서는 표 4.2와 같은 "−" 부호의 휨모멘트가 $w_0 x^2/(2l) \times x/3 = w_0 x^3/(6l)$의 크기로 발생한다.

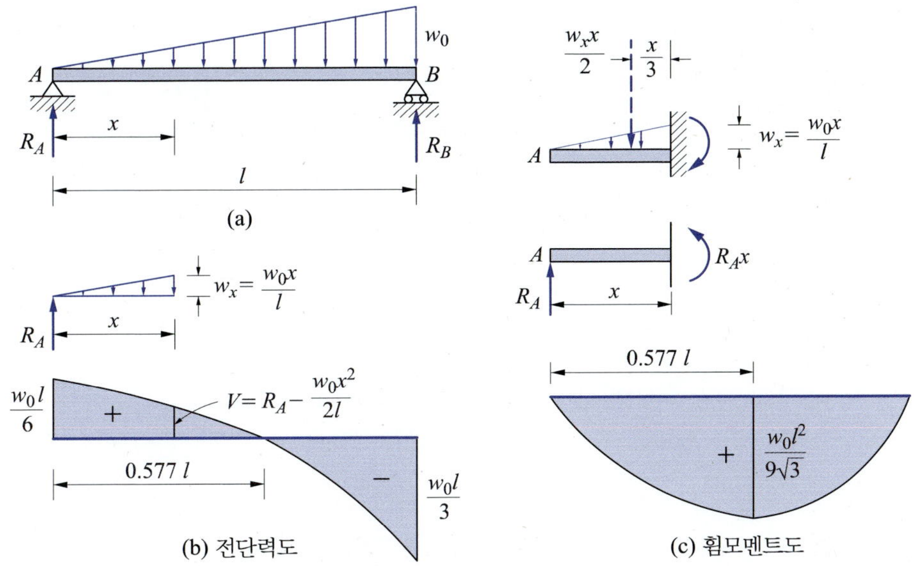

그림 4.12 등변분포 하중을 받는 보

같은 위치에서 반력 R_A에 의한 휨모멘트는 표 4.2의 "+" 부호로 $R_A x = (w_0 l/6)x$이므로, 등변분포하중을 받는 보의 휨모멘트 계산에 대한 일반식은 식(f)의 3차식으로 유도된다.

$$M_x = \frac{w_0 l x}{6} - \frac{w_0 x^3}{6l} = \frac{w_0}{6l}\left(l^2 x - x^3\right) \tag{f}$$

전단력의 일반식이 식(d)와 같이 주어져 있기 때문에 식(d)를 식(4.5)에 적용하고 A점에서의 휨모멘트 상수 $C_3 = 0$으로 하여도 다음과 같이 식(f)와 같은 결과를 얻게 된다.

$$M_x = \int V dx + C_3 = \int \frac{w_0}{6l}\left(l^2 - 3x^2\right) dx = \frac{w_0}{6l}\left(l^2 x - x^3\right)$$

최대 휨모멘트는 전단력이 0이 되는 곳에 생기기 때문에 식(e)의 $x = l/\sqrt{3}$의 값을 식(f)에 대입하여 최대 휨모멘트를 계산한다. 식(f) 및 식(4.10)에 의한 휨모멘트 값은 그림 4.12(c)와 같다.

$$M_{\max} = \frac{w_0}{6l}\left[l^2 \times l/\sqrt{3} - \left(l/\sqrt{3}\right)^3\right] = \frac{w_0 l^2}{9\sqrt{3}}$$

예제 4.4 그림 4.13(a)와 같이 집중하중과 부분적으로 등분포하중을 받는 보의 전단력과 휨모멘트를 구하라.

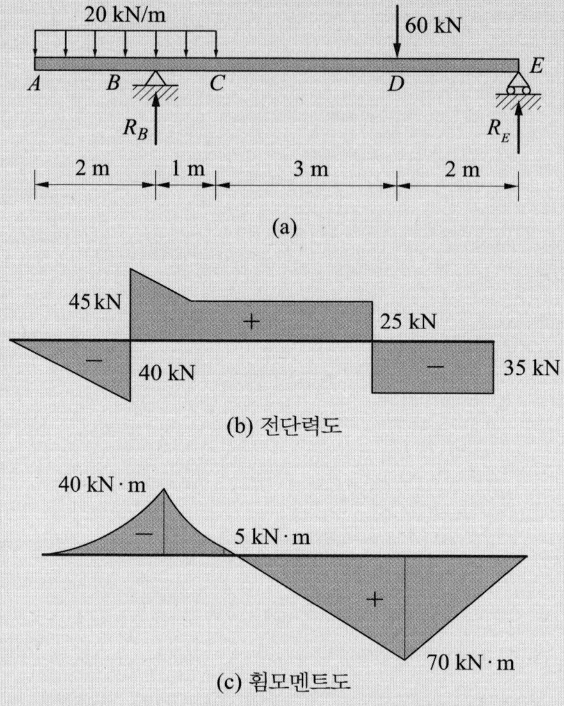

그림 4.13

풀이

(1) 반력

$\Sigma F_y = R_B + R_E - 20 \times 3 - 60 = 0$

$\Sigma M_E = -20 \times 3 \times 6.5 + R_B \times 6 - 60 \times 2 = 0$

$R_B = 85\text{ kN},\ R_E = 35\text{ kN}$

(2) 전단력

AB 구간 $V_{AB} = -20x,\ V_B^{(1)} = -20 \times 2 = -40\text{ kN}$

$V_B^{(2)} = V_B^{(1)} + R_B = z - 40 + 85 = 45\text{ kN}$

BC 구간 $V_{BC} = -20x + R_B$

$V_C = -20 \times 3 + 85 = 25\text{ kN}$

CD 구간 $V_{CD} = V_C = 25\text{ kN}$

DE 구간 $V_{DE} = 25 - 60 = -35\text{ kN}$

(3) 휨모멘트

AB 구간 $M_{AB} = -\dfrac{wx^2}{2} = -10x^2$

$M_B = -10 \times (2)^2 = -40\text{ kN} \cdot \text{m}$

BC 구간 $M_{BC} = -\dfrac{wx^2}{2} + R_B(x-2) = -10x^2 + 85(x-2)$

$M_C = -10 \times (3)^2 + 85(3-2) = -5\ \text{kN} \cdot \text{m}$

CD 구간 $M_{CD} = -w \times 3(x-1.5) + R_B(x-2) = -60(x-1.5) + 85(x-2)$

$M_D = -60(6-1.5) + 85(6-2) = 70\ \text{kN} \cdot \text{m}$

DE 구간 $M_{DE} = -60(x-1.5) + 85(x-2) - 60(x-6)$

$M_E = -60(8-1.5) + 85(8-2) - 60(8-6) = 0$

예제 4.5 그림 4.14(a)와 같이 등분포하중과 등변분포하중이 작용하는 보의 전단력과 휨모멘트를 구하라.

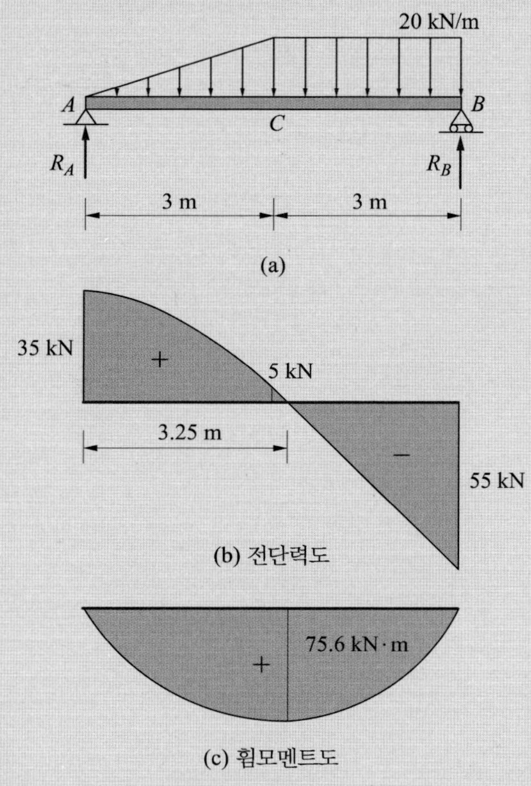

그림 4.14

풀이

(1) 반력

$\Sigma F_y = R_A + R_B - 20 \times 3/2 - 20 \times 3 = 0$

$\Sigma M_B = R_A(6) - 20 \times 3/2 \times 4 - 20 \times 3 \times 1.5 = 0$

$R_A = 35\ \text{kN},\ R_B = 55\ \text{kN}$

(2) 전단력

AC 구간 $V_{AC} = R_A - 20 \times \dfrac{x}{3} \times \dfrac{x}{2} = 35 - \dfrac{10x^2}{3}$

$V_C = 35 - \dfrac{10 \times (3)^2}{3} = 5\ \text{kN}$

CB 구간 $V_{CB} = 5 - 20(x-3)$

$V_B = 5 - 20(6-3) = -55\ \text{kN}$

전단력이 0이 되는 거리

$V_{CB}=5-20(x-3)=0,\ x=3.25\ \text{m}$

(3) 휨모멘트

AC 구간 $M_{AC}=R_A\cdot x-20\times\dfrac{x}{3}\times\dfrac{x}{2}\times\dfrac{x}{3}=35x-\dfrac{10x^3}{9}$

$$M_C=35\times 3-\frac{10(3)^3}{9}=75\ \text{kN}\cdot\text{m}$$

CB 구간 $M_{CB}=R_A(x)-20\times 3\times\dfrac{1}{2}\times(x-2)-20\times(x-3)^2\times\dfrac{1}{2}$

$$=35x-30(x-2)-10(x-3)^2$$

$x=3.25$ m에서 $M_{max}=35\times 3.25-30(3.25-2)-10(3.25-3)^2=75.6\ \text{kN}\cdot\text{m}$

$$M_B=35\times 6-30(6-2)-10(6-3)^2=0$$

예제 4.6 그림 4.15(a)와 같이 등분포하중과 집중하중을 받는 캔틸레버보의 전단력과 휨모멘트를 구하라.

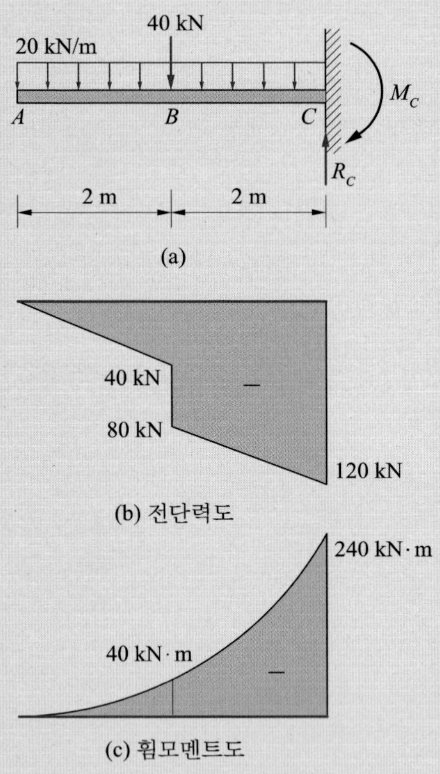

그림 4.15

풀이

(1) 반력

$\Sigma F_y=-20\times 4-40+R_C=0$

$\Sigma M_C=-20\times 4\times 2-40\times 2+M_C=0$

$R_C=120\ \text{kN},\ M_C=240\ \text{kN}\cdot\text{m}$

(2) 전단력

AB 구간 $V_{AB} = -w \cdot x = -20 \cdot x$

$V_B^{(1)} = -20 \cdot 2 = -40\text{ kN}$

BC 구간 $V_{BC} = V_B^{(1)} - 40 - w(x-2) = -40 - 40 - 20(x-2)$

$V_B^{(2)} = -40 - 40 - 0 = -80\text{ kN}$

$V_C = -40 - 40 - 20(4-2) = -120\text{ kN}$

(3) 휨모멘트

AB 구간 $M_{AB} = -\dfrac{wx^2}{2} = -10x^2$

$M_B = -10(2)^2 = -40\text{ kN} \cdot \text{m}$

BC 구간 $M_{BC} = -\dfrac{wx^2}{2} - 40(x-2) = -10x^2 - 40(x-2)$

$M_C = -10(4)^2 - 40(4-2) = -240\text{ kN} \cdot \text{m}$

4.4.3 휨모멘트를 받는 보

보는 외부 하중의 편심이나 또는 단부의 고정에 의하여 휨모멘트를 받는 경우가 있다. 보에 휨모멘트 단독으로 작용하는 경우는 드물고, 대부분 집중하중이나 분포하중과 함께 작용하나, 외부 휨모멘트에 의한 부재 내력의 분포를 구체적으로 검토하기 위하여 그림 4.16(a)와 같이 양 단부에 휨모멘트 M_A와 M_B가 작용하는 보를 예로 들 수 있다. 이 보의 반력은 평형조건으로부터 계산할 수 있다.

$$\Sigma F_y = R_A + R_B = 0$$

$$\Sigma M_B = R_A l - M_A + M_B = 0$$

그러므로

$$R_A = -R_B = \frac{M_A - M_B}{l}$$

양 단부의 반력은 서로 같은 크기에 반대 방향으로 작용한다. 보의 중간에는 횡방향 하중이 작용하지 않으므로 전단력은 A점에서 전 길이에 걸쳐 다음과 같다.

$$V = R_A = \frac{M_A - M_B}{l}$$

B점에 이르러 내림세의 반력 R_B에 의하여 닫혀지므로, 전단력도는 그림 4.16(b)와 같다. 휨모멘트 식은 A점에서부터 다음으로 주어지며, 그 분포는 그림 4.16(c)와 같다.

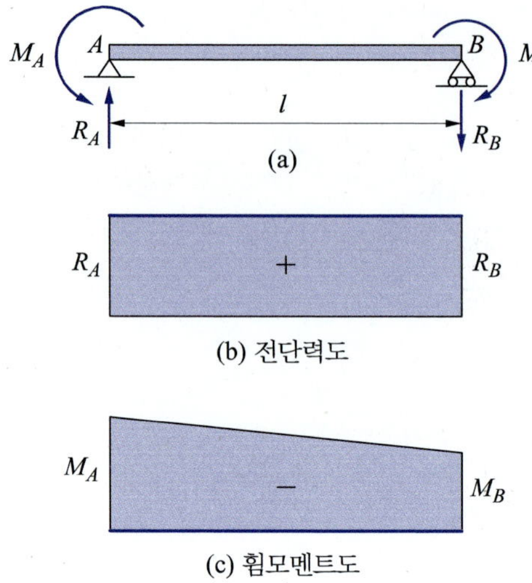

그림 4.16 지점에서 휨모멘트를 받는 보

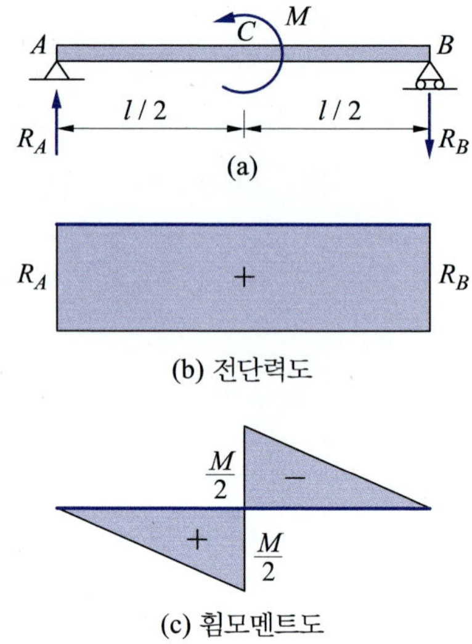

그림 4.17 부재에서 휨모멘트를 받는 보

$$M_x = -M_A + R_A x = -\frac{M_A}{l}(l-x) - \frac{M_B}{l}x$$

휨모멘트를 받는 보의 또 한 예로 그림 4.17(a)와 같이 보의 중앙에 외부 휨모멘트 M이 작용하는 경우 반력은 평형조건식으로부터 구할 수 있다.

$$\Sigma F_y = R_A + R_B = 0$$
$$\Sigma M_B = R_A(l) - M = 0$$

그러므로

$$R_A = -R_B = \frac{M}{l}$$

이 예의 보에서도 중간에 수직 방향의 하중이 작용하지 않으므로 전단력은 A단에서 오름세의 반력 R_A에 의한 전단력이 B점에서 같은 크기의 내림세 반력 R_B에 의하여 닫혀져 그림 4.17(b)와 같은 형태가 된다.

휨모멘트는 구간별로 다음과 같은 분포를 보이며, 위의 여러 식에 의한 휨모멘트 크기 및 변화는 그림 4.17(c)와 같다.

AC 구간 $\quad M_x = R_A \cdot x = \frac{M}{l}x$

$$M_C^{(1)} = \frac{M}{l}\left(\frac{l}{2}\right) = \frac{M}{2}$$

CB 구간 $\quad M_x = R_A \cdot x - M = -\frac{M}{l}(l-x)$

$$M_C^{(2)} = -\frac{M}{l}\left(l - \frac{l}{2}\right) = -\frac{M}{2}$$

$$M_B = -\frac{M}{l}(l-l) = 0$$

예제 4.7 그림 4.18(a) 보의 전단력과 휨모멘트를 구하라.

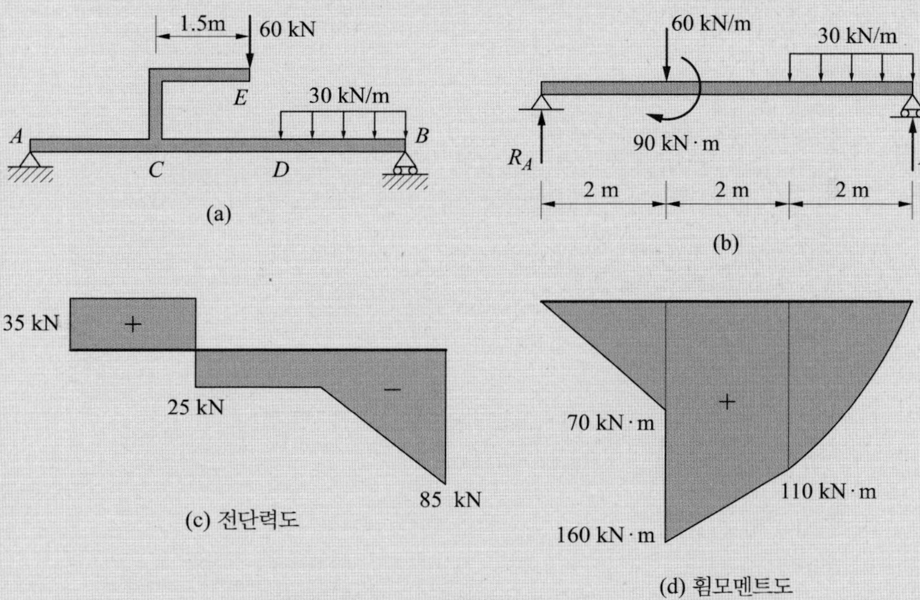

그림 4.18

풀이 그림 4.18(a)에서 E점에 작용하는 집중하중은 C점에 집중하중과 90 kN · m의 편심 모멘트 효과를 나타내므로 그림 4.18(b)와 같은 하중 상태가 된다.

(1) 반력

$$\Sigma F_y = R_A + R_B - 60 - 30 \times 2 = 0$$

$$\Sigma M_B = R_A \times 6 + 90 - 60 \times 4 - 30 \times 2 \times 1 = 0$$

$$R_A = 35 \text{ kN}, \quad R_B = 85 \text{ kN}$$

(2) 전단력

AC 구간 $\quad V_{AC} = R_A = 35 \text{ kN}$

CD 구간 $\quad V_{CD} = V_{AC} - 60 = -25 \text{ kN}$

DB 구간 $\quad V_{DB} = V_{CD} - w \cdot x = -25 - 30x$

$$V_B = -25 - 30 \times 2 = -85 \text{ kN}$$

(3) 휨모멘트

AC 구간 $M_x = R_A(x) = 35x$

$M_C^{(1)} = 35 \times 2 = 70\ \text{kN} \cdot \text{m}$

CD 구간 $M_x = R_A(x) + 90 - 60(x-2)$

$M_C^{(2)} = 35 \times 2 + 90 - 0 = 160\ \text{kN} \cdot \text{m}$

$M_D = 35 \times 4 + 90 - 60(4-2) = 110\ \text{kN} \cdot \text{m}$

DB 구간 $M_x = R_A(x) + 90 - 60(x-2) - w(x-4)^2/2$

$= 35x + 90 - 60(x-2) - 30(x-4)^2/2$

$M_B = 35 \times 6 + 90 - 60(6-2) - 30(6-4)^2/2 = 0$

예제 4.8 그림 4.19(a)의 캔틸레버보의 AB 사이의 전단력과 휨모멘트를 구하라.

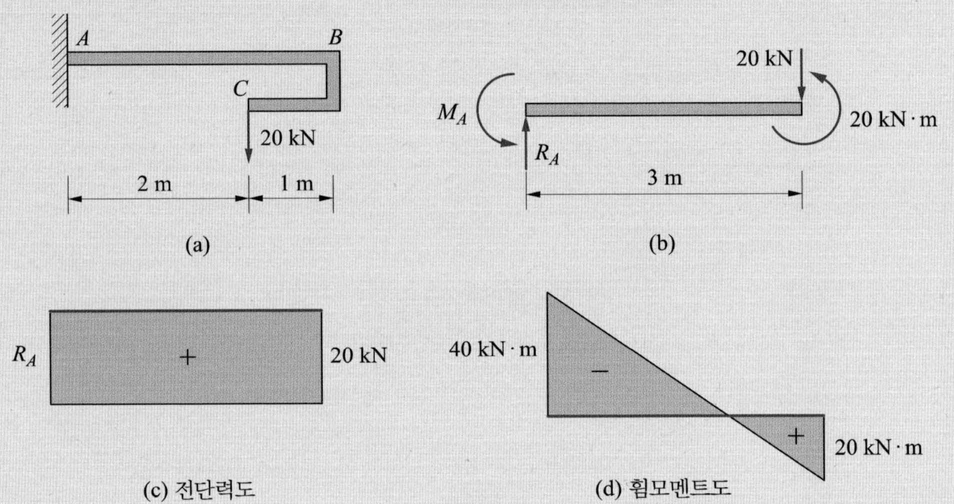

그림 4.19

풀이 그림 4.19(a)의 하중 상태는 그림 4.19(b)와 같은 하중 효과를 가지므로, 그림 4.19(b)에 대하여 다음과 같이 구한다,

(1) 반력

$\Sigma F_y = R_A - 20 = 0$

$\Sigma M_B = -M_A + R_A \times 3 - 20 = 0$

$R_A = 20\ \text{kN},\ M_A = 40\ \text{kN} \cdot \text{m}$

(2) 전단력

AB 구간 $V_{AB} = R_A = 20\ \text{kN}$

(3) 휨모멘트

AB 구간 $M_{AB} = -M_A + R_A(x) = -40 + 20x$

$M_B = -40 + 20 \times 3 = 20\ \text{kN} \cdot \text{m}$

4.4.4 활절점으로 연결된 보

그림 4.20에서 보는 바와 같이 정정보의 내민 부분에 활절점으로 이동단이나 회전단을 가진 부재를 접합해도 정정 상태의 보가 된다. 그림 4.20의 네 보에 대하여 식(3.5)의 $n=m+k+r-2j$ 식으로 안정, 정정 상태를 판별하면 표 4.3과 같으며, 여기서 n의 값이 모두 0이 되어 안정, 정정 상태인 것을 보여주고 있다. 이와 같이 이미 정정 상태에 있는 보에 활절점으로 부재가 추가되어 이루어진 정정보를 게르버보라고 한다.

게르버보의 구조해석에서는 정정보에 활절점으로 연결된 부재를 분리하여 활절점을 회전단으로 가상하여 구조해석한 후 활절점에서의 평형조건을 고려하면서 정정보 부분을 구조해석하면 된다.

게르버보 해석의 한 예로, 그림 4.21(a)의 보에서 활절점으로 연결된 DEF 부분을 분리하여 활절점을 회전단으로 대체하면, 그림 4.21(b)와 같은 단순보가 되며 평형조건으로부터 반력을 계산할 수 있다.

$$\Sigma F_y = R_D + R_F - 3P = 0$$
$$\Sigma M_F = R_D \times 4a - 3P \times 2a = 0$$

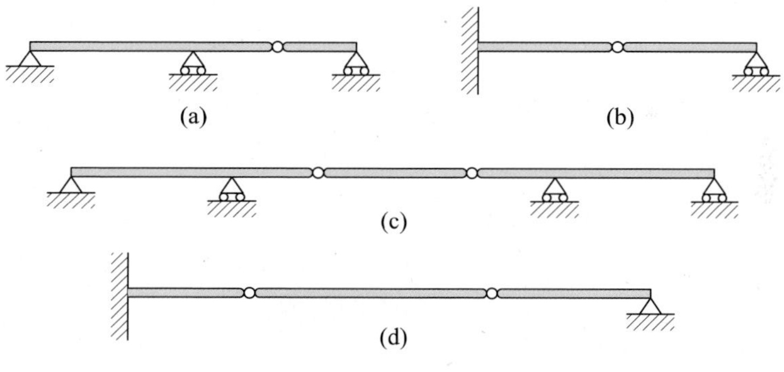

그림 4.20 활절점으로 연결된 보

표 4.3 정정 판정					
그림번호	부재수	반력수	강절점수	절점수	n
	m	r	k	j	
(a)	3	4	1	4	0
(b)	2	4	0	3	0
(c)	5	5	2	6	0
(d)	3	5	0	4	0

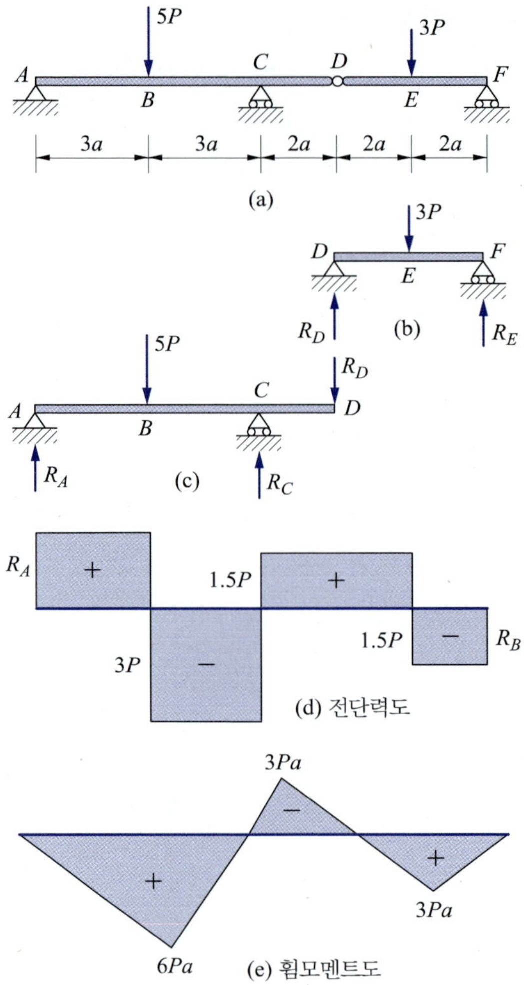

그림 4.21 활절점 보

그러므로

$$R_D = R_F = 1.5P$$

이 반력 중 R_F는 실제 이동단 F에 생기나, R_D는 정정보의 내민 부분에 지지되는 것이므로 상대적으로 이 힘과 반대 방향인 내림세의 $1.5P$ 힘을 내민 부분의 단부 D에 가하는 결과가 된다. 따라서 활절점 D에서 평형을 고려한 정정 부분 보 $ABCD$의 자유물체도는 그림 4.21(c)와 같이 되며, 이 부분의 평형조건식으로부터 반력을 계산할 수 있다.

$$\Sigma F_y = R_A + R_C - 5P - 1.5P = 0$$
$$\Sigma M_C = R_A \times 6a - 5P \times 3a + 1.5P \times 2a = 0$$

그러므로

$$R_A = 2P,\ R_C = 4.5P$$

이와 같은 외력과 반력 상태에서 전단력은 보의 구간에 따라 다음과 같으며 그림 4.21(d)와 같은 분포를 나타낸다.

AB 구간 $V_{AB} = R_A = 2P$

BC 구간 $V_{BC} = V_{AB} - 5P = -3P$

CE 구간 $V_{CE} = -3P + R_C = 1.5P$

EF 구간 $V_{EF} = V_{CE} - 3P = -1.5P$

휨모멘트는 보의 구간별로 다음과 같이 분포되어, 그림 4.21(e)와 같이 표시된다. 이 계산에서 활절점 부분인 D점에서는 $M_D = 0$으로 휨모멘트가 전달되지 않음이 확인되고 있다.

AB 구간 $M_{AB} = R_A(x) = 2P(x)$

$M_B = 2P \times 3a = 6Pa$

BC 구간 $M_{BC} = 2P(x) - 5P(x-3a)$

$M_C = 2P \times 6a - 5P(6a-3a) = -3Pa$

CE 구간 $M_{CE} = 2P(x) - 5P(x-3a) + 4.5P(x-6a)$

$M_D = 2P \times 8a - 5P(8a-3a) + 4.5P(8a-6a) = 0$

$M_E = 2P \times 10a - 5P(10a-3a) + 4.5P(10a-6a) = 3Pa$

EF 구간 $M_{EF} = 2P(x) - 5P(x-3a) + 4.5P(x-6a) - 3P(x-10a)$

$$M_F = 2P \times 12a - 5P(12a-3a) + 4.5P(12a-6a) - 3P(12a-10a) = 0$$

그림 4.22(a)와 같이 등분포하중을 받는 캔틸레버 게르버보의 해석에서도 활절점으로 연결된 AB 부분을 그림 4.22(b)와 같이 독립시키면, 반력은 $R_A = R_B$의 대칭조건과 평형조건으로부터 계산된다.

$$\Sigma F_y = R_A + R_B - 20 \times 3 = 0$$
$$R_A = R_B = 30\ \text{kN}$$

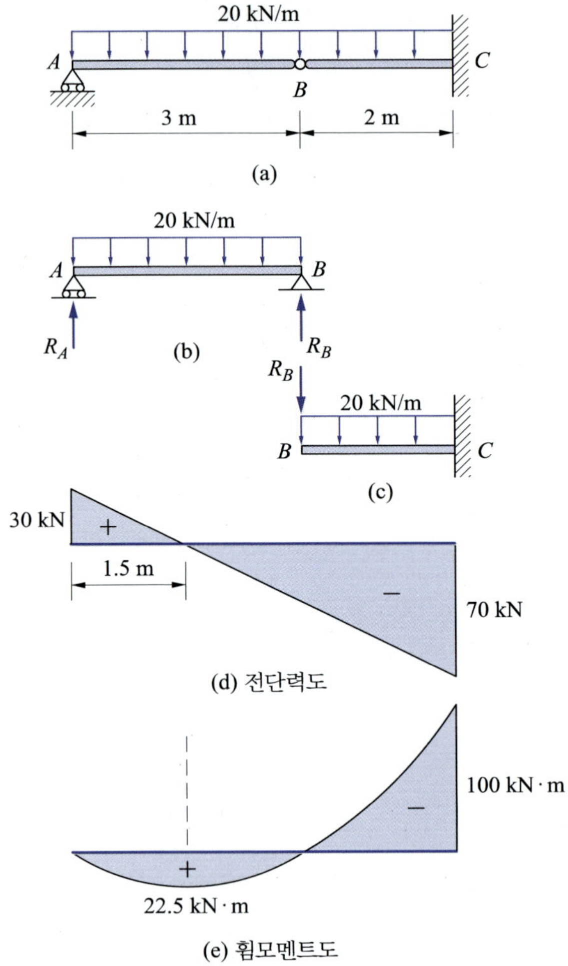

그림 4.22 캔틸레버 게르버 보

이 중 활절점의 반력인 R_B는 그림 4.22(c)와 같이 캔틸레버의 끝에 내림세의 집중하중으로 작용한다. 그림 4.22(c)의 캔틸레버보에서 평형조건으로부터 반력을 계산할 수 있다.

$$\Sigma F_y = -R_B - 20 \times 2 + R_C = -30 - 40 + R_C = 0$$

$$\Sigma M_C = -R_B \times 2 - 20 \times 2 \times 1 + M_C = -60 - 40 + M_C = 0$$

그러므로

$$R_C = 70\text{ kN},\ \ M_C = -100\text{ kN}\cdot\text{m}$$

전단력은 보의 전 구간에 걸쳐 다음과 같으며 전단력 분포는 그림 4.22(d)가 된다.

$$V_x = R_A - 20\,(x) = 30 - 20(x)$$

휨모멘트도 보의 전 구간에 걸쳐 다음과 같다.

$$M_x = R_A(x) - 20x\left(\frac{x}{2}\right) = 30x - 10x^2$$

전단력이 0이 되는 $x = 1.5$ m의 지점과 활절점인 B점 및 C점에서의 모멘트는 다음과 같이 계산된다.

$$M_{x\,=\,1.5} = 30 \times 1.5 - 10(1.5)^2 = 22.5\ \text{kN} \cdot \text{m}$$

$$M_B = 30 \times 3 - 10(3)^2 = 0$$

$$M_C = 30 \times 5 - 10(5)^2 = -100\ \text{kN} \cdot \text{m}$$

이 계산에서도 활절점인 D점에서는 휨모멘트의 값이 0이 되고 있다. 이 보의 휨모멘트 분포는 그림 4.22(e)와 같다.

예제 4.9 그림 4.23(a)와 같이 휨모멘트를 받는 게르버보의 전단력과 모멘트를 구하라.

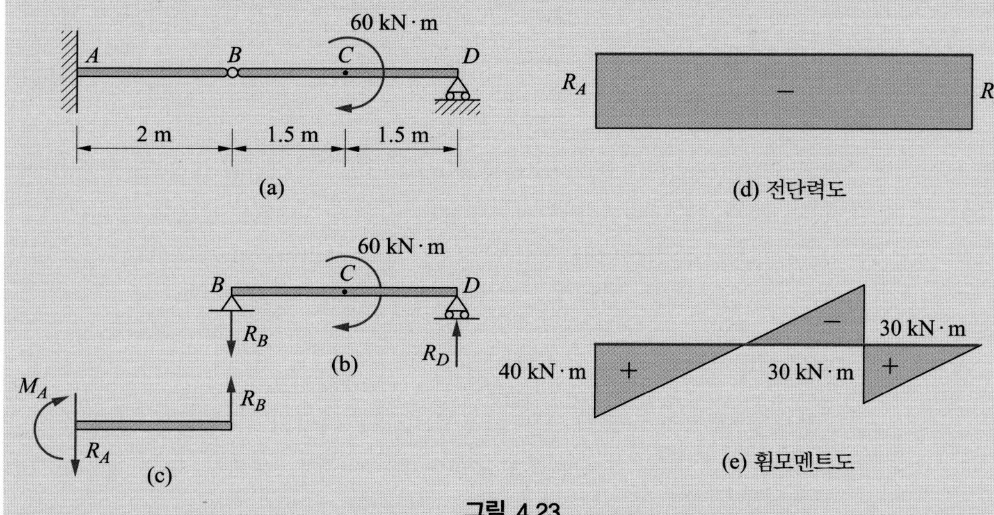

그림 4.23

풀이 그림 4.23(a)를 (b), (c)와 같이 분리하면, 표시된 반력 방향에 대하여 보 BCD의 반력은 다음과 같다.

$$\Sigma F_y = -R_B + R_D = 0$$

$$\Sigma M_D = -R_B \times 3 + 60 = 0$$

$R_B = R_D = 20\,\text{kN}$

보 AB에서는 자유단에 오름세의 $R_B = 20\,\text{kN}$의 힘에 대하여 다음의 반력이 생긴다.

$R_A = 20\,\text{kN},\ M_A = 20 \times 2 = 40\,\text{kN} \cdot \text{m}$

보의 전 구간에 수직 방향력이 작용하지 않으므로 전단력은 전 구간에 걸쳐 동일하다.

$V_{AD} = R_A = -20\,\text{kN}$

휨모멘트를 구간별로 계산할 수 있다.

AC 구간 $M_{AC} = M_A + R_A(x) = 40 - 20 \cdot x$

$M_B = 40 - 20 \times 2 = 0$

$M_C^{(1)} = 40 - 20 \times 3.5 = -30\,\text{kN} \cdot \text{m}$

CD 구간 $M_{CD} = 40 - 20x + 60 = 100 - 20x$

$M_C^{(2)} = 100 - 20 \times 3.5 = 30\,\text{kN} \cdot \text{m}$

$M_D = 100 - 20 \times 5 = 0$

4.5 정정 골조

골조는 4.1절에서 거론된 바와 같이 부재가 서로 강접합되어 상대적인 회전 변형을 하지 않으면서 외력을 지지하는 구조이며, 반력의 수가 세 개이거나, 또는 그 이상 되는 경우 부재 활절점이 있어 평형방정식의 적용만으로 반력을 구할 수 있는 골조를 정정 골조라고 한다.

정정 골조의 구조해석은 정정 보의 구조해석에서와 같이 외력에 평형을 이루는 지점 반력을 구하고 부재에 생기는 축방향력, 전단력 및 휨모멘트를 구하는 일이다. 정정 골조는 단순보형 골조와 캔틸레버형 골조 및 3회전단 골조로 나눠 구조해석한다.

4.5.1 단순보형 골조

단순보형 골조의 구조해석은 단순보의 구조해석과 비슷하게 지점 반력을 구한 후 외력과 반력의 관계를 고려하면서 축방향력, 전단력, 모멘트 등을 계산해 나간다. 단순보형 골조 구조해석의 가장 간단한 예로, 그림 4.24의 골조에 집중하중이 E점에 작용하는 경우에 평형조건식으로부터 반력을 계산한다.

$$\sum F_y = V_A + V_B - P = 0$$

$$\sum M_B = V_A(l) - P(l-a) = 0$$

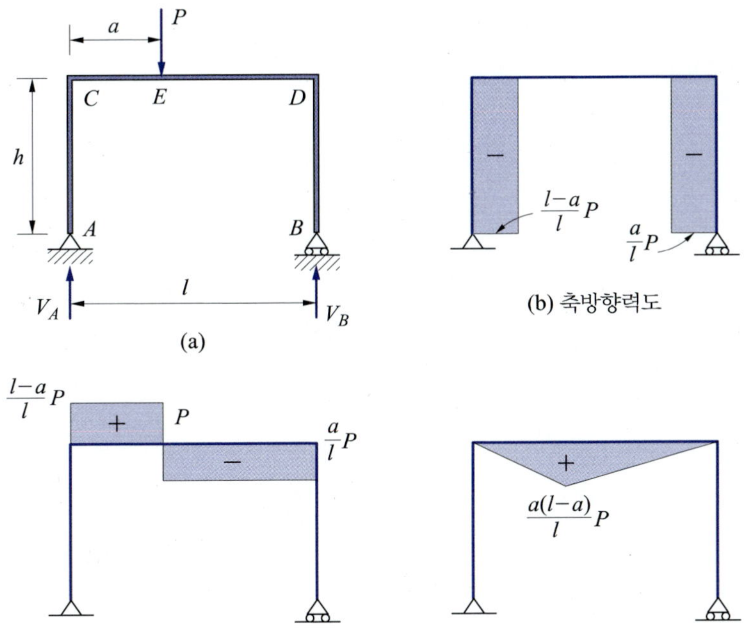

그림 4.24 단순보형 골조

그러므로

$$V_A = \frac{l-a}{l}P,\ \ V_B = \frac{a}{l}P$$

이 반력은 AC 및 BD의 수직 부재에는 압축력으로 작용한다.

AC 구간 $\qquad N_{AC} = -\dfrac{l-a}{l}P$

BD 구간 $\qquad N_{BD} = -\dfrac{a}{l}P$

그림 4.24(b)에 축방향력도를 표시하였다.
CD 부재에는 단순보의 경우와 같이 구간에 따라 다음의 전단력이 발생한다.

CE 구간 $\qquad V_{CE} = V_A = \dfrac{l-a}{l}P$

ED 구간 $\qquad V_{ED} = V_A - P = -\dfrac{a}{l}P$

이 힘은 그림 4.24(c)의 전단력도에 표시되어 있다.

휨모멘트도 단순보의 경우와 같이 구간에 따라 달라지며, 휨모멘트 분포도는 그림 4.24(d)와 같다.

CE 구간 $M_{CE} = V_A(x) = \dfrac{(l-a)x}{l}P$

$$M_E = \frac{(l-a)a}{l}P$$

ED 구간 $M_{ED} = V_A(x) - P(x-a) = \dfrac{(l-x)a}{l}P$

$$M_D = 0$$

이 예에서는 수직 부재인 AC, BD 이외에는 단순보와 똑같은 내력 분포를 보이고 있으나, 수평하중에 대하여서는 다른 양상을 보인다.

그림 4.25(a)의 수평하중을 받는 보에서 그림에 표시된 반력 방향에 대한 평형조건식으로부터 반력을 계산한다.

$$\Sigma F_x = H_A - wh = 0$$

$$\Sigma F_y = V_A - V_B = 0$$

$$\Sigma M_B = V_A(l) - wh\left(\frac{h}{2}\right) = 0$$

그러므로

$$H_A = wh\,,\ \ V_A = V_B = \frac{wh^2}{2l}$$

외력과 반력에 의한 부재의 수평력 분포에서, AC 부재는 오름세의 V_A와 BD 및 CD 부재를 통하여 전달되는 V_B의 내림세 반력에 의하여, V_A만큼 압축력을 받는 상태이고, BD 부재는 반대로 V_B의 내림세 하중과 AC 및 CD 부재를 통하여 전달되는 오름세의 V_A 반력에 의하여 V_B만큼 인장력을 받게 된다. 또한 CD 부재는 수평하중 wh와 수평반력 H_A에 의하여 압축되므로 골조의 축방향력은 다음과 같으며 그림 4.25(b)와 같이 표시된다.

AC 구간 $N_{AC} = -V_A = -\dfrac{wh^2}{2l}$

CD 구간 $N_{CD} = -H_A = -wh$

DB 구간 $N_{DB} = V_B = \dfrac{wh^2}{2l}$

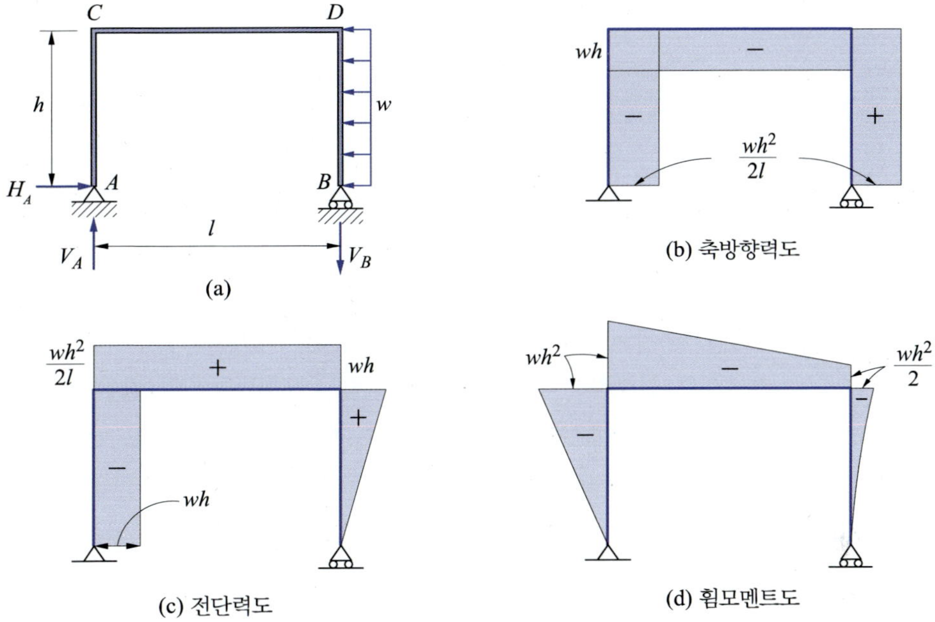

그림 4.25 수평하중을 받는 단순보형 골조

전단력 분포에서 AC 부재는 수평반력 H_A에 의하여 $V_{AC} = -H_A = -wh$의 전단력을 받는다. 이 식에서 반력 H_A에 의한 전단력은 축 방향에 대하여 반시계방향으로 작용하여 표 4.2의 부호 규정에 따라 "−" 부호로 되어 있다. CD 부재의 전단력은 반력 V_A와 V_B에 의하여 $V_{CD} = V_A = wh^2/(2l)$이 되고, DB 구간에서는 D점을 시점으로 하여 $V_{DB} = H_A - w \cdot x$의 분포가 되어 구간 별로 주어지며 전단력도는 그림 4.25(c)와 같이 작성된다.

AC 구간 $\quad V_{AC} = -wh$

CD 구간 $\quad V_{CD} = \dfrac{wh^2}{2l}$

DB 구간 $\quad V_{DB} = w(h - x)$

휨모멘트 분포는 A점을 시점으로 하여 구간별로 계산할 수 있다.

AC 구간 $\quad M_{AC} = -H_A(x) = -whx$

$\qquad\qquad M_C = -wh^2$

CD 구간 $\quad M_{CD} = -wh^2 + V_A(x) = -wh^2 + \dfrac{wh^2}{2l}x$

$$M_D = -wh^2 + \frac{wh^2}{2l}(l) = -\frac{wh^2}{2}$$

DB 구간 $$M_{DB} = -\frac{wh^2}{2} + H_A(x) - \frac{wx^2}{2} = -\frac{w}{2}(h-x)^2$$

DB 구간에서 x는 D점을 시점으로 하여 측정되는 값이며, 수평력 H_A는 부재 AC 및 CD를 통하여 D점에 작용한다. 이 휨모멘트 분포는 그림 4.25(d)의 휨모멘트도와 같다.

정정 골조 중에는 그림 4.26(a)의 골조와 같이 단순보에 ㄱ자형 부재를 강접하여 하중을 간접으로 전달하는 경우도 있다. 그림 4.26(a) 골조의 경우 부분 등분포하중이 지점 A나 B에 일으키는 휨모멘트는 간접 부재를 통하지 않고 단순보에 직접 작용하는 경우와 같으므로, 반력은

$$R_A = R_B = \frac{wa}{2}$$

가 된다. 오름세의 반력 $R_A + R_B$와 내림세의 하중 wa는 CD 부재를 압축하므로, 유일한 축방향력은 그림 4.26(b)에 표시된 바와 같이 다음이 된다.

$$N_{CD} = -wa$$

전단력은 다음과 같이 구간별로 계산할 수 있고, 이의 전단력도는 그림 4.26(c)와 같다.

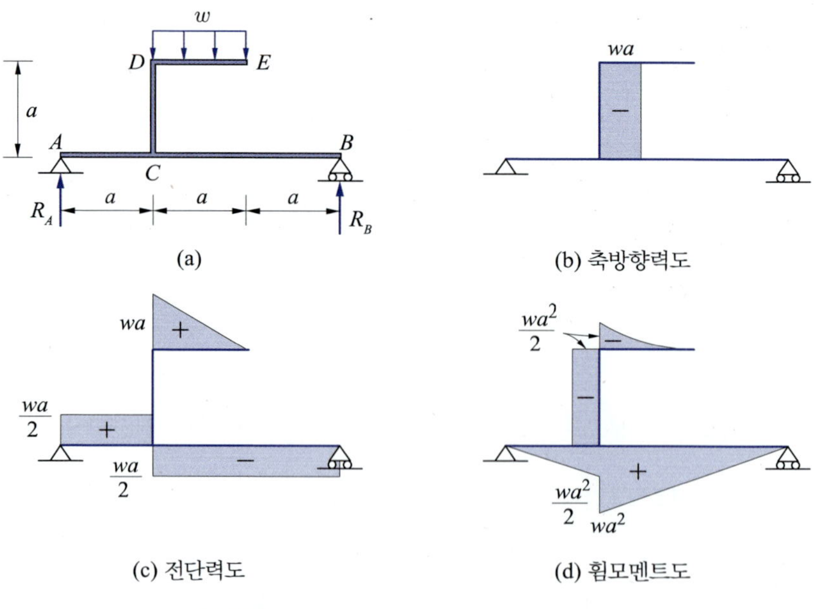

그림 4.26 수직하중을 받는 단순보형 골조

$$AC \text{ 구간} \qquad V_{AC} = R_A = \frac{wa}{2}$$

$$CB \text{ 구간} \qquad V_{BC} = R_A - wa = -\frac{wa}{2}$$

$$DE \text{ 구간} \qquad V_{DE} = R_A + R_B - w\bar{x} = wa - w\bar{x}$$

구간별 휨모멘트 계산은 다음과 같고, 휨모멘트 분포는 그림 4.26(d)와 같다.

$$AC \text{ 구간} \qquad M_{AC} = R_A(x) = \frac{wa}{2}x$$

$$M_C = \frac{wa^2}{2}$$

$$CB \text{ 구간} \qquad M_{CB} = \frac{wa}{2}x + \frac{wa^2}{2} - wa(x-a)$$

$$ED \text{ 구간} \qquad M_{ED} = -\frac{w}{2}x^2$$

$$M_D = -\frac{w}{2}a^2$$

$$DC \text{ 구간} \qquad M_{DC} = -\frac{w}{2}a^2 \text{ (일정한 크기로 전달됨)}$$

휨모멘트 분포는 그림 4.26(d)와 같다.

예제 4.10 그림 4.27(a)의 골조 BC 부재에 등분포하중 $w = 40\,\text{kN/m}$가 작용할 때 각 부재에 생기는 축방향력, 전단력 및 휨모멘트를 구하라.

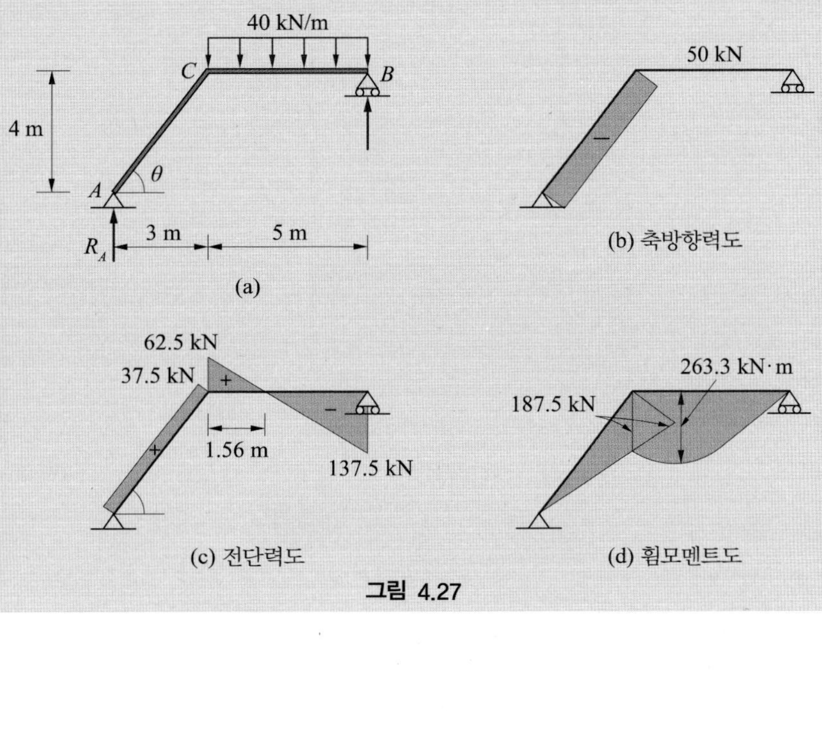

그림 4.27

풀이

(1) 반력

$\sum F_y = R_A + R_B - 40 \times 5 = 0$

$\sum M_B = R_A \times 8 - 40 \times 5^2/2 = 0$

$R_A = 62.5$ kN, $R_B = 137.5$ kN

(2) 축방향력

AC 구간 $N_{AC} = -R_A \sin\theta = -62.5 \times \dfrac{4}{5} = -50$ kN

(3) 전단력

AC 구간 $V_{AC} = R_A \cos\theta = 62.5 \times \dfrac{3}{5} = 37.5$ kN

CB 구간 $V_{CB} = R_A - 40 \cdot \bar{x} = 62.5 - 40 \cdot \bar{x}$

전단력이 0이 되는 곳 $\bar{x} = \dfrac{62.5}{40} = 1.56\,\text{m}$

(4) 휨모멘트

AC 구간 $M_{AC} = R_A(x) = 62.5x$

$M_C = 62.5 \times 3 = 187.5$ kN · m

CB 구간 $M_{CB} = R_A(x) - 40(x-3)^2/2 = 62.5x - 20(x-3)^2$

$M_B = 62.5 \times 8 - 20(8-3)^2 = 0$

$M_{\max} = 62.5 \times (3 + 1.56) - 20(3 + 1.56 - 3)^2 = 236.3$ kN · m

예제 4.11 그림 4.28(a)의 골조 E점에 30 kN의 횡방향력이 작용할 때 각 부재에 생기는 축방향력, 전단력 및 휨모멘트를 구하라.

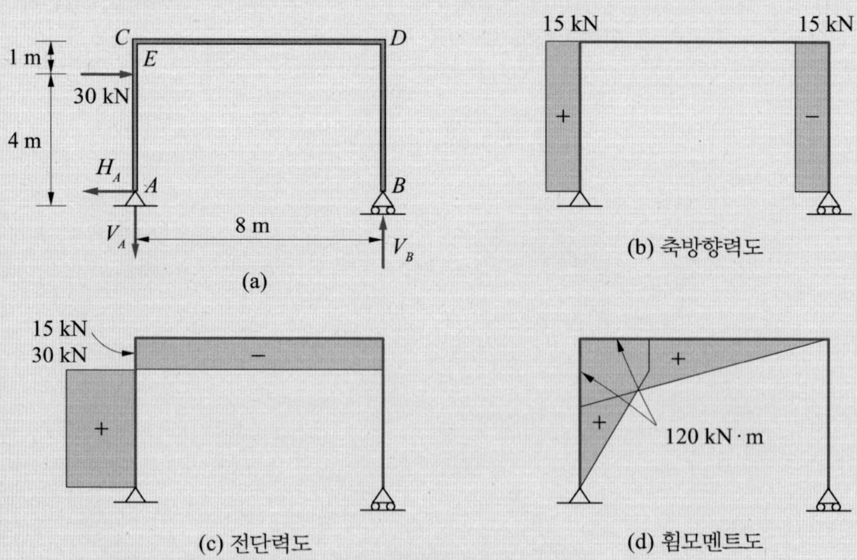

그림 4.28

풀이

(1) 반력

$\sum F_x = 30 - H_A = 0$

$\sum F_y = -V_A + V_B = 0$

$\sum M_B = -V_A(l) + 30 \times 4 = 0$

$H_A = 30\text{ kN},\ V_A = 15\text{ kN},\ V_B = 15\text{ kN}$

(2) 축방향력

AC 구간 $N_{AC} = V_A = 15\text{ kN}$ (인장)

BD 구간 $N_{BD} = -V_B = -15\text{ kN}$ (압축)

(3) 전단력

AE 구간 $V_{AE} = H_A = 30\text{ kN}$

CD 구간 $V_{CD} = -V_A = -15\text{ kN}$

(4) 휨모멘트

AE 구간 $M_{AE} = H_A(x) = 30(x)$

$M_E = 30 \times 4 = 120\text{ kN}\cdot\text{m}$

EC 구간 $M_{EC} = H_A(x) - 30(x-4) = 120\text{ kN}\cdot\text{m}$

CD 구간 $M_{CD} = M_C - V_A(x) = 120 - 15(x)$

$M_D = 120 - 15 \times 8 = 0$

예제 4.12 그림 4.29(a)의 골조 중간에 20 kN/m의 등분포하중이 작용할 때 축방향력, 전단력 및 휨모멘트를 구하라.

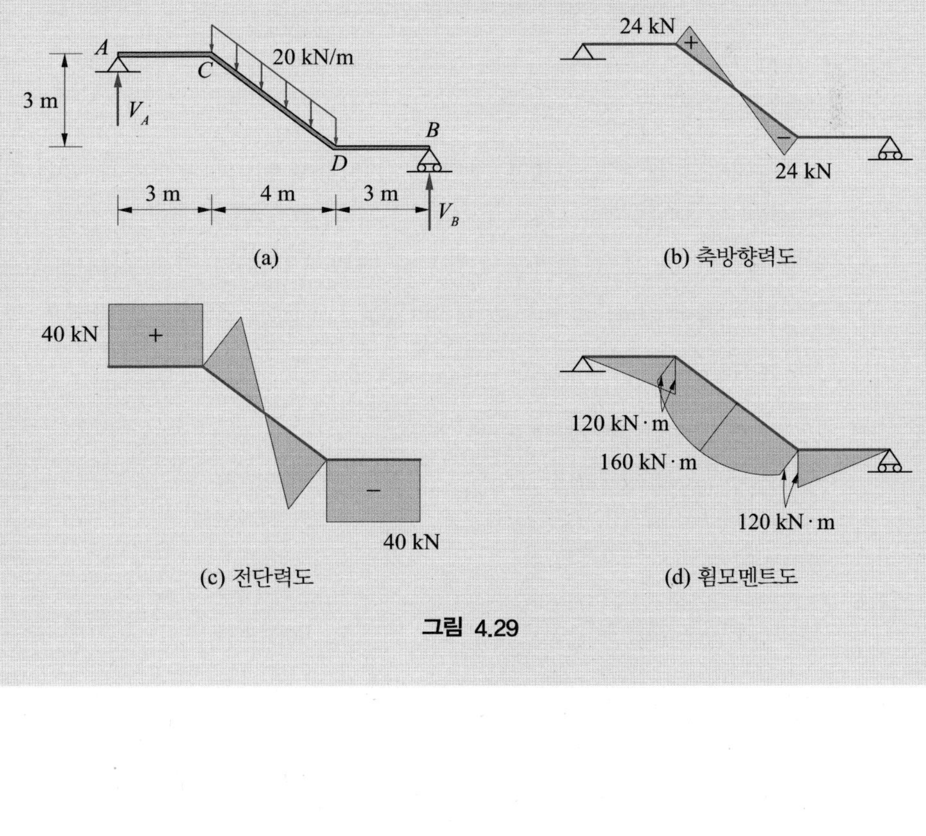

그림 4.29

풀이

(1) 반력

$\Sigma F_y = V_A + V_B - 20 \times 4 = 0$

$\Sigma M_B = V_A \times 10 - 20 \times 4 \times 5 = 0$

$V_A = V_B = 40\text{ kN}$

(2) 축방향력

CD 구간 $N_{CD} = \left(V_A - 20 \cdot \bar{x}\right)\sin\theta = (40 - 20 \cdot \bar{x})\left(\dfrac{3}{5}\right)$

$N_C = 24\text{ kN},\ N_D = -24\text{ kN}$

(3) 전단력

AC 구간 $V_{AC} = V_A = 40\text{ kN}$

CD 구간 $V_{CD} = V_A - w(x-3) = 40 - 20(x-3)$

전단력이 0이 되는 곳 $x = 5\text{ m}$

DB 구간 $V_{DB} = 40 - 20 \times 4 = -40\text{ kN}$

(4) 휨모멘트

AC 구간 $M_{AC} = V_A(x) = 40x$

$M_C = 40 \times 3 = 120\text{ kN} \cdot \text{m}$

CD 구간 $M_{CD} = V_A(x) - 20(x-3)^2/2$

$M_D = 40 \times 7 - 20(7-3)^2/2 = 120\text{ kN} \cdot \text{m}$

$M_{\max} = 40 \times 5 - 20(5-3)^2/2 = 160\text{ kN} \cdot \text{m}$

DB 구간 $M_{DB} = V_A(x) - 20 \times 4(x-5) = 40x - 80(x-5)$

$M_B = 40 \times 10 - 8(10-5) = 0$

4.5.2 캔틸레버형 골조

캔틸레버형 골조의 반력을 구하는 것은 캔틸레버보의 경우와 같으며, 부재간 축방향력, 전단력, 모멘트를 구하는 데에는 부재를 통한 힘의 전달이 고려되어야 한다. 캔틸레버형 골조의 한 예로 경기장 스탠드를 그림 4.30(a)와 같이 나타낼 수 있다. 이와 같은 구조의 지붕에 연직 방향으로 w의 등분포하중이 작용할 때 반력은 평형조건으로부터 계산할 수 있다.

$$\Sigma F_y = V_A - wl = 0$$

$$\Sigma M_A = -M_A + wl^2/2 = 0$$

그러므로

$$V_A = wl,\ M_A = \frac{wl^2}{2}$$

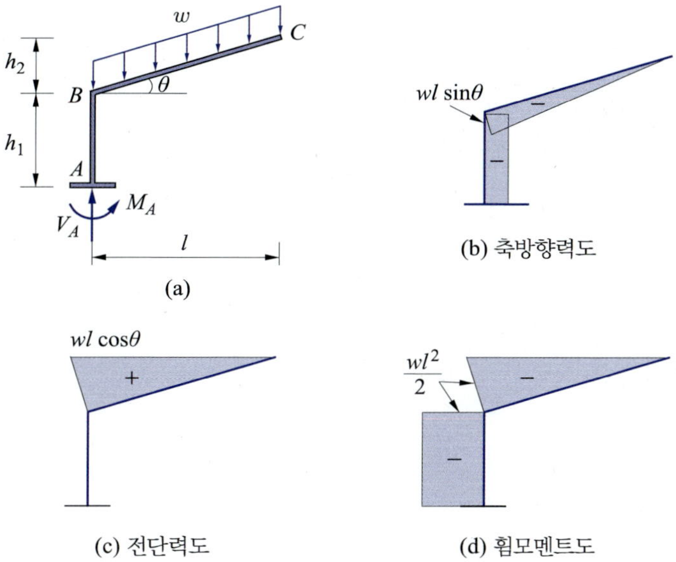

그림 4.30 캔틸레버형 골조

축방향력을 구간별로 계산한다.

$$AB \text{ 구간} \qquad N_{AB} = -V_A = -wl$$

$$BC \text{ 구간} \qquad N_{BC} = -V_A \sin\theta + w\sin\theta\,(x) = (-V_A + wx)\sin\theta$$

전단력은 BC 구간에만 발생하며 그림 4.30(c)의 분포를 나타낸다.

$$V_{BC} = V_A\cos\theta - wx\cos\theta = w(l-x)\cos\theta$$

휨모멘트는 구간별 다음과 같은 분포를 보이며, 그림 4.30(d)에 표시되어 있다.

$$AB \text{ 구간} \qquad M_{AB} = -M_A = -\frac{wl^2}{2}$$

$$BC \text{ 구간} \qquad M_{BC} = -\frac{wl^2}{2} - \frac{wx^2}{2} + wlx$$

캔틸레버형 골조의 또 한 예로, 그림 4.31(a)는 경간이 다른 보에 작용하는 축하중을 지지하는 기둥을 나타내고 있다. 이 골조의 반력을 평형조건으로부터 계산한다.

$$\Sigma F_y = V_A - P - P = 0$$

$$\Sigma M_A = M_A - P(2a) + P(a) = 0$$

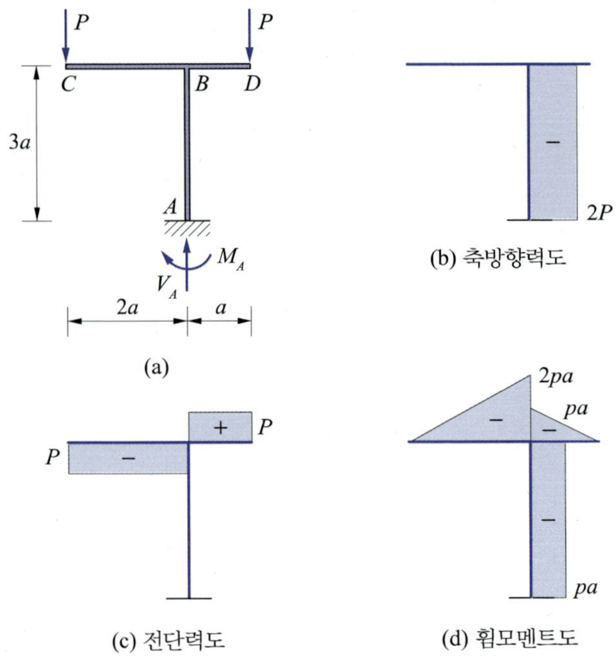

그림 4.31 수직하중을 받는 캔틸레버형 골조

그러므로

$$V_A = 2P,\ M_A = Pa$$

축하중 : AB 구간 $V_{AB} = -V_A = -2P$

전단력 : CB 구간 $V_{CB} = -P$

BD 구간 $V_{BD} = -P + V_A = P$

휨모멘트 : CB 구간 $M_{CB} = -P(x)$

$$M_B = -P(2a) = -2Pa$$

BD 구간 $M_{BD} = -P(x) + Pa + V_A(x-2a)$

$$M_B = -P(2a) + Pa + 2P(2a-2a) = -Pa$$

$$M_D = -P(3a) + Pa + 2P(3a-2a) = 0$$

AB 구간 $M_{AB} = -Pa$

의 분포를 나타낸다. 축방향력, 전단력, 휨모멘트는 그림 4.31(b), (c), (d)에 표시되어 있다.

예제 4.13 그림 4.32(a) 골조의 축방향력, 전단력 및 휨모멘트를 구하라.

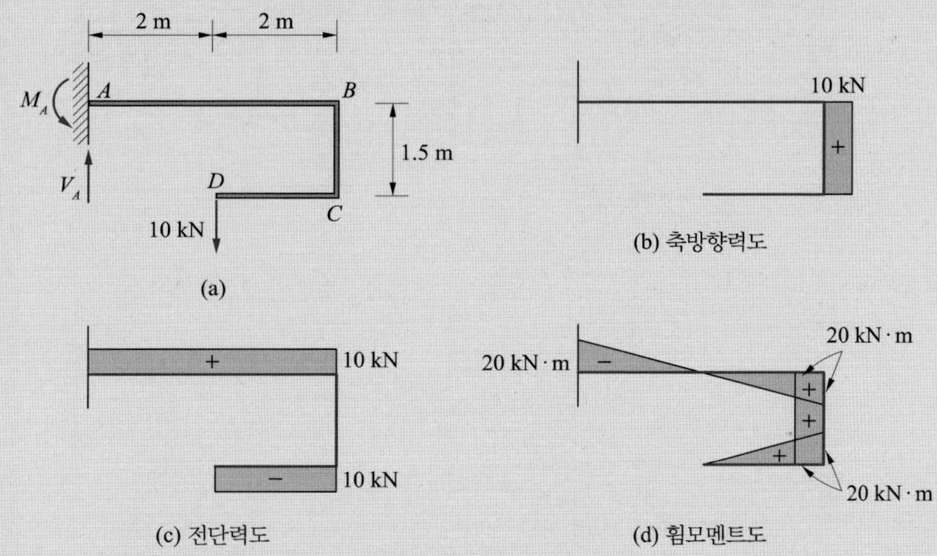

그림 4.32

풀이

(1) 반력

$\Sigma F_y = V_A - 10 = 0$

$\Sigma M_A = -M_A + 10 \times 2 = 0$

$V_A = 10\ \text{kN},\ M_A = 20\ \text{kN} \cdot \text{m}$

(2) 축방향력

BC 구간 $N_{BC} = V_A = 10\ \text{kN}$ (인장)

(3) 전단력

AB 구간 $V_{AB} = V_A = 10\ \text{kN}$

DC 구간 $V_{DC} = -10\ \text{kN}$

(4) 휨모멘트

AB 구간 $M_{AB} = -M_A + V_A(x) = -20 + 10(x)$

$M_B = -20 + 10 \times 4 = 20\ \text{kN} \cdot \text{m}$

BC 구간 $M_{BC} = M_B = 20\ \text{kN} \cdot \text{m}$

CD 구간 $M_{CD} = -M_A + V_A(x) = -20 + 10x$

예제 4.14 그림 4.33(a) 바람막이 골조의 축방향력, 전단력 및 휨모멘트를 구하라.

풀이

(1) 반력

$\Sigma F_x = H_A - 10 \times 6 = 0$

$\Sigma M_A = M_A - 10 \times 6 \times 5 = 0$

$H_A = 60\ \text{kN},\ M_A = 300\ \text{kN} \cdot \text{m}$

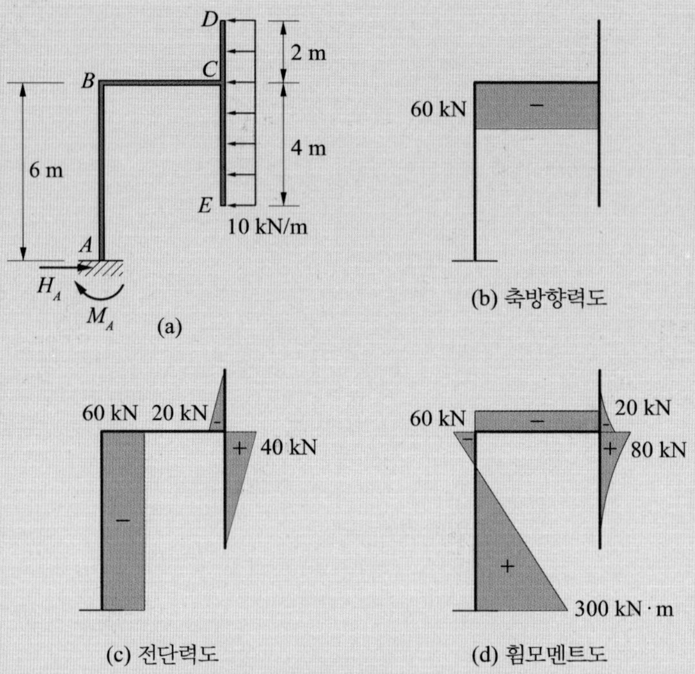

그림 4.33

(2) 축방향력

BC 구간 $N_{BC} = -H_A = -60\ \mathrm{kN}$

(3) 전단력

AB 구간 $V_{AB} = -H_A = -60\ \mathrm{kN}$

DC 구간 $V_{DC} = -10(\bar{x})$

$V_C^{(1)} = -10 \times 2 = -20\ \mathrm{kN}$

CE 구간 $V_{CE} = -10(\bar{x}) + H_A$

$V_C^{(2)} = -10 \times 2 + 60 = 40\ \mathrm{kN}$

(4) 휨모멘트

AB 구간 $M_{AB} = M_A - H_A(x) = 300 - 60(x)$

$M_B = 300 - 60 \times 6 = -60\ \mathrm{kN \cdot m}$

BC 구간 $M_{BC} = M_B = -60\ \mathrm{kN \cdot m}$

DC 구간 $M_{DC} = -10(\bar{x})^2/2$

$M_C^{(1)} = -10 \times (2)^2/2 = -20\ \mathrm{kN \cdot m}$

EC 구간 $M_{CE} = -10(\bar{x})^2/2$

$M_C^{(2)} = -10 \times (4)^2/2 = -80\ \mathrm{kN \cdot m}$

DC 및 *EC* 구간에서 $\bar{x}$는 *D* 또는 *E*점에서 잰 거리이다.

4.5.3 3회전단 골조

게르버보의 해석에서 경험한 바와 같이 두 지점이 회전단으로 되어 있는 부재는 1차 부정정구조가 되므로, 평면구조의 평형방정식 $\Sigma F_x = 0$, $\Sigma F_y = 0$, $\Sigma M = 0$의 세 방정식으로는 지점 반력을 다 구할 수 없으나, 부재 중간에 활절점이 생기면, 그 절점에 대한 모멘트의 평형조건이 1차 부정정에 대한 추가 방정식이 되기 때문에, 골조에서도 두 지점을 회전단으로 하여 부재의 안정성을 높이고 한 곳의 이음을 회전단으로 하여 정정구조로 하는 설계 방법이 통용되고 있다.

이런 골조의 가장 기본적인 형태로, 그림 4.34(a)와 같이 등분포하중을 받는 문형(門形) 골조의 양 지점이 회전단으로 되어 있고 보 중간이 회전단으로 접합되어 있을 때 네 개의 지점 반력을 세 개의 평형조건식과 E점에서 휨모멘트가 0이 되어야 하는 조건으로부터 계산할 수 있다.

$$\Sigma F_x = H_A - H_B = 0$$
$$\Sigma F_y = V_A + V_B - wl = 0$$
$$\Sigma M_B = V_A(l) - \frac{wl^2}{2} = 0$$
$$\Sigma M_E = V_A\left(\frac{l}{2}\right) - H_A h - \frac{w}{2}\left(\frac{l}{2}\right)^2 = 0$$

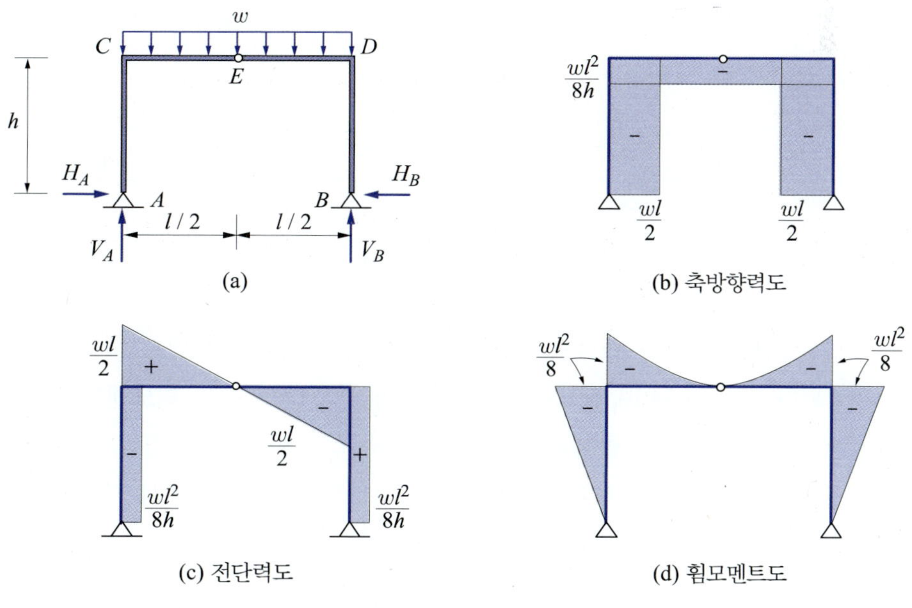

그림 4.34 3회전단 골조

그러므로 반력은 다음과 같다.

$$H_A = H_B = \frac{wl^2}{8h}, \quad V_A = V_B = \frac{wl}{2}$$

이 골조의 축방향력을 구간별로 계산한다.

$$AC \text{ 및 } BD \text{ 구간} \quad N_{AC} = N_{BD} = -V_A = -\frac{wl}{2}$$

$$CD \text{ 구간} \quad N_{CD} = -H_A = -\frac{wl^2}{8h}$$

전단력을 계산한다.

$$AC \text{ 구간} \quad V_{AC} = -H_A = -\frac{wl^2}{8h}$$

$$CD \text{ 구간} \quad V_{CD} = V_A - wx = \frac{wl}{2} - wx$$

$$DB \text{ 구간} \quad V_{DB} = H_B = \frac{wl^2}{8h}$$

휨모멘트를 계산한다.

$$AC \text{ 구간} \quad M_{AC} = -H_A(x) = -\frac{wl^2}{8h}x$$

$$M_C = -\frac{wl^2}{8}$$

$$CE \text{ 구간} \quad M_{CE} = -\frac{wl^2}{8} + V_A(x) - \frac{wx^2}{2} = \frac{wl}{2}x - \frac{wx^2}{2} - \frac{wl^2}{8}$$

$$M_E = \frac{wl}{2}\left(\frac{l}{2}\right) - \frac{w}{2}\left(\frac{l}{2}\right)^2 - \frac{wl^2}{8} = 0$$

E의 활절점을 중심으로 BD구간과 DE구간이 휨모멘트 분포 형태는 좌측과 대칭이 된다. 그림 4.34(b), (c), (d)는 각각 축방향력, 전단력 및 휨모멘트 분포를 나타낸 것이다.

그림 4.35(a)의 골조는 두 기둥이 다르고, 보와 기둥의 절점 C점에 수평하중 P가 작용하는 경우이다. 지점의 평형조건에 추가로, 활절점 E에서 좌측 부분의 휨모멘트 합이 0이 되는 조건을 계산한다.

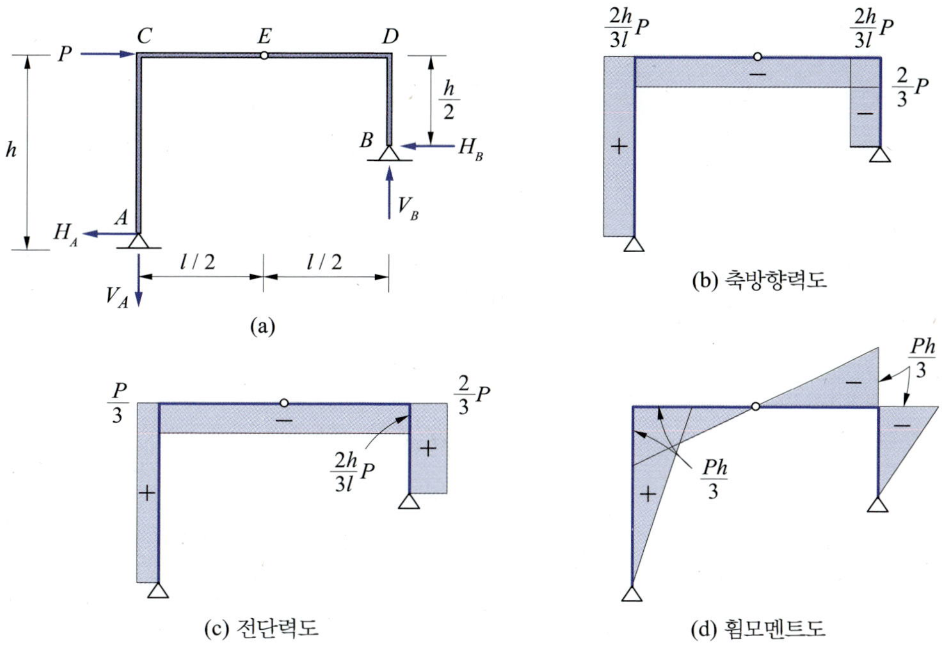

그림 4.35 수평하중을 받는 3회전단 골조

$$\sum F_x = P - H_A - H_B = 0$$

$$\sum F_y = -V_A + V_B = 0$$

$$\sum M_B = P\left(\frac{h}{2}\right) + H_A\left(\frac{h}{2}\right) - V_A l = 0$$

$$\sum M_E = H_A h - V_A\left(\frac{l}{2}\right) = 0$$

이 네 식으로부터 네 개의 지점 반력을 계산할 수 있다.

$$H_A = \frac{P}{3},\ H_B = \frac{2P}{3},\ V_A = V_B = \frac{2h}{3l}P$$

외력과 반력에 의한 축방향력은 다음과 같다.

AC 구간 $\qquad N_{AC} = V_A = \dfrac{2h}{3l}P$

CD 구간 $\qquad N_{CD} = -H_B = -\dfrac{2P}{3}$

DB 구간 $\qquad N_{DB} = -V_B = -\dfrac{2h}{3l}P$

전단력을 계산한다.

$$AC\ 구간 \qquad V_{AC} = H_A = \frac{P}{3}$$

$$CD\ 구간 \qquad V_{CD} = -V_A = -\frac{2h}{3l}P$$

$$DB\ 구간 \qquad V_{DB} = H_B = \frac{2P}{3}$$

휨모멘트를 계산한다.

$$AC\ 구간 \qquad M_{AC} = H_A(x) = \frac{P}{3}x$$

$$M_C = \frac{Ph}{3}$$

$$CD\ 구간 \qquad M_{CD} = \frac{Ph}{3} - V_A(x) = \frac{Ph}{3} - \frac{2h}{3l}Px$$

$$M_E = \frac{Ph}{3} - \frac{2h}{3l}P \times \left(\frac{l}{2}\right) = 0$$

$$M_D = \frac{Ph}{3} - \frac{2h}{3l}Pl = -\frac{Ph}{3}$$

BD 구간은 B점에서부터 계산할 수 있다.

$$M_{BD} = H_B(x) = -\frac{2P}{3}x$$

$$M_D = -\frac{2P}{3}\left(\frac{h}{2}\right) = -\frac{Ph}{3}$$

그림 4.35(a)의 골조의 축방향력, 전단력 및 휨모멘트의 분포는 그림 4.35(b), (c), (d)와 같다.

참고로, 골조의 부재력 분포도 작성 시 부재의 좌 우를 판정하는 방법은 표 4.2의 부호에 대해 골조 안쪽에서 볼 때를 기준으로 그림 4.36과 같이 판정한다.

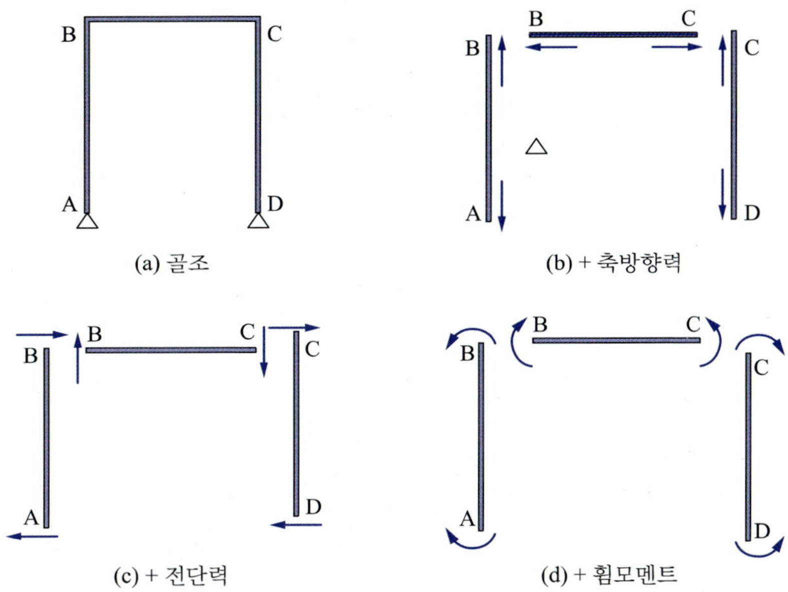

그림 4.36 골조 부재력 산정 시 "+" 부재력 판정

예제 4.15 그림 4.37(a) 골조의 축방향력, 전단력 및 휨모멘트를 구하라.

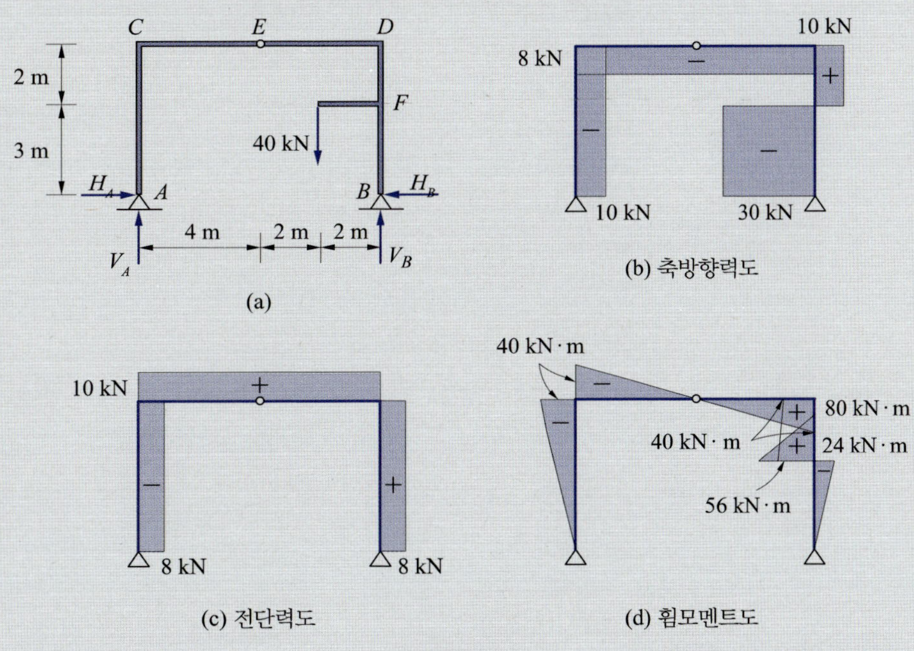

그림 4.37

풀이

(1) 반력

$\Sigma F_x = H_A - H_B = 0$

$\Sigma F_y = V_A + V_B - 40 = 0$

$\Sigma M_B = V_A \times 8 - 40 \times 2 = 0$

$\Sigma M_E = V_A \times 4 - H_A \times 5 = 0$

$H_A = H_B = 8\ \mathrm{kN}$, $V_A = 10\ \mathrm{kN}$, $V_B = 30\ \mathrm{kN}$

(2) 축방향력

AC 구간 $N_{AC} = -V_A = -10\ \mathrm{kN}$

CD 구간 $N_{CD} = -H_A = -8\ \mathrm{kN}$

DF 구간 $N_{DF} = V_A = 10\ \mathrm{kN}$

FB 구간 $N_{FB} = -V_B = -30\ \mathrm{kN}$

(3) 전단력

AC 구간 $V_{AC} = -H_A = -8\ \mathrm{kN}$

CD 구간 $V_{CD} = V_A = 10\ \mathrm{kN}$

DB 구간 $V_{DB} = H_B = 8\ \mathrm{kN}$

(4) 휨모멘트

AC 구간 $M_{AC} = -H_A(x) = -8x$

$M_C = -8 \times 5 = -40\ \mathrm{kN \cdot m}$

CD 구간 $M_{CD} = -40 + V_A(x) = -40 + 10x$

$M_E = -40 + 10 \times 4 = 0$

$M_D = -40 + 10 \times 8 = 40\ \mathrm{kN \cdot m}$

DF 구간 D점을 기점으로 하여

$M_{DF} = 40 + H_A(x) = 40 + 8x$

$M_F^{(1)} = 40 + 8 \times 2 = 56\ \mathrm{kN \cdot m}$

FB 구간 $M_{FB} = 40 + 8x - 40 \times 2$

$M_F^{(2)} = 40 + 8 \times 2 - 80 = -24\ \mathrm{kN \cdot m}$

$M_B = 40 + 8 \times 5 - 80 = 0$

예제 4.16 그림 4.38(a)와 같은 박골지붕 골조의 축방향력과 전단력 및 휨모멘트를 구하라.

풀이

(1) 반력

$\Sigma F_x = H_A - H_B = 0$

$\Sigma F_y = V_A + V_B - 20 - 40 - 20 = 0$

$\Sigma M_B = (V_A - 20) \times 8 - 40 \times 4 = 0$

$\Sigma M_E = (V_A - 20) \times 4 - H_A \times 7 = 0$

$H_A = H_B = \dfrac{80}{7} = 11.4\ \mathrm{kN}$

$V_A = V_B = 40\ \mathrm{kN}$

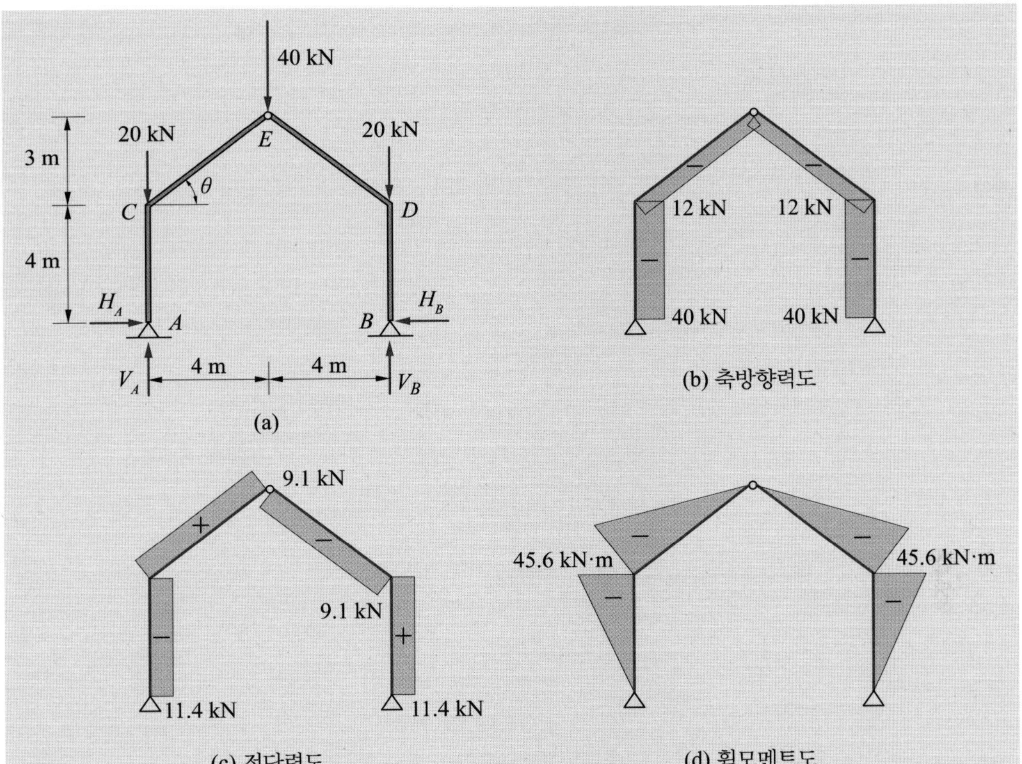

그림 4.38

(2) 축방향력

AC 및 BD 구간 $N_{AC} = N_{BD} = -40\ \text{kN}$ (압축)

CE 및 DE 구간 $N_{CE} = N_{DE} = -20\sin\theta = -20\times\dfrac{3}{5} = -12\ \text{kN}$ (압축)

(3) 전단력

AC 구간 $V_{AC} = -H_A = -11.4\ \text{kN}$

CE 구간 $V_{CE} = (V_A - 20)\cos\theta - H_A\sin\theta = 20\times\dfrac{4}{5} - 11.4\times\dfrac{3}{5} = 9.1\ \text{kN}$

하중 및 골조의 대칭성으로부터 계산한다.

$V_{BD} = -V_{AC} = 11.4\ \text{kN}$

$V_{DE} = -V_{CE} = -9.1\ \text{kN}$

(4) 휨모멘트

AC 구간 $M_{AC} = -H_A(y) = -11.4(y)$

$M_C = -11.4\times 4 = -45.6\ \text{kN}\cdot\text{m}$

CE 구간 $M_{CE} = -H_A(y) + (V_A - 20)x = -11.4(y) + 20x$

$M_E = -11.4\times 7 + 20\times 4 = 0$

하중과 골조가 대칭이므로 BD 부재 및 DE 부재의 휨모멘트도 AC 및 CE 부재와 대칭으로 분포된다.

연습문제

4.1 그림 4.39~4.41 보의 축방향력, 전단력 및 휨모멘트를 구하라.

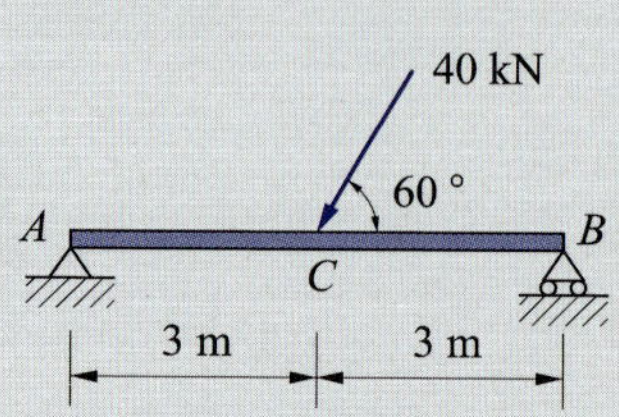

그림 4.39

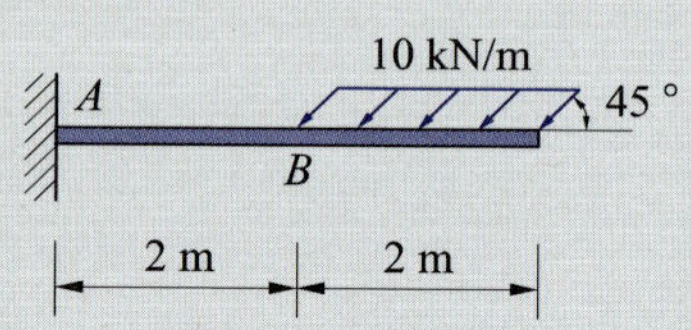

그림 4.40

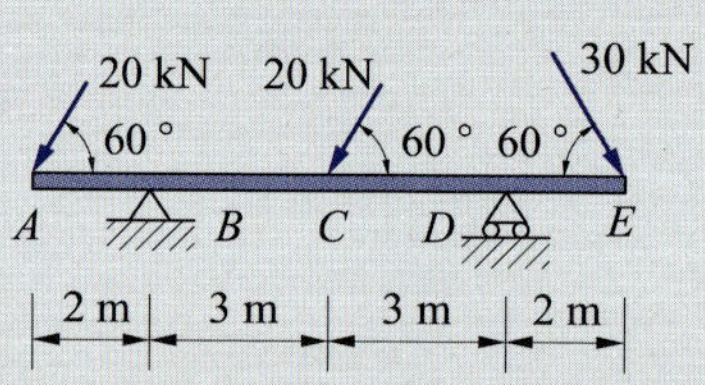

그림 4.41

4.2 그림 4.42~4.44 보의 전단력과 휨모멘트를 구하라

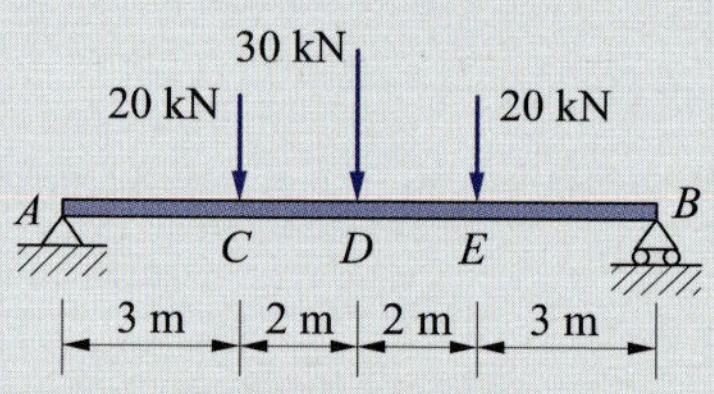

그림 4.42

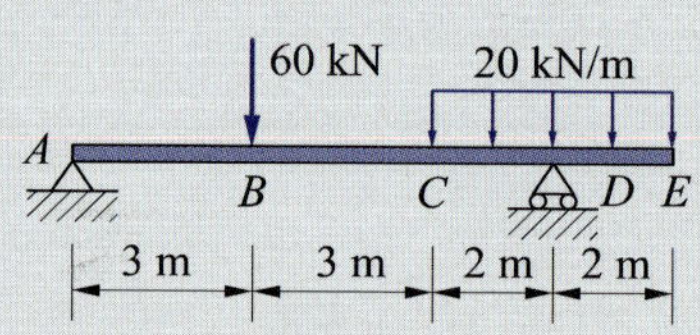

그림 4.43

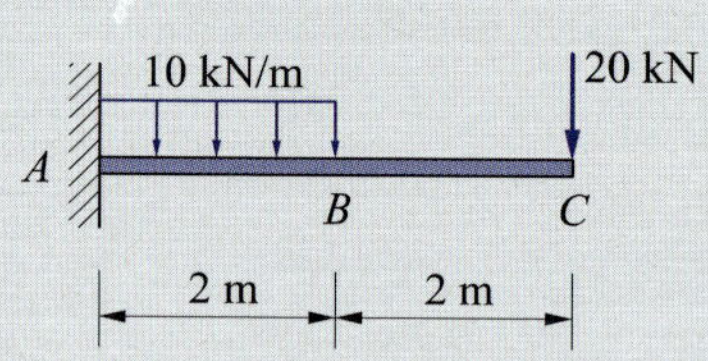

그림 4.44

4.3 그림 4.45~4.47 보의 전단력과 휨모멘트를 구하라.

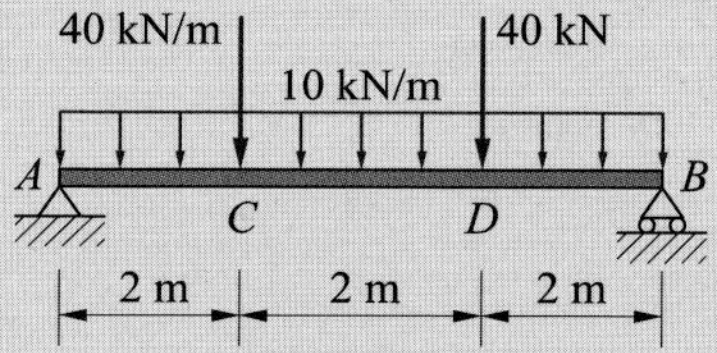

그림 4.45

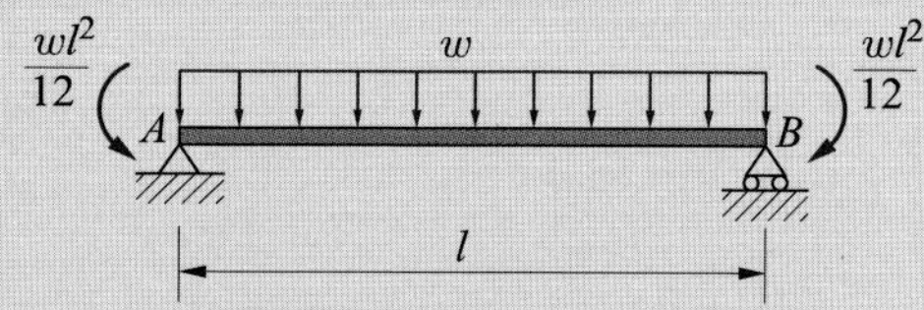

그림 4.46

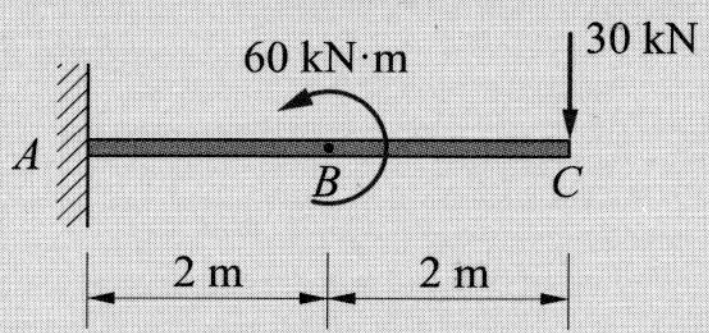

그림 4.47

4.4 그림 4.48~4.50 보의 전단력과 휨모멘트를 구하라.

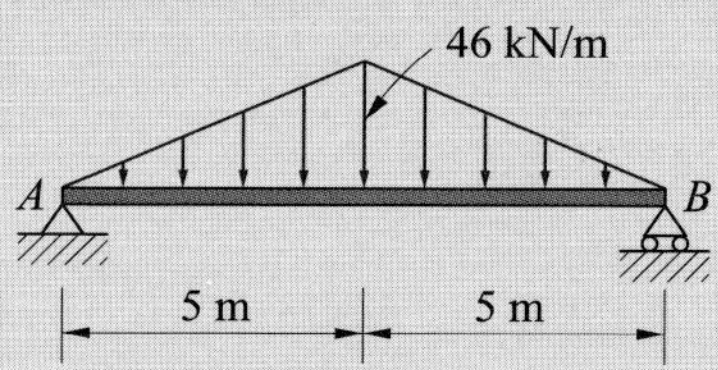

그림 4.48

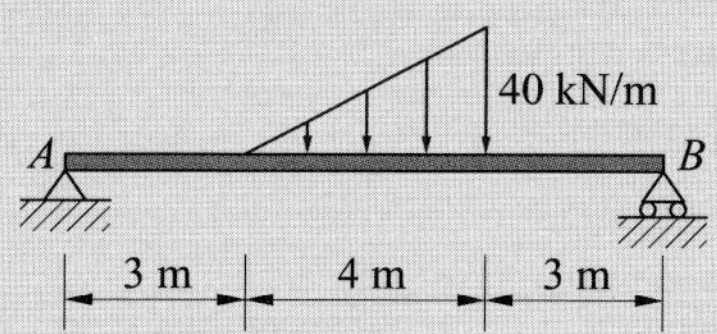

그림 4.49

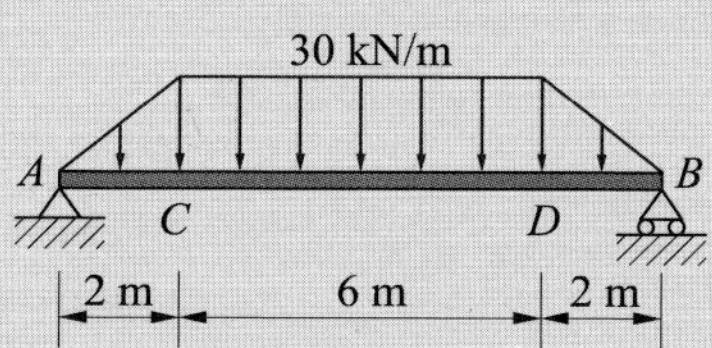

그림 4.50

4.5 그림 4.51~4.53 보의 전단력과 휨모멘트를 구하라.

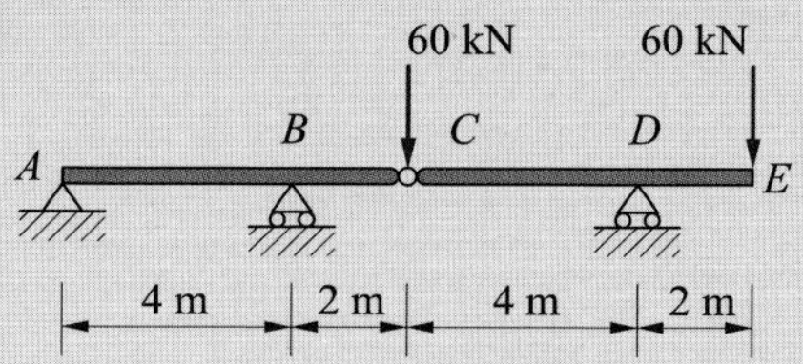

그림 4.51

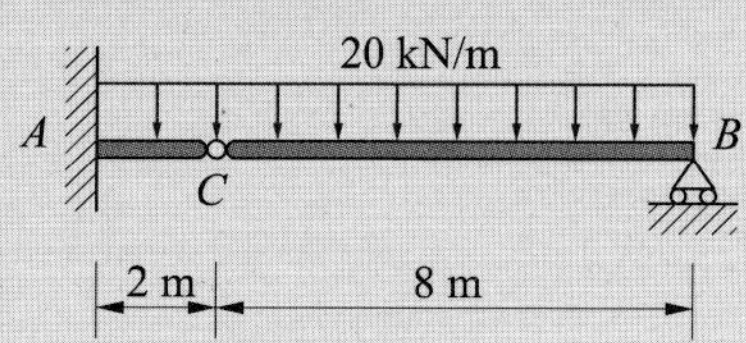

그림 4.52

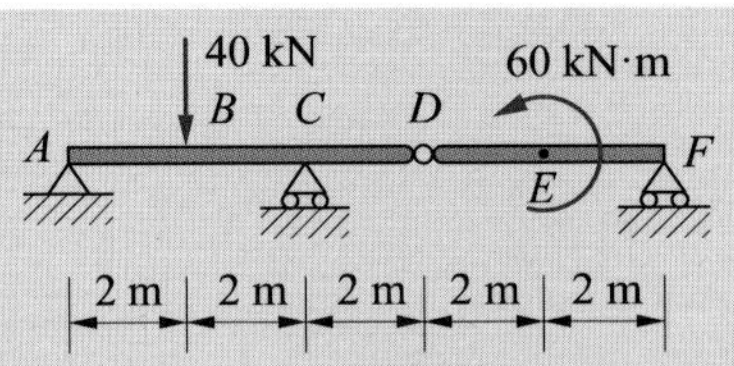

그림 4.53

4.6 그림 4.54의 보에서 B점과 C점의 휨모멘트 크기를 같게 하려면, P의 크기를 얼마로 하여야 하는가?

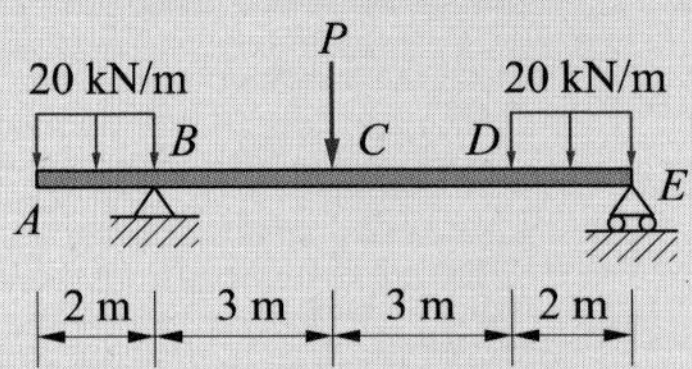

그림 4.54

4.7 그림 4.55의 보에서 AB 부재와 BC 부재의 최대 휨모멘트 크기를 같게 하는 회전단의 위치를 정하라.

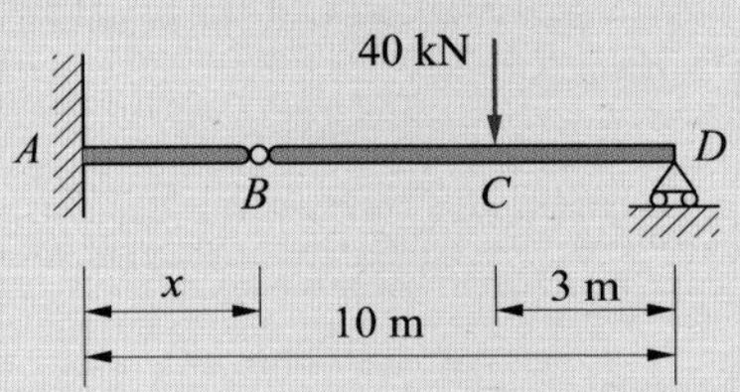

그림 4.55

4.8 그림 4.56~4.58 단순보형 골조의 축방향력, 전단력 및 휨모멘트를 구하라.

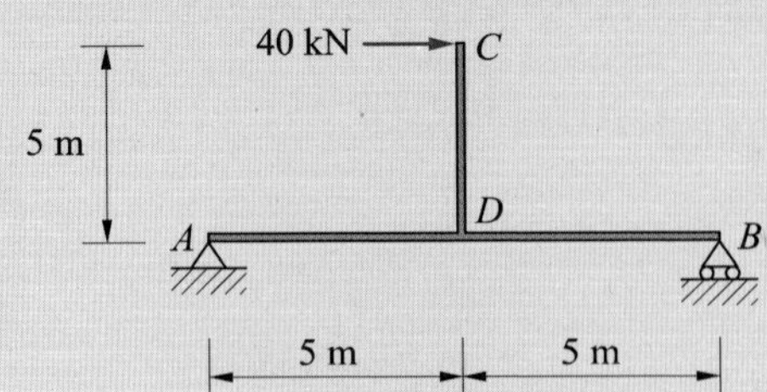

그림 4.56

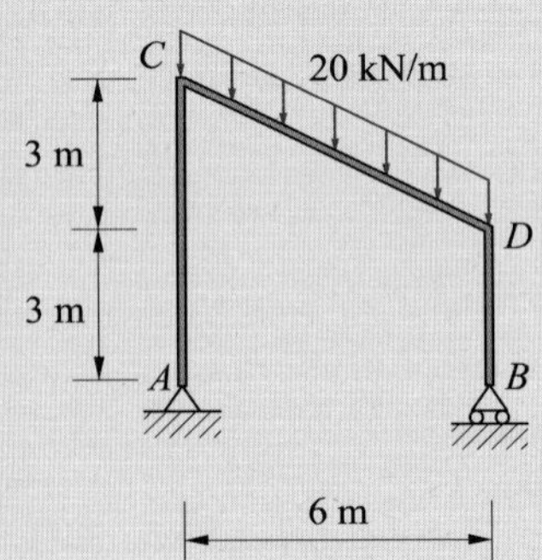

그림 4.57

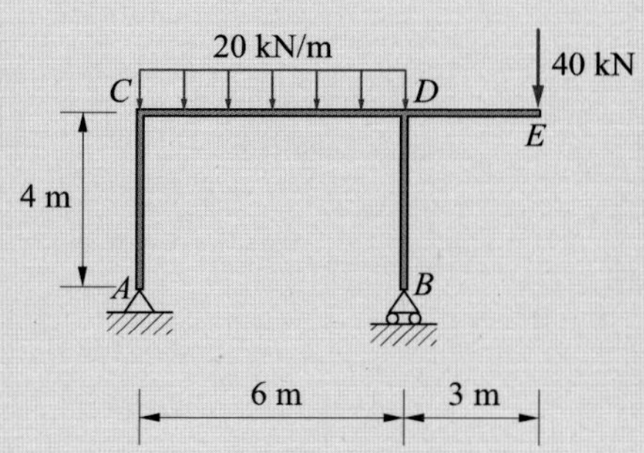

그림 4.58

4.9 그림 4.59~4.60 캔틸레버형 골조의 축방향력, 전단력 및 휨모멘트를 구하라.

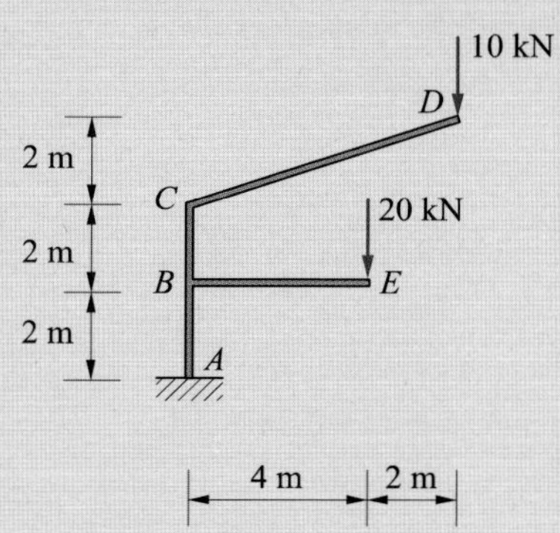

그림 4.59

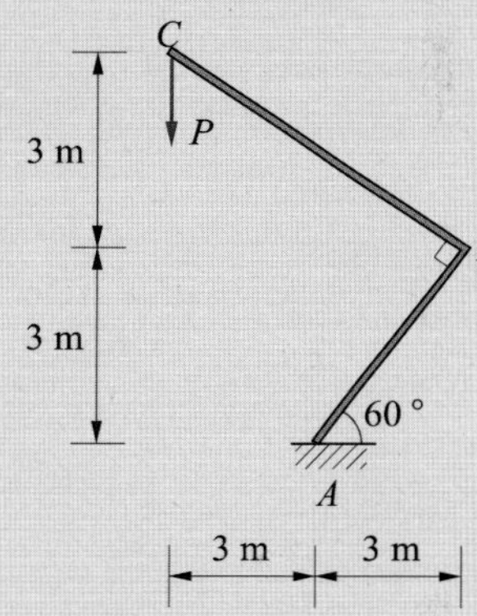

그림 4.60

4.10 그림 4.61~4.64 3회전단 골조의 축방향력, 전단력 및 휨모멘트를 구하라.

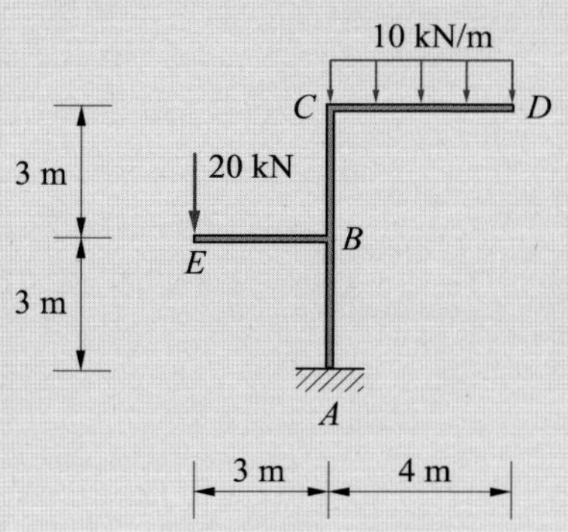

그림 4.61

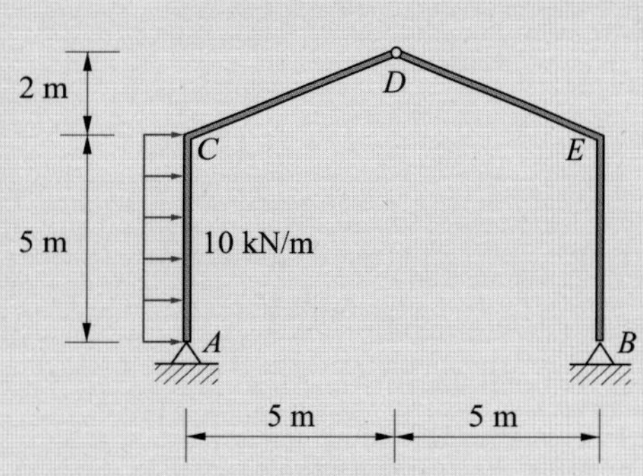

그림 4.62

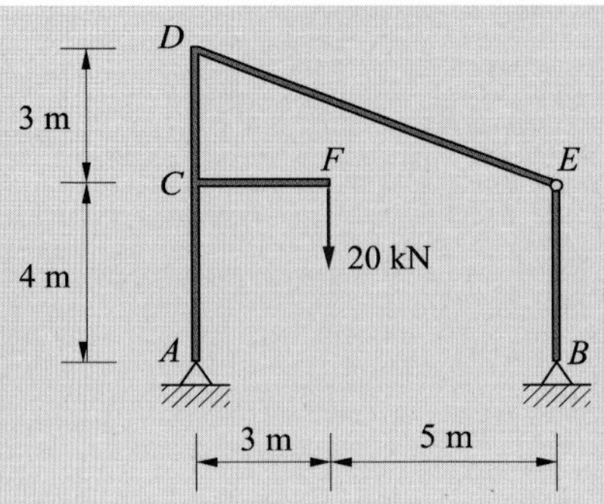

그림 4.63

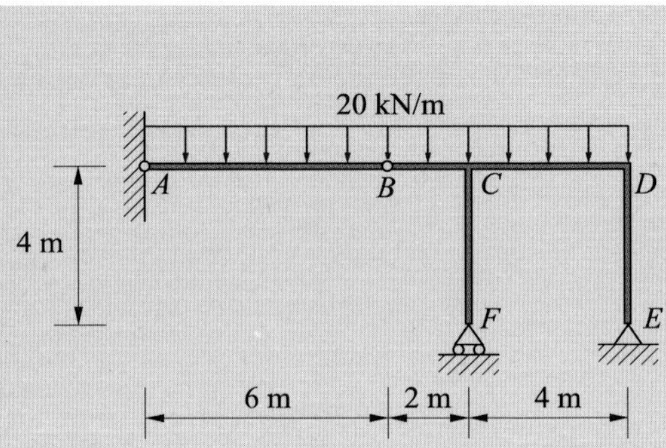

그림 4.64

제5장

정정 트러스

5.1 개요

트러스(truss)는 곧은 선형 부재들이 삼각형으로 이루어져 있고 부재의 접합부가 회전 절점으로 연결되어 있는 구조물이며, 지점 반력과 부재력을 힘의 평형조건으로 구하게 되어 있는 트러스를 정정 트러스(statically determinate truss)라고 한다. 트러스의 절점은 회전 절점으로 되어 있어 휨모멘트를 전달할 수 없기 때문에 트러스에 작용하는 모든 외력은 트러스 부재에 축력으로 작용하며 하중 작용점에서 지점까지의 힘의 전달도 축력에 의하여 이루어지게 된다. 따라서 평면트러스의 모든 절점에는 식(2.19)의 평형조건식에서 수평과 수직방향 힘의 합에 대한 2개의 조건을 적용하여 이론적인 구조해석에 적용된다.

트러스 구조는 3장에서 거론된 바와 같이 삼각형으로 되어 있어 어느 방향의 축력에 대해서도 안정한 형태로 거동하며, 하중을 축력으로 전달하기 때문에 전단력과 휨모멘트로 하중을 전달하는 보나 골조에 비하여 경제성이 높아 사진 5.1의 트러스 구조적용 사례와 같이 체육관, 강당, 공장, 교량 등 경간이 큰 구조물에서 횡방향의 연직하중을 지지하여 양 지점에 접합된 기둥에 전달하는 구조물로 널리 쓰이고 있다.

이 장에서는 트러스의 부재 축력을 도식해법과 수식해법으로 구하는 방법이 거론되며 단순 트러스와 복합 트러스를 예제로 하여 이런 해법에 의한 부재 축력 계산 방법이 예시된다.

사진 5.1 트러스구조 적용사례

5.2 트러스의 형태

트러스는 보통 일정한 단면적을 가지는 선형 부재로 이루어지며 이런 개개의 부재를 현재(弦材, chord member)라고 한다. 그림 5.1과 같은 트러스에서 가장 윗면에 설치되는 부재를 상현재, 가장 아랫면에 설치되는 부재를 하현재라고 하며, 수직 방향으로 설치되는 부재를 수직재, 수직재의 절점을 가새 형태로 경사지게 연결하는 부재를 경사재라고 한다. 트러스는 19세기에서 20세기에 이르는 동안 유럽의 만국 박람회 등 긴 경간의 건물과 철교 등 긴 경간 교량 건설에서 그림 5.2와 같이 여러 가지 형태로 고안되었으며 많은 트러스에는 그것을 고안한 기술자들의 이름이 붙어 있다.

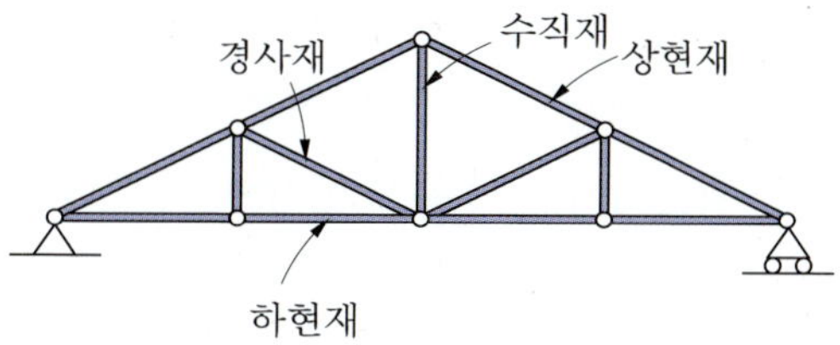

그림 5.1 트러스의 구성 부재

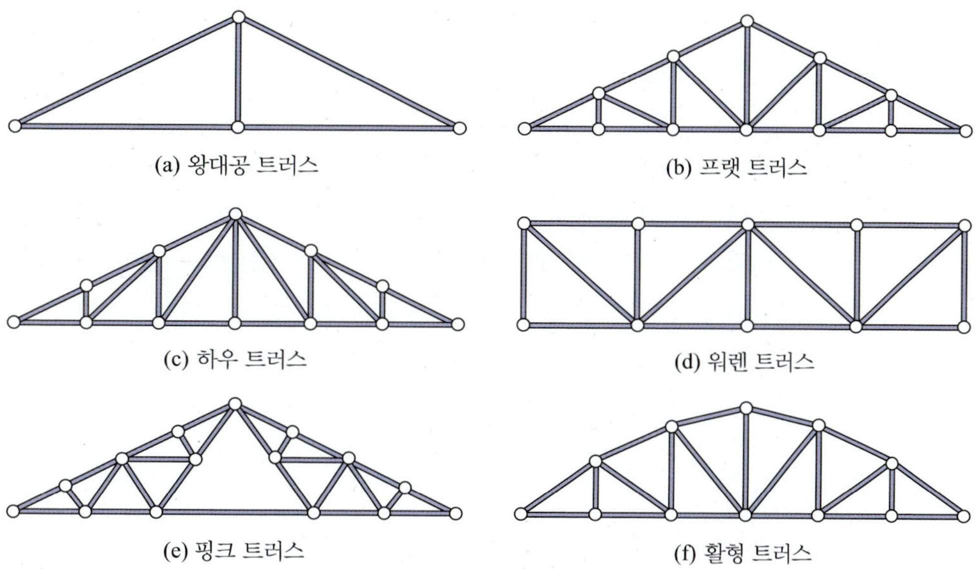

그림 5.2 트러스의 종류

5.3 트러스의 해석 방법

트러스는 모든 절점이 활절점으로 되어 있어 휨모멘트를 전달하지 못하기 때문에 외력을 축력으로 지지하여야 하며, 트러스의 구조해석은 외력에 대하여 트러스를 이루고 있는 각 부재의 축력을 구하는 일이다.

트러스 구조해석에서는 구조 단순화를 위하여 다음과 같은 가정을 쓰고 있다.

- 트러스 부재의 접합부는 마찰이 없는 핀이나 활절점으로 접합되어 있다.
- 모든 외력과 지점 반력은 절점에만 작용하며 부재 중간에는 작용하지 않는다.
- 축력의 작용선과 부재의 도심은 일치하여 편심이 생기지 않는다.

이런 가정은 이상적인 트러스를 정의하는 것으로 실제 트러스를 설치하는 데 완전히 실현되지는 않는다. 철골 트러스의 절점은 덧댐판에 볼트나 용접 등의 접합이 사용되므로 부재 단부 접합에서는 마찰이 생기며, 중도리는 지붕 트러스의 부재 중간에 접합되어 부재에 축력과 더불어 모멘트를 일으키는 경우도 있다. 또한 ㄱ형강이나 ㄷ형강을 부재로 하는 경우 부재의 도심과 하중 작용선이 완전하게 일치하지는 않는다. 이와 같이 위의 가정에서 벗어나는 부재 접합이나 하중 작용으로 트러스 부재에는 축력 이외에 휨모멘트와 전단력 등 2차적인 힘이 발생할 수 있으나 트러스 부재는 대부분 휨 변형에 대한 저항 성능이 낮고, 절점에서 여러 부재의 도심축을 한 곳에 모이게 하여 편심을 없애기 때문에 2차 힘의 영향은 축력에 비하여 감소하여 대부분의 트러스 구조해석에서는 위의 세 가지 가정이 통용되고 있다.

트러스의 해석에는 수식해법과 도식해법이 적용된다. 수식해법은 절점에서 힘의 평형조건에 의한 연립방정식을 풀어 부재 축력을 구하는 방법이며, 도식해법은 트러스에 작용하는 외력과 트러스 반력의 연력선을 그려 순차적인 벡터 합성으로 부재 축력의 크기를 근사적으로 정하는 방법이다. 수식해법과 도식해법은 적용 방법에 따라 절점법과 절단법으로 나뉜다.

5.4 절점법

5.4.1 수식해법

절점법(method of joint)은 트러스의 절점에서 힘의 평형조건에 의한 연립방정식으로부터 부재의 축력을 산정하는 방법이다. 트러스는 5.3절의 가정에 의하여 휨모멘트를 지지하지 않으므로, 평면트러스의 평형조건은 식(2.19)에서 $\Sigma F_x = 0$, $\Sigma F_y = 0$의 두 식만 해당된다. 따라서 한 절점에서는 두 부재의 축력만 절점법으로 구할 수 있어 트러스 구조해석은 두 부재만 접합된 절점에서 시작하는 것이 편리하며, 세 부재 이상 접합된 절점에 대해서는 미지의 부재 축력이 두 개 이하로 줄어드는 방향으로 순서를 정하여 풀어야 한다.

절점법은 한 절점에서 두 개의 부재력만 산정되기 때문에 간단한 트러스에서 모든 부재의 축력을 구하는 경우에는 쉽게 적용할 수 있으나, 복잡한 트러스에서 어느 한 부재의 축력만 검토하는 데에는 적합하지 않다. 절점법에 의한 트러스의 수식해법을 그림 5.3(a)의 트러스를 예로 하여 다음과 같이 설명한다. 이 트러스는 예제 3.2(a)에서 정정구조로 판별되었기 때문에 평형조건식의 적용만으로 해석이 가능하다.

해석의 첫 번째 순서로써 외력에 대한 반력을 계산한다.

$$\Sigma M_B = R_A \times 16 - 10 \times 16 - 20 \times 12 - 20 \times 8 - 20 \times 4 = 0$$

$$\Sigma F_y = R_A + R_B - 10 - 20 - 20 - 20 - 10 = 0$$

$$R_A = 40 \text{ kN}, \quad R_B = 40 \text{ kN}$$

부재의 축력 계산에서는 두 부재가 접합되어 있는 A 절점에서 시작하여 C, D, E 순서로 풀어나가면, 각 절점에서 미지의 부재 축력을 두 개 이하로 유지할 수 있다. 먼저 A 절점에서 절점력의 분포는 그림 5.3(b)와 같으며, $\sin\theta = 1/\sqrt{5}$, $\cos\theta = 2/\sqrt{5}$이므로, 평형조건으로부터 부재 축력은 다음과 같이 계산된다.

$$\Sigma F_x = 0 \ : \ N_{AC} - N_{AD}\cos\theta = 0$$

$$\Sigma F_y = 0 \ : \ 40 - 10 - N_{AD}\sin\theta = 0$$

$$\therefore \ N_{AC} = 60 \text{ kN}, \quad N_{AD} = 30\sqrt{5} \text{ kN} \qquad \text{(a)}$$

축력 N_{AD}가 정해진 상태에서도 D 절점에는 미지의 부재력이 세 개가 존재하므로 두 개의 평형조건식으로는 풀 수 없으며, C 절점에서는 부재력 N_{AC}가 계산되었기 때문에 두 개의 미지 부재력만 남아 부재력 계산이 가능하다. C 절점에서 절점력의 분포는 그림 5.3(c)와 같으며 절점력은 다음과 같이 계산된다.

$$\sum F_x = 0 \ : \ N_{AC} - N_{CE} = 0$$
$$\sum F_y = 0 \ : \ N_{CD} = 0$$
$$\therefore \ N_{CE} = 60 \text{ kN}, \ N_{CD} = 0 \tag{b}$$

부재 축력 N_{AD}와 N_{CD}가 결정되었기 때문에 D 절점에는 두 개의 미지의 축력이 존재하며, 그림 5.3(d)의 절점력 분포를 고려하여 평형조건식을 구한다.

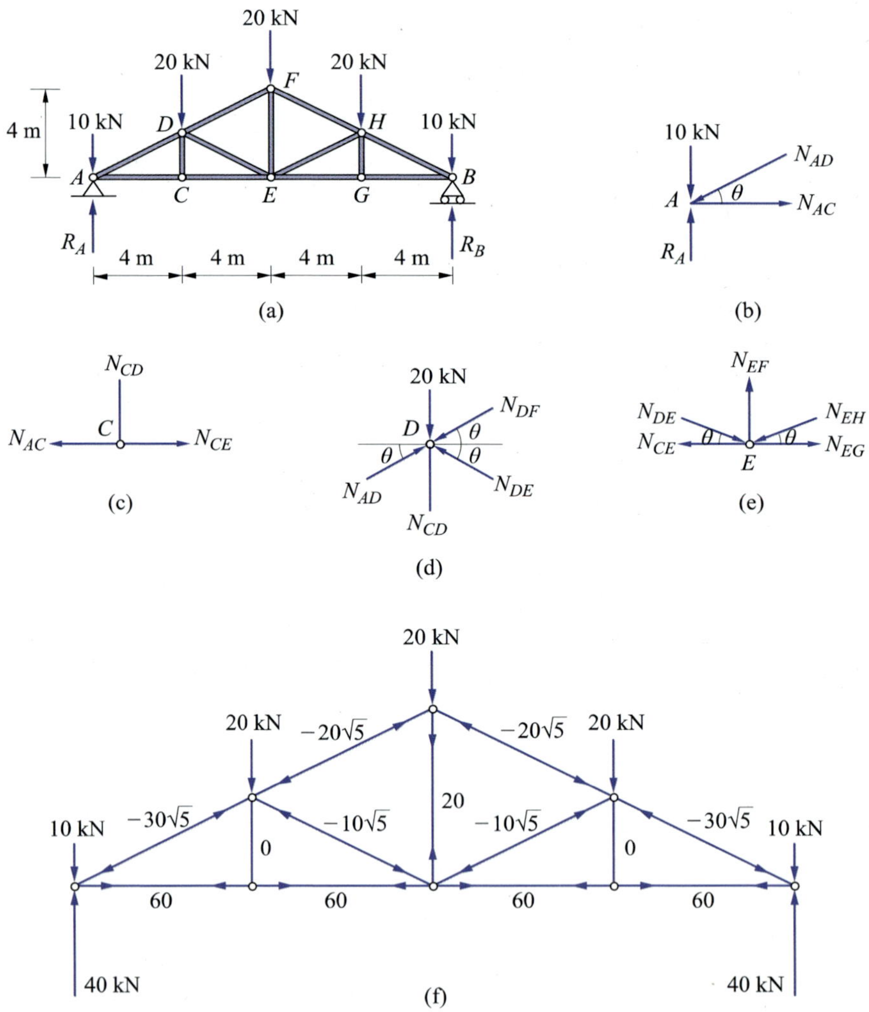

그림 5.3 절점법에 의한 계산

$$\sum F_x = 0 \ : \ N_{AD}\cos\theta - N_{DE}\cos\theta - N_{DF}\cos\theta = 0$$
$$\sum F_y = 0 \ : \ N_{AD}\sin\theta + N_{DE}\sin\theta - N_{DF}\sin\theta - 20 = 0$$

이 식에 식(a)의 $N_{AD} = 30\sqrt{5}$ kN 의 값을 적용하여 절점력을 계산한다.

$$N_{DE} = 10\sqrt{5} \text{ kN}, \ N_{DF} = 20\sqrt{5} \text{ kN} \tag{c}$$

끝으로 E 절점에 대하여 절점력 분포는 그림 5.3(e)와 같이 되며, 평형조건식은 다음과 같다.

$$\sum F_x = 0 \ : \ N_{EG} - N_{CE} + (N_{DE} - N_{EH})\cos\theta = 0$$
$$\sum F_y = 0 \ : \ N_{EF} - (N_{DE} + N_{EH})\sin\theta = 0$$

평형조건식에서 트러스와 작용 하중의 대칭성으로부터 $N_{DE} = N_{EH} = 10\sqrt{5}$ kN, $N_{CE} = N_{EG} = 60$ kN 임을 고려하면, 절점력을 계산할 수 있다.

$$N_{EF} = 20 \text{ kN} \tag{d}$$

절점법으로 구한 부재 축력을 부재별로 나타내면 그림 5.3 (f)와 같다.

이 예제에서 트러스를 구성하는 모든 부재의 축력 방향 표시는 그림 5.4의 (a)와 (b) 중 하나로 되어 있다. 예를 들어 AD, DF 및 DE 부재는 그림 5.4(a)에 속하며 AC 및 CE 부재는 그림 5.4(b)에 속한다. 그림 5.4의 화살 표시는 절점에서 부재의 저항을 나타내는 것이기 때문에 그림 5.4(a)와 같이 양 쪽이 바깥으로 향하게 표시된 화살표의 부재는 압축재이고, 반대로 그림 5.4(b)와 같이 안으로 향한 화살표의 부재는 인장재를 나타낸다. 압축재의 부재력에는 그림 5.3(f)에 예시한 바와 같이 "−" 부호를 붙인다. 외력을 받는 트러스 부재에는 인장력 또는 압축력과 같은 축력이 생기나 다음의 경우에는 축력이 생기지 않는다.

① 두 부재가 직선이 아닌 형태로 접합된 절점에 외력이나 반력이 작용하지 않는 경우 이 두 부재에는 축력이 생기지 않는다.

② 한 절점에서 접합된 세 부재 중 두 부재가 직선으로 접합되어 있고 그 절점에 외

(a) 압축재 (b) 인장재

그림 5.4 부재의 축력 방향 표시

력이나 반력이 작용하지 않는 경우 직선 형태로 접합되지 않는 부재에는 축력이 생기지 않는다.

그림 5.3(a)에서 ②의 경우에 해당하는 절점은 C 절점이며, 세 부재 중 직선으로 접합되지 않는 CD 부재의 축력은 식(b)에서 0으로 나타나고 있다.

예제 5.1 그림 5.5와 같이 경사 지붕면에 수직하게 하중을 받는 트러스의 축력을 구하라. 단, 두 지점에서의 수평 반력 H_A와 H_B는 같은 것으로 한다.

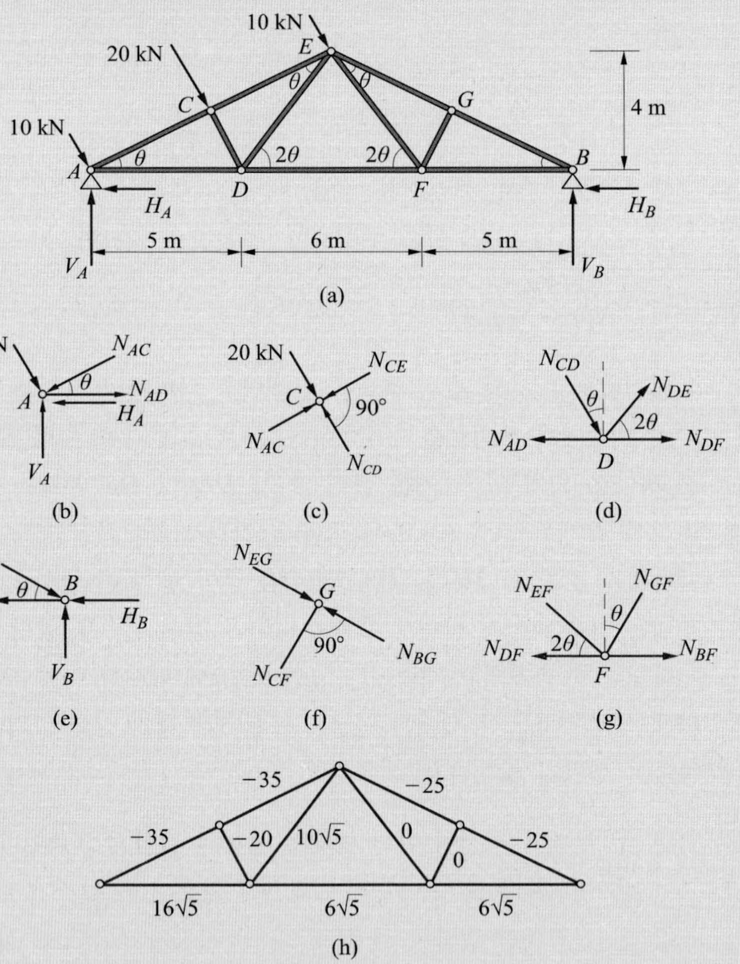

그림 5.5

풀이

(1) 반력계산

트러스는 절점에 하중이 작용하는 경우 부재에 휨모멘트가 발생하지 않기 때문에, A와 E 각각의 절점에 작용하는 10 kN과 C 절점에 작용하는 20 kN의 합력 40 kN이 C 절점에 작용하는 것으로 하여 평형방정식을 유도한다.

$\sum F_x = 0$: $40\sin\theta - H_A - H_B = 0$

$\sum F_y = 0$: $-40\cos\theta + V_A + V_B = 0$

$\sum M_B = 0$: $V_A \times 16 - 40\cos\theta \times 11 = 0$

그림 5.5에서 θ를 계산하기 위하여 AC, CE, CD길이를 구한다.

$AE = \sqrt{(AD+DF/2)^2+4^2} = \sqrt{(5+6/2)^2+4^2} = 4\sqrt{5}$

$AC = CE = AE/2 = 2\sqrt{5}$, $CD = \sqrt{5}$

그림 5.5에서 $\sin\theta = 0.2\sqrt{5}$, $\cos\theta = 0.4\sqrt{5}$이며, $H_A = H_B$이므로 평형방정식에서 지점 반력을 계산할 수 있다.

$V_A = 11\sqrt{5}\,\text{kN}$, $V_B = 5\sqrt{5}\,\text{kN}$, $H_A = H_B = 4\sqrt{5}\,\text{kN}$

(2) 부재 축력 계산

A 절점 : 그림 5.5(b)의 절점력에 대하여 부재 축력을 계산한다.

$\sum F_x = 0$: $10\sin\theta + N_{AD} - H_A - N_{AC}\cos\theta = 10(0.2\sqrt{5}) + N_{AD} - 4\sqrt{5} - N_{AC}(0.4\sqrt{5}) = 0$

$\sum F_y = 0$: $V_A - 10\cos\theta - N_{AC}\sin\theta = 11\sqrt{5} - 10(0.4\sqrt{5}) - N_{AC}(0.2\sqrt{5}) = 0$

$N_{AC} = 35\,\text{kN}$, $N_{AD} = 16\sqrt{5}\,\text{kN}$

C 절점 : 그림 5.5(c)의 절점력 분포에서 N_{AC} 및 N_{CE} 축력 방향을 x축, N_{ED} 축력 방향을 y축으로 하여 부재 축력을 계산한다.

$\sum F_x = 0$: $N_{AC} - N_{CE} = 35 - N_{CE} = 0$

$\sum F_y = 0$: $N_{CD} - 20 = 0$

$N_{CD} = 20\,\text{kN}$, $N_{CE} = 35\,\text{kN}$

D 절점 : 그림 5.5(d)의 절점력 분포에서 $\cos 2\theta = 0.6$, $\sin 2\theta = 0.8$임을 고려하여 부재 축력을 계산한다.

$\sum F_x = 0$: $N_{CD}\sin\theta - N_{AD} + N_{DE}\cos 2\theta + N_{DF} = 20(0.2\sqrt{5}) - 16\sqrt{5} + N_{DE}(0.6) + N_{DF} = 0$

$\sum F_y = 0$: $N_{CD}\cos\theta - N_{DE}\sin 2\theta = 20(0.4\sqrt{5}) - N_{DE}(0.8) = 0$

$N_{DE} = 10\sqrt{5}\,\text{kN}$, $N_{DF} = 6\sqrt{5}\,\text{kN}$

B 절점 : 그림 5.5(e)의 절점력에 대하여 부재 축력을 계산한다.

$\sum F_x = 0$: $N_{BG}\cos\theta - N_{BF} - H_B = N_{BG}(0.4\sqrt{5}) - N_{BF} - 4\sqrt{5} = 0$

$\sum F_y = 0$: $V_B - N_{BG}\sin\theta = 5\sqrt{5} - N_{BG}(0.2\sqrt{5}) = 0$

$N_{BF} = 6\sqrt{5}\,\text{kN}$, $N_{BG} = 25\,\text{kN}$

G 절점 : 그림 5.5(f)의 절점력 분포에서 N_{BG} 및 N_{EG} 축력 방향을 x축, N_{GF} 축력 방향을 y축으로 하여 부재 축력을 계산한다.

$\sum F_x = 0$: $N_{EG} - N_{BG} = N_{EG} - 25 = 0$

$\sum F_y = 0$: $N_{GF} = 0$

$N_{EG} = 25\,\text{kN}$, $N_{GF} = 0$

F 절점 : 그림 5.5(g)의 절점력 분포에서 $N_{GF} = 0$이므로

$\sum F_y = 0$: $N_{EF} = 0$

각 절점에서 계산된 절점력을 부재별로 나타내면 그림 5.5(h)와 같다. 여기서도 "−" 부호의 수치는 압축력, 부호가 붙지 않는 것은 인장력을 나타낸다.

예제 5.2 그림 5.6(a)와 같은 대칭 형태의 핑크 트러스의 부재 축력을 구하라.

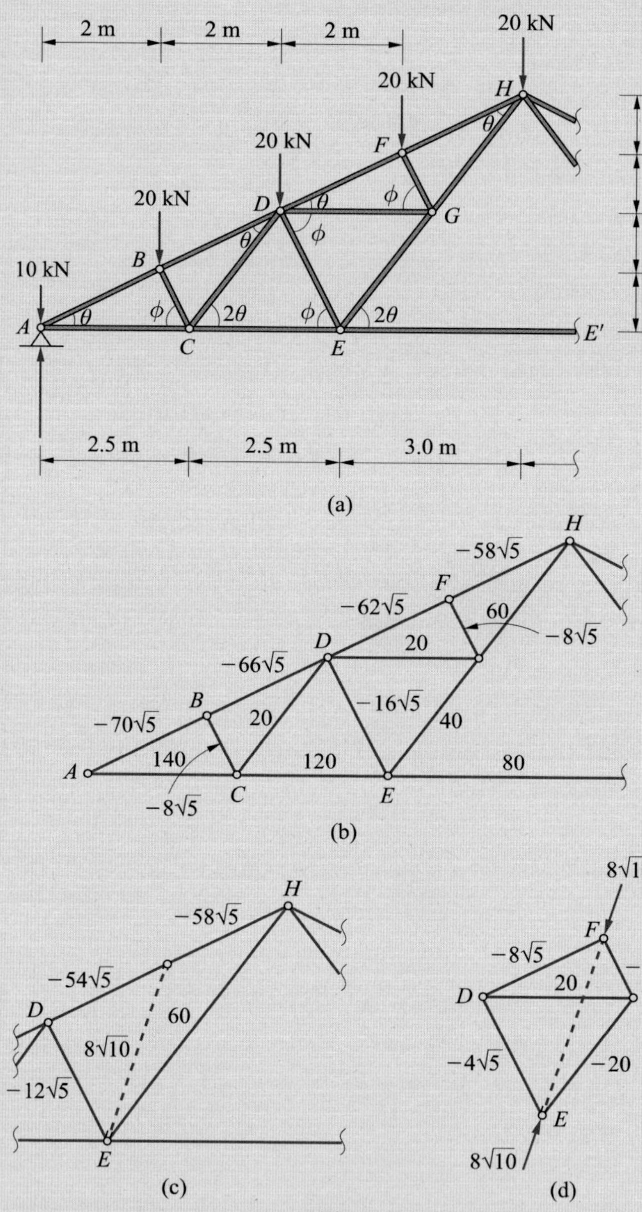

그림 5.6

풀이 그림 5.6에서 $AB=\sqrt{5}\,\text{m}$, $BC=\sqrt{1.25}\,\text{m}$, $EH=5\,\text{m}$이므로 $\cos\theta=\sin\phi=0.4\sqrt{5}$, $\sin\theta=\cos\phi=0.2\sqrt{5}$, $\cos 2\theta=0.6$, $\sin 2\theta=0.8$의 값을 가진다.

절점 A, B, C 순서로 절점법을 적용하면 부재 축력을 계산된다.

$$N_{AB}=-70\sqrt{5}\,\text{kN},\ N_{AC}=140\,\text{kN},\ N_{BC}=-8\sqrt{5}\,\text{kN}$$

$$N_{BD}=-66\sqrt{5}\,\text{kN},\ N_{CD}=20\,\text{kN},\ N_{CE}=120\,\text{kN} \quad \text{(e)}$$

그 다음 절점으로 D 절점이나 E 절점에서 모두 미지의 축력이 세 개가 되므로 이들 절점에서는 절점법으로 미지의 축력을 계산할 수 없다. 그러나 계산되지 않은 $D \sim G$의 네 절점에 대하여 미지의 축력은 N_{DE}, N_{DF}, N_{DG}, $N_{EE'}$, N_{EG}, N_{FG}, N_{FH}, N_{GH}로 여덟 개가 존재하므로, 이 네 절점에 대하여 평형조건식에 의한 연립방정식을 구할 수 있다.

D 절점 : $-0.2\sqrt{5}\,N_{DE} - 0.4\sqrt{5}\,N_{DF} + N_{DG} = 120$

$0.4\sqrt{5}\,N_{DE} - 0.2\sqrt{5}\,N_{DF} = 30$

E 절점 : $-0.2\sqrt{5}\,N_{DE} + 0.6N_{EG} + N_{EE'} = 120$

$0.4\sqrt{5}\,N_{DE} + 0.8N_{EG} = 0.0$

F 절점 : $-N_{DF} + N_{FH} = 4\sqrt{5}$

$N_{FG} = -8\sqrt{5}$

G 절점 : $-N_{DG} - 0.6N_{EG} - 0.2\sqrt{5}\,N_{FG} + 0.6N_{GH} = 0.0$

$-0.8N_{EG} + 0.4\sqrt{5}\,N_{FG} + 0.8N_{GH} = 0.0$

미지의 부재력들을 연립방정식으로부터 계산하여 그림 5.6(b)와 같이 나타낼 수 있다.

$$N_{DE} = -16\sqrt{5}\ \text{kN},\ N_{DF} = -62\sqrt{5}\ \text{kN},\ N_{DG} = 20\,\text{kN}$$
$$N_{EG} = 40\,\text{kN},\ N_{EE'} = 80\,\text{kN},\ N_{FG} = -8\sqrt{5}\ \text{kN}$$
$$N_{FH} = -58\sqrt{5}\ \text{kN},\ N_{GH} = 60\,\text{kN} \tag{f}$$

이런 계산 방법은 절점에 미지의 부재력이 세 개 이상 생기는 경우 그 이후의 절점에 대하여 연립방정식을 세운 후 부재력을 구하기 때문에 매우 복잡한 계산 과정을 거치게 된다. 이와 같은 복잡성을 피하기 위하여 그림 5.6(c)와 같이 DG 및 FG 부재를 EF의 한 개 부재로 바꿔 놓으면 모든 절점에서 평형조건을 적용하여 부재력을 순차적으로 구할 수 있다. 그림 5.6(c)에서 절점 A, B, C에 접합되는 부재의 축력 N_{AB}, N_{AC}, N_{BC}, N_{BD}, N_{CD}, N_{CE}는 식(e)의 값과 같으며, 새로 설정된 부재 EF는 3 : 1의 기울기이므로 절점 D, F, E 순서로 평형조건식을 적용하면, 부재의 축력은 그림 5.6(c)에 표시된 값으로 계산된다.

$$N'_{DE} = -12\sqrt{5}\ \text{kN},\ N'_{DF} = -54\sqrt{5}\ \text{kN}$$
$$N'_{EF} = -8\sqrt{10}\ \text{kN},\ N'_{FH} = -58\sqrt{5}\ \text{kN}$$
$$N'_{EE'} = 80\,\text{kN},\ N'_{EH} = 60\,\text{kN} \tag{g}$$

이 부재력은 그림 5.6(a) 부재의 $DEGF$ 사변형 안의 부재력들과 값을 달리하고 있다. 치환된 부재 EF의 축력 $N_{EF} = -8\sqrt{10}$ kN을 사변형 $DEGF$의 부재 축력으로 되돌리기 위하여 그림 5.6(d)와 같이 사변형 $DEGF$의 양 절점 E 및 F에 압축력 $8\sqrt{10}$ kN이 작용하는 상태에서 절점법을 적용하면 다음의 부재력을 계산할 수 있다.

$$N''_{DE} = -4\sqrt{5}\ \text{kN},\ N''_{DF} = -8\sqrt{5}\ \text{kN},\ N''_{DG} = 20\,\text{kN}$$
$$N''_{EG} = -20\,\text{kN},\ N''_{FG} = -8\sqrt{5}\ \text{kN} \tag{h}$$

식(g)와 식(h)의 부재력을 중첩시키면 식(f)의 부재력, 즉 변환시키지 않은 상태에서의 부재력과 일치하게 된다.

5.4.2 도식해법

절점법에 의한 정정 트러스의 도식해법은 지점 반력을 구하는 것으로부터 시작된다.

도식해법으로 반력의 크기와 방향을 구하는 데에는 2.4절에서 거론된 시력도와 연력도가 사용된다.

예를 들어, 그림 5.7의 트러스에서 (a)와 같이 시력도와 연력도를 그려 반력의 크기와 방향을 정한 다음 모든 외력과 반력 및 부재력을 숫자로 나타낼 수 있게 일련번호를

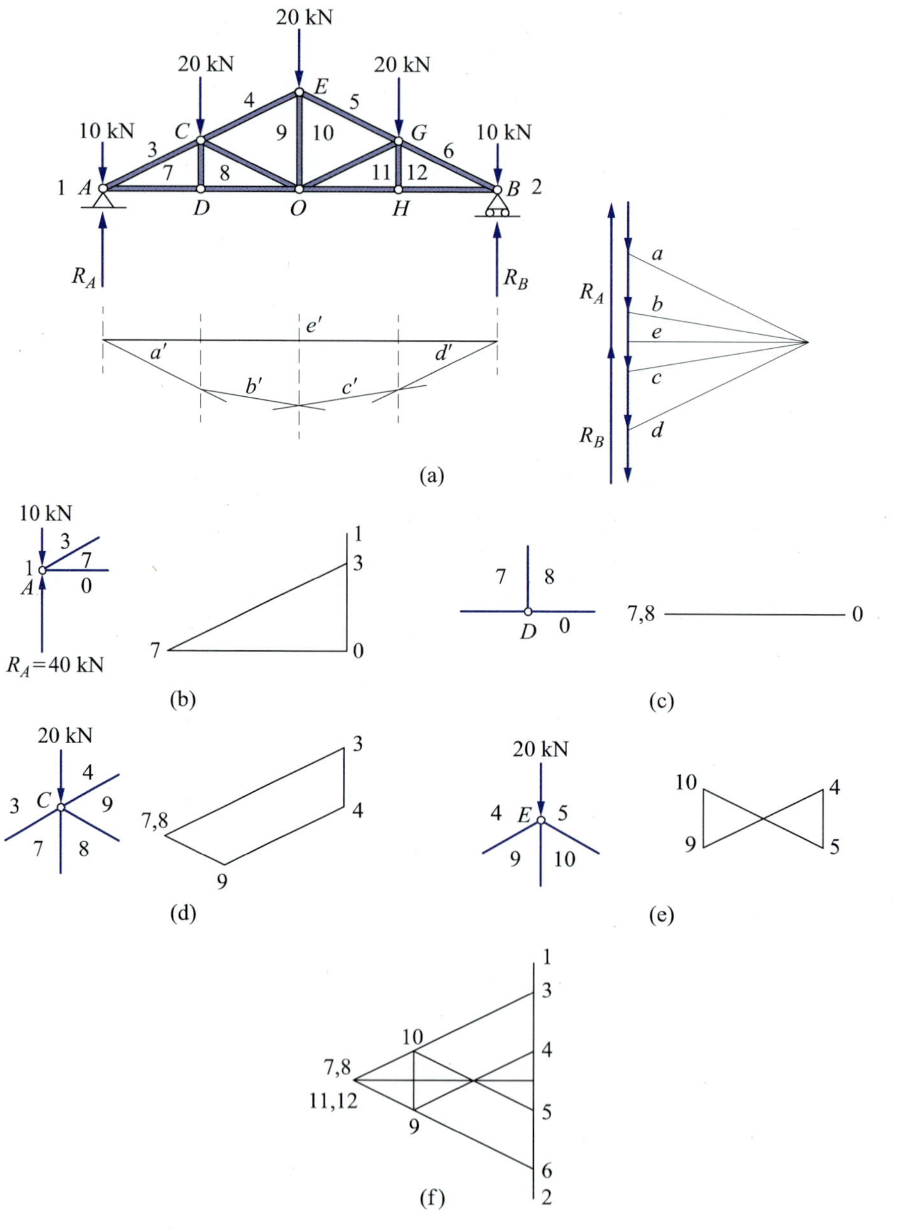

그림 5.7

붙이고, 그림 5.7(a)에서 반력 R_A는 0-1, C 절점에 작용하는 외력은 3-4, 부재력 N_{EF}는 9-10의 숫자를 양 단부로 하는 벡터로 표시된다. 모든 절점을 각각 별개의 자유물체도로 하여 벡터 합성을 하면서 절점에서 외력이나 반력과 평형을 이루는 부재력의 크기를 일정한 축척으로 나타내게 된다. 예를 들어, 그림 5.7(b)의 왼 편은 절점 A에서 외력과 반력 및 두 부재력의 자유물체도이며, 오른 편은 외력 및 반력에 평형을 이루는 데 필요한 부재력의 크기를 벡터 합성으로 나타낸 것이다. 이런 과정은 미지의 부재력이 존재하는 모든 절점에 적용되며, 그림 5.7(f)는 모든 절점에 대하여 얻어진 부재력의 크기를 하나로 합성한 것이다. 절점에 대한 도식해법의 적용은 수식해법과 같이 한 절점에 미지의 부재력이 두 개 이하일 때에만 가능하며, 세 개 이상 생기는 경우에는 불가능하다. 전체적으로 정정이나 한 절점에 세 개의 미지 부재력이 생기는 경우에는 부재를 치환하여 두 개의 부재력으로 하여 벡터 합성을 한 후 치환된 부재를 원래의 부재로 바꾸면서 부분 수정하는 방법을 쓴다.

예제 5.3 예제 5.1에서 수식으로 해석된 그림 5.5(a)의 트러스 부재력을 도식으로 구하라.

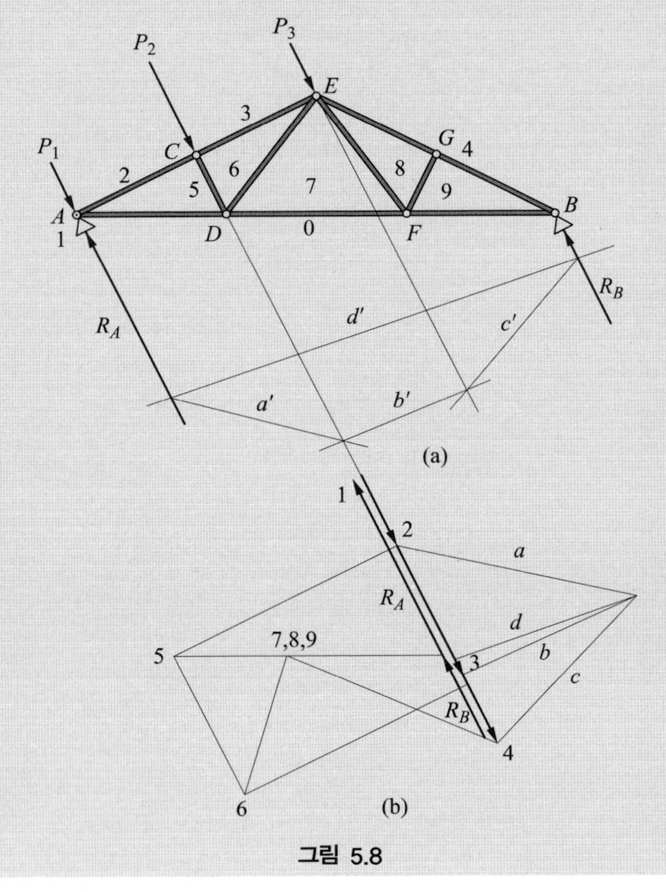

그림 5.8

풀이 그림 5.5(a)와 같이 경사진 지붕면에 수직하게 외력이 작용하는 경우 도식해법에 의한 지점 반력과 부재력의 크기 및 방향은 그림 5.8과 같이 정해진다. 그림 5.8(b)에서 7, 8, 9가 한 점에 몰리는 것은 부재력 7-8 및 8-9, 즉 EF 부재와 FG 부재에 축력이 생기지 않기 때문이다.

예제 5.4 예제 5.2에서 수식으로 해석된 그림 5.6(a)의 트러스 부재력을 도식으로 구하라.

풀이 이 트러스의 해석상 어려움은 예제 5.2에서 경험한 바와 같이 절점 D와 E에서 미지의 부재력이 세 개가 되어 그대로 해석할 수 없는 점이다. 따라서 예제 5.2의 수식해법에서도 사용했던 방법으로 그림 5.9(a)의 DG 및 FG 부재를 FE 단일 부재로 바꿔 놓는다. 이 경우 모든 절점에서 미지의 부재력이 두 개가 되어 그림 5.9(c)에서 점선으로 된 $m-n$ 부재력을 포함한 모든 트러스 부재의 축력을 정할 수 있다. 다음 순서로 치환된 부재를 원래의 부재로 되돌리기 위하여 n과 11은 같으므로, $n-10$과 $4-10$의 부재력이 만나는 점에 10점을 결정하고 10-9의 수평방향 부재력과 $8-m$의 연장선이 만나는 점을 9로 하면 치환된 부재의 부재력을 원래 부재의 부재력으로 되돌리는 일이 끝나게 된다.

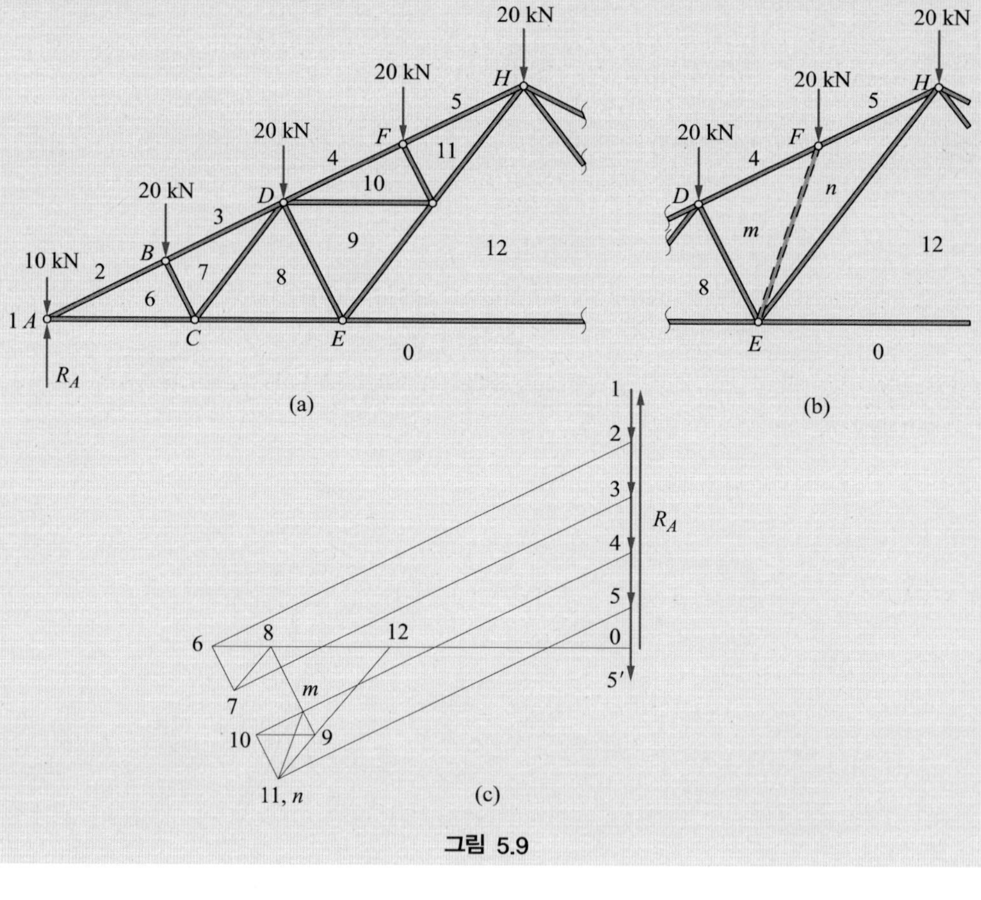

그림 5.9

5.5 절단법

5.5.1 수식해법

절점법은 트러스의 모든 부재력을 계산하는 데에는 매우 효율적인 방법이다. 그러나 트러스의 어느 특정한 부재의 축력을 검토할 필요가 있는 경우 절점법을 쓰면 그 부재가 접합된 절점에 이르기까지 모든 절점에서 부재 축력을 계산하여야 하기 때문에 계산양이 많아져 효율성이 떨어진다.

절단법(method of section)은 고려 대상의 부재를 포함하는 가상 절단선을 설정하여 트러스를 두 부분으로 나눈 후 절단된 부재의 축력과 절단된 나머지 부분에서 절점에 작용하는 하중 및 반력과의 평형조건을 고려하여 그 부재의 축력을 계산하는 방법으로 특정한 한 두 부재의 축력만 계산하거나 검토하는 데 매우 편리한 방법이다.

한 예로써, 그림 5.10(a)와 같은 프랫 트러스에서는 트러스 중앙부의 부재 축력이 커지기 때문에 설계시 중앙부 상하현재의 축력을 먼저 검토하는 것이 필수적이다.

그림 5.10(a)에서 중앙부 부재들의 축력을 검토하기 위하여 절단선 $n-n$ 으로 상현재 EG와 하현재 FH 및 경사재 EH를 절단한 후 이 부재들과 연결된 왼쪽 부분은 절점 $AFEC$를 꼭지점으로 하는 강체로 가정한다. 이 예에서 절단된 부재는 세 개이므로, 두 부재의 축력 작용선이 만나는 점을 회전 원점으로 하여 휨모멘트의 평형조건을 적용하면 다른 한 부재의 축력이 계산된다. 하현재 FH의 축력 작용선과 경사재 EH의 축력 작용선은 절점 H에서 만나므로 그림 5.10(b)와 같이 절점 H를 회전 중심으로 하면, 이 점에 대한 휨모멘트의 평형조건으로부터 상현재의 축력을 계산할 수 있다.

$$\sum M_H = 4P(3l) - P(2l) - 2P(l) - N_{EG}(h) = 0$$

$$N_{EG} = \frac{8Pl}{h} \tag{a}$$

이 힘의 방향은 그림 5.4로부터 압축력이다. 다음에 그림 5.10(c)와 같이 상현재 EG와 경사재 EH가 접합된 절점 E를 회전 중심으로 하면, 휨모멘트의 평형조건과 하현재의 축력은 다음과 같다.

$$\sum M_E = 4P(2l) - P(l) - N_{FH}(h) = 0$$

$$N_{FH} = \frac{7Pl}{h} \tag{b}$$

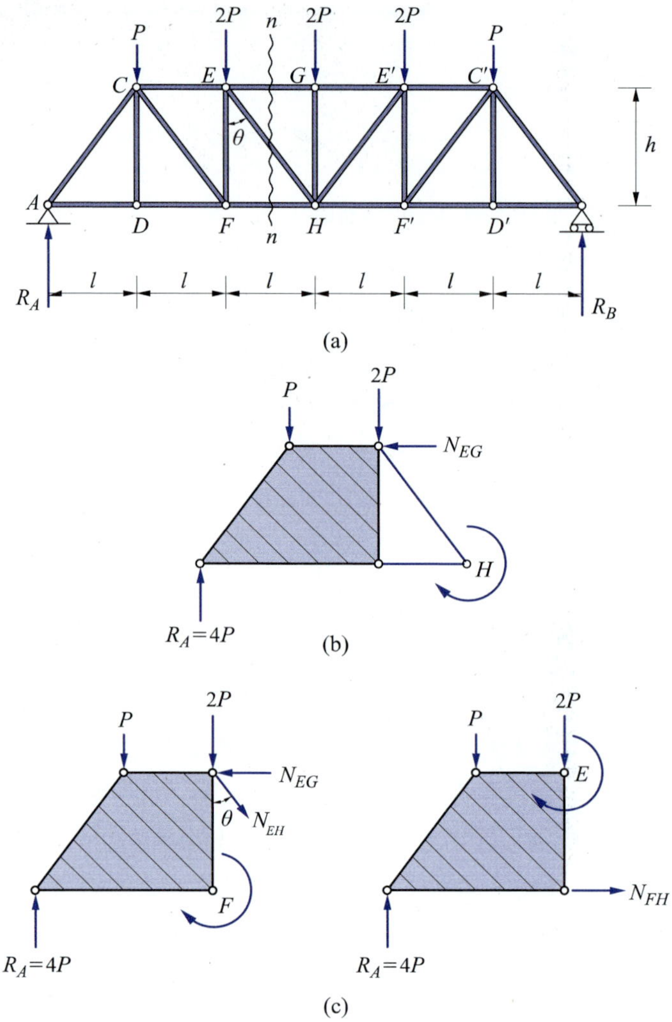

그림 5.10 절단법에 의한 계산

끝으로 상현재 EG와 하현재 FH는 평형하여 만나지는 않으나 축력의 크기는 밝혀졌으므로, 미지의 축력 N_{EG}의 계산에 편리한 곳을 회전 중심으로 하여 휨모멘트의 평형조건을 적용한다. 이 예에서는 그림 5.10(d)와 같이 F 절점을 회전 중심으로 하는 평형조건을 적용한다.

$$\sum M_F = 4P(2l) - P(l) - N_{EG}(h) + N_{EH}(h\sin\theta) = 0$$

여기서, N_{EG}의 값은 식(a)로부터 $8Pl/h$이므로 경사재의 축력은 다음과 같으며 중앙부 부재 축력의 크기를 쉽게 검토할 수 있다.

$$N_{EH} = \frac{Pl}{h\sin\theta} \tag{c}$$

예제 5.5 그림 5.3(a)의 트러스에서 부재 CE, DE 및 DF의 축력을 절단법으로 구하고 그림 5.3(f)에 표시된 축력의 크기와 비교하라.

풀이 그림 5.11과 같이 절단하였을 때 절단된 부재의 축력들은 CE 부재와 DE 부재의 절점 E에 대한 평형조건에서 계산할 수 있다.

$$\sum M_E = 40(8) - 10(8) - 20(4) - N_{DF}(4\sin\theta) - N_{DF}(4\cos\theta) = 160 - N_{DF}(8\times 0.2\sqrt{5}) = 0$$

$$N_{DF} = 20\sqrt{5}\text{ kN (압축)}$$

DE 부재와 DF 부재의 절점 D에 대한 평형조건에서 계산할 수 있다.

$$\sum M_D = 40(4) - 10(4) - N_{CE}(2) = 0$$

$$N_{CE} = 60\text{ kN (인장)}$$

CE 부재 축력의 작용선과 DF 부재 축력의 작용선이 만나는 절점 A에 대하여

$$\sum M_A = 20(4) - N_{DE}\sin 2\theta(2\sqrt{5}) = 0$$

$$N_{DE} = \frac{80}{0.8\times 2\sqrt{5}} = 10\sqrt{5}\text{ kN (압축)}$$

으로 계산된다. 이 값들은 그림 5.3(f)에 표시된 부재력의 값과 일치하고 있다.

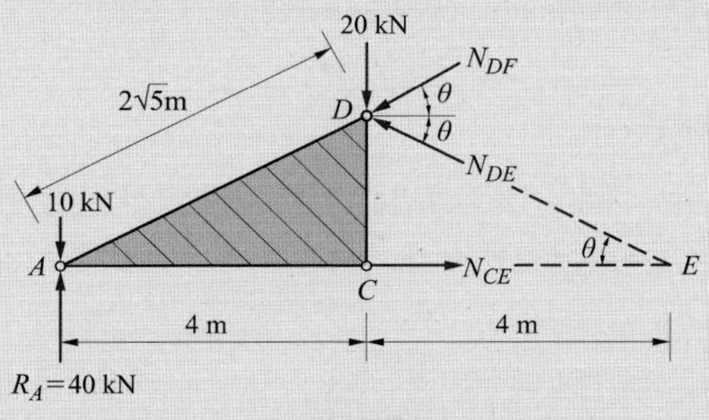

그림 5.11

예제 5.6 예제 5.1에서 다루어진 그림 5.5(a)의 트러스에서 축력 N_{CE}, N_{DE} 및 N_{DF}를 절단법으로 구하여 그림 5.5(h)에 표시된 축력의 크기와 비교하라.

풀이 그림 5.12와 같이 절단하였을 때 예제 5.1에서 $V_A = 11\sqrt{5}$ kN, $H_A = 4\sqrt{5}$ kN, $\sin\theta = 0.2\sqrt{5}$, $\cos\theta = 0.4\sqrt{5}$, $\sin 2\theta = 0.8$이며, 그림 5.9의 부재 길이는 다음과 같다.

$$\overline{AC} = \overline{CE} = 5\cos\theta = 2\sqrt{5},\quad \overline{CD} = 5\sin\theta = \sqrt{5}$$

먼저 CE 부재와 DE 부재의 절점 E에서의 평형조건으로부터 축력을 계산한다.

$$\sum M_E = H_A(4) + V_A(8) - 10(\overline{AC} + \overline{CE}) - 20(\overline{CE}) - N_{DF}(4)$$

$$= 4\sqrt{5}(4) + 11\sqrt{5}(8) - 10(4\sqrt{5}) - 20(2\sqrt{5}) - N_{DF}(4) = 0$$

$$N_{DF} = 6\sqrt{5}\text{ kN (인장)}$$

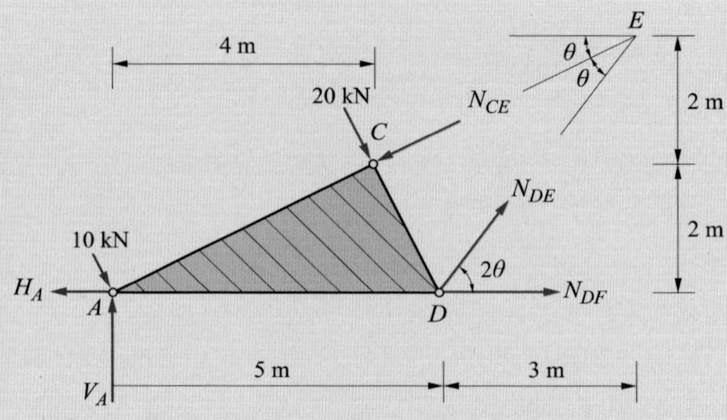

그림 5.12

다음에, DE 부재와 DF 부재의 절점 D에 대하여 축력을 계산한다.

$$\Sigma M_D = V_A(5) - 10(\overline{AC}) - N_{CE}(\overline{CD}) = 11\sqrt{5}\,(5) - 10(2\sqrt{5}) - N_{CE}(\sqrt{5}) = 0$$

$N_{CE} = 35\,\text{kN}$ (압축)

끝으로, N_{CE}의 작용선과 N_{DF}의 작용선이 만나는 절점 A에 대하여 축력을 계산한다.

$$\Sigma M_A = 20(\overline{AC}) - N_{DE}\sin 2\theta\,(5) = 20(2\sqrt{5}) - N_{DE}(0.8 \times 5) = 0$$

$N_{DE} = 10\sqrt{5}$ kN (인장)

이 값들은 그림 5.5(h)의 부재력의 값과 부호에 일치한다.

5.5.2 도식해법

2.4절에서 거론된 도식해법에 의한 힘의 합성과 분해를 이해하는 경우 트러스를 가상 절단하여 도식해법으로 부재 축력을 구하는 것도 트러스 해석에서 편리한 방법 중의 하나이다.

절단법 도식해법의 예로써 그림 5.13(a)의 캔틸레버 트러스에서 DF, DG 및 EG 부재의 축력 크기를 검토하는 경우 그림에서와 같이 $n-n$ 가상 절단선을 설정하여 삼각형 ADE를 하나의 강체로 가정하고 여기에 작용하는 외력의 합력을 구하여 이에 대한 반력을 DF, DG 및 EG 부재의 축력 방향으로 분해하면 이 분력이 각 부재의 축력이 된다. 예의 트러스에서 삼각형 ADE에 작용하는 외력의 합력을 구하기 위하여 그림 5.13(b)와 (c)의 시력도 및 연력도로부터 합력 R의 크기와 작용선을 구한다. 절단된 부재의 축력은 이 합력의 반력에 평형을 이루는 분력이 되며, 반력을 세 개의 분력으로 분해하기 위하여 그림 5.13(d)와 같이 하나의 부재력만 작용하는 E 절점에서 부재력 작용선을 연장하여 반력과 만나는 점과 두 개 부재력이 작용하는 D 절점을 연결하여 방향을 정한 다음 그림 5.13(e)에서와 같이 반력을 부재력 N_{EG}와 점선으로 표시된 힘으로 벡터 분해하고, 다시 점선의 힘을 N_{DF} 및 N_{DG}로 벡터 분해하면, 그림 5.13에서 DF,

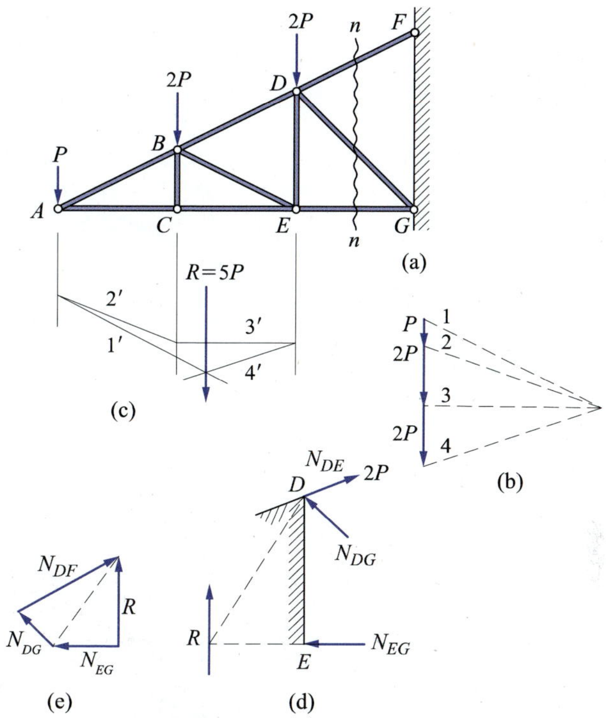

그림 5.13 절단법 도식해법의 예

DG 및 EG 부재의 축력의 크기가 축척에 비례하여 정해진다.

예제 5.7 그림 5.6(a)의 핑크 트러스에서 BD, CD 및 CE 부재의 축력을 절단법 도식해법으로 구하라.

풀이 먼저, 반력을 구하기 위하여 그림 5.14(b) 및 (c)와 같이 시력도와 연력도를 그려 A지점의 반력 R_A를 구한다. BD, CD 및 CE 부재 축력을 구하기 위하여 그림 5.13(a)에서 $n-n$의 가상 절단선을 설정하였을 때 절단선 왼 편 부분의 반력과 절점하중에 의한 합력의 크기는 시력도에 표시된 R과 같으며, 합력의 작용선은 그림 5.14(c)의 연력도에서 극사선 2′과 수평선이 만나는 점이 된다. 따라서 이 합력의 반력을 BD, CD 및 CE 부재의 축력에 벡터 분해하기 위하여 앞에서 거론된 바와 같이 단일 부재인 BD의 연장선과 합력이 만나는 점을 두 부재가 만나는 C 절점과 연결하여 그림 5.14(d)와 같이 단계적으로 벡터 분해하면 부재의 축력 N_{BD}, N_{CD} 및 N_{CE}의 작용 방향과 크기를 도식적으로 얻을 수 있다. 그림 5.6(b)에서 부재의 축력은 $N_{BD}=-66\sqrt{5}$ kN, $N_{CD}=20$kN, $N_{CE}=120$kN이므로, 그림 5.14(d)는 이 크기에 일치하고 있다.

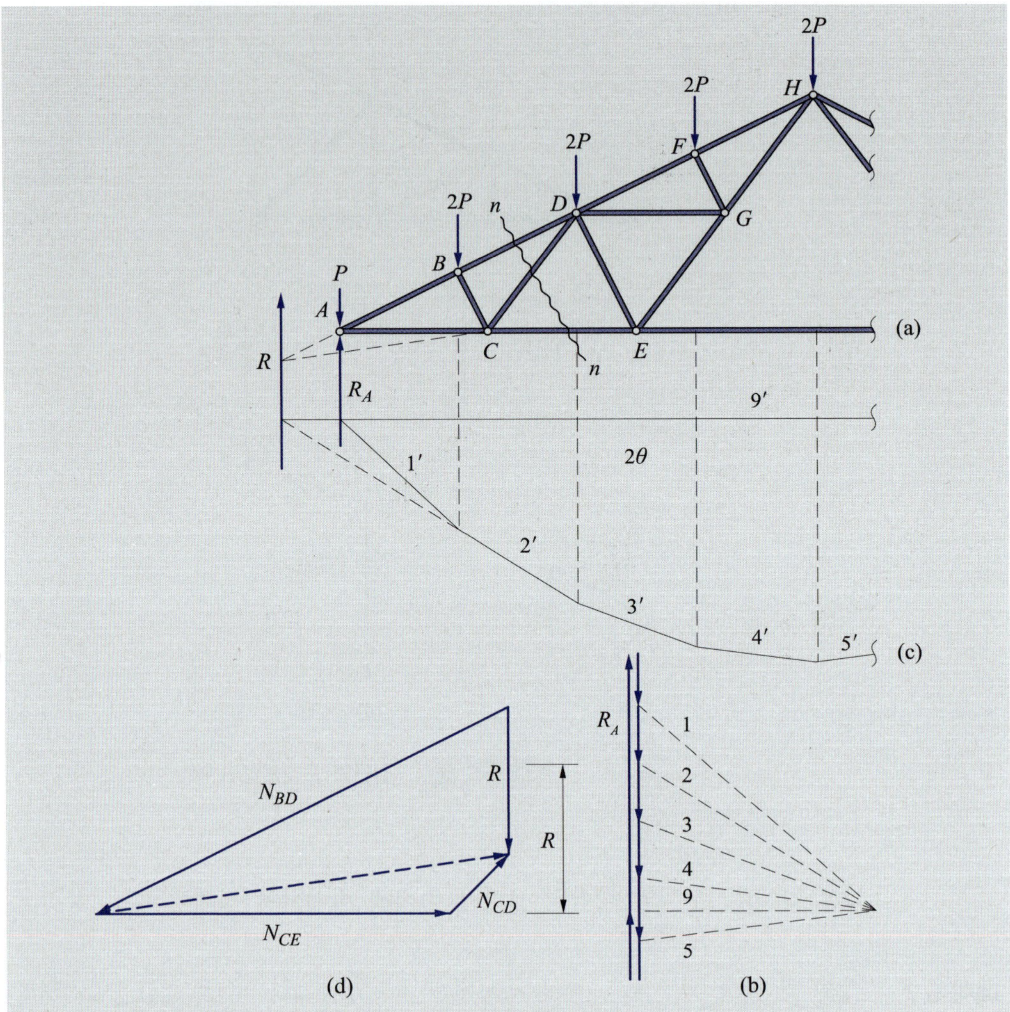

그림 5.14

5.6 합성 트러스

합성 트러스는 단순 트러스가 두 개 이상 합성되어 만들어진 트러스이다. 이런 트러스 중에는 부재가 복잡하게 짜여 있어 절점법이나 절단법의 적용이 어려운 경우도 있다. 예를 들어, 그림 5.15(a) 트러스는 부재수 33, 반력수 3, 절점수 18로 $m+r=2j$의 트러스 정정 안정조건을 만족시키고 있으나, 첫 절점부터 부재가 세 개 접합되어 있어 절점법이나 절단법을 적용하더라도 많은 수의 연립방정식을 풀어야 하는 문제가 생긴다. 그러나 이 트러스를 그림 5.15(b)의 주 트러스와 그림 5.15(c)의 단순 트러스 네 개로 분리하면, 절점법이나 절단법을 쉽게 적용할 수 있어 계산량이 줄어든다. 합성 트러스를 주 트러스와 단순 트러스로 분리할 때 단순 트러스는 그림 5.15(c)에서와 같이 원래 트러스의 절점하중을 지지하면서 그와 평형을 이루는 반력을 갖추어 완전한 독립 구조물이 되도록 하며, 주 트러스의 절점하중은 중첩원리에 의하여 그림 5.15(b)에 표시된 바와 같이 분리 독립된 단순 트러스들의 반력을 절점하중으로 작용시켜 원래 트러스의 하중조건과 같도록 조정되어야 한다.

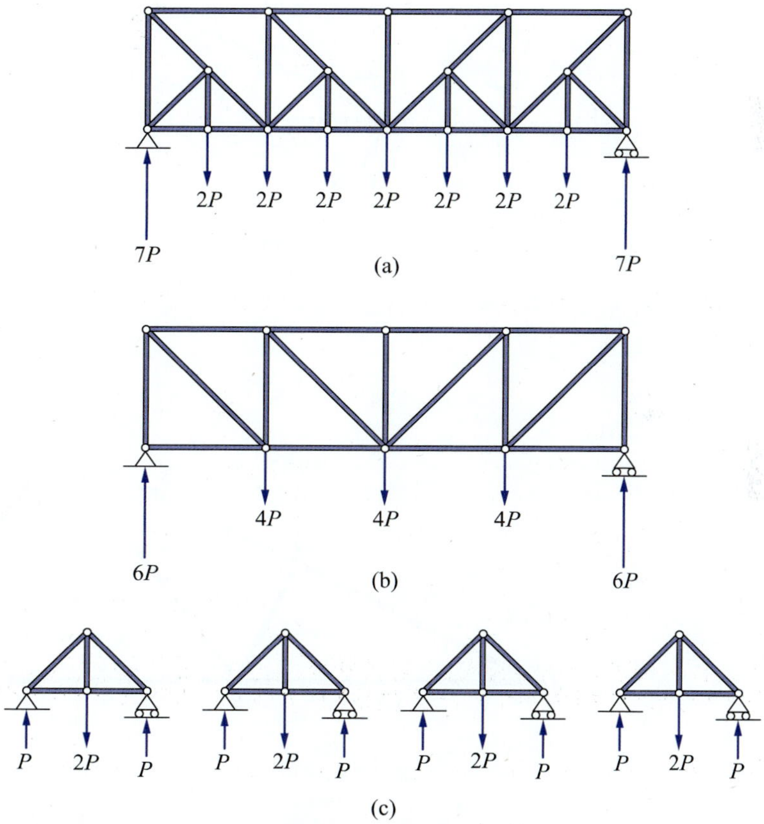

그림 5.15 합성 트러스

예제 5.8 예제 5.1의 합성 트러스를 주 트러스와 단순 트러스로 분리하여 해석한 후 그 결과를 비교하라.

풀이 그림 5.5(a)의 트러스에서 절점하중을 받는 부분의 단순 트러스는 그림 5.16(b)와 같이 분리 독립시키고 오른편의 절점하중을 받지 않는 부분은 부재력이 생기지 않으므로 그대로 둔다. 주 트러스와 단순 트러스에 절점법이나 절단법을 적용하여 해석한 결과는 그림 5.16(a)와 (b)에 표시된 값들과 같으며, 이 부재 축력들을 합산하면 그림 5.5(h)의 원 트러스를 그대로 해석한 결과와 일치한다. 반력은 외력에 대해 중첩원리가 적용된 (a)의 주 트러스에서 평형조건식에 의해 구할 수 있다.

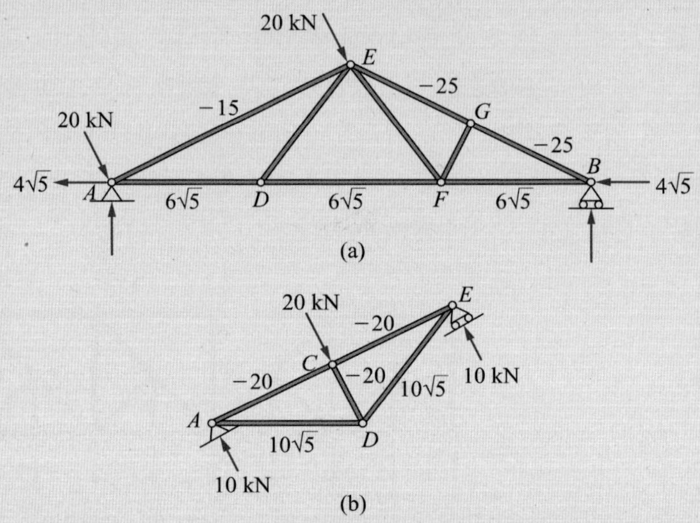

그림 5.16

예제 5.9 예제 5.2의 합성 트러스를 주 트러스와 단순 트러스로 분리하여 해석한 후 그 결과를 비교하라.

풀이

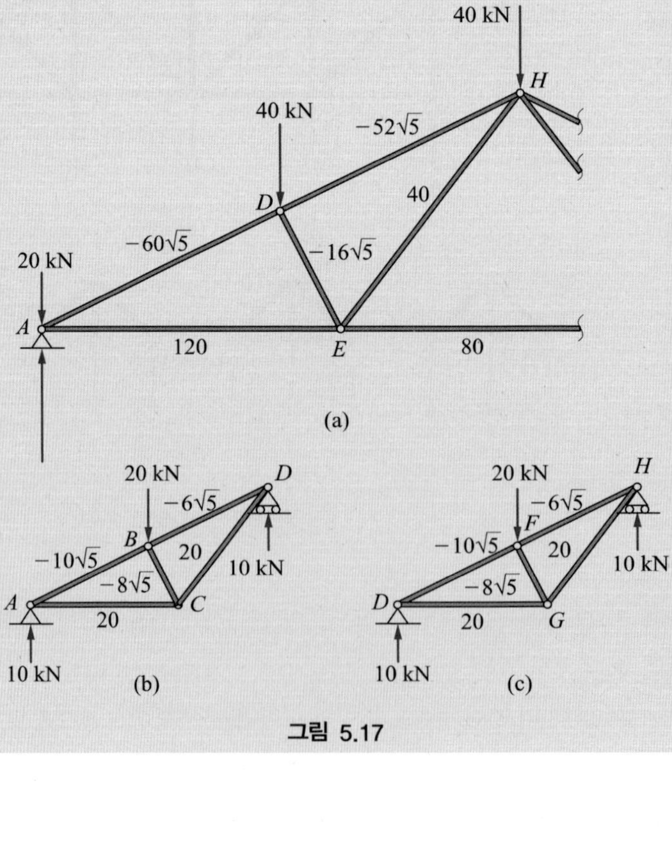

그림 5.17

이 트러스는 구조 및 하중 조건이 대칭으로 되어 있어 예제 5.2에서와 같이 왼쪽의 절반 부분에 대하여 해석한다. 그림 5.6(a)의 절반 트러스는 그림 5.17(a)의 주 트러스와 그림 5.17(b)의 단순 트러스 두 개로 나눌 수 있다. 이들 트러스에 절점법 또는 절단법을 적용하여 해석된 부재 축력은 그림에 표시된 수치와 같으며 이들 값을 중첩시키면 그림 5.6(b)에 표시된 부재력의 값과 일치한다. 반력은 예제 5.8과 같이 외력에 대해 중첩원리가 적용된 (a)의 주 트러스에서 평형조건식에 의해 구할 수 있다.

연습문제

5.1 그림 5.18 트러스의 부재력을 절점법으로 구하라.

5.2 그림 5.18 트러스의 부재력을 도식해법으로 구하라.

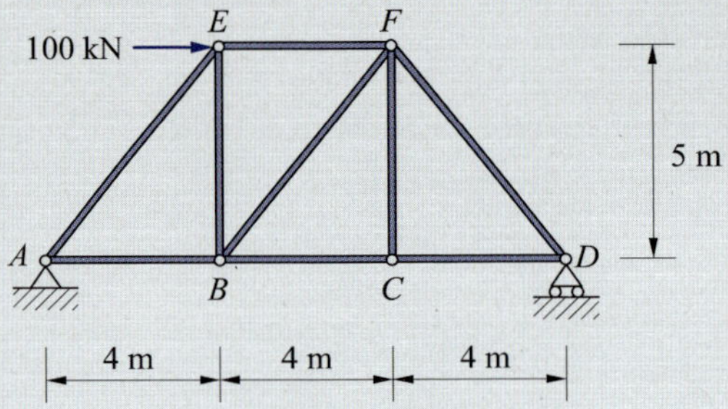

그림 5.18

5.3 그림 5.19 트러스에서 BC, BG 및 FG 부재력을 절단법으로 계산하라.

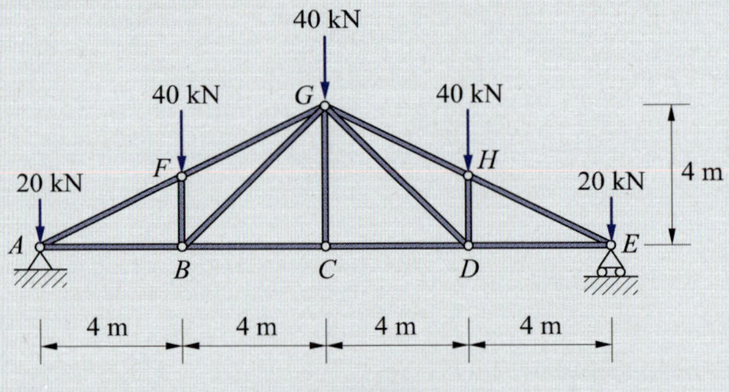

그림 5.19

5.4 그림 5.20 트러스에서 CF 부재력을 절점법과 절단법으로 구하라.

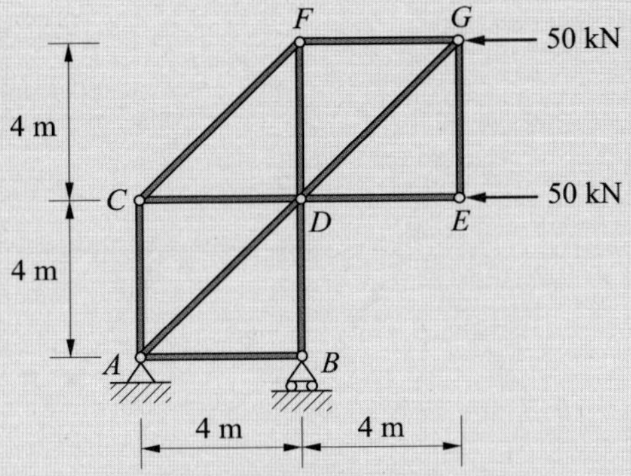

그림 5.20

5.5 그림 5.21 트러스에서 BC, CF 및 FG 부재력을 절점법과 절단법으로 구하라.

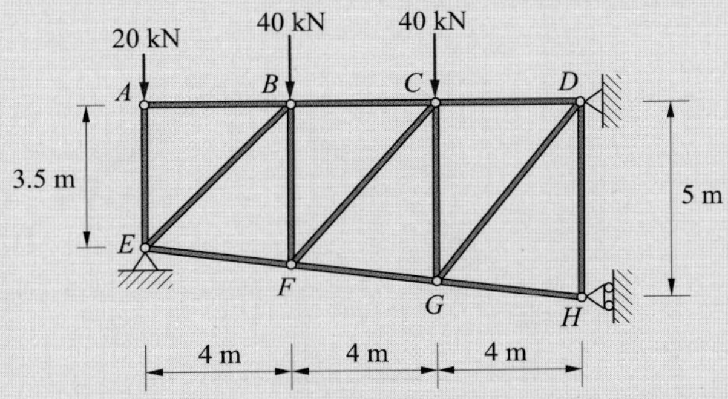

그림 5.21

5.6 그림 5.22 트러스의 부재력을 절점법으로 구하라.

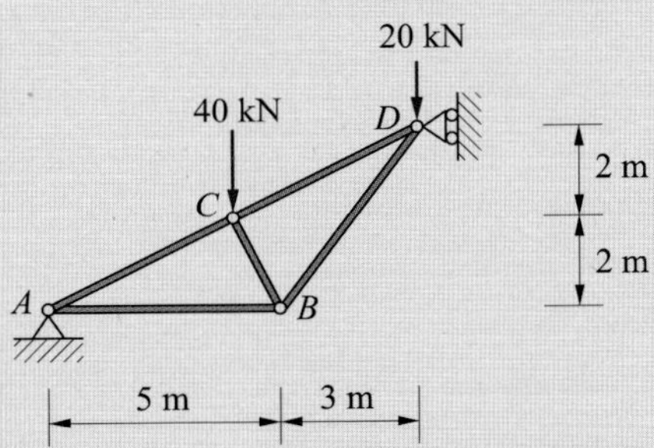

그림 5.22

5.7 그림 5.23 트러스에서 BC, BF 및 EF 부재력을 절단법으로 구하라.

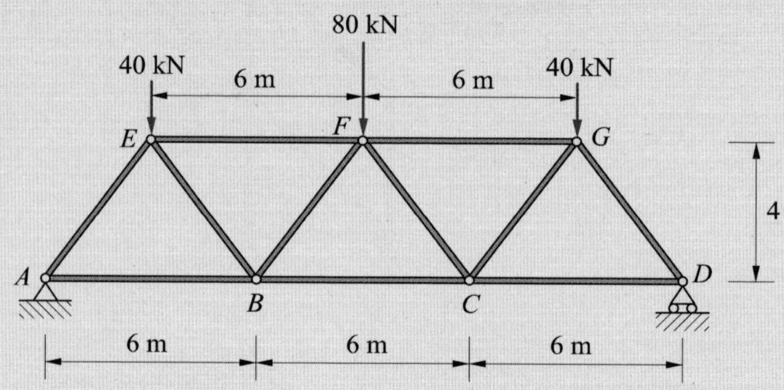

그림 5.23

5.8 그림 5.24 트러스에서 BF 및 CI 부재력을 구하라.

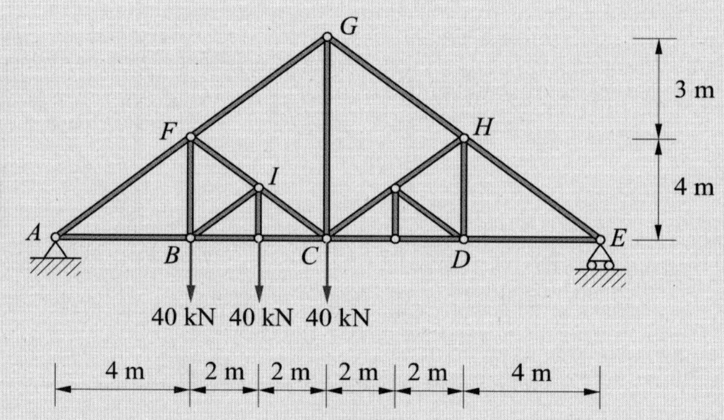

그림 5.24

제6장

응력과 변형률

6.1 개요

구조물은 외력에 충분한 하중 지지능력을 갖추어 안전하면서 과도한 변형이 생기지 않아 사용하기에 편리하도록 설계되어야 한다. 구조해석과 설계에서 필수적인 이 두 조건을 만족시키기 위하여 구조부재의 하중 지지능력과 변형을 정량적으로 나타낼 수 있는 기본적인 개념으로 응력과 변형률이 통용되고 있다. 응력은 6.3절에서 단위 면적에 작용하는 힘으로 정의 되고 있고, 외력에 비하여 복잡한 형태로 발생하나, 크게 수직응력과 전단응력으로 나뉘어 거론되며, 평면응력 상태에서 구조해석의 주요 관심사인 최대 응력의 방향과 크기를 구하는 공식의 유도가 예제와 함께 다루어진다.

변형률은 구조부재의 변형 성능을 나타내면서 응력에 대응하는 개념으로, 탄성한계 내에서는 비례 관계를 가지므로, 변형률에서도 응력의 경우와 같이 수직변형률과 전단변형률이 설명되며, 종변형률과 횡변형률의 관계를 나타내는 푸아송비가 소개된다.

6.2 재료 메커니즘

4.2절에서 설명한 것과 같이 구조물에는 외력(外力)과 내력(內力)이 작용한다. 외력은 하중과 반력으로 구분되며, 외력에 의하여 구조물에는 축력, 전단력, 휨모멘트의 내력이 발생하게 된다. 2차원 구조물에는 3종류의 내력이 발생하지만 3차원 구조물에는 비틀림 모멘트가 추가로 발생하게 된다. 파괴의 관점에서 살펴보면 내력이 크다고 해서 반드시 부재가 쉽게 파괴되는 것은 아니다. 예를 들어 그림 6.1(a)와 같이 동일한 크기의 축력이 작은 단면과 큰 단면에 작용할 경우에 파괴는 당연히 단면이 작은 부재에서 발생하며, 변형도 단면이 작은 구조물에서 크게 발생한다. 또한 그림 6.1(b)와 같이 동일한 단면에 동일한 크기의 내력이 작용할 경우에 철과 같이 재료의 성질이 강한 재료보다 알루미늄과 같이 약한 재료의 변형이 크며, 쉽게 파괴될 수 있다. 따라서 파괴의 관점에서는 표 6.1과 같이 부재력, 응력, 변형, 재료의 특성을 함께 고려해야 하며 이를 재료 메커니즘(mechanism of material)이라 한다. 6장에서는 응력과 변형에 대하여 설명하며, 7장에서는 재료의 특성에 대하여 설명한다.

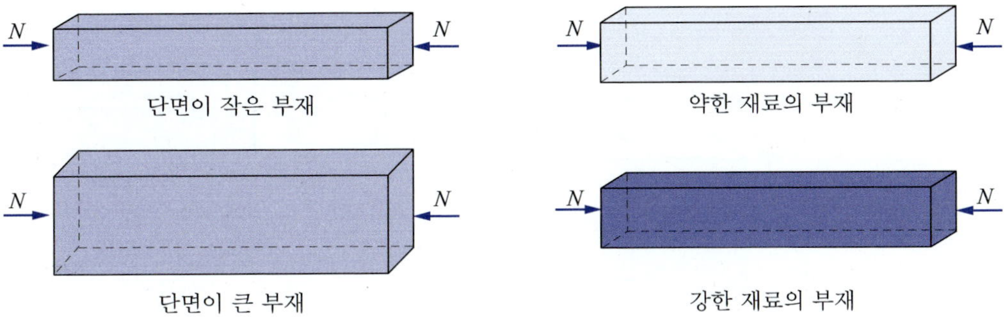

(a) 단면의 차이 (b) 재료의 차이

그림 6.1 부재의 파괴

표 6.1 재료 메커니즘	
하중	고정하중, 적재하중, 적설하중, 풍하중, 지진하중, 토압 등
부재력	축력(축압축력, 축인장력), 휨모멘트, 전단력, 비틀림모멘트
응력	수직응력(축응력＋휨응력), 전단응력(전단응력＋비틀림응력)
변형	축변형률, 곡률, 전단변형률, 비틀림회전각
재료	재료의 응력－변형률 곡선, 축탄성계수, 전단탄성계수

6.3 응력

2차원 평면구조물에는 수직력과 전단력이 존재하며, 이들 힘을 단위 면적이나 강성(stiffness)으로 나눌 경우에 그림 6.2의 수직응력과 전단응력이 발생한다. 수직응력(normal stress)은 면과 직각되는 방향으로 작용하는 응력이며, 전단응력(shear stress)은 면과 평행하게 작용하는 응력이다.

외력이 작용하는 물체에는 이에 평형을 이루는 내력이 생기며, 외력이 집중하중으로 작용하는 경우에도 작용점 부근의 일부분을 제외한 거의 모든 단면에서는 내력이 단면적에 고르게 분포된 형태로 생긴다. 하중에 의하여 발생하는 응력(應力, stress)이란 그림 6.3과 같이 단위 면적에 작용하는 힘의 크기이며, σ의 기호를 사용하여 표기한다. 식(6.1)의 응력은 엄밀히 말하면 수직응력이며 축력에 의하여 발생하는 축응력이라 할 수 있다. 축응력은 압축력에 의하여 발생하는 축압축응력과 인장력에 의하여 발생하는

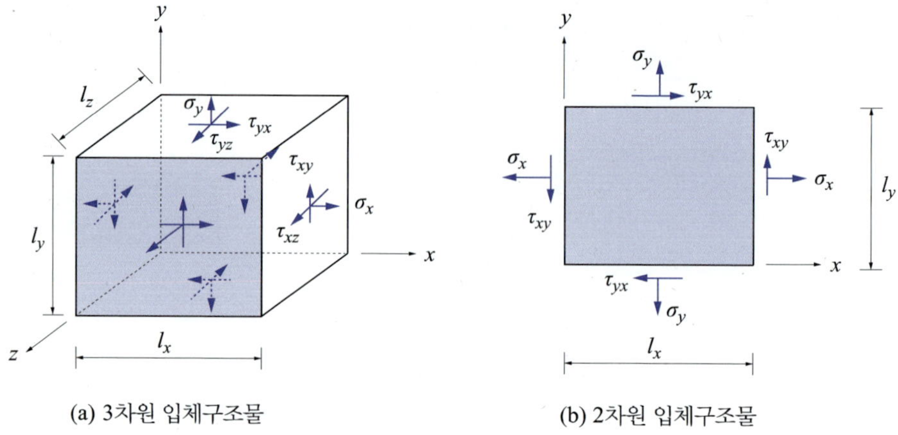

그림 6.2 입체구조물과 평면구조물의 응력

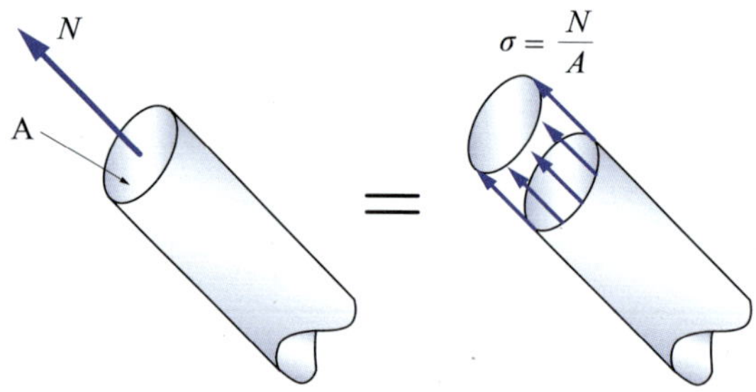

그림 6.3 수직응력

축인장응력으로 구분된다.

$$\sigma = \frac{N}{A} \tag{6.1}$$

이 식에서 N은 외력 P가 유발하는 축력, A는 단면적이며 응력 σ의 단위는 kgf/cm^2, MPa, psi 등이다.

예를 들어, 그림 6.3의 상부로부터 $N = 800\,kN$ 의 압축력을 지지하는 $1{,}600\,mm^2$ 단면의 원형 기둥에 생기는 수직응력은 다음과 같다.

$$\sigma = \frac{800 \times 1{,}000}{1{,}600} = 5.0\,N/mm^2$$

즉, $1\,mm^2$의 단위 면적에 5.0 N의 압축력이 작용하는 셈이 된다. 이 때 축력을 나누는 면적은 축력과 직각되는 부분의 면적이다.

전단력에 의하여 발생하는 전단응력은 τ로 표기하며 그림 6.4와 같이 전단력을 단위 면적으로 나누어 계산한다. 그러나 식(6.2)의 전단응력은 평균전단응력이며 단면의 각 위치에 발생하는 정확한 수평전단응력에 대해서는 11장에서 상세하게 설명한다.

$$\tau = \frac{V}{A} \tag{6.2}$$

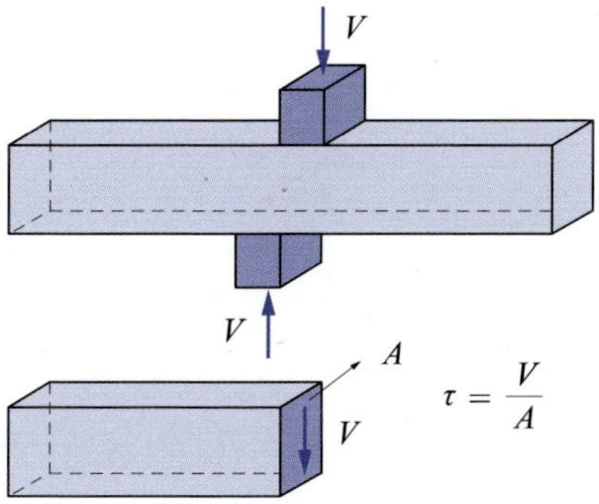

그림 6.4 전단응력

예제 6.1

그림 6.5의 20 kN과 40 kN의 집중하중을 받는 사각형 기둥의 AB구간과 BC구간의 수직응력을 계산하라.

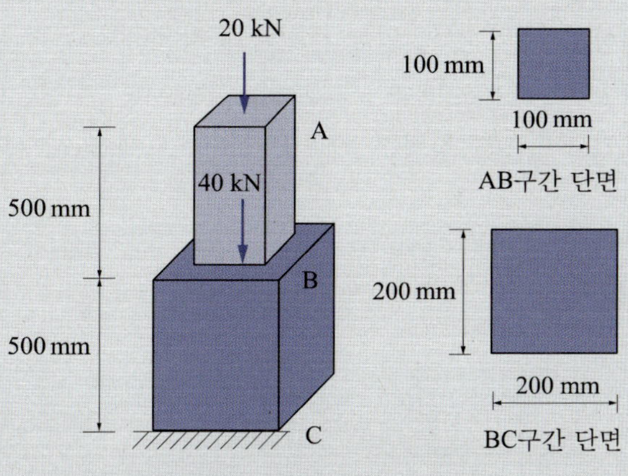

그림 6.5

풀이

기둥에는 두 구간에 하중이 작용하고 있으므로 식(6.1)로부터 각 구간의 응력을 구한다.

AB 구간 $\sigma = \dfrac{N}{A} = \dfrac{20{,}000}{100 \times 100} = 2\,\mathrm{N/mm^2} = 2\,\mathrm{MPa}$

BC 구간 $\sigma = \dfrac{N}{A} = \dfrac{20{,}000 + 40{,}000}{200 \times 200} = 1.5\,\mathrm{N/mm^2} = 1.5\,\mathrm{MPa}$

예제 6.2 그림 6.6과 같이 상하에 강한 재료가 있으며 중간에 약한 재료로 이루어진 구조물이 있다. 구조물의 상면에 전단력 V가 10 kN 작용할 경우에 상부면과 중간면의 경계면에 발생하는 전단응력을 계산하라.

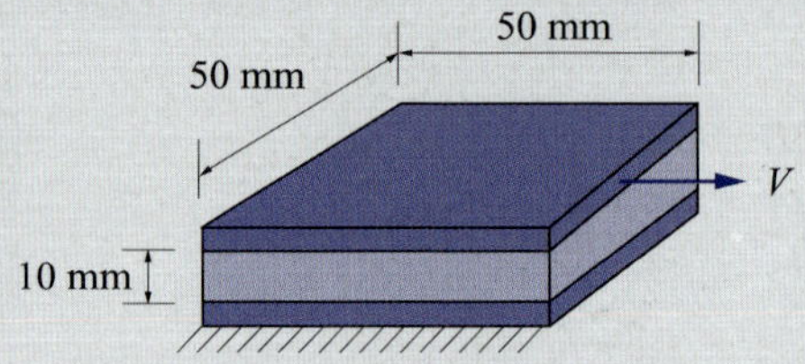

그림 6.6

풀이 상부면과 중간면 사이의 경계면에는 전단응력이 발생한다. 경계면의 전단응력은 식(6.2)에 의해 계산할 수 있다.

$$\tau = \frac{V}{A} = \frac{10,000}{50 \times 50} = 4.0\,\mathrm{N/mm^2} = 4.0\,\mathrm{MPa}$$

응력의 기본적인 형태는 그림 6.7(a)와 같이 축력을 받는 직사각형 단면의 부재에서 고찰할 수 있다. 부재의 양 단부에 인장력 N이 작용하는 상태에서 그림과 같이 부재축에 수직하게 자른 $a-a'$ 면에는 축력 N이 작용하므로 수직응력 σ만 존재한다. 한편, 그림 6.7(b)와 같이 수직인 면에서 θ만큼 비스듬하게 자른 $b-b'$ 면에서는 N의 분력인 $N\cos\theta$의 축력과 $N\sin\theta$인 전단력이 발생하므로 응력도면에 수직한 방향의 응력 성분 σ_θ와 접선 방향의 응력 성분 τ_θ로 분해된다.

이 그림의 σ_θ와 같이 면에 수직하게 작용하는 응력은 수직응력이며, τ_θ와 같이 면에 접선 방향으로 작용하는 응력을 전단응력이다. 수직응력에는 인장응력과 압축응력 두 종류가 있으며, 축방향력뿐 아니라 휨모멘트에 의해서도 수직응력이 발생한다.

예제 6.3 그림 6.7(a)의 인장력을 받는 부재의 축이 각도 θ로 변할 때 변화된 축의 면에 발생하는 인장응력과 전단응력의 크기를 검토하라.

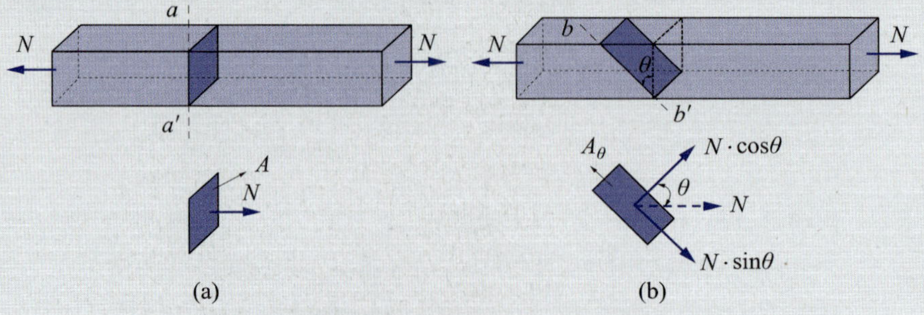

그림 6.7 수직응력과 전단응력

풀이

그림 6.7(a)의 부재가 부재축에 수직하게 $a-a'$ 면으로 잘렸을 때 그 단면적을 A로 하면 $a-a'$ 면에서의 응력은 식(6.1)로부터 주어진다.

$$\sigma = \frac{N}{A} \tag{a}$$

부재가 그림 6.7(b)와 같이 $a-a'$ 면에서 θ의 각으로 비스듬히 잘렸을 때 경사면의 면적은 다음과 같다.

$$A_\theta = \frac{A}{\cos\theta}$$

인장력 N의 수직 방향 및 접선 방향 성분으로 각각 분해된다.

$$N_\theta = N\cos\theta, \quad V_\theta = N\sin\theta$$

그러므로 $b-b'$ 면에 생기는 수직응력과 전단응력은 다음과 같다.

$$\sigma_\theta = \frac{N_\theta}{A_\theta} = \frac{N}{A}\cos^2\theta, \quad \tau_\theta = \frac{V_\theta}{A_\theta} = \frac{N}{A}\sin\theta\cos\theta \tag{b}$$

이 식에서 $\cos^2\theta$와 $\sin\theta\cos\theta$는 θ의 각도에 따라 표와 같이 변화한다.

θ	0	15°	30°	45°	60°	75°	90°
$\cos^2\theta$	1	0.933	0.75	0.5	0.25	0.07	0
$\cos\theta\sin\theta$	0	0.25	0.433	0.5	0.433	0.25	0

식(b)의 수직응력과 전단응력은 θ의 값에 따라 그림 6.8의 값을 가지게 된다. 이 그림으로부터 일축 인장을 받는 부재의 최대 전단력은 $\theta = 45°$의 면에 생기며, 그 크기는 $\sigma/2$가 됨을 알 수 있다.

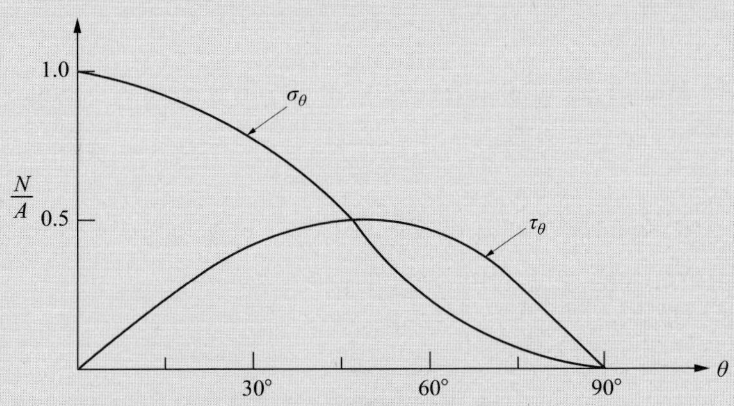

그림 6.8 수직응력과 전단응력의 변환

6.4 전단응력의 상보성(相補性)

외력을 받는 두께 t의 부재에서 dx, dy 크기의 한 요소를 떼어내어 그 응력의 평형 상태를 검토하면, 그림 6.9(a)와 같은 수직응력 상태에서는 다음 평형조건이 모두 만족된다.

$$\sum F_x = -\sigma t\,dy + \sigma t\,dy = 0$$

$$\sum M_0 = -\sigma t\,dy(dy/2) + \sigma t\,dy(dy/2) = 0$$

그러나 그림 6.9(b)와 같이 전단응력 τ가 작용하는 상태에서는

$$\sum F_y = \tau t\,dy - \tau t\,dy = 0$$

$$\sum M_0 = \tau t\,dy(0) - \tau t\,dy(dx) \neq 0$$

으로, y방향의 응력에 대한 평형조건은 성립하나 O점에 대한 회전의 평형조건은 성립되지 않는다. 따라서, 전단응력의 평형조건이 만족되기 위하여서는 전단응력의 작용면에 직각 방향으로 $\sum F_x = 0$의 평형조건이 만족되도록 τ'의 응력이 발생하며, 이 크기는

$$\sum M_0 = \tau' t\,dx(dy) - \tau t\,dy(dx) = 0$$

의 평형조건을 만족시켜야 한다. 이 식으로부터 상보 전단응력의 크기는

$$\tau = \tau'$$

으로 주어진다. 따라서 전단응력이 어느 면에 작용하면 그 면에 수직한 방향으로 같은 크기의 상보 전단응력이 생긴다.

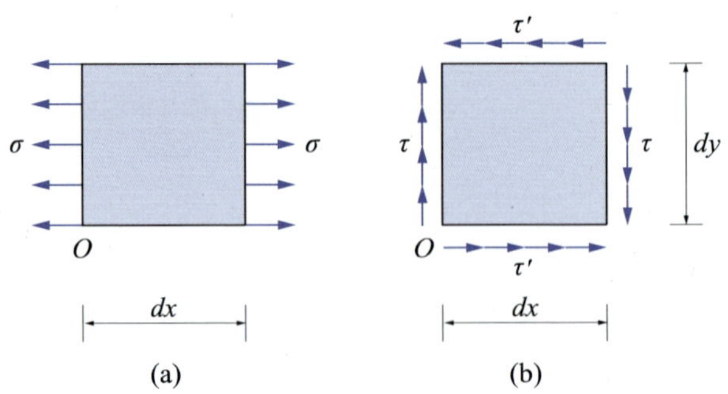

그림 6.9 전단응력의 상보성

6.5 응력의 변환

구조해석에서 많이 다루어지는 응력 상태는 그림 6.10(a)와 같이 2차원의 평면요소에 직교하는 두 방향으로 수직응력 σ_x, σ_y와 요소의 가장자리에 전단응력 τ가 작용하는 경우이다. 이와 같은 응력을 평면응력(plane stress)이라고 한다. 이 절에서는 평면응력을 이용하여 응력의 변환에 대하여 설명하고자 한다.

그림 6.10(a)의 2차원 요소에 수직응력과 전단응력이 발생하였다. 원래의 좌표축 x, y축에서 시계반대 방향으로 θ만큼 회전할 경우에 그림 6.10(b)와 같은 θ면에 수직응력 σ_θ와 전단응력 τ_θ가 발생한다. 그림 6.10(b)의 자유물체도에 대한 힘의 평형조건을 계산하면 다음과 같다. 식(a)에서 길이 dx와 dy에 곱한 1은 앞뒤방향의 단위두께이다.

$$\sum F_x = 0,\ -\sigma_x(dy\times 1) + \tau(dx\times 1) + \sigma_\theta(ds\cos\theta\times 1) + \tau_\theta(ds\sin\theta\times 1) = 0$$
$$\sum F_y = 0,\ -\sigma_y(dx\times 1) + \tau(dy\times 1) + \sigma_\theta(ds\sin\theta\times 1) - \tau_\theta(ds\cos\theta\times 1) = 0$$

(a)

그림 6.10(b)의 자유물체도의 각도를 계산한다.

$$\sin\theta = \frac{dx}{ds},\ \cos\theta = \frac{dy}{ds}$$

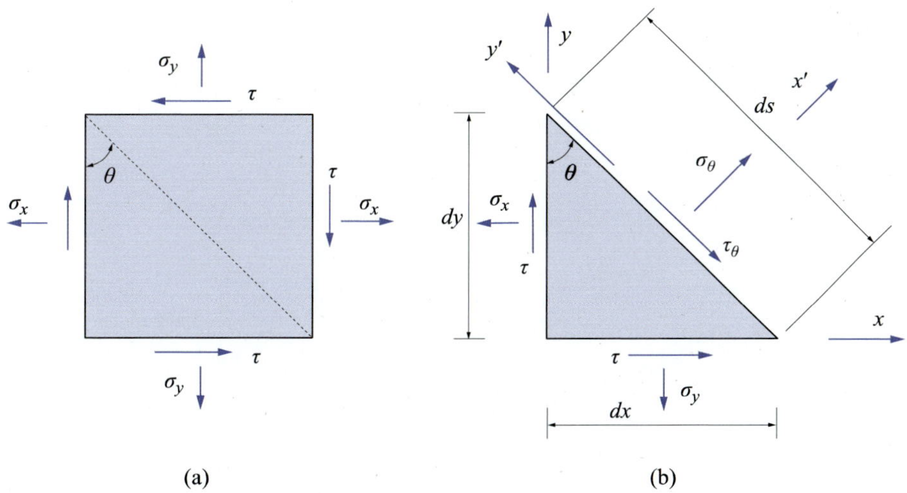

그림 6.10 평면응력의 변환

식(a)로부터 임의의 면에서 응력은 식(6.3)으로 유도된다.

$$\sigma_\theta = \sigma_x \cos^2\theta + \sigma_y \sin^2\theta - 2\tau \sin\theta \cos\theta$$

$$\tau_\theta = (\sigma_x - \sigma_y) \sin\theta \cos\theta + \tau(\cos^2\theta - \sin^2\theta) \tag{6.3}$$

여기서

$$\cos^2\theta = \frac{1}{2}(1 + \cos 2\theta)$$

$$\sin^2\theta = \frac{1}{2}(1 - \cos 2\theta)$$

$$\sin\theta \cos\theta = \frac{1}{2}\sin 2\theta$$

그러므로 식(6.3)을 식(6.4)로 변경할 수 있다.

$$\sigma_\theta = \frac{\sigma_x + \sigma_y}{2} + \frac{\sigma_x - \sigma_y}{2} \cos 2\theta - \tau \sin 2\theta$$

$$\tau_\theta = \frac{\sigma_x - \sigma_y}{2} \sin 2\theta + \tau \cos 2\theta \tag{6.4}$$

식(6.3) 또는 식(6.4)는 평면응력 상태에 있는 단면의 임의의 면에서 수직응력과 전단응력을 계산할 수 있는 편리한 식이다. 예를 들어, 예제 6.3에서 식(b)의 공식은 식(6.3)에 $\sigma_x = N/A$, $\sigma_y = \tau = 0$의 값을 대입하면 얻을 수 있다.

예제 6.4 그림 6.11의 평면요소에 $\sigma_x = 70\,\mathrm{N/mm^2}$(인장응력), $\sigma_y = 40\,\mathrm{N/mm^2}$(인장응력), $\tau = 30\,\mathrm{N/mm^2}$의 응력이 작용하고 있다. 반시계방향으로 $\theta = 31.72$도 회전하였을 경우의 수직응력과 전단응력을 계산하라.

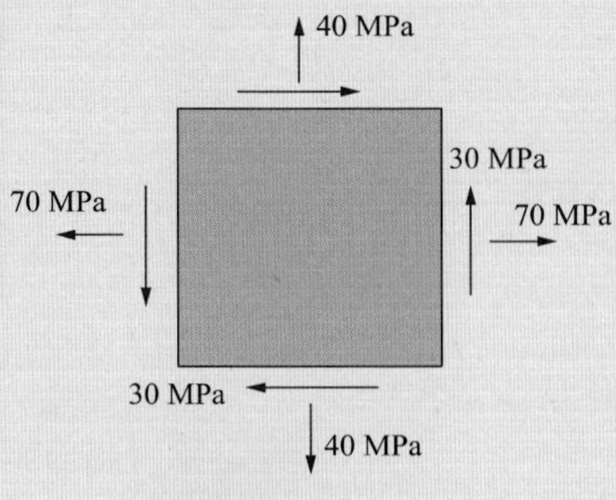

그림 6.11 평면요소

풀이

식(6.4)를 이용하여 회전한 면의 수직응력과 전단응력을 계산한다. 부재가 부재축에 수직하게 $a-a'$ 면으로 잘렸을 때 그 단면적을 A로 하면 $a-a'$ 면에서의 응력은 식(6.4)로부터 계산할 수 있다.

$$\sigma_\theta = \frac{\sigma_x+\sigma_y}{2} + \frac{\sigma_x-\sigma_y}{2}\cos 2\theta - \tau \sin 2\theta$$

$$= \frac{70+40}{2} + \frac{70-40}{2}\cos 2(-31.72) - 30\sin 2(-31.72) = 88.5\ \text{MPa}$$

$$\tau_\theta = \frac{\sigma_x-\sigma_y}{2}\sin 2\theta + \tau\cos 2\theta$$

$$= \frac{70-40}{2}\sin 2(-31.72) + 30\cos 2(-31.72) = 0.0\ \text{MPa}$$

6.6 주응력과 최대 전단응력

응력의 변환에서 살펴보았듯이 구조물에 작용하는 응력은 방향에 따라서 달라진다. 방향에 따라서 변화하는 모든 응력을 계산하여 구조해석을 수행할 필요는 없으며, 파괴는 응력의 최댓값과 관련이 있으므로 응력이 최대가 되는 면과 방향 및 그 크기를 계산해야 한다.

6.6.1 주응력

구조해석에서는 그림 6.12와 같이 최대 또는 최소가 되는 응력을 주응력(主應力, principal stress)이라고 한다. 주응력과 주응력 방향은 식(6.4)를 각도 θ로 미분하여 구

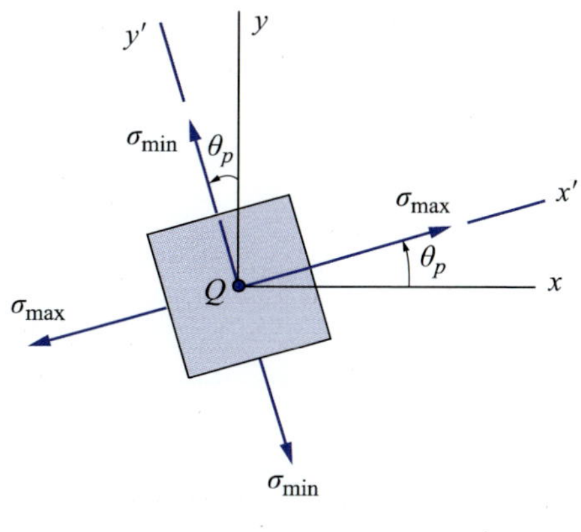

그림 6.12 주응력과 최대 전단응력

할 수 있다. 즉, 어느 곡선을 미분했을 때 미분 값이 0이 되는 곳은 접선기울기가 0이 되며 이 점이 구간에서의 최대 또는 최소가 되는 원리를 이용한 것이다. 수직응력의 최댓값 또는 최솟값을 가지는 θ 각의 면을 찾기 위하여 식(6.4)의 첫 방정식에 $d\sigma_\theta / d\theta = 0$의 식을 적용한다.

$$-(\sigma_x - \sigma_y)\sin 2\theta - 2\tau \cos 2\theta = 0$$

이 식으로부터 식(6.5)를 계산할 수 있다.

$$\tan 2\theta = -\frac{2\tau}{\sigma_x - \sigma_y} \tag{6.5}$$

식(6.5)는

$$\tan 2\theta = \tan 2\left(\theta + \frac{\pi}{2}\right)$$

이 된다. 식(6.5)를 만족시키는 θ의 면과 그에 직교하는 면에 각각 최대 및 최소 수직응력이 생긴다. 식(6.5)의 각은 그림 6.13과 같이 직각 삼각형의 관계로 나타낼 수 있다.

$$\sin 2\theta = \frac{-2\tau}{\sqrt{(\sigma_x - \sigma_y)^2 + 4\tau^2}}$$

$$\cos 2\theta = \frac{\sigma_x - \sigma_y}{\sqrt{(\sigma_x - \sigma_y)^2 + 4\tau^2}}$$

여기서, $\sin 2\left(\theta + \frac{\pi}{2}\right) = -\sin 2\theta$, $\cos 2\left(\theta + \frac{\pi}{2}\right) = -\cos 2\theta$

이들 값을 θ 및 $\left(\theta + \frac{\pi}{2}\right)$에 대하여 식(6.4)에 대입하면, 최대 수직응력과 최소 수직응력이 각각 유도된다.

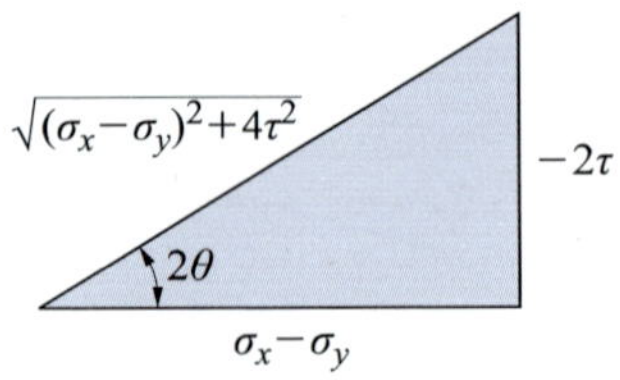

그림 6.13 응력의 관계

$$\text{제1주응력(최대 주응력)}\ \sigma_1 = \sigma_{max} = \frac{\sigma_x + \sigma_y}{2} + \sqrt{\left(\frac{\sigma_x - \sigma_y}{2}\right)^2 + \tau^2} \tag{6.6}$$

$$\text{제2주응력(최소 주응력)}\ \sigma_2 = \sigma_{min} = \frac{\sigma_x + \sigma_y}{2} - \sqrt{\left(\frac{\sigma_x - \sigma_y}{2}\right)^2 + \tau^2}$$

주응력면에서 전단응력은 0이 된다. 이와 같이 직교하는 수직응력은 각각 최댓값과 최솟값이 되고 전단응력이 0이 되는 θ의 방향을 주응력 방향, 이 방향의 수직응력을 주응력이라고 한다.

식(6.4)의 첫 번째 식으로부터 θ 방향에 직교하는 방향의 수직응력은 식(6.7)이다.

$$\begin{aligned}\sigma_{\theta+\pi/2} &= \frac{\sigma_x + \sigma_y}{2} + \frac{\sigma_x - \sigma_y}{2}\cos 2(\theta + \pi/2) - \tau \sin 2(\theta + \pi/2) \\ &= \frac{\sigma_x + \sigma_y}{2} - \frac{\sigma_x - \sigma_y}{2}\cos 2\theta + \tau \sin 2\theta \end{aligned} \tag{6.7}$$

식(6.4), (6.6) 및 (6.7)로부터 다음 식이 성립된다.

$$\sigma_\theta + \sigma_{\theta+\pi/2} = \sigma_1 + \sigma_2 = \sigma_x + \sigma_y \tag{6.8}$$

이 식은 직교하는 좌표축의 변환에 따라 응력의 값은 변하나, 각 축의 수직응력들의 합은 언제나 일정하게 유지되는 것을 나타내고 있다.

6.6.2 최대 전단응력

최대 전단응력을 구하는 방법은 주응력을 구했던 방법과 동일하게 식(6.4)의 둘째 식을 각도 θ로 미분하여 구할 수 있다. 미분한 값이 0이 되는 값에서 $d\tau_\theta/d\theta = 0$ 최대 전단응력을 구한다.

전단응력이 최댓값이 되는 각은 식(6.4)의 둘째 식에서 구한다.

$$\frac{d\tau_\theta}{d\theta} = (\sigma_x - \sigma_y)\cos 2\theta - 2\tau \sin 2\theta = 0$$

$$\tan 2\theta = \frac{(\sigma_x - \sigma_y)}{2\tau} \tag{6.9}$$

이 식을 그림 6.13과 비슷하게 밑변을 2τ, 높이를 $(\sigma_x - \sigma_y)$로 하는 삼각형으로 생각하여 얻은 $\sin 2\theta$ 및 $\cos 2\theta$의 값을 식(6.4)의 두 번째 식에 대입하여 최대 전단력을 계산한다.

$$\tau_{\max} = \sqrt{\left(\frac{\sigma_x - \sigma_y}{2}\right)^2 + \tau^2} = \frac{\sigma_1 - \sigma_2}{2} \tag{6.10}$$

이 식은 최대 전단응력은 주응력 방향에서 45° 경사진 방향에 생기며, 그 크기는 두 주응력의 차의 1/2이 되는 것을 의미한다. 주응력과 최대 전단응력의 정의 및 상호 관계를 정리하면 다음과 같다.

- 제1주응력(최대 주응력) : 수직응력의 최댓값. 식(6.6)에 의해 계산한다.
- 제2주응력(최소 주응력) : 수직응력의 최솟값. 식(6.6)에 의해 계산한다.
- 주응력 방향 : 주응력이 발생하는 방향이다.
- 주응력면에서 전단응력은 0이다.
- 최대 전단응력 : 전단응력의 최댓값, 식(6.10)에 의해 계산한다.
- 주응력면과 최대 전단응력면은 45도의 차이가 있다.
- 최대 전단응력면에서 수직응력은 $(\sigma_x + \sigma_y)/2$로 0이 아니다

6.6.3 모어의 응력원

6.4절에서 설명한 응력의 변환은 식(6.4)를 이용하여 계산할 수 있지만 도식적인 방법으로도 계산이 가능하다. 이 방법은 모어(Mohr)에 의하여 제안되었으며 이를 모어의 응력원(Mohr's stress circle)이라 한다. 모어의 응력원을 이용할 경우에 평면응력 σ_x, σ_y 및 τ가 주어졌을 때, 부재 내 임의의 면에서 응력의 크기나 주응력 방향과 주응력의 크기 등을 쉽게 구할 수 있다. 모어의 원을 작성하는 순서는 다음과 같다.

직교하는 좌표축에 축척을 정하여 수평 방향으로 수직응력, 수직 방향으로 전단응력을 표시한다. 응력의 부호는 수직응력의 경우에는 인장응력을 "+", 전단응력의 경우에는 x 면에서 시계방향으로 작용하는 전단응력을 "+"로 한다.

그림 6.14와 같이 σ_x, σ_y 및 τ의 값과 방향에 따라 두 점 $P(\sigma_x, -\tau)$와 $Q(\sigma_y, \tau)$를 정하고 PQ의 중간 지점 C를 중심으로 PQ를 지름으로 하는 원을 그리면, 이 원은 수평축과 A점 및 B점에서 만나며 CP 선분과 수평축이 이루는 각을 2θ로 한다. 작성된 원의 반지름은 그림 6.14에 표시된 바와 같이 다음 식으로 계산한다.

$$CA = CB = CP = \sqrt{\left(\frac{\sigma_x - \sigma_y}{2}\right)^2 + \tau^2}$$

선분 OA와 OB는 각각 식(6.11)로 계산된다.

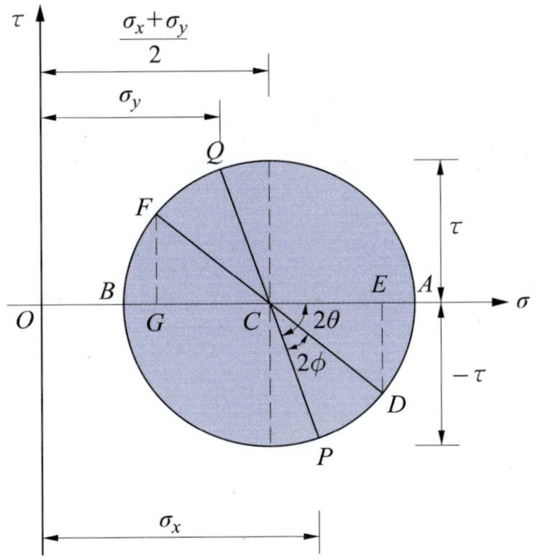

그림 6.14 모어의 응력원

$$OA = OC + CA = \frac{\sigma_x + \sigma_y}{2} + \sqrt{\left(\frac{\sigma_x - \sigma_y}{2}\right)^2 + \tau^2}$$

$$OB = OC - CB = \frac{\sigma_x + \sigma_y}{2} - \sqrt{\left(\frac{\sigma_x - \sigma_y}{2}\right)^2 + \tau^2} \qquad (6.11)$$

식(6.11)과 식(6.6)을 비교하면 모어의 원이 수평축과 만나는 두 점은 각각 주응력의 크기가 된다. 또한, CP와 수평축이 이루는 각은 식(6.12)가 된다.

$$\tan 2\theta = -\frac{\tau}{\sigma_x - OC} = -\frac{\tau}{(\sigma_x - \sigma_y)/2} \qquad (6.12)$$

이 각을 식(6.5)와 비교하면 전단응력의 부호가 "−"일 때 주응력 방향을 나타내는 각임을 알 수 있다. 따라서 그림 6.14에서 선분 PQ와 AB를 지름으로 공유하는 원은 기본 좌표축에서의 응력과 주응력의 관계를 나타내는 응력원이 된다.

기본 좌표축 x, y에서 반시계방향으로 각 θ만큼 변환된 면에서의 응력은 그림 6.14의 선분 PQ에서 C점을 중심으로 2ϕ만큼 반시계방향으로 회전하여 그은 선분 DF로 나타낼 수 있다.

D점 및 F점에서 수평축에 투영된 점들을 각각 E 및 G로 하면,

$$CE = CG = CD\cos(2\theta - 2\phi)$$

$$DE = CD\sin(2\theta - 2\phi)$$

이다. CD와 CP는 같은 크기여서 다음과 같다.

$$CD\cos 2\theta = CP\cos 2\theta = \frac{\sigma_x - \sigma_y}{2}$$
$$CD\sin 2\theta = CP\sin 2\theta = -\tau$$

그러므로

$$\begin{aligned} OE &= OC + CE = \frac{\sigma_x + \sigma_y}{2} + \frac{\sigma_x - \sigma_y}{2}\cos 2\phi - \tau\sin 2\phi \\ OG &= OC - CG = \frac{\sigma_x + \sigma_y}{2} - \frac{\sigma_x - \sigma_y}{2}\cos 2\phi + \tau\sin 2\phi \\ DE &= -\frac{\sigma_x - \sigma_y}{2}\sin 2\phi - \tau\cos 2\phi \end{aligned} \qquad (6.13)$$

이 된다. 식(6.13)에서 OE 및 DE는 각각 식(6.9)에서 σ_θ 및 τ_θ의 값과 일치하며, OG는 σ_θ와 직교하는 수직응력의 값을 나타내고 있다.

예제 6.5 그림 6.11과 같이 평면요소에 $\sigma_x = 70\,\text{N/mm}^2$, $\sigma_y = 40\,\text{N/mm}^2$, $\tau = 30\,\text{N/mm}^2$의 응력 상태에서 주응력 방향과 주응력의 크기를 계산하고, 모어의 원을 그려 그 값들을 비교하라.

풀이 주응력 방향은 식(6.5)로부터

$$\tan 2\theta = \frac{-2\tau}{\sigma_x - \sigma_y} = -\frac{2\times 30}{70-40} = -2$$

$$2\theta = -63.43^\circ$$

주응력의 크기는 식(6.6)으로부터 계산한다.

$$\sigma_1 = \frac{\sigma_x + \sigma_y}{2} + \sqrt{\left(\frac{\sigma_x - \sigma_y}{2}\right)^2 + \tau^2} = \frac{70+40}{2} + \sqrt{\left(\frac{70-40}{2}\right)^2 + (30)^2}$$
$$= 55 + 33.5 = 88.5\,\text{N/mm}^2$$
$$\sigma_2 = 55 - 33.5 = 21.5\,\text{N/mm}^2$$

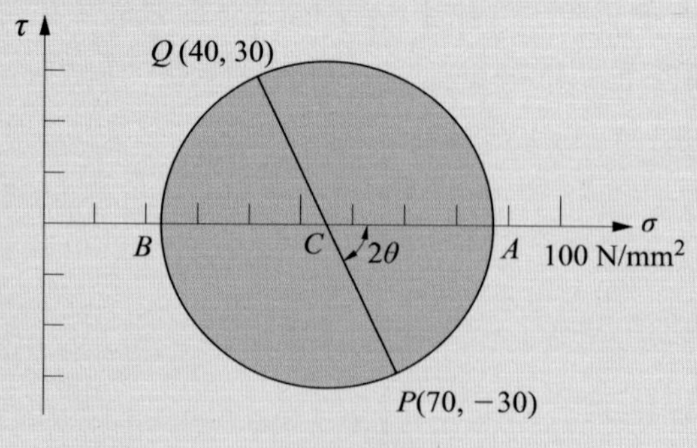

그림 6.15

모어의 원 작성에서는 그림 6.15와 같이 한 눈금을 10 N/mm²로 하는 직교 좌표계에서 $P(70, -30)$, $Q(40, 30)$의 위치를 정한 후 PQ를 지름으로 하는 원을 그려, 수평축과 만나는 점을 A 및 B점으로 하면, 선분 OA가 최대 주응력, OB가 최소 주응력의 크기가 된다.

예제 6.6 그림 6.16(a)와 같이 전단응력 τ_o 이외에 다른 응력은 생기지 않은 상태에서 주응력 방향과 주응력의 크기를 구하라.

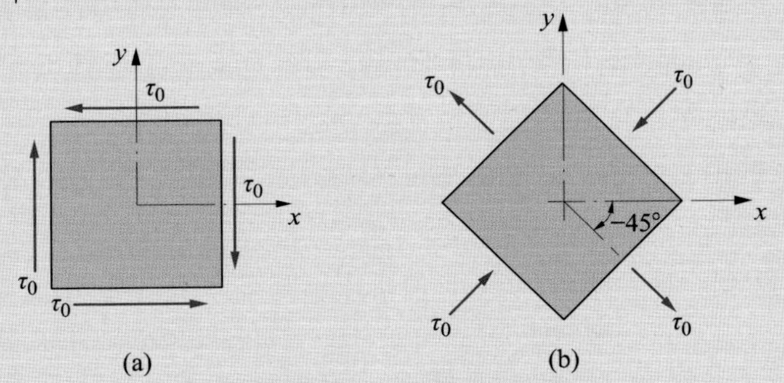

그림 6.16 순수전단응력

풀이 식(6.5)로부터 주응력 방향을 계산한다.

$$\tan 2\theta = \frac{-2\tau}{\sigma_x - \sigma_y} = \frac{-2\tau_o}{0}$$

$$2\theta = -90°$$

주응력의 크기를 식(6.6)으로부터 계산한다.

$$\sigma_1 = 0 + \sqrt{0 + \tau_o^2} = \tau_0$$

$$\sigma_2 = 0 - \sqrt{0 + \tau_o^2} = -\tau_0$$

주응력면과 주응력의 작용 상태는 그림 6.16과 같다. 이와 같이 반대 부호의 주응력이 같은 크기로 작용하는 부재의 45° 단면에는 수직응력이 없이 주응력과 같은 크기의 전단응력만 작용하는 상태가 되며, 이런 응력 상태를 순수전단(pure shear) 상태라고 한다. 모어의 원 작성에서 그림 6.16의 응력 상태에서는 수직응력이 없으므로, 그림 6.17과 같이 y축에 $\pm\tau_o$의 위치를 정하고 τ_o를 반지름으로 원을 그려 "+" x축과 만나는 점은 주인장응력 τ_o가 되고 "−" x축과 만나는 점은 주압축응력 $-\tau_o$가 된다.

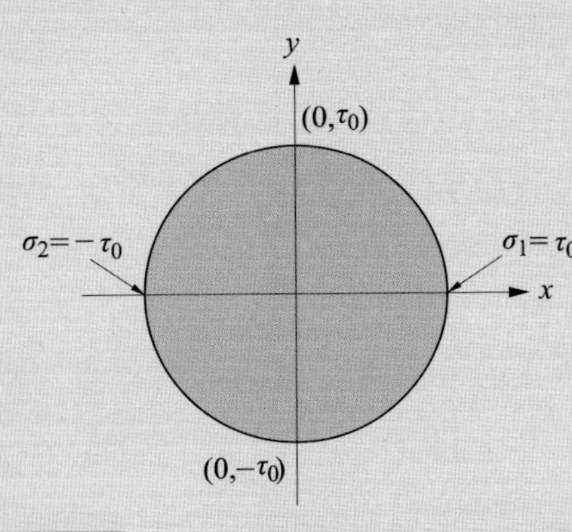

그림 6.17 순수전단응력 상태의 모어의 응력원

6.7 변형과 변형률

물체에 힘이 작용하면 물체를 이루고 있는 입자들의 상대적인 위치가 달라지기 때문에 물체의 형상이 변하게 된다. 이러한 물체 형상의 변화를 변형(deformation)이라고 하며, 물체 내 어느 점의 변형에 의한 위치 변화량을 변위(displacement)라고 한다. 인장력을 받는 부재가 늘어나거나 휨을 받는 부재가 처지는 것 등은 모두 외력에 의하여 부재가 변형하는 것이며, 인장 변형 시 늘어난 길이나 휨 변형 시 처짐 등은 변형에 따른 변위다.

변위는 같은 힘의 작용에 대해서도 부재의 크기에 따라 다르게 나타나므로, 힘에 대한 구조재의 변형 성능을 나타내기에 적합하지 않다. 이런 의미에서 변형률(strain)을 부재의 단위 길이에 대한 변위로 정의하고, 구조재의 변형 성능을 나타내는 데에는 변형률의 값이 사용된다. 변형률은 표 6.1에 표시된 것과 같이 응력에 수직응력과 전단응력이 있는 것처럼 변형률에도 수직변형률과 전단변형률이 있다.

- 수직변형률(normal strain) : 수직응력에 의하여 발생하는 변형률, 수직변형률은 단순히 변형률(strain) 또는 축방향변형률(axial strain)이라고도 한다.
- 전단변형률(shear strain) : 전단응력에 의하여 발생하는 변형률

6.7.1 수직변형률

수직변형률은 그림 6.18과 같이 수직하중 P가 작용하였을 때 수직방향으로 변화되는 길이의 비율을 나타내며, 변화된 길이의 차이를 원래의 길이로 나누어 계산한다.

$$\varepsilon = \frac{\text{변화된 길이}}{\text{원래의 길이}} = \frac{dl}{l} \tag{6.14}$$

단위 면적당 힘으로 정의되는 응력과 단위 길이당 변위로 정의되는 변형률은 서로 대응하는 개념이다. 그림 6.18의 예에서와 같이 인장응력에 의한 인장변형률이나 압축응력에 의한 압축변형률은 수직변형률에 속한다.

예제 6.7 예제 6.1의 그림 6.5와 같이 각각 20 kN과 40 kN의 집중하중을 받는 사각형 기둥의 AB구간과 BC구간의 길이가 각각 5 mm와 10 mm로 감소하였을 때 수직변형률을 계산하라.

풀이 기둥에는 두 구간에 하중이 작용하고 있으므로 식(6.14)로부터 변형률을 계산한다.

AB 구간 $\epsilon = \frac{dl}{l} = \frac{-5}{500} = -0.01$ (압축 변형률)

BC 구간 $\epsilon = \frac{dl}{l} = \frac{-10}{500} = -0.02$ (압축 변형률)

6.7.2 전단변형률

전단변형률은 전단응력에 의하여 생기는 변형률로, 그림 6.19와 같이 원래의 길이와 직각되는 방양으로 발생한 변화된 길이를 원래의 길이로 나누어 계산한다. 즉, 부재의 한 요소에 전단력이 작용하여 길이에 변화는 생기지 않았으나, 기준면에 대하여 수직으로 dl 만큼 이동이 생겼을 때 발생하는 각도이다.

$$\gamma = \frac{\text{원래의 길이와 직각방향으로 변화된 길이}}{\text{원래의 길이}} = \frac{dl}{l} \tag{6.15}$$

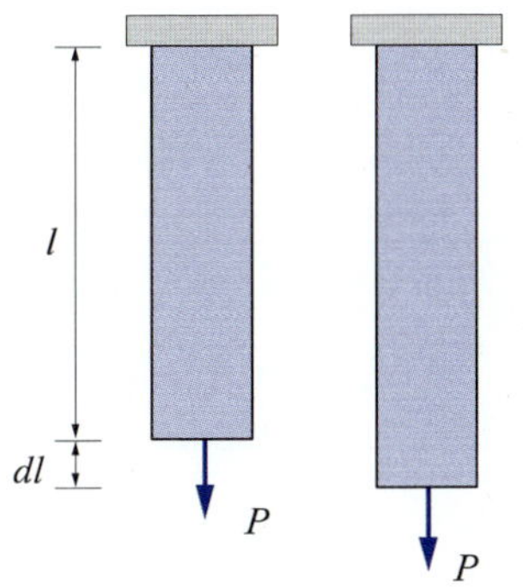

그림 6.18 수직변형률

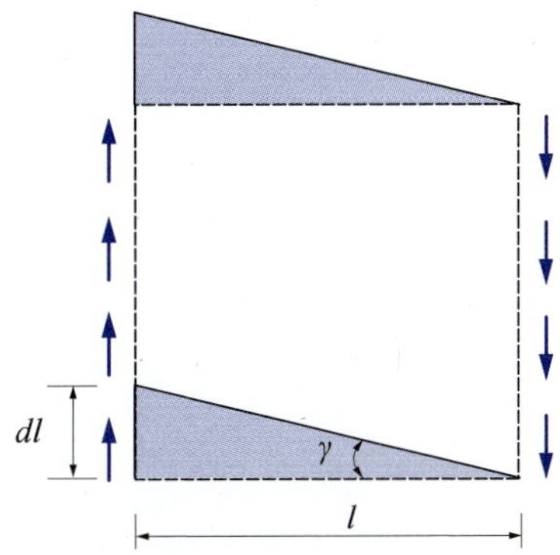

그림 6.19 전단변형률

6.8 푸아송비

물체의 체적이 동일한 상태에서 한 쪽 방향으로 길이의 변화가 있을 때 다른 쪽 방향으로는 반대의 길이의 변화가 발생한다. 예를 들어, 그림 6.20의 부재에서 x 방향으로 인장력 N이 작용할 경우에 부재의 길이는 l_o 에서 l 로 증가하지만, y 방향에서는 원래의 길이 d_o 가 d 로 감소하게 된다. x 및 y 방향의 변형률은 다음과 같이 계산할 수 있다.

$$\varepsilon_x = \frac{\delta_x}{l_o} = \frac{l - l_o}{l_o}$$

$$\varepsilon_y = \frac{\delta_y}{d_o} = \frac{d - d_o}{d_o} \tag{6.16}$$

식(6.16)에서 응력 방향으로 생기는 ε_x 변형률을 종변형률, 이와 직각 방향으로 생기는 ε_y 변형률을 횡변형률이라고 하며, 종변형률에 대한 횡변형률의 비를 푸아송비(Poisson's ratio)로 정의하여 ν로 표시하고 있다.

$$\nu = \frac{\epsilon_y}{\epsilon_x} = \frac{\text{힘이 가해지는 방향과 수직되는 방향의 변형률}}{\text{힘이 가해지는 방향의 변형률}}$$

그림 6.20과 식(6.16)에서 보는 바와 같이 인장력 방향으로 늘어날 때 그와 직각 방향으로는 줄어들어 서로 반대되는 부호를 가지므로, 식(6.16)의 두 변형률은 푸아송비를 사용하여 식(6.17)로 나타낼 수 있다.

$$\varepsilon_y = -\nu\varepsilon_x \tag{6.17}$$

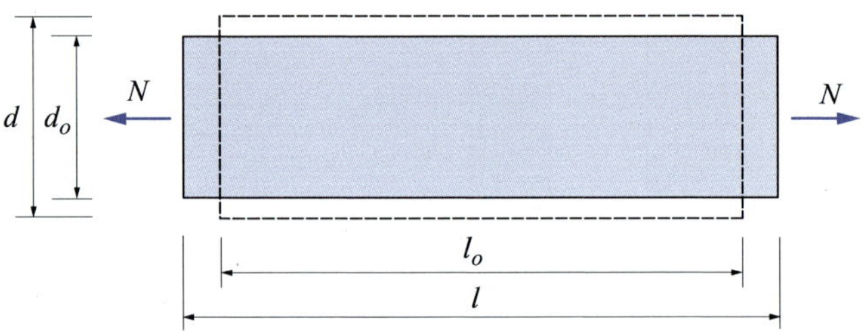

그림 6.20 푸아송비

예제 6.8 그림 6.21의 x 방향으로 가해진 인장력에 의하여 y방향의 길이가 0.01 mm 줄어들었다. 이 부재의 푸아송비 $\nu = 0.1$일 때 x 방향의 길이의 변화를 계산하라.

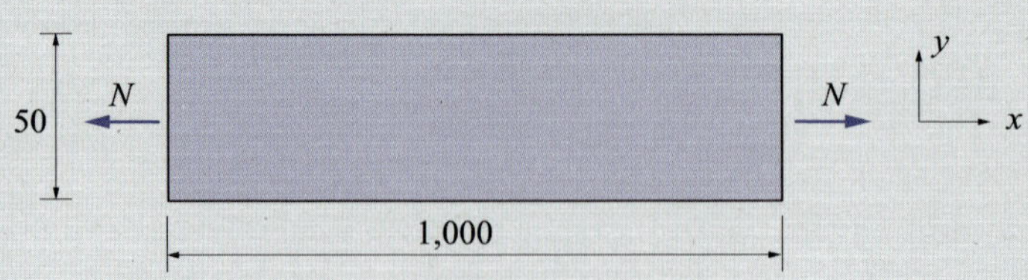

그림 6.21

풀이 식(6.14)와 식(6.17)을 이용하여 x방향의 길이의 변화를 계산한다.

$$\varepsilon_y = -\nu\varepsilon_x$$

$$-\frac{0.01}{50} = -0.1\frac{\delta_x}{1{,}000}$$
$$\delta_x = 2\,\mathrm{mm}$$

6.9 체적변형률

구조체에 따라서는 깊은 바다에 설치돼 있는 구조체와 같이 세 방향으로 힘을 받는 경우가 있다. 이런 구조체에는 그림 6.22와 같은 체적 변형이 생기며, 원래의 체적에 대하여 체적 변형의 크기의 비를 체적변형률(volume strain)로 정의하고 있다. x, y, z 방향 부재의 길이가 각각 l_x, l_y, l_z 이고, 세 방향의 힘에 의한 변형률이 각각 ε_x, ε_y 및 ε_z 만큼 생겼을 때 변형된 체적은

$$\begin{aligned}\overline{V} &= l_x(1+\varepsilon_x)\times l_y(1+\varepsilon_y)\times l_z(1+\varepsilon_z)\\ &= l_x l_y l_z(1+\varepsilon_x+\varepsilon_y+\varepsilon_z+\varepsilon_x\varepsilon_y+\varepsilon_y\varepsilon_z+\varepsilon_z\varepsilon_x+\varepsilon_x\varepsilon_y\varepsilon_z)\end{aligned}$$

으로 주어진다. 여기서 $\varepsilon_x\varepsilon_y$, $\varepsilon_y\varepsilon_z$, $\varepsilon_z\varepsilon_x$, $\varepsilon_x\varepsilon_y\varepsilon_z$ 등은 매우 작은 값을 가지므로, 이들을 무시하면 체적변형률은 식(6.18)이 된다.

$$\varepsilon_V = \frac{\overline{V}-V}{V} = \frac{l_x l_y l_z(1+\varepsilon_x+\varepsilon_y+\varepsilon_z)-l_x l_y l_z}{l_x l_y l_z}$$

$$\varepsilon_V = \varepsilon_x+\varepsilon_y+\varepsilon_z \tag{6.18}$$

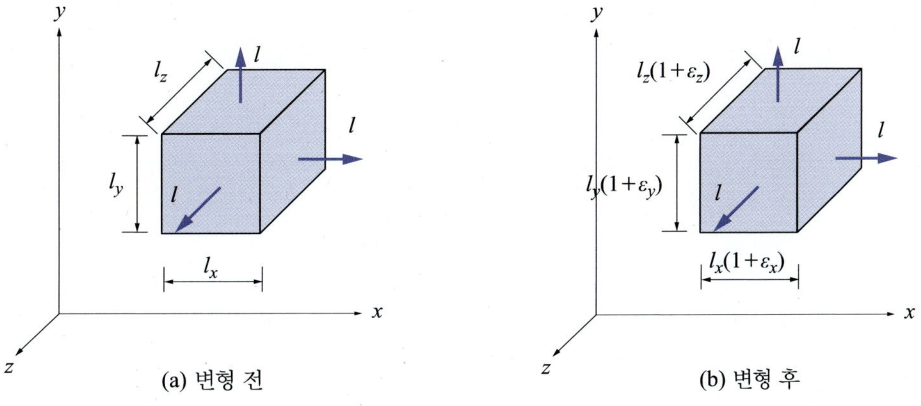

(a) 변형 전 (b) 변형 후

그림 6.22 체적변형률

연습문제

6.1 그림 6.23과 같이 60 × 150 mm 직사각형 목재에 18 kN의 인장력이 작용할 때 수직축에서 시계반대 방향으로 20° 되는 면에서 수직응력과 전단응력의 크기를 계산하라.

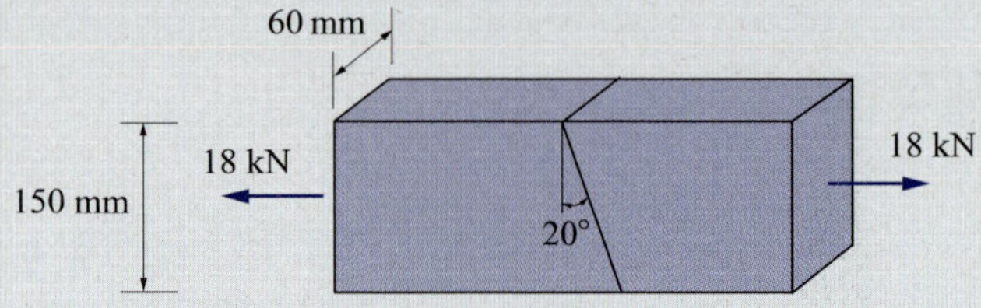

그림 6.23

6.2 그림 6.24와 같은 응력의 일반적인 분호에서 응력 σ_x, σ_y 및 τ 의 값이 다음과 같이 주어졌을 때 주응력 방향과 주응력 크기를 계산하라.

(1) $\sigma_x = 30\ \mathrm{N/mm^2}$, $\sigma_u = 0$, $\tau = 10\ \mathrm{N/mm^2}$
(2) $\sigma_x = 30\ \mathrm{N/mm^2}$, $\sigma_u = 30\ \mathrm{N/mm^2}$, $\tau = 0$
(3) $\sigma_x = 30\ \mathrm{N/mm^2}$, $\sigma_u = 20\ \mathrm{N/mm^2}$, $\tau = 0$
(4) $\sigma_x = 30\ \mathrm{N/mm^2}$, $\sigma_y = 20\ \mathrm{N/mm^2}$, $\tau = 10\ \mathrm{N/mm^2}$

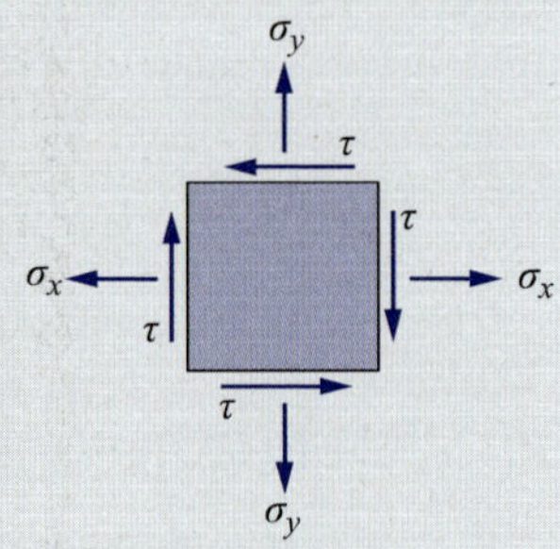

그림 6.24

6.3 연습문제 6.2의 응력 상태에서 주응력의 크기와 주응력 방향을 모어의 원을 그려 구하라.

6.4 연습문제 6.2의 응력 상태에서 최대 전단응력이 생기는 면과 그 때의 전단응력의 크기를 구하라.

6.5 주응력 $\sigma_1 = 30\mathrm{N/mm^2}$, $\sigma = -10\mathrm{N/mm^2}$이 작용하는 단면에서 x_1 방향과 반시계방향으로 20° 되는 면의 응력을 모어의 원을 사용하여 구하라.

6.6 평면부재에서 변형률이 $\varepsilon_x = 0.03$, $\varepsilon_y = 0.02$, $\gamma = 0.04$ 일 때 주변형률 방향과 주변형률의 크기를 구하라.

※ 참고 : 주변형률의 방향과 크기도 주응력과 같은 식으로 구한다.

제7장

재료 강도와 탄성방정식

7.1 개요

구조물은 과도한 변형이 생기는 일이 없이 외력을 안전하게 지지할 수 있는 능력을 갖추어야 한다. 6.2절에서 설명한 것과 같이 구조물에는 외력과 내력이 작용하며, 외력에 의하여 부재에는 응력과 변형이 발생한다. 응력과 변형은 재료의 성질에 따라서 달라지므로 재료 메커니즘을 완성하기 위해서는 응력-변형률 관계를 알아야 한다. 구조물의 능력을 평가하기 위하여 인장, 압축, 휨 시험 등 여러 가지 구조실험을 하며, 구조성능을 나타내는 재료 정수들을 실험 결과에 의한 응력-변형률 곡선으로부터 얻게 된다.

그림 7.1은 강재의 인장실험에서 얻은 응력-변형률 곡선의 한 예이다. 이 곡선에서 응력이 항복점 이하일 때에는 하중을 제하(除荷)하여 응력이 없는 상태로 하였을 때 잔류 변형이 없이 원래의 상태로 돌아가는 성질을 나타내고 있다. 이런 성질을 탄성이라 하며, 탄성(elasticity)이 지속되는 구간을 탄성역(elastic region)이라고 한다.

구조물의 외력에 대한 거동은 탄성역에서 일어나는 것을 전제로 한다. 이 장에서는 구조 재료실험으로부터 얻어지는 응력-변형률 곡선의 내용을 고찰하고 이런 거동들을 공식화한 탄성방정식의 유도 과정을 검토하게 된다.

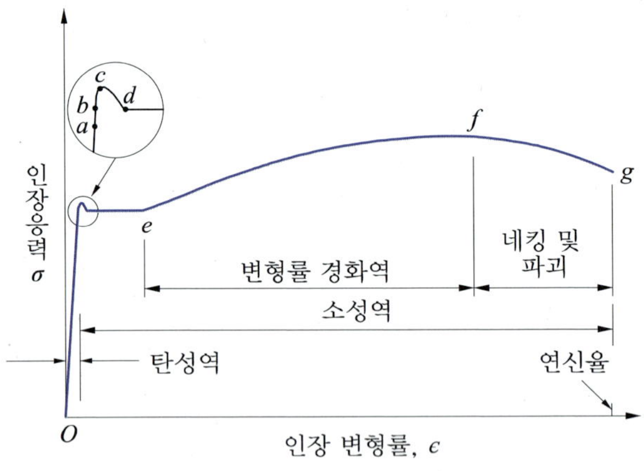

그림 7.1 강재의 인장응력-변형률 곡선

7.2 응력-변형률 곡선

구조물이 충분한 강도를 가지고 외력을 안전하게 지지하도록 설계하기 위해서는 구조물을 이루는 각종 부재의 재료적인 성질이 미리 알려져 있어야 한다. 재료의 구조적인 성질을 파악하기 위하여 일반적으로 많이 이루어지는 구조 재료실험은 인장실험과 압축실험이며, 실험에서 측정된 힘과 변형은 응력-변형률 곡선으로 정리되어 탄성계수, 인장 또는 압축강도, 연신율 등 여러 가지 재료 정수에 대한 주요 자료로 쓰인다.

7.2.1 인장실험

강재나 철재, 알루미늄 등 금속 재료의 응력-변형률 곡선을 얻기 위하여서는 인장실험을 한다. 구조 재료 중 금속은 사진 7.1(a)와 같이 인장실험에 의하여 구조성능 측정이 이루어진다.

시험체는 원형, 직사각형, 마름모꼴 등 여러 가지가 있으나, 한국산업규격 KS B 0801 금속 재료의 인장 시험편의 규정에 따라 제작되어야 한다. 이 규정의 한 예로 4호 시험편의 모양과 치수는 그림 7.2와 같다.

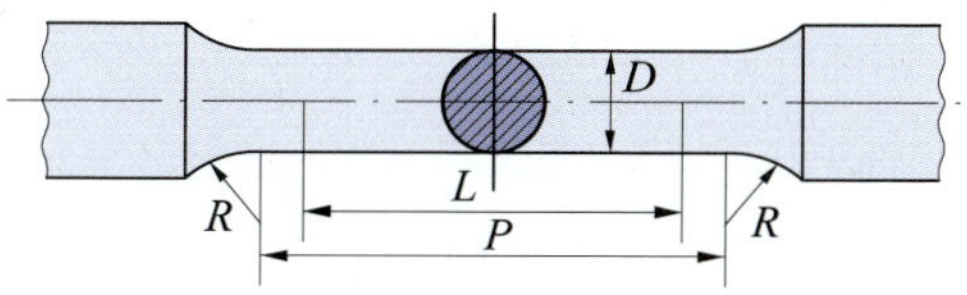

D = 14 mm　　L = 50 mm
P = 60 mm　　R = 15 mm 이상

그림 7.2 인장시편

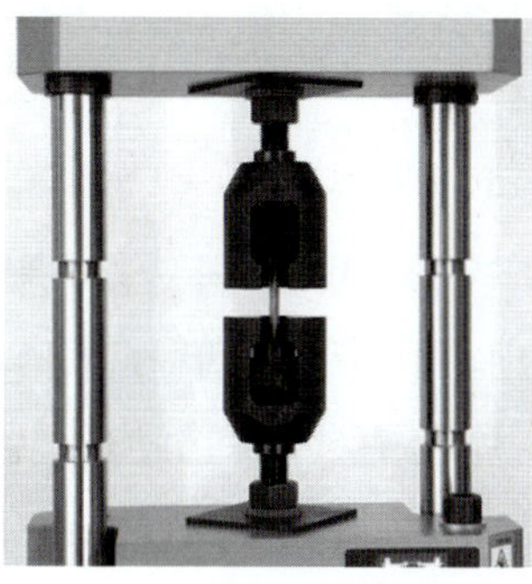

(a) 철근의 인장실험

(b) 콘크리트의 압축실험

사진 7.1 인장실험과 압축실험

이 그림에서 평행부는 시험편 중앙부에서 동일한 단면을 가지는 부분이며, 표점 거리는 인장변형률을 측정하기 위하여 평행부에 표시한 두 점간의 거리로, 식(6.16)의 l_o 에 해당한다.

시험편을 인장 시험기에 설치한 후 30 N/mm^2 · s 내외의 속도로 하중을 가하면서 표점 거리의 변형량을 측정한 후 하중－변위 곡선으로부터 응력－변형률 곡선을 작성한다.

그림 7.1은 그림 7.2와 같은 강재의 인장실험으로부터 얻은 연강재의 응력－변형률 곡선이다. 이 그림의 $o-a$구간에서는 응력과 변형률이 일정한 비율로 비례하고 있으며, 이 구간에서 힘을 제거하면 시험편은 영구변형이 생기는 일이 없이 원래의 위치로 돌아간다. $o-a$구간에서 응력과 변형률의 비례상수를 탄성계수(modulus of elasticity) 또는 영계수(Young's modulus)라고 하고, E로 표시한다. 강재의 탄성계수는 대략 다음의 값을 가진다.

$$E = 2.0 \sim 2.1 \times 10^5 \mathrm{N/mm^2} \tag{7.1}$$

그림 7.1의 a점은 응력과 변형률이 비례하여 선형 관계가 유지되는 최대 응력 한도로 비례한도라고 한다.

a점의 비례한도를 지나면 응력과 변형률이 선형 비례하지는 않으나 탄성은 유지되어 하중 제거 시 영구변형이 생기지 않는 최대 응력 b점에 이르게 되며, 이 응력을 탄성한도라고 한다. 비례한도와 탄성한도는 매우 정밀한 실험 이외에는 구분되지 않으므로, 일반적으로는 비례한도와 탄성한도가 같은 응력으로 표시되며, 응력－변형률 곡선에서 탄성한도까지의 범위가 탄성역이 된다.

탄성한도에서 응력을 증가시키면 응력－변형률 곡선은 상항복점 c에 이르렀다가 급격히 하항복점 d로 떨어져 e점까지 변형률만 증가하는 양상을 보인다. 탄성한도를 지나서는 하중을 제거해도 원래의 형태로 돌아가지 않고 영구변형이 생기는 소성(plasticity)상태가 되기 때문에 그림 7.1에 표시된 바와 같이 탄성한도를 넘어선 전 구간을 소성역(plastic region)이라고 한다.

항복점은 응력이 증가하지 않으나 변형률이 크게 증가하기 시작하는 지점의 응력을 일컬으며, 재료가 외력에 항복하여 저항하지 못하는 상태를 나타낸다. 그러나 변형률이 e지점까지 증가하면 시험편은 얼마간의 하중 저항 능력을 회복하여 f지점까지 완만한 기울기의 응력 증가를 나타내는데, 이런 현상을 변형률경화 현상이라고 한다. 최대 응력에 도달된 후 시험편 평행부의 한 부분이 가늘어지는 네킹(necking)을 일으키며 이에 따라 응력은 완만하게 감소하면서 g지점에서 파단(破斷)하게 된다. 이때 f점의 응력을 인장강도(tensile strength) 또는 극한강도(ultimate strength)라고 하며, 파단 시 변형률을 연신율(ductility ratio)이라고 한다. 연강재는 매우 큰 연신율을 가진 구조 재료로, 20~30퍼센트 범위의 연신율을 나타낸다. 이와 같이 파괴 시까지 큰 변형을 할 수 있는 성질을 연성(ductility)이라고 하며, 연성과 함께 큰 강도를 가진 것을 인성(toughness)이라고 한다.

인성은 큰 변형에너지를 수용할 수 있는 재료의 능력을 의미하므로, 지진이나 충격을 많이 받는 구조물의 설계에는 인성이 큰 구조재를 사용하는 것이 좋다.

연강재와는 달리 주철재나 콘크리트, 목재 유리 등은 인장실험 시 파괴에 이르기까지 큰 변형을 하지 못하는 재료들이다. 이런 재료의 전형적인 응력-변형률 곡선은 그림 7.3과 같으며, 대부분 소성 변형을 경험하지 못하고 탄성 범위에서 파괴된다. 이와 같이 소성 상태에 들어가기 전에 파괴되는 재료의 성질을 취성(brittle)이라고 하며, 연성에 반대되는 개념이다. 취성 재료들의 연신율은 0.3~3퍼센트 범위에 있다.

7.2.2 압축실험

구조 재료 중 콘크리트는 사진 7.1(b)와 같이 압축실험에 의하여 구조 성능 측정이 이루어진다. 공시체는 KS F 2403 콘크리트의 강도 시험용 공시체 제작 방법에 의하여 제작되어야 하며, 표준 공시체는 지름 150 mm, 높이 300 mm인 원주 형태에 타설된 지 28일 되는 것으로 한다.

공시체를 시험기에 밀착하도록 설치한 후 0.6 ± 0.4 N/mm^2 · s 이내의 일정한 재하속도로 가력하면서 하중과 변형량을 측정하여 응력-변형률 곡선을 작성한다.

그림 7.4는 이런 과정을 거쳐 얻은 콘크리트의 압축 응력-변형률 곡선의 한 예이다. 이 그림에서 최대 강도가 콘크리트의 압축강도가 되며, 응력이 압축강도의 30~40퍼센트에 이르는 $o-a$구간에 탄성 거동을 보인다.

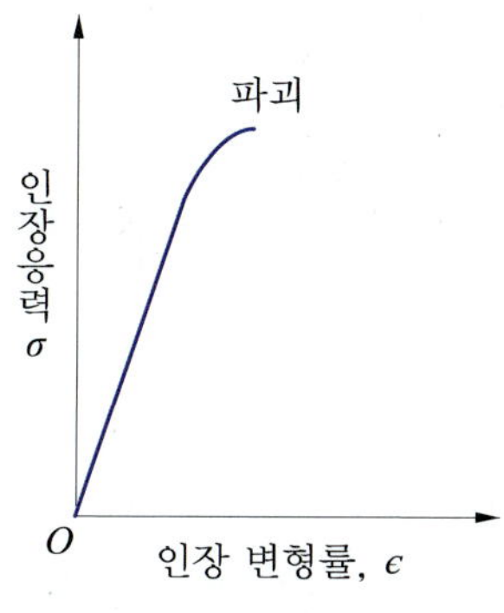

그림 7.3 취성재료의 인장응력-변형률 곡선

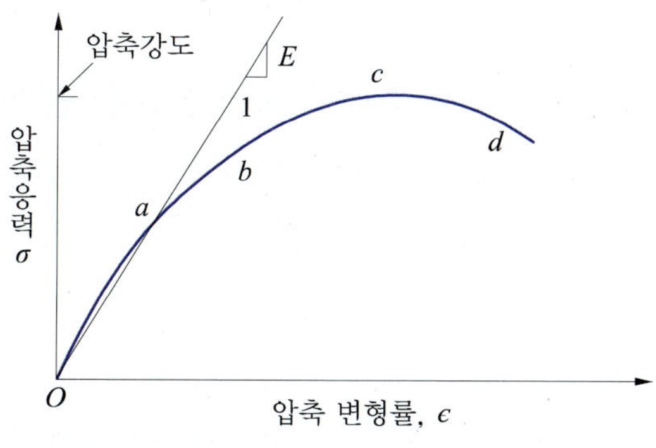

그림 7.4 콘크리트의 압축응력-변형률 곡선

그러나 이 구간을 지나 압축강도의 약 75퍼센트인 b구간까지는 힘의 작용 이전에 내재해 있던 빈 틈 등 결함들이 미세한 균열로 발전하여 비탄성 상태가 되며, 응력의 크기가 b점을 지나 압축강도의 80~90퍼센트에 이르러서는 균열들이 서로 연결되어 응력을 더 이상 지지하기 어려운 상태가 되어 c점의 최대 응력, 즉 압축강도에 도달한 후 응력이 떨어지면서 d점에 도달하여 파괴된다. 보통 콘크리트의 파괴 시 변형률은 0.003 정도이다. 그림 7.4의 $c-d$구간에서 콘크리트의 압축변형률은 증가하나 응력은 떨어지는 것을 변형률연화 현상이라고 한다.

콘크리트의 탄성계수는 그림 7.4에 표시된 바와 같이 응력−변형률 곡선의 원점과 압축강도의 1/2에 해당하는 응력을 연결하는 선의 기울기로 하며, 응력−변형률 곡선의 초기 기울기를 탄성계수로 하는 강재와는 달리하고 있다.

7.3 탄성방정식

그림 7.1, 7.3 및 7.4에서 고찰한 바와 같이 외력을 받는 구조물의 응력과 변형률은 탄성한계 내에서는 선형 비례하고 있다. 응력과 변형률의 선형 관계식을 후크의 법칙(Hooke's law)이라고 하며, 이 법칙을 다음과 같이 쓸 수 있다.

- 탄성한계 내에서 응력은 변형률에 비례한다.

이 법칙에 따라 수직응력−수직변형률, 전단응력−전단변형률 및 체적응력−체적변형률 관계식은 다음과 같이 유도된다.

7.3.1 수직응력 - 수직변형률 관계식

탄성한계 내에서 응력과 변형률은 선형 비례하므로 x 방향의 응력과 변형률의 관계식을 탄성계수로 E를 사용하여 나타낼 수 있다.

$$\sigma = E\,\varepsilon \tag{7.2}$$

예제 7.1 예제 6.1의 그림 6.5와 같이 각각 20 kN과 40 kN의 집중하중을 받는 사각형 기둥의 AB구간과 BC구간의 길이의 수직변형률을 계산하라. 재료의 탄성계수 E는 20 GPa이다.

그림 7.5

풀이 식(7.2)에서 후크의 법칙을 이용하고, 식(6.1)의 수직응력과 식(6.16)의 수직변형률의 관계를 이용하면 다음과 같다.

$$\sigma = E\varepsilon,\ \frac{N}{A} = E\frac{\delta_o}{l}$$

변화된 길이를 유도할 수 있다.

$$\text{AB구간}:\ \delta_o = \frac{N}{EA}l = \frac{20{,}000}{20{,}000\times(100\times 100)}\times 500 = 0.05\ \text{mm}$$

$$\text{BC구간}:\ \delta_o = \frac{N}{EA}l = \frac{60{,}000}{20{,}000\times(200\times 200)}\times 500 = 0.0375\ \text{mm}$$

예제 7.2 그림 7.5는 강재(철)와 알루미늄으로 이루어진 기둥이다. 이 기둥의 상부에 강성이 매우 큰 판을 놓고 N=100 kN의 하중을 가력하였다. 두 재료가 받는 하중을 계산하라. 강재의 탄성계수 200 GPa, 알루미늄의 탄성계수 20 GPa이다. 강재의 단면적 A_s는 10,000 mm^{2}이며, 알루미늄의 단면적 A_a는 40,000 mm^{2}이다.

풀이 이 문제는 지금까지 다루어 왔던 정정구조물의 문제와는 다른 부정정구조물의 문제이다. 정정구조물에 대한 문제는 힘의 평형조건만을 이용하여 문제를 해결할 수 있지만 부정정구조물에 대한 문제에서는 표 6.1의 재료메커니즘을 모두 활용한 경계조건과 재료의 특성이 반영되어야 한다. 힘의 평형조건을 고려할 경우에 식(2.19)의 식 중에서 수직 방향에 대한 힘의 평형조건만이 성립한다. 수직방향의 하중 100 kN은 강재가 받는 하중 N_s와 알루미늄이 받는 하중 N_a로 구분된다.

$$\Sigma F_y = 0,\ 100 = N_s + N_a \tag{a}$$

식(a)에서 하나의 식에 두 개의 미지수 N_s와 N_a가 존재하여 문제를 해결할 수 없다. 이 경우에는 주어진 문제에 대한 경계조건이 필요하다. 주어진 조건에서 강성이 매우 큰 판을 이용하여 부재를 누를 경우에 두 재료에 발생하는 변형률이 동일하므로 식(b)가 성립한다.

$$\delta_s = \delta_a \tag{b}$$

여기서 δ_s와 δ_a는 각각 강재와 알루미늄의 변화 길이이다.

식(a)와 식(b)에는 여전히 4개의 미지수 N_s, N_a, ε_s, ε_a가 존재하므로 두 식을 연계할 수 있는 응력-변형률 관계, 즉 탄성체의 경우에는 식(7.2)의 후크의 법칙이 필요하다.

$$\sigma_s = E_s\,\varepsilon_s \tag{c}$$

$$\sigma_a = E_a\,\varepsilon_a \tag{d}$$

여기서 σ_s와 σ_a는 각각 강재와 알루미늄의 응력이며 ε_s, ε_a는 각각 강재와 알루미늄의 변형률이다. 결국, 식 4개와 미지수 4개를 이용하여 문제를 해결할 수 있다. 식(c)와 식(d)의 응력과 변형률을 각각 식(6.1)과 식(6.16)의 $\sigma = N/A$와 $\varepsilon = \delta_o/l$ 관계로 변환한 후에 이들 식을 식(7.2)와 식(b)에 대입하여 정리한다.

$$\frac{N_s l}{E_s A_s} = \frac{N_a l}{E_a A_a} \tag{e}$$

식(e)를 식(a)에 대입하여 N_s와 N_a를 계산한다.

$$N_s = \frac{E_s A_s}{E_s A_s + E_a A_a} N = \frac{200,000 \times 100 \times 100}{200,000 \times 100 \times 100 + 20,000 \times 200 \times 200} 100,000 = 71.43 \text{ kN}$$

$$N_a = \frac{E_a A_a}{E_s A_s + E_a A_a} N = \frac{20,000 \times 200 \times 200}{200,000 \times 100 \times 100 + 20,000 \times 200 \times 200} 100,000 = 28.57 \text{ kN}$$

예제 7.3 그림 7.6은 양단이 회전단으로 연결된 보이다. 이 보의 중앙부에 100 kN의 하중이 부재축방향으로 작용할 경우에 지점반력을 계산하라. 보의 전 구간에서 탄성계수 E와 단면적 A는 동일하다.

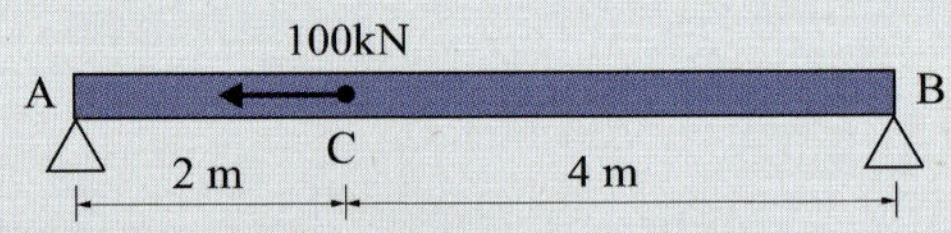

그림 7.6

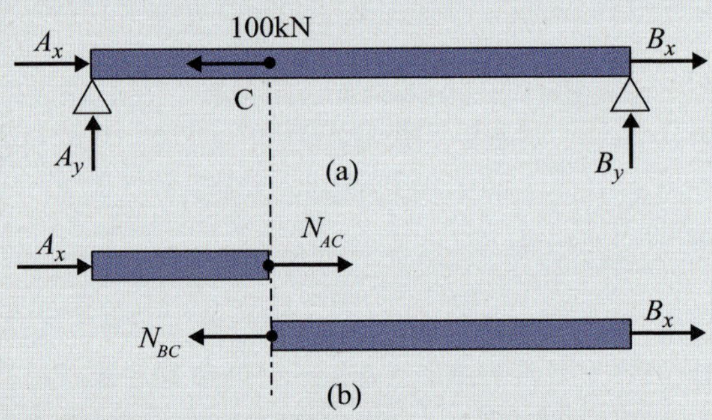

그림 7.7

풀이 그림 7.6의 보는 양단이 이동단으로 되어 그림 7.7(a)와 같이 반력의 수가 4개가 되어 식(2.19)의 3가지 힘의 평형조건만으로 구할 수 없다. 그러므로 표 6.1의 재료메커니즘을 모두 활용한 경계조건과 재료의 특성이 반영되어야 한다. 하중이 부재축 방향만으로 작용하고 있으므로 x 방향의 평형식만을 사용하여 계산한다.

$$\Sigma F_x = 0, \; 100 = A_x + B_x \tag{a}$$

식(a)에서 하나의 식에 두 개의 미지수 A_x와 B_x가 존재하여 문제를 해결할 수 없다. 주어진 조건에서 지점이 모두 힌지이므로 수평하중이 작용한 후에도 수평 방향으로 변형이 발생하지 않으므로 식(b)가 성립한다.

$$0 = \delta_{AC} + \delta_{BC} \tag{b}$$

여기서, δ_{AC}와 δ_{BC}는 각각 AB구간과 BC구간에 발생하는 변화 길이이다. 식(a)와 식(b)에는 여전히 4개의 미지수가 존재하므로 두 식을 연계할 수 있는 응력－변형률 관계가 필요하다.

$$\sigma_{AC}=E\varepsilon_{AC},\ \delta_{AC}=\frac{N_{AC}\times l_{AC}}{EA_{AC}} \tag{c}$$

$$\sigma_{BC}=E\varepsilon_{BC},\ \delta_{BC}=\frac{N_{BC}\times l_{BC}}{EA_{BC}} \tag{d}$$

여기서 σ_{AC}, ε_{AC}, N_{AC}와 σ_{BC}, ε_{BC}, N_{BC}는 각각 AC구간과 BC구간의 응력, 변형률, 부재력이다. 결국, 식 4개와 미지수 4개를 이용하여 문제를 해결할 수 있다. 식(c)와 식(d)를 식(b)에 대입하여 정리한다. 보의 전 구간에서 탄성계수 E와 단면적 A는 동일하여 제거된다.

$$\frac{N_{AC}\times l_{AC}}{EA_{AC}}+\frac{N_{BC}\times l_{BC}}{EA_{BC}}=0$$

$$N_{AC}=-N_{BC}\times\frac{l_{BC}}{l_{AC}} \tag{e}$$

식(e)의 N_{AC}와 N_{BC}는 그림 7.7(b)와 같이 지점 반력 A_x와 B_x와 각각 힘의 평형을 이룬다. 평형을 이루기 위하여 $A_x=-N_{AC}$가 되며, $B_x=N_{BC}$가 된다. 즉, 그림 7.7(b)와 같이 AB구간은 압축력을 받아 길이가 줄어들고, BC구간은 인장력을 받아 길이가 늘어난다.
식(e)를 식(f)에 대입하여 지점반력 A_x와 B_x를 계산한다.

$$100=B_x\left(1+\frac{l_{BC}}{l_{AC}}\right)$$

$$B_x=\frac{100}{3}=33.33\,\text{kN},\ A_x=66.67\,\text{kN} \tag{f}$$

7.3.2 전단응력 - 전단변형률 관계식

그림 7.8(a)의 부재의 한 요소가 전단응력을 받아 그림 7.8(b)와 같이 변형되었다. 변형 상태를 이용하여 전단응력과 전단변형률의 선형 관계식을 유도한다.

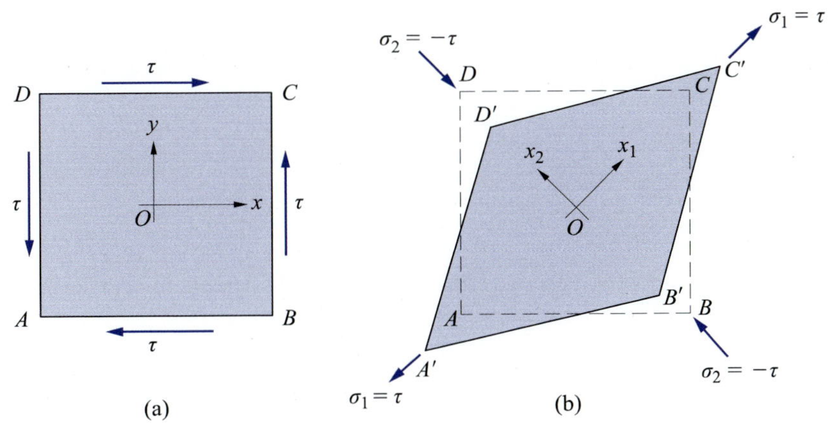

그림 7.8 순수전단응력 상태

순수 전단응력 τ에 의한 주응력은 식(6.6) 또는 예제 6.6으로부터 계산된다.

$$\sigma_1 = \tau,\ \sigma_2 = -\tau \tag{a}$$

주 변형률은 식(7.6)과 식(a)로부터 주어진다. 그림 7.8(b)에서 전단변형률은 식(b)가 된다.

$$\gamma = \frac{\pi}{2} - \angle D'A'B' \tag{b}$$

그러므로

$$\angle OA'B' = \frac{\pi}{4} - \frac{\gamma}{2}$$

$$\tan\left(\frac{\pi}{4} - \frac{\gamma}{2}\right) = \frac{OB'}{OA'} = \frac{OB(1 - BB'/OB)}{OA(1 + AA'/OA)} \tag{c}$$

이 식에서 변형률을 다음과 같다.

$$\frac{AA'}{OA} = \varepsilon_1,\ \frac{BB'}{OB} = -\varepsilon_2 \tag{d}$$

$OA = OB$의 경우를 고려하면 식(b), (c) 및 (d)로부터 식(e)의 관계를 얻게 된다.

$$\tan\left(\frac{\pi}{4} - \frac{\gamma}{2}\right) = \frac{1 - \dfrac{1+\nu}{E}\tau}{1 + \dfrac{1+\nu}{E}\tau} \tag{e}$$

또한, $\gamma/2$는 매우 작은 크기의 각이므로 다음과 같이 근사화할 수 있다.

$$\tan\left(\frac{\pi}{4} - \frac{\gamma}{2}\right) = \frac{\sin\left(\dfrac{\pi}{4} - \dfrac{\gamma}{2}\right)}{\cos\left(\dfrac{\pi}{4} - \dfrac{\gamma}{2}\right)} \cong \frac{1 - \dfrac{\gamma}{2}}{1 + \dfrac{\gamma}{2}} \tag{f}$$

따라서 식(e)와 식(f)로부터 전단응력과 전단변형률의 관계식을 유도할 수 있다.

$$\tau = \frac{E}{2(1+\nu)}\gamma \tag{7.3}$$

탄성한계 내에서는 후크의 법칙에 의하여 전단응력과 전단변형률이 선형 비례하므로, 그 비례계수인 전단탄성계수(shear modulus of elasticity)는 식(7.4)로부터 구할 수 있다.

$$G = \frac{E}{2(1+\nu)} \tag{7.4}$$

또한, 전단응력과 전단변형률의 관계식은 식(7.5)가 된다.

$$\tau = G\gamma \tag{7.5}$$

7.3.3 체적응력 - 체적변형률 관계식

평면구조물의 경우에 그림 7.9와 같이 x 방향의 변형률 ε_x 가 생김에 따라 그에 직교하는 y 방향으로도 푸아송비에 의한 변형률이 발생하므로, x 방향의 응력 σ_x 에 의한 2차원 부재의 변형률은 식(7.2) 및 식(6.17)로부터 식(a)로 주어진다.

$$\epsilon_x = \frac{\sigma_x}{E},\ \varepsilon_y = -\nu\varepsilon_x = -\frac{\nu\sigma_x}{E} \tag{a}$$

외력에 의한 수직응력이 y 축에 생기는 경우에는 σ_y 에 의한 변형률은 같은 방법으로 유도된다.

$$\varepsilon_y = \frac{\sigma_y}{E},\ \varepsilon_x = -\nu\varepsilon_y = -\frac{\nu\sigma_y}{E} \tag{b}$$

따라서 두 방향으로 동시에 응력이 생기는 경우 식(a) 및 식(b)로부터 수직변형률-수직응력의 관계식을 구할 수 있다.

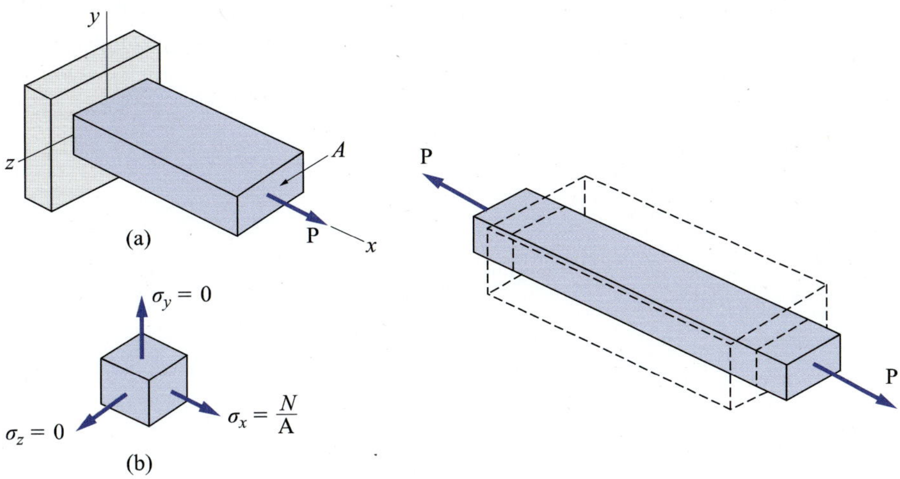

그림 7.9 체적 변화

$$\varepsilon_x = \frac{1}{E}(\sigma_x - \nu\sigma_y)$$

$$\varepsilon_y = \frac{1}{E}(\sigma_y - \nu\sigma_x) \tag{7.6}$$

수직응력-수직변형률의 관계식은 식(7.6)으로부터 계산할 수 있다.

$$\sigma_x = \frac{E}{1-\nu^2}(\varepsilon_x + \nu\varepsilon_y)$$

$$\sigma_y = \frac{E}{1-\nu^2}(\varepsilon_y + \nu\varepsilon_x) \tag{7.7}$$

지금까지 다루어 온 2차원 부재와 달리 3차원 부재에서는 평면에 수직한 축 z 방향으로도 응력과 변형률이 생긴다. 이런 상태에서 체적변형률은 식(6.18)로부터 세 방향 수직변형률의 합으로 주어진다.

$$\varepsilon_V = \varepsilon_x + \varepsilon_y + \varepsilon_z$$

체적응력도 이에 대응하여 세 방향 수직응력의 합인 식(7.8)로 정의된다.

$$\sigma_V = \sigma_x + \sigma_y + \sigma_z \tag{7.8}$$

탄성한계 내에서 체적응력과 체적변형률은 식(7.9)의 선형 관계식으로 맺어진다.

$$\sigma_V = 3K\varepsilon_V \tag{7.9}$$

이 식에서 비례계수 K를 체적탄성계수라고 하며, 기본 재료 정수인 E와 ν에 대하여 다음과 같이 유도된다. 식(a)와 식(b)에서 3차원 구조의 경우 z축의 변형률도 푸아송비의 영향을 받으므로, z축까지 연장하여 수직변형률-수직응력 관계식이 유도된다.

$$\varepsilon_x = \frac{\sigma_x}{E} \qquad \varepsilon_y = \varepsilon_z = -\frac{\nu\sigma_x}{E}$$

$$\varepsilon_y = \frac{\sigma_y}{E} \qquad \varepsilon_z = \varepsilon_x = -\frac{\nu\sigma_y}{E}$$

$$\varepsilon_z = \frac{\sigma_z}{E} \qquad \varepsilon_x = \varepsilon_y = -\frac{\nu\sigma_z}{E}$$

이 식들로부터

$$\varepsilon_x + \varepsilon_y + \varepsilon_z = \frac{1-2\nu}{E}(\sigma_x + \sigma_y + \sigma_z)$$

의 식이 유도되며, 이 식을 식(7.9)에 대입하면 체적탄성계수는 식(7.10)이 된다.

$$K = \frac{E}{3(1-2\nu)} \tag{7.10}$$

푸아송비를 고려한 3차원 구조물의 변형률과 응력의 관계를 정리하면 식(7.11)을 유도할 수 있다.

$$\varepsilon_x = +\frac{\sigma_x}{E} - \frac{\nu\sigma_y}{E} - \frac{\mu\sigma_z}{E}$$

$$\varepsilon_y = -\frac{\nu\sigma_x}{E} + \frac{\sigma_y}{E} - \frac{\nu\sigma_z}{E}$$

$$\varepsilon_z = -\frac{\nu\sigma_x}{E} - \frac{\nu\sigma_y}{E} + \frac{\sigma_z}{E} \tag{7.11}$$

예제 7.4 그림 7.10의 입체 구조물에 동일한 압축 응력이 작용하고 있다. 이 구조물의 탄성계수 $E = 20\,\mathrm{GPa}$이며, 푸아송비는 0.2이다. 압축응력에 의하여 x방향에 길이가 0.1 mm 감소하였다.

1) 다른 두 변의 길이의 변화를 계산하라.
2) 압축 응력을 계산하라.

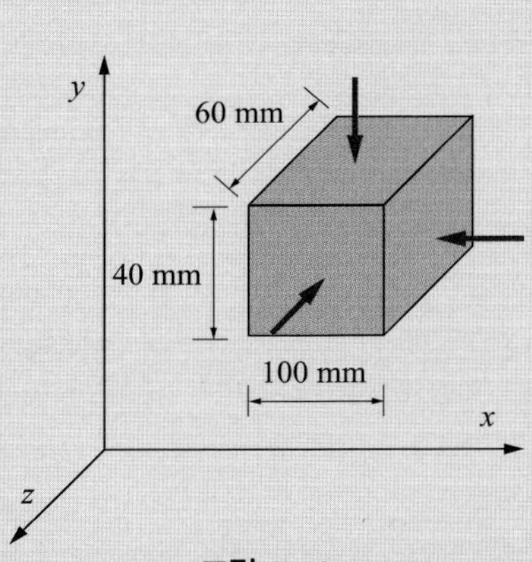

그림 7.10

풀이 1) 다른 두 변의 길이의 변화를 계산하라.

3축의 응력이 모두 동일하므로 $\sigma = \sigma_x = \sigma_y = \sigma_z$이며, 식(7.11)에서 식(a)를 구할 수 있다.

$$\varepsilon_x = \varepsilon_y = \varepsilon_z = -\frac{\sigma}{E}(1-2\nu) \tag{a}$$

그러므로

$$\varepsilon_x = \frac{\delta_x}{l_x} = \frac{0.1}{100} = 0.001, \quad \varepsilon_x = \varepsilon_y = \varepsilon_z = 0.001$$

$$\delta_y = \varepsilon_y \times l_y = 0.001 \times 40 = 0.04 \text{ mm}$$

$$\delta_z = \varepsilon_z \times l_z = 0.001 \times 60 = 0.06 \text{ mm}$$

2) 압축 응력을 계산하라.

식(a)에서 압축 응력을 계산한다.

$$\sigma = -\frac{\varepsilon_x E}{1-2\nu} = -\frac{0.001 \times 20{,}000}{1-2\times 0.2} = 33.33 \text{ MPa}$$

연습문제

7.1 표점 거리 60 mm, 지름 12 mm인 원형 강봉 시험체에 15 kN의 인장력이 작용하여 표점 거리가 0.035 mm 늘어나고 지름이 0.002 mm 줄어든 것으로 측정되었을 때 이 재료의 탄성계수와 푸아송비 및 전단 탄성계수를 계산하라.

7.2 허용응력 설계법에서는 콘크리트 압축강도의 0.3배까지 압축력을 지지할 수 있게 규정하고 있다. 이 규정에 따라 3.4 kN의 압축력을 지지하는 기둥을 압축강도 24 N/mm^{2}의 정사각형 콘크리트로 할 때 기둥 치수를 얼마로 하는 것이 좋은가?

7.3 $E = 700\text{ N/mm}^2$, $\nu = 0.33$인 알루미늄 부재의 x 및 y방향 수직응력이 각각 $\sigma_x = 15\text{ N/mm}^2$, $\sigma_y = 8\text{ N/mm}^2$일 때 수직 변형률 ε_x 및 ε_y의 값을 구하라.

7.4 $H-200\times200\times8\times13\,(A = 6{,}353\text{ mm}^2)$ 형강을 둘러싼 400 mm × 400 mm 정사각형 콘크리트 기둥이 완전히 부착되어 일체로 변형하는 경우 중심 압축력 2,000 kN에 대하여 콘크리트와 형강에 생기는 압축 응력은 얼마인가? H형강의 탄성계수는 $E_s = 2.1\times10^5\text{ N/mm}^2$으로 한다.

7.5 지름 1 m, 높이 3 m인 원주 콘크리트 기둥이 수중에서 $\sigma_x = \sigma_y = \sigma_z = 2.0\text{ N/mm}^2$의 압력을 받을 때 이 콘크리트 기둥의 체적 변화를 구하라. 단, $E = 2\times10^4\text{ N/mm}^2$, $\nu = 0.2$로 한다.

제8장

단면 성능

8.1 개요

외력에 대한 구조부재의 저항 성능은 그 부재의 재료 특성과 단면 성능에 의하여 결정되며, 6장과 7장에서는 축방향력을 받는 부재에 국한하여 부재의 하중 저항 성능의 정량적인 값인 응력과 변형률을 계산하는 방법이 다루어졌다.

외력은 작용 상태에 따라 구조부재에 축방향력이 이외에도 전단력, 휨모멘트 등의 내력을 일으키며, 그 응력의 계산에는 10장과 11장에서 거론되는 바와 같이 단면적보다 복잡한 단면 성능이 사용되므로, 이에 대한 정의와 계산 방법을 미리 익혀 두지 않으면 안 된다.

이런 필요성에 따라 이 장에서는 첫 번째 순서로 단면1차모멘트와 도심이 설명된다. 도심은 부재의 무게중심으로, 부재 단면에 작용하는 등분포하중의 합력의 작용점이 되며, 휨응력의 중립축이 되므로, 단면1차모멘트와 도심 계산 방법의 숙지는 부재 응력 계산의 첫 단추 끼우기가 된다. 단면2차모멘트는 10장과 11장의 보의 전단 및 휨응력 계산뿐 아니라 13장 이후의 부재 변형 계산에서도 가장 많이 사용되는 단면 성능으로, 단면극2차모멘트, 단면상승모멘트와 함께 다루어지며, 이에 단면계수와 단면2차반지름을 단면2차모멘트와 도심 및 단면적으로 간단히 계산하는 공식과 예제가 소개된다.

단면의 휨 저항성능을 최대로 할 수 있는 단면 주축 방향과 주단면2차모멘트 계산 방법은 이 장에서 마지막 순서로 설명된다. 주단면2차모멘트의 공식 유도 과정은 주응력 공식의 유도 과정과 같기 때문에 이 부분을 쉽게 이해하기 위하여서는 6.6절의 주응력 공식 유도 과정을 숙지할 필요가 있다.

8.2 단면1차모멘트와 도심

부재의 단면에 그림 8.1과 같이 x, y 좌표축이 설정되었을 때 단면 내 아주 작은 면적 dA의 x 및 y축에 대한 1차모멘트는 식(8.1)로 정의된다.

$$dS_x = y\,dA$$
$$dS_y = x\,dA \tag{8.1}$$

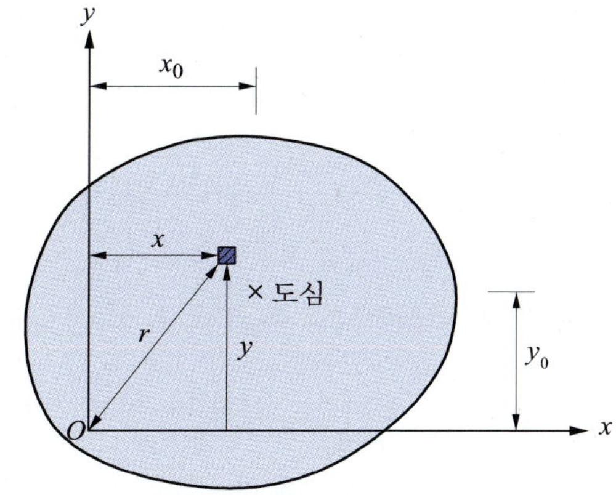

그림 8.1 단면1차모멘트

단면1차모멘트(geometrical moment of area)는 식(8.1)을 전체 면적에 적분한 값으로 주어진다.

$$S_x = \int_A y\,dA$$

$$S_y = \int_A y\,dA \tag{8.2}$$

단면1차모멘트는 면적 × 길이이므로 mm^3의 단위를 가진다.

임의의 축에 대하여 단면1차모멘트는 단면적의 도심(圖心, centroid)에서 그 축까지의 거리를 곱한 값과 같으므로, 그림 8.1과 같이 도심에서 x 및 y축까지의 거리가 각각 x_o 및 y_o인 경우 식(8.3)이 성립된다.

$$S_x = y_o\,A$$

$$S_y = x_o\,A \tag{8.3}$$

단면적과 단면1차모멘트의 값이 알려져 있는 경우 좌표축에서 도심까지의 거리는 식(8.4)로부터 계산된다.

$$y_o = \frac{S_x}{A}$$

$$x_o = \frac{S_y}{A} \tag{8.4}$$

조립 단면이나 그림 8.2와 같이 분할하기 쉬운 형태의 단면의 집합으로 되어 있는 경우 단면적은

$$A = A_1 + A_2 + \cdots + A_n = \sum_{i=1}^{n} A_i \tag{a}$$

단면1차모멘트는

$$S_x = y_1 A_1 + y_2 A_2 \cdots y_n A_n = \Sigma y_i A_i$$
$$S_y = x_1 A_1 + x_2 A_2 \cdots x_n A_n = \Sigma x_i A_i \tag{b}$$

되므로, 도심을 계산하는 공식은 식(8.4)와 식(a), 식(b)로부터 유도할 수 있다.

$$y_o = \frac{y_1 A_1 + y_2 A_2 \cdots y_n A_n}{A_1 + A_2 + \cdots A_n} = \frac{\Sigma y_i A_i}{\Sigma A_i}$$
$$x_o = \frac{x_1 A_1 + x_2 A_2 \cdots x_n A_n}{A_1 + A_2 + \cdots A_n} = \frac{\Sigma x_i A_i}{\Sigma A_i} \tag{8.5}$$

좌표축이 도심을 지나는 경우에는 x_o 또는 y_o의 값이 0이 되기 때문에 식(8.3)으로부터 단면1차모멘트가 0이 된다.

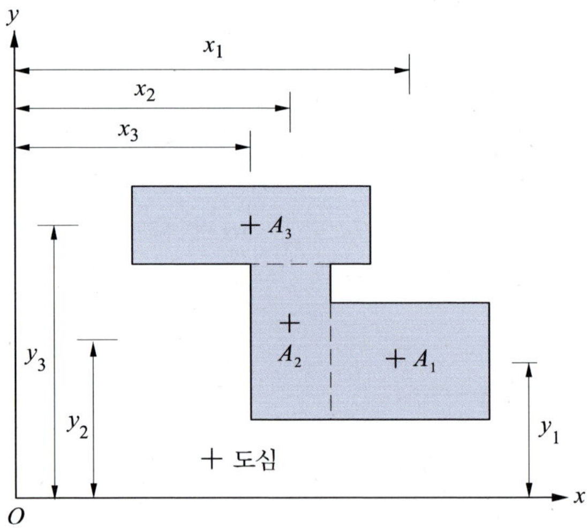

그림 8.2 다각형 단면의 도심

예제 8.1 그림 8.3과 같은 삼각형 단면의 도심을 구하라.

풀이 x축에서 y만큼 떨어진 곳에서 삼각형의 폭은 $x = b(h-y)/h$이며, dy의 아주 작은 높이에 대하여

$$dA = x \cdot dy = \frac{b(h-y)}{h} dy$$

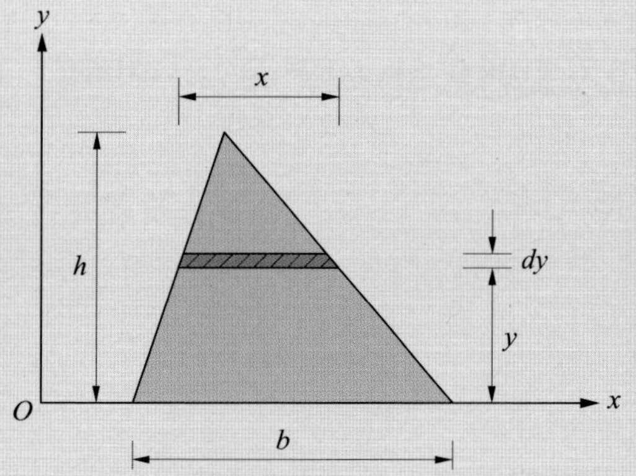

그림 8.3

이다. x축에 대한 단면1차모멘트는 식(8.2)로부터 계산할 수 있다.

$$S_x = \int_0^h y\,dA = \frac{b}{h}\int_0^h y(h-y)dy = \frac{bh^2}{6}$$

삼각형의 단면적은 $A = bh/2$이므로, 식(8.4)로부터 도심은 다음과 같이 계산되어 기하학에서 얻어지는 값과 일치한다.

$$y_o = \frac{S_x}{A} = \frac{bh^2/6}{bh/2} = \frac{h}{3}$$

예제 8.2 그림 8.4의 반지름이 R이고 벌림각이 120°인 부채꼴 단면의 도심을 구하라.

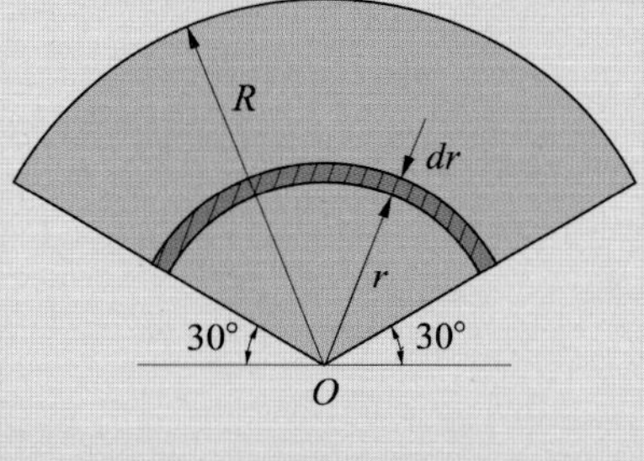

그림 8.4

풀이 반지름 r, 두께 dr인 원호의 단면적은

$$dA = \frac{2}{3}\pi r\,dr$$

이므로, 단면1차모멘트는 다음과 같이 계산할 수 있다.

$$S_x = \int_A y\,dA = \int_0^R (r)\left(\frac{2}{3}\pi r\right)dr = \left[\frac{2\pi}{3}\frac{r^3}{3}\right]_0^R = \frac{2\pi R^3}{9}$$

벌림각 120°인 부채꼴 단면의 단면적은 $A = \pi R^2/3$이므로, 도심은 식(8.4)로부터 계산된다.

$$y_o = \frac{S_x}{A} = \frac{2\pi R^3}{9} \div \frac{\pi R^2}{3} = \frac{2}{3}R$$

8.3 단면2차모멘트와 단면극2차모멘트

8.3.1 단면2차모멘트

그림 8.1의 부재 단면에서 아주 작은 단면 dA의 x 및 y축에 대한 2차모멘트는

$$dI_x = y^2\, dA$$
$$dI_y = x^2\, dA \tag{8.6}$$

으로 정의된다. 단면2차모멘트(moment of inertia)는 2차모멘트를 전 단면에 적분한 값을 의미한다.

$$I_x = \int_A y^2\, dA$$
$$I_y = \int_A x^2\, dA \tag{8.7}$$

예제 8.3 직사각형 단면의 도심에 대한 단면2차모멘트를 구하라.

풀이 그림 8.5의 폭 b, 높이 h인 직사각형 단면의 도심축에 대하여 $dA = b\,dy$이므로 식(8.7)의 첫째 식으로부터 계산할 수 있다.

$$I_x = \int_A y^2 dA = \int_{-\frac{h}{2}}^{\frac{h}{2}} y^2 (b\,dy) = b\left[\frac{y^3}{3}\right]_{-\frac{h}{2}}^{\frac{h}{2}} = \frac{bh^3}{12} \tag{8.8}$$

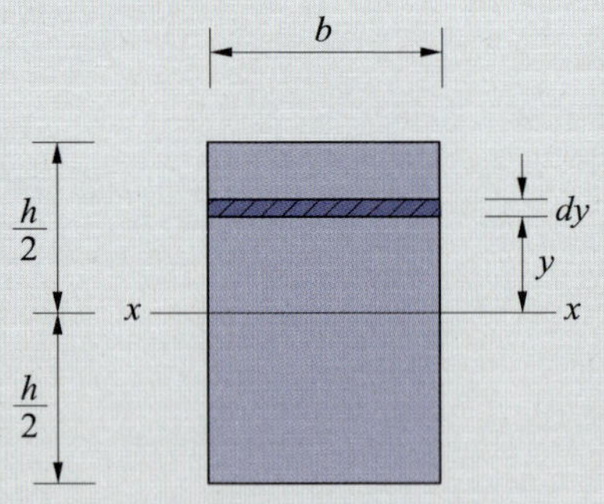

그림 8.5

8.3.2 단면극2차모멘트

그림 8.1의 단면 내 아주 작은 단면 dA에서 좌표의 원점까지 거리를 r로 나타낼 때 단면극2차모멘트(polar moment of inertia)는 단면2차모멘트와 비슷하게 정의된다.

$$I_p = \int_A r^2 \, dA \tag{8.9}$$

직각 좌표에서 x, y 및 r은 다음의 관계를 갖고 있다.

$$r^2 = x^2 + y^2$$

이 식과 식(8.7) 및 (8.9)로부터 x 및 y축에 대한 단면2차모멘트와 단면극2차모멘트 사이에는

$$I_p = I_x + I_y \tag{8.10}$$

의 관계식이 성립된다. 단면2차모멘트와 단면극2차모멘트의 단위는 mm^4이다.

예제 8.4 원형 단면의 도심에 대한 단면2차모멘트와 단면극2차모멘트를 구하라.

풀이 그림 8.6의 지름 D인 원에서 반지름 r두께 dr인 띠의 아주 작은 면적은 $dA = 2\pi r\,dr$이므로, 식(8.10)으로부터 단면극2차모멘트를 계산한다.

$$I_p = \int_A A^2 dA = \int_0^{D/2} r^2 (2\pi r\, dr) = \left[\frac{\pi r^4}{2}\right]_0^{D/2} = \frac{\pi D^4}{32} \tag{8.11}$$

원형 단면에서는 $I_x = I_y$이므로 식(8.10)으로부터 단면2차모멘트를 계산한다.

$$I_x = I_y = \frac{\pi D^4}{64} \tag{8.12}$$

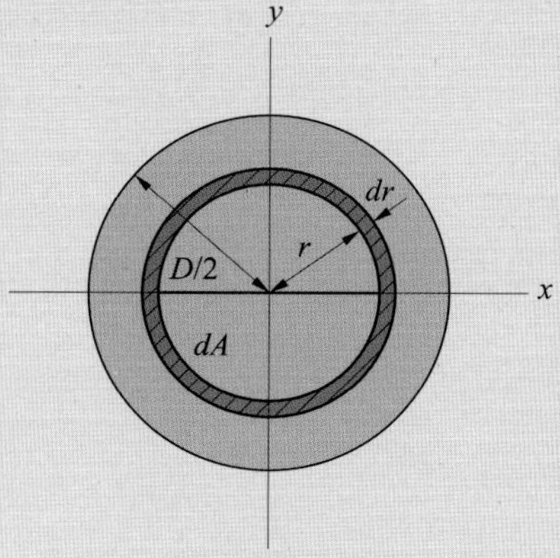

그림 8.6

예제 8.5 그림 8.7과 그림 8.8 단면들의 단면2차모멘트를 구하라.

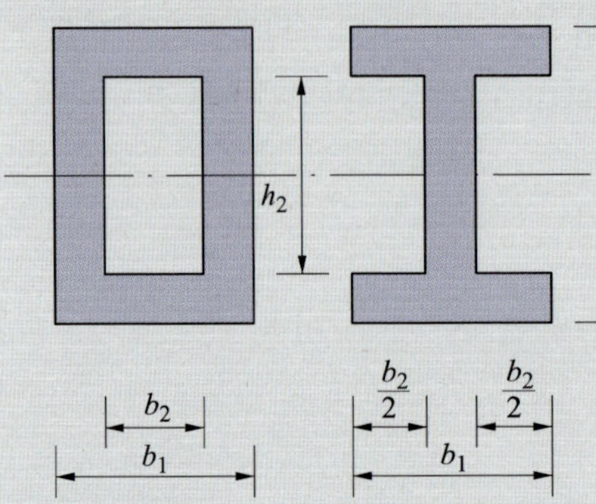

그림 8.7 중심축이 일치하는 단면-1

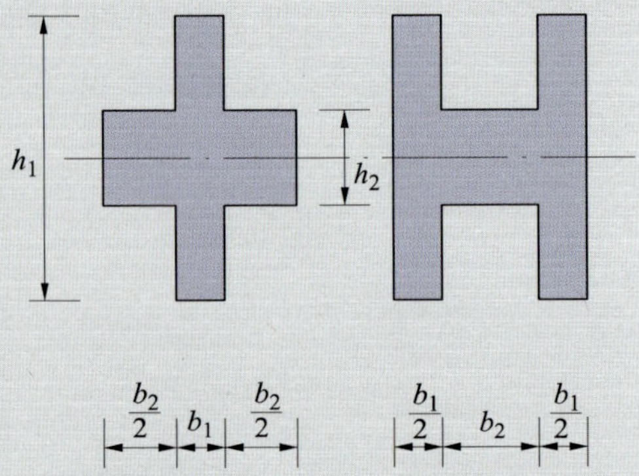

그림 8.8 중심축이 일치하는 단면-2

풀이 그림 8.7의 두 단면에서는 찬 부분과 빈 부분의 중심축이 일치하므로, 단면2차모멘트는 전체 단면에 빈 단면의 2차모멘트를 빼어 계산한다.

$$I_x = \frac{b_1 h_1^3}{12} - \frac{b_2 h_2^3}{12}$$

그림 8.8의 두 단면에서는 b_1 폭의 단면에 b_2 폭의 단면이 중심축을 같이 하면서 더해져 있으므로, 단면2차모멘트를 더한다.

$$I_x = \frac{b_1 h_1^3}{12} + \frac{b_2 h_2^3}{12}$$

한 축에 대한 단면2차모멘트의 값이 알려져 있을 때 그 축에서 평행하게 떨어진 새로운 축에 대한 단면2차모멘트의 값을 구하는 공식은 다음과 같이 유도된다.

그림 8.9에서 x축에 대한 단면2차모멘트가 알려져 있을 때 아주 작은 면적 dA에서 새로운 축 x'까지의 거리는 x축까지의 거리에 축의 평행이동거리 e가 추가되어 $y' = y + e$가 되므로, x'축에 대한 단면2차모멘트는 다음이 된다.

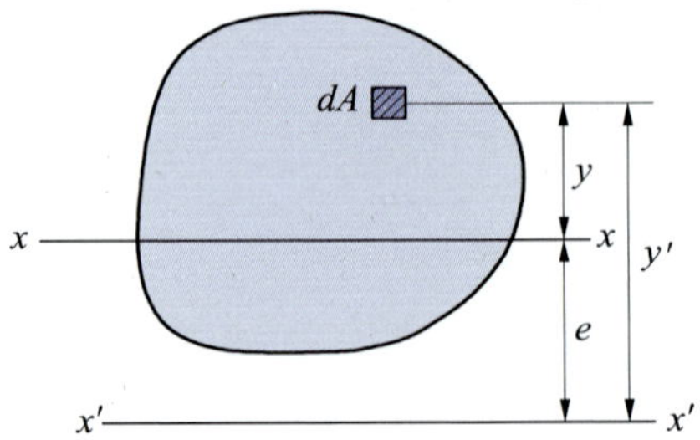

그림 8.9 부재축의 평행이동

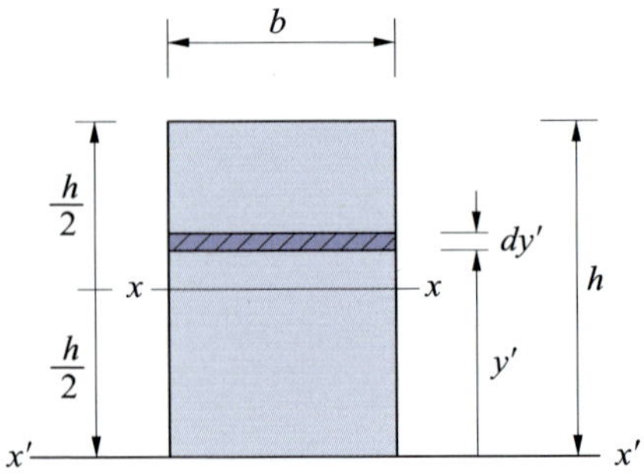

그림 8.10

$$I_{x'} = \int_A y'^2 dA = \int_A (y+e)^2 dA = \int_A y^2 dA + 2e\int_A y\,dA + e^2\int_A dA$$

이 식에서 등부호 오른편의 첫째 항은 이미 알려져 있는 x축 단면2차모멘트 I_x 이고, 둘째 항은 식(8.2)로부터 $2eS_x$가 되며, 셋째 항은 단순한 면적 적분으로, x'축에 대한 단면2차모멘트의 계산은 식(8.13)으로 유도된다.

$$I_{x'} = I_x + 2e\,S_x + e^2 A \tag{8.13}$$

특별한 경우로써 그림 8.9의 x축이 도심을 통과하는 축인 경우에는 단면1차모멘트의 값이 0이 되므로, 식(8.13)은 다음과 같이 줄어든다.

$$I_{x'} = I_x + e^2 A \tag{8.14}$$

이와 같이 축의 평행 이동에 대한 단면2차모멘트의 계산 방법을 평행축 정리라고 한다.

예제 8.6 그림 8.5의 직사각형 단면에 x축이 $e = h/2$만큼 평행이동하여 밑변에 위치할 때 새로운 x'축에 대한 단면2차모멘트를 구하라.

풀이 축이 이동한 형태는 그림 8.10과 같으며, 식(8.7)을 사용하면, $dA = b\,dy'$이므로

$$I_{x'} = \int_0^h y'^2 dA = \int_0^h y'^2 (b\,dy') = \left[\frac{by'^3}{3}\right]_o^h = \frac{bh^3}{3}$$

으로 계산된다.

평행축 정리에 의한 공식을 사용하는 경우 $e = h/2$, $A = bh$이며, I_x는 예제 8.3에서 $bh^3/12$이므로, 식(8.14)로부터 x'축에 대한 단면2차모멘트는 다음과 같으며, 이 값은 앞의 계산 결과와 일치한다.

$$I_{x'} = I_x + e^2 A = \frac{bh^3}{12} + \left(\frac{h}{2}\right)^2 (bh) = \frac{bh^3}{3}$$

예제 8.7 그림 8.11의 $T-250\times200\times10\times16$형강의 도심에 대한 단면2차모멘트를 구하라.

풀이 $T-250\times200\times10\times16$형강은 그림 8.11과 같이 높이 250 mm, 플랜지 폭 200 mm, 웨브 두께 10 mm, 플랜지 두께 16 mm인 T형 강재이다. 부재를 플랜지 부분과 웨브 부분으로 나누면, 도심은 식(8.5)로부터 계산한다.

$$y_o = \frac{y_1 A_1 + y_2 A_2}{A_1 + A_2} = \frac{(250-8)\times16\times200 + 10\times(250-16)^2/2}{16\times200 + 10\times(250-16)} = 189.2\,\text{mm}$$

A_1과 A_2단면의 자기 도심에 대한 단면 성능은

단면적 $A_1 = 200\times16 = 3{,}200\,\text{mm}^2$, $A_2 = 10\times(250-16) = 2{,}340\,\text{mm}^2$

단면2차모멘트 $I_{x1} = \dfrac{(200)(16)^3}{12} = 68.3\times10^3\,\text{mm}^4$

풀이

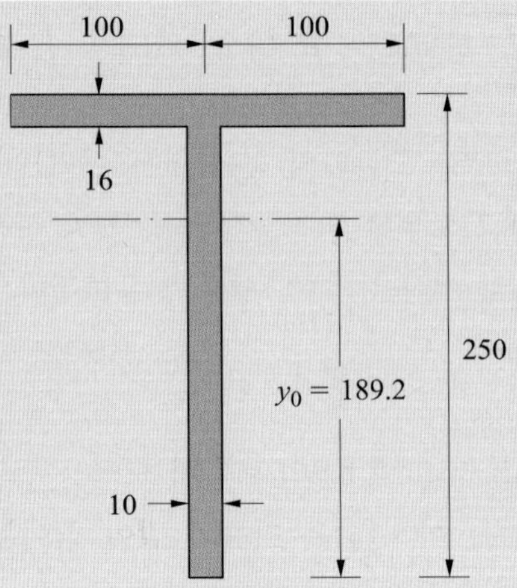

그림 8.11

$$I_{x2} = \frac{10 \times (250-16)^3}{12} = 10.68 \times 10^6 \text{ mm}^4$$

편심 $e_1 = 250 - 189.2 - 16/2 = 52.8 \text{ mm}$

$e_2 = 189.2 - (250-16)/2 = 72.2 \text{ mm}$

이다. 전체 단면의 도심에 대한 단면2차모멘트는 식(8.14)로부터 계산된다.

$$\begin{aligned} I_{x'} &= (I_{x1} + e_1^2 A_1) + (I_{x2} + e_2^2 A_2) \\ &= 68.3 \times 10^3 + (52.8)^2 \times 3{,}200 + 10.68 \times 10^6 + (72.2)^2 \times 2{,}340 \\ &= 31.87 \times 10^6 \text{ mm}^4 \end{aligned}$$

예제 8.8 그림 8.12와 같은 Z형 단면의 x, y축에 대한 단면2차모멘트를 구하라.

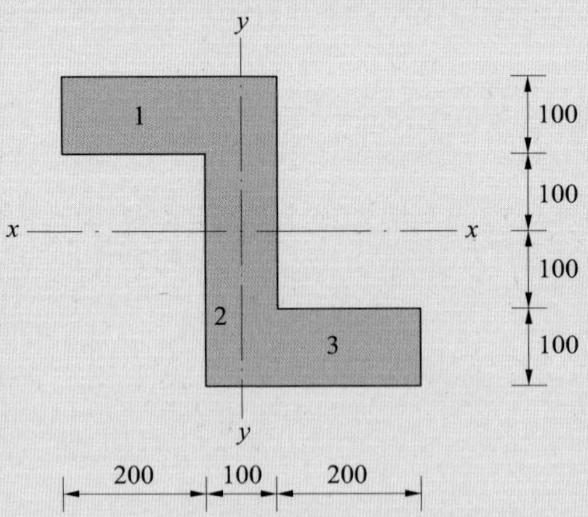

그림 8.12

풀이 그림 8.12의 Z형 단면을 점선과 같이 나눠 1, 2, 3 단면으로 하면, 각 단면의 면적과 자기 도심축에 대한 모멘트 및 x, y축에 대한 편심거리는 다음과 같이 주어진다.

i	$A_i(\text{mm}^4)$	$I_{xi}(\text{mm}^4)$	$I_{yi}(\text{mm}^4)$	$e_{xi}(\text{mm})$	$e_{yi}(\text{mm})$
1	20,000	16.7×10^6	66.7×10^6	−150	150
2	40,000	533.3×10^6	33.3×10^6	0	0
3	20,000	16.7×10^6	66.7×10^6	150	−150

x, y축에 대한 단면2차모멘트는 평행축 정리를 이용하여 계산한다.

$$I_x = \sum_{i=1}^{3}(I_{xi}+e^2A_i) = (16.7\times10^6 + 150^2\times20{,}000)\times2 + 533.3\times10^6 = 1{,}467\times10^6\ \text{mm}^4$$

$$I_x = \sum_{i=1}^{3}(I_{yi}+e_{xi}^2A_i) = (66.7\times10^6 + 150^2\times20{,}000)\times2 + 33.3\times10^6 = 1{,}067\times10^6\ \text{mm}^4$$

8.4 단면상승모멘트

그림 8.1의 부재 단면에서 아주 작은 단면 dA의 x, y 직교축에 대한 상승모멘트는

$$dI_{xy} = xy\,dA \tag{8.15}$$

으로 정의된다. 단면상승모멘트는 상승 모멘트를 전 단면적에 적분한 값

$$I_{xy} = \int_A xy\,dA \tag{8.16}$$

으로 주어진다. 단면상승모멘트(product moment of inertia)의 단위는 mm^4이다.

예제 8.9 그림 8.13의 직사각형 단면의 x, y축에 대한 단면상승모멘트를 구하라.

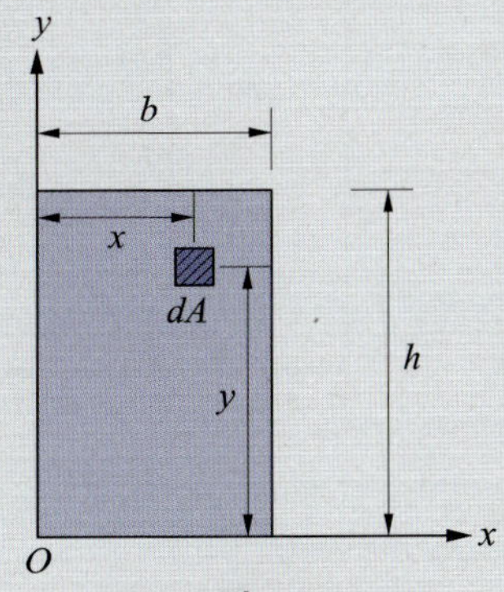

그림 8.13

풀이 그림 $dA = dxdy$ 이므로, 식(8.16)으로부터 계산한다.

$$I_{xy} = \int_A xy\,dA = \int_0^b \int_0^h xy\,dxdy = \left[\frac{x^2}{2}\right]_0^b \left[\frac{y^2}{2}\right]_0^h = \frac{b^2h^2}{4} \qquad (8.17)$$

상승모멘트의 계산에서도 축의 평행 이동에 대한 평행축 정리를 공식으로 만들 수 있다. 그 한 예로써 그림 8.14와 같이 직사각형 단면의 도심을 직교하는 x, y 축에서 각각 e_y, e_x 떨어진 x', y' 축에 대한 단면상승모멘트를 구하는 경우

$$x' = x + e_x, \quad y' = y + e_y$$

이므로, 식(8.16)에 의하여 다음 식이 유도된다.

$$\begin{aligned} I_{x'y'} &= \int_A x'y'dA = \int_A (x+e_x)(y+e_y)dA \\ &= \int_A xydA + e_x\int_A ydA + e_y\int_A xdA + e_xe_y\int_A dA \end{aligned}$$

이 식에서 도심에 대한 단면상승모멘트와 단면1차모멘트는 0이다. 그러므로

$$\int_A xy\,dA = \int_y y\,d = \int_x x\,dA = 0$$

으로 하면, x', y' 축에 대한 단면2차모멘트의 계산 공식을 식(8.18)과 같이 단순화할 수 있다.

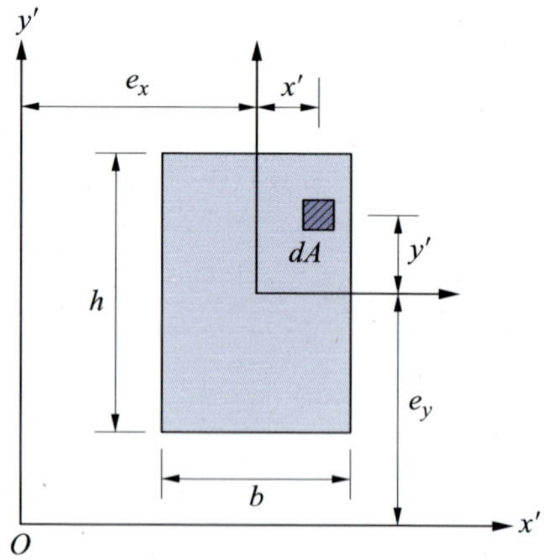

그림 8.14

$$I_{x'y'} = e_x e_y A \tag{8.18}$$

따라서 주어진 직교축에 대하여 단면의 도심과 면적을 알면 식(8.18)을 이용하여 단면상승모멘트를 쉽게 구할 수 있다. 예를 들어, 예제 8.9에서 직사각형의 단면적은 $A = bh$, 주어진 좌표축으로부터 도심까지의 거리는 $e_x = b/2$, $e_y = h/2$이므로, 이 값들을 식(8.18)에 적용하면 예제 8.9에서 적분식으로 계산된 값과 같은 $b^2h^2/4$를 얻을 수 있다.

예제 8.10 그림 8.12 단면의 x, y축에 대한 단면상승모멘트를 구하라.

풀이 예제 8.8에서와 같이 1, 2, 3단면으로 나누면, 단면적과 도심에서 좌표축까지의 거리는 예제 8.8의 표와 같이 주어지므로 이 값들을 식(8.18)에 적용하면, x, y축에 대한 단면상승모멘트를 구할 수 있다.

$$I_{xy} = \sum_{i=1}^{3} e_{xi}\, e_{yi} A_i = (-150)\times 150 \times 20{,}000 + 0 + 150 \times (-150) \times 20{,}000 = -900 \times 10^6\,\mathrm{mm}^4$$

8.5 단면계수

단면계수(section modulus)는 단면2차모멘트를 도심에서 단면 끝인 연단까지의 거리로 나눈 값이다. 예를 들면, 그림 8.15의 단면에서 도심을 지나는 x축에 대하여 단면의 양 끝 부분까지의 거리를 y_1, y_2라고 하면, 단면계수를 구하는 공식은 다음과 같다.

$$Z_1 = \frac{I_x}{y_1}, \quad Z_2 = \frac{I_x}{y_2} \tag{8.19}$$

단면계수의 단위는 mm^3이다.

예제 8.11 직사각형 단면과 원형단면의 단면계수를 구하라.

풀이 그림 8.15의 폭 b, 높이 h인 직사각형의 도심에서 양 연단까지의 거리는 $y_1 = y_2 = h/2$이고, 단면2차모멘트는 식(8.8)에서 $I_x = bh^3/12$이므로, 직사각형의 단면계수는 식(8.19)로부터 구한다.

$$Z = \frac{bh^2}{6} \tag{8.20}$$

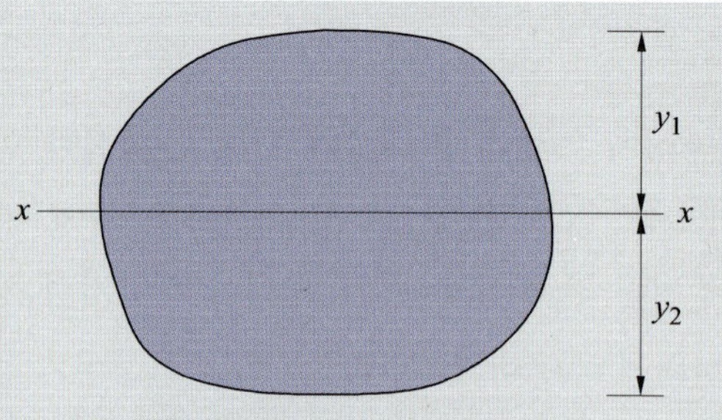

그림 8.15 단면계수

그림 8.6의 지름 D인 원에서 $y_1 = y_2 = D/2$이고, 식(8.12)로부터 원형 단면2차모멘트는 $I_x = \pi D^4/64$이므로, 단면계수는 식(8.22)로 계산된다.

$$Z = \frac{\pi D^3}{32} \tag{8.21}$$

예제 8.12 그림 8.11의 $T-250\times200\times10\times16$형강의 단면계수를 구하라.

풀이 예제 8.7로부터 도심은 $y_o = 189.2\,\mathrm{mm}$, 단면2차모멘트는 $I_x = 31.87\times10^6\,\mathrm{mm}^4$이므로, 이 값들을 식(8.19)에 적용하면, 단면계수는 다음과 같이 계산된다.

$$Z_1 = \frac{I_x}{y_1} = \frac{31.87\times10^6}{250-189.2} = 524.2\times10^3\ \mathrm{mm}^3$$

$$Z_2 = \frac{I_x}{y_2} = \frac{31.87\times10^6}{189.2} = 168.4\times10^3\ \mathrm{mm}^3$$

8.6 단면2차반지름

단면2차반지름(radius of gyration)은 단면2차모멘트를 단면적으로 나눈 값의 제곱근으로 정의되며, 단위는 mm이다.

$$r_x = \sqrt{\frac{I_x}{A}}\ ,\ r_y = \sqrt{\frac{I_y}{A}} \tag{8.22}$$

예제 8.13 직사각형과 원형 단면의 단면2차반지름을 구하라.

풀이 식(8.8)과 식(8.12) 및 단면적의 공식으로부터 계산한다.

직사각형 단면 : $I_x = \dfrac{bh^3}{12}$, $A = bh$

원형 단면 : $I_x = \dfrac{\pi D^4}{64}$, $A = \dfrac{\pi D^2}{4}$

단면2차반지름은 다음과 같이 계산한다.

직사각형 단면 $r_x = \sqrt{\dfrac{bh^3/12}{bh}} = \dfrac{h}{\sqrt{12}}$ (8.23)

원형 단면 $r_x = \sqrt{\dfrac{\pi D^4/64}{\pi D^2/4}} = \dfrac{D}{4}$ (8.24)

8.7 단면의 주축과 주단면2차모멘트

단면의 도심을 통하는 수많은 직교축 가운데에서 단면2차모멘트가 최대 또는 최소가 되는 직교축과 단면2차모멘트의 값을 알아내는 것을 구조 설계에서 대단히 중요한 일이다. 이런 일을 위하여 그림 8.16과 같이 단면의 도심에 기본 좌표계 x, y를 정하고, 이 좌표축을 각 변환시키면서 변환된 좌표계에 대한 단면2차모멘트를 검토하여야 한다.

그림 8.16에서 x, y 기본좌표계에서 반시계방향으로 θ만큼 회전된 위치에 새로 x', y'좌표계가 설정되었을 때 단면 내 아주 작은 면적 dA에서 x', y' 좌표축까지의 직선 거리는 다음과 같다.

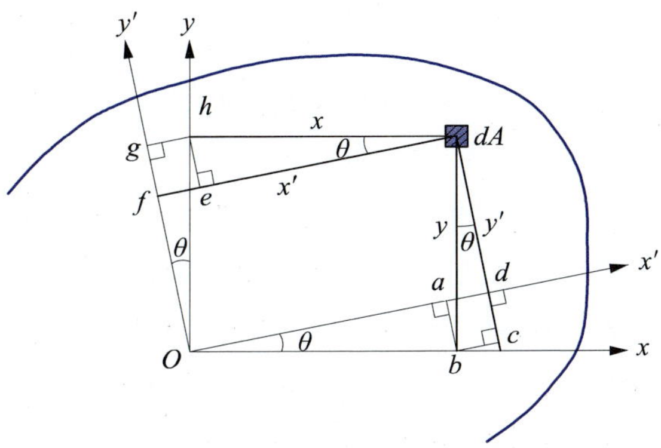

그림 8.16 부재축의 회전이동

$$x' = \overline{oa} + \overline{ad} = \overline{oa} + \overline{bc}$$
$$y' = \overline{og} - \overline{gf} = \overline{og} - \overline{eh}$$

여기서

$$\overline{oa} = x\ \cos\theta,\ \overline{bc} = y\ \sin\theta$$
$$\overline{og} = y\ \cos\theta,\ \overline{eh} = x\ \sin\theta$$

이므로, x, y 좌표계와 x', y' 좌표계 사이에는 다음의 차이가 발생한다.

$$x' = x\ \cos\theta + y\ \sin\theta$$
$$y' = y\ \cos\theta - x\ \sin\theta \tag{8.25}$$

변환된 x', y' 좌표계에서 단면2차모멘트와 단면상승모멘트의 식은

$$I_{x'} = \int_A y'^2 dA = \int_A (y\ \cos\theta\ - x\ \sin\theta)^2 dA$$
$$I_{y'} = \int_A x'^2 dA = \int_A (x\ \cos\theta + y\ \sin\theta)^2 dA \tag{a}$$
$$I_{x'y'} = \int_A x'y'\,dA = \int_A (x\ \cos\theta + y\ \sin\theta)(y\ \cos\theta - x\ \sin\theta)\,dA$$

으로 주어진다. 식(8.7)과 식(8.16)의 I_x, I_y 및 I_{xy}의 공식을 사용하여 식(a)를 전개하면 다음 식들이 유도된다.

$$I_{x'} = I_x\ \cos^2\theta\ +\ I_y\ \sin^2\theta - 2\,I_{xy}\ \sin\theta\cos\theta$$
$$I_{y'} = I_y\ \sin^2\theta + I_y\ \cos^2\theta + 2\,I_{xy}\ \sin\theta\cos\theta \tag{8.26}$$
$$I_{x'y'} = (I_x - I_y)\ \sin\theta\ \cos\theta + I_{xy}(\cos^2\theta - \sin^2\theta)$$

식(8.26)을 식(6.3) 및 식(6.7)과 비교하면 $I_{x'}$, $I_{y'}$, $I_{x'y'}$에 대한 식도 각각 σ_θ, $\sigma_{\theta+\pi/2}$ 및 τ_θ의 식과 같은 형태로 되어 있는 것을 발견할 수 있다.

최대 수직응력이 작용하는 직교축을 찾는 것과 최대 단면2차모멘트가 주어지는 직교축을 찾는 것은 같은 형태의 방정식으로 시작되고 있기 때문에 식(8.26)을 풀어 나가는 일은 6.6절의 식(6.3)에서 식(6.10)까지의 과정과 같게 전개된다.

식(8.26)에서 $\cos^2\theta = (1+\cos 2\theta)/2$, $\sin^2\theta = (1-\cos 2\theta)/2$, $2\sin\theta\cos\theta = \sin 2\theta$로 하면, 변환된 좌표계에서 단면2차모멘트와 단면상승모멘트는 식(8.27)이 된다.

$$
\begin{aligned}
I_{x'} &= \frac{I_x + I_y}{2} + \frac{I_x - I_y}{2}\cos 2\theta - I_{xy}\sin 2\theta \\
I_{y'} &= \frac{I_x + I_y}{2} - \frac{I_x - I_y}{2}\cos 2\theta + I_{xy}\sin 2\theta \\
I_{x'y'} &= \frac{I_x - I_y}{2}\sin 2\theta + I_{xy}\cos 2\theta
\end{aligned}
\tag{8.27}
$$

단면2차모멘트가 최대 또는 최솟값을 가지는 직교축을 찾기 위하여 식(8.27)의 첫째 식을 θ에 대하여 미분한 후 0으로 두면 식(8.28)이 된다.

$$\frac{dI_{x'}}{d\theta} = -(I_x - I_y)\sin 2\theta - 2I_{xy}\cos 2\theta = 0$$

여기서

$$\tan 2\theta = -\frac{2I_{xy}}{I_x - I_y} \tag{8.28}$$

의 식이 유도된다. $\tan 2\theta = \tan 2(\theta + \pi/2)$이므로 기본 좌표계에서 식(8.28)을 만족시키는 θ의 각으로 변환된 직교 좌표계에서 x' 및 y'축에 대한 단면2차모멘트가 최댓값 및 최솟값이 된다.

식(8.28)로 계산되는 θ는 기본 좌표계에서 반시계방향으로 변환된 각도를 나타낸다.

단면2차모멘트와 단면상승모멘트는 수직응력 및 전단응력과 대응하고 있으므로, 그림 6.13의 직각 삼각형에서 σ_x, σ_y, τ를 각각 I_x, I_y 및 I_{xy}으로 바꿔 놓으면 다음과 같다.

$$
\begin{aligned}
\sin 2\theta &= \frac{-2I_{xy}}{\sqrt{(I_x - I_y)^2 + 4I_{xy}^2}} \\
\cos 2\theta &= \frac{I_x - I_y}{\sqrt{(I_x - I_y)^2 + 4I_{xy}^2}}
\end{aligned}
$$

이들 값을 식(8.27)에 적용하면 최대 단면2차모멘트와 최소 단면2차모멘트는 각각

$$
\begin{aligned}
I_1 &= \frac{I_x + I_y}{2} + \sqrt{\left(\frac{I_x - I_y}{2}\right)^2 + I_{xy}^2} \\
I_2 &= \frac{I_x + I_y}{2} - \sqrt{\left(\frac{I_x - I_y}{2}\right)^2 + I_{xy}^2}
\end{aligned}
\tag{8.29}
$$

로 유도되며, 단면상승모멘트는 0이 된다.

이와 같이 단면2차모멘트가 최대 및 최소로 되는 직교축을 단면의 주축(principal axis)이라고 하며, 주축에 대한 최대 및 최소 단면2차모멘트를 주단면2차모멘트(principal moment of inertia)라고 한다. 주축에서는 단면상승모멘트가 0이 된다.

대칭 단면에서는 단면상승모멘트의 값이 0이므로, 대칭 단면의 축과 그에 직교하는 축은 그 단면의 주축이 된다.

단면의 도심을 통하는 직교축들의 기본 좌표축과의 각도에 따라 각 직교축에 대한 단면2차모멘트는 식(8.26)의 $I_{x'}$ 및 $I_{y'}$에서 보는 바와 같이 θ의 함수로 계산되나, 직교하는 두 축에 대한 단면2차모멘트의 합은 식(8.26) 및 (8.29)로부터

$$I_{x'} + I_{y'} = I_1 + I_2 = I_x + I_y \tag{8.30}$$

으로, 기본 좌표계와의 변환각에 관계없이 일정한 값으로 주어진다.

위에서 거론된 주축과 주단면2차모멘트의 성질은 다음과 같이 요약된다.

- 단면의 도심을 통과하는 여러 축 중에서 최대 단면2차모멘트 축과 최소 단면2차모멘트 축은 직교한다.
- 주축에 대한 단면상승모멘트의 값은 0이다.
- 주축에 대한 최대 및 최소 단면2차모멘트 값의 합은 원점을 같이하는 임의의 직교축에 대하여서도 같은 값이 된다.

앞에서 설명된 바와 같이 기본 좌표축에 대하여 주축을 찾는 것은 주응력 방향을 찾는 것과 같은 과정을 거치기 때문에 식(8.27), 식(8.28) 및 식(8.29)의 관계식들은 모어의 원으로 나타낼 수 있다.

모어의 원 작성 방법은 6.6절에 기술된 모어의 응력 원 작성법에서 σ_x, σ_y 및 τ를 각각 I_x, I_y 및 I_{xy}로 바꾸면 된다.

예제 8.14 그림 8.17 단면의 주축과 주단면2차모멘트를 구하라.

풀이 기본 좌표계인 x, y축에 대한 단면2차모멘트와 단면상승모멘트는 예제 8.8과 예제 8.10으로부터 계산할 수 있다.

$$\begin{aligned} I_x &= 1{,}467 \times 10^6 \text{ mm}^4 \\ I_y &= 1{,}067 \times 10^6 \text{ mm}^4 \\ I_x &= -900 \times 10^6 \text{ mm}^4 \end{aligned} \tag{a}$$

이 값들을 식(8.28)에 대입하여 각도를 계산한다.

$$\tan 2\theta = \frac{-2I_{xy}}{I_x - I_y} = \frac{-2 \times (-900 \times 10^6)}{(1{,}467 - 1{,}067) \times 10^6} = 4.5 \rightarrow 2\theta = 77.47^\circ$$

따라서 주축은 그림 8.17에 표시된 바와 같이 기본 좌표축에서 반시계방향으로 38.74° 회전한 위치에 있다.

주단면2차모멘트는 식(a)의 값들을 식(8.29)에 대입하여 계산한다.

$$I_1 = \frac{(1{,}467+1{,}067)\times 10^6}{2} + \sqrt{\left[\frac{(1{,}467-1{,}067)\times 10^6}{2}\right]^2 + (-900\times 10^6)^2}$$

$$= 1{,}267\times 10^6 + 922\times 10^6 = 2{,}189\times 10^6 \text{ mm}^4$$

$$I_2 = 1{,}267\times 10^6 - 922\times 10^6 = 345\times 10^6 \text{ mm}^4$$

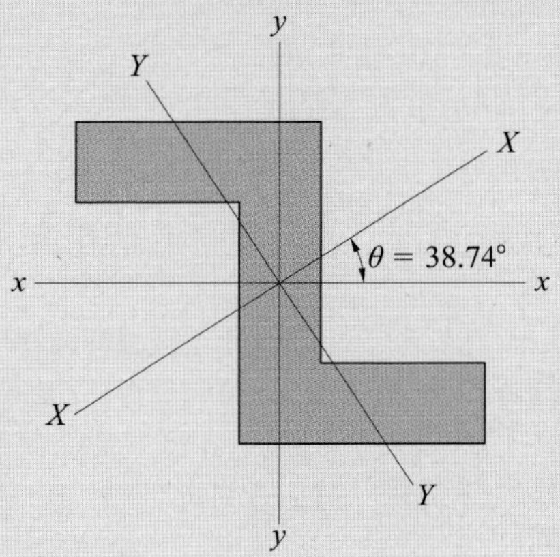

그림 8.17

연습문제

8.1 그림 8.18의 두께 t, 반지름 R인 4분원 셸의 도심을 구하라.

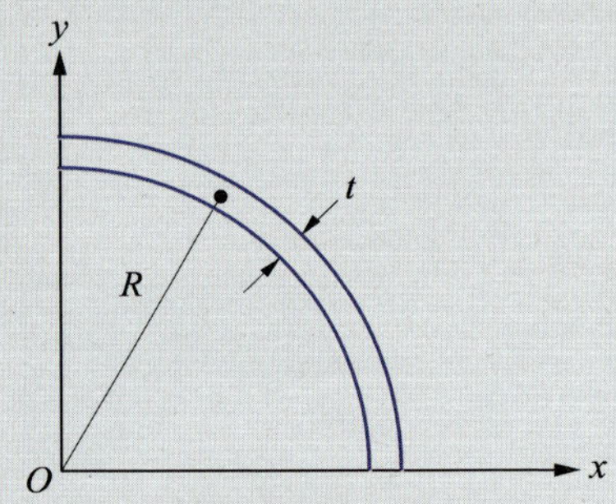

그림 8.18

8.2 그림 8.19의 4분 타원형의 도심을 구하라.

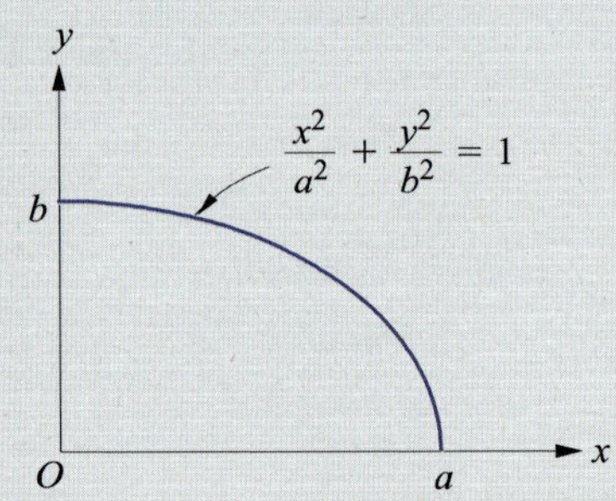

그림 8.19

8.3 그림 8.20과 같은 세 단면의 도심을 구하라.

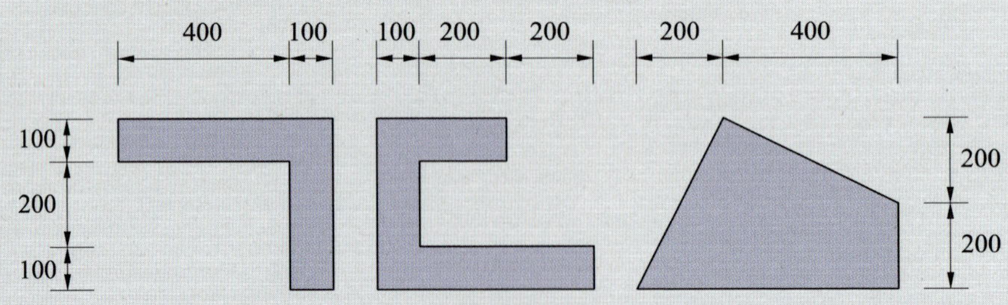

그림 8.20

8.4 그림 8.21의 삼각형 단면에서 $x'-x'$축에 대한 단면2차모멘트와 $x-x$축에 대한 단면2차모멘트를 구하여 평행축 정리의 성립 여부를 검토하라.

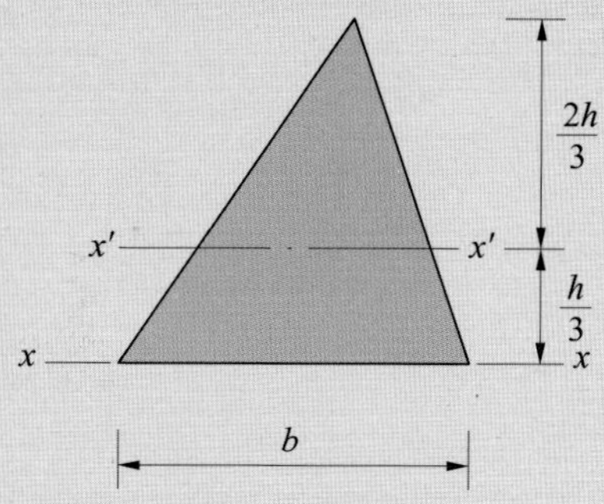

그림 8.21

8.5 그림 8.22의 두 단면의 빗금친 부분의 x축에 대한 단면2차모멘트를 구하라.

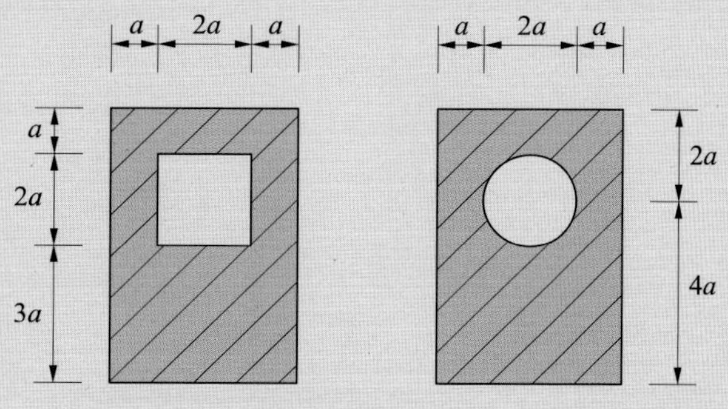

그림 8.22

8.6 그림 8.23의 빗금친 반원형 단면의 단면2차모멘트를 구하라.

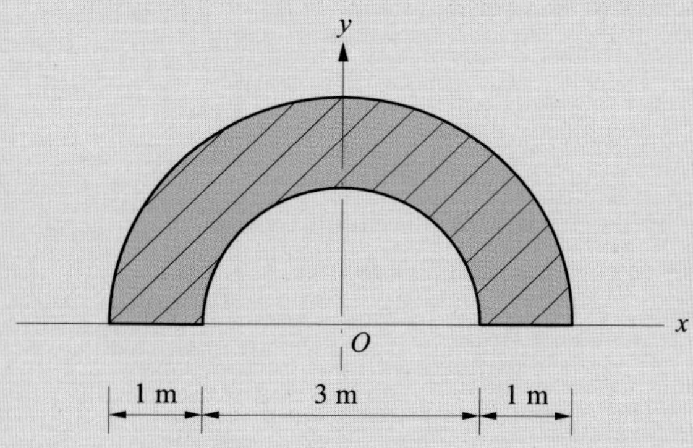

그림 8.23

8.7 그림 8.24의 두 단면의 단면계수와 단면2차반지름을 비교 검토하라.

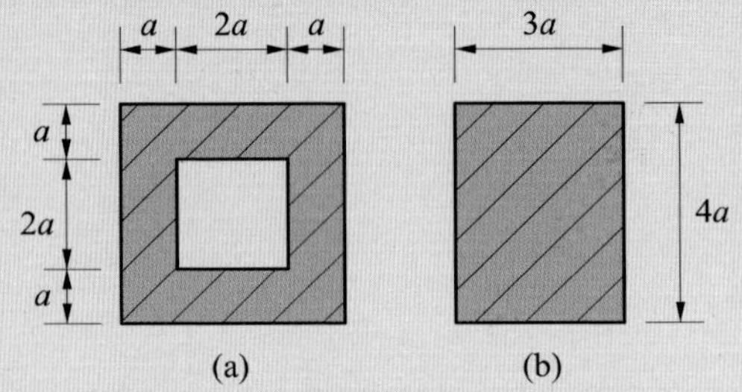

그림 8.24

8.8 그림 8.25의 두 단면의 주축과 주단면2차모멘트를 구하라.

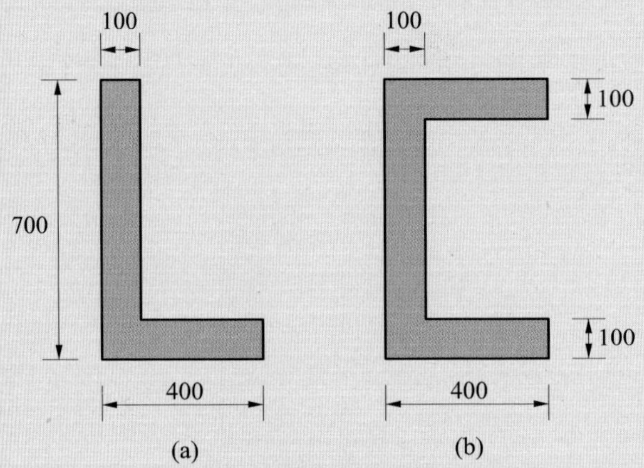

그림 8.25

8.9 그림 8.26의 $L-60\times60\times5$형강의 단면 성능을 조사하여 $x-x$ 축과 $X-X$ 축의 각이 $\theta=45^\circ$ 일 때 I_{XY}의 값을 계산하라.

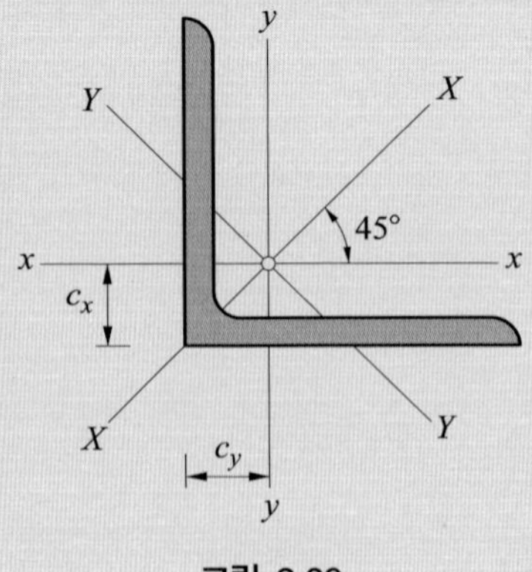

그림 8.26

8.10 예제 8.8에서 조사 검토된 값들을 이용하여 그림 8.27의 $2L-60\times60\times5$조립 단면의 주축과 주단면2차모멘트를 구하라. 단, 두께 5 mm 낄판의 단면 성능은 무시한다.

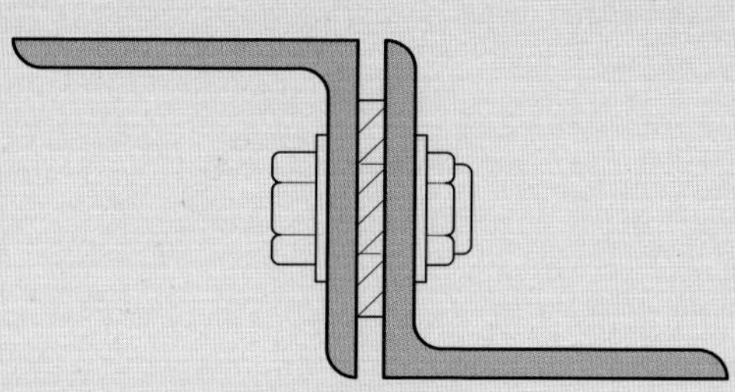

그림 8.27

MEMO

제9장

비틀림모멘트

9.1 개요

힘들이 작용하는 모든 방향에 대하여 구조해석을 수행할 경우에 해석이 복잡하므로 구조해석에서는 3차원 좌표축을 정한 후에 힘에 대한 합성과 분해를 이용하여 해석을 수행한다. 또한 3차원 구조물을 해석하는 것은 어렵고 시간이 많이 소요되므로 일반적으로 몇 개의 평면구조로 분리하여 해석할 수 있다. 평면구조에는 축력, 휨모멘트, 전단력의 세 개의 내력이 발생한다. 그림 2.16(a)의 3차원 구조물을 그림 2.16(b)와 같이 2차원 평면구조로 해석하는 경우에는 생략된 z축에 가해지는 면외 방향의 하중이 유발하는 모멘트의 영향을 반영할 수 없다. 면외 방향의 하중이 유발하는 모멘트는 평면구조에 비틀림을 유발하게 된다.

비틀림모멘트는 전단력과 동일하게 구조물의 길이를 변화시키지 않고 구조물의 각도 변화를 유발하여 전단응력을 발생시킨다. 이 장에서는 비틀림모멘트의 기본 성질에 대하여 설명하고 원통형 구조물에 발생하는 응력을 유도한다.

9.2 원형관의 비틀림모멘트

그림 9.1(a)의 원형관의 한쪽 끝은 고정되어 있는 상태이다. 원형관의 앞뒤 방향인 z축과 상하 방향인 y축의 힘은 부재축 방향인 x축에 모멘트를 발생시키며 이 모멘트는 x축을 중심으로 부재에 비틀림모멘트(torsional moment 또는 torque)를 발생시킨다. 원형관의 자유단에 작용하는 비틀림모멘트에 의하여 A는 A′로 이동하며 원의 중앙점을 중심으로 각도 φ를 발생시키며 이 각도를 비틀림회전각(angle of twist)이라 한다. 비틀림회전각은 고정단에서는 발생하지 않으며 부재 길이 l에 비례하여 증가하고 있음을 알 수 있다. 비틀림모멘트는 부재의 길이 l을 변화시키지 않고 각도 φ만 변하게 하므로 전단응력과 관련이 있다.

19세기 초에 Navier는 탄성 상태인 원형관의 비틀림 전단응력을 다음의 두 가지 가정에 근거하여 유도하였다.

- 비틀림모멘트가 작용한 후에도 단면은 원형을 유지한다.
- 비틀림각도가 작을 경우에 단면의 직경과 임의의 단면간의 거리는 변하지 않는다.

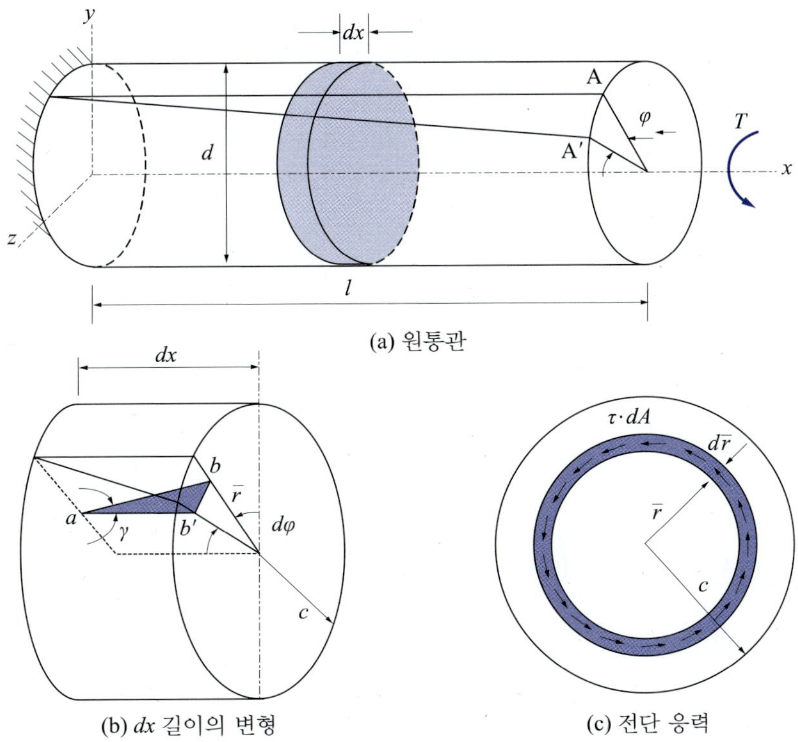

그림 9.1 비틀림모멘트가 작용하는 원형관

그림 9.1(a)는 한쪽 면이 고정된 원통을 나타내며, 이 원통의 다른 쪽에 비틀림모멘트 T가 작용하고 있다. 원통의 길이 방향으로 짧은 길이 dx를 절단했을 때 비틀림회전각 증분 $d\varphi$은 원의 중심을 기준으로 그림 9.1(b)와 같이 발생한다. 또한 부재의 길이 dx를 중심으로 각도 γ가 발생한다. 각도 γ는 원래의 길이 ab가 ab'으로 바뀌면서 발생하는 각도이므로 식(6.15)의 전단변형률이다. 부재 길이 방향의 변형인 전단변형률 γ와 원의 중심을 기준으로 발생하는 변형인 비틀림회전각의 관계를 살펴보면 식(9.1)의 관계가 있음을 알 수 있다.

$$\gamma \cdot dx = \overline{bb'},\ d\varphi \cdot \bar{r} = \overline{bb'}$$

$$\gamma = \frac{\bar{r} \cdot d\varphi}{dx} \tag{9.1}$$

여기서, $\bar{r}$: 부재축에서 떨어진 거리

c : 원통의 반지름

dx : x방향의 작은 길이

φ : 비틀림회전각

$d\varphi$: 비틀림회전각 증분

식(9.1)을 단위길이에 대한 비틀림회전각 θ로 변환하여 식(9.2)를 유도한다.

$$\gamma = \bar{r}\theta \tag{9.2}$$

여기서, θ는 비틀림회전각 φ의 변화율, 즉 단위길이에 대한 비틀림회전각 $\theta = d\varphi/dx$이다.

식(7.2)의 후크의 법칙을 이용하여 거리 $\bar{r}$에서의 비틀림에 의한 전단응력 τ를 유도할 수 있다.

$$\tau = G \cdot \gamma = G \cdot \bar{r}\theta \tag{9.3}$$

여기서, G : 전단탄성계수

원의 중심을 기준으로 비틀림모멘트를 표현하면 그림 9.1(c)가 된다. 비틀림모멘트는 원의 중심에서는 거리가 존재하지 않으므로 0이 되며, 중심으로부터 거리가 커지면 비틀림모멘트도 비례적으로 증가하게 된다. 즉, 비틀림모멘트 T는 원형 단면에 작용하는 전단력에 떨어진 거리 $\bar{r}$를 곱하여 계산한다.

$$T = \int_0^R \tau \cdot \bar{r} \cdot dA \tag{9.4}$$

식(9.4)에 식(9.3)을 대입하여 식(9.5)를 구한다.

$$T = \int_0^R (G \cdot \bar{r} \cdot \theta)\bar{r} \cdot dA = G \cdot \theta \int_0^R \bar{r}^2 dA \tag{9.5}$$

식(9.5)의 $\int_0^R \bar{r}^2 dA$는 식(8.9)의 단면극2차모멘트 I_p이므로 식(9.5)를 식(9.6)으로 단순화 할 수 있다.

$$T = G \cdot \theta \cdot I_p \tag{9.6}$$

식(9.6)과 $\theta = d\varphi/dx$를 이용하여 보의 단위길이에 대한 회전각 θ와 길이 l인 곳의 비틀림회전각 φ을 계산한다.

$$\theta = \frac{T}{G I_p} \tag{9.7}$$

$$\varphi = \theta \cdot l = \frac{T l}{G I_p} \tag{9.8}$$

식(9.8)에서 비틀림회전각은 비틀림모멘트와 부재길이에 비례하여 증가하며, 재료의 강약을 나타내는 전단탄성계수와 단면의 크기와 관련이 있는 단면극2차모멘트에 반비례하고 있음을 알 수 있다.

식(9.3)에 식(9.7)을 대입하여 단면 중심에서 $\bar{r}$만큼 떨어진 곳의 비틀림모멘트가 유발하는 전단응력을 계산할 수 있다.

$$\tau = \frac{T \cdot \bar{r}}{I_p} \tag{9.9}$$

그림 9.2는 속이 찬 원형단면과 속이 빈 원형단면이다. 비틀림모멘트가 유발하는 전단응력은 속이 찬 단면의 경우에 단면 중심의 거리 $\bar{r}$가 가장 큰 거리인 $\bar{r} = c$에서 최대가 되며, 원의 중심에서는 0이 된다. 반면에 속이 빈 단면에서는 $\bar{r} = c_1$일 때 전단응력은 최대가 된다. 속이 찬 원형단면과 속이 빈 원형단면의 단면극2차모멘트는 다음과 같다.

$$I_p = \frac{1}{2}\pi c^4 \text{ (속이 찬 원형단면)} \tag{9.10}$$

$$I_p = \frac{1}{2}\pi (c_2^4 - c_1^4) \text{ (속이 빈 원형단면)} \tag{9.11}$$

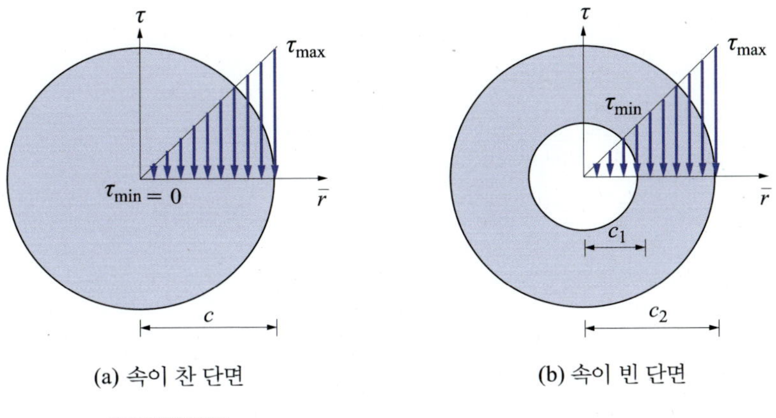

그림 9.2 원형 단면의 비틀림모멘트에 의한 전단응력

예제 9.1 그림 9.3의 기둥에 연결된 넓은 판의 중심에 5 kN의 수평하중이 작용하고 있다. 속이 빈 원형 기둥의 3 m 위치에서 발생하는 최대 전단응력과 최소 전단응력을 계산하라. 또한 최대 비틀림회전각을 계산하라. 이 단면의 전단탄성계수 $G = 80{,}000\ \text{N/mm}^2$이다.

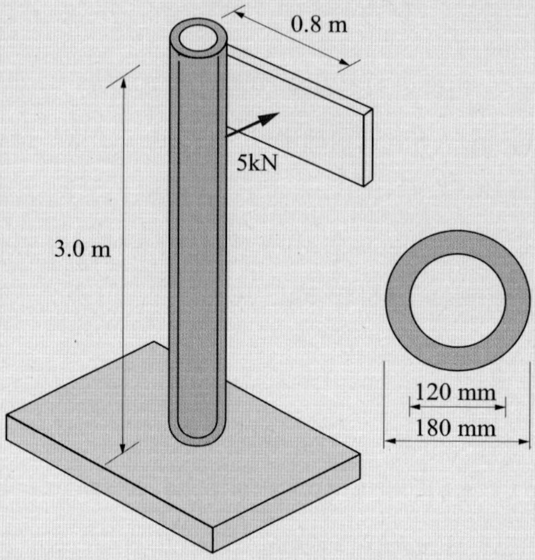

그림 9.3

풀이 넓은 판에 작용하는 수평하중이 기둥에 유발하는 비틀림모멘트를 계산한다.

$$T = P \times l = 5 \times 0.8 = 4\ \text{kN} \cdot \text{m}$$

속이 빈 원형관에 $T = 4\,\text{kN} \cdot \text{m}$의 비틀림모멘트가 작용하고 있다. 최대 전단응력은 단면의 가장 바깥쪽에서 발생하며, 최소 전단응력은 속이 빈 부분의 가장 바깥쪽에서 발생하므로 식(9.9)를 이용하여 최대 전단응력과 최소 전단응력을 계산한다.

$$(\text{최대 전단응력})\ \tau = \frac{T \cdot \bar{r}}{I_p} = \frac{4 \times 10^6}{82.70 \times 10^6} \times 90 = 4.35\,\text{MPa}$$

$$(\text{최소 전단응력})\ \tau = \frac{T \cdot \bar{r}}{I_p} = \frac{4 \times 10^6}{82.70 \times 10^6} \times 60 = 2.90\,\text{MPa}$$

$$\text{여기서}\ I_p = \frac{1}{2}\pi(c_2^4 - c_1^4) = \frac{1}{2}\pi(90^4 - 60^4) = 82.70 \times 10^6\,\text{mm}^4$$

비틀림회전각은 식(9.8)을 이용하여 계산할 수 있다.

$$\varphi = \frac{Tl}{GI_p} = \frac{4 \times 10^6 \times 3{,}000}{80{,}000 \times 82.70 \times 10^6} = 1.81\,\text{rad}.$$

예제 9.2 그림 9.4의 원형관의 B와 C점에 각각 50 kN · m와 30 kN · m의 비틀림모멘트가 작용하고 있다. 원형관의 끝 부분에 발생하는 비틀림회전각을 계산하라. 이 단면의 전단탄성계수 $G=80{,}000$ N/mm^{2}이다.

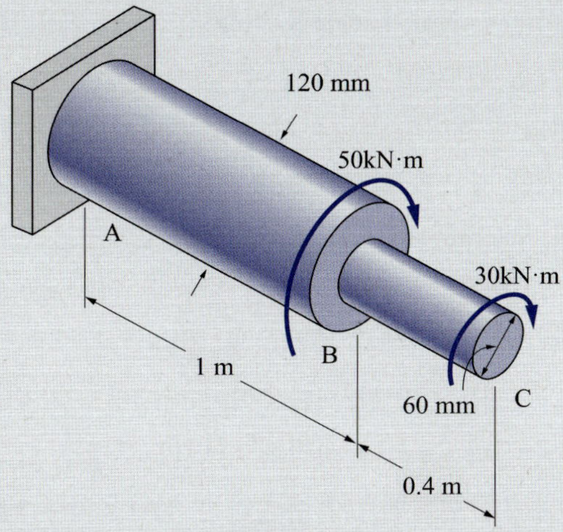

그림 9.4

풀이 비틀림회전각은 식(9.8)을 이용하여 계산할 수 있다. 다만 비틀림모멘트가 두 곳에서 작용하며 단면의 직경이 다르므로 원형관을 두 부분으로 나누어 계산해야 한다.

(AB구간) $\varphi_{AB}=\dfrac{Tl}{GI_p}=\dfrac{80\times10^6\times1{,}000}{80{,}000\times20.36\times10^6}=0.0491\,\text{rad.}$

여기서, $T=50+30=80\,\text{kN}\cdot\text{m}$

$$I_p=\frac{1}{2}\pi(c^4)=\frac{1}{2}\pi(60^4)=20.36\times10^6\,\text{mm}^4$$

(BC구간) $\varphi_{BC}=\dfrac{Tl}{GI_p}=\dfrac{30\times10^6\times400}{80{,}000\times1.27\times10^6}=0.1181\,\text{rad.}$

여기서, $I_p=\dfrac{1}{2}\pi(c^4)=\dfrac{1}{2}\pi(30^4)=1.27\times10^6\,\text{mm}^4$

그러므로 원형관의 끝 부분에 발생하는 비틀림회전각은 두 각도를 합한 값이다.

$\varphi=\varphi_{AB}+\varphi_{BC}=0.0491+0.1181=0.1672\,\text{rad.}$

9.3 탄성이론과 소성이론

Navier 이론에 의하여 계산된 비틀림 전단응력은 탄성상태인 원형관에는 적용이 가능하지만 사각형 단면에는 적용할 수 없다. 그림 9.5는 비틀림모멘트를 받는 원형단면과 사각형단면의 부재이다. 두 부재의 표면에 일정한 크기의 정사각형을 그리고 비틀림모멘트를 가력할 경우에 원형단면 부재는 비틀림모멘트를 받은 후에도 정사각형을 그대로 유지하지만, 사각형단면의 부재는 비틀림모멘트를 받은 후에 표면의 정사각형은 일그러진 형태를 보인다. 그 이유는 원형 단면은 원의 중심에서 표면까지의 거리가 일정하기 때문에 원의 가장자리에서 발생하는 전단응력은 모두 동일하다. 결과적으로 처음에 표시된 정사각형에는 동일한 전단응력이 발생하므로 비틀림모멘트를 받은 후에도 그 형태를 유지하게 된다. 그러나 사각형 단면의 부재는 단면의 중심에서 표면까지 거리가 다르기 때문에 비틀림모멘트가 유발하는 전단응력도 단면의 표면에 다르게 발생한다. 즉, 모서리에서 최대 전단응력 τ_b가 발생하고 짧은 변의 중심에서 이 보다 작은 전단응력 τ_a가 발생한다. 결과적으로 처음에 표시된 정사각형에는 다른 전단응력이 발생하여 비틀림모멘트를 받은 후에 그 형태를 유지하지 못하고 찌그러진 형태를 나타내게 된다. 이와 같이 원형단면이 아닌 부재에 대해서는 식(9.9)를 이용하여 전단응력을 계산할 수 없다.

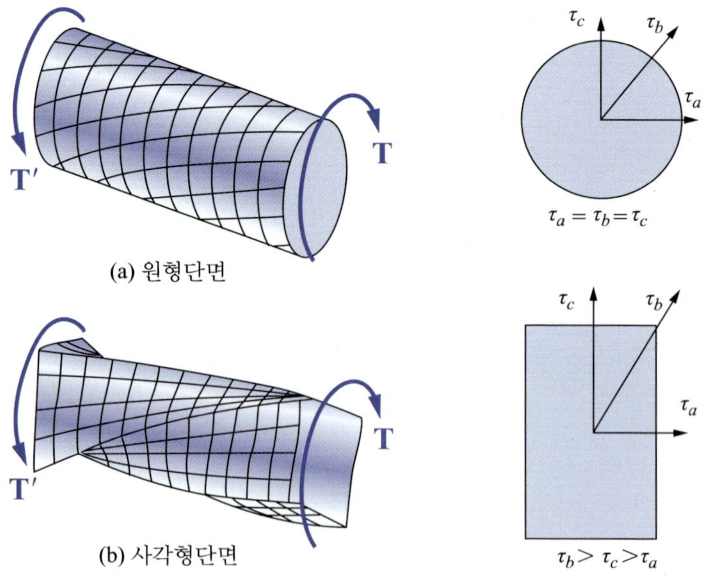

그림 9.5 원형 단면과 사각형단면의 비틀림모멘트

St. Venant는 탄성상태의 사각형 단면에 작용하는 비틀림응력을 Navier의 방법과 상이하게 재료 메커니즘을 이용하여 유도하였다. St. Venant 탄성이론에서도 다음의 두 가지를 가정하였다.

- 비틀림모멘트가 작용한 후에도 사각형 단면은 동일한 단면 형태를 유지한다.
- 사각형 단면 부재에 발생하는 뒤틀림(warping)은 부재 전 길이에 걸쳐서 일정하다.

St. Venant 탄성이론에 의하여 유도된 비틀림 전단응력 τ의 유도 과정을 모두 소개하는 것은 이 책의 범위를 벗어나므로 여기서는 유도된 결과인 전단응력만을 식(9.12)로 소개한다.

$$\tau = \frac{T}{\alpha_t\, x^2 y} \tag{9.12}$$

여기서, x : 단면의 짧은 변의 길이
y : 단면의 긴 변의 길이

식(9.12)의 α_t는 x/y의 비율을 나타내며, St. Venant의 탄성이론에 의하면 식(9.13)에서 x/y가 1일 때 0.2로부터 x/y가 0일 때 0.33까지 변화한다. 한편, Nadai는 St. Venant의 탄성이론과는 다르게 소성이론을 적용하여 직사각형 단면에 대하여 식(9.14)의 α_t를 유도하였다. 식(9.14)에 의하면 α_t 값은 x/y가 1일 때 0.33에서 x/y가 0일 때 0.50까지 변화한다.

- St. Venant의 탄성이론

$$\alpha_t = \frac{1}{3 + \dfrac{2x}{y}} \tag{9.13}$$

- Nadai의 소성이론

$$\alpha_t = \frac{1 - \dfrac{x}{3y}}{2} \tag{9.14}$$

연습문제

9.1 그림 9.6의 속이 빈 원형관에 $T = 30\,\mathrm{kN \cdot m}$의 비틀림모멘트가 작용하고 있다. 원형관의 끝 부분에 발생하는 최대 전단응력과 최소 전단응력을 계산하라. 또한 최대 비틀림회전각을 계산하라. 이 단면의 전단탄성계수 $G = 80{,}000\,\mathrm{N/mm^2}$이다.

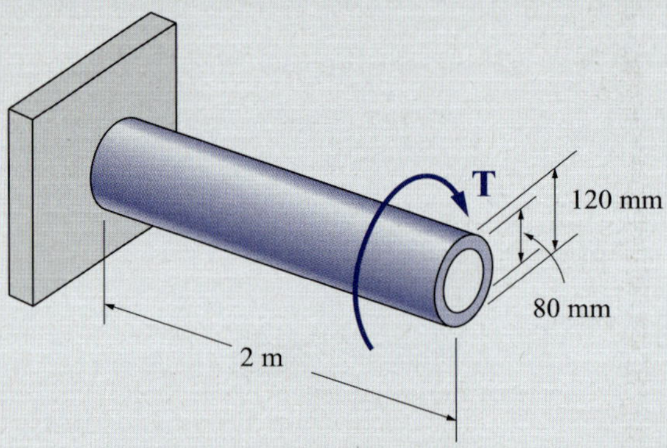

그림 9.6

9.2 연습문제 9.1의 원형관이 180 mm의 속이 찬 단면일 경우에 발생하는 최대 전단응력과 비틀림회전각을 계산하고, 이 결과를 연습문제 9.1의 결과와 비교하라.

제10장

휨응력

10.1 개요

구조물에 작용하는 여러 하중은 축력, 전단력, 휨모멘트, 비틀림모멘트의 부재력을 유발한다. 이들 네 가지 힘은 부재의 길이를 변화시키거나 회전을 유발하며, 부재력에 따른 응력과 변형의 메커니즘은 표 10.1과 같다.

- 축력 : 단면에 일정한 크기의 길이의 변화를 유발, 수직응력 발생
- 휨모멘트 : 단면에 다양한 크기의 길이의 변화를 유발, 수직응력 발생
- 전단력 : 부재에 일정한 크기의 회전 유발, 전단응력 발생
- 비틀림모멘트 : 부재 길이에 따라 다양한 크기의 회전 유발, 전단응력 발생

결국 네 가지 힘 중에서 축력과 휨모멘트는 수직응력을 발생시키고, 전단력과 비틀림모멘트는 전단응력을 발생시키므로, 구조물에는 두 가지 종류의 응력만이 발생하게 된다. 축력이 유발하는 수직응력은 6장에서 다루었으므로, 이 장에서는 휨모멘트에 의하여 유발하는 휨응력 또는 수직응력 계산 공식의 유도 과정과 공식을 적용하여 응력을 해석하는 방법들이 다루어진다.

휨모멘트는 전단력이나 편심하중에 의하여 유발된다. 그 이유는 4.3절에서 거론된 바와 같이 전단력은 휨모멘트의 보 길이에 대한 변화율로 주어지므로, 일반적으로 대부분

표 10.1 재료 메커니즘

부재력 (force)	응력 (stress)		변형 (strain)	
축력 (N)	수직응력	축응력 $\sigma = \dfrac{N}{A}$	축변형률 $\varepsilon = \dfrac{\delta_o}{l}$	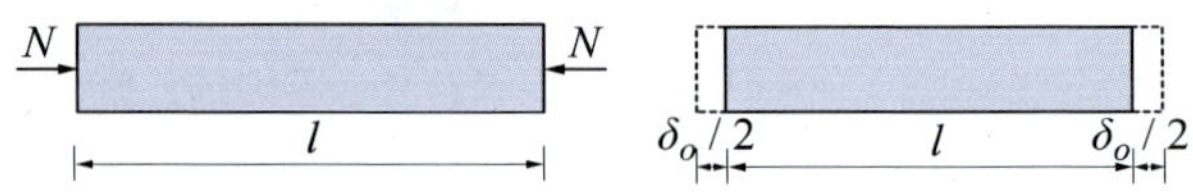
휨모멘트 (M)		휨응력 $\sigma = \dfrac{M}{I}y$	곡률 $\phi = \dfrac{M}{EI}$	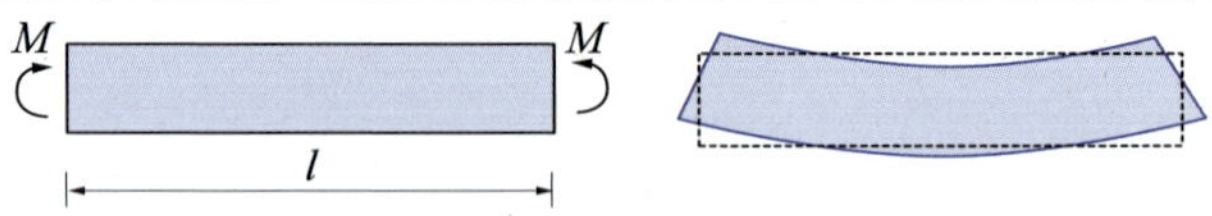
전단력 (V)	전단응력	전단응력 $\tau = \dfrac{VS}{Ib}$	전단변형률 $\gamma = \delta_y / l$	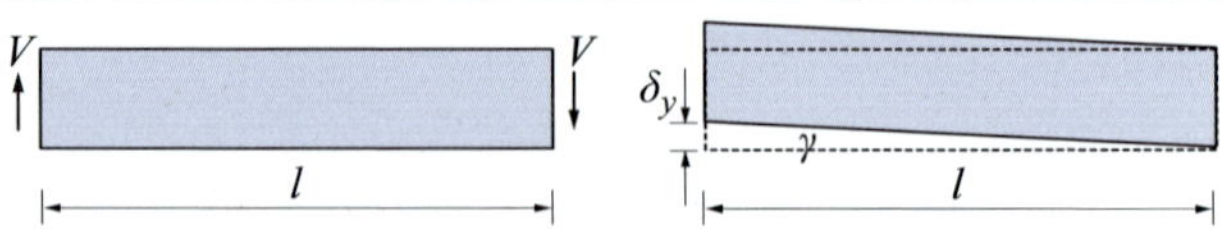
비틀림모멘트 (T)		비틀림응력 $\tau = T/(GI_p)$	비틀림회전각 $\varphi = \dfrac{T}{GI_p}l$	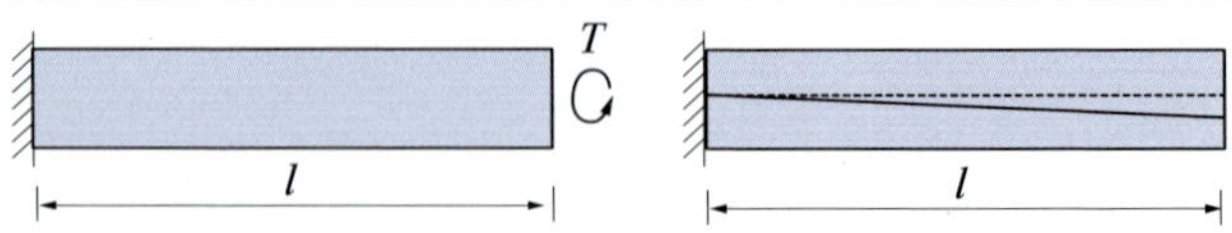

의 보에는 휨모멘트가 발생하며, 기둥과 같은 부재는 도심에서 벗어난 곳에 작용하는 하중에 의하여 편심하중에 의한 휨모멘트가 발생하기 때문이다.

휨응력 계산 공식은 10.2절에서 설명하는 평면유지의 가정과 응력-변형률의 선형 비례 관계로부터 유도되며, 계산 방법은 여러 형태의 단면 형태를 예제로 하여 다루어진다.

아울러, 보와 기둥의 응력에 관련하여 휨과 축하중을 동시에 받는 부재의 조합 응력을 설명하고 여러 형태 단면의 핵을 계산하는 방법이 아울러 소개된다.

10.2 휨응력

휨에 의하여 보에 생기는 응력을 휨응력(flexural stress)이라 하며 휨응력은 수직응력에 속한다. 그림 10.1에 길이가 $l = 500$ mm인 두 부재가 있다. 그림 10.1(a)는 부재축에 압축력 N이 작용하며, 그림 10.1(b)는 부재축에 정방향 휨모멘트 M이 작용한다. 단면의 변형률 분포가 선형이고, 응력이 균일하게 분포되어 있는 경우 축력 N을 받는 부재는 윗면 a에서 밑면 e까지 일정한 크기로 길이가 증가하게 된다. 늘어난 길이가 0.5 mm

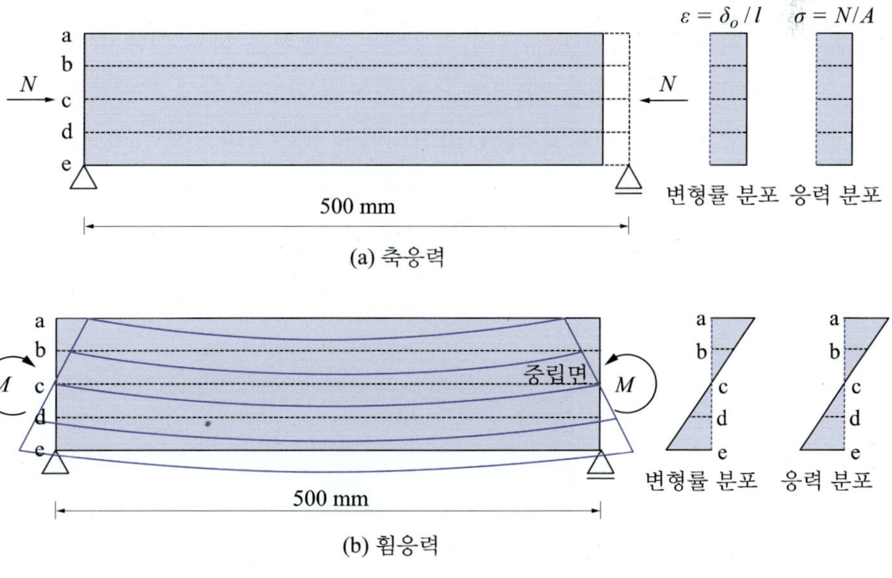

그림 10.1 축응력과 휨응력

라 하면 식(6.20)에 의해 계산되는 축방향 변형률은 $\varepsilon = \delta_o / l = 0.5/500 = 0.0001$이 되며, 응력도 윗면에서 밑면까지 일정한 크기인 $\sigma = N/A$이 발생한다.

한편 그림 10.1(b)와 같이 휨모멘트를 받을 경우에 부재는 휘어지면서 윗면은 오목해지고 아래는 볼록해진다. 윗면이 오목해진다는 것은 길이가 줄어드는 것이며, 아랫면과 같이 볼록해진다는 것은 길이가 늘어난다는 것이다. 따라서 휨모멘트에 의해서도 부재의 길이가 변화하지만 축력과 같이 일정하지 않고 단면의 위치에 따라서 달라진다. 만일 윗면 a의 길이가 0.5 mm 줄어들고, 밑면 e의 길이가 0.5 mm 늘어났다고 할 경우에 식(6.14)에 의해 축방향 변형률을 계산하면 그림 10.1(b)와 같이 단면에 따라서 달라진다. 응력의 분포도 변형률과 동일하게 오목한 위쪽 면은 압축응력을 받게 되고, 볼록한 아랫면은 인장응력을 받게 된다. 이와 같이 위쪽은 압축, 아래쪽은 인장 상태가 되나, 부재 단면의 중간 한 부분 c는 인장도 압축도 되지 않고 원래의 길이를 그대로 유지하는 면이 생기게 된다. 이 면을 중립면이라고 하며, 보를 단면으로 나타낼 때 선으로 표시되는 중립면을 중립축(neutral axis 또는 NA로 표시)이라고 한다.

- 중립축 : 압축응력과 인장응력의 경계가 되는 축이며 응력은 0이다.

휨 응력 및 변형에서는 중립축에 대하여 다음과 같은 가정을 설정하고 있다.

- 평면유지의 가정(베르누이 가정, Bernoulli's assumption) : 변형을 하기 전 중립축에 수직한 단면은 변형 후에도 수직한 면을 그대로 유지한다.

이 가정에 의하면 탄성체의 경우에는 휨변형을 하기 전에 부재축에 수직한 면은 그림 10.2와 같이 휨변형을 한 후에도 비선형을 이루지 않고 부재축과 수직을 이루면서 선형을 이루게 된다. 따라서 그림 10.1(b)에서 윗면 a의 길이가 0.5 mm 줄어들 경우에 중립축에서 윗면과 절반 떨어진 곳인 b면의 변형 길이는 0.25 mm 압축이 되며, 중립축에서 밑면과 절반 떨어진 곳인 d면의 변형 길이는 0.25 mm 인장이 되어 변형률 분포는 선형적인 관계를 갖게 된다.

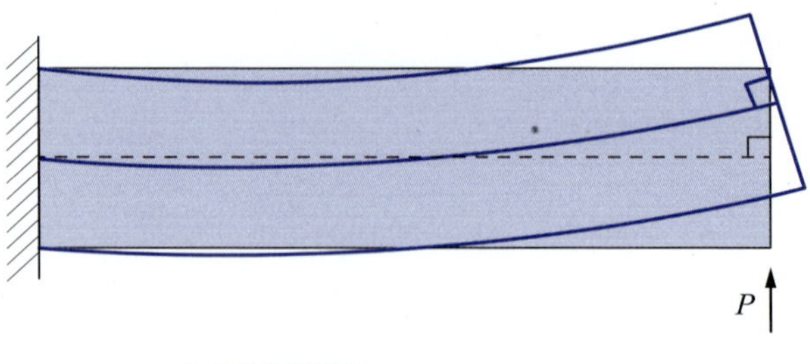

그림 10.2 평면유지의 가정

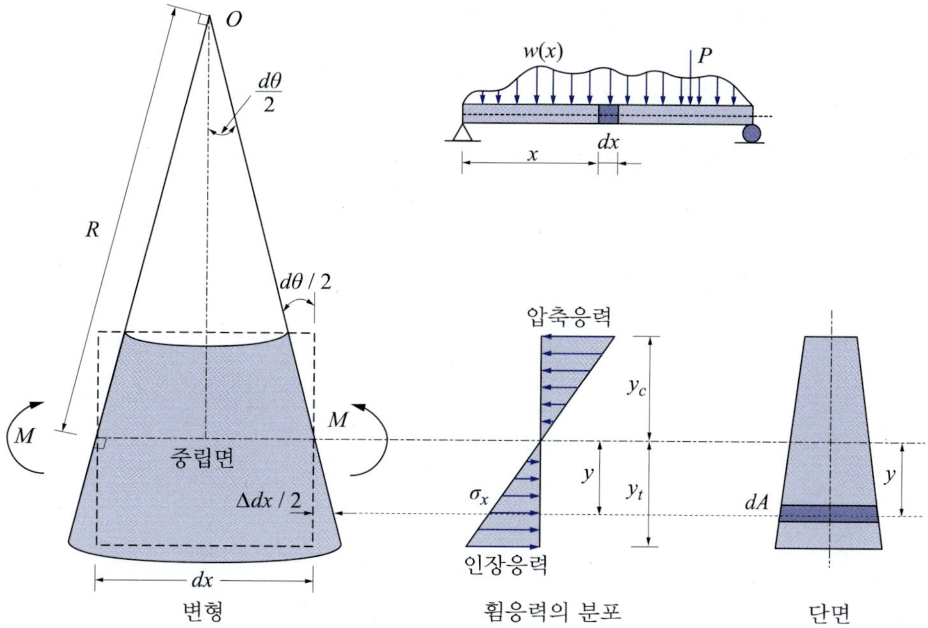

그림 10.3 휨변형

그림 10.3과 같이 곧은 부재의 중립축에 약간의 간격을 둔 두 면의 수직 연장선은 휨 변형을 하기 전에는 만나지 않으나, 휨 변형이 생기면 축에 대한 면의 수직도는 그대로 유지되므로 두 면의 연장선은 그림 10.3에 표시된 바와 같이 부재 바깥의 한 점 O에서 만나 휨 중립축과 부채꼴을 이루게 된다. 이 때 중립축과 면의 교차점 O점까지의 거리를 곡률반지름이라고 하며 R로 표시하고, R의 역수인 $1/R$은 부재의 휜 정도를 나타내므로 곡률(curvature)이라고 한다. 곡률은 일반적으로 ϕ로 표시한다.

휨모멘트는 중립축을 중심으로 선형으로 변형하는 직응력을 유발하며, 이는 탄성해석에 의해 유도할 수 있다. 임의의 하중을 받는 보의 작은 길이 dx를 절단하고 이 물체에 작용하는 휨모멘트와 물체의 변형을 표시하면 그림 10.3과 같다. 평면유지의 가정에 의하면 휨모멘트를 받는 보의 변형 전에 부재축에 수직한 평면은 변형 후에도 부재축에 수직한다. 따라서 보에 생기는 변형률은 중립축으로부터 떨어진 거리에 선형적으로 비례하여 증감한다. 그림 10.3에서 작은 길이 dx는 곡률반경 R에 내각 $d\theta$을 곱한 값이다.

$$dx = R \times d\theta$$

중립축에서 거리 y만큼 떨어진 위치에서의 늘어난 길이 Δdx는 거리 y에 내각 $d\theta$를 곱한 값이다.

$$\Delta dx = y \times d\theta$$

평면유지의 법칙에 따르면 변형률은 중립축으로부터 떨어진 거리에 선형적으로 비례하므로 닮은꼴 삼각형 법칙에 의해 다음을 유도할 수 있다.

$$dx : (R \times d\theta) = \Delta dx : (y \times d\theta)$$

축방향 변형률 ε_x은 원래의 길이 dx와 늘어난 길이 Δdx의 비율이므로 식(10.1)을 유도할 수 있다. 후크의 법칙에 의하면 응력과 변형률은 식(10.2)의 선형적인 관계가 있으며, 그 분포 형태는 그림 10.3과 같다.

$$\varepsilon_x = \frac{\Delta dx}{dx} = \frac{y}{R} \tag{10.1}$$

$$\sigma_x = E\varepsilon_x = \frac{Ey}{R} \tag{10.2}$$

이 응력의 분포는 두 가지 평형조건을 만족시켜야 한다.

첫 번째 조건은 x 방향의 응력의 합이 0이 되어야 하는 점이다. 그림 10.3의 휨을 일으키는 모멘트는 축방향력이 아니므로 단면에 생기는 휨응력의 평형조건은 식(a)가 된다.

$$\int_A \sigma_x dA = 0 \tag{a}$$

이 식에 식(10.2)를 대입하여 식(10.3)을 구한다.

$$\frac{E}{R}\int_A y\,dA = 0 \tag{10.3}$$

E와 R은 상수이므로 휨응력의 첫 번째 평행조건은 식(10.4)로 귀결된다.

$$\int_A y\,dA = 0 \tag{10.4}$$

이 식은 단면1차모멘트가 0이 되는 곳, 즉 도심을 나타내므로 휨 변형의 중립축은 도심과 일치하는 것을 의미한다.

두 번째 조건은 인장응력의 합력과 압축응력의 합력이 만드는 우력이 외부 휨모멘트와 평형을 이루어야 하는 것이다. 내부 응력의 합력에 의한 우력을 저항 휨모멘트라고 하며, 휨모멘트는 힘에 거리를 곱한 것이며, 응력의 분포가 그림 10.3과 같이 중립축을 중심으로 선형적으로 변화하므로 단면 전체에 작용하는 휨모멘트는 단면 높이에 따라 변화하는 응력을 적분하여 계산해야 한다. 그림 10.3과 같이 단면의 아주 작은 면적 dA 에 생긴 응력의 중립축에 대한 저항 휨모멘트는 $\sigma_x \, dA \, y$ 이므로, 내부 저항 휨모멘트가 외부 휨모멘트 M 에 평형을 이루는 조건은 식(b)와 같다.

$$M = \int_A \sigma_x \, y \, dA \tag{b}$$

식(b)에 식(10.2)를 대입하여 식(10.5)를 유도한다.

$$M = \frac{E}{R}\int_A y^2 \, dA \tag{10.5}$$

이 식에서 $\int_A y^2 \, dA$ 는 단면2차모멘트이므로 I 의 기호를 사용하면, 휨모멘트의 관계식은 식(10.6)으로 유도된다. 앞에서 설명하였듯이 곡률 ϕ 는 곡률반지름 R 의 역수인 $1/R$ 이므로 휨모멘트가 유발하는 변형인 곡률을 구할 수 있다.

$$\frac{1}{R} = \frac{M}{EI}$$

$$\phi = \frac{M}{EI} \tag{10.6}$$

이 식에 의하면, 휨에 의한 보의 곡률은 휨모멘트에 비례하고 탄성계수와 단면2차모멘트에 반비례한다. 식(10.6)에서 EI 는 재료와 단면의 성능이 결합하여 휨 변형에 저항하는 능력을 나타낸 것으로, 휨강성(flexural stiffness)이라고 한다.

식(10.2)와 (10.6)을 정리하면 휨모멘트와 휨응력의 관계식은 식(10.7)이 된다.

$$\sigma_x = \frac{M}{I} y \tag{10.7}$$

이 식은 식(10.2) 또는 그림 10.3과 같이 중립축에서 휨인장 또는 휨압축 응력의 분포를 나타내는 식이며, 응력의 크기는 단면 양 쪽 가장자리에서 최댓값을 나타낸다. 이런 가장자리를 연단(緣端)이라고 하며, 그림 10.4에서와 같이 중립축에서 인장 연단까지의 거리를 y_t , 압축 연단까지의 거리를 y_c 라고 하고, 연단에서 최대 인장 및 압축응력을 가각 $\sigma_{xt,\max}$ 및 $\sigma_{xc,\max}$ 으로 나타내면, 식(10.7)로부터

$$\sigma_{xt,\max} = \frac{M}{I} y_t = \frac{M}{I/y_t}$$

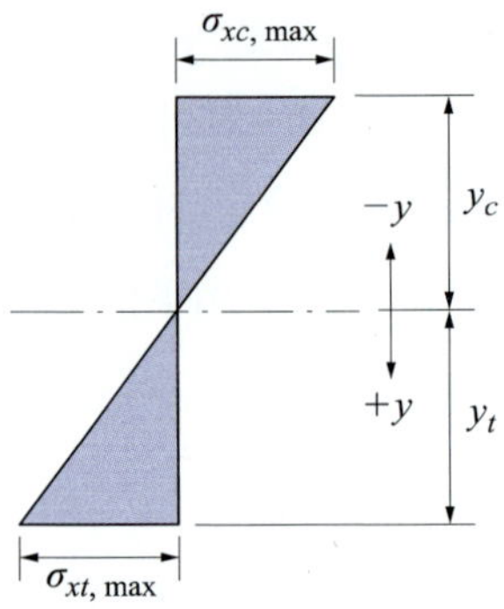

그림 10.4

$$\sigma_{xc,\max} = \frac{M}{I} y_c = \frac{M}{I/y_c} \tag{c}$$

으로 주어진다. 이 식의 분모는 식(8.19)에서 단면계수로 정의되어 있으므로 인장과 압축으로 나누어 식(10.8)로 나타낼 수 있다.

$$\text{인장 측 단면계수 } Z_t = \frac{I}{y_t}$$

$$\text{압축 측 단면계수 } Z_c = \frac{I}{y_c} \tag{10.8}$$

식(10.8)을 식(c)에 대입하면 인장 연단과 압축 연단에서 최대 휨응력은 식(10.9)가 된다.

$$\sigma_{xt,\max} = \frac{M}{Z_t}$$

$$\sigma_{xc,\max} = \frac{M}{Z_c} \tag{10.9}$$

예제 10.1 그림 8.11의 T-250 × 200 × 10 × 16 형강에 플랜지가 휨압축되는 방향으로 $M = 25\,\text{kN}\cdot\text{m}$의 휨모멘트가 작용할 때 곡률반지름을 계산하라. 단, $E = 210{,}000\,\text{N/mm}^2$으로 한다.

풀이 예제 8.7에서 T-250 × 200 × 10 × 16 형강의 단면2차모멘트는 $I_x = 31.87 \times 10^6\,\text{mm}^2$으로 계산되었으므로, 곡률은 식(10.6)으로부터 계산된다.

$$\frac{1}{R} = \phi = \frac{M}{EI} = \frac{25 \times 10^6}{210{,}000 \times 31.87 \times 10^6} = 3.74 \times 10^{-6}/\text{mm}$$

따라서 곡률반지름은 중립축인 도심으로부터 다음 길이가 된다.

$$R = 0.2674 \times 10^6\,\text{mm} = 267.4\,\text{m}$$

예제 10.2 그림 8.11의 T-250 × 200 × 10 × 16 형강에 플랜지가 휨압축되는 방향으로 $M = 25\,\text{kN} \cdot \text{m}$의 휨모멘트가 작용할 때 최대 휨인장응력과 최대 휨압축응력을 계산하라.

풀이

예제 8.12에서 T-250 × 200 × 10 × 16 형강의 인장측 및 압축측 단면계수는 각각 다음과 같다.

$$Z_t = 168.4 \times 10^3\,\text{mm}^3,\ Z_c = 524.2 \times 10^3\,\text{mm}^3$$

$M = 25\,\text{kN} \cdot \text{m}$의 휨모멘트에 대하여 식(10.9)로부터 최대 휨인장응력과 최대 휨압축응력을 계산할 수 있다.

$$\sigma_{xt,\max} = \frac{M}{Z_t} = \frac{25 \times 10^6}{168.4 \times 10^3} = 148.4\,\text{N/mm}^2$$

$$\sigma_{xc,\max} = \frac{M}{Z_c} = \frac{25 \times 10^6}{524.2 \times 10^3} = 47.7\,\text{N/mm}^2$$

응력의 분포는 그림 10.5와 같다.

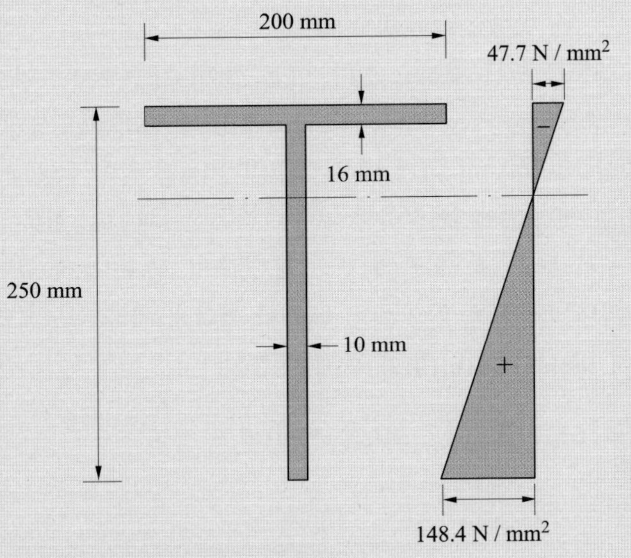

그림 10.5

예제 10.3 그림 11.3(a)의 H-300 × 300 × 10 × 15 형강의 허용 휨응력이 $f_b = 141\,\text{N/mm}^2$일 때 이 형강이 지지할 수 있는 최대 휨모멘트를 구하라.

풀이

H-300 × 300 × 10 × 15 형강의 단면2차모멘트는 다음과 같다.

$$I_x = \frac{300 \times (300)^3}{12} - \frac{(300-10) \times (300 - 15 \times 2)^3}{12} = 199.3 \times 10^6\,\text{mm}^4$$

형강의 압축 또는 인장 연단에서 도심까지 거리를 계산한다.

$$y_c = y_t = \frac{300}{2} = 150\,\text{mm}$$

단면계수는 인장측과 압축측 모두 다음과 같이 동일하다.

$$Z = \frac{I_x}{y_c} = \frac{199.3 \times 10^6}{150} = 1.33 \times 10^6\,\text{mm}^3$$

형강에 생기는 최대 휨응력은 허용 휨응력 이하가 되어야 하므로

$$\sigma_{x,\max} = \frac{M}{Z} = \frac{M}{1.33\times 10^6} \le f_b = 141\,\mathrm{N/mm^2}$$

의 식으로부터, 형강의 지지할 수 있는 최대 휨모멘트를 계산할 수 있다.

$$M \le Zf_b = 1.33\times 10^6 \times 141 = 187.5\times 10^6\ \mathrm{N\cdot mm} = 187.5\ \mathrm{kN\cdot m}$$

10.3 2방향 휨모멘트에 의한 응력

보는 한 방향으로만 휨모멘트를 받는 것이 아니고 단면에 서로 수직한 두 방향으로 휨모멘트를 받는 경우도 있다. 예를 들어, 지붕 트러스의 상현재에 가로 방향으로 설치되는 중도리는 지붕 트러스의 물매에 따라 비스듬한 상태에서 지붕에서 전달되는 연직하중을 지지하여야 하기 때문에 그림 10.6과 같이 물매 θ인 트러스에 설치된 직사각형 단면의 중도리에 연직하중 P가 작용할 때 이 힘은 단면의 두 주축 방향의 힘 $P_x = P\sin\theta$, $P_y = P\cos\theta$로 분해되며, P_y는 x축, P_x는 y축에 대하여 각각 M_x, M_y의 휨모멘트를 일으킨다. 따라서 분력에 의한 휨모멘트는 합력 P에 의한 휨모멘트 M에 대하여 식(10.10)의 관계를 갖는다.

$$M_x = M\cos\theta,\ M_y = M\sin\theta \tag{10.10}$$

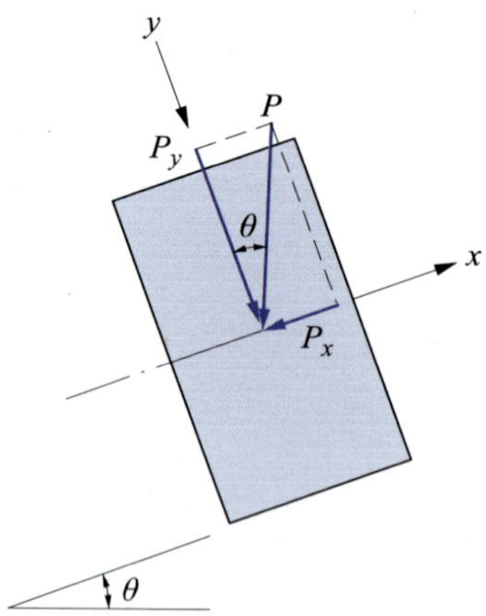

그림 10.6 2방향 휨모멘트

부재의 주축에 대한 단면2차모멘트가 I_x 및 I_y 로 주어졌을 때 휨모멘트 M_x 와 M_y 에 의한 휨응력은 식(10.7)로부터 계산할 수 있다.

$$\sigma_x = \frac{M_x}{I_x} y, \ \sigma_y = \frac{M_y}{I_y} x \tag{10.11}$$

두 응력은 모두 축방향으로 생겨 겹쳐지므로, 두 방향 휨모멘트에 의하여 단면에 생기는 휨응력 공식은 $\sigma = \sigma_x + \sigma_y$ 의 겹침에 따라 합하여 계산한다.

$$\sigma = \frac{M_x}{I_x} y + \frac{M_y}{I_y} x \tag{10.12a}$$

또는 식(10.10)과 식(10.11)로부터

$$\sigma = M\left(\frac{y}{I_x}\cos\theta + \frac{x}{I_y}\sin\theta\right) \tag{10.12b}$$

으로 주어진다. 중립축에서는 응력이 생기지 않으므로, 식(10.12)에 $\sigma = 0$을 대입하여 중립축과 x 축 사이의 각도를 구할 수 있다.

$$\tan\phi = \frac{y}{x} = -\frac{M_y I_x}{M_x I_y} \tag{10.13a}$$

$$\tan\phi = -\frac{I_x}{I_y}\tan\theta \tag{10.13b}$$

그림 10.7(a)와 같이 두 주축 방향으로 M_x, M_y 휨모멘트가 작용하는 경우 이 두 휨모멘트에 의한 4 점 A, B, C, D에서의 응력은 식(10.11)과 그림 10.7(b)로부터 휨모멘트에 의하여 발생하는 압축과 인장을 응력을 고려하여 계산할 수 있다.

$$\sigma_A = -\frac{M_x}{I_x} y_t - \frac{M_y}{I_y} x_t, \ \sigma_B = -\frac{M_x}{I_x} y_t + \frac{M_y}{I_y} x_t$$

$$\sigma_C = \frac{M_x}{I_x} y_t - \frac{M_y}{I_y} x_t, \ \sigma_D = \frac{M_x}{I_x} y_t + \frac{M_y}{I_y} x_t \tag{a}$$

두 방향에 의하여 발생하는 휨모멘트에 의하여 발생하는 4점에서의 응력을 살펴보면 B점과 D점에서는 압축 휨응력과 인장 휨응력이 상쇄되어 응력의 크기는 1축 휨의 경우보다 줄어든다. 반면에 A점에서는 압축응력이 겹치고, C점에서는 인장응력이 겹쳐서 최대가 된다.

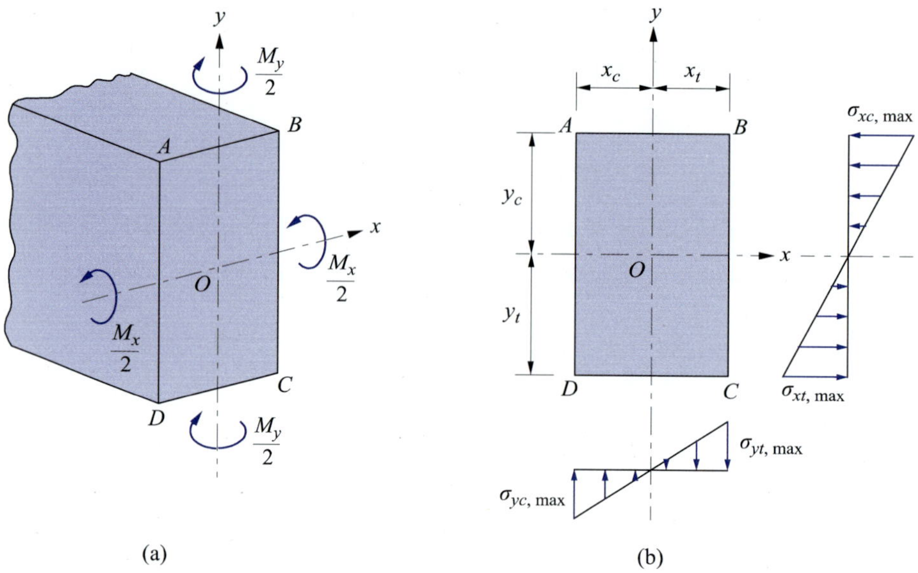

그림 10.7

예제 10.4 그림 10.8의 각도 θ 에 작용하는 휨모멘트 M_θ 에 의하여 발생하는 네 모서리 a, b, c, d 에서의 휨응력을 계산하라.

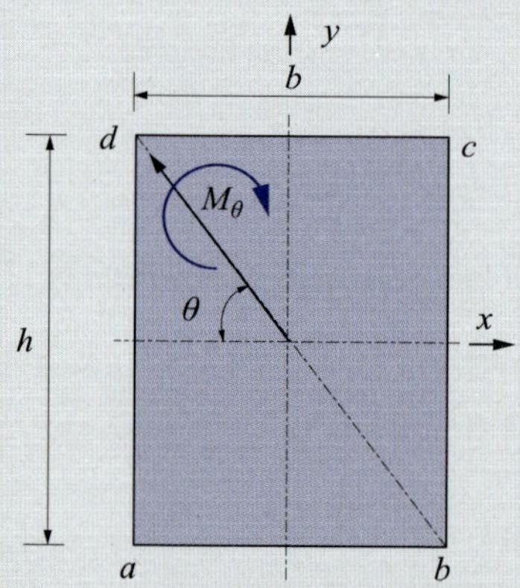

그림 10.8

풀이 이 단면에서는 x, y축과 각도 θ만큼 기울어진 방향에서 휨모멘트가 작용하고 있으므로 경사 방향에 작용하는 휨모멘트를 x, y축에 맞게 그림 10.9(a)와 같이 분리해야 한다.

$M_x = M_\theta \cos\theta$, $M_y = M_\theta \sin\theta$

또한, 두 축에 대한 단면2차모멘트를 계산한다.

$I_x = bh^3/12$, $I_y = hb^3/12$

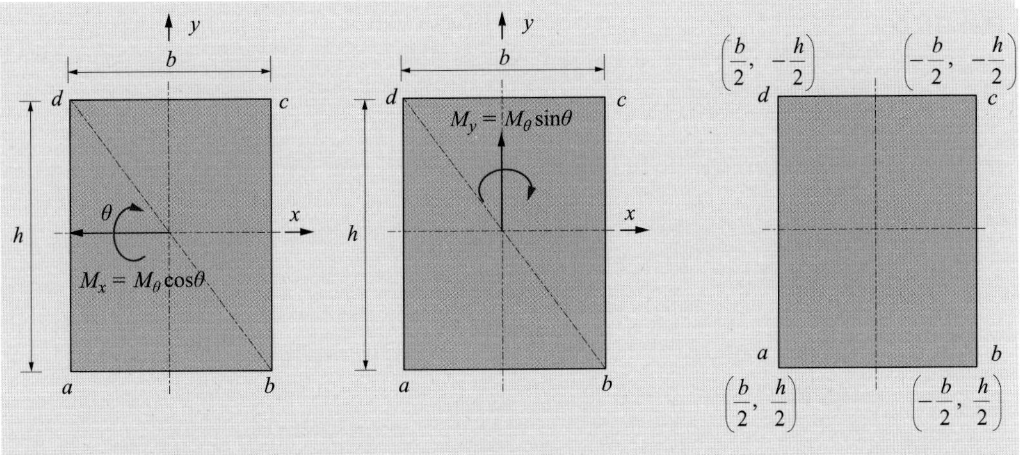

(a) 모멘트의 분리

(b) 중립축에서 거리

그림 10.9

분리된 휨모멘트에 의하여 x, y축의 2방향에 휨모멘트가 작용하므로 식(10.12a)에 의하여 네 모서리 a, b, c, d 에서의 휨응력을 계산할 수 있다.

$$\sigma = \pm \frac{M_x}{I_x} y \pm \frac{M_y}{I_y} x \tag{a}$$

그림 10.9(b)와 같이 중립축으로부터 네 모서리까지의 거리를 계산한다. 휨모멘트의 방향에 의하여 네 모서리는 압축 또는 인장이 될 수 있으므로 압축의 경우에는 음의 부호를 붙인다.

$$y_a = \frac{h}{2},\ y_b = \frac{h}{2},\ y_c = -\frac{h}{2},\ y_d = -\frac{h}{2}$$

$$x_a = \frac{b}{2},\ x_b = -\frac{b}{2},\ x_c = -\frac{b}{2},\ x_d = \frac{b}{2}$$

계산한 단면2차모멘트와 거리를 식(a)에 대입하여 네 모서리에 작용하는 휨응력을 계산할 수 있다.

- a점의 휨응력 $\sigma_a = \frac{M_x}{I_x}(y_a) + \frac{M_y}{I_y}(x_a) = \left(\frac{6M_\theta \cos\theta}{bh^2} + \frac{6M_\theta \sin\theta}{b^2 h}\right)$
- b점의 휨응력 $\sigma_b = \frac{M_x}{I_x}(y_b) + \frac{M_y}{I_y}(x_b) = \left(\frac{6M_\theta \cos\theta}{bh^2} - \frac{6M_\theta \sin\theta}{b^2 h}\right)$
- c점의 휨응력 $\sigma_c = \frac{M_x}{I_x}(y_c) + \frac{M_y}{I_y}(x_c) = -\left(\frac{6M_\theta \cos\theta}{bh^2} + \frac{6M_\theta \sin\theta}{b^2 h}\right)$
- d점의 휨응력 $\sigma_b = \frac{M_x}{I_x}(y_d) + \frac{M_y}{I_y}(x_d) = \left(-\frac{6M_\theta \cos\theta}{bh^2} + \frac{6M_\theta \sin\theta}{b^2 h}\right)$

위의 결과에서 최대 휨압축응력은 c점에서 발생하며, 최대 휨인장응력은 a점에서 발생함을 알 수 있다. 중립축의 각도는 식(10.13)을 사용하여 계산할 수 있다.

예제 10.5 수평선에서 30°경사진 길이 2 m의 H-200 × 200 × 8 × 12 형강 캔틸레버보 단부에 P=20 kN의 집중하중이 작용할 때 중립축의 위치와 최대 휨인장응력을 구하라. 단, H-200 × 200 × 8 × 12 형강의 단면2차모멘트는 $I_x = 47.2 \times 10^6 \mathrm{mm}^4$, $I_y = 16.0 \times 10^6 \mathrm{mm}^4$ 이다.

풀이 중립축의 위치는 식(10.13)으로부터 계산한다.

$$\tan\phi = -\frac{I_x}{I_y}\tan\theta = -\frac{47.2 \times 10^6}{16.0 \times 10^6}\tan 30° = -1.70$$

$$\phi = -59.5°$$

그림 10.10에 표시된 바와 같이 x축에서 시계방향으로 59.5° 되는 축이 중립축이다.

H-200 × 200 × 8 × 12 형강의 도심에서 연단까지의 거리는 $x_c = x_t = 100\mathrm{mm}$, $y_c = y_t = 100\mathrm{mm}$ 이므로, 단면계수는 다음과 같다.

$$Z_{xt} = Z_{xc} = \frac{47.2 \times 10^6}{100} = 472 \times 10^3 \mathrm{mm}^3$$

$$Z_{yt} = Z_{yc} = \frac{16.0 \times 10^6}{100} = 160 \times 10^3 \mathrm{mm}^3$$

x축 및 y축에 대한 휨모멘트를 계산한다.

$$M_x = (P\cos\theta)\,l = (20\cos 30°) \times 2 = 34.6\,\mathrm{kN \cdot m}$$

$$M_y = (P\sin\theta)\,l = (20\sin 30°) \times 2 = 20.0\,\mathrm{kN \cdot m}$$

최대 휨인장응력은 B 점에 발생하며, 그 값은 다음과 같다.

$$\sigma_{t,\max} = \frac{34.6 \times 10^6}{472 \times 10^3} + \frac{20 \times 10^6}{160 \times 10^3} = 198.3\,\mathrm{N/mm^2}$$

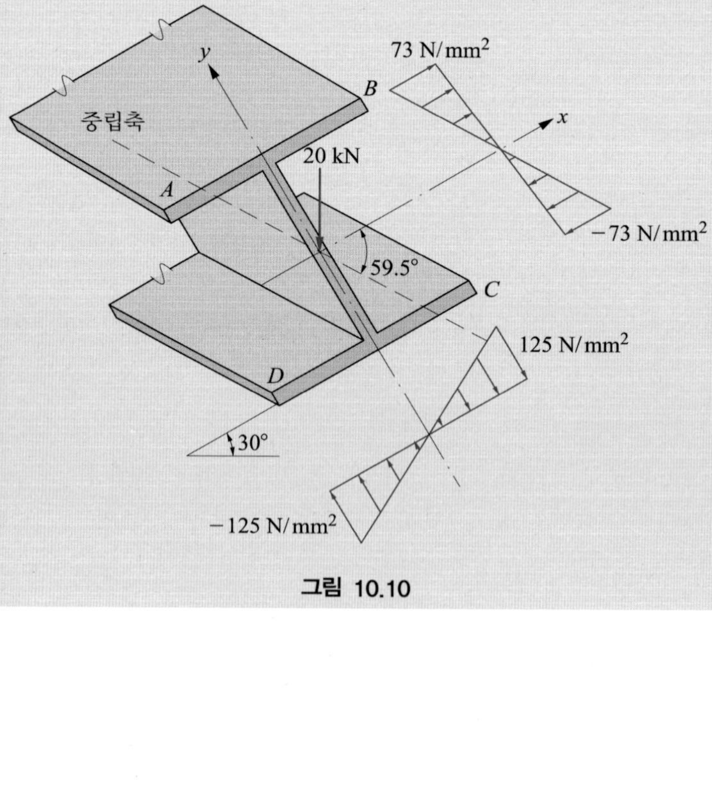

그림 10.10

10.4 휨모멘트와 축방향력의 조합 응력

구조물을 이루는 많은 부재들은 실제 상태에서 휨과 축방향력을 동시에 받는 경우가 많다. 예를 들어, 5.3절의 트러스 해석에서 트러스 접합부는 마찰이 없는 활절점으로 이상화되고 있으나, 실제에 있어 용접이나 볼트 접합된 트러스 현재에는 축방향력과 단부 휨모멘트가 작용하며, 골조 구조에서 대부분의 기둥들은 압축력과 함께 보에서 전달되는 휨모멘트를 지지하고 있다.

수직응력을 유발하는 외적인 힘은 축하중과 휨모멘트가 있으며 그림 10.11과 같이 세 가지로 구분한다.

- 축응력 : 부재축방향과 일치하는 방향으로 작용하는 축하중에 의해 발생하는 응력
- 편심응력 : 부재축과 편심거리 e만큼 떨어져 작용하는 편심하중에 의해 발생하는 응력
- 휨응력 : 전단력에 의해 발생하는 휨모멘트와 직접 휨모멘트에 의해 발생하는 응력

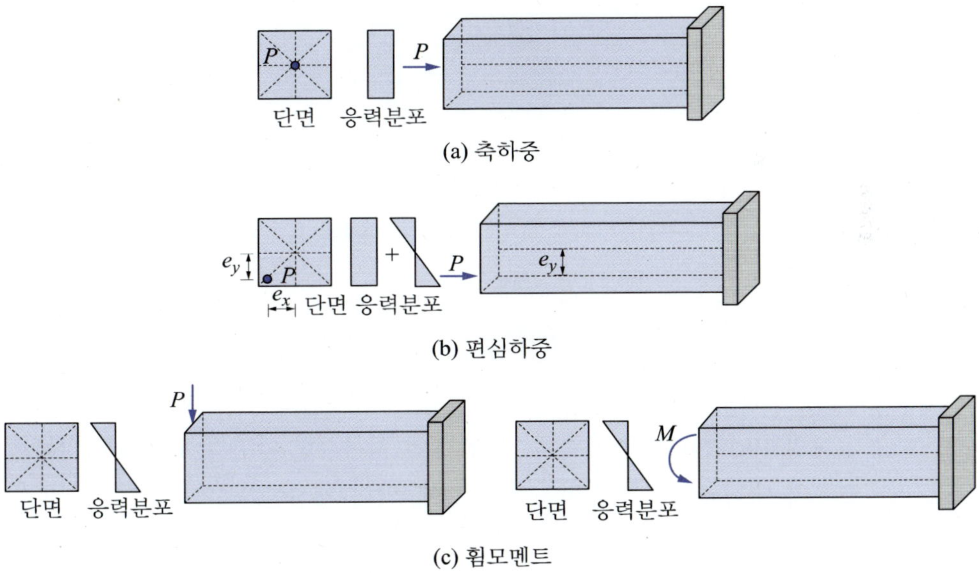

그림 10.11 수직응력을 유발하는 하중

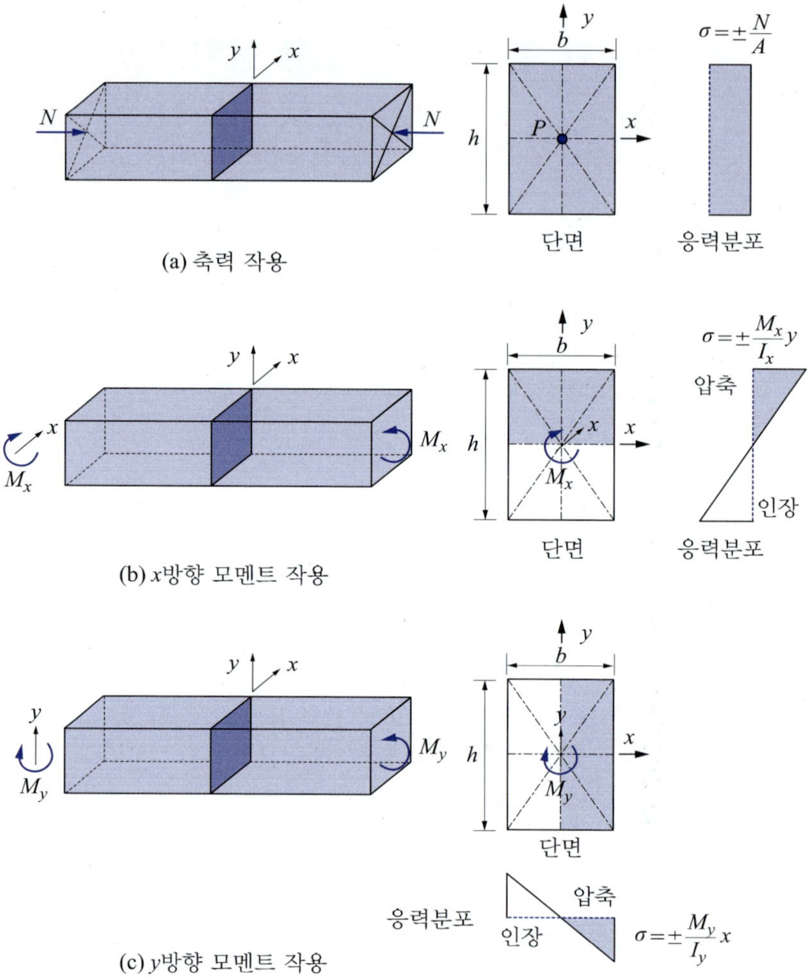

그림 10.12 수직응력(축응력과 휨응력)

그림 10.12(a)와 같이 폭 b, 높이 h인 직사각형 단면의 도심에 축압축력 N이 작용할 경우의 수직응력인 축응력은 식(6.1)에 의해 계산한다.

$$\sigma = \pm \frac{N}{A}$$

여기서, P는 인장하중의 경우에는 "+", 압축하중의 경우에는 "−"이다. A는 하중이 작용하는 면의 단면적이다.

또한 그림 10.12(b)와 (c)의 x방향과 y방향에 각각 휨모멘트 M_x와 M_y가 작용할 경우의 수직응력인 휨응력은 식(10.7)에 의해 계산된다.

$$\sigma_x = \frac{M_x}{I_x} y, \ \sigma_y = \frac{M_y}{I_y} x$$

한편, 축방향력 N과 x방향과 y방향에 각각 휨모멘트 M_x와 M_y가 작용할 경우의 수직응력은 축응력과 휨응력의 합에 의해 식(10.14)에 의해 계산되며, 그림 10.12와 같은 분포가 된다.

$$\sigma = \pm \frac{N}{A} \pm \frac{M_x}{I_x} y \pm \frac{M_y}{I_y} x \tag{10.14}$$

휨응력을 유발하는 것은 그림 10.11에서 설명한 것과 같이 축하중, 휨모멘트와 함께 편심하중에 의하여도 발생한다. 편심하중(偏心荷重, eccentric load)이란 축하중이 부재의 도심에 작용하지 않고 일정한 거리, 즉 편심거리 만큼 떨어질 경우에 발생하는 하중이다. 예를 들어, 그림 10.13과 같이 도심에서 y방향으로 편심거리 e_y 떨어진 곳에 축하중이 작용할 경우에 단면에는 축하중과 편심하중에 의한 x방향 휨모멘트 $M_x = P \cdot e_y$가 발생하므로 수직하중은 두 응력의 합이 되어야 한다.

$$\sigma = \pm \frac{P}{A} \pm \frac{P \cdot e_y}{I_x} y \tag{10.15}$$

또한, 도심에서 x방향으로 편심거리 e_x 떨어진 곳에 축하중이 작용할 경우에 단면에는 축하중과 편심하중에 의한 y방향 휨모멘트 $M_y = P \cdot e_x$가 발생하므로 수직하중은 두 응력의 합이 되어야 한다.

$$\sigma = \pm \frac{P}{A} \pm \frac{P \cdot e_x}{I_y} x \tag{10.16}$$

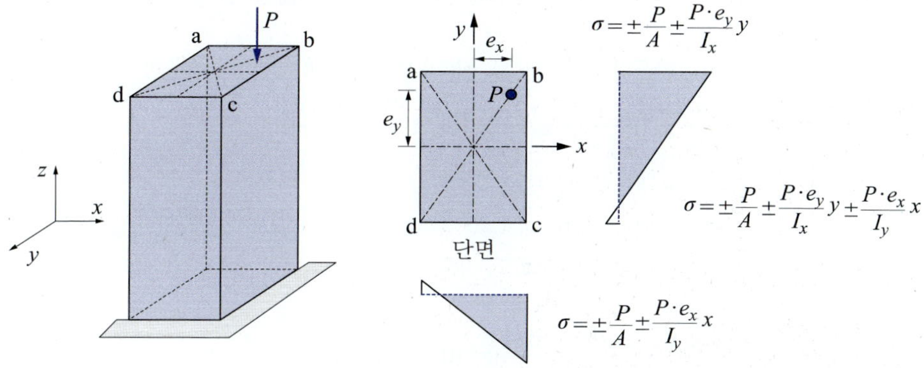

그림 10.13 편심하중에 의한 수직응력

편심거리가 도심에서 x 방향과 y 방향으로 모두 떨어져 있는 경우에는 축하중과 함께 양 방향으로 휨모멘트가 발생하므로 수직하중은 식(10.17)에 의해 계산해야 한다.

$$\sigma = \pm \frac{P}{A} \pm \frac{P \cdot e_y}{I_x} y \pm \frac{P \cdot e_x}{I_y} x \tag{10.17}$$

실제 구조물에는 축하중이 부재축에 작용하지 않고 편심하중으로 작용하는 경우가 많으므로 이 경우에는 축하중이 유발하는 휨모멘트를 함께 고려하여 수직응력을 계산해야 한다. 궁극적으로 수직하중 σ를 유발하는 것은 축하중, 휨모멘트, 편심하중이며 이들을 모두 고려하여 식(10.18)에 의해 수직응력을 계산할 수 있다.

$$\sigma = \pm \frac{P}{A} \pm \frac{P \cdot e_y}{I_x} y \pm \frac{P \cdot e_x}{I_y} x \pm \frac{M_x}{I_x} y \pm \frac{M_y}{I_y} x \tag{10.18}$$

예제 10.6 그림 10.14의 단면이 120 mm × 100 mm인 기둥에 5 kN의 편심하중이 작용한다. 지점 단면 a, b, c, d에 작용하는 수직응력을 계산하고, 중립축의 위치를 구하라.

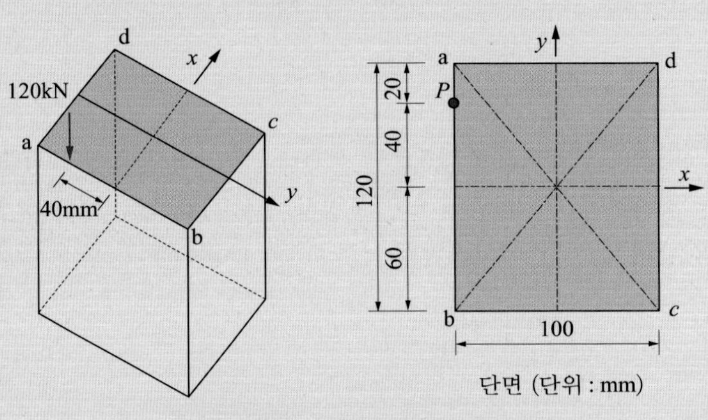

그림 10.14 편심하중을 받는 기둥

풀이 단면에는 편심하중이 작용하므로 식(10.18)에 의해 a, b, c, d에 발생하는 응력을 계산한다.

$$\sigma = \pm \frac{P}{A} \pm \frac{P \cdot e_y}{I_x} y \pm \frac{P \cdot e_x}{I_y} x \pm \frac{M_x}{I_x} y \pm \frac{M_y}{I_y} x$$

단면의 면적 A, 단면2차모멘트 I, 편심거리 e를 계산한다.

$$A = bh = (100 \times 120) = 12{,}000\ \mathrm{mm}^2$$

$$I_x = \frac{b \times h^3}{12} = \frac{100 \times 120^3}{12} = 14.4 \times 10^6\ \mathrm{mm}^4$$

$$I_y = \frac{h \times b^3}{12} = \frac{120 \times 100^3}{12} = 10 \times 10^6\ \mathrm{mm}^4$$

$$e_x = 50\ \mathrm{mm},\ e_y = 40\ \mathrm{mm}$$

편심하중에 의한 휨모멘트를 계산한다.

$$M_x = P \times e_y = 120{,}000 \times 50 = 6 \times 10^6 \text{ N} \cdot \text{mm}$$

$$M_y = P \times e_x = 120{,}000 \times 40 = 4.8 \times 10^6 \text{ N} \cdot \text{mm}$$

단면의 a, b, c, d점에 작용하는 수직응력을 계산한다.

$$\sigma_a = -\frac{120{,}000}{12{,}000} - \frac{4.8 \times 10^6}{14.4 \times 10^6}60 - \frac{6 \times 10^6}{10 \times 10^6}50 = -10 - 20 - 30 = -60 \text{ MPa}$$

$$\sigma_b = -\frac{120{,}000}{12{,}000} + \frac{4.8 \times 10^6}{14.4 \times 10^6}60 - \frac{6 \times 10^6}{10 \times 10^6}50 = -10 + 20 - 30 = -20 \text{ MPa}$$

$$\sigma_c = -\frac{120{,}000}{12{,}000} + \frac{4.8 \times 10^6}{14.4 \times 10^6}60 + \frac{6 \times 10^6}{10 \times 10^6}50 = -10 + 20 + 30 = 40 \text{ MPa}$$

$$\sigma_d = -\frac{120{,}000}{12{,}000} - \frac{4.8 \times 10^6}{14.4 \times 10^6}60 + \frac{6 \times 10^6}{10 \times 10^6}50 = -10 - 20 + 30 = 0 \text{ MPa}$$

계산한 수직응력의 분포를 그림 10.15에 표시하였다. 아랫면에서 압축응력과 인장응력이 공존하므로 응력이 0이 되는 점, 즉 중립축 위의 점이 존재한다. 응력은 선형적으로 변화하므로 거리에 대한 비례 관계를 이용하여 중립축의 위치를 계산한다.

$$\frac{x}{100 \text{ mm}} = \frac{20}{20 + 40}$$

$$\therefore \ x = 33.33 \text{ mm}$$

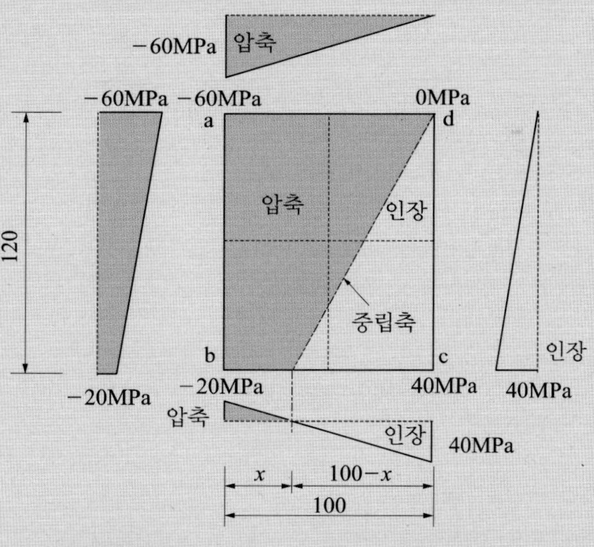

그림 10.15 응력의 분포와 중립축의 위치

예제 10.7 그림 10.16의 단면이 300 mm × 500 mm, 길이가 3 m인 캔틸레버 보에 50 kN의 수직하중과 1,500 kN의 편심하중이 작용한다. 지점 단면 a, b, c, d에 작용하는 수직응력을 계산하라.

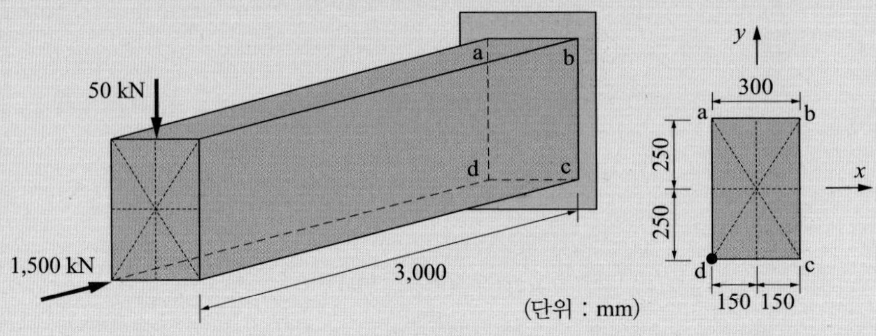

그림 10.16

풀이

단면에는 편심응력과 휨모멘트에 의한 수직응력이 작용하므로 식(10.18)에 의해 a, b, c, d에 발생하는 응력을 계산한다.

$$\sigma = \pm \frac{P}{A} \pm \frac{P \cdot e_y}{I_x} y \pm \frac{P \cdot e_x}{I_y} x \pm \frac{M_x}{I_x} y \pm \frac{M_y}{I_y} x$$

단면의 면적 A, 단면2차모멘트 I, 편심거리 e를 계산한다.

$$A = bh = 300 \times 500 = 150{,}000\ \mathrm{mm}^2$$

$$I_x = \frac{b \times h^3}{12} = \frac{300 \times 500^3}{12} = 3{,}125 \times 10^6\ \mathrm{mm}^4$$

$$I_y = \frac{h \times b^3}{12} = \frac{500 \times 300^3}{12} = 1{,}125 \times 10^6\ \mathrm{mm}^4$$

$$e_x = 150\ \mathrm{mm},\ e_y = 250\ \mathrm{mm}$$

단면의 a, b, c, d 점에 작용하는 수직응력을 계산한다.

$$\sigma_a = -\frac{1.5 \times 10^6}{150{,}000} + \frac{1.5 \times 10^6 \times 250}{3{,}125 \times 10^6} 250 - \frac{1.5 \times 10^6 \times 150}{1{,}125 \times 10^6} 150 + \frac{50{,}000 \times 3{,}000}{3{,}125 \times 10^6} 250$$
$$= 2\ \mathrm{MPa}$$

$$\sigma_b = -\frac{1.5 \times 10^6}{150{,}000} + \frac{1.5 \times 10^6 \times 250}{3{,}125 \times 10^6} 250 + \frac{1.5 \times 10^6 \times 150}{1{,}125 \times 10^6} 150 + \frac{50{,}000 \times 3{,}000}{3{,}125 \times 10^6} 250$$
$$= 62\ \mathrm{MPa}$$

$$\sigma_c = -\frac{1.5 \times 10^6}{150{,}000} - \frac{1.5 \times 10^6 \times 250}{3{,}125 \times 10^6} 250 + \frac{1.5 \times 10^6 \times 150}{1{,}125 \times 10^6} 150 - \frac{50{,}000 \times 3{,}000}{3{,}125 \times 10^6} 250$$
$$= -22\ \mathrm{MPa}$$

$$\sigma_d = -\frac{1.5 \times 10^6}{150{,}000} - \frac{1.5 \times 10^6 \times 250}{3{,}125 \times 10^6} 250 - \frac{1.5 \times 10^6 \times 150}{1{,}125 \times 10^6} 150 - \frac{50{,}000 \times 3{,}000}{3{,}125 \times 10^6} 250$$
$$= -82\ \mathrm{MPa}$$

10.5 단면의 핵

편심하중이 작용할 경우에 단면의 수직응력은 일정하지 않고 일정한 기울기로 변화한다. 예를 들어, 그림 10.17(a)의 맨 왼쪽의 경우에는 축압축하중 P가 작용하는 경우이다. 이 경우에는 편심하중이 존재하지 않으므로 수직응력은 $\sigma = -P/A$로 계산되며 전 단면에 걸쳐서 일정하다. 그러나 하중이 도심에서 벗어나 우측인 x축으로 e_x 만큼 벗어날 경우에 편심 모멘트 Pe_x가 작용하여 수직응력은 $\sigma = -P/A \pm (Pe_x/I_y)x$에 의해 계산해야 한다. 여기서, 축응력은 식(6.1)의 $\sigma = N/A$으로 표기해야 하지만, 축방향력 N을 유발하는 축하중 P가 편심모멘트 Pe도 발생시키기 때문에 조합응력 표기에서 N 대신 P를 사용한다. 이 경우에 축하중에 의해 발생하는 압축응력에 편심하중에 의해 발생하는 인장응력과 압축응력이 합해져 단면의 위쪽 방향에는 압축응력이 커지지만 좌측 방향에서는 압축응력이 작아져서 인장응력에 가까워진다. 결국 e_x가 어느 한계값 이상이 되면 두 응력의 합에 의하여 좌측 방향에 인장응력이 발생하게 된다. 한편 그림 10.17(b)의 경우에는 하중이 도심에서 벗어나 좌측인 x축으로 e_x 만큼 벗어날 경우에 단면의 좌쪽 방향에는 압축응력이 커지지만 우측 방향에서는 압축응력이 작아져서 인장응력에 가까워진다.

그림 10.17에서 부재 단면이 직사각형 단면의 경우 $A = bh$와 $I_y = hb^3/12$이므로 식(10.16)은 다음과 같다.

$$\sigma = -\frac{P}{bh}\left(1 \mp \frac{12e_x}{b^2}x\right) \tag{10.19}$$

$x = \pm b/2$인 양쪽 연단에서 최대 응력과 최소 응력은 식(10.20)이 된다.

$$\begin{Bmatrix} \sigma_{\max} \\ \sigma_{\min} \end{Bmatrix} = -\frac{P}{bh}\left(1 \pm \frac{6e_x}{b}\right) \tag{10.20}$$

식(10.20)에서 최소 응력인 $\sigma_{\min}$을 중심으로 e_x 값에 의한 응력 분포를 고찰하면, e_x가 $b/6$ 미만인 경우에는 전 단면이 압축 상태가 된다. 그러나 편심의 크기가 $b/6$에 이르러서는 그림 10.17과 같이 단면 하단부의 응력이 0이 되며, 편심의 크기가 $b/6$을 넘어서면 그림 10.17과 같이 단면의 하부에 상부와는 다른 방향인 인장응력이 도입된다. 따라서 편심 $e_x = b/6$는 모든 단면이 같은 방향인 압축응력 상태를 유지하는 한계선이 된다. 이와 같이 편심 축하중을 받은 부재에서 같은 방향의 응력 상태를 유지할 수 있는

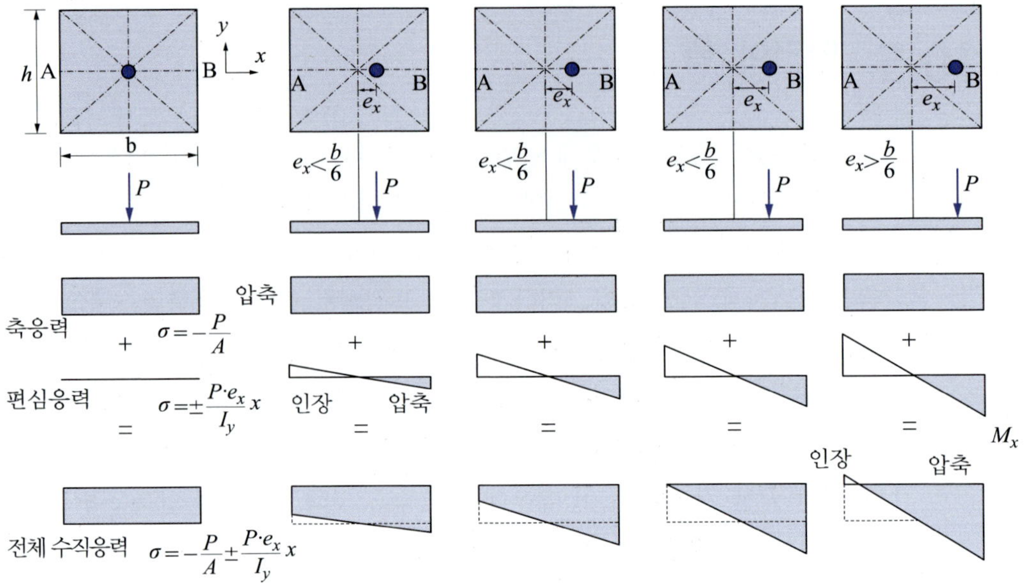

(a) 우측으로 편심하중이 작용하는 경우

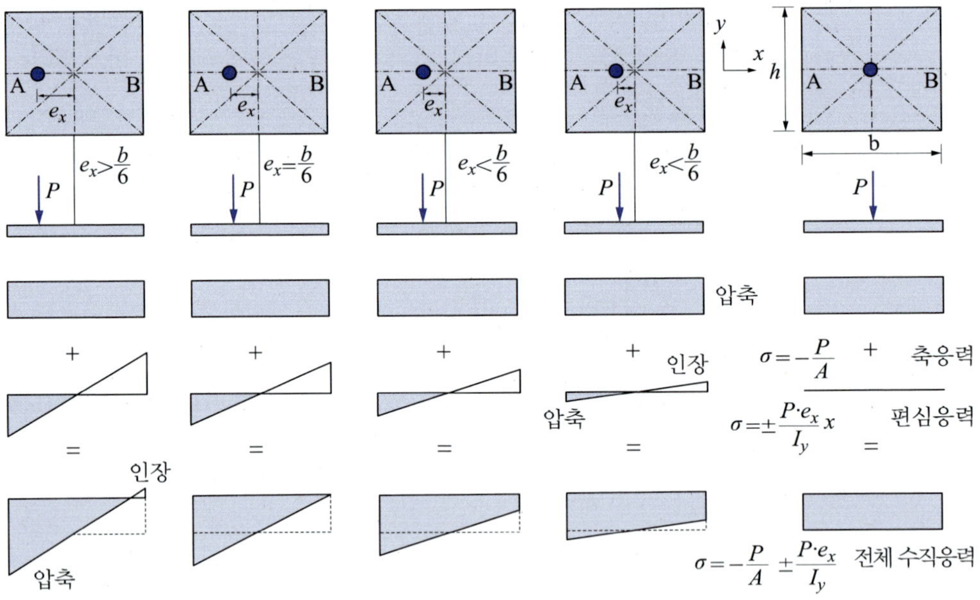

(b) 좌측으로 편심하중이 작용하는 경우

그림 10.17 단면의 핵거리

최대 편심을 그 단면의 핵거리라 하며 이러한 핵거리의 끝점을 연결하여 발생하는 면적을 단면의 핵(核, core)이라고 한다. 직사각형 단면의 핵은 식(10.20)의 최대 및 최소 응력이 0이 되는 조건으로부터

$$e_x = \pm \frac{b}{6} \tag{10.21}$$

으로 주어진다.

그림 10.17의 단면에서는 x 방향으로 생기는 경우만 고려하였으나. y 방향에 대한 핵의 거리를 동일한 방법으로 계산할 수 있다. 직사각형 단면의 면적 $A = bh$와 $I_x = bh^3/12$을 식(10.15)에 대입한다.

$$\sigma = -\frac{P}{bh}\left(1 \mp \frac{12e_y}{h^2}y\right) \tag{10.22}$$

$y = \pm h/2$인 양쪽 연단에서 최대 응력과 최소 응력은 식(10.23)이 된다.

$$\begin{Bmatrix}\sigma_{\max} \\ \sigma_{\min}\end{Bmatrix} = -\frac{P}{bh}\left(1 \pm \frac{6e_y}{h}\right) \tag{10.23}$$

계산하면 식(10.24)가 된다.

$$e_y = \pm \frac{h}{6} \tag{10.24}$$

이와 같이 구한 네 점을 연결하면 단면의 핵은 그림 10.18과 같이 x축을 $\pm b/6$, y축을 $\pm h/6$으로 하는 마름모꼴이 된다.

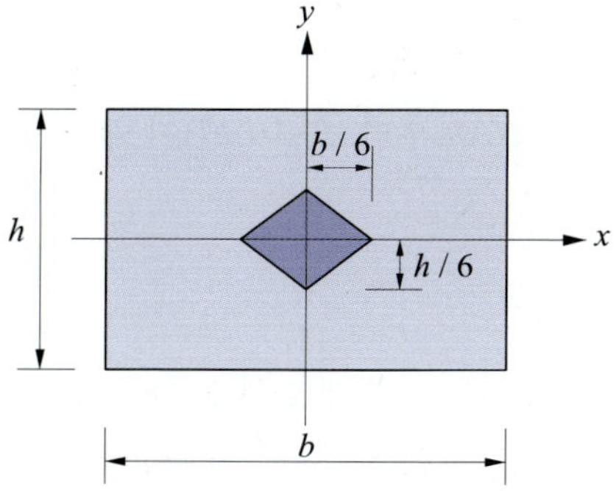

그림 10.18 직사각형 단면의 핵

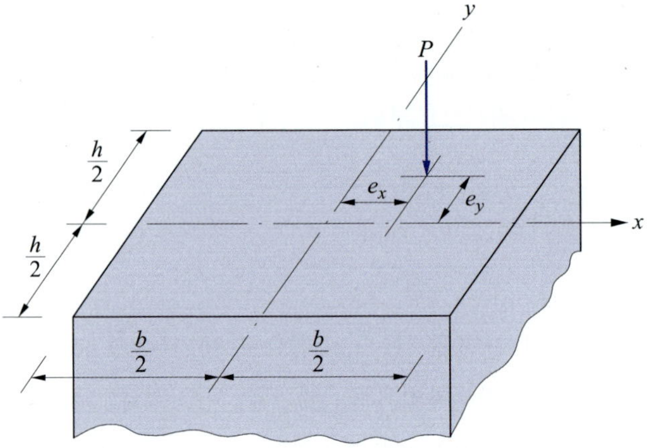

그림 10.19 양 방향 편심하중이 작용하는 기둥

유사한 방법으로 단면 내 임의의 위치에 작용하는 축하중은 그림 10.19의 직사각형 기둥의 경우와 같이 두 주축 방향의 편심 e_x 및 e_y를 동반한다. 이 때 축하중과 두 방향 편심 모멘트에 의한 응력은 식(10.17)과 같다. 그림 10.19의 직사각형 단면에 대한 단면2차모멘트를 대입하여 식(10.25)를 계산할 수 있다.

$$\sigma = -\frac{P}{bh}\left(1 \mp \frac{12e_y}{h^2}y \mp \frac{12e_x}{b^2}x\right) \tag{10.25}$$

$y = \pm h/2,\ x = +b/2$을 대입하여 식(10.26)을 구한다.

$$\begin{Bmatrix}\sigma_{max} \\ \sigma_{min}\end{Bmatrix} = -\frac{P}{bh}\left(1 \pm \frac{6e_y}{h} \pm \frac{6e_x}{b}\right) \tag{10.26}$$

앞에서 거론된 바와 같이 단면의 핵은 연단에서 최대 응력 또는 최소 응력이 0이 되는 한계선으로, 식(10.26)에서 $\sigma_{max} = 0$, $\sigma_{min} = 0$으로 하면, 직사각형 단면이 핵을 결정하는 식은 식(10.26)로부터 식(10.27)이 된다.

$$1 \pm \frac{6e_y}{h} \pm \frac{6e_x}{b} = 0 \tag{10.27}$$

이 식은 "+" 부호와 "−" 부호의 교차 적용에 의하여 네 개의 일차식이 되며, 이 네 개의 식에 의한 단면의 핵은 그림 10.18과 같은 마름모꼴이 된다.

예제 10.8 원형 단면의 핵을 구하라.

풀이 원형 단면은 방향성이 없으므로 한 방향 편심을 가진 압축하중 P에 의한 응력을 고려하면 다음과 같다.

$$\sigma = -\frac{P}{A} \pm \frac{Pe_y}{I_x} y$$

반지름이 r인 원의 단면적 $A = \pi r^2$, 단면2차모멘트는 $I_x = \pi r^4/4$이며, $y = \pm r$에서 최대 및 최소 응력은 다음과 같다.

$$\begin{Bmatrix} \sigma_{\max} \\ \sigma_{\min} \end{Bmatrix} = -\frac{P}{\pi r^2}\left(1 \pm \frac{4e_y}{r}\right)$$

따라서 단면의 핵거리를 $\sigma_{\max} = \sigma_{\min} = 0$으로 하여 계산한다.

$$e_y = \pm r/4$$

그러므로 원형 단면의 핵은 그림 10.20의 반지름 $r/4$의 원이 된다.

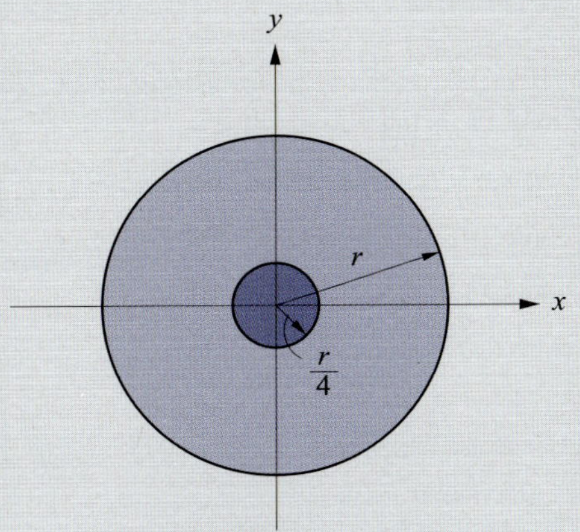

그림 10.20 원의 핵

연습문제

10.1 경간 $l=8.0\,\mathrm{m}$의 H-400 × 200 × 8 × 13 형강 단순보에 $w=20$ kN/m의 등분포하중이 작용할 때, 보의 탄성계수를 $E=200{,}000$ N/mm으로 하여 보 중앙의 곡률을 계산하라.

10.2 연습문제 10.1의 보에서 최대 휨인장응력을 구하라.

10.3 T-200 × 200 × 8 × 13 형강에서 플랜지가 휨압축되는 방향으로 20 kN · m의 휨모멘트가 작용할 때, 최대 휨인장응력과 최대 휨압축응력을 계산하라.

10.4 $w=30$ kN/m의 등분포하중을 받는 $l=10.0\,\mathrm{m}$의 단순보로 다음 중 어느 부재가 적합한가? 단, 허용 휨응력은 $f_b=141$ N/mm^{2}이다.

(1) H-450 × 200 × 9 × 14 ($I_x=335\times10^6\,\mathrm{mm}^4$)

(2) H-500 × 200 × 10 × 16 ($I_x=478\times10^6\,\mathrm{mm}^4$)

(3) H-600 × 200 × 11 × 17 ($I_x=776\times10^6\,\mathrm{mm}^4$)

10.5 연습문제 10.1의 보에 축방향으로 압축력 200 kN이 추가될 때, 최대 인장응력 및 압축응력을 계산하라.

10.6 밑면 폭 b, 높이 h인 직삼각형 단면의 핵을 구하라.

10.7 H-500 × 200 × 10 × 16 형강 단면의 핵을 구하라.

10.8 ㄷ-300 × 90 × 9 × 13 형강 단면의 핵을 구하라.

제11장

전단응력과 보의 주응력

11.1 개요

축력과 휨모멘트는 수직응력을 유발하지만 전단력과 비틀림모멘트는 전단응력을 유발한다. 6장에서 전단력을 단면적으로 나누어 전단응력을 계산했지만 엄밀하게 말하면 이 값은 평균전단응력이며 단면에서 변화하는 전단응력이 아니다. 이 장에서는 휨응력과의 평형조건으로부터 전 단면에서 변화하는 전단응력을 유도한다. 또한 얇은 판에서 주로 사용되는 전단흐름에 대하여 설명한다.

보는 4장에서 거론된 바와 같이 주로 부재 축에 수직하게 작용하는 하중과 다른 부재로부터 전달되는 휨모멘트를 주로 지지하며, 휨모멘트와 축하중을 받는 경우도 있다. 4.3절에서 거론된 바와 같이 전단력은 휨모멘트의 보 길이에 대한 변화율로 주어지므로, 대부분의 보에는 휨모멘트에 의한 휨응력과 전단력에 의한 전단응력이 복합으로 발생한다. 보 설계를 위한 구조해석에서는 4장의 휨모멘트, 전단력 및 축방향력 해석에 이어 두 번째 단계로서 보에서 가장 중요하게 다루어지는 휨응력과 전단응력을 언급하고, 이 장의 후반부에서는 휨응력과 전단응력에 의한 주응력 계산 방법을 설명한다.

11.2 전단응력

대부분의 구조부재는 휨모멘트와 함께 전단력을 받으며, 휨모멘트에 의하여 휨응력이 생기는 것과 같이 전단력에 의하여 전단응력이 발생한다. 휨모멘트와 전단력은 4.3절에서 설명하였듯이 미분 관계를 가지고 있어 전단응력 해석에서는 휨모멘트 분포를 함께 고려하지 않으면 안 된다. 간단한 예로 그림 11.1(a)의 등분포하중을 받는 단순보에서 전단력과 휨모멘트는 그림 11.1(b)와 (c)에 표시되어 있는 바와 같이 부재의 길이를 따라가며 증가하거나 감소한다. 여기서 아주 작은 길이 dx를 가지는 한 요소의 휨모멘트 및 전단력 분포는 그림 11.1(d)가 된다. 이 요소에서 그림 11.1(e)와 같이 단부로부터 깊이 s를 가지는 한 조각을 가상으로 떼어 내어 x방향의 응력을 검토하면 휨모멘트 M 및 $M+dM$에 의하여 σ_x 및 $\sigma_x+d\sigma_x$의 응력이 생기고, 양 면의 휨응력의 차이 때문에 6.4절에서 거론된 상보 전단응력이 가상 절단된 윗면에 생기게 된다. 이와 같이 휨응력과 전단응력이 복합된 상태에서 x방향 내력의 평형조건은 다음과 같다.

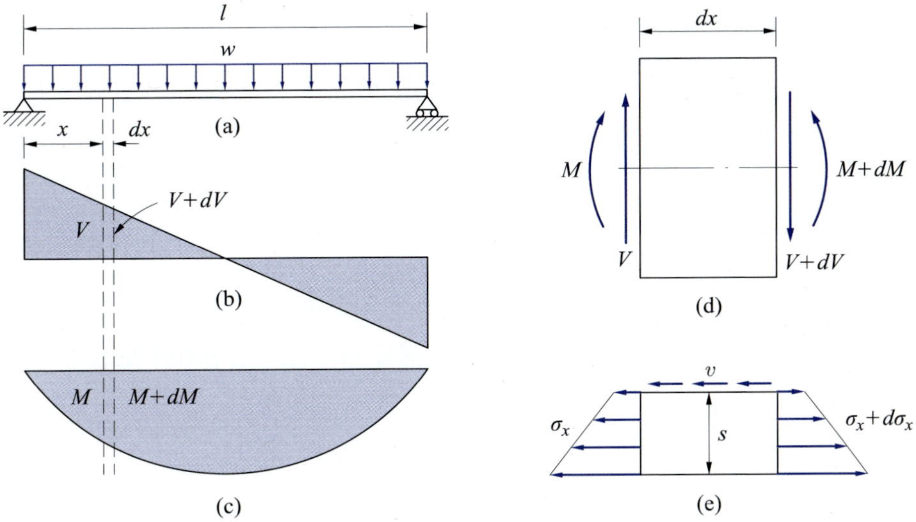

그림 11.1 전단응력 유도

$$\int_0^s \left(\sigma_x + \frac{d\sigma_x}{dx}dx\right) b\,dy \; - \int_0^s \sigma_x\, b\,dy - \tau b\,dx = 0$$

이 식으로부터 전단응력을 유도할 수 있다.

$$\tau = \frac{1}{b}\int_0^s \frac{d\sigma_x}{dx}\, b\, dy \qquad \text{(a)}$$

여기서, b : 보의 폭

보의 휨응력과 휨모멘트의 관계는 식(10.7), 휨모멘트와 전단력 관계는 식(4.2)로 주어져 있기 때문에 이 두 식을 연계하여 생각하면, 식(a)의 응력 도함수는

$$\frac{d\sigma_x}{dx} = \frac{y}{I}\frac{dM}{dx} = \frac{V}{I}y$$

으로 변환되어, 식(a)의 전단응력은 식(11.1)로 유도된다.

$$\tau = \frac{V}{Ib}\int_0^s y\, b\, dy \qquad (11.1)$$

이 식에서 y는 중립축에서 깊이 s인 요소의 단면 도심까지의 거리이며, 중립축은 식

(10.4)에서 입증된 바와 같이 도심과 일치하므로 식(11.1)의 적분식 $\int_0^s y\,b\,dy$은 식(8.2)의 단면1차모멘트의 계산식이다. 따라서 이 적분식을 단면1차모멘트의 기호 S로 나타내면 전단응력은 식(11.2)가 된다.

$$\tau = \frac{VS}{Ib} \tag{11.2}$$

여기서, V : 전단응력 계산 지점에 작용하는 전단력

S : 전단응력 계산 지점에서 단부까지 단면적의 도심에 대한 단면 1차모멘트

I : 도심에 대한 보의 단면2차모멘트

b : 전단응력 계산 지점의 단면의 폭

H 형강이나 ㄷ형강과 같은 구조용 형강들은 대부분 얇은 판으로 구성되어 있으며, 이런 부재에서는 전단응력보다 전단응력에 부재 두께를 곱한 값인 전단흐름(shear flow)이 더 자주 사용된다. 얇은 판 부재에서는 폭 b보다 두께 t로 표시되기 때문에 식(11.1)에서 b를 t로 바꾸면, 전단흐름은 식(11.3)이 된다.

$$q = \tau t = \frac{VS}{I} \tag{11.3}$$

예제 11.1 그림 11.2의 폭 b, 높이 h인 직사각형 단면에 전단력 V가 작용할 때 단면의 전단응력 분포를 검토하라.

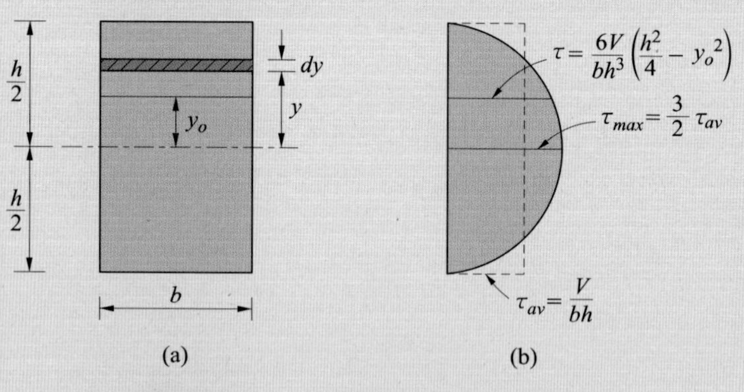

그림 11.2 직사각형 단면의 전단응력 분포

풀이 전단응력을 계산하는 식(11.2)를 사용한다.

$$\tau = \frac{VS}{Ib} \tag{a}$$

여기서,

• 도심에 대한 보의 단면2차모멘트 : $I=\dfrac{b\,h^3}{12}$

• 도심에서 y_o만큼 떨어진 지점의 y_o에서 바깥 부분 단면의 도심에 대한 단면1차모멘트

$$: S=\int_{y_o}^{\frac{h}{2}} y\,b\,dy = b\left[\frac{y^2}{2}\right]_{y_o}^{\frac{h}{2}} = \frac{b}{2}\left(\frac{h^2}{4}-y_o^2\right)$$

그러므로 직사각형에 작용하는 전단응력은 다음과 같다.

단면의 상하부 $y_o=\pm h/2$일 때 $S=0$이므로 $\tau=0$

단면 $y_o=\pm h/4$일 때 $S=\dfrac{3h}{8}\times b\dfrac{h}{4}=b\dfrac{3h^2}{32}$이므로 $\tau=\dfrac{9V}{8bh}$

단면의 중심 $y_o=0$일 때 $S=\dfrac{h}{4}\times b\dfrac{h}{2}=\dfrac{bh^2}{8}$이므로 $\tau=\dfrac{3}{2}\dfrac{V}{bh}$

이 식에 의하면, $y_o=\pm h/2$ 되는 단면의 단부에서는 $\tau=0$으로 계산되어 전단응력이 생기지 않으며, 단면 내 최대 전단응력은 $y_o=0$, 즉 도심에서 발생한다.

$$\tau_{\max}=\frac{3}{2}\frac{V}{bh}=\frac{3}{2}\tau_{av} \tag{11.4}$$

이 식에서 $\tau_{av}=V/(bh)$는 평균 전단응력을 나타내며, 전단응력의 분포는 그림 11.2 (b)와 같다.

예제 11.2 그림 11.3(a)의 H-300 × 300 × 10 × 15 형강에 $V=100\,\text{kN}$의 전단력이 작용할 때 단면의 각 부위에 생기는 전단응력을 구하라.

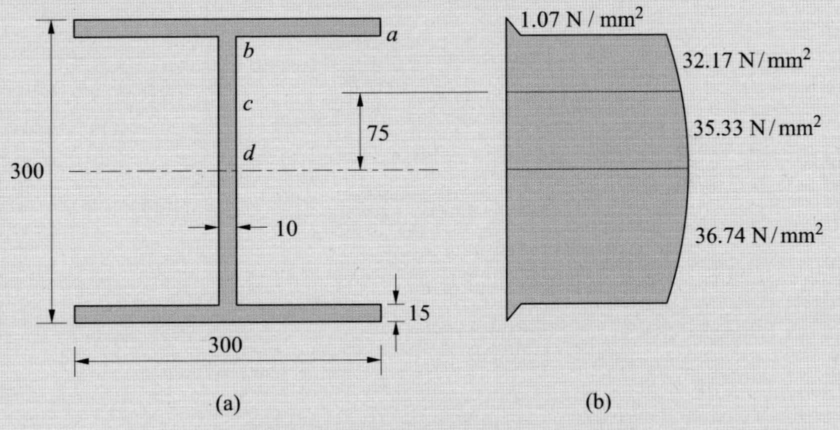

그림 11.3 H형 단면의 전단응력 분포

풀이 H-300 × 300 × 10 × 15 형강의 단면2차모멘트는 예제 10.3에서 $I_x=199.3\times10^6\ \text{mm}^4$으로 계산되어 있다. H 형강을 그림 11.3(a)와 같이 플랜지 하부, 웨브 상부, 도심에서 75 mm 지점 및 도심으로 나누면 단면1차모멘트는

a 점 : $S_a=A_a\,y_a=300\times15\times(150-15/2)=641.25\times10^3\ \text{mm}^3$

b 점 : $S_b=S_a=641.25\times10^3\text{mm}^3$

c 점 : $S_c=S_b+A_c y_c=641.25\times10^3+10\times(75-15)[75+(75-15)/2]=704.25\times10^3\text{mm}^3$

d 점 : $S_d=S_c+A_d y_d=704.25\times10^3+10\times75\times75/2=732.38\times10^3\text{mm}^3$

으로 계산된다.

$$\frac{V}{I} = \frac{100 \times 10^3}{199.3 \times 10^6} = 501.7 \times 10^{-6}\,\mathrm{N/mm^4}$$

으로 일정한 상태에서 각 부위별 전단응력은 식(11.2)에 의하여 다음과 같이 계산된다.

부위	b (mm)	S (mm^3)	τ (N/mm^2)
a	300	641.25×10^3	1.07
b	10	641.25×10^3	32.17
c	10	704.25×10^3	35.33
d	10	732.38×10^3	36.74

H형 단면의 전단응력 분포 형태는 그림 11.3(b)와 같다.

예제 11.3 반지름 r인 원형 단면의 전단응력 분포를 검토하라.

풀이

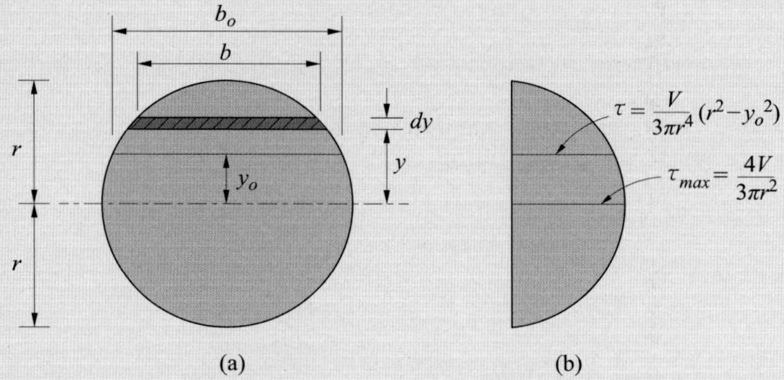

그림 11.4 원형 단면의 전단응력 분포

단면1차모멘트의 계산에서 그림 11.4(a)와 같이 임의의 지점 $y_o \le y \le r$에서 아주 작은 단면의 폭은 $b = 2\sqrt{r^2 - y^2}$이 되므로, 전단응력을 알려고 하는 지점 y_o에서 바깥 부분 단면의 도심에 대한 단면1차모멘트는, 그림 11.4(a)에서 계산된다.

$$S = \int_{y_o}^{r} y\,b\,dy = 2\int_{y_o}^{r} y\sqrt{r^2 - y^2}\,dy \tag{a}$$

변수 변환법을 사용하여 $p = r^2 - y^2$의 새로운 변수를 도입하여 변환한다.

$$y = \sqrt{r^2 - p}$$

$$dy = -\frac{dp}{2\sqrt{r^2 - p}}$$

이 식들을 식(a)에 대입하면 다음이 된다.

$$S = -2\int_{y_o}^{r} \sqrt{p}\,dp = \left[-\frac{2}{3}p^{3/2}\right]_{y_o}^{r} = \left[-\frac{2}{3}(r^2 - y^2)^{3/2}\right]_{y_o}^{r} = \frac{2}{3}(r^2 - y_o^2)^{3/2}$$

그림 11.4(a)에서 도심에서 y_o 되는 곳의 원형 단면의 폭을 b_o로 하면,

$$(b_o/2)^2 = (r^2 - y_o^2) \tag{b}$$

이므로, 단면1차모멘트는 다음과 같다.

$$S = \frac{b_o^3}{12}$$

원형 단면의 단면2차모멘트는 식(8.12)에서 $D = 2r$로 하면, $I = \pi r^4/4$이므로, 전단응력은 식(11.2)로부터 계산할 수 있다.

$$\tau = \frac{VS}{Ib_o} = \frac{V}{(\pi r^4/4)b_o}\frac{b_o^3}{12} = \frac{V}{3\pi r^4}b_o^2$$

이 식에 식(b)를 적용하면, 원형 단면의 전단응력 분포식을 다음의 2차식으로 유도할 수 있다.

$$\tau = \frac{4V}{3\pi r^4}(r^2 - y_o^2) \tag{11.5}$$

단면의 최대 전단응력은 $y_o = 0$이 되는 도심에서 계산된다.

$$\tau_{\max} = \frac{4V}{3\pi r^2} = \frac{4}{3}\tau_{av} \tag{11.6}$$

식(11.2)에 의한 원형 단면의 전단응력 분포는 그림 11.4(b)와 같다.

예제 11.4 그림 11.5(a)의 ㄷ-300 × 100 × 10 × 15 형강에 $V = 100\,\text{kN}$의 전단력이 작용할 때 전단흐름을 구하라.

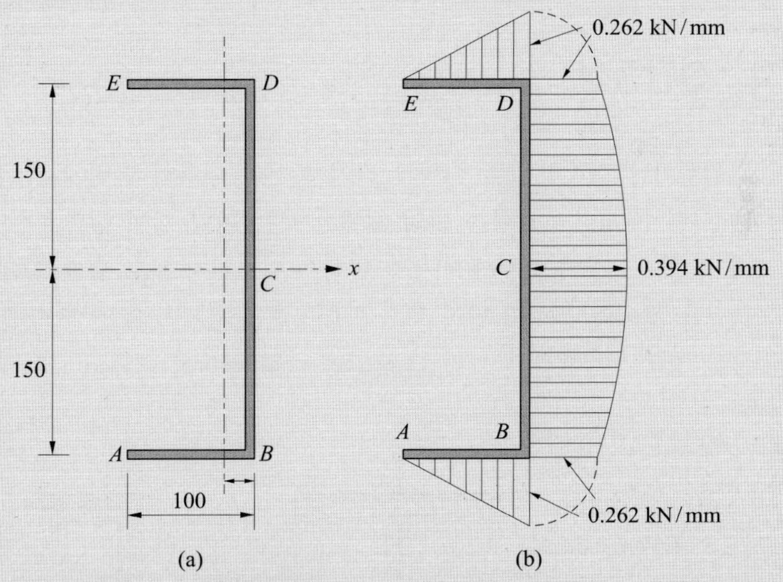

그림 11.5 ㄷ형 단면의 전단흐름

풀이 주어진 단면의 단면2차모멘트를 계산한다.

$$I_x = \frac{100(300)^3}{12} - \frac{(100-10)(300-15\times 2)^3}{12} = 77.4\times 10^6\,\text{mm}^4$$

전단력 $V = 100\,\text{kN}$이 작용하는 전단흐름은 식(11.3)으로부터 계산된다.

$$q = \frac{S_x}{I_x} \times 100$$

여기서,

$$AB\text{간 : } S_x = \int_0^x yt\,dx = \int_0^x (150-15/2)(15)\,dx = 2{,}137.5\,x$$

$$S_{x,B} = 2{,}137.5 \times (100-10/2) = 203.1 \times 10^3\,\mathrm{mm}^3$$

$$q_B = \frac{203.1 \times 10^3}{77.4 \times 10^6} \times 100 = 0.262\,\mathrm{kN/mm}$$

$$BD\text{간 : } S_x = S_{x,B} + \int_{y_o}^{B} yt\,dy = 203.1 \times 10^3 + \int_{y_o}^{142.5} y(10)\,dy = 304.6 \times 10^3 - 5y_o^2$$

$$S_{x,C} = 304.6 \times 10^3\,\mathrm{mm}^3$$

$$q_C = \frac{304.6 \times 10^3}{77.4 \times 10^6} \times 100 = 0.394\,\mathrm{kN/mm}$$

CD 및 DE간 전단흐름은 BC 및 AB간 전단흐름과 같은 형태가 되며, 분포는 그림 11.5(b)와 같다.

11.3 전단중심

원형이나 사각형 또는 H형과 같이 도심이 대칭인 단면에서는 하중이 도심에 작용할 때 그림 11.6(a)의 H형 단면의 예에서 보는 바와 같이 전단흐름도 도심에 대칭을 이루어 균형을 이루기 때문에 비틀림 변형은 일으키지 않고 휨에 의한 처짐 변형만 한다. 그러나 ㄷ형이나 ㄱ형과 같이 도심에 대칭면을 가지지 않는 부재에서는 하중이 도심에 작용할 경우 전단흐름은 그림 11.6(b)의 ㄷ형 단면의 예에서 보는 바와 같이 도심에 대하

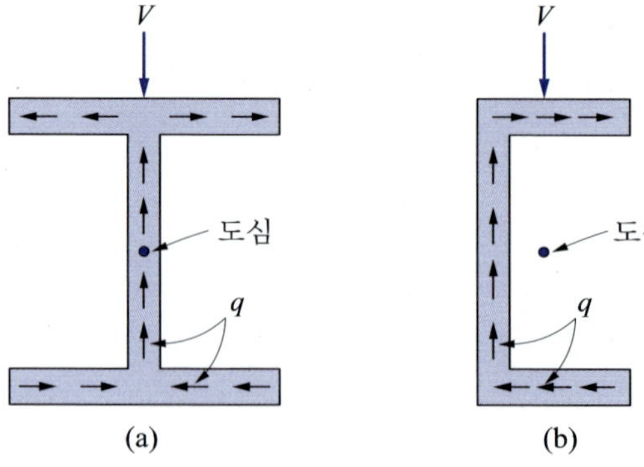

(a) (b)

그림 11.6 전단중심

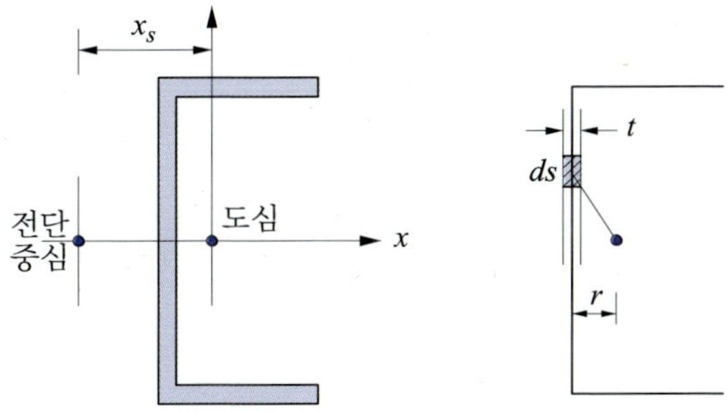

그림 11.7 ㄷ형 단면의 전단중심

여 회전의 균형을 이루지 못하기 때문에 부재가 휨에 의한 처짐 변형과 함께 비틀림 변형을 일으킨다. 그림 11.6(b)의 경우 도심에 대하여 시계방향으로 회전하는 비틀림 변형이 생기며, 하중의 작용위치를 도심에서 서서히 왼쪽으로 옮기면 비틀림 변형이 점차 줄어들며, 어느 한 점에 이르러서는 비틀림 변형이 생기지 않고 휨 변형만 하게 된다. 이런 현상은 임의의 점, 예를 들어 도심에 대하여 전단흐름에 의한 시계방향의 회전과 외부 하중에 의한 반시계방향의 회전이 평형을 이루기 때문에 생기는 것이며, 이와 같이 하중이 작용하더라도 휨변형만 생기고 비틀림 변형은 생기지 않는 점을 전단중심(shear center)이라고 한다. 부재의 전단중심의 위치는 식(11.3)으로 계산되는 전단흐름과 외력에 의한 전단력의 면내 모멘트 평형조건을 고려하여 구할 수 있다. 주축에 대칭이 아닌 부재에서는 전단중심과 도심이 일치하지 않으므로, 그림 11.7과 같이 x축에 대해서만 대칭인 ㄷ형 단면의 경우 x축에서는 전단중심이 도심과 일치하나 y축에 대해서는 전단중심이 외력에 의한 전단력과 전단흐름이 평형을 이루는 점에 생기게 된다.

전단중심과 도심의 거리를 x_s로 나타내면, 도심에 대한 모멘트 평형조건은

$$V \cdot x_s - \int q r \, ds = 0$$

으로 주어지며, 이 식으로부터 전단중심을 구하는 공식을 유도할 수 있다.

$$x_s = \frac{1}{V} \int q r \, ds \tag{11.7}$$

이 식에 식(11.3)의 전단흐름 공식을 대입하면, 전단중심의 위치는 식(11.8)에 의해 구할 수 있다.

$$x_s = \frac{1}{I_x} \int S_x r \, ds \tag{11.8}$$

예제 11.5 그림 11.5(a)의 ㄷ-300 × 100 × 10 × 15 형강의 전단중심을 구하라.

풀이 전단흐름은 그림 11.5(b)에서 보는 바와 같이 위와 아래 플랜지에 같은 형태로 분포되므로, 식 (11.8)을 이용하여 전단중심의 위치를 계산한다.

$$x_s = \frac{1}{I_x}\left[\int_{AB} S_{xAB}\, r_1\, ds \times 2 + \int_{BD} S_{xBD}\, r_2\, ds\right]$$

단면 성능은 예제 11.4에서 계산하였다.

$$S_{xAB} = 2,137.5x$$

$$S_{xBD} = 304.6\times 10^3 - 5y^2$$

$$I_x = 77.4\times 10^6\ \text{mm}^4$$

y 축 도심을 웨브 바깥 면으로부터 계산하면 다음과 같다.

$$\overline{x} = \frac{270\times 10\times 5 + 2\times 100\times 15\times 50}{270\times 10 + 2\times 100\times 15} = 28.7\,\text{mm}$$

도심에서 플랜지 및 웨브 중심까지의 거리를 계산한다.

$$r_1 = 150 - 15/2 = 142.5\,\text{mm}$$

$$r_2 = 28.7 - 10/2 = 23.7\,\text{mm}$$

이 거리는 모멘트 팔의 길이가 되므로 도심에서 전단중심까지 거리는 다음과 같다.

$$x_s = \frac{1}{77.4\times 10^6}\left[\int_0^{95}(2,127.5x)(142.5)\,dx \times 2 + \int_{-142.5}^{142.5}(304.6\times 10^3 - 5y^2)(23.7)\,dy\right]$$

$$= 59.2\,\text{mm}$$

ㄷ형강의 웨브 중심에 대하여 전단흐름에 의한 모멘트와 외부 전단력에 의한 모멘트의 평형을 생각하면 전단중심의 위치를 위의 계산보다 간단히 할 수 있다.

그림 11.5(b)와 같은 전단흐름에서 C점의 웨브 중심에서 전단중심까지의 거리를 x_{s1}로 하면 웨브의 전단흐름에 의한 모멘트는 생기지 않으므로 거리 x_{s1}는 다음과 같다.

$$x_{s1} = \frac{1}{77.4\times 10^6}\int_0^{95}(2,137.5x)(142.5)\,dx \times 2$$

$$= 35.5\,\text{mm}$$

이 값을 도심에서 구하면, 그림 11.8에 표시된 바와 같이

$$23.7 + 35.5 = 59.2\,\text{mm}$$

으로, 앞에서 계산된 도심에서 전단중심까지의 거리와 일치한다.

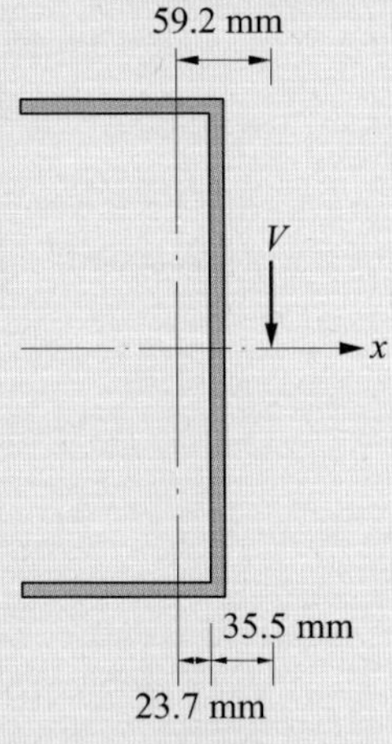

그림 11.8

11.4 보의 주응력

보는 축에 가로로 작용하는 하중과 휨모멘트를 주로 지지하는 부재이기 때문에 휨모멘트에 의한 휨응력과 전단력에 의한 전단응력만 생긴다. 그러나 휨응력은 축방향으로 생기고 전단응력은 축에 수직한 방향으로 생기기 때문에 합리적인 보의 설계를 위하여서는 이 두 응력에 의한 주 응력의 크기와 방향을 알아야 한다. 또한 휨응력과 전단응력의 크기가 보의 개소 별로 다르게 나타나 설계에 혼란이 생기는 경우도 있다. 예를 들면, 그림 11.1(a)와 같이 등분포하중을 받는 보의 전단력과 휨모멘트 분포는 그림 11.1(b) 및 (c)에서 보는 바와 같이 전단력은 단부에서 크고 중앙부에서 작아지며, 반대로 휨모멘트는 단부에서 작고 중앙부에서 최댓값이 된다.

전단력에 의한 전단응력은 단면의 도심에서 최댓값이 되고 양 쪽 연단에서는 0이 되며, 반대로 휨응력은 단면의 양 쪽 연단에서 최대가 되고 도심에서는 0이 된다. 이와 같이 서로 엇갈리는 응력의 크기와 방향을 주응력으로 정리하면, 응력의 방향과 크기를 일목요연하게 파악할 수 있어 보의 설계에 편리하게 사용할 수 있다.

이런 의도로 부재의 여러 개소의 휨응력과 전단응력에 의한 주응력을 조사하여 그 방향을 선으로 연결한 것을 주응력선 또는 주응력 궤적이라고 한다. 그림 11.9는 등분포하중을 지지하는 단순보의 주응력 궤적이다. 주응력 궤적에서 인장응력선과 압축응력선은 어느 점에서나 90°로 교차하며, 도심에서는 순수 전단상태가 되기 때문에 예제 6.6에서 경험한 바와 같이 두 주응력은 보의 중립축과 45°를 이루면서 90°로 교차한다.

보의 주응력 궤적은 응력의 방향과 크기뿐만 아니라, 바람직하지 않은 보의 휨압축파괴나 균열 등의 발생 개소도 예측할 수 있다. 균열은 인장응력 방향에 수직하게 생기므로, 철근콘크리트 구조에서 보 중앙에는 균열이 축방향에 수직하게 하단에 생기고 단부에는 45° 방향으로 보 중앙에 생기는 이유도 그림 11.9(c)의 주응력 궤적에서 납득할 수 있다.

보에는 축에 수직한 방향의 수직응력 σ_y 는 생기지 않으므로 주응력 방향은 식(6.5)로부터 구할 수 있다.

$$\tan 2\theta = -\frac{2\tau}{\sigma_x} \tag{11.9}$$

주응력 크기는 식(6.6)으로부터 계산한다.

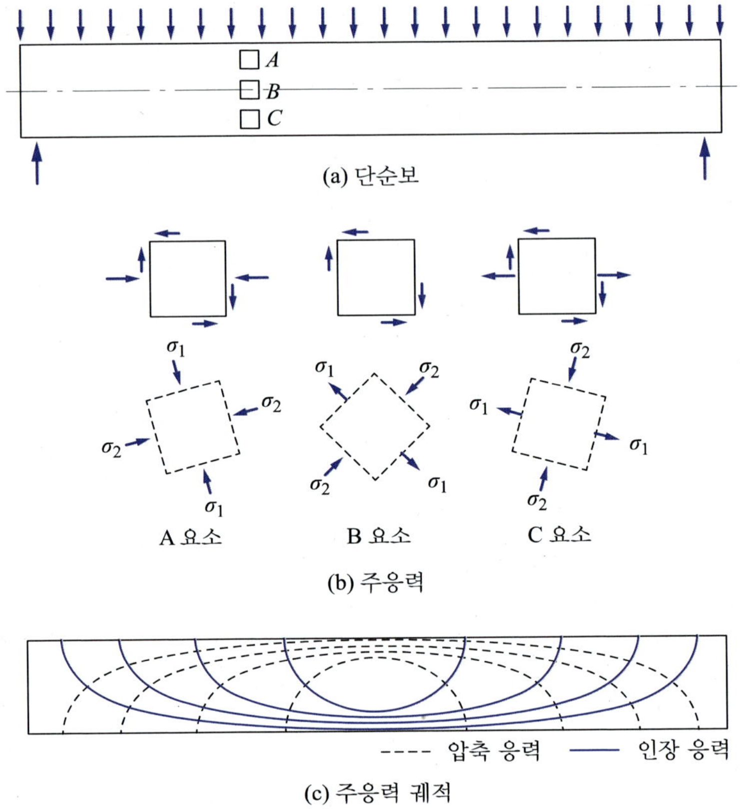

그림 11.9 보의 주응력

$$\sigma_1 = \frac{\sigma_x}{2} + \sqrt{\left(\frac{\sigma_x}{2}\right)^2 + \tau^2} \tag{11.10a}$$

$$\sigma_2 = \frac{\sigma_x}{2} - \sqrt{\left(\frac{\sigma_x}{2}\right)^2 + \tau^2} \tag{11.10b}$$

예제 11.6 $w = 20\,\text{kN/m}$의 등분포하중을 지지하는 8 m의 단순보에서 지점으로부터 $l/4$되는 곳의 주응력을 검토하라. 단, 보의 폭은 300 mm, 높이는 600 mm로 한다.

풀이 보의 단면2차모멘트를 계산한다.

$$I_x = \frac{300 \times (600)^3}{12} = 5.4 \times 10^9\,\text{mm}^4$$

지점에서 2 m 떨어진 곳의 전단력과 휨모멘트를 계산한다.

$$V = \frac{wl}{2} - wx = \frac{20 \times 8}{2} - 20 \times 2 = 40\,\text{kN}$$

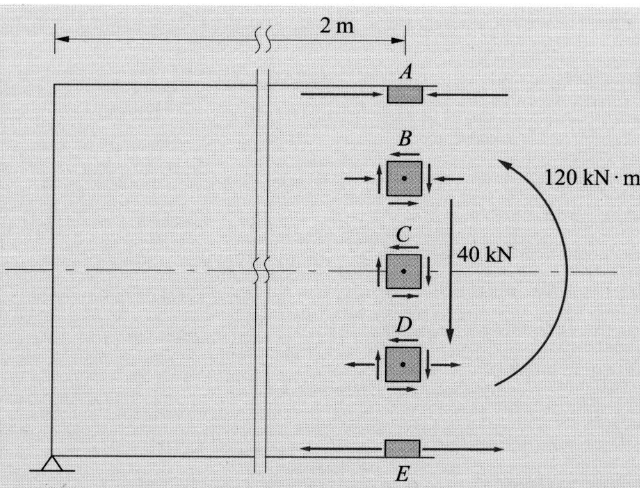

그림 11.10

$$M=\frac{wlx}{2}-wx^2=\frac{20\times8\times2}{2}-\frac{20\times(2)^2}{2}=120\,\text{kN}\cdot\text{m}$$

검토 위치의 보를 그림 11.10과 같이 4등분하여 각 위치를 $A\sim E$로 하고 전단응력을 예제 11.1의 식(a)에 의해 계산한다.

$$\tau_A=\tau_E=0$$

$$\tau_B=\tau_D=\frac{6\times40\times10^3}{300\times(600)^3}\left(\frac{600^2}{4}-150^2\right)=0.25\,\text{N/mm}^2$$

$$\tau_C=\frac{3}{2}\frac{40\times10^3}{300\times600}=0.33\,\text{N/mm}^2$$

휨응력을 식(10.7)에서 계산한다.

$$\sigma_E=-\sigma_A=\frac{120\times10^6}{5.4\times10^9}\times300=6.67\,\text{N/mm}^2$$

$$\sigma_D=-\sigma_B=\frac{120\times10^6}{5.4\times10^9}\times150=3.33\,\text{N/mm}^2$$

$$\sigma_C=0$$

이 값들을 식(11.9)와 식(11.10)에 적용하여 정리하면, 다음 표와 같은 주응력 방향과 주응력 크기를 얻게 된다.

위치	σ_x	τ	θ	σ_1	σ_2
A	−6.67	0.0	0.0°	0.0	−6.67
B	−3.33	0.25	4.27°	0.02	−3.35
C	0.0	0.33	45.0°	0.33	−0.33
D	3.33	0.25	−4.27°	3.35	−0.02
E	6.67	0.0	0.0°	6.67	0.0

(응력단위 : N/mm^2)

연습문제

11.1 밑변 폭 b, 높이 h인 직삼각형 단면에 전단력 V가 작용할 때, 단면의 전단응력 분포를 검토하라.

11.2 경간 $l = 8.0\,\mathrm{m}$의 H-400 × 200 × 8 × 13 형강 단순보에 $w = 20\,\mathrm{kN/m}$의 등분포하중이 작용한다. 이 보의 최대 전단응력을 계산하라.

11.3 ㄷ-300 × 90 × 9 × 13 형강에 $V = 80\,\mathrm{kN}$의 전단력이 작용할 때, 전단흐름을 구하라.

11.4 ㄷ-300 × 90 × 9 × 13 형강의 전단중심을 구하라.

11.5 스팬 $l = 8.0\,\mathrm{m}$의 H-400 × 200 × 8 × 13 형강 단순보에 $w = 20\,\mathrm{kN/m}$의 등분포하중이 작용하는 보의 지점으로부터 2 m 및 4 m 되는 곳의 주응력을 계산하라.

제12장

기둥의 좌굴

12.1 개요

기둥은 압축력을 주로 지지하는 1차원의 선형 부재이다. 압축력이 기둥의 중심에 작용하고 압축력의 크기가 작을 때 기둥은 압축력의 작용 방향으로 줄어드는 압축 변형을 하나, 압축력이 점차 증가하여 어떤 한계에 이르면 기둥은 축방향에서 벗어나 가로로 처지는 휨 변형을 한다. 이러한 현상을 좌굴(挫屈, buckling)이라고 하며, 기둥과 같이 압축을 받는 1차원 부재에서 가장 기본적으로 다루어지는 구조 안정 문제이다.

기둥의 좌굴은 단면 성능, 재료의 성질, 기둥의 길이, 양 단부의 지지 상태 및 수평 이동 등의 요인에 좌우된다. 단일 기둥의 좌굴은 대부분 부재의 휨 작용에 관련되어 있으며, 기둥이 좌굴하기 시작할 때의 하중, 즉 좌굴 하중은 기둥의 휨 강성 EI에 비례한다.

기둥의 좌굴 해석에서 기둥의 재질은 균일하고 등방성(等方性)이며, 변형 전에 축에 수직한 단면은 변형 후에도 변형된 축에 수직한 것으로 가정한다. 또한, 단일 기둥의 좌굴은 그림 12.1과 같이 휨 변형에 의한 처짐 형태로 생기며, 이때 전단 변형이나 전단응력은 매우 작기 때문에 이에 대하여서는 고려하지 않는다. 탄성계수 E, 단면2차모멘트 I인 기둥이 좌굴에 의하여 휨 변형을 하였을 때 휨모멘트－곡률 관계식은 식(13.4)로부터 식(12.1)과 같이 구할 수 있다.

$$M = -EI\left(\frac{d^2y}{dx^2}\right) \tag{12.1}$$

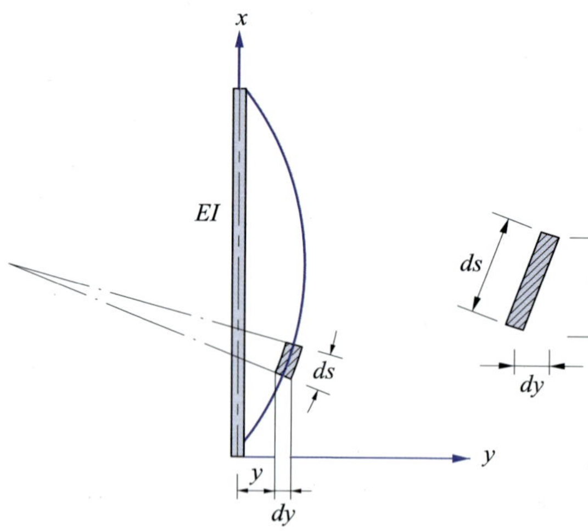

그림 12.1 기둥의 좌굴

이 식에서 M은 외력에 의한 휨모멘트, $-EI\left(\frac{d^2y}{dx^2}\right)$은 기둥의 내부 휨모멘트이며 기둥의 휨좌굴에 관한 미분방정식은 기둥 좌굴시의 외력에 의한 휨모멘트와 기둥의 내부 휨모멘트의 평형조건인 식(12.1)로부터 유도된다.

12.2 중심 압축력을 받는 기둥의 좌굴

12.2.1 기둥의 좌굴 미분방정식

임의의 경계조건을 가진 곧은 기둥이 중심 압축력 P의 작용에 의하여 좌굴했을 때에는 그림 12.2의 형태가 된다. 기둥의 양단에 단부 휨모멘트 M_A와 M_B가 작용하는 경우 전단력은 다음과 같다.

$$V = \frac{M_A - M_B}{l} \tag{a}$$

기둥의 원점에서 x 거리에 있는 지점의 외력에 의한 휨모멘트를 계산한다.

$$M_x = Py + Vx - M_A \tag{b}$$

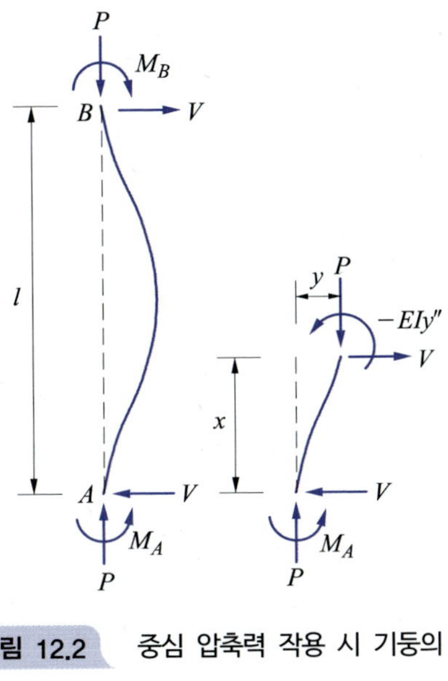

그림 12.2 중심 압축력 작용 시 기둥의 좌굴

식(12.1)의 휨모멘트 평형조건에 식(a)와 식(b)을 적용하면 기둥의 좌굴 미분방정식을 2계 선형 미분방정식으로 유도할 수 있다.

$$EI\frac{d^2y}{dx^2} + Py = -\frac{M_A - M_B}{l}x + M_A \tag{12.2}$$

이 식에 식(12.3)의 기호를 사용하면, 식(12.2)는 식(12.4)가 된다.

$$k^2 = \frac{P}{EI} \tag{12.3}$$

$$\frac{d^2y}{dx^2} + k^2y = -\frac{M_A - M_B}{EI}\frac{x}{l} + \frac{M_A}{EI} \tag{12.4}$$

이 방정식의 해는 식(12.5)로 상수 A와 B는 경계조건의 적용에 의하여 정해진다.

$$y = A\sin kx + B\cos kx - \frac{M_A - M_B}{P}\frac{x}{l} + \frac{M_A}{P} \tag{12.5}$$

12.2.2 양단 단순지지된 기둥

양단이 단순지지된 기둥의 좌굴은 기둥 좌굴의 가장 간단한 형태로서, 1744년 스위스의 수학자 오일러(L. Euler)에 의하여 최초로 공식화되었다.

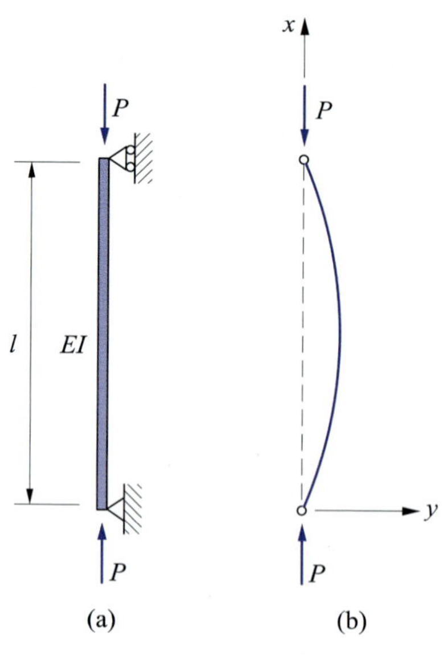

그림 12.3 단순지지된 기둥의 좌굴

그림 12.3(a)의 길이 l, 휨강성 EI인 곧은 기둥이 중심 압축력 P를 받아 그림 12.3(b)와 같이 좌굴을 일으키면 단부에서는 회전이 허용되어 단부 휨모멘트가 생기지 않으므로, $M_A = M_B = 0$이 된다. 따라서 이러한 기둥의 좌굴에 관한 미분방정식은 식(12.4)로부터 식(12.6)을 구할 수 있다.

$$\frac{d^2y}{dx^2} + k^2y = 0 \tag{12.6}$$

식(12.6)의 해는 식(12.5)로부터 식(12.7)로 주어진다.

$$y = A\sin kx + B\cos kx \tag{12.7}$$

양단 단순지지된 기둥의 경계조건은 식(12.8)이 된다.

$$\begin{aligned} &x = 0 \text{에서 } y = 0 \\ &x = l \text{ 에서 } y = 0 \end{aligned} \tag{12.8}$$

첫 번째 경계조건을 식(12.7)에 적용하면 $B = 0$이 되어 식(c)를 구할 수 있다.

$$y = A\sin kx \tag{c}$$

식(c)에서 식(12.8)의 두 번째 경계조건을 적용하면

$$A\sin kl = 0$$

이 된다. 이 식을 만족시키는 값으로서 먼저 $A = 0$의 경우를 생각할 수 있으나, 이때에는 식(c)에서 $y = 0$, 즉 압축력이 증가해도 좌굴이 생기지 않는 것을 의미하므로, 수학적인 의미 이외에는 실제 좌굴 거동을 나타내지 못하는 자명해(自明解)가 된다. 따라서 좌굴 거동에 관련된 비자명해(非自明解)는

$$\sin kl = 0$$

이 된다. 이 식을 만족시키는 값은 다음과 같다.

$$kl = n\pi \ \ (n = 1,\ 2,\ 3,\ \cdots\ ) \tag{d}$$

식(12.3)과 식(d)로부터 좌굴하중을 계산한다.

$$P_n = \frac{n^2\pi^2EI}{l^2} \tag{12.9}$$

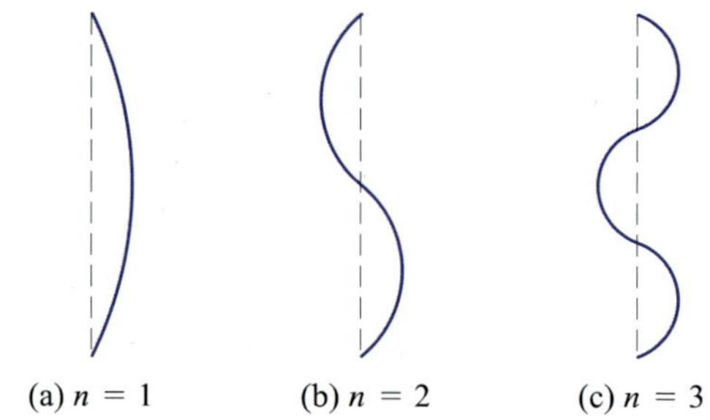

그림 12.4 n의 값에 의한 좌굴 변형

이에 대응하는 기둥의 좌굴변형은 식(c)와 (d)로부터 식(12.10)에 의해 구할 수 있다.

$$y_n = A \sin \frac{n\pi x}{l} \tag{12.10}$$

식(12.10)으로 주어진 지둥의 좌굴 변형은 그림 12.4와 같이 n의 값에 따라 여러 가지 형태가 되나, 실제의 좌굴 형태는 그림 12.4(a)와 같은 단곡률의 반파형(半波形) 곡선이며, 이때 $n=1$로 좌굴하중은 식(12.9)로부터 식(12.11)이 된다.

$$P_{cr} = \frac{\pi^2 EI}{l^2} \tag{12.11}$$

이 식은 오일러에 의하여 유도되었기 때문에 그의 이름을 따서 오일러 하중이라고 하고, P_E로 나타내기도 한다.

기둥이 압축력을 받으면 평형상태에서의 안정성이 줄어들며, 오일러 하중에 이르러서는 안정 평형상태가 끝나고 안정 평형상태와 불안정 평형상태의 갈림길에 서게 된다.

좌굴을 포함한 구조 안정 문제에서 구조물을 안정 평형상태와 불안정 평형상태의 경계에 놓이게 하는 하중을 포괄적으로 임계하중(臨界荷重)이라고 하며, 식(12.11)에서와 같이 P_{cr}로 나타낸다.

12.2.3 양단 고정인 기둥

양단이 고정된 기둥에서는 버팀지지되어 수평이동이 구속되는 경우와 버팀지지되지 않아 수평이동이 생기는 경우가 서로 다른 구조 거동을 보인다. 버팀지지된 기둥에서는 그림 12.5(a)에 표시된 바와 같이 양단에 단부 휨모멘트 M_0가 그림 12.2의 방향과 일치하게 작용하므로 식(12.4)에서 $M_A = M_B = M_0$가 되고, 버팀지지되지 않은 기둥에서

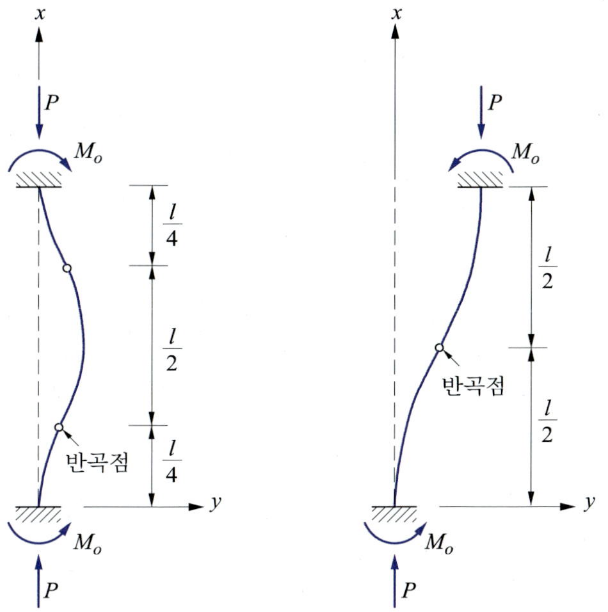

(a) 버팀지지된 기둥 (b) 버팀지지되지 않은 기둥

그림 12.5 양단 고정인 기둥의 좌굴

는 식(a)와 식(12.7)에서 $V=0$, $M_A = M_0$가 되어, 어느 경우에나 모두 좌굴 미분방정식은 식(12.4)로부터 식(12.12)를 구할 수 있다.

$$\frac{d^2y}{dx^2} + k^2y = \frac{M_0}{EI} \tag{12.12}$$

이 방정식의 해는 식(12.13)이 된다.

$$y = A\sin kx + B\cos kx + \frac{M_0}{P} \tag{12.13}$$

양단 고정된 기둥의 원점에서의 경계조건은 버팀지지된 경우나 버팀지지되지 않은 경우 모두 다음과 같다.

$$x = 0 \text{에서 } y = \frac{dy}{dx} = 0 \tag{12.14}$$

이 조건을 식(12.13)에 적용하면 좌굴 변형에 관한 변위식은 식(12.15)이 된다.

$$y = \frac{M_0}{P}(1 - \cos kx) \tag{12.15}$$

좌굴변형과 임계하중은 수평이동의 구속 여부에 따라 다음과 같이 다른 형태로 유도된다.

(1) 수평 이동이 구속되는 경우

버팀 지지되어 수평이동이 구속된 기둥의 좌굴 형태는 그림 12.5(a)와 같으며, 단부에서의 경계조건은 다음과 같다.

$$x = l \text{에서 } y = 0 \tag{12.16}$$

이 조건을 식(12.15)에 적용하면 식(12.17)을 얻게 된다.

$$\frac{M_0}{P}(1 - \cos kl) = 0 \tag{12.17}$$

이 식을 만족시키는 최소의 값은 $kl = 2\pi$이므로, 식(12.15)와 식(12.3)으로부터 좌굴 형태의 변위식은 식(12.18)이 된다.

$$y = \frac{M_0}{P}\left(1 - \cos\frac{2\pi x}{l}\right) \tag{12.18}$$

임계하중은

$$P_{cr} = \frac{4\pi^2 EI}{l^2} \tag{12.19}$$

식(12.19)와 식(12.11)의 임계하중 값을 비교하면, 양단 고정되고 수평 이동이 구속된 기둥의 임계하중은 양단 단순지지된 기둥의 임계하중의 4배 되는 것으로 나타나고 있다.

기둥의 좌굴에 의한 휨 변형 시 반곡점은 휨모멘트가 0이 되는 위치에 생기므로 식(12.18)에서 $dy^2 / dx^2 = 0$으로 하면 식(12.20)이 되어 $x = l/4$ 및 $x = 3l/4$의 위치가 되며, 이 사이의 길이는 $l/2$이 된다.

$$\frac{M_0}{P}\left(\frac{2\pi}{l}\right)^2 \cos\frac{2\pi x}{l} = 0 \tag{12.20}$$

식(12.19)의 임계하중은 식(12.21)의 형태로 나타낼 수 있는데

$$P_{cr} = \frac{\pi^2 EI}{(l/2)^2} \tag{12.21}$$

여기서 분모의 $l/2$은 반곡점 사이의 길이로, 식(12.11)의 오일러 하중과 비교하면, 양단 고정된 기둥의 좌굴시 임계하중은 반곡점 사이의 길이를 유효좌굴 길이로 하는 오일러 하중과 같은 값이 된다.

(2) 수평 이동이 생기는 경우

버팀지지되어 있지 않아 수평 이동이 생기는 기둥의 좌굴 형태는 그림 12.5(b)와 같고, 끝 단부에서 처짐은 생기나 단부의 고정으로 처짐각은 생기지 않으므로 경계조건은

$$x = l \text{에서 } \frac{dy}{dx} = 0 \tag{12.22}$$

이 조건을 식(12.15)에 적용하면 식(12.23)을 얻는다.

$$\frac{M_0 k}{P} \sin kl = 0 \tag{12.23}$$

이 식을 만족시키는 최솟값은 $kl = \pi$ 이므로, 식(12.15)와 식(12.3)로부터 좌굴 형태의 변위식은 식(12.24)가 된다.

$$y = \frac{M_0}{P}\left(1 - \cos\frac{\pi x}{l}\right) \tag{12.24}$$

임계하중은 식(12.25)에 의해 계산할 수 있다.

$$P_{cr} = \frac{\pi^2 EI}{l^2} \tag{12.25}$$

식(12.19)와 식(12.25)의 임계하중 값을 비교하면, 양단 고정된 기둥에서도 버팀지지된 경우는 버팀지지되지 않은 경우에 비하여 임계하중이 4배 크기 때문에, 가새 등으로 버팀지지하여 수평 이동이 생기지 않도록 하는 것이 압축력 지지에 유리하다. 버팀지지되지 않은 기둥에서도 휨변위의 반곡점은 $d^2y/dx^2 = 0$이 되는 위치에 생기므로, 식(12.24)로부터

$$\frac{M_0}{P}\left(\frac{\pi}{l}\right)^2 \cos\frac{\pi x}{l} = 0$$

이 되는 곳, 즉 $x=l/2$과 $x=3l/2$의 위치로, 반곡점은 그림 12.5(b)에 표시된 부재의 중앙과 원점에서 $1.5l$ 되는 거리에 있는 가상의 점에 생기며, 이 사이의 유효좌굴 길이는 l로, 식(12.25)의 분모의 값과 일치하고 있다.

12.2.4 일단 단순지지, 타단 고정인 기둥

그림 12.6과 같이 한 쪽 단부는 단순지지되어 있고 다른 단부는 고정인 기둥에 압축력이 작용하면 그림 12.2에서 단부 휨모멘트는 $M_A=0$, $M_B=M_0$ 인 경우이므로, 좌굴 미분방정식은 식(12.4)로부터 식(12.26)으로 구할 수 있다.

$$\frac{d^2y}{dx^2}+k^2y=\frac{M_0}{EI}\frac{x}{l} \tag{12.26}$$

식(12.26)의 방정식의 해는 식(12.5)로부터 식(12.27)이 된다.

$$y=A\sin kx+B\cos kx+\frac{M_0}{P}\frac{x}{l} \tag{12.27}$$

이러한 기둥의 변위에 관한 경계조건은 다음과 같다.

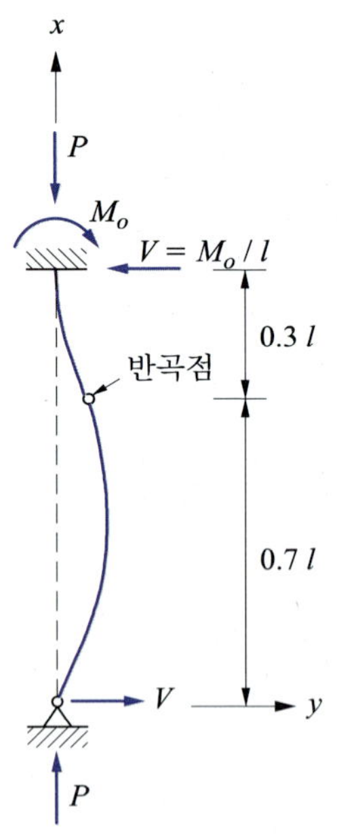

그림 12.6 일단 단순지지, 타단 고정인 기둥의 좌굴

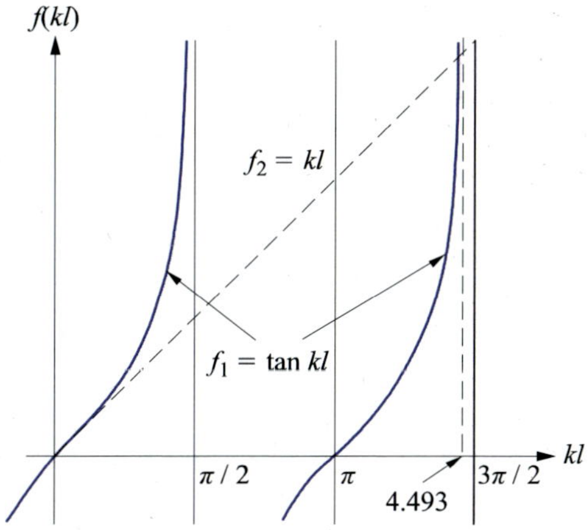

그림 12.7 좌굴하중에 대한 방정식의 도식해법

$$x=0 \text{에서 } y=0$$

$$x=l \text{에서 } y=\frac{dx}{dy}=0 \tag{12.28}$$

이 조건들은 식(12.27)에 적용하여 상수 A, B를 구할 수 있다.

$$A=-\frac{M_0}{P}\frac{1}{kl\cos kl}\ ,\ B=0$$

그러므로 좌굴 변위식은 식(e)가 된다.

$$y=\frac{M_0}{P}\left(\frac{x}{l}-\frac{\sin kx}{kl\cos kl}\right) \tag{e}$$

또한 좌굴하중에 대한 방정식은 식(f)로 유도된다.

$$\tan kl-kl=0 \tag{f}$$

식(f)는 비선형 방정식이므로 수치해석이나 도식해법으로 풀게 되는데, 도식해법에서는 그림 12.7과 같이 변수를 kl로 하여, 식(f)의 $\tan kl=kl$에서, $f_1=\tan kl$곡선과 $f_2=kl$ 직선이 만나는 점에서 kl의 값을 읽으면 된다. 어느 방법에서나 식(f)를 만족시키는 최솟값은 식(g)이다.

$$kl=4.493 \tag{g}$$

그러므로 좌굴 형태의 변위식은 식(e)와 식(f)로부터 식(12.29)와 같이 구할 수 있다.

$$y = \frac{M_0}{P}\left[\frac{x}{l} + 1.023\sin\left(\frac{4.493x}{l}\right)\right] \tag{12.29}$$

임계하중은 식(12.3)과 식(g)로부터 식(12.30)으로 주어진다.

$$P_{cr} = \frac{20.19EI}{l^2} \tag{12.30}$$

반곡점의 위치를 검토하기 위하여 식(12.29)에서 $d^2y/dx^2 = 0$으로 하면 식(12.31)과 같다.

$$\sin\left(\frac{4.493x}{l}\right) = 0 \tag{12.31}$$

즉, 원점에서 $x = \pi l/4.493 = 0.7l$이 되는 곳이 반곡점의 위치이며, 원점이 단순지지이므로 이로부터 반곡점까지의 길이를 유효좌굴 길이로 하였을 때 식(12.30)의 임계하중은 식(12.32)의 형태로 나타낼 수 있다.

$$P_{cr} = \frac{\pi^2 EI}{(0.7l)^2} \tag{12.32}$$

12.2.5 일단 고정, 타단 자유인 기둥

한쪽 단부가 고정되어 있고, 다른 단부는 자유인 기둥이 중심 압축력을 받아 좌굴하였을 때에는 그림 12.8에 보이는 바와 같이, 자유단이 δ만큼 처짐 변형을 하며, 이에 따라 고정단에는 $M_0 = P\delta$의 단부 휨모멘트가 반력으로 작용하게 된다. 고정단에서 x 되는 위치에서 좌굴 변형에 의한 처짐을 y라고 하면, 외력에 의한 휨모멘트는 다음과 같다.

$$M_x = P(y - \delta)$$

내부 휨모멘트 $-EI\dfrac{d^2y}{dx^2}$와의 평형조건으로부터 좌굴에 대한 미분방정식은 식(12.33)이 된다.

$$\frac{d^2y}{dx^2} + k^2y = k^2\delta \tag{12.33}$$

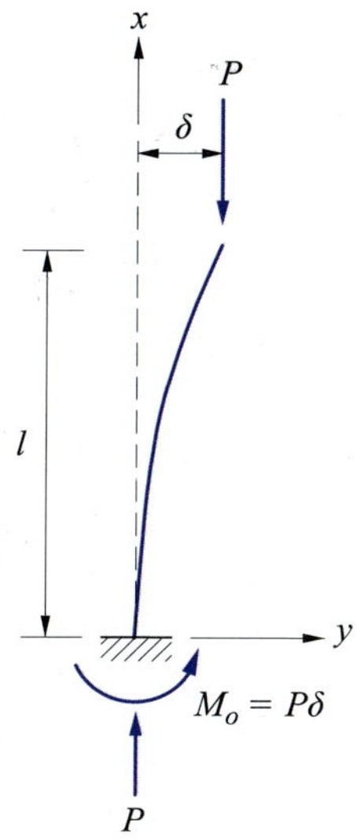

그림 12.8 일단 고정, 타단 자유인 기둥의 좌굴

이 방정식의 해는 식(12.34)로 주어진다.

$$y = A\ \sin kx + B\cos kx + \delta \tag{12.34}$$

또한, 이 기둥의 경계조건은 식(12.35)로 주어진다.

$$\begin{aligned} &x = 0\text{에서 } y = \frac{dy}{dx} = 0 \\ &x = l\text{에서 } y = \delta \end{aligned} \tag{12.35}$$

첫 번째 경계조건을 식(12.34)에 적용하여 좌굴 변위식(h)를 구할 수 있다.

$$y = \delta\,(1 - \cos\ kx) \tag{h}$$

둘째 경계조건을 식(h)에 적용하여 다음의 임계하중에 관한 방정식을 구한다.

$$\cos kl = 0$$

이 식을 만족시키는 최솟값은 $kl = \pi/2$이므로, 좌굴 변위식은 식(h)로부터 식(12.36)이 된다.

$$y = \delta\left[1 - \cos\left(\frac{\pi x}{2l}\right)\right] \tag{12.36}$$

임계하중은 식(12.3)으로부터 식(12.37)이 된다.

$$P_{cr} = \frac{\pi^2 EI}{(2l)^2} \tag{12.37}$$

이러한 기둥의 좌굴시 변형은 단곡률 형태로 반곡점이 생기지 않으나, 변위 형태는 양단 단순지지인 기둥의 좌굴 변형의 절반인 형태이므로, 휨모멘트가 0이 되는 지점은 $x = l$ 되는 곳과 고정단을 중심으로 그와 대칭인 가상의 점으로 보아 유효좌굴 길이를 $2l$로 할 수 있으며, 이 유효좌굴 길이의 값은 식(12.37)의 분모로 나타나 있다.

12.3 유효길이계수와 좌굴응력

앞 절의 해석 결과로부터 중심 압축력을 받는 길이 l인 기둥의 임계하중은 모든 경계조건에 대하여 식(12.38)의 형태로 나타낼 수 있다.

$$P_{cr} = \frac{\pi^2 EI}{(Kl)^2} \tag{12.38}$$

위의 식에서 Kl은 유효좌굴길이로 실제 좌굴 변형에서 반곡점과 반곡점 사이의 거리, 또는 단순지지된 단부와 반곡점 사이의 거리와 같으며, K는 유효길이계수로서 기둥의 경계조건에 따라 실제 기둥 길이에 대한 유효좌굴길이의 비를 나타내는 계수이다. 앞 절의 해석에서 기둥의 경계조건에 따른 유효길이계수를 요약하면 다음과 같다.

- 양단 단순지지 $K = 1.0$
- 양단 고정(수평 이동 구속) 0.5
- 양단 고정(수평 이동 허용) 1.0
- 일단 단순지지, 타단 고정 0.7
- 일단 고정, 타단 자유 2.0

기둥에 작용하는 압축력이 임계하중에 이르렀을 때 기둥에 생기는 좌굴응력은 임계하중을 단면적 A로 나눈 값이므로, 식(12.38)에 식(12.39)의 단면2차반지름을 사용하면 좌굴응력을 식(12.40)으로 나타낼 수 있다.

$$r = \sqrt{\frac{I}{A}} \tag{12.39}$$

$$\sigma_{cr} = \frac{\pi^2 E}{(Kl/r)^2} \tag{12.40}$$

이 식에서 분모의 Kl/r은 세장비(細長比, slenderness ratio)로서 기둥이 가늘고 길어 압축력에 좌굴하기 쉬운 정도를 나타내는 변수이다. 식(12.40)에서 보는 바와 같이 기둥의 좌굴응력은 세장비의 제곱에 반비례 하므로, 세장비를 작게 하면 기둥이 지지할 수 있는 좌굴응력을 크게 할 수 있다. 따라서 식(12.39)에서 같은 단면적에 대하여 단면2차모멘트를 크게 하는 것이 단면2차반지름을 크게 하여 세장비를 줄일 수 있으므로 기둥의 좌굴응력에 유리하다.

세장비 Kl/r을 변수로 하여 식(12.40)의 좌굴 응력 σ_{cr}을 나타낸 곡선을 오일러 곡선이라고 하며, 기둥의 설계를 위한 허용압축 응력을 정하는 데 기본이 된다. 그림 12.9는 $E = 210,000\,\mathrm{N/mm^2}$인 강재의 오일러 곡선이다.

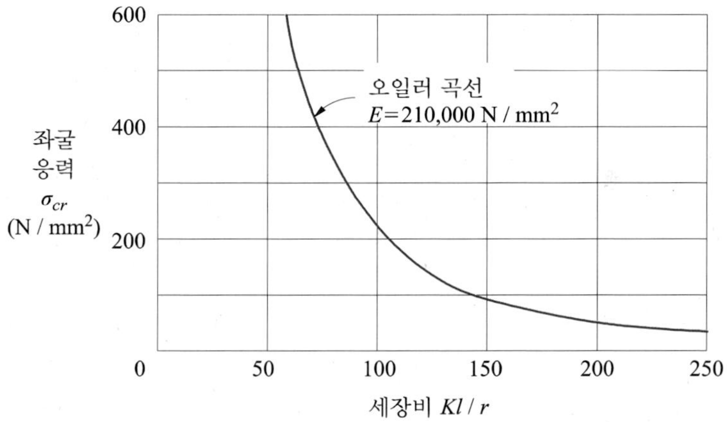

그림 12.9 강재의 오일러 곡선

12.4 불완전한 기둥의 좌굴

12.2절에서의 기둥의 좌굴은 곧은 기둥에 중심 축력이 작용하는 이상적인 상태의 가정에서 다루어진 것이다. 그러나 실제는 기둥이 휘어져 있거나 압축력이 편심으로 작용하는 경우가 많다. 압축력이 부재 중심에 작용하는 곧은 기둥을 완전한 기둥이라고 하며, 휘어져 있거나 압축력이 편심에 작용하는 기둥을 불완전한 기둥이라고 한다. 불완전한 기둥에서는 초기 휨이나 작용 하중의 편심에 의하여 좌굴하기 이전에 단부 휨모멘트 이외의 휨모멘트가 생기며, 따라서 불완전한 기둥의 하중-변위 관계는 평형방정식에 의하여 구해진다.

12.4.1 초기 휨을 가진 기둥

원래 휘어져 있는 기둥의 거동을 검토하기 위하여, 그림 12.10과 같이 중앙부에 원래의 휨에 의한 최대 처짐이 A_0 이고, 사인곡선 형태로 휘어져 있는 양단 단순지지의 기둥을 예로 하면, 이 기둥의 초기 휨에 의한 처짐 y_0 를 다음과 같이 나타낼 수 있다.

$$y_0 = A_0 \sin\frac{\pi x}{l} \tag{12.41}$$

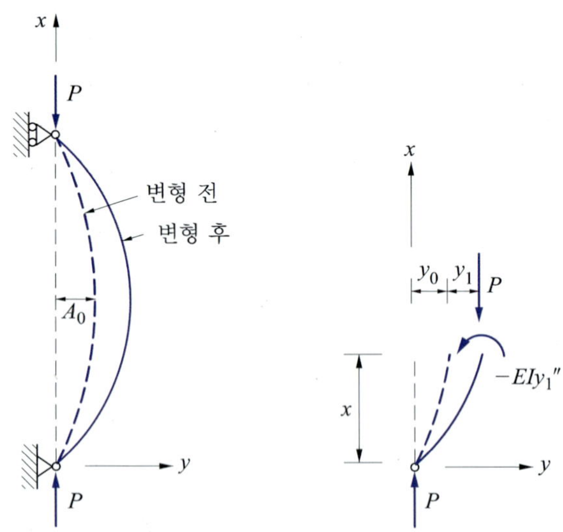

그림 12.10 초기 휨을 가진 기둥의 좌굴

축하중의 작용에 의하여 생기는 추가 처짐을 y_1 으로 하면, 전체 처짐은 $y = y_0 + y_1$ 이므로, 축하중과 처짐에 의한 휨모멘트는 $P(y_0 + y_1)$이 된다. 이 휨모멘트에 대하여 기둥의 내부 휨모멘트는 $-EI\left(d^2 y_1/dx^2\right)$이므로, 휨모멘트의 평형조건 $-EI\left(d^2 y_1/dx^2\right) = P_0(y_0 + y_1)$에 식(12.3)의 $k^2 = P/EI$의 기호를 사용하여, 초기 휨을 가지는 기둥의 처짐에 대한 미분방정식을 식(12.42)와 같이 얻게 된다.

$$\frac{d^2 y_1}{dx^2} + k^2 y_1 - -k^2 A_0 \sin\frac{\pi x}{l} \tag{12.42}$$

이 방정식의 해는 식(12.43)이 된다.

$$y_1 = A\sin kx + B\cos kx + \frac{A_0}{\pi^2/k^2 l^2 - a}\sin\frac{\pi x}{l} \tag{12.43}$$

양단이 단순지지되어 있는 기둥의 첫 번째 경계조건은 $x = 0$에서 $y_1 = 0$이므로, 이 조건을 식(12.43)에 적용하면

$$B = 0 \tag{a}$$

다음으로 조건 $x = l$에서 $y_1 = 0$을 적용하면

$$A\sin kl = 0$$

을 얻게 된다. 이 식에서 $\sin kl = 0$의 경우를 생각하면, 이 식은 양단 단순지지된 완전한 기둥의 좌굴에 관련된 식이므로 초기 휨을 가진 기둥의 경우를 나타내는 것이 아니다. 따라서

$$A = 0 \tag{b}$$

으로 하면, 초기 휨을 가진 기둥의 추가 휨변형을 나타내는 식은 식(12.43)에서 식(a) 및 식(b)를 적용하여 식(12.44)가 된다.

$$y_1 = \left(\frac{P/P_E}{1 - P/P_E}\right) A_0 \sin\frac{\pi x}{l} \tag{12.44}$$

이 식에서 P_E는 오일러 하중으로 $\pi^2 EI/l^2$의 값을 가진다. 초기 휨을 포함한 전체 처짐은 $y = y_0 + y_1$ 이므로, 식(12.41) 및 식(12.44)로부터 식(12.45)가 된다.

$$y = \frac{A_0}{1 - P/P_E}\sin\frac{\pi x}{l} \tag{12.45}$$

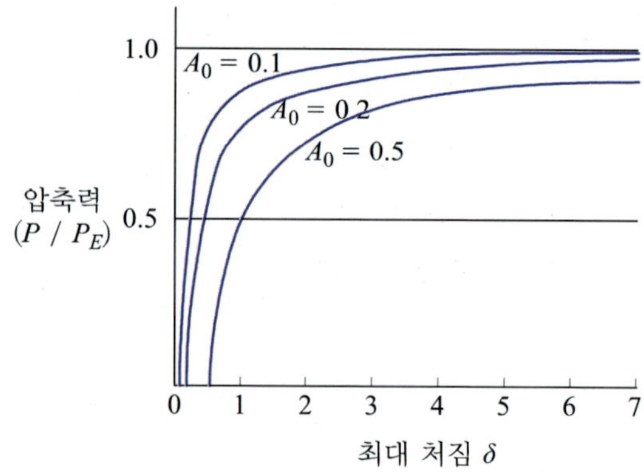

그림 12.11 초기처짐과 최대처짐의 관계

최대 처짐은 기둥 중간인 $x = l/2$에서 식(12.46)으로 주어진다.

$$\delta = \frac{A_0}{1 - P/P_E} \tag{12.46}$$

그림 12.11은 축하중 P에 대한 최대 처짐 δ를 초기 처짐에 대하여 개략적으로 나타낸 것이다.

12.4.2 편심 압축력을 받는 기둥

기둥에 작용하는 압축력은 부재의 형태나 결함 또는 휨모멘트 등에 의하여 기둥의 중심축(重心軸)에 대하여 편심을 동반하는 경우가 많다. 그림 12.12와 같이 기둥의 중심인 x축에 대하여 편심 e의 위치에 압축력 P가 작용할 때, 편심에 의한 휨모멘트의 작용 방향과 좌굴 방향이 일치하며, 기둥의 중심에 대하여 압축력 P에 의한 휨모멘트는 $P(e+y)$가 되므로 기둥의 내부 휨모멘트 $-EI(d^2y/dx^2)$과 다음 평형조건이 성립된다.

$$-EI\frac{d^2y}{dx^2} = P(e+y)$$

이 식에 $k^2 = P/EI$의 기호를 사용하여 식(12.47)의 좌굴미분방정식을 유도할 수 있다.

$$\frac{d^2y}{dx^2} + k^2 y = -k^2 e \tag{12.47}$$

이 방정식의 해는 식(12.48)로 주어진다.

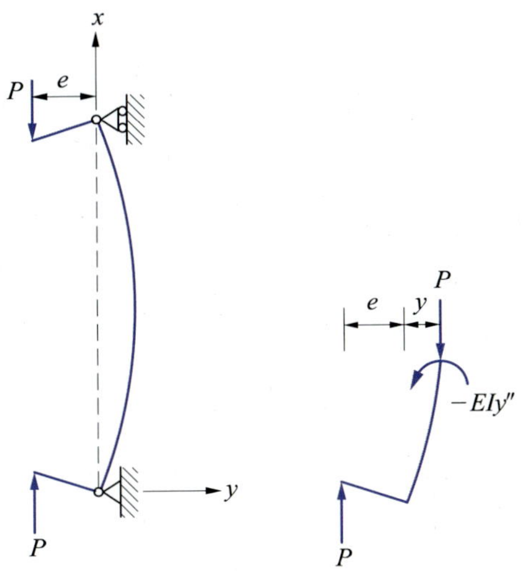

그림 12.12 편심 압축력을 받는 기둥의 좌굴

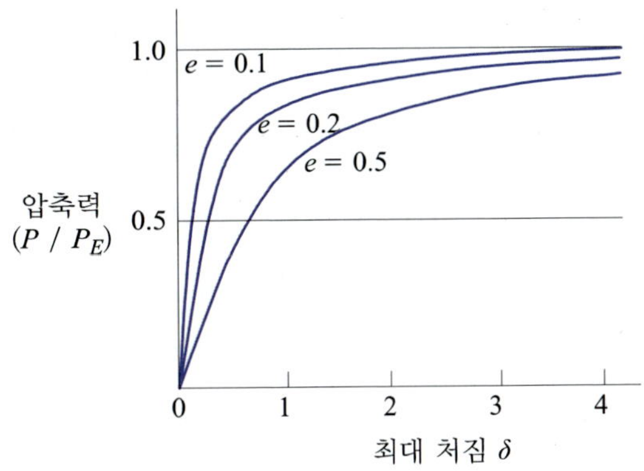

그림 12.13 편심거리와 최대 처짐의 관계

$$y = A\sin kx + B\cos kx - e \tag{12.48}$$

기둥 양단이 단순지지되어 있는 경우 경계조건은 $x=0$과 $x=l$에서 $y=0$이므로, 식(12.48)로부터 상수 A와 B는 각각 다음과 같다.

$$A = \frac{1-\cos kl}{\sin kl}e\,,\ \ B = e \tag{c}$$

변위식은 식(12.48)과 식(c)로부터 식(12.49)가 된다.

$$y = e\left(\cos kx + \frac{1-\cos kl}{\sin kl}\sin kx - 1\right) \tag{12.49}$$

이러한 기둥의 최대 처짐은 기둥의 중앙에 생기므로, 식(12.49)에 $x = l/2$를 대입하고

$$\sin kl = 2\sin\frac{kl}{2}\cos\frac{kl}{2}$$

$$\cos kl = 1 - 2\sin^2\frac{kl}{2}$$

으로 하면, 기둥의 최대 처짐은 식(12.50)으로 계산된다.

$$\delta = e\left[\sec\left(\frac{\pi}{2}\sqrt{\frac{P}{P_E}}\right) - 1\right] \tag{12.50}$$

그림 12.13은 축하중 P에 대한 최대 처짐을 편심에 대하여 개략적으로 나타낸 것이다.

12.4.3 불완전한 기둥의 좌굴 거동 고찰

초기 휨이 있거나 편심 압축력을 받는 불완전한 기둥의 좌굴 거동을 압축력과 최대 처짐의 관계로부터 고찰하면, 그림 12.11 및 그림 12.13으로부터 다음과 같이 요약할 수 있다.

- 압축력에 의한 기둥의 처짐량은 초기 처짐량이나 편심의 크기에 비례한다.
- 초기 처짐량이나 편심이 작을수록 완전한 기둥에 가까운 처짐 변형을 한다.
- 초기 휨이나 편심을 가진 기둥이 지지할 수 있는 압축력은 언제나 완전한 기둥의 좌굴하중보다 작다.

12.5 편심을 받는 기둥의 최대 응력

12.4.2에서 거론된 바와 같이 중심축에 대한 편심이 e이고 양단 단순지지된 그림 12.12 형태의 기둥이 압축력 P에 의하여 좌굴했을 때, 휨모멘트는 다음과 같다.

$$M = P(e + y)$$

기둥 중앙부의 최대 처짐을 δ로 하면 최대 휨모멘트는 식(a)가 된다.

$$M_{\max} = P(\delta + e) \tag{a}$$

이 식에 식(12.50)의 최대 처짐값 δ를 대입하면 최대 휨모멘트는 식(12.51)이다.

$$M_{\max} = P\,e\,\sec\left(\frac{\pi}{2}\sqrt{\frac{P}{P_E}}\right) \tag{12.51}$$

압축력 P가 오일러 하중 P_E에 접근함에 따라 최대 휨모멘트는 무한대로 커지는 형태의 식이 유도된다.

편심 압축력을 받는 기둥의 최대 응력은, 좌굴에 의한 휨의 중립축으로부터 압축 연단까지의 거리를 c로 하면, 식(b)의 식으로 계산된다.

$$\sigma_{\max} = \frac{P}{A} + \frac{M_{\max}\,c}{I} \tag{b}$$

이 식에 식(12.51)의 최대 휨모멘트 값을 대입하고, 식(12.39)의 단면 2차 반지름과 식(12.11)의 오일러 하중

$$r = \sqrt{\frac{I}{A}}\ ,\ P_E = \frac{\pi^2 EI}{l^2}$$

의 식을 적용하면, 식(b)의 최대 응력의 계산식은 다음과 같이 유도할 수 있다.

$$\sigma_{\max} = \frac{P}{A}\left[1 + \frac{ec}{r^2}\ \sec\left(\frac{l}{2r}\sqrt{\frac{P}{EA}}\right)\right] \tag{12.52}$$

이 식은 양단 단순지지된 경우에만 적용할 수 있으나, 그 밖의 경계조건을 가진 기둥에 대하여서는 12.3절에서 거론된 유효길이 개념을 적용하여 식(12.52)의 l을 Kl로 바꾸면 된다. 이와 같이 일반화하였을 때 편심을 받는 기둥의 압축응력을 계산하는 공식은 식(12.52)로부터 식(12.53)이 주어진다.

$$\frac{P}{A} = \frac{\sigma_{\max}}{1 + \frac{ec}{r^2}\ \sec\left(\frac{Kl}{2r}\sqrt{\frac{P}{EA}}\right)} \tag{12.53}$$

이 식을 시컨트 공식이라고 하며, 편심비 ec/r^2와 세장비 Kl/r이 주어진 상태에서 기둥의 압축 부분의 응력이 최대 응력 $\sigma_{\max}$에 이르게 하는 단위 면적당의 압축력 P/A의 값을 구하는 데 사용된다. 식(12.53)은 비선형 방정식으로, 반복해법 등 비선형 방정식 해법에 의하여 근사적으로 해석된다.

예를 들어, 한국산업규격 KS D 3503에 규정된 SS 400 재질 강재의 탄성계수와 항복강도는 각각 $E = 210{,}000\ \text{N/mm}^2$, $\sigma_y = 235\ \text{N/mm}^2$이며, 이 값들을 식(12.53)에 적용하여 $\sigma_{\max} = \sigma_y$로 하면, 여러 가지 편심비와 세장비에 대하여 SS 400 강재 기둥의 압축 부분을 항복강도에 이르게 하는 P/A의 값을 그림 12.14와 같이 얻을 수 있다.

이 그림에서 세장비가 20 이하의 작은 부분에서는 시컨트의 값이 거의 1과 같아 식(12.54)의 값에 가까워진다.

$$\frac{P}{A} = \frac{\sigma_{\max}}{1 + \frac{ec}{r^2}} \tag{12.54}$$

반대로 세장비의 값이 150 이상 큰 경우 곡선은 오일러 곡선에 근접하여 편심의 영향이 줄어듦을 볼 수 있으며, 시컨트 공식은 세장비가 50～150 정도의 중간 부분에서 중

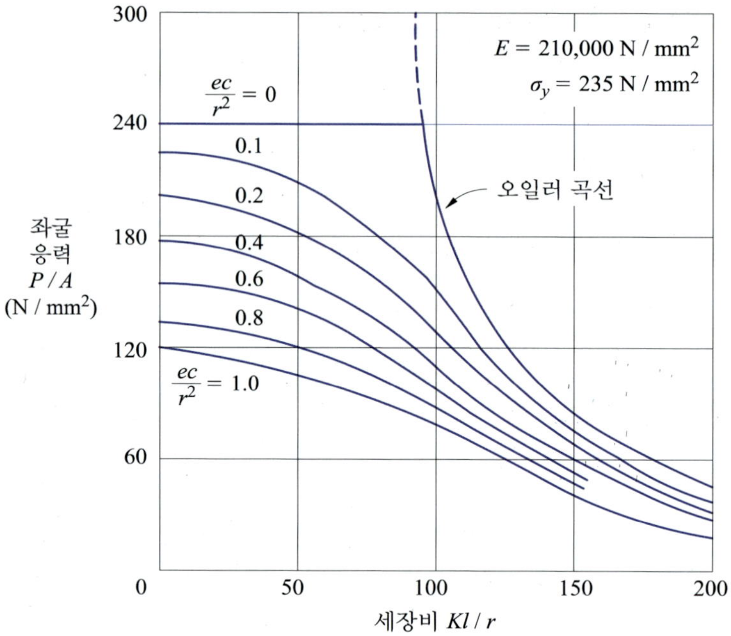

그림 12.14 좌굴 응력과 세장비의 관계

요하게 사용됨을 이해할 수 있다.

12.6 기둥의 설계강도

압축력을 받는 기둥의 이론적인 강도는 앞에서 거론된 바와 같이 오일러 공식이나 시컨트 공식에 의하여 정해진다. 그러나 실제 기둥은 목재 기둥의 옹이, 철근콘크리트 기둥의 재료분리, 강재 기둥의 잔류응력 등 결함을 가진 경우가 많고, 세장비가 작은 경우에는 소성영역에서의 좌굴에 의하여 탄성계수가 줄어들므로, 기둥의 압축 파괴를 예측하는 데에는 이론식보다 많은 실험 결과들을 반영한 경험식들이 사용되고 있다.

그림 12.15는 여러 가지 형태의 강재 기둥들의 강도시험 결과를 나타낸 것이다. 이 그림에서 세장비가 큰 시험체의 강도는 좌굴에 지배되어 오일러 곡선에 거의 일치하고 있으나. 세장비가 작은 기둥의 강도는 항복강도에 의하여 결정되며, 중간 값의 세장비를 가진 기둥들의 강도는 압축 항복과 좌굴의 복합에 의하여 일어나는 것으로 나타나고 있다.

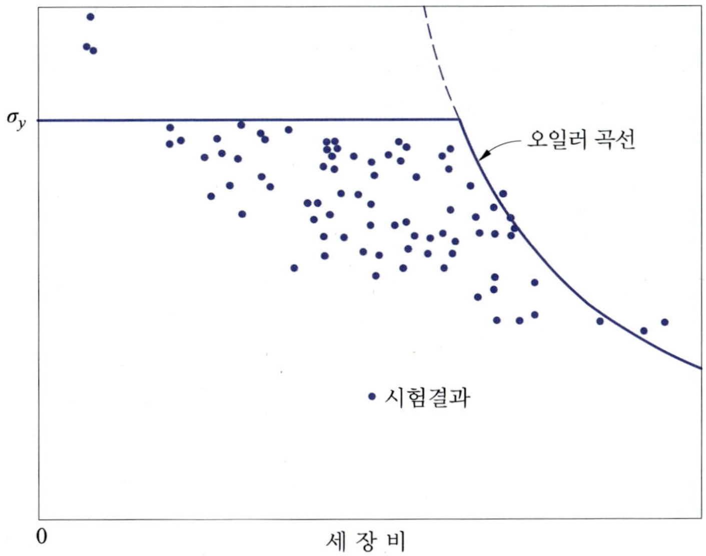

그림 12.15 강재 기둥의 세장비와 강도의 관계

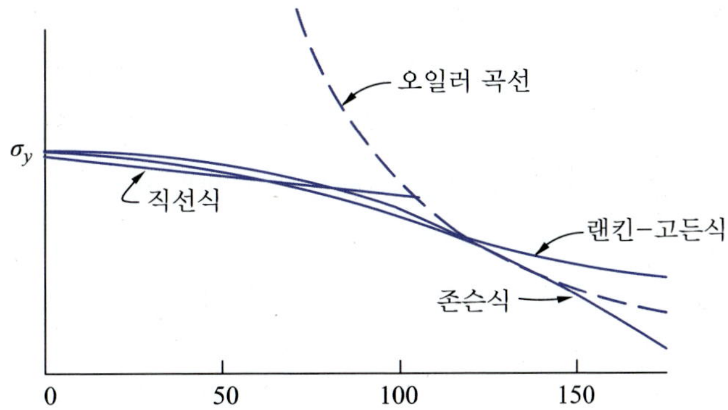

그림 12.16 강재 기둥의 설계식

이런 실험 결과를 반영한 경험적인 설계식으로 대표적인 것들은

- 테트마이어(Tetmaier)의 직선식
- 랜킨-고든(Rankine-Gordon) 공식
- 존슨(Johnson)의 포물선식

등이 있으며, 모두 강재 기둥의 강도에 관련되어 있다. 이 세 설계식은 그림 12.16의 형태로 표시된다.

테트마이어의 직선식은 그가 수행한 좌굴 시험의 결과들을 근거로 하여 식(12.55)의 형태로 제안되어 있다.

$$\sigma_{cr} = \sigma_y\left(1 - C_1\frac{Kl}{r}\right) \tag{12.55}$$

랜킨-고든의 공식은 식(12.53)의 시컨트 공식에 근거하여 식(12.56)의 형태로 제안되어 있으며, 상수 C_2는 식(12.53)의 편심 e의 함수이다.

$$\sigma_{cr} = \frac{\sigma_y}{1 + C_2(Kl/r)} \tag{12.56}$$

존슨의 포물선식은 식(12.57)로서, 세장비의 2차식으로 되어 있으며, 랜킨-고든의 곡선과 거의 일치한다.

$$\sigma_{cr} = \sigma_y\left[1 - C_3\left(\frac{Kl}{r}\right)^2\right] \tag{12.57}$$

이 세 강도 곡선식은 세계 각처에서 널리 사용되어 왔으며, 세장비를 함수로 하는 안전율의 적용에 의하여 허용응력 설계법에서 기둥 설계식의 근간을 이루고 있다. 대한건축학회에서 제정한 강구조 계산 규준에서는 오일러 곡선에서 $0.6\sigma_y$에 해당하는 세장비를 한계 세장비로 하여, 기둥의 세장비가 한계 세장비보다 큰 경우에는 식(12.40)의 오일러 공식, 세장비가 한계세장비 이하인 경우에는 식(12.57)에서 상수를 식(12.58)로 하는 존슨 포물선식으로 계산되는 값을 기둥의 최대 압축강도로 하고, 허용 압축응력도는 최대 압축강도를 안전율로 나눈 값으로 하고 있다.

$$C_3 = \frac{0.24\,\sigma_y}{\pi^2 E} \tag{12.58}$$

연습문제

12.1 길이 5 m의 $H-200\times200\times8\times12$ 형강 기둥의 단부 조건이 아래와 같이 주어졌을 때 좌굴하중을 계산하라. 단, H형강의 단면적과 강축 단면2차모멘트는 각각 $A=6{,}353\,\mathrm{mm}^2$, $I_x=47.2\times10^6\,\mathrm{mm}^4$, 탄성계수는 $E=200\times10^3\,\mathrm{N/mm^2}$이며, 약축으로는 좌굴이 생기지 않는 것으로 한다.

(1) 양단 단순지지
(2) 일단 고정, 일단 단순지지
(3) 일단 고정, 일단 자유단

12.2 연습문제 12.1의 기둥을 바깥지름 216.3 mm, 두께 6.0 mm인 구조용 원형강관($A=3{,}961\,\mathrm{mm}^2$, $I=29.1\times10^6\,\mathrm{mm}^4$)으로 했을 때 각각의 단부 조건에 대하여 좌굴하중과 좌굴응력을 구하라.

12.3 일단 고정, 일단 자유인 기둥에서 초기 휨이

$$y_0=A_0\left(1-\cos\frac{\pi x}{2l}\right)$$

으로 주어질 때 이 기둥의 변위식과 $A_0=0.01l$, $0.02l$, $0.04l$일 때 자유단 최대 처짐을 P/P_{cr}의 값에 대하여 그리라.

12.4 다음과 같은 단부 조건을 가지는 기둥에 편심 e의 압축력이 작용할 때 기둥의 최대 처짐을 구하라.

(1) 양단 고정, 수평이동 구속
(2) 일단 고정, 일단 단순지지
(3) 일단 고정, 일단 자유

12.5 $\sigma_y=20\ \mathrm{N/mm^2}$, $E=70{,}000\ \mathrm{N/mm^2}$인 알루미늄 기둥의 편심비가 0.2일 때 세장비 0, 50, 100, 150에 대하여 시컨트 공식을 사용하여 P/A값을 계산하고 그림 12.14의 강재 기둥의 값과 비교하라.

12.6 연습문제 12.1의 $H-200\times200\times8\times12$ 형강의 항복강도가 $\sigma_y=235\,\mathrm{N/mm^2}$, 한계 세장비가 120일 때 식(12.40), (12.56), (12.57)로부터 $Kl=2\mathrm{m}$, $4\mathrm{m}$, $6\mathrm{m}$, $8\mathrm{m}$ 기둥의 최대 압축강도를 계산하라.

12.7 연습문제 12.6에서 안전율이

$\frac{Kl}{r} \leq 120$일 때 $n = 1.5 + \frac{2}{3}\left(\frac{Kl}{120r}\right)^2$

$\frac{Kl}{r} > 120$일 때 $n = \frac{13}{6}$

인 경우 각 유효길이에 대하여 허용 압축응력의 값을 구하라.

제13장

보의 처짐

13.1 개요

보의 처짐을 이론적으로 해석하기 위하여서는 보의 휨에 의한 곡률의 기하학적인 성질을 먼저 이해하여야 한다. 보의 처짐이 아주 작은 경우 보의 휨 곡률은 처짐의 2차 미분이 되기 때문에, 10장에서 유도된 곡률과 휨모멘트의 관계식에 적용하면 보의 처짐 미분방정식을 얻을 수 있다.

하중이 보의 길이에 연속 함수로 나타낼 수 있게 작용하는 경우 보의 처짐식은 처짐 미분방정식을 두 번 연속 적분한 후 경계조건으로부터 적분 상수의 값을 정하는 이중적분법으로 구할 수 있다. 이중적분법에 의한 처짐각 및 처짐식 유도 과정과 적용 예제가 13.3절에서 다루어지며, 복잡한 하중 분포에 겹침원리를 사용하는 방법이 13.4절에 소개된다.

이중적분법은 이론적으로 잘 정립되어 있고, 보의 모든 위치에서 처짐과 처짐각을 계산할 수 있는 장점을 가지고 있으나, 계산량이 많은 것이 단점이다. 이에 비하여 모멘트 면적법과 공액보법은 보 설계에서 주요 관심사인 최대 처짐의 위치와 처짐량을 비교적 쉽게 검토할 수 있는 간편성으로 이중적분법과 함께 널리 쓰이고 있기 때문에 13.5절과 13.6절에서는 이 두 방법의 이론적 근거와 적용 방법이 거론되고 있다.

13.2 보 처짐의 미분 방정식

보의 처짐에 관한 미분 방정식은 식(10.6)에서 곡률과 휨모멘트의 관계를 나타낸 방정식에서 유도할 수 있다.

$$\phi = \frac{1}{R} = \frac{M}{EI} \tag{a}$$

그림 13.1과 같이 하중 $w(x)$에 의하여 처짐 변형을 한 보의 아주 작은 부분 dx 에서의 중립축 처짐을 선분 ab 로 나타낸다. 선분 ab 의 처짐각을 θ 로 하면 $\tan\theta = dy/dx$ 의 관계로부터, 양 쪽을 한 번 더 미분하여 식(b)를 구할 수 있다.

$$\frac{d}{dx}\tan\theta = \frac{d^2y}{dx^2} \tag{b}$$

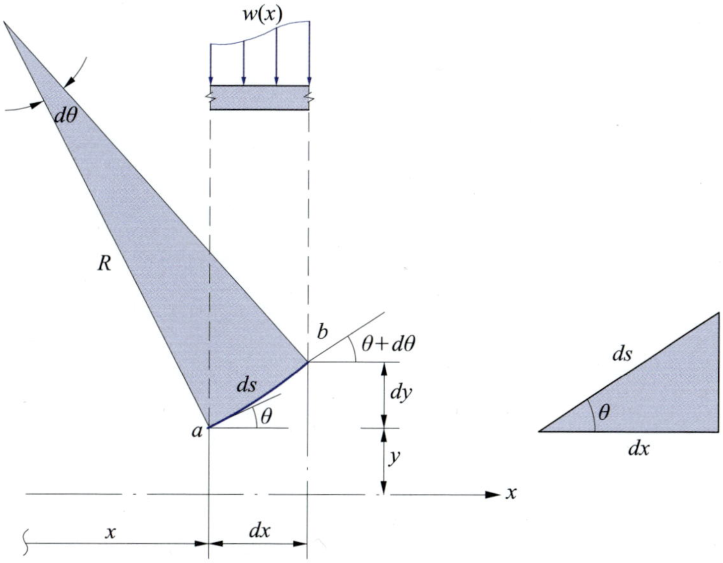

그림 13.1 곡률, 처짐각, 처짐의 관계

이 식에서

$$\frac{d}{dx}\tan\theta = \frac{d\theta}{dx}\frac{d}{d\theta}\tan\theta$$
$$= (1+\tan^2\theta)\frac{d\theta}{dx} = \left[1+\left(\frac{dy}{dx}\right)^2\right]\frac{d\theta}{dx} \tag{c}$$

이므로, 식(b)와 식(c)로부터 식(d)가 유도된다.

$$\frac{d\theta}{dx} = \frac{d^2y/dx^2}{1+(dy/dx)^2} \tag{d}$$

그림 13.1에서 곡률반지름 R과 처짐각의 변화율 $d\theta$ 및 중립축의 아주 작은 길이 ds의 관계는 $Rd\theta = ds$ 이므로, 곡률은 다음과 같다.

$$\phi = \frac{1}{R} = \frac{d\theta}{ds}$$

식(d)에 이 관계를 대입하여 정리한다.

$$\frac{d\theta}{dx} = \frac{ds}{dx}\frac{d\theta}{ds} = \frac{1}{R}\frac{ds}{dx}$$

$$\frac{1}{R}\frac{ds}{dx} = \frac{d^2y/dx^2}{1+(dy/dx)^2} \tag{e}$$

이 식에서

$$\frac{ds}{dx} = \sqrt{\frac{(dx)^2+(dy)^2}{(dx)^2}} = \sqrt{1+\left(\frac{dy}{dx}\right)^2}$$

이므로, 보 처짐의 곡률은 식(e)로부터 식(13.1)과 같이 유도된다.

$$\phi = \frac{1}{R} = \frac{\dfrac{d^2y}{dx^2}}{\left[1+\left(\dfrac{dy}{dx}\right)^2\right]^{\frac{3}{2}}} \tag{13.1}$$

실제 설계에서는 보의 처짐 한계를 보 경간에 대하여 1/100보다 더 작은 값으로 하고 있기 때문에 식(13.1)의 $(dy/dx)^2$은 1에 대하여 $1/(100)^2$ 단위의 작은 값으로 공학적인 의미를 가지지 못하므로 이를 무시하면, 곡률은 보의 아주 작은 처짐 변형에 대하여

$$\frac{1}{R} = \frac{d^2y}{dx^2} \tag{13.2}$$

으로 주어지며, 식(a)로부터 보 처짐의 미분 방정식이 유도된다.

$$\phi = \frac{d^2y}{dx^2} = \frac{M}{EI} \tag{13.3}$$

그러나 이 식에서 휨모멘트의 방향에 따라 처짐이 달라지므로, 휨모멘트의 방향과 처짐 방향을 일정하게 규정할 필요가 있다. 일반적으로 처짐은 중력 방향, 즉 아랫방향으로

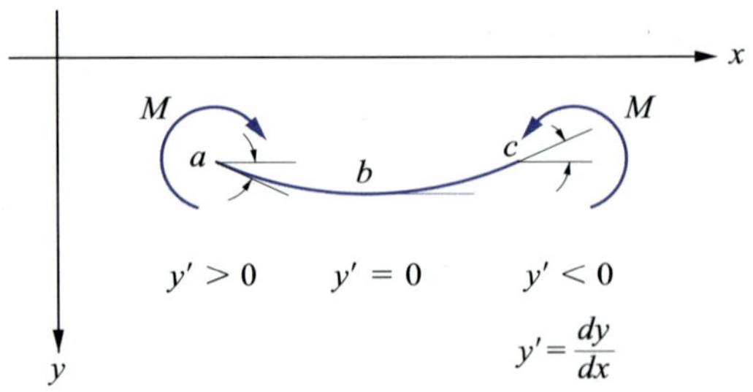

그림 13.2 처짐각과 처짐의 방향

생기고, 휨모멘트도 표 4.2에 나타나 있듯이 아래로 처지게 작용하는 휨모멘트 방향을 "+"로 하고 있다. 따라서 처짐과 모멘트의 "+" 방향을 그림 13.2로 나타내면, 중립축 처짐 곡선에서 보는 바와 같이 a 점에서 $dy/dx > 0$, b 점에서 $dy/dx = 0$, c 점에서 $dy/dx < 0$으로, x 의 진행 방향에 대하여 dy/dx 의 값은 줄어들므로 dy/dx 의 변화율, 즉 d^2y/dx^2 은 "−" 부호를 가지게 된다. 따라서 그림 13.2의 처짐 부호와 휨모멘트 부호에 의한 처짐방정식은 식(13.3)에 "−" 부호가 붙은 식(13.4)로 주어진다.

$$\phi = \frac{d^2y}{dx^2} = -\frac{M}{EI} \tag{13.4}$$

13.3 이중적분법에 의한 처짐해석

정정 보에서 휨모멘트가 외부에서 작용하는 하중이나 휨모멘트의 항으로 정해져 있는 경우 처짐각 방정식은 식(13.4)의 처짐 미분방정식을 적분하여 계산하며, 이러한 처짐 계산법을 이중적분법(double integration method) 또는 직접적분법(direct integration method)이라 한다.

$$\theta = \frac{dy}{dx} = -\int \frac{M}{EI}\,dx + C_1 \tag{13.5}$$

처짐방정식은 식(13.4)를 두 번 적분하여 식(13.6)으로 유도된다.

$$\delta = y = -\int\int \frac{M}{EI}\,dx\,dx + C_1x + C_2 \tag{13.6}$$

위 식의 적분상수 C_1과 C_2는 보 단부의 지점 상태에 의하여 정해진다. 이와 같이 골조 등 구조물의 경계에서 주어지는 조건을 경계조건이라고 한다. 정정보에 있어 처짐 또는 처짐각에 관련하여 그림 13.3(a)와 같은 단순보에서는 보 양단에서 처짐이 생기지 않으며, 그림 13.3(b)와 같은 캔틸레버보에서는 고정단에 처짐과 처짐각이 생기지 않으므로, 정정 보의 경계조건은 식(13.7)과 같이 언제나 두 개씩 주어져 식(13.5) 및 식(13.6)의 적분상수는 유일 값을 갖도록 정해진다.

$$\text{단순보 : } (y)_{x=0} = 0,\ (y)_{x=l} = 0 \tag{13.7a}$$

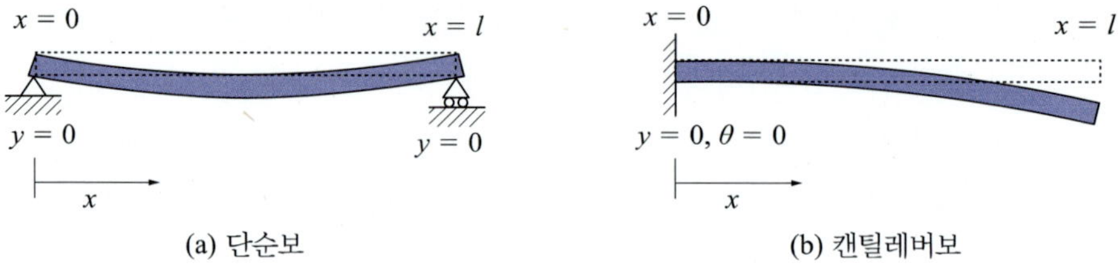

그림 13.3 지점에서의 처짐각과 처짐

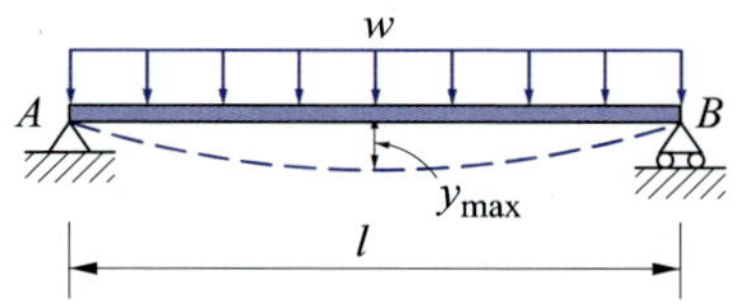

그림 13.4 등분포하중을 받는 단순보의 처짐

$$\text{캔틸레버 보 : } (y)_{x=0} = 0, \ \left(\frac{dy}{dx}\right)_{x=0} = 0 \tag{13.7b}$$

이중적분법에 의한 처짐 해석의 간단한 예로 그림 13.4와 같이 등분포하중 w를 받는 단순보에서 지점 A에서 x 거리에 생기는 휨모멘트는

$$M_x = \frac{wlx}{2} - \frac{wx^2}{2}$$

이므로 보의 곡률, 처짐각 및 처짐에 대한 방정식은 식(13.4), 식(13.5) 및 식(13.6)으로부터 계산된다.

$$\phi = \frac{d^2y}{dx^2} = \frac{-1}{EI}\left(\frac{wlx}{2} - \frac{wx^2}{2}\right)$$

$$\theta = \frac{dy}{dx} = \frac{w}{12EI}(2x^3 - 3lx^2) + C_1 \tag{a}$$

$$\delta = y = \frac{w}{24EI}(x^4 - 2lx^3) + C_1 x + C_2 \tag{b}$$

단순보에 대한 경계조건인 식(13.7a)를 식(b)에 적용하여 적분상수를 구한다.

$$(y)_{x=0} = C_2 = 0$$

$$(y)_{x=l} = \frac{w}{24EI}(l^4 - 2l^4) + C_1 l + C_2 = 0$$

$$C_1 = \frac{wl^3}{24EI}, \quad C_2 = 0$$

이 값들을 식(a)와 식(b)에 대입하면 등분포하중을 받는 보의 처짐각과 처짐식을 유도할 수 있다.

$$\theta = \frac{dy}{dx} = \frac{w}{24EI}(4x^3 - 6lx^2 + l^3) \tag{13.8a}$$

$$\delta = y = \frac{w}{24EI}(x^4 - 2lx^3 + l^3x) \tag{13.8b}$$

식(13.8a)에 의하면 보의 단부와 중앙에서 처짐각이 계산된다.

$$\left(\frac{dy}{dx}\right)_{x=0} = \frac{wl^3}{24EI}$$

$$\left(\frac{dy}{dx}\right)_{x=\frac{l}{2}} = \frac{w}{24EI}\left[4\left(\frac{l}{2}\right)^3 - 6l\left(\frac{l}{2}\right)^2 + l^3\right] = 0$$

처짐각과 처짐의 미분 관계로부터 최대 처짐은 처짐각이 0이 되는 곳에 생기므로, 등분포하중을 받은 보의 최대 처짐은 보 중앙에서 발생한다.

$$\delta_{\max} = y_{\max} = \frac{w}{24EI}\left[\left(\frac{l}{2}\right)^4 - 2l\left(\frac{l}{2}\right)^3 + l^3\left(\frac{l}{2}\right)\right] = \frac{5wl^4}{384EI} \tag{13.9}$$

다음의 예로, 그림 13.5와 같이 등분포하중 w를 받는 캔틸레버보에서 고정단으로부터 x 거리에 생기는 휨모멘트는

$$M_x = -\frac{w}{2}(l-x)^2$$

이므로 곡률, 처짐각 및 처짐방정식은 식(13.5) 및 식(13.6)으로부터 적분하여 계산된다.

$$\phi = \frac{d^2y}{dx^2} = \frac{w}{2EI}(l-x)^2$$

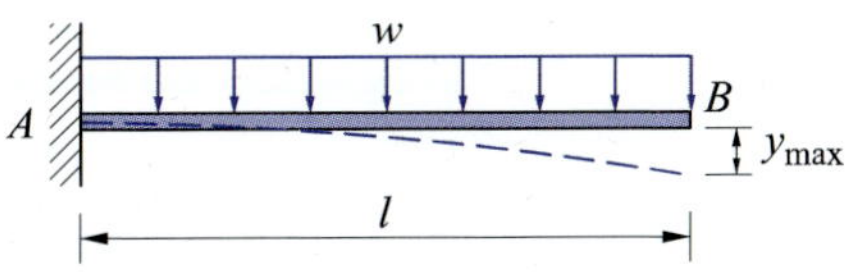

그림 13.5 등분포하중을 받는 캔틸레버보

$$\theta = \frac{dy}{dx} = \frac{w}{2EI}\left(l^2 x - lx^2 + \frac{x^3}{3}\right) + C_1 \tag{c}$$

$$\delta = y = \frac{w}{24EI}(6l^2x^2 - 4lx^3 + x^4) + C_1 x + C_2 \tag{d}$$

캔틸레버보의 경계조건인 식(13.7b)를 식(c)와 식(d)에 적용하면

$$\left(\frac{dy}{dx}\right)_{x=0} = 0 + C_1 = 0$$

$$(y)_{x=0} = 0 + C_2 = 0$$

의 식으로부터 적분상수는 $C_1 = C_2 = 0$이 된다. 등분포하중을 받는 캔틸레버보의 처짐각과 처짐방정식은 식(13.10a,b)로 유도된다.

$$\theta = \frac{dy}{dx} = \frac{w}{6EI}(3l^2x - 3lx^2 + x^3) \tag{13.10a}$$

$$\delta = y = \frac{w}{24EI}(6l^2x^2 - 4lx^3 + x^4) \tag{13.10b}$$

이 보의 자유단, 즉 $x = l$의 위치에서는 식(13.11)의 최대 처짐이 생긴다.

$$\delta_{\max} = y_{\max} = y_{x=l} = \frac{wl^4}{8EI} \tag{13.11}$$

분포하중과는 달리 집중하중이 작용하는 경우에는 하중을 연속함수로 나타낼 수 없기 때문에 집중하중이 작용하는 구간별로 식(13.5)와 식(13.6)의 처짐각 및 처짐방정식을 적용하여야 한다. 그러나 이런 경우 각 구간별로 두 개씩 생기는 적분상수를 보의 경계조건만으로는 결정할 수 없으므로, 각 집중하중의 작용점에서 처짐과 처짐각의 연속성을 고려하여야 한다.

집중하중을 받는 가장 간단한 단순보의 예로, 그림 13.6과 같이 지점 A에서 a 거리에 집중하중 P가 작용하는 경우 보의 휨모멘트는 x의 위치에 따라 달라진다.

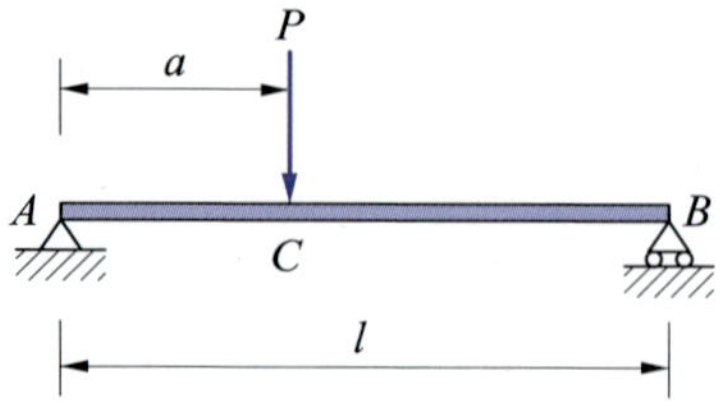

그림 13.6 집중하중을 받는 단순보

$$M_x = \begin{cases} \dfrac{P(l-a)x}{l} & x \le a \\ \dfrac{Pa(l-x)}{l} & x \ge a \end{cases}$$

따라서 보의 곡률과 처짐각 및 처짐방정식도 집중하중의 작용점 좌우에서 식(13.4), 식(13.5) 및 식(13.6)에 따라 다음과 같이 주어진다.

(1) $x \le a$

$$\frac{d^2y_1}{dx^2} = -\frac{Px}{EIl}(l-a)$$

$$\frac{dy_1}{dx} = -\frac{Px^2}{2EIl}(l-a) + C_1$$

$$y_1 = -\frac{Px^3}{6EIl}(l-a) + C_1x + C_2$$

(2) $x \ge a$

$$\frac{d^2y_2}{dx^2} = \frac{Pa}{EIl}(x-l)$$

$$\frac{dy_2}{dx} = \frac{Pa}{2EIl}(x^2 - 2lx) + C_3$$

$$y_2 = \frac{Pa}{6EIl}(x^3 - 3lx^2) + C_3x + C_4$$

경계조건을 적용하여 적분상수를 계산한다.

$$(y_1)_{x=0} = C_2 = 0$$

$$(y_2)_{x=l} = -\frac{Pa}{6EIl}(2l^3) + C_3l + C_4 = 0 \tag{e}$$

$$C_4 = \frac{Pa}{6EIl}(2l^3) - C_3l$$

따라서 하중 작용점 좌우의 처짐각과 처짐방정식은 다음과 같다.

$$\frac{dy_1}{dx} = -\frac{P(l-a)x^2}{2EIl} + C_1$$

$$y_1 = -\frac{P(l-a)x^3}{6EIl} + C_1x \tag{f}$$

$$\frac{dy_2}{dx} = \frac{Pa}{2EIl}(x^2 - 2lx) + C_3$$

$$y_2 = \frac{Pa}{6EIl}(x^3 - 3lx^2 + 2l^3) - C_3(l-x)$$

위 식에서 아직 정해지지 않은 적분상수 C_1과 C_3를 포함하고 있어, 이 두 상수를 결정하기 위하여 하중 작용점에서 처짐각과 처짐이 같아야 하는 다음 연속조건을

$$\left(\frac{dy_1}{dx}\right)_{x=a} = \left(\frac{dy_2}{dx}\right)_{x=a}$$

$$(y_1)_{x=a} = (y_2)_{x=a}$$

식(f)에 적용하면

$$-\frac{P(l-a)a^2}{2EIl} + C_1 = \frac{Pa(a^2 - 2la)}{2EIl} + C_3$$

$$-\frac{P(l-a)a^3}{6EIl} + C_1 a = \frac{Pa(a^3 - 3la^2 + 2l^3)}{6EIl} - C_3(l-a)$$

의 연립방정식과 식(e)로부터 적분상수의 값이 결정된다.

$$C_1 = \frac{Pa}{6EIl}(2l-a)(l-a), \quad C_2 = 0$$

$$C_3 = \frac{Pa}{6EIl}(2l^2 + a^2), \quad C_4 = -\frac{Pa^3}{6EI}$$

따라서 처짐식은 식(13.12a,b)가 된다.

$$x \le a \ : \ y_1 = \frac{P}{6EIl}[-(l-a)x^3 + a(2l^2 - 3al + a^2)x] \tag{13.12a}$$

$$x \ge a \ : \ y_2 = \frac{p}{6EIl}[-(l-a)x^3 + l(x^3 - 3ax^2) + a(2l^2 + a^2)x - a^3 l] \tag{13.12b}$$

$x = a$일 때 C점의 처짐은 식(13.13)이 된다.

$$y_c = \frac{Pa^2(l-a)^2}{3EIl} \tag{13.13}$$

P가 보의 중앙에 작용하는 경우에는 $a = l/2$이 되며, 이 때 보 중앙에 식(13.14)의 최대 처짐이 발생한다.

$$y_c = \frac{Pl^3}{48EI} \tag{13.14}$$

예제 13.1 그림 13.7의 양 단부에 M_1 및 M_2의 휨모멘트를 받는 단순보의 처짐을 구하라.

그림 13.7

풀이 지점 A에서 x만큼 떨어진 위치에서의 휨모멘트는 다음과 같다.

$$M_x = \frac{M_1 - M_2}{l}x - M_1$$

보의 곡률, 처짐각 및 처짐방정식은 식(13.4)에서 식(13.6)으로부터 계산한다.

$$\phi = \frac{d^2y}{dx^2} = \frac{1}{EI}\left(M_1 - \frac{M_1 - M_2}{l}x\right)$$

$$\theta = \frac{dy}{dx} = \frac{1}{EI}\left(M_1 x - \frac{M_1 - M_2}{2l}x^2\right) + C_1$$

$$\delta = y = \frac{1}{EI}\left(\frac{M_1}{2}x^2 - \frac{M_1 - M_2}{6l}x^3\right) + C_1 x + C_2$$

단순보의 경계조건인 식(13.7a)에 의하여 적분 상수를 계산한다.

$$(y)_{x=0} = 0 + C_2 = 0$$

$$(y)_{x=l} = \frac{1}{EI}\left(\frac{M_1}{2}l^2 - \frac{M_1 - M_2}{6l}l^3\right) + C_1 l + C_2 = 0$$

$$C_1 = \frac{l}{6EI}(-2M_1 - M_2),\ \ C_2 = 0$$

따라서 처짐식(13.15)가 유도된다.

$$\delta = y = \frac{1}{6EIl}[M_1(-x^3 + 3lx^2 - 2l^2x) + M_2(x^3 - l^2x)] \tag{13.15}$$

최대 처짐의 위치와 크기는 M_1과 M_2에 따라 정해지며, 보 중앙부 처짐은 식(13.16)으로 계산된다.

$$(y)_{x=l/2} = \frac{l^2}{16EI}(-M_1 - M_2) \tag{13.16}$$

예제 13.2 그림 13.8의 부분적으로 등분포하중을 받는 보에서 $a = l/3$일 때 보 중앙의 처짐을 구하라.

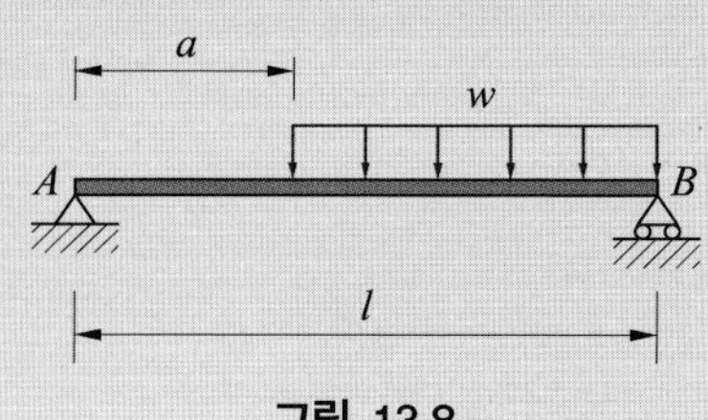

그림 13.8

풀이

A 점의 반력을 계산한다.

$$R_A = \frac{2wl}{9}$$

휨모멘트는 보의 위치에 따라 달라진다.

$$M_x = \begin{cases} \dfrac{2wl}{9}x & x \le \dfrac{l}{3} \\ \dfrac{2wl}{9}x - \dfrac{w}{2}\left(x - \dfrac{l}{3}\right)^2 & x \ge \dfrac{l}{3} \end{cases}$$

곡률, 처짐각 및 처짐방정식은 식(13.4), 식(13.5) 및 식(13.6)에 따라 구간별로 다음과 같이 주어진다.

$$x \le \frac{l}{3} \ : \ \frac{d^2y_1}{dx^2} = \frac{-2}{9EI}wlx$$

$$\frac{dy_1}{dx} = \frac{-1}{9EI}wlx^2 + C_1$$

$$y_1 = \frac{-1}{27EI}wlx^3 + C_1x + C_2$$

$$x \ge \frac{l}{3} \ : \ \frac{d^2y_2}{dx^2} = \frac{-1}{EI}\left[\frac{2}{9}wlx - \frac{w}{2}\left(x^2 - \frac{2lx}{3} + \frac{l^2}{9}\right)\right]$$

$$\frac{dy_2}{dx} = \frac{-1}{EI}\left[\frac{1}{9}wlx^2 - \frac{w}{18}(3x^3 - 3lx^2 + l^2x)\right] + C_3$$

$$y_2 = \frac{-1}{EI}\left[\frac{1}{27}wlx^3 - \frac{w}{72}(3x^4 - 4lx^3 + 2l^2x^2)\right] + C_3x + C_4$$

경계조건 $(y_1)_{x=0} = 0$, $(y_2)_{x=l} = 0$을 적용하여 두 적분 상수를 계산할 수 있다.

$$C_2 = 0, \ C_4 = \frac{5wl^4}{216EI} - C_3l$$

처짐각 및 처짐방정식은 구간별로 다음과 같이 주어진다.

$$x \le \frac{l}{3} \ : \ \frac{dy_1}{dx} = \frac{-1}{9EI}wlx^2 + C_1$$

$$y_1 = \frac{-1}{27EI}wlx^3 + C_1x$$

$$x \ge \frac{l}{3} \ : \ \frac{dy_2}{dx} = \frac{-1}{EI}\left[\frac{1}{9}wlx^2 - \frac{w}{18}(3x^3 - 3lx^2 + l^2x)\right] + C_3$$

$$y_2 = \frac{-1}{EI}\left[\frac{1}{27}wlx^3 - \frac{w}{72}(3x^4 - 4lx^3 + 2l^2x^2) - \frac{5wl^4}{216}\right] - C_3(l - x)$$

경계조건에서 정해지지 않은 두 개의 적분상수 C_1 및 C_3를 결정하기 위한 $x = l/3$에서 처짐각 및 처짐의 연속조건은 다음과 같다.

$$\left(\frac{dy_1}{dx}\right)_{x=l/3} = \left(\frac{dy_2}{dx}\right)_{x=l/3}, \ (y_1)_{x=l/3} = (y_2)_{x=l/3}$$

연속조건을 적용하면

$$\frac{-wl^3}{81EI} + C_1 = \frac{-wl^3}{162EI} + C_3$$

$$\frac{-wl^4}{729EI} + \frac{l}{3}C_1 = \frac{17wl^4}{729EI} - \frac{2l}{3}C_3$$

의 식으로부터 적분상수를 계산한다.

$$C_1 = \frac{7wl^3}{243EI}, \quad C_2 = 0$$

$$C_3 = \frac{11wl^3}{486EI}, \quad C_4 = \frac{wl^4}{1{,}944EI}$$

따라서 완성된 처짐각 및 처짐방정식은 구간에 따라

$$x \le \frac{l}{3} \ : \ \frac{dy_1}{dx} = \frac{w}{243EI}(-27lx^2 + 7l^3) \tag{13.17a}$$

$$y_1 = \frac{w}{243EI}(-9lx^3 + 7l^3x) \tag{13.17b}$$

$$x \ge \frac{l}{3} \ : \ \frac{dy_2}{dx} = \frac{w}{486EI}(81x^3 - 135lx^2 + 27l^2x + 11l^3) \tag{13.18a}$$

$$y_2 = \frac{w}{1{,}944EI}(81x^4 - 180lx^3 + 54l^2x^2 + 44l^3x + l^4) \tag{13.18b}$$

으로 주어진다. 보 중앙부 처짐 값은 식(13.18b)로부터 계산된다.

$$(y_2)_{x=l/2} = \frac{305wl^4}{31{,}104EI} \tag{13.19}$$

예제 13.3 그림 13.9와 같이 자유단에 집중하중을 받는 보의 처짐을 구하라.

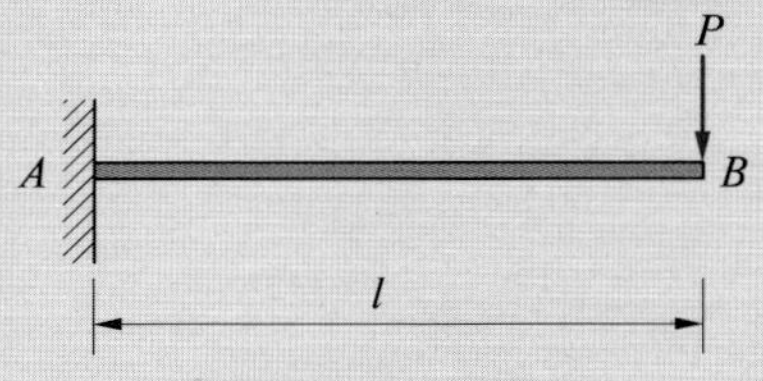

그림 13.9

풀이 고정단으로부터 x거리의 휨모멘트를 계산한다.

$$M_x = -P(l-x)$$

식(13.4)부터 식(13.6)에 대입하여 적분하면,

$$\phi = \frac{d^2y}{dx^2} = \frac{P}{EI}(l-x)$$

$$\theta = \frac{dy}{dx} = \frac{P}{2EI}(2lx - x^2) + C_1$$

$$\delta = y = \frac{P}{6EI}(3lx^2 - x^3) + C_1x + C_2$$

으로 유도된다. 캔틸레버보에 대한 식(13.7b)의 경계조건을 적용하면, $C_1 = C_2 = 0$이 되어 처짐방정식이 정해진다.

$$\delta = y = \frac{P}{6EI}(3lx^2 - x^3) \tag{13.20}$$

자유단에서 처짐과 처짐각을 계산한다.

$$(y)_{x=l} = \frac{Pl^3}{3EI}, \quad \left(\frac{dy}{dx}\right)_{x=l} = \frac{Pl^2}{2EI} \tag{13.21}$$

13.4 겹침원리

외력에 의하여 구조물에 생기는 응력과 변위가 탄성 범위에 있을 때 구조물에 작용하는 외력의 효과는 다음의 겹침원리를 만족시킨다.

13.4.1 겹침원리

구조물에 동시에 작용하는 여러 가지 하중에 대하여 구조물이 탄성 변형을 하는 한, 그 하중들의 효과는 각 하중의 개별적인 효과를 합친 것과 같다.

여기에서 하중의 효과는 하중의 작용에 의하여 구조물에 생기는 응력, 처짐, 변형률 등 반응을 의미한다.

겹침원리를 증명하기 위하여 그림 13.10(a)같이 등분포하중과 자유단에 집중하중을 지지하는 캔틸레버보를 예로 들면, 고정단에서 x만큼 떨어진 곳의 휨모멘트는 다음과 같다.

$$M_x = (wl + P)x - \left(\frac{wl^2}{2} + Pl\right) - \frac{wx^2}{2}$$

식(13.4)~식(13.6)으로부터

$$\phi = \frac{d^2y}{dx^2} = \frac{1}{EI}\left[\frac{wx^2}{2} - (wl + P)x + \left(\frac{wl^2}{2} + Pl\right)\right]$$

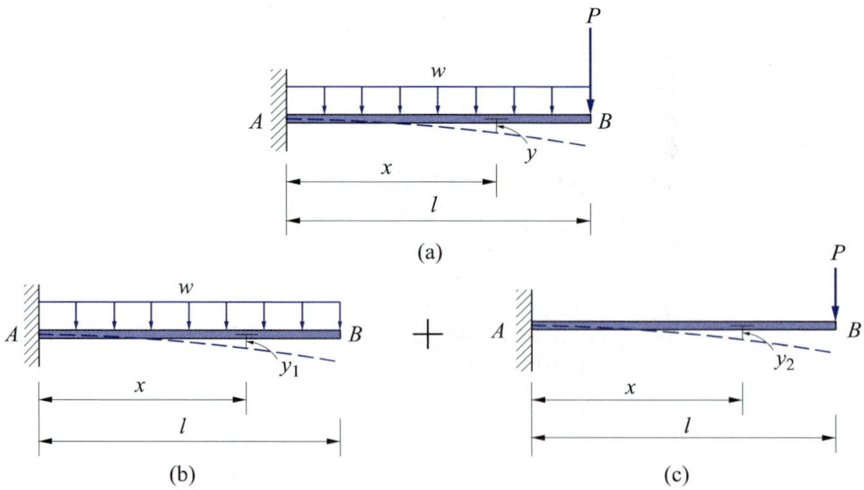

그림 13.10 겹침원리

$$\theta = \frac{dy}{dx} = \frac{1}{EI}\left[\frac{wx^3}{6} - (wl+P)\frac{x^2}{2} + \left(\frac{wl^2}{2} + Pl\right)x\right] + C_1$$

$$\delta = y = \frac{1}{EI}\left[\frac{wx^4}{24} - (wl+P)\frac{x^3}{6} + \left(\frac{wl^2}{2} + Pl\right)\frac{x^2}{2}\right] + C_1 x + C_2$$

의 식을 얻게 된다. 고정단의 경계조건 $(y)_{x=0} = (dy/dx)_{x=0} = 0$을 적용하면, 적분 상수의 값은 $C_1 = C_2 = 0$이 되므로, 처짐식(13.22)가 정해진다.

$$\delta = y = \frac{wx^4}{24EI} - (wl+P)\frac{x^3}{6EI} + \left(\frac{wl^2}{2} + Pl\right)\frac{x^2}{2EI} \tag{13.22}$$

자유단에서 최대 처짐은 이 식에 $x = l$을 대입하여 계산한다.

$$(y)_{x=l} = \frac{wl^4}{EI}\left(\frac{1}{24} - \frac{1}{6} + \frac{1}{4}\right) + \frac{Pl^3}{EI}\left(-\frac{1}{6} + \frac{1}{2}\right)\Bigg\} = \frac{wl^4}{8EI} + \frac{Pl^3}{3EI} \tag{13.23}$$

그림 13.10(a)의 캔틸레버보는 등분포하중과 집중하중의 두 가지 하중을 받고 있으므로, 겹침원리를 적용하여 그림 13.10(b), (c)와 같이 등분포하중과 집중하중이 개별적으로 작용하는 보의 합으로 생각할 수 있으며, 등분포하중만 받는 보의 처짐식을 y_1, 자유단에 집중하중만 받는 보의 처짐식을 y_2로 나타내면, 그림 13.10과 같이 두 가지 하중을 동시에 받는 보의 처짐식은 식(a)가 된다.

$$y = y_1 + y_2 \tag{a}$$

등분포하중을 받는 캔틸레버보의 처짐식은 식(13.10b)인 다음 식이다.

$$y_1 = \frac{w}{24EI}(6l^2x^2 - 4lx^3 + x^4)$$

그림 13.9와 같이 자유단에 집중하중을 받는 캔틸레버보의 처짐식은 식(13.20)인 다음 식이다.

$$y_2 = \frac{P}{6EI}(3lx^2 - x^3)$$

이 두 처짐식을 식(a)에 대입하면 겹침원리를 적용하여 유도된 처짐식은

$$\delta = y = \frac{w}{24EI}(6l^2x^2 - 4lx^3 + x^4) + \frac{P}{6EI}(3lx^2 - x^3)$$

이 되며, 이 식의 내용은 식(13.22)의 내용과 일치한다.

예제 13.4 그림 13.11(a)와 같이 양 쪽으로 내민 단순보에 등분포하중이 작용할 때 겹침원리를 적용하여 처짐식과 최대 처짐을 구하라. 보의 휨강성은 $EI = 60 \times 10^{12}$ N · mm²으로 한다.

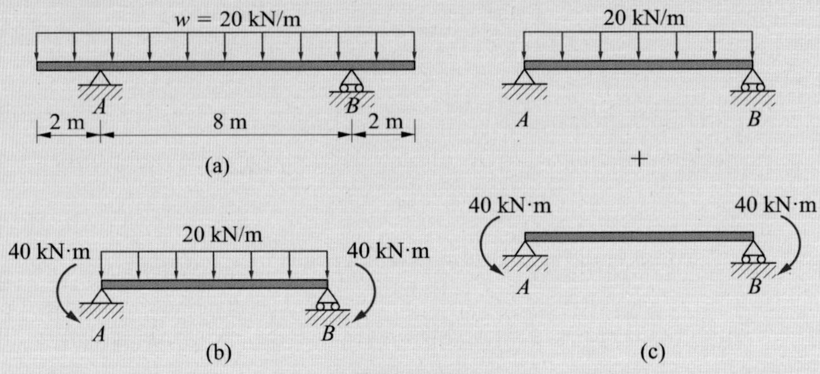

그림 13.11

풀이 보 내민 부분에 작용하는 하중은 보의 지점에 휨모멘트로 작용하므로, 그림 13.11(a)의 보는 그림 13.11(b)와 같이 등분포하중과 단부 휨모멘트를 받는 보를 바꿔 놓을 수 있으며, 이 보는 다시 그림 13.11(c)와 같이 등분포하중만 작용하는 경우와 단부 휨모멘트만 작용하는 경우의 합으로 생각할 수 있다. 등분포하중만 작용하는 경우의 처짐식은 식(13.8b)로부터 계산한다.

$$y_1 = \frac{w}{24EI}(x^4 - 2lx^3 + l^3 x)$$

양 단부에 $M_1 = M_2 = M_0$의 휨모멘트가 작용하는 경우의 처짐은 식(13.15)로부터 구할 수 있다.

$$y_2 = \frac{M_0}{2EI}(x^2 - lx)$$

그림 13.11(b)와 같이 등분포하중과 단부 휨모멘트 M_0를 받는 보의 처짐식은 겹침원리에 의하여 계산한다.

$$y = y_1 + y_2 = \frac{w}{24EI}(x^4 - 2lx^3 + l^3 x) + \frac{M_0}{2EI}(x^2 - lx) \tag{13.24}$$

하중이 대칭으로 작용하는 경우에는 보 중앙에 최대 처짐이 생기므로, 식(13.24)에 $x = l/2$의 값을 대입하면, 최대 처짐값을 계산할 수 있다.

$$y_{\max} = (y)_{x=l/2} = \frac{5wl^4}{384EI} - \frac{M_0 l^2}{8EI} \tag{13.25}$$

이식은 식(13.9)와 식(13.16)에서 직접 얻을 수도 있다.
보 중앙에서 최대 처짐은 식(13.25)로부터 계산된다.

$$\delta_{\max} = y_{\max} = \frac{5\left(\dfrac{20 \times 10^3}{1000}\right)(8000)^4}{384 \times 60 \times 10^{12}} - \frac{40 \times 10^6 \times (8000)^2}{8 \times 60 \times 10^{12}} = 12.4 \text{ mm}$$

13.5 모멘트면적법

모멘트면적법(moment area method)은 처짐 곡선의 기하학적인 성질을 이용하여 보의 특정한 곳의 처짐이나 처짐각을 알아내는 방법이다. 이중적분법에서는 보의 전 길이에 걸쳐 처짐과 처짐각 방정식이 유도되기 때문에 유도 과정이 번거로우나 보의 모든 위치에서 처짐과 처짐각을 검토할 수 있다. 이에 비하여 모멘트면적법은 계산은 간단하나, 처짐 또는 처짐각을 지정된 곳 이외에는 검토할 수 없는 제한성을 가지고 있다. 그러나 실제 설계에서는 최대 처짐 또는 최대 처짐각이 관심사이기 때문에 실용적으로 모멘트면적법은 널리 쓰이고 있다.

모멘트면적법은 처짐각과 처짐에 관련된 두 가지 정리에 근거를 두고 있다.

13.5.1 모멘트면적법 제1정리

첫 번째 정리는 하중을 받는 보의 두 점 간 기울기의 변화량에 관한 것이다. 그림 13.12(a)와 같이 임의의 하중을 받는 단순보의 처짐을 그림 13.12(b), 휨모멘트를 휨강성 EI로 나눈 값을 그림 13.12(c)로 나타내고, 처짐곡선의 기울기를

$$\theta = \frac{dy}{dx} \tag{13.26}$$

으로 하면, 보의 임의의 두 점 C와 D사이의 곡률의 적분은 다음과 같다.

$$\int_C^D \frac{d^2y}{dx^2}\,dx = \left[\frac{dy}{dx}\right]_C^D = \theta_D - \theta_C \tag{a}$$

이는 두 점 사이의 기울기의 변화량이 되며, 식(a)와 식(13.4)로부터 식(13.27)을 유도할 수 있다.

$$\theta_D - \theta_C = -\int_C^D \frac{M}{EI}\,dx \tag{13.27}$$

위 식의 오른 쪽 항은 CD간 M/EI도의 면적을 나타내므로, 모멘트면적법의 제1정리는 다음과 같이 정의된다.

- 모멘트면적법 제1정리 : 보의 두 점 사이의 처짐 곡선의 기울기의 변화량은 두 점 사이의 M/EI의 면적과 같다.

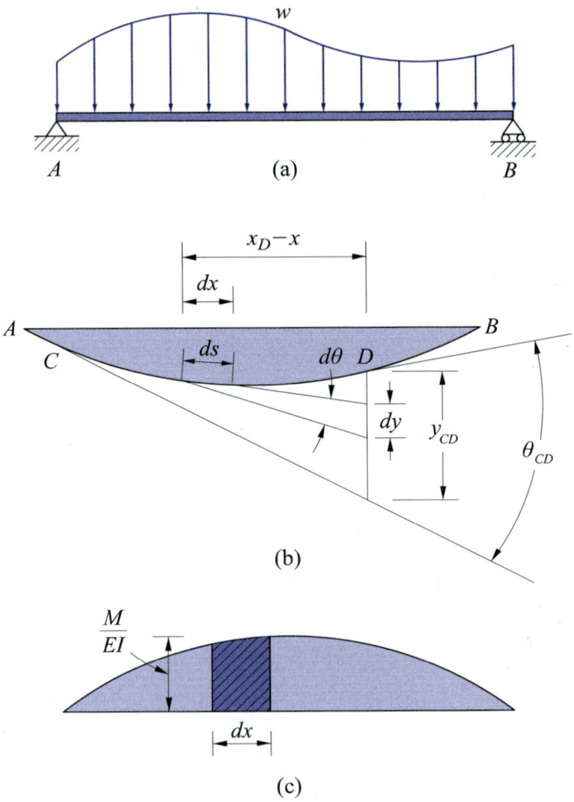

그림 13.12 모멘트면적법

식(13.27)에는 θ_C 및 θ_D의 두 미지수가 있기 때문에, 캔틸레버보의 고정단이나 대칭 처짐을 하는 단순보의 중앙 등 처짐각이 0이 되는 곳을 기준점 C로 하여 미지수를 하나 없앤다. 이런 경우 식(13.27)은 식(13.28)로 주어진다.

$$\theta_D = -\int_C^D \frac{M}{EI}dx \tag{13.28}$$

13.5.2 모멘트면적법 제2정리

두 번째 정리는 보의 처짐 곡선에서 한 점의 접선으로부터 다른 한 점까지의 수직 거리와 M/EI의 관계를 나타낸 것이다. 그림 13.12(b)에서 아주 작은 요소 ds의 접선에 의한 수직 거리는 $dy = (x_D - x)\,d\theta$ 이므로, 식(13.26)과 식(13.4)로부터 주어진다.

$$dy = (x_D - x)\frac{d\theta}{dx}dx$$

$$= -(x_D - x)\frac{M}{EI}dx \tag{b}$$

C점의 접선으로부터 D점까지의 수직 거리는 식(b)를 C점에서 D점까지 적분하여 식(13.29)를 유도한다.

$$\int_C^D dy = -\int_C^D (x_D - x)\frac{M}{EI}dx$$

$$y_D - y_C = -\int_C^D (x_D - x)\frac{M}{EI}dx \tag{13.29}$$

이 식에서 오른쪽은 M/EI도의 D점에 대한 1차모멘트를 나타내므로, 모멘트면적법의 제2정리는 다음의 내용으로 되어있다.

- 모멘트면적법 제2정리 : 보의 처짐 곡선에서 임의의 한 점 C의 접선으로부터 다른 한 점 D까지의 수직 거리는 CD간 M/EI도의 D점에 대한 1차 모멘트와 같다.

식(13.29)의 경우도 한 개의 방정식에 y_C 및 y_D의 두 미지수가 있어, CD간 수직 거리의 유일해를 구할 수 없으나, 고정단 또는 대칭 하중을 받는 단순보의 중앙과 같이 처짐의 기울기가 0이 되는 곳을 기준점 C로 하면, D점의 처짐을 식(13.29)로 구할 수 있다. 이때 식(13.29)는 식(13.30)으로 주어진다.

$$\delta_D = y_D = -\int_C^D (x_D - x)\frac{M}{EI}dx \tag{13.30}$$

모멘트면적법에 의한 보의 처짐 해석에서는 식(13.28)과 식(13.30)에 의한 수식해법과 더불어 M/EI도에 의한 도식해법도 널리 쓰이고 있다.

도식해법에 사용되는 여러 형태의 외력에 의한 M/EI도의 면적과 도심은 그림 13.13과 같다.

모멘트면적법에 의한 처짐 해석의 예로, 그림 13.14(a)와 같이 부재 중간에 집중하중을 받는 캔틸레버보의 경우 AB구간에서 고정단으로부터 x거리의 위치에서의 휨모멘트를 계산한다.

$$M_x = -P(l - x) \tag{c}$$

M/EI도는 그림 13.14(c)와 같이 작성된다.

먼저, B점의 처짐각을 계산하기 위하여 처짐 곡선의 기울기가 0이 되는 고정단의 A점을 기준으로 하면, 식(13.28)에 따라 계산된다.

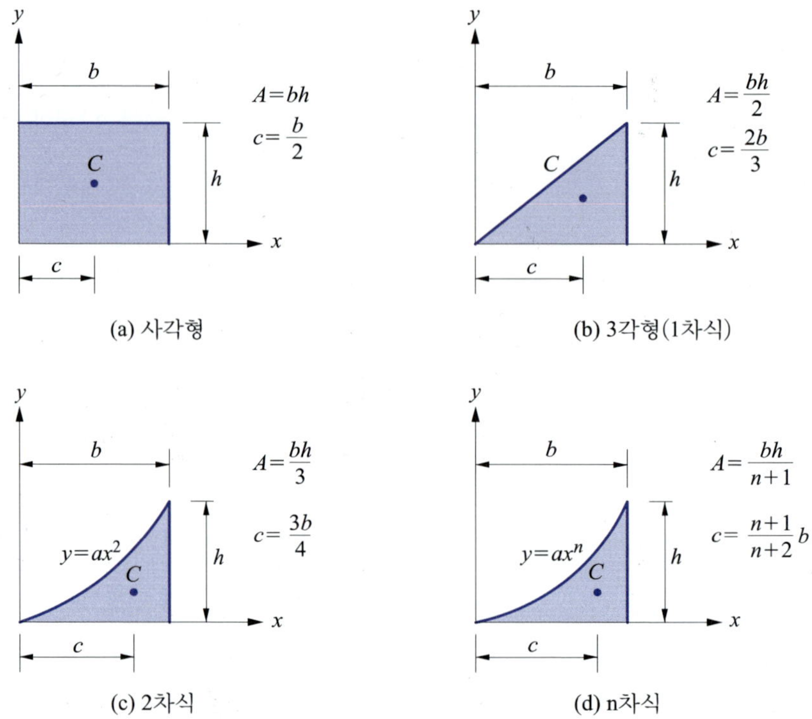

그림 13.13 면적과 도심

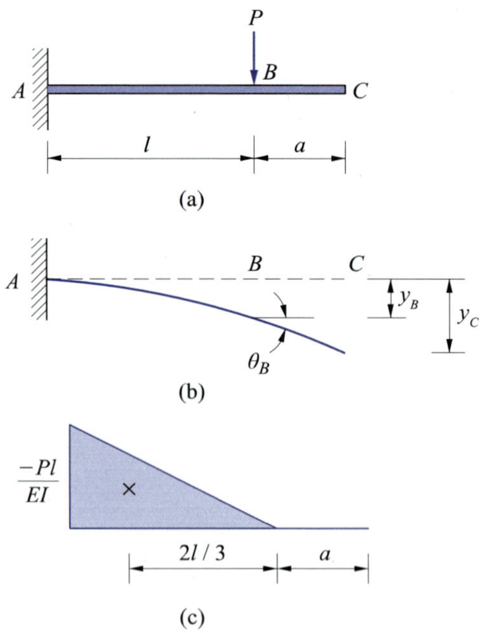

그림 13.14 캔틸레버 보의 M/EI 도

$$\theta_B = -\int_0^l \frac{-P(l-x)}{EI} dx = \frac{Pl^2}{2EI} \tag{d}$$

도식해법으로 계산하는 경우 θ_B는 A점과 B점 사이의 M/EI도의 면적이므로 그림 13.14(c)와 식(13.28)로부터

$$\theta_B = -\frac{-Pl}{EI} \times \frac{l}{2} = \frac{Pl^2}{2EI}$$

으로, 식(d)와 같은 값으로 계산된다.

B점의 처짐을 계산하는 경우 처짐이 0이 되는 고정단의 A점을 기준점으로 하면, 식(13.30)과 식(c)에 의하여 식(e)로 주어진다.

$$\delta_B = y_B = -\int_0^l \frac{-P(l-x)}{EI}(l-x) dx = \frac{Pl^3}{3EI} \tag{e}$$

도식해법으로 하는 경우 그림 13.14(c)에서 B점에 대한 도심이 $2l/3$이므로 식(13.30)에 따라

$$\delta_B = y_B = -\frac{-Pl}{EI}\frac{l}{2} \times \frac{2l}{3} = \frac{Pl^3}{3EI}$$

으로, 식(e)와 같은 결과가 된다. C점의 처짐은 수식으로는 식(b)와 식(c)로부터 계산된다.

$$\delta_C = y_C = y_B + \theta_B \cdot a = \frac{Pl^3}{3EI} + \frac{Pl^2 a}{2EI} \tag{f}$$

도식해법에서는 M/EI도의 C점에 대한 일차모멘트이므로

$$\delta_C = y_C = -\frac{-Pl}{EI} \cdot \frac{l}{2} \times \left(\frac{2l}{3} + a\right) = \frac{Pl^3}{3EI} + \frac{Pl^2 a}{2EI}$$

가 되어, 앞에서와 같이 수식해법의 결과와 일치하고 있다.

다음의 예는 그림 13.15(a)의 등분포하중을 받는 단순보의 최대 처짐과 처짐각을 구하는 문제이다.

단부 A점에서 x거리의 휨모멘트를 계산한다.

$$M_x = \frac{w}{2}(lx - x^2) \tag{g}$$

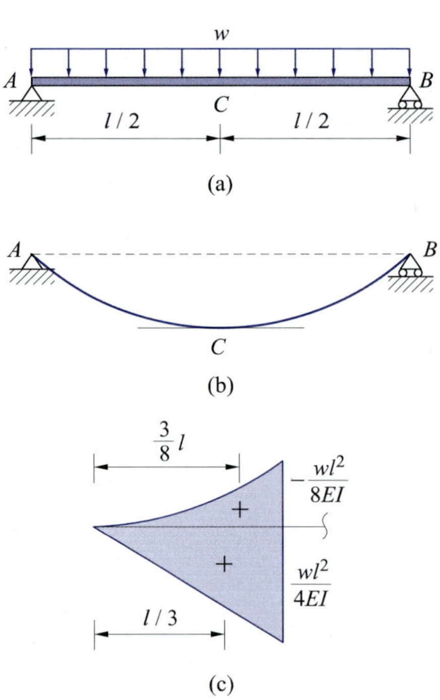

그림 13.15 단순보의 M/EI 도

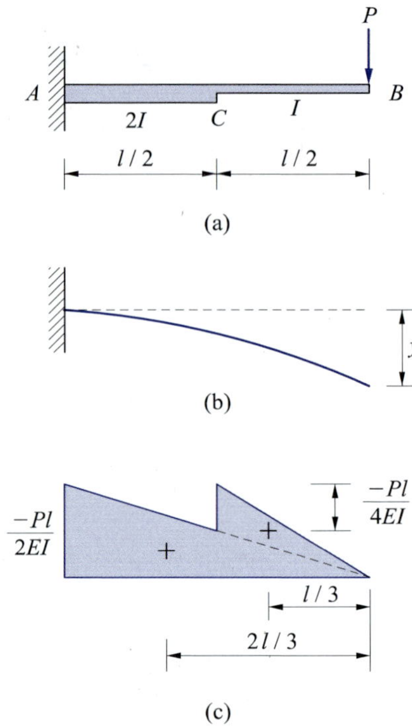

그림 13.16 변단면 캔틸레버보의 M/EI 도

M/EI도는 그림 13.15(c)와 같이 작성된다. 등분포하중을 받는 보는 대칭 처짐 변형을 하여 처짐 기울기가 보 중앙에서 0이 되므로 기준점을 보 중앙인 C점으로 하면, 최대 처짐각은 그림 13.15(c)에서 C점으로부터 가장 M/EI의 면적을 크게 하는 곳, 즉 A점에 식(13.28)과 식(g)로부터 식(h)와 같이 계산된다.

$$\theta_A = -\int_{l/2}^{0} \frac{w}{2EI}(lx - x^2)\,dx = -\frac{wl^3}{24EI} \tag{h}$$

도식해법에서는 AC간 M/EI도의 면적이므로, 그림 13.13의 면적을 이용하면

$$\theta_A = \frac{1}{EI}\left[\frac{wl}{2}\left(\frac{l}{2}\right)\times\frac{1}{2}\left(\frac{l}{2}\right) - \frac{w}{2}\left(\frac{l}{2}\right)^2\times\frac{1}{3}\left(\frac{l}{2}\right)\right] = \frac{wl^3}{24EI}$$

으로, 식(h)와 같은 값이 된다. 그러나 도식해법에서는 식(h)와 부호를 달리 하고 있는데, 그 이유는 기준점인 C점이 A점의 오른쪽에 있어 적분이 x 방향에 반대로 되고 있기 때문이다.

처짐계산에서도 C점을 기준으로 하면, A점의 처짐은 식(13.30)과 식(g)로부터 계산

된다.

$$\delta_A = y_A = -\int_{\frac{l}{2}}^{0} \frac{w}{2EI}(lx - x^2)(0-x)\,dx = -\frac{5wl^4}{384EI} \tag{i}$$

이 계산에서 처짐이 "−" 부호를 가지는 것은 C점을 기준점으로 한 A점의 처짐이기 때문이다.

도식해법에서는 처짐각의 경우와 같이 식(13.30)과는 부호를 반대로 하고 그림 13.13의 면적과 도심을 이용하여 식(i)와 같은 결과를 얻게 된다.

$$\delta_A = y_A = \frac{1}{EI}\left[\frac{wl}{2}\left(\frac{l}{2}\right)\times\frac{1}{2}\left(\frac{l}{2}\right)\times\frac{2}{3}\left(-\frac{l}{2}\right) - \frac{w}{2}\left(\frac{l}{2}\right)^2\times\frac{l}{3}\left(\frac{l}{2}\right)\times\frac{3}{4}\left(-\frac{l}{2}\right)\right]$$

$$= -\frac{5wl^4}{384EI}$$

예제 13.5 그림 13.16(a)와 같이 자유단부에 집중하중을 받는 변단면 캔틸레버보의 최대 처짐각과 처짐을 구하라.

풀이 (1) 휨모멘트 및 M/EI도

A점에서 x 거리의 휨모멘트를 계산한다.

$M_x = -P(l-x)$

M/EI도는 그림 13.16(c)와 같이 작성된다.

(2) 최대 처짐각

수식해법 : 최대 처짐각은 점 B에 생기며, 식(13.28)로부터 처짐각을 계산한다.

$$\theta_B = -\int_0^{\frac{l}{2}} \frac{-P(l-x)}{2EI}\,dx - \int_{\frac{l}{2}}^{l} \frac{-P(l-x)}{EI}\,dx$$

$$= \frac{5Pl^2}{16EI}$$

도식해법 : 그림 13.16(c)와 같이 두 개의 삼각형으로 나누면 기준점 A로부터 처짐각을 계산한다.

$$\theta_B = -\left[\frac{-Pl}{2EI}\times\frac{l}{2} + \frac{-Pl}{4EI}\times\frac{1}{2}\left(\frac{l}{2}\right)\right]$$

$$= \frac{5Pl^2}{16EI}$$

(3) 최대 처짐

수식해법 : 최대 처짐은 점 B에 생기며, 식(13.30)에서 계산한다.

$$\delta_B = y_B = -\int_0^{\frac{l}{2}} \frac{-P(l-x)}{2EI}(l-x)\,dx - \int_{\frac{l}{2}}^{l} \frac{-P(l-x)}{EI}(l-x)\,dx$$

$$= \frac{9Pl^3}{48EI}$$

도식해법 : 그림 13.16(c)의 두 개의 삼각형에 각각의 도심을 곱하여 계산한다.

$$\delta_B = y_B = -\left[\frac{-Pl}{2EI} \times \frac{l}{2} \times \frac{2l}{3} + \frac{Pl}{4EI} \times \frac{1}{2}\left(\frac{l}{2}\right) \times \frac{2}{3}\left(\frac{l}{2}\right)\right]$$

$$= \frac{9Pl^3}{48EI}$$

수식해법의 결과와 도식해법의 결과는 일치한다.

13.6 공액보법

공액보법(conjugate beam method)은 13.5절의 모멘트면적법을 일반화한 것으로, 기준점에서 단 한 개소의 처짐이나 처짐각만을 계산할 수 있는 모멘트면적법에 비하여 공액보법은 어느 곳에나 기준점을 두지 않고 처짐과 처짐각을 계산할 수 있는 장점을 가지고 있다.

공액보법은 4.3절에서 다룬 하중－전단력－휨모멘트 관계식과 13.2절에서 거론된 곡률－처짐각－처짐 관계식의 유사성에 이론적인 근거를 두고 있다.

4.3절의 식(4.3) 및 식(4.5)에서 연속 하중 w에 대하여 전단력과 휨모멘트는 각각 적분식으로 주어진다.

$$V = -\int w\,dx + A_1 \tag{a}$$

$$M = -\iint w\,dx\,dx + A_1 x + A_2 \tag{b}$$

식(13.5)와 식(13.6)으로부터 처짐각 및 처짐방정식을 유도할 수 있다.

$$\theta = \frac{dy}{dx} = -\int \frac{M}{EI}dx + C_1 \tag{c}$$

$$\delta = y = \iint \frac{M}{EI}dx\,dx + C_1 x + C_2 \tag{d}$$

식(a)와 (c) 및 식(b)와 (d)를 비교하면, 하중 w가 작용하는 보에서 처짐각과 처짐은 하중 w를 M/EI로 바꿔 놓았을 때 각각 전단력과 휨모멘트에 해당하므로, 공액보의 제1정리와 제2정리는 다음과 같이 정의되고 있다.

- 공액보 제1정리 : 보의 임의의 점에서의 처짐각은 M/EI를 하중으로 했을 때 전단력의 값과 같다.
- 공액보 제2정리 : 보의 임의의 점에서의 처짐은 M/EI를 하중으로 했을 때 휨모멘트의 값과 같다.

여기에서 공액보는 M/EI를 하중으로 지지하면서 위의 제1정리 및 제2정리가 적용될 수 있게 경계조건을 변화시킨 가상의 보를 의미한다.

따라서 공액보는 실제 보와 같은 크기의 경간에 M/EI크기의 하중을 지지하면서 경계조건은 실제 보와 대응하도록 바꿔야 한다.

예를 들어, 실제 보가 회전단인 경우 표 13.1(1)과 같이 단부에서 $dy/dx \neq 0$, $y=0$인데 대하여 공액보의 경우도 전단력과 휨모멘트에 대하여 $V \neq 0$, $M=0$으로 실제 보와 공액보에서 서로 대응하는 변수의 단부 조건이 같기 때문에 공액보의 단부도 회전단으로 한다. 그러나 실제 보의 단부가 고정단인 경우 경계조건 $dy/dx=0$, $y=0$에 상응하는 공액보의 단부 조건 $V=0$, $M=0$는 자유단의 경우에만 가능하기 때문에 표 13.1(2)와 같이 공액보의 단부는 자유단으로 하며, 실제 보의 단부가 자유단인 경우에는 표 13.1(3)과 같이 고정단으로 한다.

내민 보의 단순 지점과 같이 dy/dx는 연속, $y=0$인 실제 보의 지점은 표 13.1(4)와 같이 V는 연속, $M=0$인 대응 조건이 만족되는 회전 절점으로 한다.

공액보법에 의한 처짐 해석의 간단한 예로, 그림 13.6 또는 그림 13.17(a)와 같이 집중하중을 지지하는 단순보의 경우 공액보는 그림 13.17(b)와 같이 작성된다.

공액보에서 A점의 반력은 A점에서의 처짐각이므로, 평형조건으로부터 계산된다.

$$\theta_A = \left(\frac{dy}{dx}\right)_A = \frac{P(l-a)a}{EIl^2}\left[\frac{(l-a)}{2}\frac{2(l-a)}{3} + \frac{a}{2}\left(l - \frac{2a}{3}\right)\right]$$

표 13.1 실제보와 공액보

구분	실제 보		공액 보	
(1)		$\frac{dy}{dx} \neq 0,\ y=0$		$V \neq 0,\ M=0$
(2)		$\frac{dy}{dx} = 0,\ y=0$		$V=0,\ M=0$
(3)		$\frac{dy}{dx} \neq 0,\ y \neq 0$		$V \neq 0,\ M \neq 0$
(4)	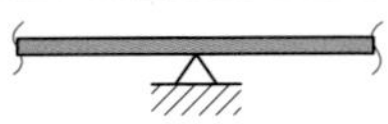	$\frac{dy}{dx} =$ 연속, $y=0$		$V=$ 연속, $M=0$

이 값은 식(13.12a)으로부터 얻는 A점의 처짐각 값과 일치한다. 공액보에서 휨모멘트는 실제 보의 처짐에 해당하므로 C점에서

$$\delta_C = y_C = \frac{P(l-a)a}{EIl}\left[\frac{(2l-a)a}{6} - \frac{a}{2}\frac{a}{3}\right] = \frac{Pa^2(l-a)^2}{3EIl}$$

으로, 식(13.13)의 값과 일치한다.

그림 13.9 또는 그림 13.18(a)와 같이 자유단에 집중하중이 작용하는 캔틸레버보의 공액보는 표 13.1 (2) 및 (3)의 단부 변환에 의하여 그림 13.18(b)와 같이 단부가 서로 엇바뀐 형태가 된다.

공액보의 B점에서의 반력과 휨모멘트는 각각 실제 보 B점에서의 처짐각과 처짐이므로

$$\theta_B = \left(\frac{dy}{dx}\right)_B = \frac{Pl}{EI} \times \frac{l}{2} = \frac{Pl^2}{2EI}$$

$$\delta_B = (y)_B = \frac{Pl}{EI} \times \frac{l}{2} \times \frac{2l}{3} = \frac{Pl^3}{3EI}$$

으로 계산되며, 이 값들은 식(13.21)과 일치한다.

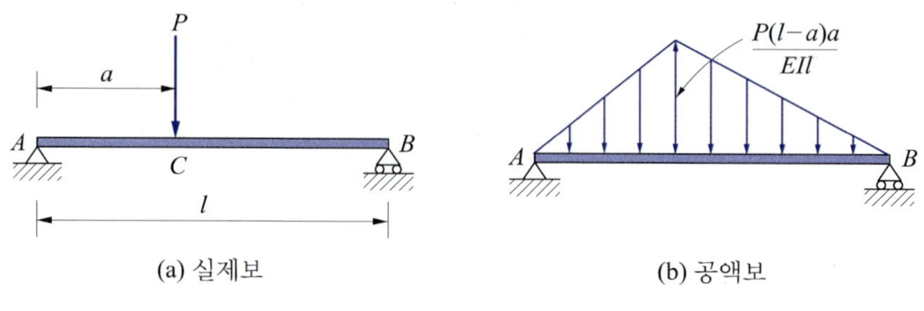

그림 13.17 단순보의 공액보법

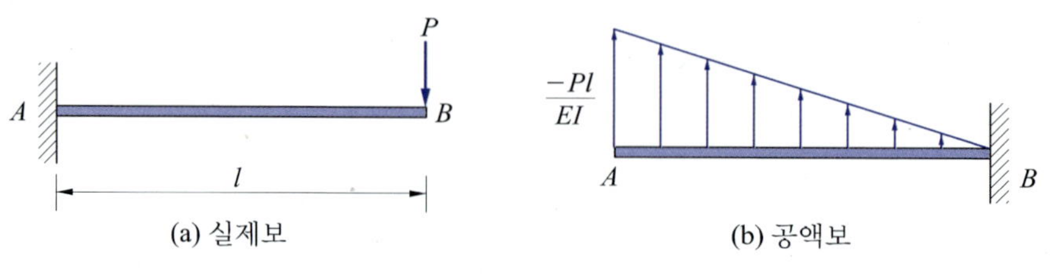

그림 13.18 캔틸레버보의 공액보법

예제 13.7 그림 13.5 또는 그림 13.19(a)와 같이 등분포하중을 받는 캔틸레버보의 자유단의 처짐각과 처짐을 구하라.

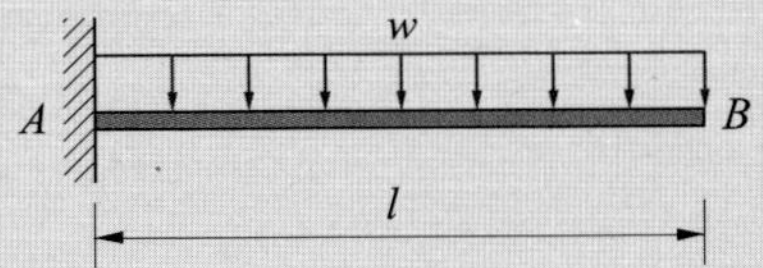

(a) 실제보

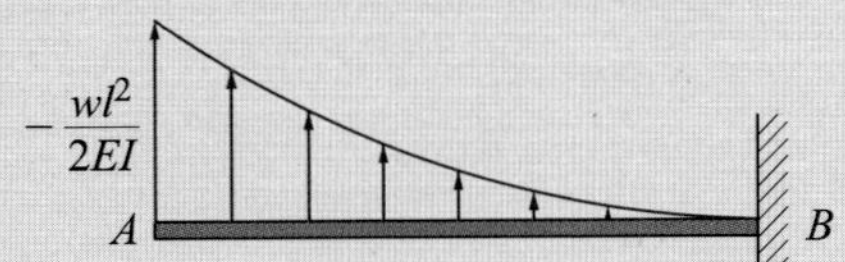

(b) 공액보

그림 13.19

풀이 그림 13.19(a) 보의 공액보는 그림 13.19(b)와 같이 작성된다.
공액보의 B점의 반력, 즉 B점의 처짐각은 M/EI 도의 면적이므로, 그림 13.13(c)의 2차식 도형 면적 계산법을 사용한다.

$$\theta_B = \left(\frac{dy}{dx}\right)_B = \frac{l}{3}\frac{wl^2}{2EI} = \frac{wl^3}{6EI}$$

이 값은 식(13.10a)로 계산한 값과 같다
B점의 처짐은 M/EI 도의 B점에 대한 1차모멘트가 되므로, 그림 13.13(c)의 면적과 도심 계산법을 사용하여 계산한다.

$$\delta_B = (y_B) = \frac{wl^3}{6EI} \times \frac{3l}{4} = \frac{wl^4}{8EI}$$

이 처짐 값은 식(13.11)의 값과 같다.

예제 13.8 그림 13.20(a) 보의 같은 게르버보에서 회전 절점 B에서의 처짐과 처짐각을 구하라.

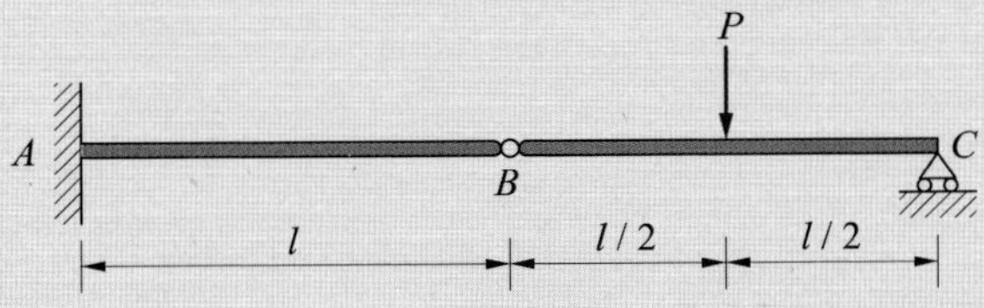

(a) 실제보

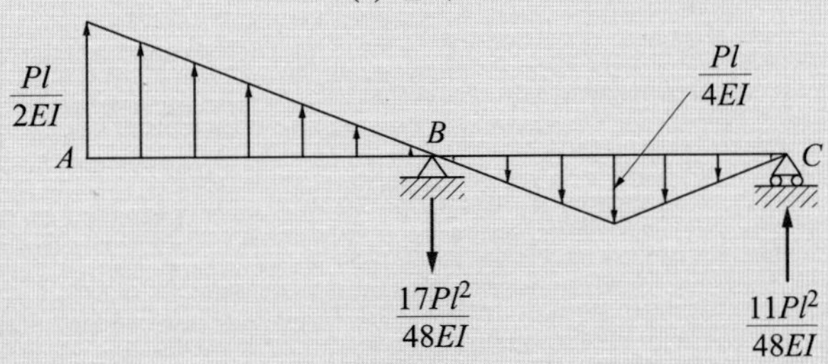

(b) 공액보

그림 13.20

풀이 그림 13.20(a) 보의 공액보는 그림 13.20(b)같이 작성된다.
회전 절점인 B점의 처짐은 그림 13.20(b)의 공액보에서 AB부분 M/EI도에 의한 휨모멘트에 해당하므로 그림 13.13(b)의 면적 및 도심 공식을 이용하여 계산한다.

$$\delta_B = y_B = \frac{Pl \times l}{2 \times 2EI} \times \frac{2l}{3} = \frac{Pl^3}{6EI}$$

B 점은 회전 절점으로, 절점 왼쪽과 오른쪽 처짐각이 다르게 계산된다. 절점 왼쪽을 B_1, 오른쪽을 B_2로 하여 전단력 계산에 따라 계산한다.

$$\theta_{B_1} = \left(\frac{dy}{dx}\right)_{B_1} = \frac{Pl}{2EI} \times \frac{l}{2} = \frac{Pl^2}{4EI}$$

$$\theta_{B_2} = \left(\frac{dy}{dx}\right)_{B_2} = \frac{Pl^2}{4EI} - \frac{17Pl^2}{48EI} = \frac{-5Pl^2}{48EI}$$

이 계산에서 "−" 부호는 반시계방향의 회전을 나타낸다.

연습문제

13.1 그림 13.21과 13.22 보의 처짐식을 이중적분법으로 유도하라.

13.2 그림 13.21과 13.22 보의 최대 처짐과 처짐각을 모멘트면적법으로 구하라.

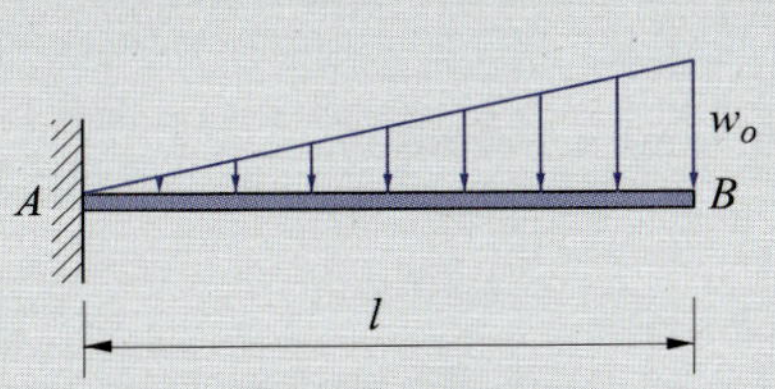

그림 13.21

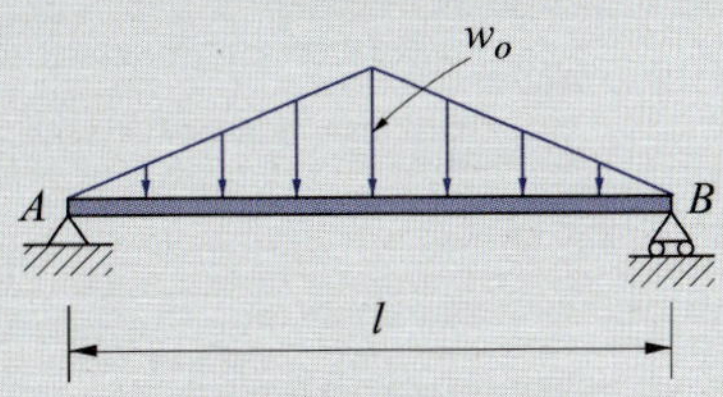

그림 13.22

13.3 그림 13.23과 13.24 보의 최대 처짐과 처짐식을 공액보법으로 구하라.

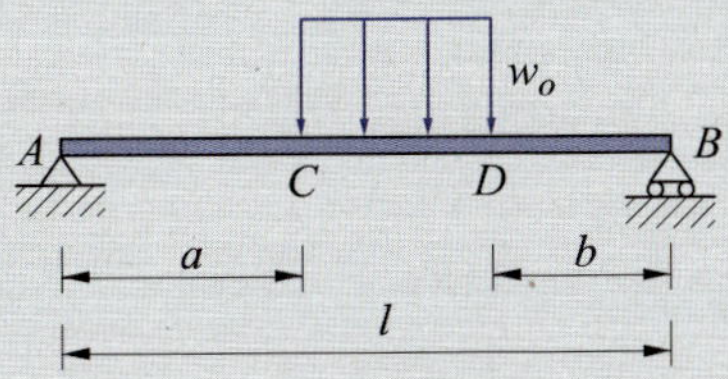

그림 13.23

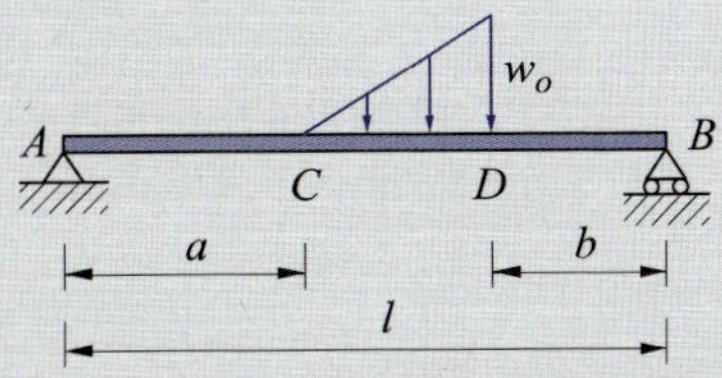

그림 13.24

13.4 그림 13.25 보의 C단부 처짐과 처짐각을 모멘트면적법으로 구하라.
단, $E=200{,}000\ \text{N/mm}^2$, $I=500\times10^6\ \text{mm}^4$으로 한다.

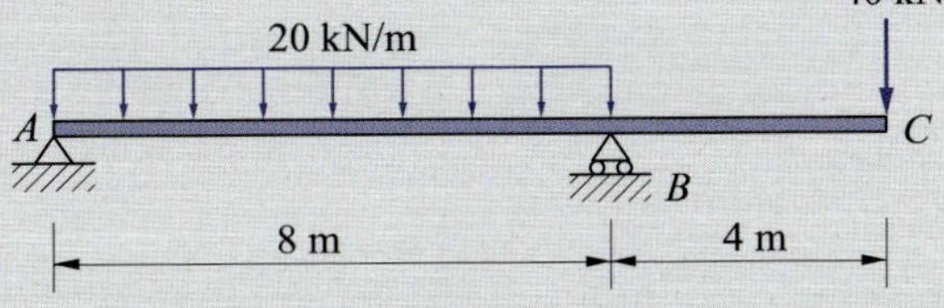

그림 13.25

13.5 그림 13.26과 같은 변단면의 보의 중앙 처짐과 단부 처짐각을 모멘트면적법으로 구하라.
단, $E=200{,}000\ \text{N/mm}^2$, $I=400\times10^6\ \text{mm}^4$으로 한다.

13.6 그림 13.26과 같은 하중 상태에서 $E=200{,}000\ \text{N/mm}^2$, $I=500\times10^6\ \text{mm}^4$인 일정한 단면을 가진 보의 중앙 처짐과 단부 처짐각을 구하라.

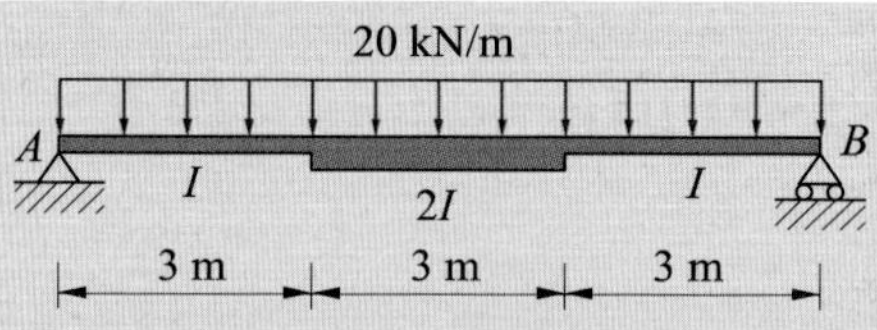

그림 13.26

13.7 그림 13.27과 13.28 보의 최대 처짐과 처짐각을 모멘트면적법으로 구하라.
단, $E=200{,}000\ \mathrm{N/mm^2}$, $I=800\times10^6\ \mathrm{mm^4}$으로 한다.

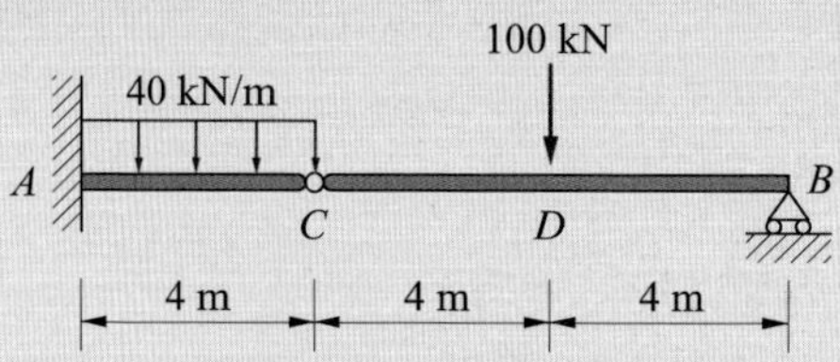

그림 13.27

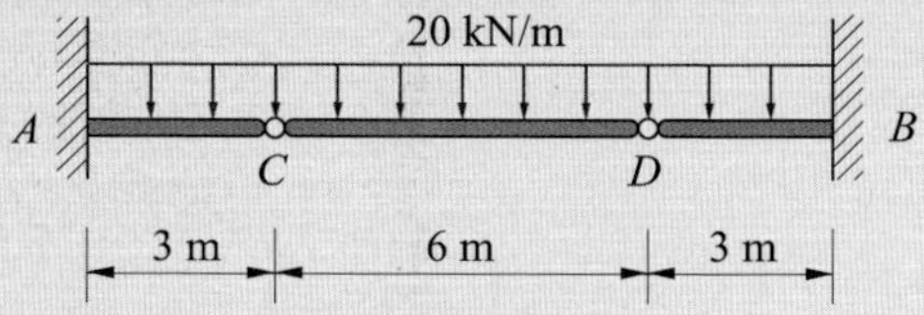

그림 13.28

13.8 그림 13.25와 13.26 보의 최대 처짐과 처짐각을 공액보법으로 구하라. 단면성능은 문제 13.4 및 문제 13.5의 경우와 같다.

13.9 그림 13.27과 13.28 보의 C점의 처짐과 처짐각을 공액보법으로 구하라.
단, $E=200{,}000\ \mathrm{N/mm^2}$, $I=800\times10^6\ \mathrm{mm^4}$이다.

제14장

에너지 이론과 가상일법

14.1 개요

이 장에서는 에너지법에 의하여 부재의 변형을 해석하는 방법이 소개된다. 에너지법에 의한 부재 변형 해석은 13장에서 거론된 기하학적인 처짐 미분방정식이 단일 보의 처짐 해석에만 쓰이는 데 비하여 트러스, 보, 골조 등 거의 모든 구조물에 다양하게 적용할 수 있는 범용성을 가지고 있으나, 변형의 계산 장소가 구조물의 한 지점에 국한되는 것이 단점이다.

에너지법에 의한 구조해석은 외력에 의하여 구조물이 변형하였을 때 에너지보존법칙에 따라 힘과 부재 변위에 의한 외부 일은 변형된 구조물에 축적되는 내부 일과 같다는 가상일의 원리에 이론적인 근거를 두고 있다.

일과 에너지 개념은 14.2절에 소개되며 14.3절, 14.4절, 14.5절에서는 가상일법에 의한 단위하중법을 트러스, 보, 골조 등의 구조물에 적용하여 부재 변형을 해석하는 방법이 예제들과 함께 다루어진다.

가상일법과 더불어 에너지법에 의한 구조해석에서 편리하게 사용되는 카스틸리아노의 정리는 14.6절에 소개되며, 카스틸리아노의 제2정리를 적용하여 트러스, 보, 골조 등 구조물의 부재 변형을 해석하는 방법이 14.7절, 14.8절에서 설명된다.

끝으로, 베티 및 맥스웰의 상반 정리가 14.9절에 거론된다.

14.2 일과 에너지

그림 14.1과 같은 구조물에 힘 P가 작용하여 점선과 같이 변형하면서 P의 작용 방향으로 δ만큼 변위가 생겼을 때 일은 힘과 작용 방향의 변위를 곱한 값으로 정의된다.

$$W = P\delta \tag{14.1}$$

예를 들어, 그림 14.2의 보에 집중하중 P_1과 P_2가 작용하여 각 힘의 작용 방향으로 δ_1 및 δ_2의 처짐이 생겼을 때 보에 작용하는 외력에 의한 일(external work)은 식(14.2)로 주어진다.

$$W = P_1\delta_1 + P_2\delta_2 \tag{14.2}$$

힘이 일정한 크기로 작용하는 경우 일은 식(14.1) 또는 식(14.2)와 같은 식으로 계산되나, 힘이 변위에 비례하여 서서히 증가하는 경우도 있다. 예를 들면, 그림 14.3(a)와 같이 스프링계수 k인 부재에 인장력이 작용할 때 인장력 P는 변위에 비례하여 식(14.3)으로 주어진다.

$$P = k\,\delta \tag{14.3}$$

아주 작은 변위 $d\delta$에 대하여 P가 하는 일은 $dW = P\,d\delta = k\delta\,d\delta$이므로, 변위가 Δ에 이르는 동안 외력에 의한 일은 다음과 같이 적분된다.

$$W = \int_0^{\Delta} P\,d\delta = \int_0^{\Delta} k\,\delta\,d\delta = \frac{k\Delta^2}{2}$$

식(14.3)으로부터 $k\Delta$는 변위 Δ에서의 힘, 즉 $P = k\Delta$이므로, 힘이 변위에 따라 서서히 증가하는 경우 일은

$$W = \frac{P\Delta}{2} \tag{14.4}$$

의 식으로 주어지며, 그림 14.3(b)에서 OAB의 면적에 해당한다.

힘이 직선 변위에 대하여 일을 하는 것과 같이 회전력, 즉 휨모멘트도 회전 변위에 대하여 일을 한다. 예를 들어, 그림 14.4에서 실선의 ㄱ형 부재가 외부 휨모멘트의 작용으로 점선과 같이 각 θ의 변화를 일으켰을 때 외부 휨모멘트가 그 부재에 한 일은 식(14.5)가 된다.

$$W_M = M\theta \tag{14.5}$$

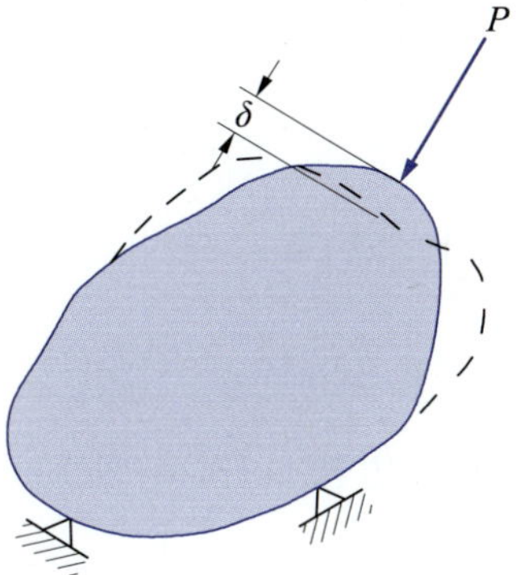

그림 14.1 외력에 의한 일

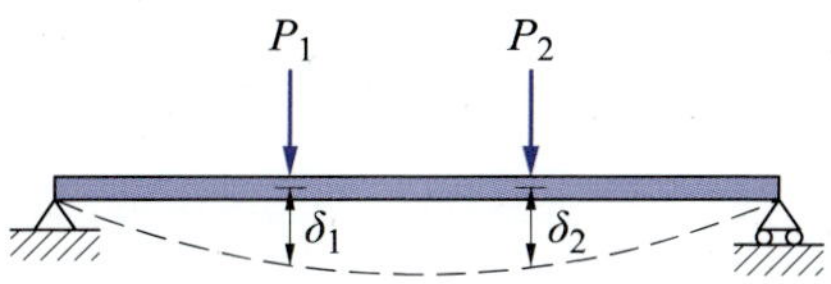

그림 14.2 보의 외력에 의한 일

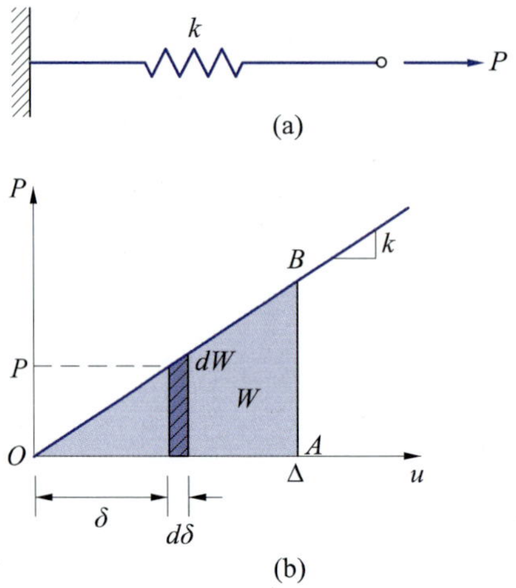

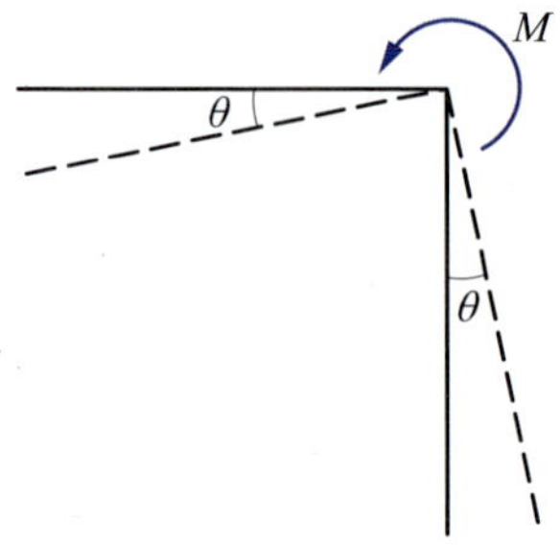

그림 14.3 인장력에 의한 일

그림 14.4 휨모멘트에 의한 일

외력에 의하여 변형된 탄성 구조물은 외력을 제거했을 때 원래의 상태로 되돌아 오면서 한 일을 되돌리기 때문에 변형된 상태에서는 되돌릴 수 있는 양, 즉 외력이 한 만큼의 일의 양을 가지고 있는 셈이 된다. 물리적으로 외력과 변형에 의한 일은 구조물에서 내부 에너지로 변환되어 저장되는 것을 의미한다. 에너지는 일을 할 수 있는 능력의 양적 표현으로, 구조물에 작용하는 힘은 일을 할 수는 있으나, 에너지는 보유할 수 없고, 구조물만 힘의 작용 상태에서 변형에 의하여 에너지를 가지게 된다. 이와 같이 부재의 변형에 의하여 에너지 형태로 변환되어 구조물에 저장되는 일의 양을 변형에너지(strain energy) 또는 내부에너지(internal energy)라고 한다. 외력과 변형에 대응하여 구조물 내부에는 7.2절에서 거론된 바와 같이 응력과 변형률이 생기며, 변형에너지는 응력과 변형률의 함수가 된다. 탄성 구조물에서는 응력과 변형률이 일정하게 선형 비례 관계를 이루어 수직응력과 수직변형률은 식(7.2)에서와 같다.

$$\sigma_x = E\,\varepsilon_x \tag{a}$$

전단응력과 전단변형률은 식(7.5)로부터 식(b)로 주어진다.

$$\tau = G\gamma \tag{b}$$

그러므로 수직응력과 수직변형률에 의한 변형에너지는 식(14.6)이 된다.

$$U = \frac{1}{2}\int_V \sigma_x\,\varepsilon_x\,dV = \frac{1}{2}\int_V \frac{\sigma_x^{\,2}}{E}\,dV \tag{14.6}$$

여기서, U는 변형에너지이며 W_i를 사용하기도 한다. 또한, 전단응력과 전단변형률에 의한 변형에너지는 식(14.7)이 된다.

$$U = \frac{1}{2}\int_V \tau\gamma\, dV = \frac{1}{2}\int_V \frac{\tau^2}{G} dV \tag{14.7}$$

위의 두 식에서 분모의 2는 식(14.4)의 경우와 같이 응력이 변형률에 비례하여 서서히 증가하기 때문에 변형에너지의 크기가 $\sigma_x \varepsilon_x$ 또는 $\tau\gamma$의 1/2이 되는 것을 나타내는 것이고 V는 구조물의 체적이다.

외력의 작용에 대하여 보나 기둥 등 1차원 부재의 내력은 4.2 절에서 거론된 바와 같이 축방향력, 휨모멘트 및 전단력의 형태로 생기기 때문에 식(14.6) 또는 식(14.7)의 변형에너지도 이와 같은 내력에 의한 일로 나타낼 수 있다.

14.2.1 축방향력에 의한 변형에너지

단면적이 A이고 길이가 l인 부재에 그림 14.5와 같이 축방향력 P가 작용할 때 아주 작은 길이 dx에서의 변형에너지는 다음과 같다.

$$dW_i = dU = \frac{1}{2}P_x \cdot d\delta \tag{c}$$

여기서, P_x는 외력 P의 x위치에서의 외력이다. 외력 P_x에 의하여 부재에는 같은 크기의 축방향력 N_x가 발생한다. $\varepsilon = d\delta/dx$, $d\delta = \varepsilon \cdot dx$이므로 이 식을 식(c)에 대입하여 dx에서의 변형에너지를 계산한다.

$$dU = \frac{1}{2}N_x \cdot \varepsilon \cdot dx \tag{d}$$

식(6.1) $N_x = \sigma A$와 후크의 법칙에 의해 식(e)를 계산한다.

$$\varepsilon = \frac{\sigma}{E} = \frac{N_x}{EA} \tag{e}$$

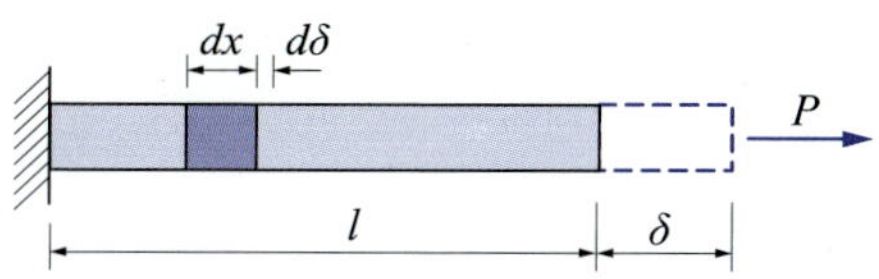

그림 14.5 축력을 받는 부재

식(e)를 식(d)에 대입한다.

$$dU = \frac{N_x^2\, dx}{2EA} \tag{f}$$

식(f)는 작은 길이 dx 에서의 변형에너지이므로 전체 길이 l 에서의 축방향력에 의한 변형에너지를 구하기 위해서는 식(f)를 길이 l 에 대하여 적분해야 한다.

$$U = \frac{1}{2}\int_0^l \frac{N^2}{EA}\, dx \tag{14.8}$$

14.2.2 휨모멘트에 의한 변형에너지

그림 14.6(a)의 휨모멘트를 받는 보를 부재축 방향으로 작은 길이 dx를 분리하여 그림 14.6(b)에 표시하였다. 이 작은 요소의 부재축 직각 방향으로 y위치에서의 변형에너지를 계산하면 다음과 같다.

$$dW_x = dU_x = \frac{1}{2}P_x \cdot d\delta \tag{g}$$

여기서, 외력 P_x가 x위치에서 휨응력을 유발하므로, 식(6.1)에서 $P_x = N_x = \sigma_x \cdot dA$ 이고 식(10.7)에서 $\sigma_x = M_x y / I_x$ 이다. 그러므로

$$P_x = \frac{M_x y}{I_x} dA \tag{h}$$

이다. 또한 y위치의 변형률 $\varepsilon_x = d\delta / dx$ 이므로 식(i)를 구할 수 있다.

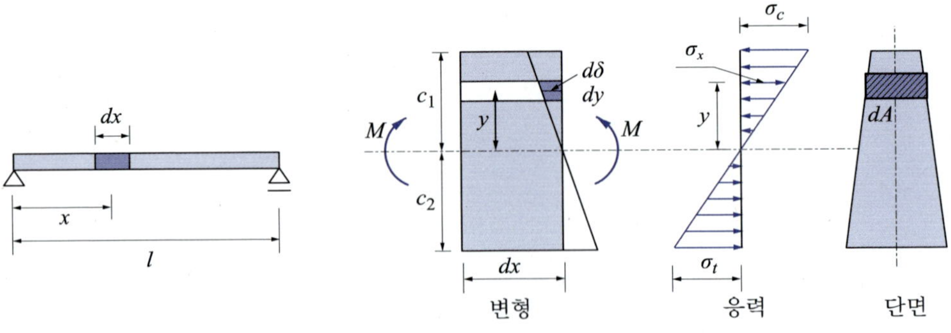

(a) 보 부재

(b) dx에서의 변형과 응력

그림 14.6 휨모멘트를 받는 부재의 변형과 응력

$$d\delta = \varepsilon_x \cdot dx \tag{i}$$

후크의 법칙 $\varepsilon_x = \sigma_x / E$ 과 식(10.7)의 휨응력 $\sigma_x = M_x y / I_x$ 으로부터 y 점의 변형률을 계산한다.

$$\varepsilon_x = \frac{M_x y}{EI_x} \tag{j}$$

그러므로 식(j)를 식(i)에 대입하여 식(k)를 구할 수 있다.

$$d\delta = \frac{M_x y}{EI_x} \cdot dx \tag{k}$$

식(h)와 식(k)를 식(g)에 대입하여 dx 의 거리 y 에 작용하는 변형에너지를 계산한다.

$$dU_x = \frac{1}{2}\left(\frac{M_x y}{I_x}\right)^2 \frac{dA\,dx}{E} \tag{l}$$

아주 작은 길이 dx 에 작용하는 변형에너지의 총합은 식(l)을 적분하여 계산할 수 있다.

$$dU = \frac{1}{2}\int_{-c_2}^{c_1}\left(\frac{M_x y}{I}\right)^2 \frac{dA dx}{E} = \frac{1}{2}\frac{M_x^2\,dx}{EI^2}\int_{-c_2}^{c_1} y^2 dA = \frac{1}{2}\frac{M_x^2}{EI}dx \tag{m}$$

식(m)은 작은 길이 dx 에서의 변형에너지이므로 전체 길이 l 에서의 휨모멘트에 의한 변형에너지를 구하기 위해서는 식(m)을 길이 l 에 대하여 적분해야 한다.

$$U = \frac{1}{2}\int_0^l \frac{M^2}{EI}dx \tag{14.9}$$

14.2.3 전단력에 의한 변형에너지

그림 14.7(a)의 전단력을 받는 보를 부재축 방향으로 작은 길이 dx 를 분리하여 그림 14.7(b)에 표시하였다. 이 작은 요소의 부재축 직각 방향으로 y 위치에서의 변형에너지를 계산하면 다음과 같다.

$$dW_x = dU_x = \frac{1}{2}P_x \cdot d\delta \tag{n}$$

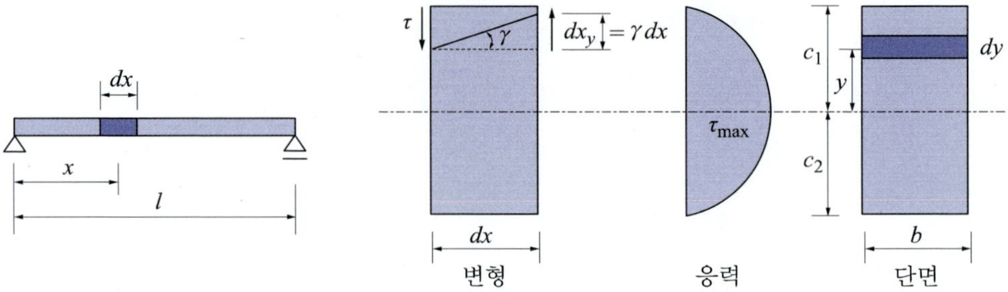

(a) 보 부재 (b) dx에서의 변형과 응력

그림 14.7 전단력을 받는 부재의 변형과 응력

여기서, P_x는 x위치에서 전단응력을 유발하므로, 식(6.2)에서 $P_x = V = \tau \cdot dA$이고, 식(11.2)에서 $\tau = VS/(bI)$이다. 또한 단면적 $dA = b\,dy$를 이용하여 하중을 변경할 수 있다.

$$P_x = \frac{VS}{bI} dA = \frac{VS}{I} dy \tag{o}$$

또한 y위치의 변형률 $\gamma = dx_y/dx$이므로 $dx_y = \gamma \cdot dx$이다. 후크의 법칙과 식(11.2)를 이용하여 다음을 계산한다.

$$\gamma = \frac{\tau}{G} = \frac{VS}{G \cdot b \cdot I}$$

$$d\delta = dx_y = \frac{\tau}{G} dx = \frac{V}{G \cdot b \cdot dy} dx \tag{p}$$

식(o)와 식(p)를 식(n)에 대입하여 dx의 거리 y에 작용하는 변형에너지를 계산한다.

$$dU_x = \frac{V^2}{2G} dx \, \frac{S^2}{bI^2} dy \tag{q}$$

아주 작은 길이 dx에 작용하는 변형에너지의 총합은 식(q)를 적분하여 계산할 수 있다.

$$dU = \frac{V^2}{2G} dx \int_{-c_2}^{c_1} \frac{S^2}{bI^2} dy \tag{r}$$

여기서, 단면형상계수 β를 식(14.10)으로 정의하여 식(r)을 정리하여 식(s)를 구한다.

$$\beta = A\int_{-c_2}^{c_1} \frac{S^2}{bI^2}\,dy \tag{14.10}$$

$$dU = \beta\frac{V^2}{2GA}\,dx \tag{s}$$

식(s)는 작은 길이 dx에서의 변형에너지이므로 전체 길이 l에서의 전단력에 의한 변형에너지를 구하기 위해서는 식(s)를 길이 l에 대하여 적분해야 한다.

$$U = \frac{1}{2}\int_0^l \frac{\beta V^2}{GA}\,dx \tag{14.11}$$

식(14.10)의 단면 형상계수는, 예를 들어 폭 b, 높이 h인 예제 11.1의 직사각형 단면에서는 다음과 같다.

$$S = \frac{b}{2}\left(\frac{h^2}{4} - y^2\right),\ \ A = bh\,,\ \ I = \frac{bh^3}{12}$$

그러므로

$$\beta = \frac{bh}{(bh^3/12)^2}\int_{-h/2}^{h/2}\frac{1}{b}\left[\frac{b}{2}\left(\frac{h^2}{4} - y^2\right)\right]^2 dy = \frac{6}{5}$$

원형 단면에서는 10/9, I형 단면에서는 2보다 조금 더 큰 수로 계산된다.

14.2.1～14.2.3을 종합하여 평면구조에 발생하는 3가지 내력, 즉 축방향력, 휨모멘트, 전단력에 의하여 발생하는 변형에너지는 식(14.12)와 같다.

$$W_i = U = \int_0^l \frac{N^2}{2EA}dx + \int_0^l \frac{M^2}{2EI}dx + \int_0^l \frac{\beta V^2}{2GA}dx \tag{14.12}$$

14.3 가상일의 원리

에너지보존법칙에 의하면, 에너지는 생성되거나 소멸되는 것이 아니고 다만 변환되기 때문에, 앞 절에서 거론된 바와 같이 외력이 구조물에 한 일은 같은 양만큼 변형에너지로 변환되어 구조물에 저장되며, 이 관계는 식(14.13)의 수식으로 나타낼 수 있다.

$$W = U \tag{14.13}$$

이런 관계는 우리가 가정할 수 있는 임의의 가상변위와 그에 대응하는 변형률에 대해서도 성립되어야 하기 때문에, 가상일의 원리(principle of virtual work)는 다음과 같이 정의된다.

- 구조물이 평형 상태에 있을 때 임의의 가상변위에 대하여 외력에 의한 가상일과 내력에 의한 가상일은 같다.
- 가상일의 원리는 구조물의 평형에 대한 필요조건이며, 이 원리의 역도 성립하기 때문에 필요충분조건이 된다.
- 가상변위의 선택에 특별한 제약조건은 없으나, 실제 적용에서는 경계조건을 만족시키는 아주 작은 변위로 하는 것이 편리하다.

가상일의 원리를 구조해석에 적용하기 위하여 그림 14.8의 골조 구조물을 예를 하면, 골조에 작용하는 외력에 대하여 가정할 수 있는 변형에 합당한 가상변위는 수직 하중 P_1, P_2, P_3에 대하여 수직 방향 변위 $\overline{\delta_1}$, $\overline{\delta_2}$, $\overline{\delta_3}$ 수평하중 P_4, P_5에 대하여 수평 방향 변위 $\overline{\delta_4}$, $\overline{\delta_5}$ 및 외부 휨모멘트 M_1, M_2에 대하여 회전 변위 $\overline{\theta_1}$, $\overline{\theta_2}$이다. 따라서 각 힘과 휨모멘트가 가상변위에 대한 가상일은

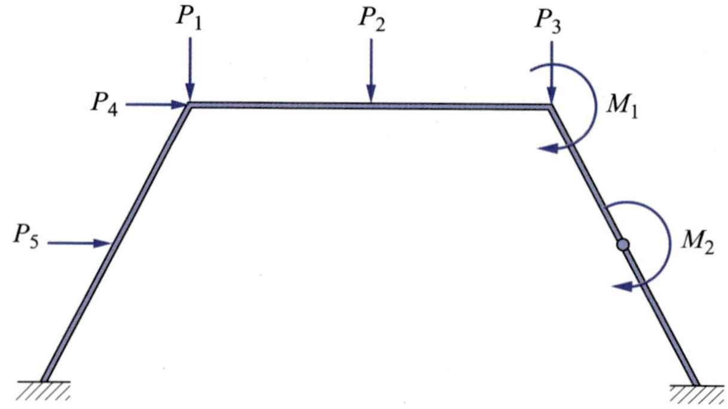

그림 14.8 가상일의 원리

$$W = P_1\overline{\delta_1} + P_2\overline{\delta_2} + P_3\overline{\delta_3} + P_4\overline{\delta_4} + P_5\overline{\delta_5} + M_1\overline{\theta_1} + M_2\overline{\theta_2}$$

가 되며, 여러 힘과 휨모멘트가 작용하는 일반 구조물에 대하여 가상일은 식(14.14)로 일반화시킬 수 있다.

$$W = \Sigma P_i\overline{\delta_i} + \Sigma M_j\overline{\theta_j} \tag{14.14}$$

외력의 작용에 의하여 부재의 단면에는 축방향력 N, 내부 휨모멘트 M 및 전단력 V가 생기고, 가상변위에 대응하여 변위－변형률 식에 맞게 축방향 변형률 $\overline{\varepsilon_x}$, 휨 곡률 $1/\overline{R}$ 및 전단변형률 $\overline{\gamma}$가 생기기 때문에 한 부재의 변형에너지는 식(a)로 주어진다.

$$U_i = \int_0^l \left[N\overline{\varepsilon_x} + M(1/\overline{R}) + V\overline{\gamma}\right] dx \tag{a}$$

이 식에서 $\overline{\varepsilon_x}$, $1/\overline{R}$, $\overline{\gamma}$ 등은 식(7.2), 식(7.5) 및 식(10.6)으로부터

$$\overline{\varepsilon_x} = \frac{\overline{\sigma_x}}{E} = \frac{\overline{N}}{EA}$$

$$\frac{1}{\overline{R}} = \frac{\overline{M}}{EI}$$

$$\overline{\gamma} = \frac{\overline{\tau}}{G} = \frac{\beta\overline{V}}{GA}$$

의 관계를 가지므로, 이 식들은 식(a)에 대입하면, 가상일에 의하여 구조물에 생기는 변형에너지는 식(14.15)로 유도된다.

$$U = \Sigma\left[\int_0^l \frac{N\overline{N}}{EA}dx + \int_0^l \frac{M\overline{M}}{EI}dx + \int_0^l \frac{\beta V\overline{V}}{GA}dx\right] \tag{14.15}$$

이 식에서 Σ는 구조체를 이루는 부재 수에 대한 합계를 나타낸다.

가상일의 원리에 의하면, 구조체가 평형 상태에 있을 때 가상변위에 대한 외력의 일과 내력의 일은 같아야 하므로, 식(14.14)와 식(14.15)로부터 구조체의 평형 방정식은 식(14.16)으로 주어진다.

$$\Sigma P_i\overline{\delta_i} + \Sigma M_j\overline{\theta_j} = \Sigma\left[\int_0^l \frac{N\overline{N}}{EA}dx + \int_0^l \frac{M\overline{M}}{EI}dx + \int_0^l \frac{\beta V\overline{V}}{GA}dx\right] \tag{14.16}$$

식(14.16)에서 N, M, V는 부재에 실제로 작용하는 외력 ΣP_i 및 ΣM_i에 의한 단

면력이고 $\overline{N}$, $\overline{M}$, $\overline{V}$는 가상변위 $\Sigma\overline{\delta_i}$ 및 $\Sigma\overline{\theta_j}$에 의하여 부재에 도입되는 단면력이다.

식(14.16)은 외력이 일정하게 유지되는 것을 전제로 하여 가상변위에 대하여 외력의 일과 내력의 일의 등식으로부터 유도한 공식이나, 구조물이 탄성 거동을 하는 경우 힘과 변위는 선형 비례하여 변위에 대한 힘의 일이나, 이와 반대로 힘에 대한 변위에 의하여 이루어지는 일이나 같게 된다. 따라서 식(14.16)과 대조적으로 변위가 일정하게 유지되는 것을 전제로 하여 가상 힘에 대한 외력의 일과 내력의 일의 등식은 식(14.17)로 주어진다.

$$\Sigma\delta_i P_i^* + \Sigma\theta_j M_j^* = \Sigma\left[\int_0^l \frac{NN^*}{EA}dx + \int_0^l \frac{MM^*}{EI}dx + \int_0^l \frac{\beta VV^*}{GA}dx\right] \quad (14.17)$$

여기서 N, M, V는 실제 변위 $\Sigma\delta_i$ 및 $\Sigma\theta_j$에 대하여 탄성법칙에 의한 단면력이고, N^*, M^*, V^*는 가상 힘 ΣP_i^* 및 가상 휨모멘트 ΣM_j^*에 대한 단면력이다.

14.4 가상일법에 의한 트러스 변형 해석

정정 트러스의 변형 해석에는 가상일의 원리에 의한 식(14.16)이 편리하게 사용되고 있다. 트러스에는 휨모멘트와 전단력이 생기지 않고 변위도 축방향 변위만 관심사이므로, 식(14.16)에서 휨모멘트와 전단력에 관한 식들은 무시되며, 트러스를 이루는 부재들이 일정한 단면으로 되어 있는 경우 식(14.17)은 식(14.18)로 줄어들게 된다.

$$\Sigma\delta_i P_i^* = \Sigma\frac{NN^*}{EA}l \quad (14.18)$$

이 식에서 트러스의 변형을 검토하려는 절점 k에만 가상의 단위 힘 $P_k^* = 1$이 작용하고 다른 절점에는 가상의 힘이 작용하지 않는 것으로 하면, 식(14.18)은 식(14.19)와 같이 더 간단한 형태의 식으로 유도된다.

$$\delta_k = \Sigma\frac{NN^*}{EA}l \quad (14.19)$$

여기서, N^*은 트러스의 k절점에 단위값 1의 가상 힘이 작용할 때 각 부재에 생기는 축방향력이다.

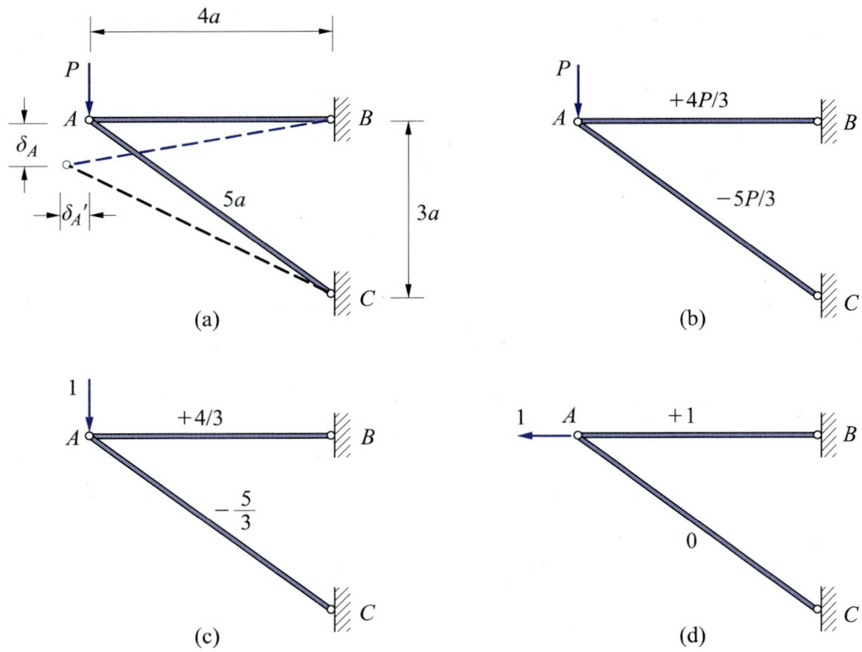

그림 14.9 가상일법에 의한 트러스 변형 해석

이와 같이 변형된 구조물의 외력과 내력이 평형을 이룬 상태에서 임의 위치의 변위를 계산하기 위하여 그 지점에 단위 값 1의 가상 힘을 고려한 가상일의 원리를 적용하는 방법을 단위하중법(unit load method)이라고 한다.

단위하중법에 의한 트러스 변형 해석의 예로, 그림 14.9(a)의 트러스에서 외력 P에 의한 부재의 축방향력은 그림 14.9(b)에 표시된 수치로 계산된다. 이 수치에서 "+" 부호는 인장력, "−" 부호는 압축력을 나타낸다.

절점 A의 수직 변위 δ_A를 계산하기 위하여 그림 14.9(c)와 같이 A점에 가상의 단위하중 $P_A^* = 1$을 작용시키면, 부재력은 AB 부재 +4/3, AC 부재 −5/3으로 계산된다. 따라서, 이 계산 결과는 부재의 EA가 같을 경우 다음과 같이 정리된다.

부재	N	N^*	l	EA
AB	$4P/3$	$4/3$	$4a$	EA
AC	$-5P/3$	$-5/3$	$5a$	EA

수직 변위는 식(14.19)로부터 다음과 같이 계산된다.

$$\delta_A = \frac{1}{EA}\left[\frac{4P}{3}\times\frac{4}{3}\times 4a + \left(-\frac{5P}{3}\right)\times\left(-\frac{5}{3}\right)\times 5a\right]$$
$$= \frac{21Pa}{EA}$$

다음에, 수평 변위를 구하기 위하여 A점에 그림 14.9(d)와 같이 $P_A^* = 1$의 단위 수평하중을 가하면, 부재력은 AB 부재 $+1$, AC 부재 0이 되어 다음과 같이 정리된다.

부재	N	N^*	l	EA
AB	$4P/3$	1	$4a$	EA
AC	$-5P/3$	0	$5a$	EA

이 값들을 식(14.19)에 적용하면, 수평 변위가 계산된다.

$$\delta_A{}' = \frac{1}{EA}\left(\frac{4P}{3}\times 1\times 4a\right) = \frac{16Pa}{3EA}$$

예를 들어, 그림 14.9(a)의 트러스가 $E = 200{,}000\,\mathrm{N/mm^2}$, $A = 1{,}000\,\mathrm{mm^2}$, $a = 0.5\,\mathrm{m}$의 강봉으로 되어 있고, 작용하는 힘이 $P = 30\,\mathrm{kN}$인 경우, 수직방향과 수평방향으로 각각 다음의 변위가 생긴다.

$$\delta_A = \frac{21\times 30\times 10^3\times 500}{200{,}000\times 1{,}000} = 1.58\,\mathrm{mm}$$

$$\delta_A{}' = \frac{16\times 30\times 10^3\times 500}{3\times 200{,}000\times 1{,}000} = 0.4\,\mathrm{mm}$$

예제 14.1 그림 5.3(a) 트러스의 하중 상태에서 중앙부 처짐을 구하라. 단, 모든 부재의 단면적은 1,000 $\mathrm{mm^2}$, $E = 200{,}000\ \mathrm{N/mm^2}$으로 한다.

풀이 그림 5.3(a) 트러스의 부재력은 그림 5.3(f) 및 14.10(a)와 같다. 트러스의 중앙 E점의 처짐을 계산하기 위하여 E점에 $P_E^* = 1$의 단위하중을 작용시키면 부재력은 절점법에 의하여 그림 14.10(b)의 수치와 같이 계산된다. 식(14.19)의 적용에 필요한 값들은 다음과 같이 정리된다.

부재	N	N^*	$l\,(\mathrm{m})$
AC, CE, EG, GB	60	1.0	4.0
AD, BH	$-30\sqrt{5}$	$-0.5\sqrt{5}$	$2\sqrt{5}$
DF, FH	$-20\sqrt{5}$	$-0.5\sqrt{5}$	$2\sqrt{5}$
EF	20	1.0	4.0

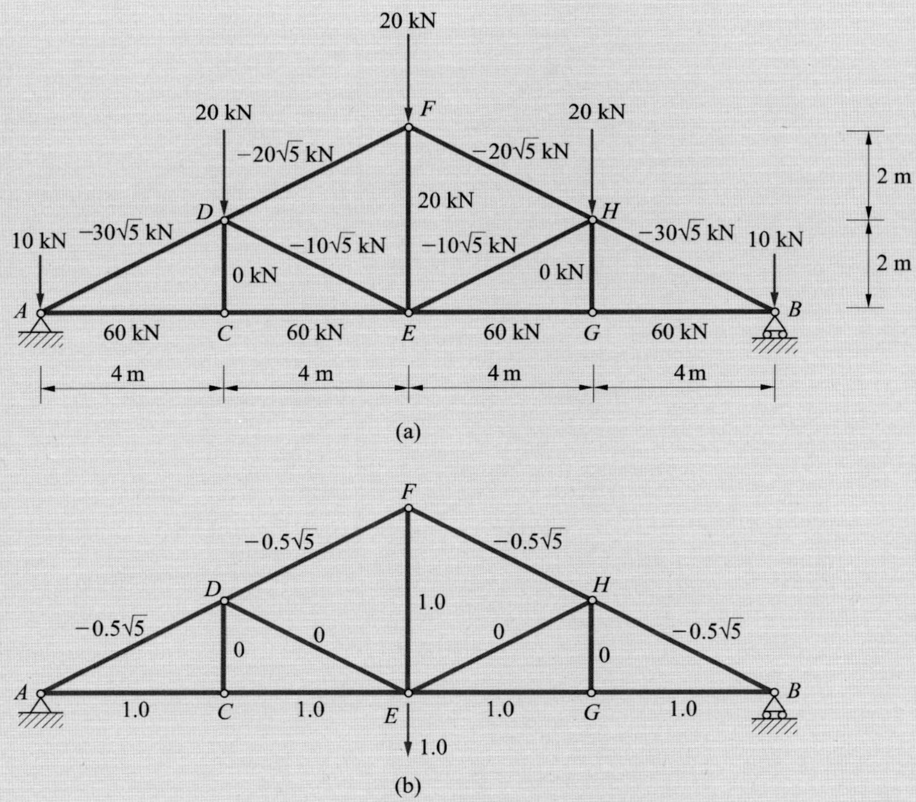

그림 14.10

따라서 트러스 중앙 E점의 처짐은 식(14.19)로부터 계산할 수 있다.

$$\delta_E = \frac{1}{200{,}000 \times 1{,}000}[60 \times 1 \times 4 \times 4 + (-30\sqrt{5}) \times (-0.5\sqrt{5}) \times 2\sqrt{5} \times 2 + (-20\sqrt{5})(-0.5\sqrt{5}) \times 2\sqrt{5} \times 2 + 20 \times 1 \times 4] \times 10^6$$
$$= 10.8\,\text{mm}$$

예제 14.2 그림 14.11(a)의 트러스에서 AC부재와 BE부재는 각각 정해진 치수보다 24 mm 및 12 mm 길고, CE부재는 15 mm 짧게 제작되어 조립되었을 때 A점의 수직 변형량을 계산하라.

풀이 식(14.19)에서 Nl/EA는 변위를 나타내므로, 그림 14.11(a)의 트러스와 같이 제작 오차로 변위가 힘의 작용 이전에 생긴 경우에도 식(14.19)의 단위하중법을 적용할 수 있다.

A점의 수직 변형이 아래 방향으로 생기는 것으로 가정하여 A점에 내림세의 단위 하중 $P_A^* = 1$을 작용시키면, 절점법에 의하여 부재 내력은 그림 14.11(b)의 수치와 같이 계산된다. 이 부재 내력과 그림 14.11(a)의 제작 오차에 의한 변형량을 식(14.19)에 적용하면, A점의 수직 변형량을 계산할 수 있다.

$$\delta_A = \left(-\frac{5}{3}\right) \times 24 + \left(-\frac{5}{3}\right) \times 12 + \left(-\frac{4}{3}\right) \times (-15) = -40.0\,\text{mm}$$

가정된 아래방향에 대하여 변형 값의 부호가 "−"이므로 A점은 윗방향으로 40 mm 변형한다.

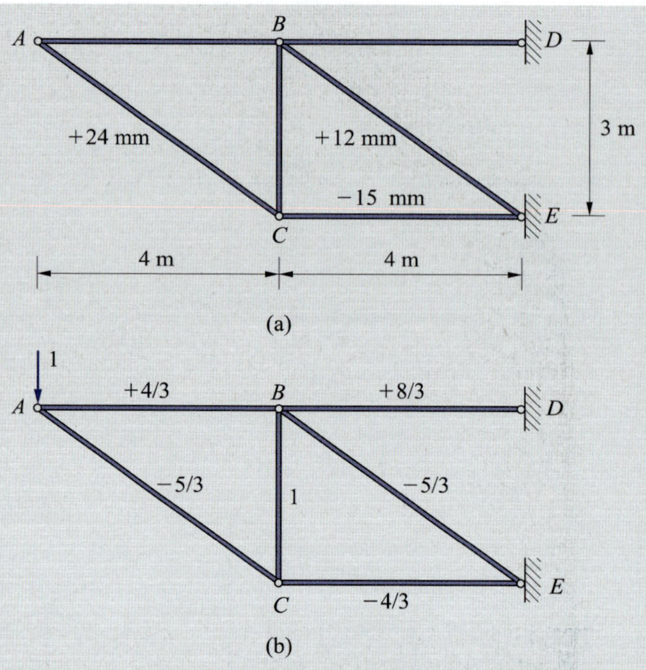

그림 14.11

14.5 가상일법에 의한 보와 골조의 변형 해석

보와 골조의 변형 해석에서 부재의 길이가 길면 내력에 의한 일 중 축방향력에 의한 일과 전단력에 의한 일이 휨모멘트에 의한 일에 비해 무시할 정도로 작기 때문에 식(14.16)에서 다음 항을 무시한다.

$$\int_0^l \frac{NN^*}{EA} dx + \int_0^l \frac{\beta VV^*}{GA} dx$$

그러므로 가상일의 방정식은 식(14.20)으로 줄어든다.

$$\Sigma \delta_i P_i^* + \Sigma \theta_j M_j^* = \Sigma \int_0^l \frac{MM^*}{EI} dx \tag{14.20}$$

이 식에서 처짐을 검토하려는 보 또는 골조의 지점 k에만 가상 단위 힘 $P_k^* = 1$이 작용하고 다른 가상 힘이나 가상 휨모멘트는 작용하지 않는 경우를 고려하면, 보나 골조의 특정 위치의 처짐 계산을 위한 단위하중법의 공식은 식(14.20)으로부터 식(14.21)로 주어진다.

$$\delta_k = \Sigma \int_0^l \frac{MM^*}{EI} dx \tag{14.21}$$

처짐각을 검토하기 위하여서는 지정된 k 지점에만 가상 단위 휨모멘트 $M_k^* = 1$이 작용하는 것으로 하면, 처짐각 계산을 위한 단위하중법의 공식은 식(14.20)으로부터 식(14.22)가 된다.

$$\theta_k = \Sigma \int_0^l \frac{MM^*}{EI} dx \tag{14.22}$$

식(14.21)과 식(14.22)에서 M^*는 보나 골조의 절점 k에 $P_k^* = 1$ 또는 $M_k^* = 1$의 단위 하중이 작용할 때, 각 부재에 생기는 휨모멘트이다.

식(14.21)과 식(14.22)에 의한 보의 처짐과 처짐각 계산의 예로, 그림 14.12(a)와 같이 자유단에 집중하중을 받는 캔틸레버보에서 휨 처짐과 전단 처짐을 계산하려면, 식(14.21)에 다음 항이 추가되어야 한다.

$$\int_0^l \frac{\beta VV^*}{GA} dx$$

캔틸레버에 작용하는 실제 하중에 의한 휨모멘트와 전단력은 그림 14.12(a)에서 다음 식으로 주어진다.

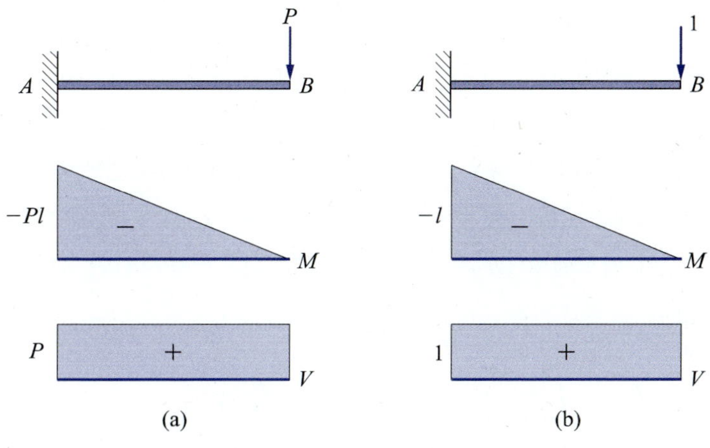

그림 14.12 켄틸레버 보의 처짐 계산

$$M = -P(l-x)\,,\ \ V = P$$

자유단에 가상 단위 하중 $P_B^* = 1$ 의 작용에 의한 휨모멘트와 전단력은 그림 14.12(b)에서 다음과 같다.

$$M^* = -(l-x)\,,\ \ V^* = 1$$

따라서 식(14.21)에 전단 처짐항이 추가된 공식으로부터 휨 처짐과 전단 처짐에 의한 처짐량은 식(a)로 계산된다.

$$\begin{aligned}\delta_B &= \int_0^l \frac{-P(l-x)[-(l-x)]}{EI}dx + \int_0^l \frac{\beta \times P \times 1}{GA}dx \\ &= \frac{Pl^3}{3EI} + \frac{\beta Pl}{GA} \qquad \text{(a)}\end{aligned}$$

이 계산에서 휨 처짐은 $Pl^3/3EI$ 로 식(13.21)과 일치하고 있으나, 전단 처짐은 13장에서 다루어진 적이 없다.

전체 처짐에 대한 전단 처짐의 영향을 검토하기 위하여 폭 b, 높이 h 되는 철근콘크리트 직사각형 보의 예를 들면, $I = bh^3/12$, $A = bh$, $G = E/2(1+\nu)$이고, 식(14.10)에서 직사각형 단면에 대하여 $\beta = 1.2$이며, 콘크리트의 푸아송비는 대략 $\nu = 0.2$이므로, 식(a)는

$$\delta_B = \frac{Pl^3}{3EI}\left[1 + 0.72\left(\frac{h}{l}\right)^2\right]$$

이 된다. 이 식에서 괄호 안의 오른 쪽 식이 전단 처짐을 나타내므로, 전단 처짐의 영향은 보 경간 l에 대한 보 높이 h의 비에 좌우된다.

예를 들어, $h/l = 1$의 경우에는 전단 처짐이 휨 처짐의 72퍼센트가 되므로, 보의 전체 처짐에서 전단 처짐을 무시할 수 없게 된다. 그러나 캔틸레버 슬래브의 두께 규정과 같이 $h/l = 0.1$의 경우 전단 처짐은 휨 처짐의 1퍼센트 미만이므로, 특히 길이가 짧은 보 이외에는 전단 처짐이 고려되지 않는다. B점의 처짐각을 구하기 위하여 B점에 가상 단위 휨모멘트 $M_B^* = 1$을 시계방향으로 적용시키면 $M^* = -1$이 되어, 식(14.22)로부터

$$\theta_B = \int_0^l \frac{-P(l-x)(-1)}{EI}dx = \frac{Pl^2}{2EI}$$

으로, 식(13.21)과 같게 계산되고 있다.

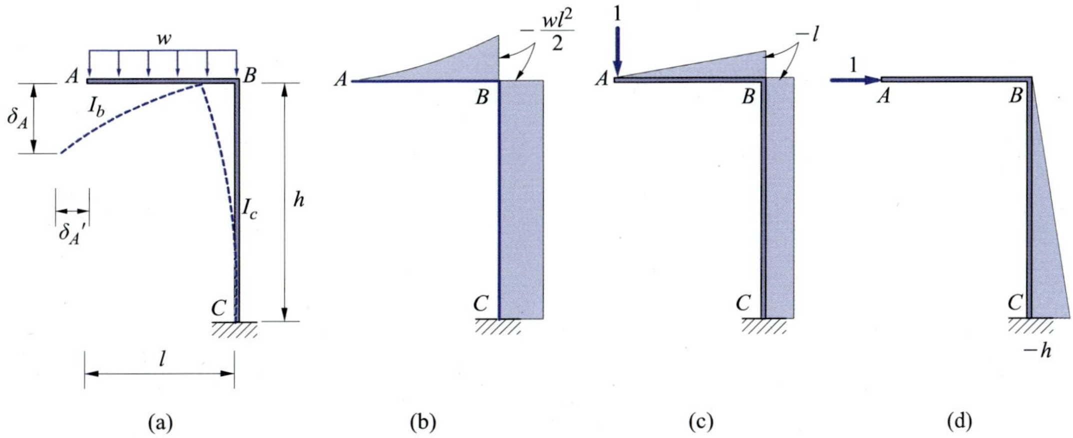

그림 14.13 가상일 법에 의한 골조 변형 해석

단위하중법에 의한 골조 변형 해석의 예로, 그림 14.13(a)와 같이 등분포하중을 받는 ㄱ자형 캔틸레버 골조에서 실제 하중에 의한 휨모멘트는 그림 14.13(b)와 같이 식(a)로 계산된다.

$$M_{AB} = -\frac{wx^2}{2}, \ M_{BC} = -\frac{wl^2}{2} \tag{a}$$

A점의 수직 변위 δ_A를 구하기 위하여 그림 14.13(c)와 같이 A점에 가상 단위 하중 $P_A^* = 1$을 수직 방향으로 작용시키면 다음과 같이 계산된다.

$$M_{AB}^* = -x, \ M_{BC}^* = -l$$

그러므로 식(14.21)로부터

$$\begin{aligned}\delta_A &= \int_0^l \frac{\left(-\frac{wx^2}{2}\right)(-x)}{EI_b}dx + \int_0^h \frac{\left(-\frac{wl^2}{2}\right)(-l)}{EI_c}dx \\ &= \frac{wl^4}{8EI_b} + \frac{wl^3h}{2EI_c}\end{aligned}$$

으로 계산된다.

수평 변위를 계산하기 위하여 그림 14.13(d)와 같이 $P_A^* = 1$의 가상 단위 하중을 수평 방향으로 작용시키면,

$$M_{AB}^* = 0,\ M_{BC}^* = -x$$

가 되므로, 식(14.21)에 의한 수평 변위는 다음과 같다.

$$\delta_A{}' = \int_0^h \frac{\left(-\dfrac{wl^2}{2}\right)(-x)}{EI_c}\,dx = \frac{wl^2h^2}{4EI_c}$$

예제 14.3 그림 14.14(a)와 같이 3등분의 중앙 구간에 등분포하중을 받는 단순보의 최대 처짐을 구하라.

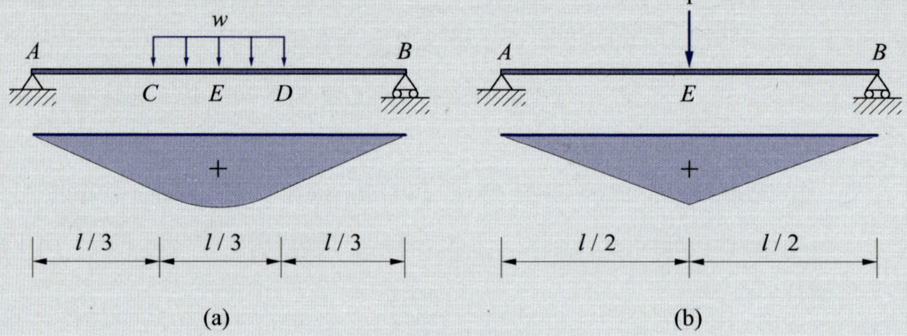

그림 14.14

풀이 실제 하중의 휨모멘트 분포는 그림 14.14(a)에서 세 구간으로 나눠 다음과 같이 주어진다.

AC 구간 : $M_{AC} = \dfrac{wl}{6}x$

CD 구간 : $M_{CD} = \dfrac{wl}{6}x - \dfrac{w}{2}\left(x - \dfrac{l}{3}\right)^2$

DB 구간 : $M_{DB} = \dfrac{wl}{6}(l - x)$

보의 최대 처짐은 중앙에 생기므로, 그림 14.14(b)와 같이 보 중앙에 $P_E^* = 1$의 가상 단위 하중을 작용시키면, 휨모멘트는 다음 식으로 계산된다.

AE 구간 : $M_{AE}^* = \dfrac{x}{2}$

EB 구간 : $M_{EB}^* = \dfrac{1}{2}(l - x)$

두 휨모멘트의 분포는 모두 보 중앙에 대칭이므로, 식(14.21)의 적용에서 A점에서 중앙 E점까지 적분한 값을 두 배로 하면, 보 중앙 처짐은 다음 값과 같게 계산된다.

$$\delta_E = 2\left\{\int_0^{l/3} \frac{1}{EI}\left(\frac{wlx}{6}\right)\left(\frac{x}{2}\right)dx + \int_{l/3}^{l/2} \frac{1}{EI}\left[\frac{wlx}{6} - \frac{w}{2}\left(x - \frac{l}{3}\right)^2\right]\left(\frac{x}{2}\right)dx\right\}$$

$$= 2\left(\frac{wl^4}{972EI} + \frac{47wl^4}{20{,}736EI}\right) = \frac{205\,wl^4}{31{,}104\,EI}$$

예제 14.4 그림 14.15(a)와 같이 등분포하중을 받는 골조에서 회전 지점 D의 수평 변위가 생기지 않기 위해서는 P의 크기를 얼마로 하여야 하는가?

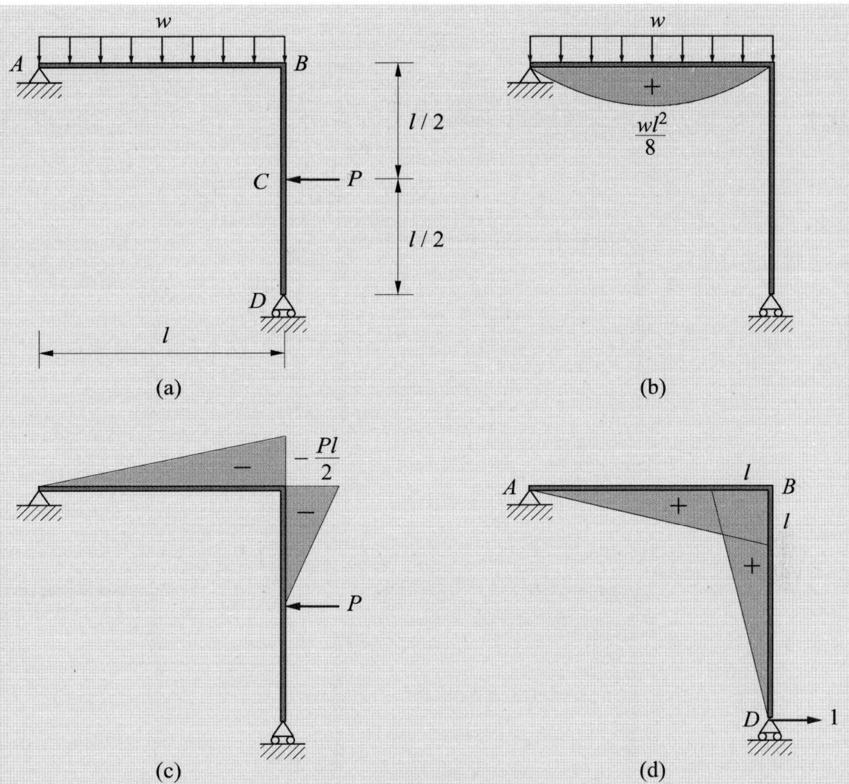

그림 14.15

풀이 그림 14.15(b)와 같이 등분포하중만 작용할 때의 휨모멘트를 계산한다.

$$M_{AB} = \frac{wlx}{2} - \frac{wx^2}{2} \tag{a}$$

그림 14.15(c)와 같이 C점에 집중하중 P가 작용할 때, 휨모멘트 식은 다음과 같이 주어진다.

$$M_{AB} = \frac{-Px}{2}, \ M_{BC} = \frac{-Pl}{2} + Px \tag{b}$$

D점의 수평 변위를 계산하기 위하여 그림 14.15(d)와 같이 D점에 가상 단위 하중 $P_D^* = 1$을 수평방향으로 작용시켰을 때 휨모멘트는 다음과 같다.

$$M_{AB}^* = x, \ M_{BD}^* = l - x \tag{c}$$

등분포하중에 의한 절점 D의 수평 변위는 식(a)와 식(c)로부터 식(d)과 같이 계산된다.

$$\delta_D^{(1)} = \int_0^l \frac{w(lx - x^2)(x)}{2EI} dx = \frac{wl^4}{24EI} \tag{d}$$

집중하중 P에 의한 절점 D의 수평 변위는 식(b)과 식(c)로부터 식(e)로 계산된다.

$$\delta_D^{(2)} = \int_0^l \frac{-Px(x)}{2EI} dx + \int_0^{l/2} \frac{-P(l-2x)(l-x)}{2EI} dx = -\frac{13Pl^3}{48EI} \tag{e}$$

따라서, D점에 수평 변위가 생기지 않기 위한 조건은 다음 힘이 작용하는 것이다.

$$\delta_D^{(1)} + \delta_D^{(2)} = \frac{wl^4}{24EI} - \frac{13Pl^3}{48EI} = 0$$

$$P = \frac{2wl}{13}$$

예제 14.5 그림 14.16(a)와 같이 수평 등분포하중 w를 받는 골조의 B점의 수평 변위와 C점의 처짐각을 구하라.

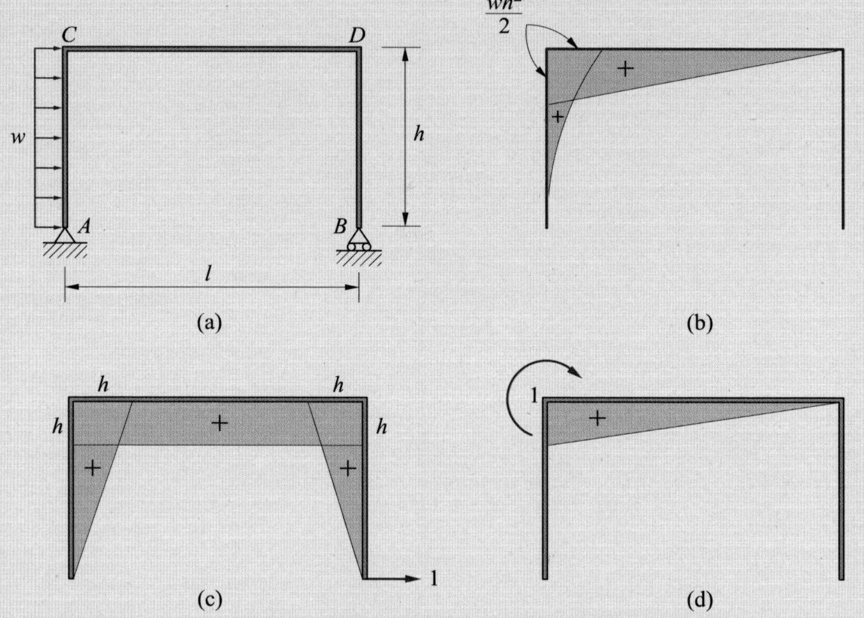

그림 14.16

풀이 실제 하중을 받는 골조의 휨모멘트는 그림 14.16(b)에서 다음과 같이 계산된다.

$$M_{AC} = whx - \frac{wx^2}{2}, \; M_{CD} = \frac{wh^2}{2} - \frac{wh^2}{2l}x$$

B점의 수평 변위를 구하기 위하여 그림 14.16(c)와 같이 B점에 $P_B^* = 1$의 가상 단위 하중을 가하면, 휨모멘트 식을 계산할 수 있다.

$$M_{AC}^* = x, \; M_{CD}^* = h, \; M_{DB}^* = h - x$$

B점의 수평 변위는 식(14.21)로부터 계산된다.

$$\delta_B = \int_0^h \frac{w}{EI}\left(hx - \frac{x^2}{2}\right)x\,dx + \int_0^l \frac{wh^2}{2EI}\left(1 - \frac{x}{l}\right)h\,dx$$

$$= \frac{5wh^4}{24EI} + \frac{wh^3 l}{4EI} = \frac{wh^3}{24EI}(5h + 6l)$$

C점의 처짐각을 구하기 위하여 그림 14.16(d)와 같이 C점에 시계방향으로 $M_C^* = 1$의 가상 단위 휨모멘트를 작용시키면, 부재 휨모멘트는 다음과 같다.

$$M_{AC}^* = 0, \; M_{CD}^* = 1 - \frac{x}{l}, \; M_{DB}^* = 0$$

따라서, C점의 처짐각은 식(14.22)로부터 계산된다.

$$\theta_C = \int_0^l \frac{wh^2}{2EI}\left(1 - \frac{x}{l}\right)^2 dx = \frac{wh^2 l}{6EI}$$

14.6 카스틸리아노의 정리

구조물에 작용하는 m개의 힘 P_1, P_2, $\cdots$, P_m에 대하여 변위가 각 힘의 작용방향으로 $\Delta\delta_1$, $\Delta\delta_2$, $\cdots$, $\Delta\delta_m$만큼 증가하고, n개의 휨모멘트 M_1, M_2, $\cdots$, M_n에 대하여 각변위가 $\Delta\theta_1$, $\Delta\theta_2$, $\cdots$, $\Delta\theta_n$만큼 증가했을 때, 외력에 의한 일의 증분은 식(14.23)으로 주어진다.

$$\Delta W = \sum_{i=1}^{m} P_i \Delta\delta_i + \sum_{j=1}^{n} M_j \Delta\theta_j \tag{14.23}$$

변형에너지가 변위의 함수일 때 외력에 의한 일의 증분에 대응하는 구조물 내부 변형에너지의 증분은 식(14.24)로 나타낼 수 있다.

$$\Delta U = \sum_{i=1}^{m} \frac{\partial U}{\partial \delta_i} \Delta\delta_i + \sum_{j=1}^{n} \frac{\partial U}{\partial \theta_j} \Delta\theta_j \tag{14.24}$$

구조물이 평형 상태에 있을 때에는 변위의 증분에 대한 외력의 일과 변형에너지도 같아야 하므로, 식(14.23)과 식(14.24)로부터 다음 식이 유도된다.

$$\begin{aligned}\Delta W - \Delta U &= \sum_{i=1}^{m}\left(P_i - \frac{\partial U}{\partial \delta_i}\right)\Delta\delta_i + \sum_{j=1}^{n}\left(M_j - \frac{\partial U}{\partial \theta_j}\right)\Delta\theta_j \\ &= 0\end{aligned}$$

변위의 증분 $\Delta\delta_i$ 및 $\Delta\theta_j$에 대하여 하중은 각각 식(14.25a,b)로 주어진다. 이 식은 카스틸리아노의 제1정리(Castigliano's first theorem)를 나타내는 방정식이며, 그 내용은 다음과 같이 요약된다.

- 탄성 또는 비탄성 구조물의 변형에너지를 각 하중에 대한 변위의 함수로 나타내면, 각 하중의 크기는 변형에너지를 그 하중에 대응하는 변위에 대하여 1차 편미분한 값과 같다.

$$P_i = \frac{\partial U}{\partial \delta_i} \qquad i = 1, 2, \cdots m \tag{14.25a}$$

$$M_j = \frac{\partial U}{\partial \theta_j} \qquad j = 1, 2, \cdots n \tag{14.25b}$$

식(14.25a,b)는 20장에 소개되는 행렬식에 의한 구조해석에서 힘과 변위의 관계를 나타내는 강성(剛性) 행렬을 유도하는 데 편리하게 사용된다.

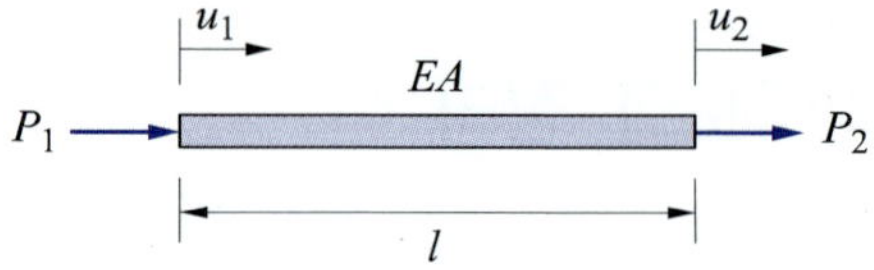

그림 14.17 절점력과 절점변위

간단한 예로, 트러스의 축강성 행렬을 유도하기 위하여 트러스를 이루는 한 부재의 양 절점에서의 절점력을 그림 14.17에 표시한 바와 같이 P_1, P_2로 하고, 절점변위를 u_1, u_2로 하면, 축방향 변형률과 응력은 각각 다음과 같다.

$$\varepsilon_x = \frac{u_2 - u_1}{l}$$
$$\sigma_x = E\,\varepsilon_x = \frac{E\,(u_2 - u_1)}{l}$$

그러므로 변형에너지는 부재의 단면적이 일정한 경우 다음 식으로 계산된다.

$$U = \frac{1}{2}\int_V \sigma_x \varepsilon_x \, dV$$
$$= \frac{1}{2}\int_0^l \frac{E(u_2 - u_1)^2}{l^2} A\,dx = \frac{1}{2}\frac{EA}{l}(u_2 - u_1)^2$$

따라서 절점력은 식(14.25)의 카스틸리아노의 제1정리를 이용하여 계산된다.

$$P_1 = \frac{\partial U}{\partial u_1} = \frac{EA}{l}(u_1 - u_2)$$
$$P_2 = \frac{\partial U}{\partial u_2} = \frac{EA}{l}(u_2 - u_1)$$

트러스 부재의 절점력과 절점변위는 다음과 같이 주어진다.

$$\begin{Bmatrix} P_1 \\ P_2 \end{Bmatrix} = \frac{EA}{l}\begin{bmatrix} 1 & -1 \\ -1 & 1 \end{bmatrix}\begin{Bmatrix} u_1 \\ u_2 \end{Bmatrix} \tag{14.26}$$

식(14.26)을 간략하게 표시하기 위하여 절점력 벡터와 절점변위 벡터를 각각

$$\{\mathbf{P}\} = \begin{Bmatrix} P_1 \\ P_2 \end{Bmatrix} \quad \{\boldsymbol{u}\} = \begin{Bmatrix} u_1 \\ u_2 \end{Bmatrix}$$

으로 두면, 식(14.26)의 일반형은 식(14.27)이 된다.

$$\{\mathbf{P}\} = [\mathbf{k}]\{\boldsymbol{u}\} \tag{14.27}$$

여기서, $[\mathbf{k}] = \dfrac{EA}{l}\begin{bmatrix} 1 & -1 \\ -1 & 1 \end{bmatrix}$ (14.28)

은 축강성 행렬로, 트러스의 절점력과 절점변위의 관계를 나타내는 구성 방정식이다.

카스틸리아노의 제1정리는 하중이 일정하게 유지되는 상태에서 변위를 변수로 하여 유도되었다.

한편, 구조 거동이 탄성 범위 안에 있는 경우에는 식(14.17)의 경우와 같이 구조물에 작용하는 외력에 의한 일과 변형에너지를 변위와 변형률이 일정하게 유지되는 상태에서 하중의 함수로 나타낼 수 있다. 이 때 외력에 의한 일의 증분 ΔW는 힘의 증분 ΔP_i와 모멘트의 증분 ΔM_j에 의하여 식(14.29)로 계산한다.

$$\Delta W = \sum_{i=1}^{m} \delta_i \Delta P_i + \sum_{j=1}^{n} \theta_j \Delta M_j \tag{14.29}$$

변형에너지의 증분 ΔU는 식(14.30)으로 주어진다.

$$\Delta U = \sum_{i=1}^{m} \frac{\partial U}{\partial P_i} \Delta P_i + \sum_{j=1}^{n} \frac{\partial U}{\partial M_j} \Delta M_j \tag{14.30}$$

구조물의 변위와 변형률이 탄성 범위 안에서 변위－변형률 관계식에서 벗어나지 않는 한 외력에 의한 일의 증분은 변형에너지의 증분으로 변환되므로, 식(14.29) 및 식(14.30)으로부터 다음 식이 성립된다.

$$\Delta W - \Delta U = \sum_{i=1}^{m}\left(\delta_i - \frac{\partial U}{\partial P_i}\right)\Delta P_i + \sum_{j=1}^{n}\left(\theta_j - \frac{\partial U}{\partial M_j}\right)\Delta M_j = 0$$

이 식으로부터 식(14.31a,b)의 식을 구할 수 있으며, 이 식은 카스틸리아노의 제2정리(Castigliano's second theorem)를 나타내는 방정식이다.

- 탄성 구조물의 변형에너지를 그 구조물에 작용하는 외력의 함수로 나타내면, 변형에너지를 작용 하중에 대하여 1차 편미분한 값은 그 하중의 위치에 생기는 같은 방향의 변위에 해당한다.

$$\delta_i = \frac{\partial U}{\partial P_i} \qquad i = 1,\ 2,\ \cdots\ m \tag{14.31a}$$

$$\theta_j = \frac{\partial U}{\partial M_j} \qquad j = 1,\ 2,\ \cdots\ n \tag{14.31b}$$

카스틸리아노의 제2정리의 적용에서 변형에너지는 외력의 함수로 표시되어야 한다.

외력에 의하여 축방향력과 휨모멘트 및 전단력을 부재력으로 하는 탄성 구조물의 변형 에너지는 식(14.8), 식(14.9) 및 식(14.11)로부터 식(14.32)로 주어진다.

$$U = \Sigma\left[\frac{1}{2}\int_0^l \frac{N^2}{EA}dx + \frac{1}{2}\int_0^l \frac{M^2}{EI}dx + \frac{1}{2}\int_0^l \frac{\beta V^2}{GA}dx\right] \tag{14.32}$$

이 식을 식(14.31a,b)에 대입하면 변위식은 식(14.33a,b)로 유도된다.

$$\delta_i = \Sigma\left[\int_0^l \frac{N}{EA}\frac{\partial N}{\partial P_i}dx + \int_0^l \frac{M}{EI}\frac{\partial M}{\partial P_i}dx + \int_0^l \frac{\beta V}{GA}\frac{\partial V}{\partial P_i}dx\right] \tag{14.33a}$$

$$\theta_j = \Sigma\left[\int_0^l \frac{N}{EA}\frac{\partial N}{\partial M_j}dx + \int_0^l \frac{M}{EI}\frac{\partial M}{\partial M_j}dx + \int_0^l \frac{\beta V}{GA}\frac{\partial V}{\partial M_j}dx\right] \tag{14.33b}$$

θ_j의 식에서 M_j는 외력의 휨모멘트이고 M은 단면에 생기는 부재력으로서의 휨모멘트이며, Σ는 구조물을 이루는 부재 수의 합계를 나타낸다.

14.7 카스틸리아노의 정리에 의한 트러스 변형 해석

구조물의 변형 해석에는 카스틸리아노의 제2정리에 의한 식(14.33a,b)가 많이 사용된다.

트러스 해석에서는 휨모멘트와 전단력이 고려되지 않기 때문에 식(14.33a)로부터 변위식은 다음과 같다.

$$\delta_i = \sum\int_0^l \frac{N}{EA}\frac{\partial N}{\partial P_i}dx$$

트러스 부재에 작용하는 축방향력과 부재 단면적은 일반적으로 부재 전 길이에 걸쳐 일정하므로, 변위식은 식(14.34)가 된다.

$$\delta_i = \sum\frac{N}{EA}\frac{\partial N}{\partial P_i}l \tag{14.34}$$

이 식을 사용하여 가상일법으로 계산된 트러스의 변형을 다음과 같이 검토할 수 있다. 먼저, 그림 14.9(a)의 트러스에서 A점에 작용하는 집중하중을 P_A로 나타내면, P_A에 의한 부재력은 그림 14.9(b)에서와 같이 AB 부재 $+4P_A/3$, AC 부재 $-5P_A/3$이므로 부재의 단면적과 탄성계수가 같을 경우 다음과 같이 정리된다.

부재	N	$\partial N/\partial P_A$	l	EA
AB	$4P_A/3$	$4/3$	$4a$	EA
AC	$-5P_A/3$	$-5/3$	$5a$	EA

수직 변위는 식(14.34)로부터 계산된다.

$$\delta_A = \frac{1}{EA}\left[\frac{4P_A}{3} \times \frac{4}{3} \times 4a + \left(-\frac{5P_A}{3}\right) \times \left(-\frac{5}{3}\right) \times 5a\right]$$
$$= \frac{21P_A a}{EA}$$

그림 14.9(a)의 트러스의 수평 변위를 구하기 위해서는 A점에 그림 14.9(d)의 $P_A^* = 1$ 대신에 $P_A{}'$에 가상의 하중을 가하고 식(14.34) 대신에

$$\delta_i = \sum\left(\frac{N}{EA}\frac{\partial N}{\partial P_i'}l\right)_{P_i'=0} \tag{14.35}$$

의 식으로 가상의 하중을 작용시킨 방향의 변위를 계산한다. 이런 경우 A점에 수평 방향으로 작용하는 $P_A{}'$에 의한 부재력 및 1차 미분 값은 다음과 같이 계산된다.

부재	$(N)_{P_A'=0}$	$\left(\frac{\partial N}{\partial P_A'}\right)_{P'_A=0}$	l	EA
AB	$4P_A/3$	1	$4a$	EA
AC	$-5P_A/3$	0	$5a$	EA

이 값들을 식(14.35)에 대입하면, A점의 수평 변위 $\delta_A{}'$가 계산된다.

$$\delta_A{}' = \frac{1}{EA}\left(\frac{4P_A}{3} \times 1 \times 4a\right) = \frac{16P_A a}{3EA}$$

예제 14.1에서 다룬 그림 5.3(a)의 트러스에서 중앙점의 처짐은 E점에 $P_E{}'$의 가상 하중을 가하고 식(14.34)로 계산한다.

그림 14.10(a)에 표시된 부재력과 그림 14.10(b)의 E점에 단위 하중 대신 $P_E{}'$을 가하여 얻어진 부재력으로부터 다음 값이 계산된다.

부재	$(N)_{P_E'=0}$ (kN)	$\left(\dfrac{\partial N}{\partial P_E'}\right)_{P_E'=0}$	l (m)
$AC,\ CE,\ EG,\ GB$	60	1.0	4.0
$AD,\ BH$	$-30\sqrt{5}$	$-0.5\sqrt{5}$	$2\sqrt{5}$
$DF,\ FH$	$-20\sqrt{5}$	$-0.5\sqrt{5}$	$2\sqrt{5}$
EF	20	1.0	4.0

EA가 같을 경우 트러스의 중앙 E점의 처짐은 식(14.34)로부터 계산되며

$$\begin{aligned}\delta_E &= \frac{1}{2{,}000\times 10}[60\times 1\times 4\times 4+(-30\sqrt{5})(-0.5\sqrt{5})\times 2\sqrt{5}\times 2 \\ &\qquad +(-20\sqrt{5})(-0.5\sqrt{5})\times 2\sqrt{5}\times 2+20\times 1\times 4]\times 10^6 \\ &= 10.8\,\text{mm}\end{aligned}$$

가상일법으로 계산한 것과 같은 결과를 얻게 된다.

14.8 카스틸리아노의 정리에 의한 보와 골조의 변형 해석

보와 골조의 변형 해석에서 14.5절의 경우와 같이 축방향력과 전단력에 의한 변형에너지의 영향은 휨모멘트에 의한 변형에너지에 비해 매우 작으므로 이들을 무시하면, 식(14.33)으로부터 처짐 계산식은 식(14.36)이 된다.

$$\delta_i = \sum\int_0^l \frac{M}{EI}\frac{\partial M}{\partial P_i}dx \tag{14.36}$$

처짐각 계산식은 식(14.37)로 주어진다.

$$\theta_j = \sum\int_0^l \frac{M}{EI}\frac{\partial M}{\partial M_j}dx \tag{14.37}$$

그러나 처짐 또는 처짐각을 계산하려는 위치에 집중하중이나 휨모멘트가 작용하지 않는 경우에는 위의 두 식을 적용할 수 없으므로, 그런 경우에는 트러스 변형해석 시의 식(14.35)와 같이 처짐을 계산하려는 위치에 가상의 집중하중 P_i'을 가하여 식(14.38)로 처짐을 계산한다.

$$\delta_i = \sum \int_0^l \left(\frac{M}{EI} \frac{\partial M}{\partial P_i'} \right)_{P_i' = 0} dx \tag{14.38}$$

처짐각에 대해서도 계산하려는 위치에 M_j'의 가상 휨모멘트를 가하여 부재 휨모멘트를 계산한 후에 식(14.39)로 계산된다.

$$\theta_j = \sum \int_0^l \left(\frac{M}{EI} \frac{\partial M}{\partial M_j'} \right)_{M_j' = 0} dx \tag{14.39}$$

보의 처짐과 처짐각 계산의 간단한 예로, 그림 14.12(a)의 캔틸레버보에서 자유단 B에 작용하는 집중하중 P에 의한 보의 휨모멘트와 P에 대한 1차 미분은

$$M = -P(l-x), \ \partial M / \partial P = -(l-x)$$

이므로, B점의 처짐은 식(14.36)으로부터 계산되며, 식(13.21)의 결과와 같은 값이 된다.

$$\delta_B = \int_0^l \frac{-P(l-x)}{EI} [-(l-x)]\, dx = \frac{Pl^3}{3EI}$$

B점의 처짐각을 계산하기 위하여 B점에 가상의 휨모멘트 M'을 시계방향으로 적용시키면 다음과 같다.

$$M = -P(l-x) - M'$$

식(14.39)로부터 처짐각을 계산할 수 있으며 이 값도 식(13.21)과 일치한다.

$$\theta_B = \int_0^l \left(\frac{M}{EI} \frac{\partial M}{\partial M'} \right)_{M'=0} dx = \int_0^l \frac{-P(l-x)}{EI} (-1)\, dx = \frac{Pl^2}{2EI}$$

예제 14.6 그림 14.18(a)와 같이 단순보의 중앙에 집중하중이 작용할 때, 보 중앙의 처짐과 지점 A의 처짐각을 구하라.

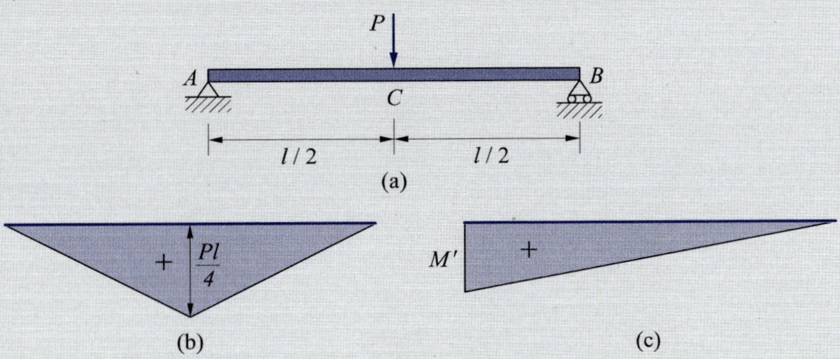

그림 14.18

풀이 집중하중에 대한 휨모멘트는 그림 14.18(b)와 같다.

$$M_x = \begin{cases} \dfrac{P}{2}x & x \le \dfrac{l}{2} \\ \dfrac{P}{2}(l-x) & x \ge \dfrac{l}{2} \end{cases}$$

처짐은 대칭이므로, $(0,\ l/2)$구간을 적분하여 두 배로 하면 식(14.36)으로부터 보 중앙의 처짐을 계산할 수 있다.

$$\delta_c = 2\int_0^{\frac{l}{2}} \frac{1}{EI}\left(\frac{Px}{2}\right)\left(\frac{x}{2}\right)dx = \frac{Pl^3}{48EI}$$

θ_A를 구하기 위하여 A점에 시계방향으로 M'의 휨모멘트를 가하면, 휨모멘트 분포식은 그림 14.18(b)와 (c)로부터 계산할 수 있다.

$$M_x = \begin{cases} \dfrac{P}{2}x + \dfrac{M'}{l}(l-x) & x \le \dfrac{l}{2} \\ \dfrac{P}{2}(l-x) + \dfrac{M'}{l}(l-x) & x \ge \dfrac{l}{2} \end{cases}$$

식(14.39)를 적용하여 A점의 처짐각을 계산한다.

$$\begin{aligned} \theta_A &= \int_0^{l/2} \frac{1}{EI}\left(\frac{P}{2}x\right)\left(1-\frac{x}{l}\right)dx + \int_{l/2}^{l} \frac{1}{EI}\left[\frac{P}{2}(l-x)\right]\left(1-\frac{x}{l}\right)dx \\ &= \frac{Pl^2}{16EI} \end{aligned}$$

δ_c 및 θ_A의 값은 식(13.12a)에서 $x=0$, $a=l/2$로 두고 계산했을 때의 값과 일치한다.

예제 14.7 그림 14.13(a) 골조에서 A점의 수직 변위를 구하라.

풀이 A점의 수직 변위를 구하기 위하여 그림 14.13(c)에서 단위 하중 대신 임의의 하중 P를 가하면, 부재의 휨모멘트는 다음과 같이 계산된다.

$$M_{AB} = -\frac{wx^2}{2} - Px\,,\ M_{BC} = -\frac{wl^2}{2} - Pl$$

따라서 이 값들을 식(14.38)에 적용하여 처짐을 계산한다.

$$\begin{aligned} \delta_A &= \int_0^{l/2} \frac{1}{EI_b}\left(-\frac{wx^2}{2}\right)(-x)\,dx + \int_0^{h} \frac{1}{EI_c}\left(-\frac{wl^2}{2}\right)(-l)\,dx \\ &= \frac{wl^4}{8EI_b} + \frac{wl^3h}{2EI_c} \end{aligned}$$

14.9 상반정리

구조물에 작용하는 여러 힘들과 그에 대응하는 변위 사이에 이루어지는 상반 관계를 그림 14.19의 캔틸레버보에 작용하는 힘 P_i 및 $\overline{P_k}$와 그에 대응하는 변위 δ_i 및 $\overline{\delta_k}$에 의한 외력의 일에서 고찰할 수 있다.

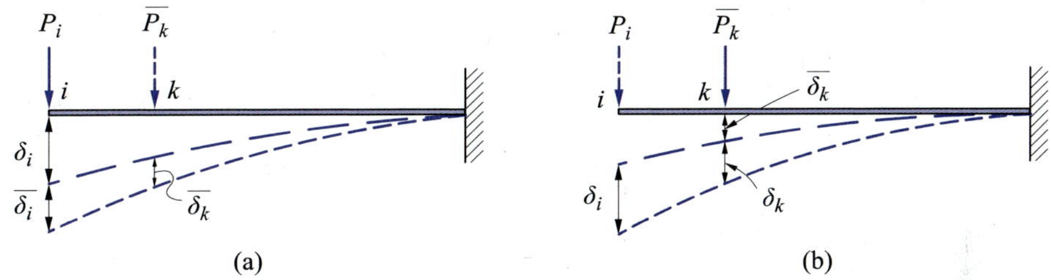

그림 14.19 상반정리

그림 14.19(a)의 캔틸레버보 i점에 P_i의 힘이 작용하여 긴 파선과 같이 변형했을 때 i점의 처짐 δ_i에 대한 P_i의 일은 다음과 같다.

$$W_1 = P_i \delta_i$$

그 다음에 이 보의 k점에 $\overline{P_k}$의 힘이 작용하여 짧은 파선과 같이 추가 처짐 변형을 하여 i점에 $\overline{\delta_i}$, k점에 $\overline{\delta_k}$의 처짐이 생겼을 때 $\overline{P_k}$에 의한 일은 $\overline{P_k}\,\overline{\delta_k}$가 되나, 이미 작용하고 있는 P_i도 $\overline{\delta_i}$에 대하여 일을 하므로, 외력에 의한 일은 다음과 같다.

$$W_2 = \overline{P_k}\,\overline{\delta_k} + P_i \overline{\delta_i}$$

전체 일은 식(a)로 주어진다.

$$W = W_1 + W_2 = P_i \delta_i + \overline{P_k}\,\overline{\delta_k} + P_i \overline{\delta_i} \tag{a}$$

그림 14.19(a)와 같이 P_i가 먼저 작용하는 경우와 달리 $\overline{P_k}$ 힘이 보에 먼저 작용하면 보는 그림 14.19(b)의 긴 파선과 같이 변형하여 k점의 처짐은 $\overline{\delta_k}$가 되며, 외력에 의한 일은 다음이 된다.

$$\overline{W_1} = \overline{P_k}\,\overline{\delta_k}$$

이런 상태에서 i 점에 P_i 힘이 작용하면, 보는 그림 14.19(b)의 짧은 파선과 같이 변형하면서 i 점과 k 점에 δ_i와 δ_k의 처짐을 일으켜 외력에 의한 두 번째 일은

$$\overline{W_2} = P_i \delta_i + \overline{P_k} \delta_k$$

으로 주어져, 전체 일은 식(b)가 된다.

$$\overline{W} = \overline{W_1} + \overline{W_2} = \overline{P_k}\,\overline{\delta_k} + P_i \delta_i + \overline{P_k} \delta_k \tag{b}$$

구조물의 응력과 변형이 탄성한계 안에 있는 경우에는 하중의 작용 경로에 관계없이 겹침원리가 적용되므로, 식(a)와 식(b)의 외력의 일도 하중 작용 순서에 관계 없이 같은 양의 변형에너지로 변환된다. 따라서 식(a)와 식(b)를 등식으로 하면 $P_i \delta_i + \overline{P_k}\,\overline{\delta_k}$는 공통의 값이므로 식(14.40)이 유도된다.

$$P_i \overline{\delta_i} = \overline{P_k} \delta_k \tag{14.40}$$

이 식은 베티의 상반(相反)정리(Betti's reciprocal theorem)의 근거가 되는 공식이며, 베티의 상반 정리는 다음과 같이 요약된다.

14.9.1 베티의 상반 정리

- 탄성 구조물에 두 힘이 별개로 작용할 때, 두 번째 힘에 의하여 생기는 변위에 대한 첫 번째 힘의 일은 첫 번째 힘에 의하여 생기는 변위에 대한 두 번째 힘의 일과 같다.

베티의 상반 정리는 두 개의 단일 힘뿐만 아니라 집합된 힘에 대하여서도 성립된다.

그림 14.20과 같이 구조물에 P_i, $i = 1, 2, \cdots m$의 힘과 $\overline{P_k}$, $k = 1, 2, \cdots n$의 힘이 번갈아 작용하는 경우, ΣP_i의 힘이 먼저 작용하고 $\Sigma \overline{P_k}$의 힘이 나중에 작용하는 경우 외력이 한 일은 식(a)에서와 같이 식(c)로 계산된다.

$$W = \sum_{i=1}^{m} P_i \delta_i + \sum_{k=1}^{n} \overline{P_k}\,\overline{\delta_k} + \sum_{i=1}^{m} P_i \overline{\delta_i} \tag{c}$$

다음으로, $\Sigma \overline{P_k}$ 힘이 먼저 작용하고 ΣP_i 힘이 나중에 작용하는 경우 외력이 한 일은 식(b)와 같이 식(d)로 주어진다.

$$\overline{W} = \sum_{k=1}^{n} \overline{P_k}\,\overline{\delta_k} + \sum_{i=1}^{m} P_i \delta_i + \sum_{k=1}^{m} \overline{P_k} \delta_k \tag{d}$$

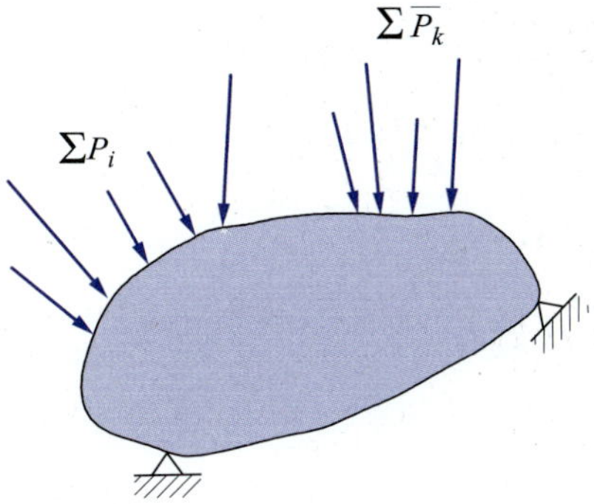

그림 14.20 집합된 힘에 대한 베티의 상반정리

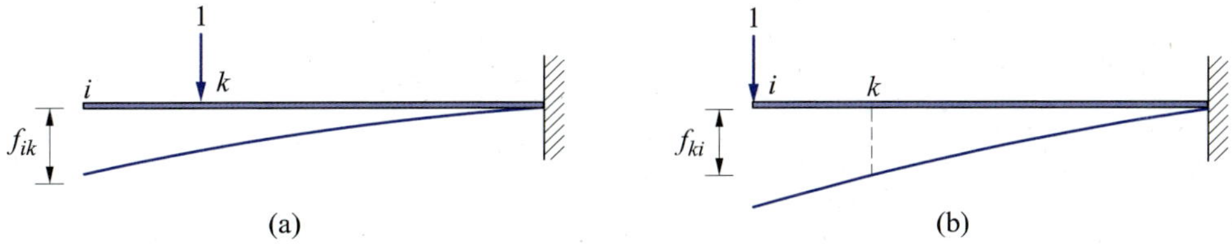

그림 14.21 연성계수의 대칭성

식(c)와 식(d)도 탄성한계에서는 같은 값을 가지므로, $W = \overline{W}$의 식으로부터 식(14.40)이 확대된 형태로 식(14.41)을 유도할 수 있다.

$$\sum_{i=1}^{m} P_i \, \overline{\delta_i} = \sum_{k=1}^{n} \overline{P_k} \, \delta_k \tag{14.41}$$

식(14.40)에서 $\overline{\delta_i}$는 $\overline{P_k}$에 의하여 i 위치에 생기는 처짐이며, δ_k는 P_i에 의하여 k 위치에 생기는 처짐이므로, 연성계수 f_{ik}를 그림 14.21(a)와 같이 k 위치에 작용하는 단위 힘에 의하여 i 위치에 생기는 처짐, f_{ki}를 그림 14.21(b)와 같이 i 위치에 작용하는 단위 힘에 의하여 k 위치에 생기는 처짐으로 정의하면,

$$\overline{\delta_i} = f_{ik} \overline{P_k} \tag{14.42a}$$

$$\delta_k = f_{ki} P_i \tag{14.42b}$$

이므로, 식(14.40)으로부터 식(14.43)을 유도할 수 있다.

$$f_{ik} = f_{ki} \tag{14.43}$$

연성계수 간에 생기는 식(14.43)의 관계를 연성계수의 대칭성이라고 하며, 이 대칭성

은 모든 하중에 적용되므로, 막스웰의 상반 정리(Maxwell's reciprocal theorem)는 다음과 같이 요약된다.

14.9.2 막스웰의 상반 정리

• 탄성 구조물에서 한 점에 작용하는 하중에 의하여 다른 점에 생기는 변위는 다른 점에 그 하중이 작용했을 때 처음의 점에 생기는 변위와 같다.

그림 14.22(a)와 같이 캔틸레버 단부에 집중하중 P_1이 작용할 때 보의 중앙에 생기는 변위는 식(14.21)의 단위하중법을 사용하여 계산한다.

$$M_1 = P_1 \cdot x$$

$$\overline{M_2} = \begin{cases} 0 & x \le \dfrac{l}{2} \\ 1\left(x - \dfrac{l}{2}\right) & x \ge \dfrac{l}{2} \end{cases}$$

$$\delta_2 = \int_0^l \frac{M_1 \overline{M_2}}{EI} dx = \int_{\frac{l}{2}}^l \frac{P_1 x(x - l/2)}{EI} dx$$

$$= \frac{5P_1 l^3}{48EI}$$

다음으로, 그림 14.22(b)와 같이 캔틸레버 중앙에 작용하는 집중하중 P_2에 의한 보 단부의 변위를 계산할 수 있다.

$$M_2 = \begin{cases} 0 & x \le \dfrac{l}{2} \\ P_2\left(x - \dfrac{l}{2}\right) & x \ge \dfrac{l}{2} \end{cases}$$

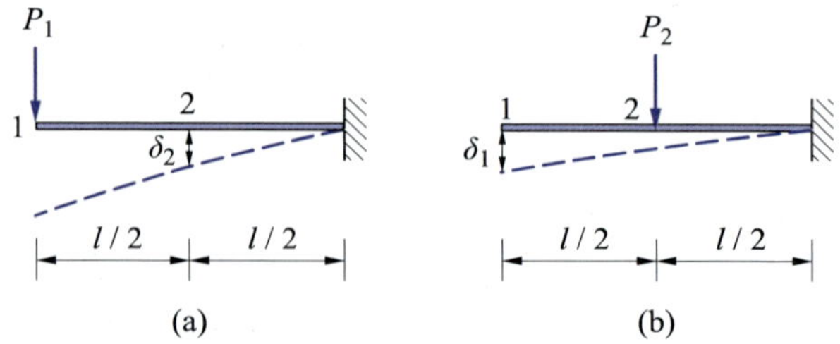

그림 14.22 막스웰의 상반 정리

$$\overline{M_1} = 1 \cdot x$$

$$\delta_1 = \int_0^l \frac{M_2 \overline{M_1}}{EI} dx = \int_{\frac{l}{2}}^l \frac{P_2(x - l/2)x}{EI} dx$$

$$= \frac{5P_2 l^3}{48EI}$$

따라서 이 보에서 식(14.40)은 다음으로 성립된다.

$$P_1 \delta_1 = P_2 \delta_2 = \frac{5P_1 P_2 l^3}{48EI}$$

연성계수를 사용하여 변위를

$$\delta_2 = f_{21} P_1 \, , \;\; \delta_1 = f_{12} P_2$$

로 나타내면

$$f_{21} = f_{12} = \frac{5l^3}{48EI}$$

이 되어, 식(14.43)의 연성계수의 대칭성이 성립된다.

연습문제

14.1 그림 14.23 트러스 A점의 수평 변위와 수직 변위를 단위하중법으로 구하라.
단, $E = 200{,}000\ \mathrm{N/mm^2}$으로 하고, 모든 부재의 단면적은 $A = 1{,}500\,\mathrm{mm^2}$으로 한다.

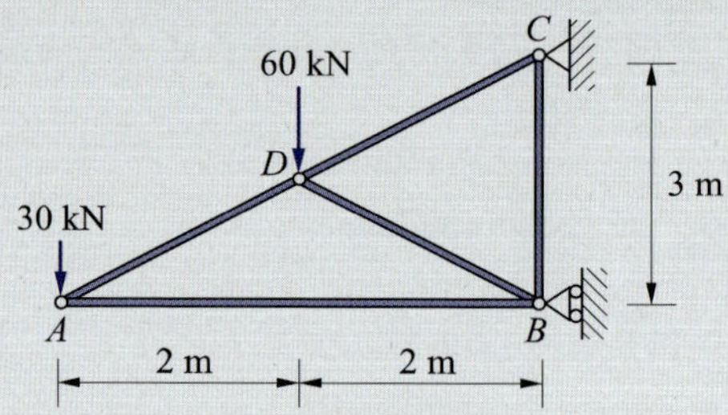

그림 14.23

14.2 그림 14.24 트러스의 모든 부재 단면적이 같을 때 수직력 P에 의한 C점과 D점의 수직 변위를 단위하중법으로 구하라.

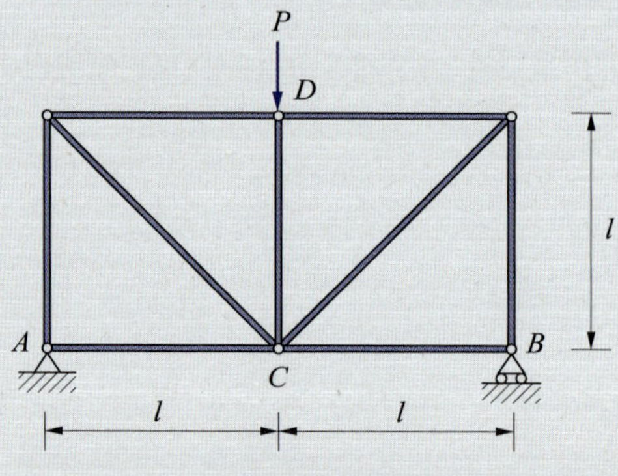

그림 14.24

14.3 그림 14.25 트러스의 수평력에 의한 C점과 E점의 수평 처짐을 단위하중법으로 계산하라. $E = 200{,}000\,\mathrm{N/mm^2}$, 수직재의 단면적은 $1{,}500\,\mathrm{mm^2}$, 수평재 및 가새의 단면적은 $1{,}000\,\mathrm{mm^2}$으로 한다.

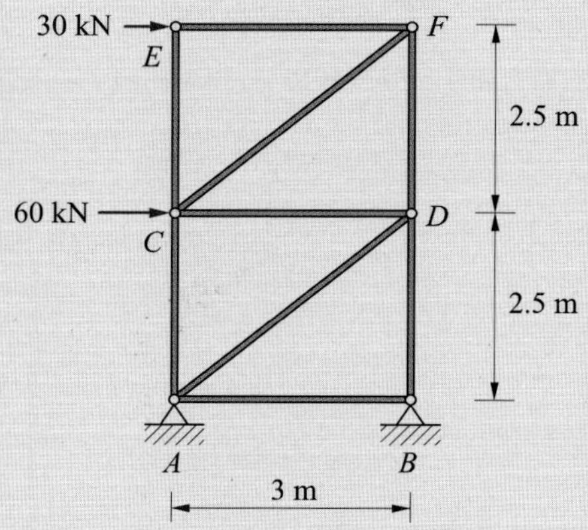

그림 14.25

14.4 그림 14.26 트러스의 하현재 중앙의 수직 처짐을 단위하중법으로 구하라.

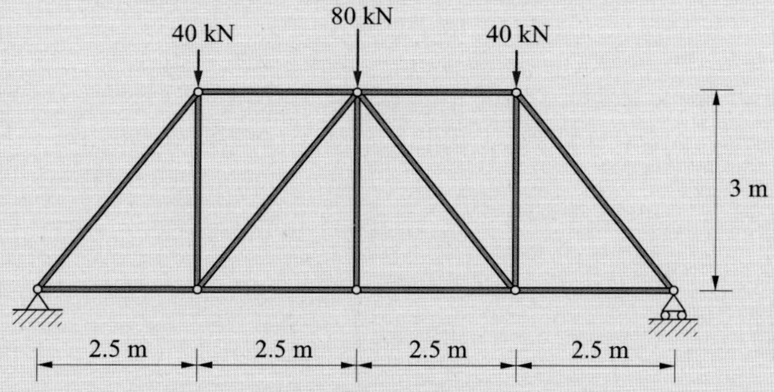

그림 14.26

14.5 그림 13.25 보의 C 단부 처짐과 처짐각을 단위하중법으로 구하라.
단, $E = 200{,}000\,\mathrm{N/mm^2}$, $I = 500 \times 10^6\,\mathrm{mm^4}$으로 한다.

14.6 그림 13.28 보의 C점의 처짐과 처짐각을 단위하중법으로 구하라.
단, $E = 200{,}000\,\mathrm{N/mm^2}$, $I = 800 \times 10^6\,\mathrm{mm^4}$으로 한다.

14.7 그림 14.27 골조의 C점의 수직 변위와 A점의 처짐각을 단위하중법으로 구하라. 단, 각 부재의 $E = 200{,}000\,\mathrm{N/mm^2}$, $I = 500 \times 10^6\,\mathrm{mm^4}$으로 한다.

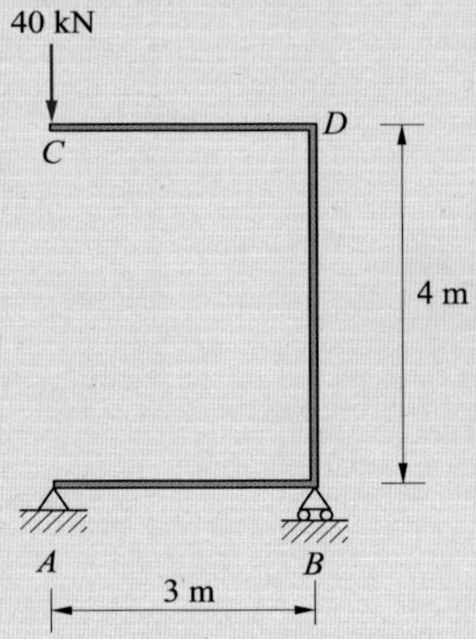

그림 14.27

14.8 그림 14.28 골조의 C점의 수평 변위와 처짐각을 단위하중법으로 구하라. 단, 각 부재의 탄성계수와 단면2차모멘트는 14.7의 부재와 같다.

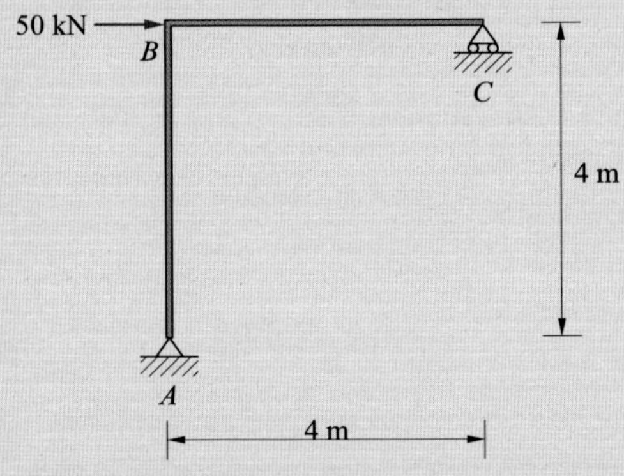

그림 14.28

14.9 그림 14.23 트러스 A점의 수평 및 수직 변위를 카스틸리아노의 정리로 구하라. 단, $E = 200{,}000\,\mathrm{N/mm^2}$, 모든 부재의 단면적은 $1{,}500\,\mathrm{mm^2}$이다.

14.10 그림 14.25 트러스 E점의 수평 처짐을 카스틸리아노의 정리로 계산하라. 단, 트러스 부재의 탄성계수 및 단면적은 연습문제 14.3의 경우와 같다.

14.11 그림 13.25와 13.28 보의 C점의 처짐과 처짐각을 카스틸리아노의 정리로 구하라.
단, $E=200{,}000\,\mathrm{N/mm^2}$, $I=600\times10^6\,\mathrm{mm^4}$으로 한다.

14.12 그림 14.27 골조 C점의 수직 변위와 그림 14.28 골조 C점의 수평 변위를 카스틸리아노의 정리로 구하라.

14.13 그림 14.29와 같이 캔틸레버보의 중앙 및 자유단에 각각 단위 값의 수직력과 휨모멘트가 작용할 때 B점의 처짐과 C점의 처짐각에 관련하여 상반관계가 성립함을 밝히라.

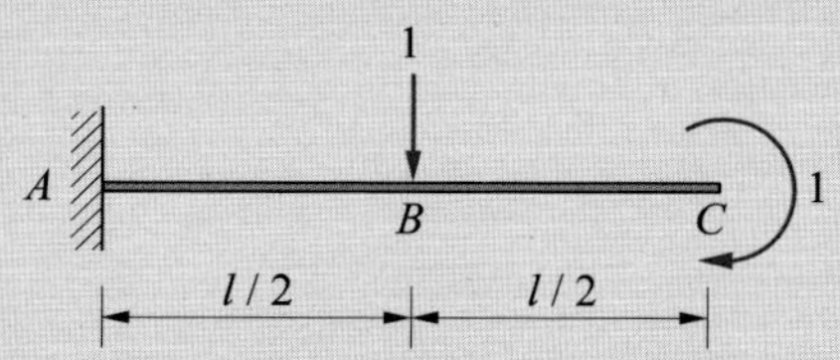

그림 14.29

MEMO

제15장

케이블 구조와 아치 구조

15.1 개요

보나 기둥 또는 트러스의 현재 등은 대부분 직선 부재이나 케이블과 아치는 휘어지거나 굽혀진 형태로 하중을 지지하는 부재이다.

케이블(cable)은 특유의 유연성 때문에 인장력 이외의 다른 외력을 지지하지 못하며, 엘리베이터 케이블처럼 직접 인장에 의하여 외력을 지지하는 경우도 있으나, 현수교나 텐트 구조처럼 처짐에 의하여 부재 내 인장 저항력을 일으켜 수직하중을 수평 방향으로 전달시키는 구조 형식이 많이 쓰이고 있다. 케이블 구조해석의 기본 과정으로써 이 장에서는 케이블의 처짐식, 최대 처짐과 최대 인장력의 계산 공식 등의 유도 과정과 예제 풀이가 15.2절에서 15.4절까지 다루어진다.

아치(arch)는 케이블과 반대로 압축력을 지지하며, 부재 축에 평행하지 않은 방향으로 작용하는 하중을 부재 축방향 압축력으로 바꾸어 지점에 전달하는 구조 기능을 가지고 있다. 아치는 반원형 또는 포물선형으로 많이 설계되며, 이 중 포물선 아치는 등분포하중에 대하여 연력도 형태를 유지하기 때문에 전 단면에 전단력과 휨모멘트를 일으키지 않고 축 압력으로 수직하중을 지지한다.

이 장에서는 케이블 및 아치의 구조 특성에 대한 소개와 더불어 평형조건으로 구조해석하는 방법이 거론된다.

15.2 케이블의 처짐방정식

케이블은 대단히 유연한 구조물로서 앞에서 거론된 바와 같이 휨을 받지 못하며, 수직으로 작용하는 하중에 대하여 처짐 변형을 하여 변형된 케이블의 접선 방향으로 생기는 인장력으로 수직하중을 지지한다.

그림 15.1(a)와 같이 전 길이에 걸쳐 분포된 수직하중 $w(x)$를 받는 케이블의 임의의 위치 C에서 접선 방향으로 생기는 인장 내력을 T로 나타내면, 케이블의 수평축과 이루는 각도 θ에 따라 수평 성분 H와 수직 성분 V로 나뉜다.

$$H = T\cos\theta, \quad V = T\sin\theta \tag{15.1}$$

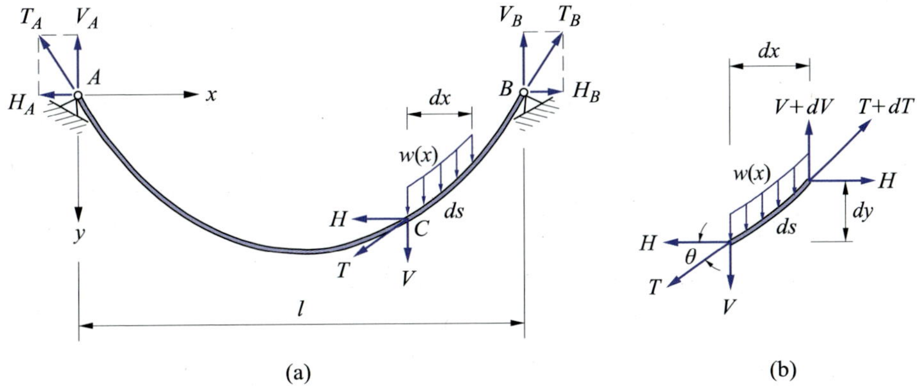

그림 15.1 케이블과 자유물체도

수직 성분은 수평 성분에 대하여 식(15.2)의 관계를 가진다.

$$V = H\tan\theta \tag{15.2}$$

케이블의 아주 작은 수평 길이 dx에 작용하는 수직하중과 인장 내력에 의한 자유물체도를 그림 15.1(b)와 같이 나타내면, 외부의 수평하중이 작용하지 않는 경우 케이블의 전 길이에 걸쳐 인장력의 수평 성분 H는 일정하게 유지되며, 요소의 인장력 수직 성분과 수직하중의 평형조건은 다음과 같다.

$$V + w(x)\,dx - (V + dV) = 0$$

그러므로 인장력의 수직 성분과 수직하중의 관계는 식(15.3)으로 유도된다.

$$\frac{dV}{dx} = w(x) \tag{15.3}$$

그림 15.1(b)에서

$$\tan\theta = -\frac{dy}{dx}$$

이므로, 이 식을 식(15.2)에 대입하면, 처짐에 관련하여 케이블 인장력의 수직 성분과 수평 선분의 관계는 식(15.4)의 식으로 주어진다.

$$V = -H\frac{dy}{dx} \tag{15.4}$$

이 식의 양변을 1차 미분한 후 식(15.3)에 대입하면, 분포하중 $w(x)$를 받는 케이블의 처짐방정식은 식(15.5)로 유도된다.

$$\frac{d^2 y}{dx^2} = -\frac{w(x)}{H} \tag{15.5}$$

15.3 등분포 하중을 받는 케이블

15.3.1 처짐방정식

그림 15.2와 같이 A, B 두 지점이 같은 수평 위치에 설치된 케이블에 등분포하중 w 가 작용할 때 처짐방정식은 식(15.5)로부터 유도된다.

$$\frac{d^2 y}{dx^2} = -\frac{w}{H} \tag{15.6}$$

이 식은 연속 적분에 의하여 식(15.7)과 식(15.8)로 주어진다.

$$\frac{dy}{dx} = -\frac{w}{H}x + C_1 \tag{15.7}$$

$$y = -\frac{w}{2H}x^2 + C_1 x + C_2 \tag{15.8}$$

그림 15.2(a)에서 케이블의 경계조건은 다음과 같다.

$x = 0$ 및 $x = l$ 에서 $y = 0$

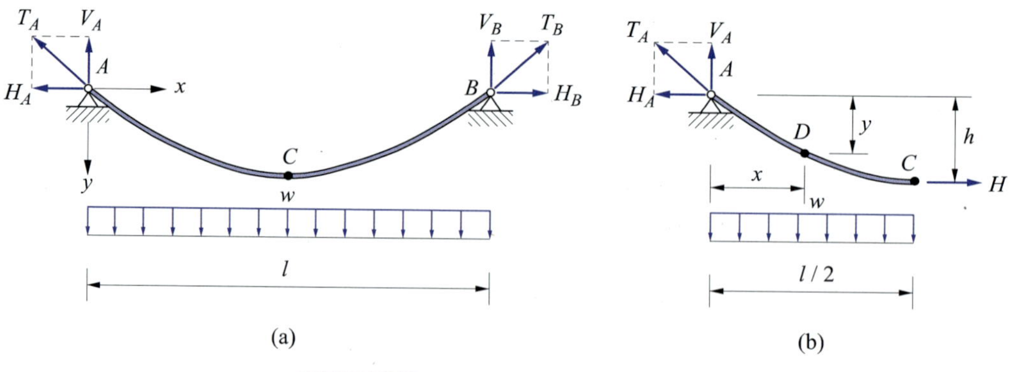

그림 15.2 등분포하중을 받는 케이블

이 조건들을 식(15.8)에 적용하여 상수들을 구할 수 있다.

$$C_1 = \frac{wl}{2H}, \quad C_2 = 0$$

처짐각 및 처짐방정식은 식(15.7) 및 식(15.8)로부터 유도된다.

$$\frac{dy}{dx} = \frac{w}{H}\left(\frac{l}{2} - x\right) \tag{15.9}$$

$$y = \frac{w}{2H}(lx - x^2) \tag{15.10}$$

식(15.10)은 2차식으로 포물선 방정식이기 때문에, 등분포하중을 받는 케이블의 처짐 형태는 포물선이 된다. 식(15.10)에서 케이블 인장력의 수평 성분 H는 케이블의 초기 처짐 값이 주어져야만 결정된다. 예를 들어, 그림 15.2 케이블의 중간, 즉 $x = l/2$에서 A지점과 B지점을 연결하는 직선으로부터 측정한 케이블의 처짐 값을 h로 하면

$x = l/2$에서 $y = h$

의 조건을 식(15.10)에 대입하여 인장력 수평 성분의 값을 구할 수 있다.

$$H_c = \frac{wl^2}{8h} \tag{15.11}$$

이 값은 단순보의 중앙 최대 휨모멘트 $wl^2/8$을 처짐 h로 나눈 값과 같으며, 식(15.11)은 분포하중을 받는 케이블 인장력의 수평 성분이 경간 길이의 제곱에 비례하고 처짐에 반비례함을 나타내고 있다. 식(15.11)의 인장력 수평 성분의 값을 식(15.9)와 식(15.10)에 대입하여 케이블의 처짐각 및 처짐방정식을 구할 수 있다.

$$\frac{dy}{dx} = \frac{4h}{l}\left(1 - \frac{2x}{l}\right) \tag{15.12}$$

$$y = \frac{4h}{l}\left(x - \frac{x^2}{l}\right) \tag{15.13}$$

경간－처짐비를 식(15.14)로 정의하면

$$r = \frac{h}{l} \tag{15.14}$$

식(15.12)와 식(15.13)은 각각 다음과 같다.

$$\frac{dy}{dx} = 4r\left(1 - \frac{2x}{l}\right) \tag{15.15}$$

$$y = 4r\left(x - \frac{x^2}{l}\right) \tag{15.16}$$

15.3.2 케이블의 인장력

케이블의 인장력의 수직 성분은 식(15.4)와 식(15.15)로부터 식(15.17)의 식으로 계산된다.

$$V = -H\left(4r - \frac{8r}{l}x\right) \tag{15.17}$$

케이블의 인장력은 식(15.1)로부터 $T = (H^2 + V^2)^{1/2}$이므로 식(15.11) 및 식(15.17)을 이 식에 대입하여 식(15.18)을 유도한다.

$$T = H\sqrt{1 + \left(4r - \frac{8r}{l}x\right)^2} \tag{15.18}$$

A지점과 B지점에서 케이블의 인장력은 식(15.18)에 $x = 0$ 및 $x = l$의 값을 대입하면, 식(15.19)로 계산된다.

$$T_A = T_B = H\sqrt{1 + 16r^2} \tag{15.19}$$

처짐방정식은 식(15.10), 식(15.11)로부터 구할 수 있다.

$$y = 4r\left(x - \frac{x^2}{l}\right) \tag{15.20}$$

인장력은 식(15.18)로부터 주어진다.

$$T = H\sqrt{1 + 16r^2\left(1 - 2\frac{x}{l}\right)^2} \tag{15.21}$$

이 식으로부터 케이블의 최대 인장력은 $x = 0$ 및 $x = l$인 두 지점에서 발생한다.

$$T_{\max} = H\sqrt{1 + 16r^2} \tag{15.22}$$

최소 인장력은 경간 중앙인 $x = l/2$ 위치에서 발생한다.

$$T_{\min} = H \tag{15.23}$$

15.3.3 케이블의 길이

그림 15.1(b)에서 케이블의 아주 작은 길이 ds의 x 및 y방향 길이를 각각 dx, dy로 하면

$$ds = \sqrt{dx^2 + dy^2} = \sqrt{1 + (dy/dx)^2}\, dx \cong \left[1 + \frac{1}{2}\left(\frac{dy}{dx}\right)^2\right] dx$$

으로 주어지므로, 케이블의 전체 길이는 식(15.24)에 의하여 계산된다.

$$L = \int_0^l ds = \int_0^l \left[1 + \frac{1}{2}\left(\frac{dy}{dx}\right)^2\right] dx \tag{15.24}$$

이 식에 식(15.15)를 대입하면, 등분포하중을 받는 경간 l, 경간－처짐비 r인 케이블의 길이는 식(15.25)로 유도된다.

$$L = l\left(1 + \frac{8}{3}r^2\right) \tag{15.25}$$

예제 15.1 등분포하중을 받는 케이블의 두 지점이 그림 15.2(a)와 같이 같은 높이에 설치되어 있고, 경간 중앙 처짐이 h일 때 휨모멘트 평형조건을 이용하여 케이블의 처짐식과 인장력 공식을 유도하여라.

풀이 케이블 구조는 휨모멘트를 받지 못하나 휨모멘트의 평형조건은 반력, 처짐식, 인장력 공식 등을 유도하는 데 편리하게 사용된다.

그림 15.2(a)에서 다음의 평형조건으로부터 수직 반력 V_A, V_B를 계산한다.

$$\Sigma_B = V_A l - \frac{wl^2}{2} = 0$$

$$\Sigma M_A = V_B l - \frac{wl^2}{2} = 0$$

$$V_A = \frac{wl}{2},\quad V_B = \frac{wl}{2} \tag{a}$$

그림 15.2(a)의 자유물체도의 평형조건으로부터 수평 반력 H_A가 계산된다.

$$\begin{aligned}\Sigma M_C &= V_A\left(\frac{l}{2}\right) - H_A h - \frac{wl}{2}\left(\frac{l}{4}\right)\\ &= \frac{wl}{2}\left(\frac{l}{2}\right) - H_A h - \frac{wl}{2}\left(\frac{l}{4}\right) = 0\end{aligned}$$

$$H_A = \frac{wl^2}{8h} \tag{b}$$

따라서 A 지점에 인장력으로 작용하는 케이블의 반력은 다음과 같다.

$$\begin{aligned}T_A &= \sqrt{H_A^2 + V_A^2} = H_A\sqrt{1 + \left(\frac{V_A}{H_A}\right)^2}\\ &= H_A\sqrt{1 + 16r^2}\end{aligned} \tag{c}$$

그림 15.2(b)에서 원점으로부터 임의의 거리 x에 위치한 D점의 처짐 y를 계산하는 공식을 유도하기 위하여 D점의 휨모멘트 평형조건을 고려한다.

$$\Sigma M_D = V_A(x) - H_A(y) - \frac{wx^2}{2}$$

$$= \frac{wl}{2}x - \frac{wl^2}{8h}y - \frac{wx^2}{2} = 0$$

평형조건으로부터 처짐방정식을 유도한다.

$$y = 4r\left(x - \frac{x^2}{l}\right) \tag{d}$$

이 식에서 r은 식(15.14)의 처짐비이다. 식(a), (b), (c) 및 (d)의 반력 및 처짐식은 식(15.11), (15.17), (15.21) 및 (15.22)의 지점에서의 식 또는 값과 일치한다.

예제 15.2 그림 15.2(a) 케이블의 길이 $l = 40\,\text{m}$, 처짐 $h = 10\,\text{m}$이고, $w = 10\,\text{kN/m}$의 등분포하중이 작용할 때 처짐식, 지점 반력과 최대 인장력의 크기 및 케이블의 길이를 계산하라.

풀이

처짐비 $r = \dfrac{h}{l} = 0.25$

처짐식은 식(15.20)으로부터 다음과 같다.

$$y = 4r\left(x - \frac{x^2}{l}\right) = x - \frac{x^2}{40}$$

지점 반력은 식(15.11) 및 식(15.17)로부터 계산할 수 있다.

$$H = \frac{10 \times (40)^2}{8 \times 10} = 200\,\text{kN}$$

$$V = -H(4r) = -200(4 \times 0.25) = -200\,\text{kN}$$

양 절점에서 최대 인장력은 식(15.22)로부터 계산할 수 있다.

$$T_{\max} = (200)\sqrt{1 + 16(0.25)^2} = 282.8\,\text{kN}$$

케이블의 길이는 식(15.25)에 $r = 0.25$를 대입하여 계산한다.

$$L = l\left[1 + \frac{8}{3}(0.25)^2\right] = 40 \times 1.167 = 46.68\,\text{mm}$$

15.4 집중하중을 받는 케이블

15.4.1 단일 집중하중을 받는 케이블

그림 15.3(a)와 같이 원점에서 a 거리에 단일 집중하중 P를 받는 케이블의 두 지점이 같은 수평 위치에 있을 때 A지점과 B지점을 잇는 선에서 하중 작용점 C의 처짐을 h로 하고 케이블의 자중을 무시하면 평형조건은 다음과 같다.

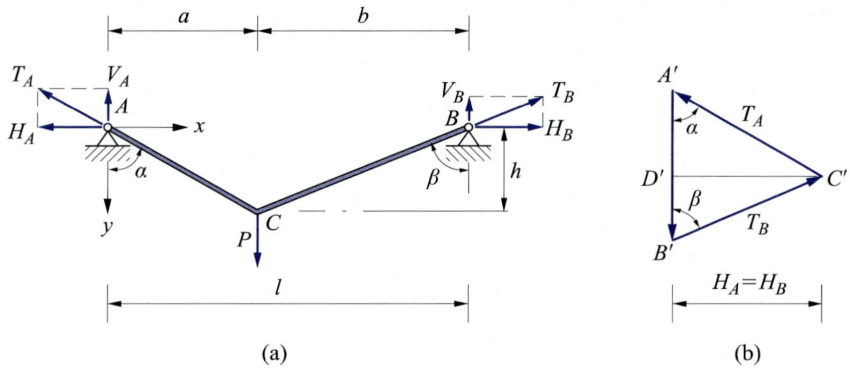

그림 15.3 단일 집중하중을 받는 케이블

$$\sum F_x = 0 \qquad -H_A + H_B = 0$$

$$\sum F_y = 0 \qquad P - V_A - V_B = 0$$

$$\sum M_B = 0 \qquad V_A(l) - Pb = 0$$

$$\sum M_C = 0 \qquad V_A(a) - H_A h = 0$$

그러므로 지점 반력은 평형조건으로부터 정해진다.

$$H_A = H_B = \frac{Pab}{lh} \tag{15.26}$$

$$V_A = \frac{Pb}{l}, \quad V_B = \frac{Pa}{l} \tag{15.27}$$

AC 및 BC 사이에 작용하는 인장력은 다음과 같다.

$$T_A = \sqrt{H_A^2 + V_A^2}, \quad T_B = \sqrt{H_B^2 + V_B^2} \tag{15.28}$$

$$T_A = H_A\sqrt{1+\left(\frac{h}{a}\right)^2} = \frac{Pab}{lh}\sqrt{1+\left(\frac{h}{a}\right)^2} \tag{15.29a}$$

$$T_B = H_B\sqrt{1+\left(\frac{h}{b}\right)^2} = \frac{Pab}{lh}\sqrt{1+\left(\frac{h}{b}\right)^2} \tag{15.29b}$$

그림 15.3과 같이 단일 집중하중을 받는 케이블의 길이는 식(15.30)으로 계산된다.

$$L = \sqrt{a^2 + h^2} + \sqrt{b^2 + h^2} \tag{15.30}$$

(h/a) 및 (h/b)의 값이 0.5 이하인 경우에는 다음과 같다.

$$L \cong a\left(1+\frac{1}{2}\frac{h^2}{a^2}\right)+b\left(1+\frac{1}{2}\frac{h^2}{b^2}\right)$$

근사계산에 의하여

$$L = l\left(1+\frac{h^2}{2ab}\right) \tag{15.31}$$

의 식으로 약산하더라도 1퍼센트 이내의 오차 범위에서 케이블의 길이를 구할 수 있다. 예를 들어, $a=b=l/2$, $h=l/4$인 경우 식(15.31)의 약산식에 의한 케이블의 길이는 식(15.30) 정산식으로 구한 길이에 대하여 약 0.6퍼센트 더 길게 계산된다.

단일 하중을 받는 케이블의 지점 반력과 인장력은 도식해법으로도 구할 수 있다. 자중이 고려되지 않는 케이블의 집중하중을 받아 이루는 형태는 2.7절에서 다룬 바 있는 연력도 형태이므로 하중의 크기와 방향을 일정한 축척으로 나타낸 후 케이블과 같은 방향으로 극사선을 그어 시력도를 만들면 케이블의 지점 반력과 인장력이 결정된다.

예를 들어, 그림 15.3(a)의 케이블에서 두 지점 A 및 B의 수직축과 케이블 사이의 각을 각각 α, β로 하면 그림 15.3(b)와 같이 P를 일정한 축척의 크기로 하여 선분 $A'B'$로 표시한 다음 점 A'에서 α, 점 B'에서 β의 각으로 극사선을 그어 두 극사선이 만나는 점을 C'로 한다. 그 다음 C'에서 평행선을 그어 $A'B'$선분과 만나는 점을 D'로 하면

$$\begin{aligned} A'D' &= V_A,\ B'D' = V_B \\ C'D' &= H_A = H_B \\ A'C' &= T_A,\ B'C' = T_B \end{aligned} \tag{15.32}$$

의 크기를 축척으로 나타낸 선분이 된다.

예제 15.3 그림 15.4(a)와 같이 $a=2\,\text{m}$, $b=4\,\text{m}$ 위치에 $P=72\,\text{kN}$의 집중하중을 지지하는 케이블 구조에서 처짐을 $h=1.5\,\text{m}$로 하는 경우 케이블의 길이와 인장력을 계산하라.

풀이 지점 반력 및 케이블 인장력은 식(15.26)~식(15.28)로부터 계산된다.

$$H_A = H_B = \frac{Pab}{lh} = \frac{72\times2\times4}{6\times1.5} = 64\,\text{kN}$$

$$V_A = \frac{Pb}{l} = \frac{72\times4}{6} = 48\,\text{kN}$$

$$V_B = \frac{Pa}{l} = \frac{72\times2}{6} = 24\,\text{kN}$$

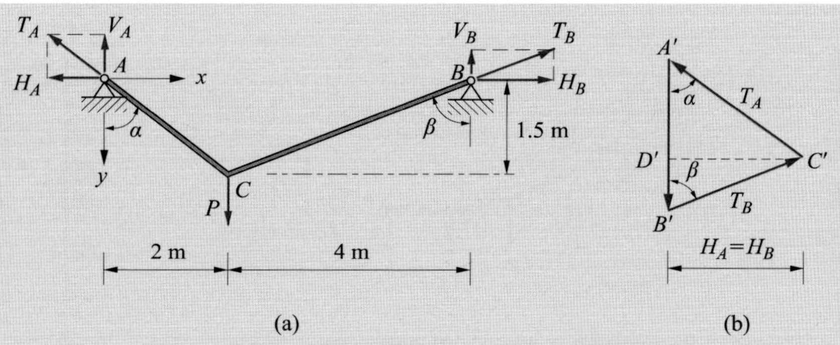

그림 15.4

$$T_A = H_A\sqrt{1+\left(\frac{h}{a}\right)^2} = 64\sqrt{1+\left(\frac{1.5}{2}\right)^2} = 80\,\mathrm{kN}$$

$$T_B = H_B\sqrt{1+\left(\frac{h}{b}\right)^2} = 64\sqrt{1+\left(\frac{1.5}{4}\right)^2} = 68.4\,\mathrm{kN}$$

케이블 길이는 식(15.30)과 식(15.31)로부터 계산된다.

$$\text{정산식 : } L = 2\sqrt{1+\left(\frac{1.5}{2}\right)^2} + 4\sqrt{1+\left(\frac{1.5}{4}\right)^2} = 6.77\,\mathrm{m}$$

$$\text{약산식 : } L = 6\left(1+\frac{1.5^2}{2\times2\times4}\right) = 6.84\,\mathrm{m}$$

약산식에 의한 길이가 정산식에 의한 길이보다 약 1퍼센트 더 길게 계산되고 있다. 도식해법에 의한 지점 반력과 인장력은 그림 15.4(b)와 같다. 이 그림에서 $H_A = H_B = C'D'$, $V_A = A'D'$, $V_B = B'D'$, $T_A = A'C'$, $T_B = B'C'$ 등은 $A'B' = P = 72\,\mathrm{kN}$으로 하는 축척으로 재면 위의 계산과 일치한다.

15.4.2 여러 집중하중을 받는 케이블

여러 개의 집중하중을 받는 케이블의 형상은 단일 집중하중을 받는 케이블과 같이 간단히 결정되지 않고 하중의 크기와 위치에 따라 다른 형상으로 변형한다. 하중의 수평 위치가 정하여졌을 때 케이블의 형상을 판단하는 방법은 다음과 같다.

예를 들어, 그림 15.5와 같이 다섯 개의 집중하중 P_1, P_2, P_3, P_4, P_5가 수평 간격 s로 일정하게 작용하는 보에서 평형조건은 다음과 같다.

$$\sum F_x = 0 \qquad -H_A + H_B = 0$$

$$\sum F_y = 0 \qquad \sum_{i=1}^{5} P_i - V_A - V_B = 0$$

$$\sum M_B = 0 \qquad V_A(6s) - \sum_{i=1}^{5} P_i(6-i)s = 0$$

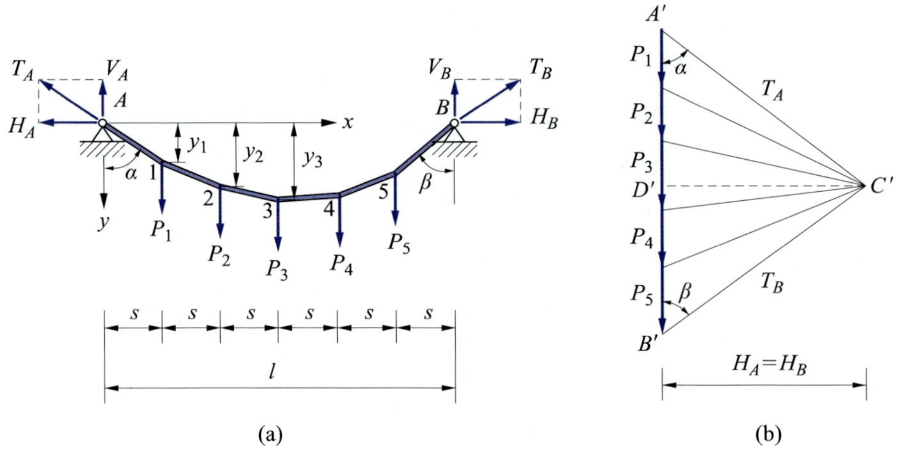

그림 15.5 여러 집중하중을 받는 케이블

그러나 네 개의 미지수 H_A, H_B, V_A, V_B에 대하여 세 개의 방정식으로 해를 구할 수 없기 때문에 추가 방정식을 얻기 위하여서는 케이블의 임의의 한 위치에서의 처짐은 미리 알고 있는 값이어야 한다. 그림 15.5 케이블에서 점 3위치의 처짐을 h라고 하면, 점 3 왼편 구조물의 자유물체도에서 다음의 추가 조건식이 유도되어 네 조건식으로부터 네 개의 미지수 H_A, H_B, V_A, V_B에 대한 유일한 해를 구할 수 있다.

$$\sum M_3 = 0 \qquad V_A(3s) - H_A h - P_1(2s) - P_2 s = 0$$

절점 반력이 정하여지면 집중하중 P_1, P_2, P_4 및 P_5 작용점의 수직 위치는 각 작용점의 왼쪽 또는 오른쪽 구조물의 자유물체도 평형조건으로부터 계산할 수 있다. 그 첫 단계로 점 1의 왼쪽 구조물에 대하여

$$\sum M_1 = 0 \qquad V_A s - H_A y_1 = 0$$

의 평형조건식으로부터 y_1의 값이 정해진다. 다음 점 2의 왼쪽 구조물에 대하여 y_2의 값은 다음 평형조건식에 의하여 계산된다.

$$\sum M_2 = 0 \qquad V_A(2s) - H_A y_2 - P_1 s = 0$$

점 4및 5에 대하여서도 그 점의 왼쪽이나 오른쪽 부분의 자유물체도를 만들어 그 점에 대한 휨모멘트의 평형조건을 적용하면 수직 위치를 계산할 수 있다. 지점의 수평 반력과 수직 반력이 정하여지면 지점에서 케이블의 인장력은 식(15.28)로 계산된다.

도식해법은 그림 15.3(b)의 경우와 비슷하다. 먼저, 각 점에 작용하는 집중하중을 정

하여진 축척으로 벡터 합성한 후 합력의 두 끝에서 케이블 지점이 수직 축과 이루는 각 α, β로 극사선을 그어 만나는 점을 C'로 한다. 그 다음 C'에서 평행선을 그어 $A'B'$ 선분과 만나는 점을 D'로 하면 케이블의 지점 반력 및 인장력을 나타내는 선분은 식(15.32)와 같고, C'점과 각 힘의 만나는 점을 잇는 극사선의 크기와 방향은 실제 케이블의 방향과 인장력을 나타낸다.

예제 15.4 1.5 m 간격으로 세 집중하중 $P_1 = 20\,\text{kN}$, $P_2 = 60\,\text{kN}$, $P_3 = 40\,\text{kN}$을 받는 경간 6 m의 케이블을 최대 처짐 1.5 m로 설계할 때 각 하중 작용점의 위치와 지점 반력을 구하라.

풀이 지점의 힘의 평형조건으로부터 수평 및 수직 반력을 계산할 수 있다.

$$\Sigma F_x = 0 \qquad -H_A + H_B = 0$$
$$\Sigma F_y = 0 \qquad -V_A - V_B + 20 + 60 + 40 = 0$$
$$\Sigma M_B = 0 \qquad V_A(6) - 20(4.5) - 60(3) - 40(1.5) = 0$$
$$\Sigma M_2 = 0 \qquad V_A(3) - H_A(1.5) - 2(1.5) = 0$$

$$V_A = 55\,\text{kN}, \; V_B = 65\,\text{kN}, \; H_A = H_B = 90\,\text{kN}$$

지점 인장력은 식(15.28)에 의하여 계산된다.

$$T_A = \sqrt{(90)^2 + (55)^2} = 105.5\,\text{kN}$$
$$T_B = \sqrt{(90)^2 + (65)^2} = 111.0\,\text{kN}$$

지점 반력이 결정되었으므로 P_1 및 P_3 작용점의 수직 위치는 평형조건으로부터 계산된다.

$$\Sigma M_1 = 0 \qquad V_A(1.5) - H_A y_1 = 55(1.5) - 90 y_1 = 0$$
$$\Sigma M_3 = 0 \qquad -V_B(1.5) - H_B y_3 = -65(1.5) + 90 y_3 = 0$$

$$y_1 = 0.92\,\text{m}, \; y_3 = 1.08\,\text{m}$$

도식해법에 의한 시력도는 그림 15.6(b)와 같으며, 선분 표시는 식(15.32)와 같다.

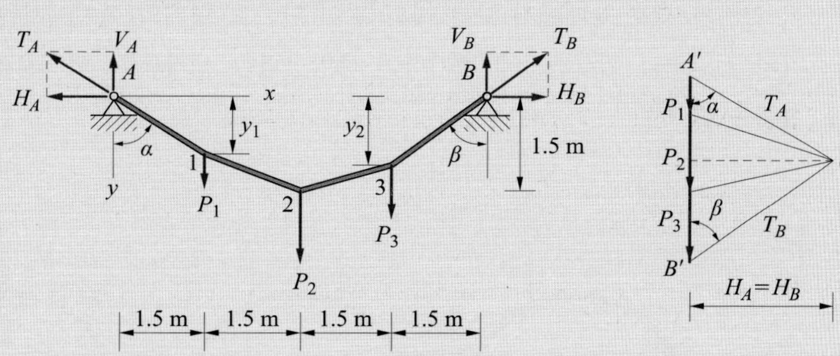

그림 15.6

15.5 정정 아치

정정 아치(statically determinate arch)는 정정 보와 같이 힘의 평형조건만으로 부재력과 반력을 구할 수 있는 아치이며, 구조물로 많이 쓰이는 정정 아치는 그림 15.7(a)의 단순보형 아치, (b)의 캔틸레버형 아치, (c)의 3활절점 아치 등이 있으며, 이 중에서 3활절점 아치는 단부의 침하 등에 대한 적응력이 뛰어나 긴 경간 구조물에 많이 설계되고 있다.

15.5.1 단순보형 및 캔틸레버형 아치

단순보형 아치나 캔틸레버형 아치는 힘의 평형조건만으로 반력과 부재력이 풀리기 때문에 계산에서의 문제점은 없다. 그림 15.8(a)와 같이 중앙 집중하중을 받는 반원형 단순보 아치에서 힘의 평형조건으로부터 반력이 정해진다.

$$\Sigma F_x = 0 \qquad H_A = 0$$

$$\Sigma F_y = 0 \qquad V_A + V_B - P = 0$$

$$\Sigma M_B = 0 \qquad V_A\, l - P\left(\frac{l}{2}\right) = 0$$

$$H_A = 0 \qquad V_A = V_B = \frac{P}{2}$$

$A-C$간 부재력은 다음과 같고, 부재력 분포 형태는 그림 15.8(b), (c), (d)와 같다. 이 그림의 분포 형태에서 보는 바와 같이 단순보 형태의 아치에서는 단순보와 같은 크기의 전단력과 휨모멘트에 추가하여 축방향력이 생기므로, 아치로써 특별한 구조적인 장점은 없다.

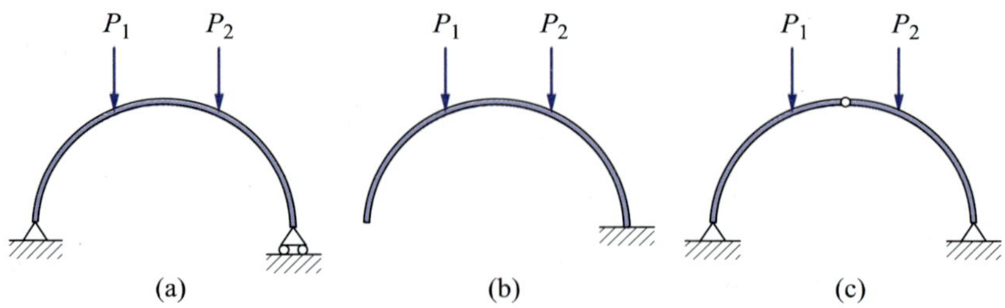

그림 15.7 정정 아치

축방향력 $N_\theta = -V_A \cos\theta = -\dfrac{P}{2}\cos\theta$

전단력 $V_\theta = V_A \sin\theta = \dfrac{P}{2}\sin\theta$

휨모멘트 $M_\theta = V_A(x) = \dfrac{P}{2}\dfrac{l}{2}(1-\cos\theta)$

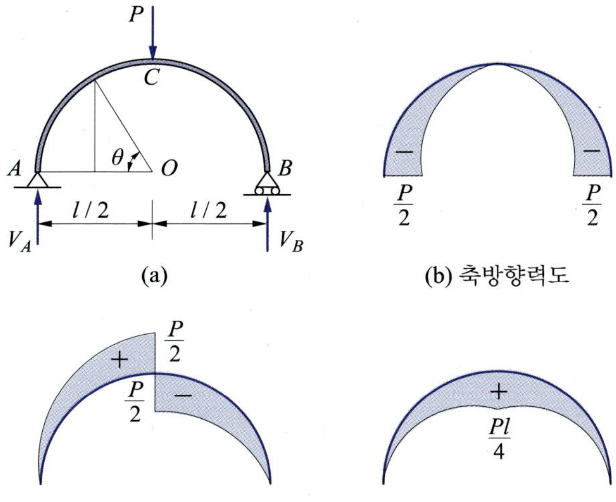

(a) (b) 축방향력도

(c) 전단력도 (d) 휨모멘트도

그림 15.8

예제 15.5 그림 15.9(a)와 같이 자유단에 수직 집중하중을 받는 캔틸레버형 반원 아치의 부재력을 구하라.

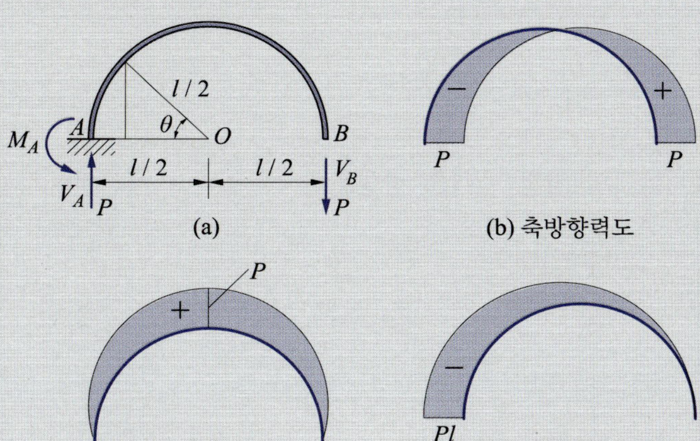

(a) (b) 축방향력도

(c) 전단력도 (d) 휨모멘트도

그림 15.9

풀이 다음 평형조건식으로부터 반력을 계산한다.

$$\Sigma F_x = 0 \qquad H_A = 0$$
$$\Sigma F_y = 0 \qquad -V_A + P = 0$$
$$\Sigma M_B = 0 \qquad -M_A l + Pl = 0$$

$$H_A = 0,\ V_A = P,\ M_A = Pl$$

부재력은 OA선분으로부터 θ각의 위치에서 다음 식으로 계산되며, 분포 형태는 그림 15.9(b), (c), (d)와 같다.

축방향력 $N_\theta = -P\cos\theta$

전단력 $V_\theta = P\sin\theta$

휨모멘트 $M_\theta = -Pl + Px = -\dfrac{Pl}{2}(1+\cos\theta)$

15.5.2 3활절점 아치

양 단부가 활절점으로 된 아치는 반력의 수가 네 개여서 1차 부정정구조이나, 부재 중간의 한 부분이 활절점으로 된 경우에는 게르버 보와 같이 절점에서 모멘트가 0이 되는 조건식이 성립되기 때문에 정정구조가 된다.

3활절점 아치는 지점의 예기치 않은 변위나 열응력에 의한 부재 변위에 대한 적응력이 좋기 때문에 체육관이나 철도역 등의 건물에 많이 쓰인다. 3활절점 아치는 반원형 및 포물선 형태로 많이 설계되며, 이 중 포물선 아치는 등분포하중에 대하여 포물선형 케이블과 같이 연력도 형태를 유지하기 때문에 전 단면에 전단력과 휨모멘트를 일으키지 않고 축압력으로 수직하중을 지지한다.

등분포하중을 지지하는 전형적인 포물선 아치의 예로, 그림 15.10과 같이 경간 l, 중앙 최대 높이 h인 포물선 아치의 높이 방정식은 식(15.13) 또는 식(15.10)과 같다.

$$y = \frac{4h}{l^2}(lx - x^2) \tag{15.33}$$

이 아치의 지점 반력은 평형조건식으로부터 계산된다.

$$\Sigma F_x = 0 \qquad H_A - H_B = 0$$
$$\Sigma F_y = 0 \qquad V_A + V_B - wl = 0$$
$$\Sigma M_B = 0 \qquad V_A l - \frac{wl^2}{2} = 0$$
$$\Sigma M_C = 0 \qquad V_A\left(\frac{l}{2}\right) - H_A(h) - \frac{wl}{2}\left(\frac{l}{4}\right) = 0$$

$$V_A = V_B = \frac{wl}{2},\ H_A = H_B = \frac{wl^2}{8h}$$

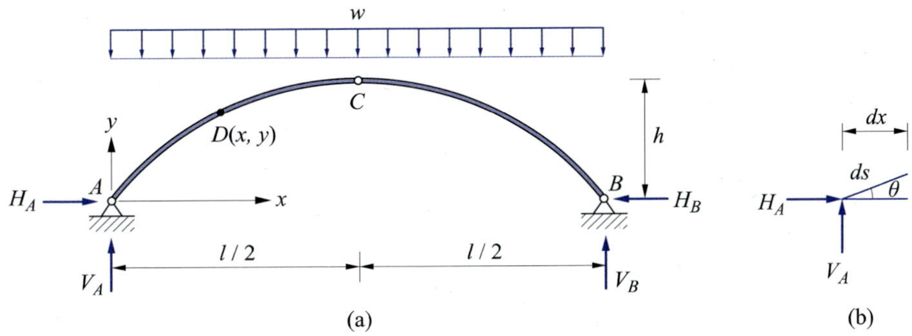

그림 15.10 3활절점 아치

이 값은 등분포하중을 받는 케이블의 지점 반력과 같으나, 수평력의 작용 방향은 반대이다. 그림 15.10 아치에서 임의의 지점 $D(x, y)$에서 전단력은 그림 15.10(b)에서 다음과 같다.

$$\begin{aligned} V_D &= (V_A - wx)\cos\theta - H_A \sin\theta \\ &= \left(\frac{wl}{2} - wx\right)\frac{dx}{ds} - \frac{wl^2}{8h}\frac{dy}{ds} \\ &= \left(\frac{wl}{2} - wx - \frac{wl^2}{8h}\frac{dy}{dx}\right)\frac{dx}{ds} \end{aligned} \tag{a}$$

식(15.33)으로부터

$$\frac{dy}{dx} = \frac{4h}{l^2}(l - 2x)$$

이므로, 이 식을 식(a)에 대입하여 계산한다. 이 식으로부터 등분포하중을 받는 포물선 아치에는 부재 어느 곳에도 전단력이 생기지 않음을 알 수 있다.

$$V_D = \left[\frac{w}{2}(l - 2x) - \frac{wl^2}{8h}\frac{4h}{l^2}(l - 2x)\right]\frac{dx}{ds} = 0$$

임의의 지점 $D(x, y)$에서 휨모멘트는 다음과 같다.

$$\begin{aligned} M_D &= V_A(x) - H_A(y) - \frac{wx^2}{2} \\ &= \frac{wl}{2}x - \frac{wl^2}{8h}\frac{4h}{l^2}(lx - x^2) - \frac{wx^2}{2} \\ &= 0 \end{aligned}$$

그러므로 부재의 어느 곳에도 휨모멘트가 생기지 않으며 수직 등분포하중은 모두 축압력으로 지점까지 전달된다.

예제 15.6 그림 15.11(a)와 같이 중앙에 집중하중을 받는 3활절점 포물선 아치의 전단력과 휨모멘트를 구하라.

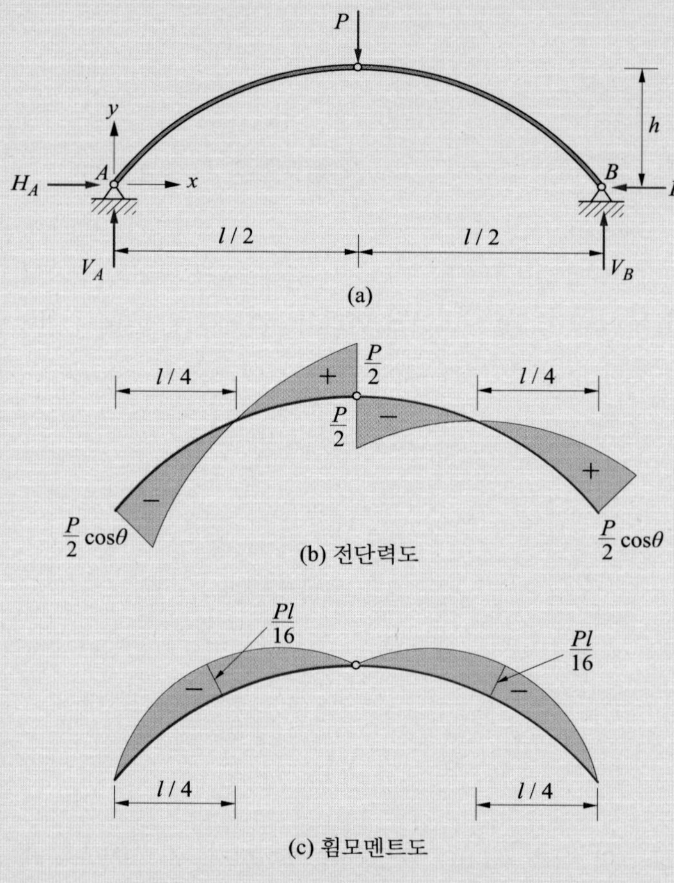

그림 15.11

풀이 지점 반력은 평형조건으로부터 계산된다.

$$\Sigma F_x = 0 \quad H_A - H_B = 0$$

$$\Sigma F_y = 0 \quad V_A + V_B - P = 0$$

$$\Sigma M_B = 0 \quad V_A l - P\left(\frac{l}{2}\right) = 0$$

$$\Sigma M_C = 0 \quad V_A\left(\frac{l}{2}\right) - H_A h = 0$$

$$V_A = V_B = \frac{P}{2},\ H_A = H_B = \frac{Pl}{4h}$$

포물선 아치에서도 포물선 케이블의 경우와 같이 수평 방향의 압축력은 최대 휨모멘트를 아치의 최대 높이 h로 나눈 값으로 주어진다.

전단력은 $x \le \frac{l}{2}$의 구간에서 그림 15.10(b)를 참조하여 계산된다.

$$
\begin{aligned}
V_x &= V_A\cos\theta - H_A\sin\theta = \frac{P}{2}\frac{dx}{ds} - \frac{Pl}{4h}\frac{dy}{ds} \\
&= \left(\frac{P}{2} - \frac{Pl}{4h}\frac{dy}{dx}\right)\frac{dx}{ds} = \left[\frac{P}{2} - \frac{Pl}{4h}\frac{4h}{l}\left(1 - \frac{2x}{l}\right)\right]\cos\theta \\
&= \left(-\frac{1}{2} + \frac{2x}{l}\right)P\cos\theta
\end{aligned}
$$

$x \ge \frac{l}{2}$의 구간에서 다음과 같이 계산된다.

$$
V_x = \left(\frac{P}{2} - P\right)\cos\theta - H\sin\theta = \left(-\frac{3}{2} + \frac{2x}{l}\right)P\cos\theta
$$

전단력 분포도인 그림 15.11(b)에서, $x = \frac{l}{4}$ 및 $x = \frac{3l}{4}$에서 전단력의 값이 0이 되고, $x = \frac{l}{2}$에서 최댓값 $\pm\frac{P}{2}$로 주어진다.

휨모멘트는 $x \le \frac{l}{2}$ 구간에서 다음과 같다.

$$
\begin{aligned}
M_x &= V_A x - H_A y \\
&= \frac{P}{2}x - \frac{Pl}{4h}\frac{4h}{l}\left(x - \frac{x^2}{l}\right) \\
&= -\frac{P}{2}x + \frac{Px^2}{l}
\end{aligned}
$$

$x \ge \frac{l}{2}$ 구간에서는 다음과 같다.

$$
\begin{aligned}
M_x &= V_A x - P\left(x - \frac{l}{2}\right) - H_A y \\
&= -\frac{3P}{2}x + \frac{Pl}{2} + \frac{Px^2}{l}
\end{aligned}
$$

휨모멘트 분포는 그림 15.11(c)와 같고, 최대 휨모멘트는 전단력이 0이 되는 $x = l/4$ 및 $3l/4$ 위치의 값이 된다.

$$
M_{\max} = -\frac{Pl}{16}
$$

예제 15.7 그림 15.12(a)와 같이 등분포하중을 받는 3활절점 반원형 아치의 전단력과 휨모멘트를 구하라.

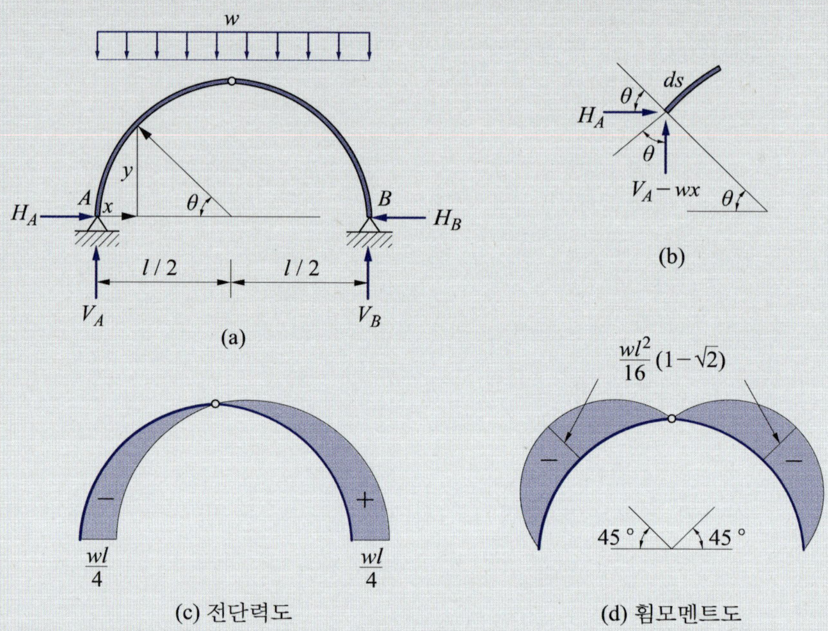

그림 15.12

풀이

지점반력은 힘의 평형조건으로부터 계산된다.

$$\Sigma F_x = 0 \qquad H_A - H_B = 0$$

$$\Sigma F_y = 0 \qquad V_A + V_B - wl = 0$$

$$\Sigma M_B = 0 \qquad V_A l - \left(\frac{wl^2}{2}\right) = 0$$

$$\Sigma M_C = 0 \qquad V_A\left(\frac{l}{2}\right) - H_A\left(\frac{l}{2}\right) - \frac{wl}{2}\frac{l}{4} = 0$$

$$V_A = V_B = \frac{wl}{2}, \; H_A = H_B = \frac{wl}{4}$$

이 예제에서도 지점의 수평 반력은 등분포하중을 받는 단순보의 최대 휨모멘트 $wl^2/8$을 최대 높이 $l/2$로 나눈 값이 된다.

전단력은 OA선으로부터 θ각의 위치에서 다음 식으로 계산된다.

$$V_\theta = (V_A - wx)\sin\theta - H_A\cos\theta$$

$$= \left(\frac{wl}{2} - wx\right)\sin\theta - \frac{wl}{4}\cos\theta$$

그림 15.12(a)에서

$$x = \frac{l}{2}(1-\cos\theta), \; y = \frac{l}{2}\sin\theta$$

이므로, 전단력 분포식은 다음과 같으며 분포 형태는 그림 15.12(c)가 된다.

$$V_\theta = \frac{wl}{4}(2\sin\theta - 1)\cos\theta$$

휨모멘트는 다음 식으로 주어진다.

$$\begin{aligned} M_\theta &= V_A(x) - \frac{wx^2}{2} - H_A y \\ &= \frac{wl}{2}\frac{l}{2}(1-\cos\theta) - \frac{w}{2}\frac{l^2}{4}(1-\cos\theta)^2 - \frac{wl}{4}\frac{l}{2}\sin\theta \\ &= \frac{wl^2}{8}(1-\cos^2\theta - \sin\theta) \\ &= \frac{wl^2}{8}(\sin\theta - 1)\sin\theta \end{aligned}$$

$\theta = 45^\circ$ 및 $\theta = 135^\circ$ 에서 휨모멘트의 값은 다음과 같이 계산되며 분포형태는 그림 15.12(d)가 된다.

$$M_\theta = \frac{wl^2}{8}\left(\frac{1}{\sqrt{2}} - 1\right)\frac{1}{\sqrt{2}} = \frac{wl^2}{16}(1 - \sqrt{2})$$

연습문제

15.1 15 kN/m의 등분포하중을 지지하는 케이블의 두 지점이 같은 높이에 설치되어 있고 $l = 30$ m의 경간에 중앙 최대 처짐이 $h = 8$ m일 때 이 케이블의 최대 인장력을 구하라.

15.2 등분포하중을 받는 $l = 40$ m의 케이블의 두 지점이 같은 높이에 설치되어 있고 각 지점으로부터 10 m의 위치에서 케이블의 처짐이 6 m일 때 케이블의 전체 길이를 계산하라.

15.3 길이 35 m의 케이블이 $l = 30$ m인 같은 높이의 두 지점에 설치되어 등분포 하중을 지지하는 경우 케이블의 최대 처짐은 얼마인가?

15.4 그림 15.13과 같이 등분포 하중을 받는 케이블에서 A, B, C점의 인장력을 구하라.

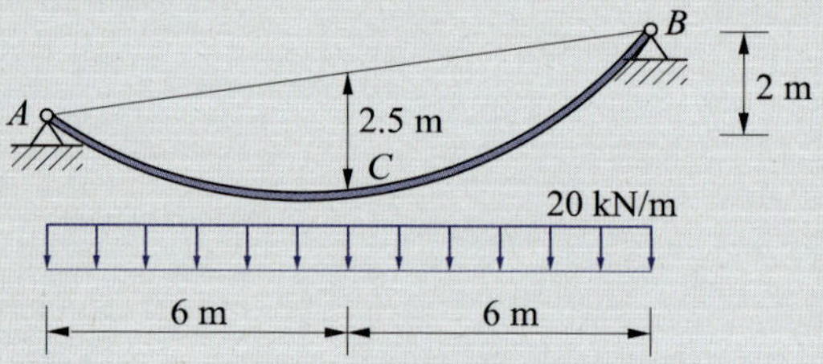

그림 15.13

15.5 그림 15.14와 같이 집중하중을 받는 케이블에서 지점 A, B의 위치가 같고 D점의 최대 처짐이 4 m일 때 C점과 E점의 처짐을 계산하라.

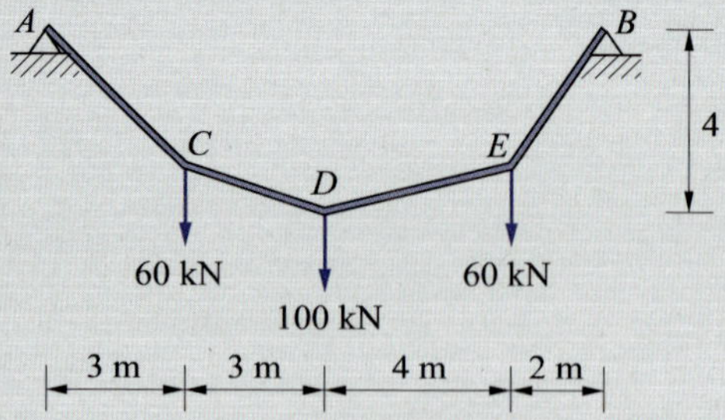

그림 15.14

15.6 그림 15.15와 같이 등분포하중을 받는 단순지지 반원 아치의 축방향력도, 전단력도 및 휨모멘트를 그려라.

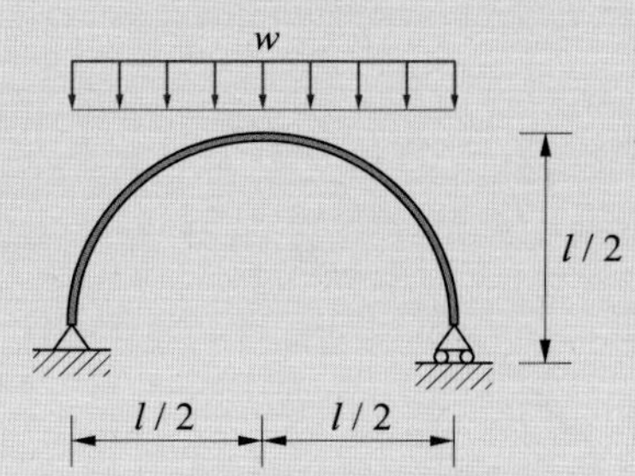

그림 15.15

15.7 그림 15.16과 같이 수평하중을 받는 캔틸레버 반원 아치의 축방향력도, 전단력도 및 휨모멘트도를 그려라.

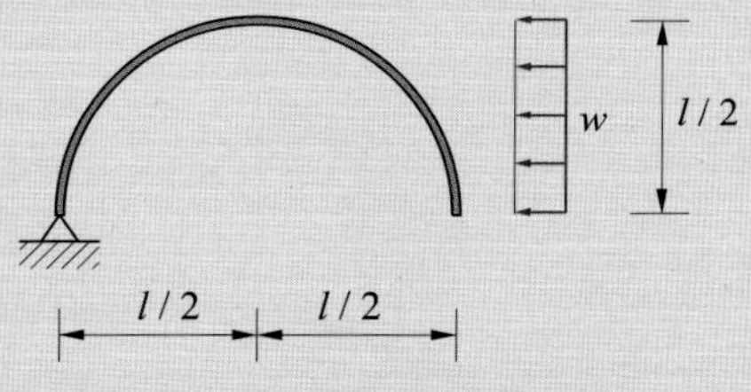

그림 15.16

15.8 그림 15.17과 같이 중앙 집중하중을 받는 반원 3활절점 아치의 축방향력도, 전단력도 및 휨모멘트도를 그려라.

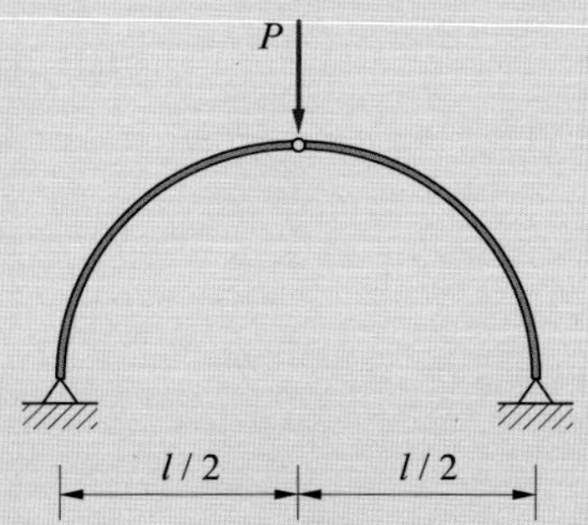

그림 15.17

15.9 그림 15.18과 같이 등변분포하중을 받는 3활절점 포물선 아치의 최대 휨모멘트의 위치와 크기를 구하라.

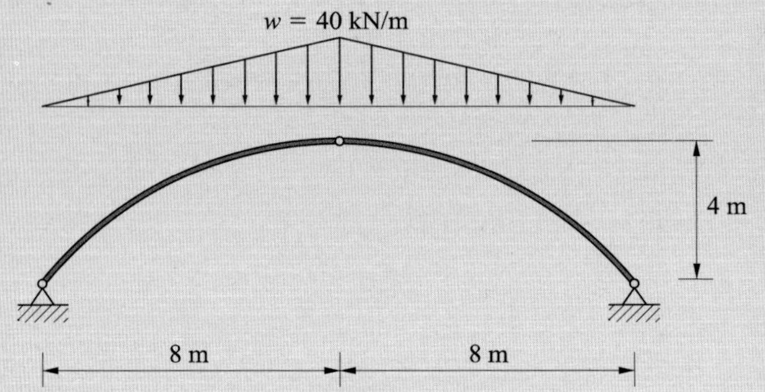

그림 15.18

15.10 그림 15.19와 같이 집중하중을 받는 3활절점 포물선 아치의 축방향력도, 전단력도 및 휨모멘트도를 그려라.

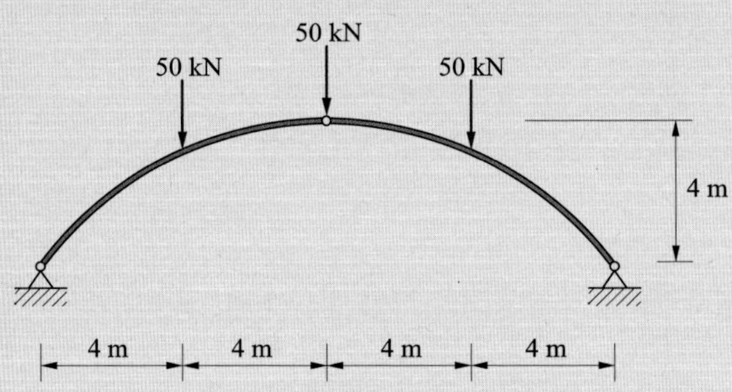

그림 15.19

제16장

영향선

16.1 개요

구조물에 작용하는 대표적인 하중은 부재의 자중과 같이 시간이 지나도 작용점이 변하지 않는 고정하중이다. 반면 활하중은 하중의 크기, 작용 시간과 위치가 변할 수 있다. 활하중 중에서도 교량 위에서 차량의 움직임이나 공장의 크레인 보에서 크레인 바퀴의 움직임 등은 대표적인 활하중의 이동하중이다. 이와 같은 하중의 움직임에 의한 위치 변동에 따라 이들을 떠받치는 보의 반력과 전단력, 휨모멘트 등 내력이 변동되기 때문에 보에 최대 전단력과 최대 휨모멘트를 일으키는 하중의 위치와 그때 전단력 또는 휨모멘트의 크기를 알아내는 것은 구조설계에서 매우 중요한 일이다.

지금까지의 해석은 고정하중에 대한 해석이었지만 이 장에서는 평형방정식을 이용하여 이동하중이 유발하는 전단력 및 휨모멘트의 영향선을 구하는 방법을 소개한다.

16.2 이동하중에 의한 보의 내력

이동하중의 움직임에 의한 보의 내력 변동을 나타내는 데에는 영향선(influence line)이 사용되고 있다. 영향선은 단위 하중의 위치를 가로 좌표로 하고 보의 반력, 전단력, 휨모멘트 등을 세로 좌표로 하여 단위 하중의 모든 위치에 대하여 보에 생기는 반력, 전단력, 휨모멘트 등을 단위 하중의 위치의 함수로 나타낸 곡선이다. 영향선은 보의 최대 응력에 대한 기준이 되고, 여러 이동하중이 작용하는 경우에도 영향선을 겹쳐 사용하면 계산을 간단하게 할 수 있어 널리 사용되고 있다.

16.2.1 반력, 전단력 및 휨모멘트의 영향선

그림 16.1(a)와 같은 단순보에 단위 값 $P=1$인 집중하중이 이동하여 A지점에서 x의 위치에 있을 때 B점에 대한 휨모멘트의 평형조건으로부터 A지점의 반력을 계산할 수 있다.

$$\Sigma M_B = R_A(l) - 1(l-x) = 0$$

$$R_A = \frac{l-x}{l} \tag{16.1}$$

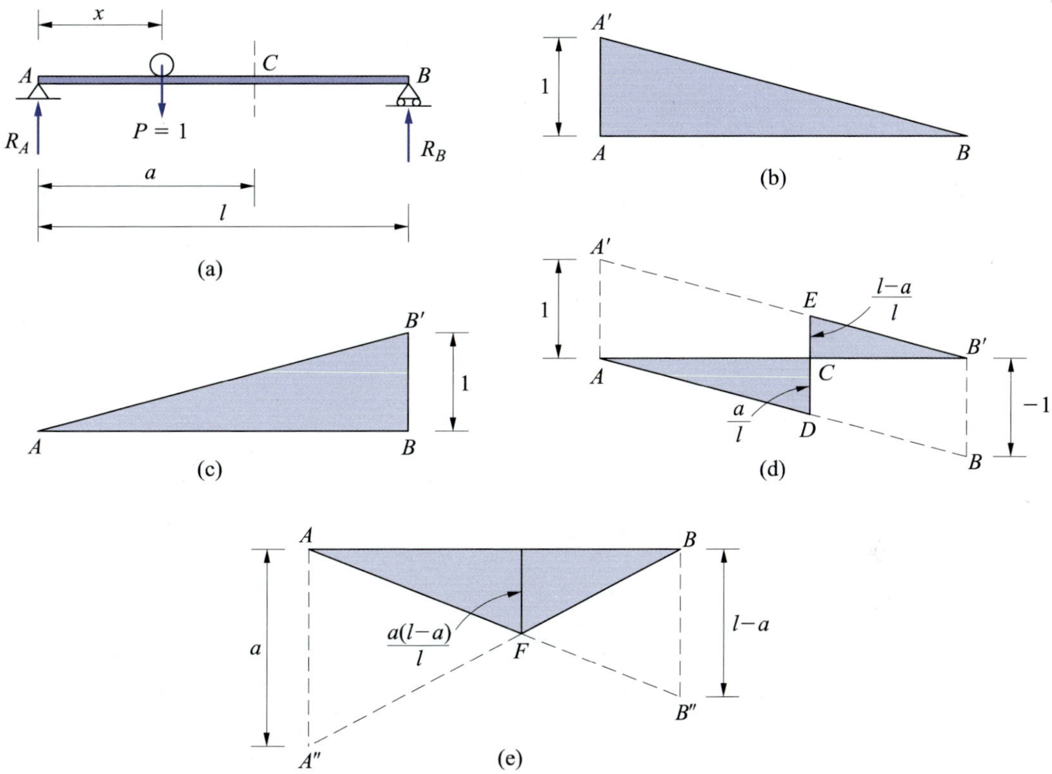

그림 16.1 단순보의 영향선

이 식에서 R_A는 x의 1차식이고 $x=0$일 때 $R_A=1$, $x=l$일 때, $R_A=0$이 되므로 R_A의 영향선은 그림 16.1(b)와 같이 된다.

같은 방법으로, A점에 대한 휨모멘트의 평형조건으로부터, B점의 반력을 계산할 수 있다.

$$\Sigma M_A = 1x - R_B(l) = 0$$

$$R_B = \frac{x}{l} \tag{16.2}$$

R_B도 x의 1차식으로 $x=0$일 때, $R_B=0$, $x=l$일 때, $R_B=1$이므로, R_B의 영향선은 그림 16.(c)와 같이 작성된다.

A지점에서 a만큼 떨어진 위치의 C점에서 $P=1$의 이동하중에 의한 전단력은 이동하중의 위치 x의 값에 따라 식(16.3)이 된다.

$$a \geq x \text{일 때} \qquad V_C = -R_B = -\frac{x}{l} \tag{16.3a}$$

$$a \leq x \text{일 때} \qquad V_C = R_A = 1 - \frac{x}{l} \tag{16.3b}$$

C점에 대한 전단력의 영향선은 그림 16.1(d)와 두 개의 반력을 겹쳐 놓은 선에서 선분 $ADCEB'$이 된다. 이동하중이 C점을 지날 때에는 집중하중의 작용에 의하여 D에서 E로 바뀌게 된다.

A점으로부터 거리 x에 위치한 이동하중 $P=1$에 의한 C점의 휨모멘트는 x의 위치에 따라 식(16.4a,b)가 된다.

$$a \geq x \text{일 때} \qquad M_C = R_B(l-a) = \frac{x(l-a)}{l} \tag{16.4a}$$

$$a \leq x \text{일 때} \qquad M_C = R_A(a) = \frac{a(l-x)}{l} \tag{16.4b}$$

두 식에서 식(16.4a)는 그림 16.1(e)의 ABB'', 식(16.4b)는 $AA''B$로 나타낼 수 있으며, C점에서 휨모멘트의 영향선은 AFB가 된다. 최대 휨모멘트는 이동하중이 C점에 이르렀을 때이며, 이때의 크기는 삼각형의 비례로부터 $M_{\max} = a(l-a)/l$로 측정된다.

예제 16.1 그림 16.2(a) 내민 보의 D점에 대하여 반력, 전단력 및 휨모멘트의 영향선을 작성하라.

풀이

(1) 반력

단위 하중 $P=1$이 B지점에서 x거리에 있을 때의 평형조건으로부터 반력을 계산한다.

$\Sigma M_C = R_B \times 8 - 1(8-x) = 0$

$\Sigma M_B = 1x - R_C \times 8 = 0$

$R_B = 1 - \dfrac{x}{8}, \ R_C = \dfrac{x}{8}$

이 식에 의한 영향선은 그림 16.2(b) 및 (c)와 같다.

(2) 전단력

단위 하중의 위치에 따라 식(16.3)으로부터

$x \leq 3\text{m}$일 때 $V_D = -R_C = -\dfrac{x}{8}$

$x \geq 3\text{m}$일 때 $V_D = R_B = 1 - \dfrac{x}{8}$

이므로, 전단력의 영향선은 그림 16.2(d)와 같이 된다.

(3) 휨모멘트

식(16.4)에 따라 $x \leq 3\text{m}$일 때 $M_D = \dfrac{5}{8}x$

$$x \geq 3\,\text{m}\text{일 때 } M_D = 3 - \frac{3}{8}x$$

가 되며, $x = 3\,\text{m}$일 때 $M_{max} = 15/8$가 된다.

이 식들에 의한 영향선은 그림 16.2(e)의 GHC선이 된다.

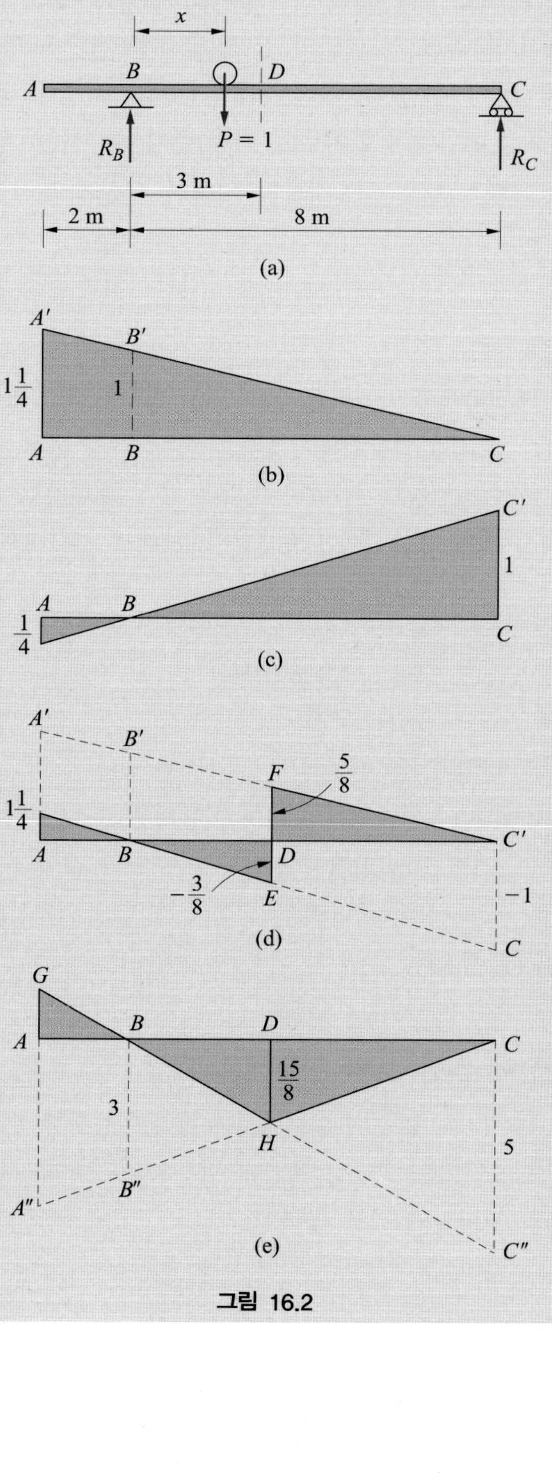

그림 16.2

16.2.2 영향선에 의한 보의 전단력 계산

보의 영향선은 여러 이동하중에 대한 보의 내력을 계산하는 데 유용하게 사용된다.

일반적으로 차량이나 크레인 또는 열차의 바퀴들은 일정한 간격으로 설치되어 있어, 이들 바퀴하중을 P_1, P_2, $\cdots$, P_n, 간격을 d_1, d_2, $\cdots$, d_{n-1}로 하면, 단순보를 지나는 이들 바퀴하중과 보의 임의의 점 C에 대한 전단력 및 휨모멘트의 영향선을 그림 16.3과 같이 나타낼 수 있다. 이런 상태에서 보의 C점에 생기는 전단력은 P_1, P_2, $\cdots$, P_n 하중에 의한 전단력의 합이므로, 각 하중에 대응하는 전단력 영향선의 값을 v_1, v_2, $\cdots$, v_n으로 하면, n개의 집중하중에 의하여 C점에 생기는 전단력은 그림 16.3(b)로부터

$$V_C = P_1 v_1 + P_2 v_2 + \cdots + P_n v_n = \sum_{i=1}^{n} P_i v_i \tag{16.5}$$

으로 주어진다.

그림 16.3(a)에서 바퀴하중 또는 더 일반적인 의미에서 n개의 이동하중 P_1, P_2, $\cdots$, P_n이 C점에 가까워질수록 v_1, v_2, $\cdots$, v_n 등 영향선의 값이 커지므로, 식(16.5)에 의한 전단력의 절대값도 커진다. 그러나 한 하중이라도 C점을 지날 경우, 예를 들어 P_1이 C점을 지날 경우 v_1의 부호가 바뀌므로 전단력은

$$\begin{aligned} V_C &= -P_1 v_1 + P_2 v_2 + P_3 v_3 + \cdots + P_n v_n \\ &= -P_1 v_1 + \sum_{i=2}^{n} P_i v_i \end{aligned}$$

으로, 식(16.5)의 V_C 값들보다 줄어들게 된다.

따라서 C점의 전단력은 n개의 이동하중 중 첫 번째 하중이 C점에 이르렀을 때 최대가 되며, 그림 16.3(a)에서 알 수 있는 바와 같이 C점이 지점에 가까울수록 v_i 값이 커지므로, 보의 최대 전단력은 C점이 지점과 일치하여 첫 하중의 영향선이 $v_1 = 1$의 값이 될 때 생긴다.

16.2.3 영향선에 의한 보의 휨모멘트 계산

그림 16.3(a)와 같은 단순보에서 n개의 이동하중 P_1, P_2, $\cdots$, P_n에 의하여 C점에 생기는 휨모멘트는 전단력 계산의 경우와 비슷하게 각 이동하중과 그에 대응하는 그림 16.3(c)의 영향선의 값을 곱하여

$$M_C = P_1 m_1 + P_2 m_2 + \cdots + P_n m_n = \sum_{i=1}^{n} P_i m_i \tag{16.6}$$

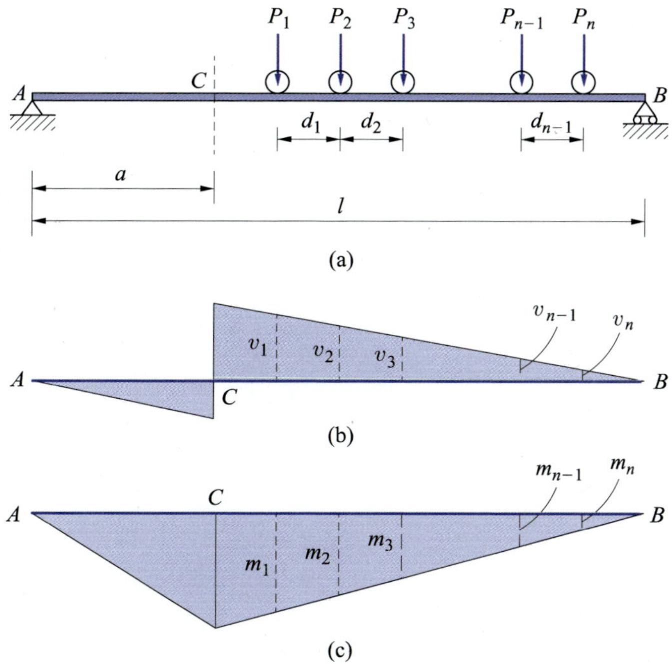

그림 16.3 보의 전단력 및 휨모멘트 영향선

으로 계산한다.

최대 휨모멘트는 휨모멘트의 1차 도함수가 0이 되는 곳에 생기므로, 이동하중 P_1, P_2, $\cdots$, P_n의 간격이 일정하게 유지되는 경우, 이 힘들에 의한 최대 휨모멘트는

$$\frac{dM_C}{dx} = \sum_{i=1}^{n} P_i \frac{dm_i}{dx} = 0 \tag{a}$$

의 식으로부터 유도된다.

전단력 계산에서는 n개의 이동하중 중 첫 번째 이동하중이 C점을 넘지 않는 상태에서 최대 전단력이 계산되나, 휨모멘트 계산에서는 식(16.6)과 그림 16.3(c)에서 보는 바와 같이 몇 개의 하중이 C점을 지난 뒤에 최대 휨모멘트에 도달하는 경우가 있다. 이때 n개의 이동하중 중 k개의 하중이 C점을 넘어 왼쪽에 있고 나머지 하중이 C점 오른쪽에 있을 때 식(a)를

$$\sum_{i=1}^{k} P_i \frac{dm_i}{dx} + \sum_{j=k+1}^{n} P_j \frac{dm_j}{dx} = 0 \tag{b}$$

으로 나눠 표시하면, 그림 16.4에서 영향선의 기울기는

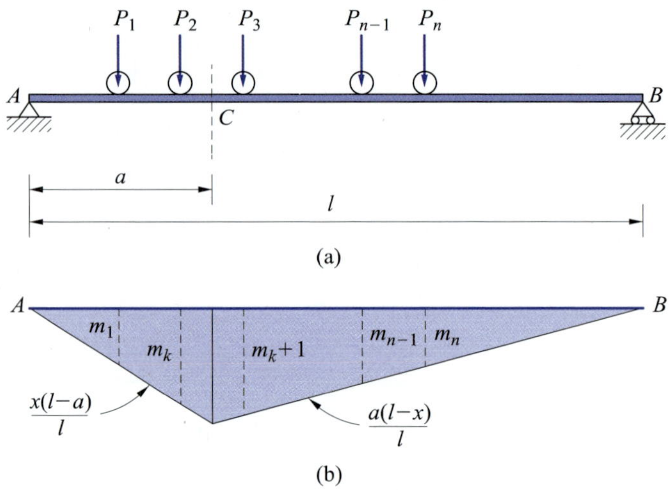

그림 16.4 영향선의 기울기

$$\frac{dm_i}{dx} = \frac{l-a}{l}, \quad \frac{dm_j}{dx} = -\frac{a}{l} \tag{c}$$

이므로, 식(c)를 식(b)에 대입하여 정리하면

$$\frac{\sum_{i=1}^{k} P_i}{a} = \frac{\sum_{j=k+1}^{n} P_j}{l-a} \tag{16.7}$$

의 식이 유도된다. 따라서 n개의 이동하중에 의하여 C점에 생기는 최대 휨모멘트는 하중들이 식(16.7)을 만족시키도록 C점의 좌우로 배치되었을 때 생긴다.

실용적인 계산에서는 최대 휨모멘트를 알려고 하는 점 C에 이동하중을 차례로 통과시키면서 휨모멘트가 증가하는 것과 감소하는 것을 비교하여 최대 휨모멘트를 판별하는 방법이 많이 사용되고 있다. 그림 16.4의 보에서 n개의 이동하중이 오른쪽으로 이동하는 경우 임의의 하중 P_i에 의한 휨모멘트는 AC 구간에서는 증가하고 C점을 지나서는 감소하므로, 영향선의 기울기가 S인 구간에서 거리 d만큼 이동했을 때 하중 P_i에 의한 휨모멘트의 증가량은 $P_i S d$가 되며, 전체 하중에 의한 휨모멘트 증가량은

$$\Delta M_C = \sum_{i=1}^{n} P_i S d \tag{16.8}$$

이 된다. 모든 하중들이 차례로 C점을 지날 때 C점에 재하된 상태에서 식(16.8)에 의한 휨모멘트의 증가량을 검토하여 최대 휨모멘트를 판별한다.

예제 16.2 그림 16.5(a)와 같이 길이 10 m의 단순보에 네 개의 이동하중이 지날 때 C점에서의 최대 휨모멘트를 구하라.

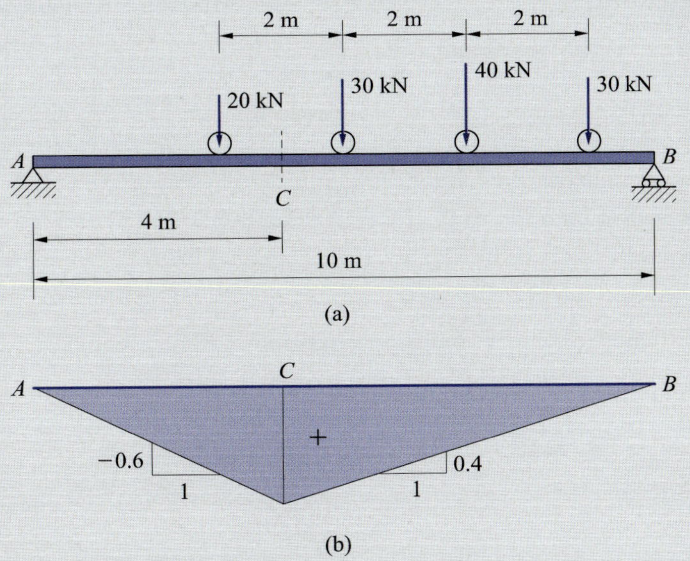

그림 16.5

풀이

그림 16.5(a) 보의 영향선은 그림 16.5(b)가 되며, 하중의 이동 방향이 x의 반대 방향이므로 식(c)에서 부호를 반대로 하면, 영향선의 기울기는

AC 구간 $-\dfrac{l-a}{l}=-\dfrac{10-4}{10}=-0.6$

CB 구간 $\dfrac{a}{l}=\dfrac{4}{10}=0.4$

C점에서 영향선의 값은

$$m_c=\frac{a(l-a)}{l}=\frac{4(10-4)}{10}=2.4\text{ m}$$

가 된다.

식(16.8)에 의한 휨모멘트의 증가량은

(1) P_1이 C점을 지나고 P_2가 C점 위에 왔을 때

P_1 : $S=-0.6,\ d=2\text{ m}$

$P_2,\ P_3,\ P_4$: $S=0.4,\ d=2\text{ m}$

$$\begin{aligned}\Delta M_C &= P_1(-0.6)(2)+(P_2+P_3+P_4)(0.4)(2)\\ &=(20)(-0.6)(2)+(30+40+30)(0.4)(2)\\ &=56\text{ kN}\cdot\text{m}(\text{증가})\end{aligned}$$

(2) P_2도 C점을 지나고 P_3가 C점 위에 왔을 때

$P_1,\ P_2$: $S=-0.6,\ d=2\text{ m}$

$P_3,\ P_4$: $S=0.4,\ d=2\text{ m}$

$$\Delta M_C=(P_1+P_2)(-0.6)(2)+(P_3+P_4)(0.4)(2)$$

$$= (20+30)(-0.6)(2)+(40+30)(0.4)(2)$$
$$= -4\,\text{kN}\cdot\text{m}(\text{감소})$$

따라서 (1)의 경우에 C점의 휨모멘트가 최대가 된다. 식(16.7)에 의한 판별은, (1)의 경우

P_2가 C점의 오른편이면, $\dfrac{P_1}{a} = \dfrac{20}{4} < \dfrac{P_2+P_3+P_4}{l-a} = \dfrac{30+40+30}{10-4}$

P_2가 C점의 왼편이면, $\dfrac{P_1+P_2}{a} = \dfrac{20+30}{4} > \dfrac{P_3+P_4}{l-a} = \dfrac{40+30}{10-4}$

으로, C점에서 P_2의 위치에 따라 부등호가 바뀌므로 P_2가 C점에 있을 때 최대 휨모멘트가 생긴다. 이 때 영향선의 값은 삼각형의 비례로부터

$m_1 = 2.4\times(1/2) = 1.2\text{ m}$ $\quad$ $m_2 = 2.4\text{ m}$

$m_3 = 2.4\times(2/3) = 1.6\text{ m}$ $\quad$ $m_4 = 2.4\times(1/3) = 0.8\text{ m}$

이므로, C점의 최대 휨모멘트는 식(16.6)으로부터

$$M_C = P_1 m_1 + P_2 m_2 + P_3 m_3 + P_4 m_4$$
$$= 20\times1.2+30\times2.4+40\times1.6+30\times0.8$$
$$= 184\text{ kN}\cdot\text{m}$$

으로 계산된다.

여러 이동하중의 작용 상태에서 보에 생길 수 있는 많은 휨모멘트 중 최댓값의 휨모멘트를 절대 최대 휨모멘트라고 한다. 특정한 위치에서의 최대 휨모멘트는 예제 16.2에서와 같이 식(16.7)이나 식(16.8)을 사용하여 계산할 수 있으나, 절대 최대 휨모멘트의 경우에는 그 모멘트가 생기는 위치를 먼저 찾아야 한다.

그림 16.6과 같이 세 하중 P_1, P_2, P_3가 작용하는 간단한 단순보를 예로 하면, 세 힘의 합력 $R = P_1 + P_2 + P_3$가 P_2에서 d만큼 떨어진 거리에 작용할 때, 절대 최대 휨모멘트는 합력의 작용점에서 가까운 위치에 있는 하중 P_2의 작용점에 생긴다고 가정할 수 있다. 하중 작용점 사이의 거리를 그림 16.4의 기호로 나타내면, A지점의 수직 반력은

$$\sum M_B = R_A(l) - R\left(\frac{l}{2} + x - d\right) = 0$$

의 평형조건으로부터

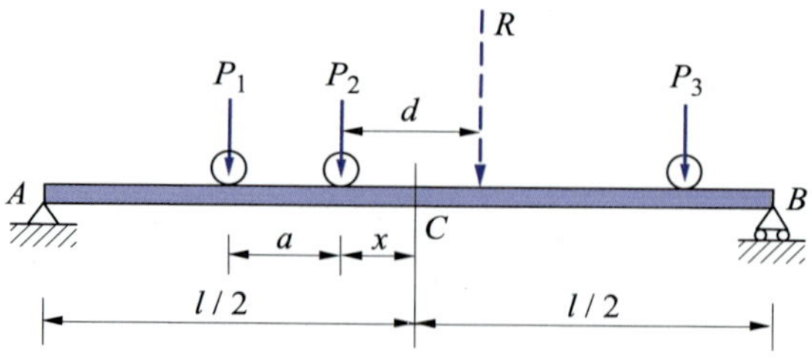

그림 16.6 절대 최대 휨모멘트 위치

$$R_A = \frac{R}{l}\left(\frac{l}{2} + x - d\right)$$

이 되며, 하중 P_2의 작용점에서의 휨모멘트는

$$M_2 = R_A\left(\frac{l}{2} - x\right) - P_1 a$$
$$= \frac{R}{l}\left(\frac{l}{2} + x - d\right)\left(\frac{l}{2} - x\right) - P_1 a$$

으로 주어진다. M_2가 최대 휨모멘트가 될 조건은

$$\frac{dM_2}{dx} = \frac{R}{l}(-2x + d) = 0$$

이며, 이로부터

$$x = \frac{d}{2}$$

의 식을 얻게 된다. 이 식은 여러 하중의 합력 R과 그에 가장 가까운 하중 사이의 거리의 1/2이 보의 중앙과 일치할 때 그 하중의 작용점이 절대 최대 휨모멘트의 위치가 되는 것을 나타내고 있다. 절대 최대 휨모멘트가 생기는 위치와 그 위에 놓이는 하중의 위치를 알면, 휨모멘트의 크기는 식(16.6)으로 계산된다.

예제 16.3 그림 16.5(a) 보에서 절대 최대 휨모멘트가 생기는 위치와 그 크기를 구하라.

풀이 합력의 작용점은 P_1 하중의 작용점으로부터

$$\bar{x} = \frac{30 \times 2 + 40 \times 4 + 30 \times 6}{20 + 30 + 40 + 30} = 3.33 \text{ m}$$

따라서 절대 최대 휨모멘트가 생기는 경우는 그림 16.7(a)와 같이 A지점으로부터 5 m + (4 − 3.33)/2 = 5.33 m 떨어진 위치에 P_3 하중이 놓일 때이며, 이때 영향선은 그림 16.7(b)와 같이 작성된다. 이 영향선에서 P_3 하중 작용선에서의 영향선의 값은

$$m_3 = \frac{a(l-a)}{l} = \frac{5.33(10-5.33)}{10} = 2.49 \text{ m}$$

로 계산되며, 다른 하중의 작용점에서 영향선의 값은 삼각형의 비례에 따라

$$m_1 = 2.49 \times \frac{5.33 - 4}{5.33} = 0.62 \text{ m}$$

$$m_2 = 2.49 \times \frac{5.33 - 2}{5.33} = 1.56 \text{ m}$$

$$m_4 = 2.49 \times \frac{4.67 - 2}{4.67} = 1.42 \text{ m}$$

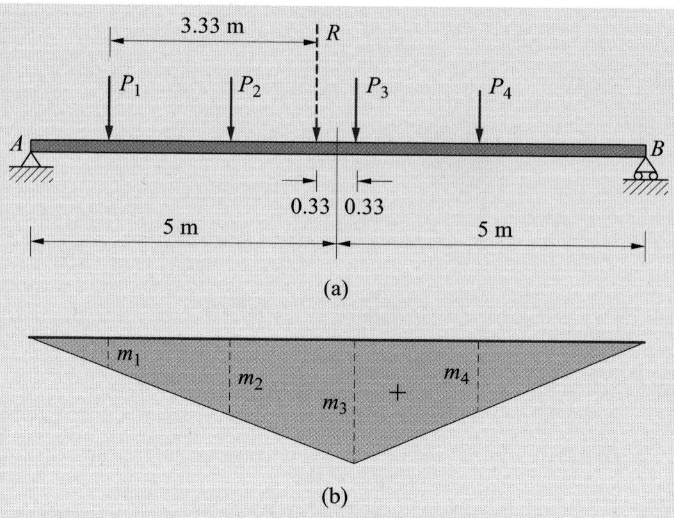

그림 16.7

으로 계산되므로, 절대 최대 휨모멘트의 크기는 식(16.6)으로부터

$$\begin{aligned} M_C &= P_1 m_1 + P_2 m_2 + P_3 m_3 + P_4 m_4 \\ &= 20 \times 0.62 + 30 \times 1.56 + 40 \times 2.49 + 30 \times 1.42 \\ &= 201.4 \text{ kN} \cdot \text{m} \end{aligned}$$

으로 계산된다. 이 값은 예제 16.2에서 다룬 바 있는 A점에서 4 m 떨어진 곳의 휨모멘트 184 kN · m보다 더 큰 것으로 나타나고 있다.

연습문제

16.1 그림 16.8 보에서 이동하중에 의하여 C점에 생기는 최대 휨모멘트를 영향선을 사용하여 계산하라.

16.2 그림 16.8 보의 절대 최대 휨모멘트를 구하라.

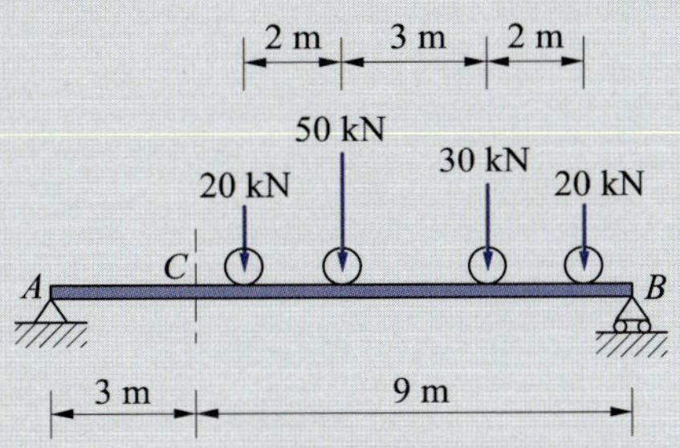

그림 16.8

MEMO

제17장

응력법에 의한 부정정구조해석

17.1 개요

3장에서 거론된 바와 같이 부정정구조물에는 정적 안정을 유지하는 데 필요한 수보다 더 많은 반력이 있기 때문에 힘의 평형조건식으로는 모든 반력이 유일한 값으로 정하여지지 않으며, 변형의 적합조건이 추가로 고려되어야 한다. 이와 같이 부정정구조해석에서 여분의 반력을 미지수로 하고 변형의 적합조건을 고려하여 반력과 부재력을 구하는 방법을 응력법(force method)이라고 하며, 이 장에서 다루게 되는 변형일치법과 최소일법은 가장 기본적인 응력법이다.

변형일치법(method of consistent deformation)은 부정정구조물에서 힘의 평형조건에 맞는 반력만 갖춘 정정구조물의 변형과 여분의 반력이나 부재력에 의한 부재 변형을 구한 뒤 겹침원리를 적용하여 원래의 부정정구조물의 경계조건이나 연속조건에 일치하는 적합방정식을 세워 미지의 반력을 정하는 방법으로, 기본적인 개념은 17.2절에 소개되며 17.3절, 17.4절 및 17.5절에서는 부정정 보, 골조, 트러스 등 구조물을 변형일치법으로 해석하는 방법이 예제들을 위주로 하여 다루고 있다. 최소일법(method of least work)은 카스틸리아노의 제2정리를 변위가 구속되는 지점에 적용하여 여분의 반력 수만큼 얻어지는 카스틸리아노의 적합방정식으로 부정정력을 구하는 방법으로, 기본 원리는 17.6절에 소개되고, 보와 골조의 해석은 17.7절, 트러스 해석은 17.8절에서 예제들을 중심으로 설명된다.

17.2 변형일치법

변형일치법은 부정정구조물에서 정적 평형과 안정을 유지하는 데 필요한 반력이나 부재력 이외의 내력을 제거한 정정구조물의 변형을 구한 뒤 원래의 부정정구조물의 경계조건이나 연속조건에 따른 변형에 일치하도록 제거된 내력의 값을 정하여 겹침원리에 따라 전체 구조물의 반력과 부재력을 구해 나가는 방법이다. 변형일치법은 반력이나 부재력을 미지수로 하기 때문에 응력법에 속한다.

부정정구조물에서 정적 안정 평형을 유지하는 데 필요한 반력 이외의 반력이나 부재력을 잉여력(redundant force)이라고 하며, 잉여력의 수는 그 구조물의 부정정차수와 같다.

부정정구조물에서 잉여력을 제외하면 정정구조물이 되며, 이런 가상의 정정구조물을 기본 구조물 또는 정정 기본형이라고 한다.

변형일치법에 의한 부정정구조물 해석은 다음 네 단계로 진행된다.

- 기본 구조물의 선정
- 하중의 작용 상태에서 기본 구조물의 잉여력 위치의 변형 계산
- 기본 구조물에 잉여력들이 작용했을 때의 변형 계산
- 변형일치의 조건을 적용하여 잉여력, 즉 부정정력 계산

먼저, 첫 번째 순서인 기본 구조물의 선정단계에서, 부정정차수가 높은 구조물의 경우 잉여력의 선택에 따라 여러 형태의 기본 구조물을 생각할 수 있으나, 정적 안정을 유지하면서 변형 계산을 하기 쉬운 형태로 기본 구조물을 선정하는 것이 좋다.

예를 들어, 그림 17.1(a)와 같이 두 개의 이동단이 달린 캔틸레버 형태의 보에서 R_B와 R_C를 잉여력으로 한 그림 17.1(b)의 형태 이외에 M_A와 R_B를 잉여력으로 한 단순보, M_A와 R_C를 잉여력으로 한 단순보도 기본 구조물로 할 수 있다. 또한, B점을 회전 절점으로 하여 M_B와 R_B를 잉여력으로 하는 게르버보 형태도 생각할 수 있으나, 변형 계산의 관점에서 적절하지 않으며, M_A와 H_A를 잉여력으로 한 3이동단 보는 정적 안정 조건이 만족되지 않기 때문에 기본 구조물로 부적합하다.

해석의 두 번째 순서는 하중의 작용 상태에서 기본 구조물의 잉여력 위치의 변형을 구하는 일이다.

변형을 구하는 데에는 14.3절의 가상일의 원리나 14.6에서 설명된 카스틸리아노의 제2정리에 의한 해법이 사용되며, 그림 17.1(b)에서 잉여력으로 선정된 수직 반력 R_B와 R_C 자리의 처짐은 각각 $\delta_B{}'$ 및 $\delta_C{}'$로 계산된다.

해석의 세 번째 순서는 기본 구조물에 잉여력들이 작용했을 때의 변형을 구하는 일이다. 여러 개의 잉여력이 작용하는 경우에는 각 잉여력의 단위 값에 대한 연성계수에 겹침원리를 적용하여 구하는 것이 편리하다.

예를 들면, 그림 17.1(c)와 같이 B점에 단위 하중을 가하면 B점에 f_{BB}, C점에 f_{CB}의 연성계수가 계산되고 그림 17.1(d)와 같이 C점에 단위 하중을 작용시키면 B점과 C점에서 각각 f_{BC}, f_{CC}의 연성계수가 계산된다.

따라서 잉여력 R_B와 R_C에 의한 B점과 C점에서의 처짐은 그림 17.1(e)의 R_B에 의한 처짐과 그림 17.1(f)의 R_C에 의한 처짐을 더하여 식(a)로 주어진다.

$$
\begin{aligned}
\delta_B{}'' &= f_{BB} R_B + f_{BC} R_C \\
\delta_C{}'' &= f_{CB} R_B + f_{CC} R_C
\end{aligned}
\qquad \text{(a)}
$$

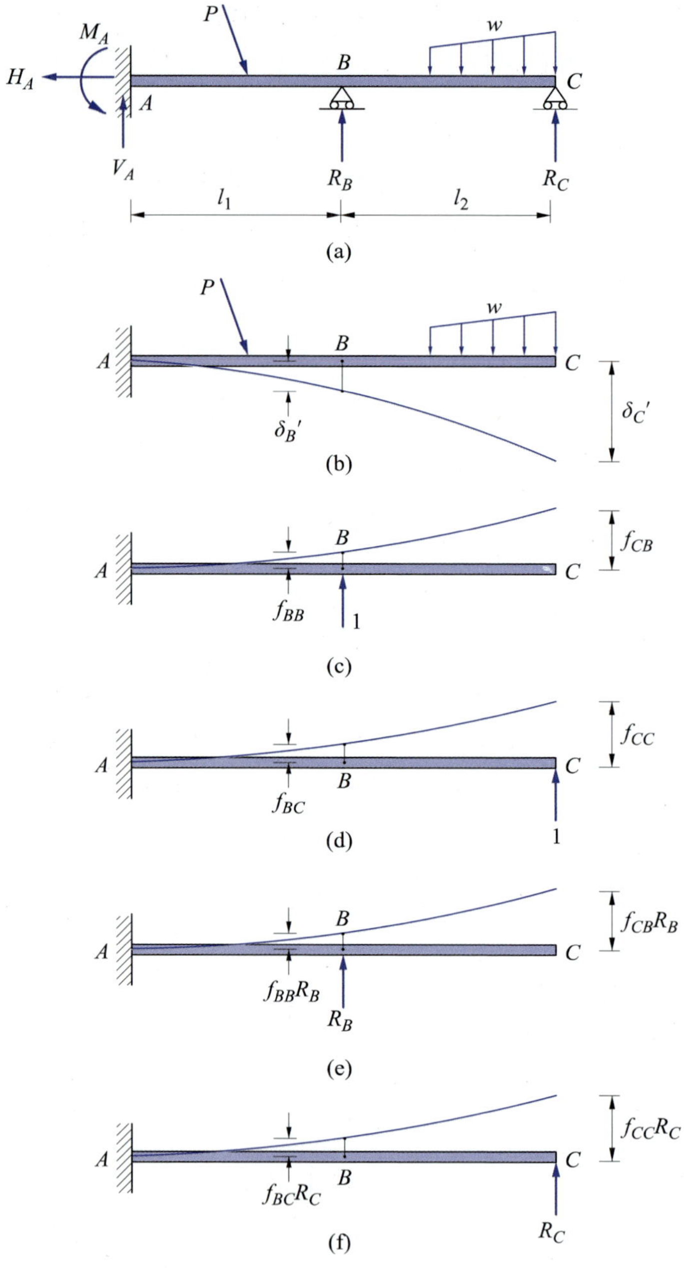

그림 17.1 변형일치법

부정정구조해석에서 네 번째로 할 일은 변형 일치의 조건을 적용하여 잉여력 즉, 부정정력을 구하는 것이다.

예를 들면, 그림 17.1(a)의 원래의 부정정구조물에서는 점 B와 점 C가 이동단으로 받쳐져 있어 수직 변위가 생기지 않으므로, 그림 17.1(b)의 기본 구조물에서의 처짐 $\delta_B{}'$ 및 $\delta_C{}'$와 잉여력에 의한 처짐 $\delta_B{}''$ 및 $\delta_C{}''$이 원래 구조물의 변형과 일치하는 조건은 처짐이 안 생기는 것, 즉

$$\begin{aligned} \delta_B{}' + \delta_B{}'' &= 0 \\ \delta_C{}' + \delta_C{}'' &= 0 \end{aligned} \tag{b}$$

이다. 이와 같이 변형이 일치하는 조건을 적합조건이라고 하며, 힘의 평형조건과 함께 구조물이 만족시켜야 하는 필수적인 요구조건 중 하나이다. 식(b)의 적합조건에 식(a)를 적용하면, 식(17.1)의 연립 방정식이 유도되어 미지수인 R_B 및 R_C 잉여력을 구할 수 있다.

$$\begin{aligned} \delta_B{}' + f_{BB} R_B + f_{BC} R_C &= 0 \\ \delta_C{}' + f_{CB} R_B + f_{CC} R_C &= 0 \end{aligned} \tag{17.1}$$

식(17.1)은 두 개의 잉여력에 대한 연립 방정식이나, 이보다 더 많은 잉여력, 일반적인 의미에서 n개의 잉여력을 가지는 부정정구조물에도 똑같은 해석 과정을 거쳐 다음과 같은 연립 방정식이 유도된다.

$$\begin{aligned} \delta_1{}' + f_{11}X_1 + f_{12}X_2 + \cdots + f_{1n}X_n &= 0 \\ \delta_2{}' + f_{21}X_1 + f_{22}X_2 + \cdots + f_{2n}X_n &= 0 \\ &\vdots \\ \delta_n{}' + f_{n1}X_1 + f_{n2}X_2 + \cdots + f_{nn}X_n &= 0 \end{aligned} \tag{17.2}$$

이 식에서 f_{ij}는 j점에 작용하는 단위 힘에 의하여 i점에 생기는 변위를 나타내는 연성계수로, 식(14.43)의 대칭성을 만족시키며, X_i는 i점의 잉여력에 대한 일반적인 표시이다. 식(17.2)는 행렬식을 사용하여 식(17.3) 또는 간단하게 식(17.4)로 나타낼 수 있으며, $[\boldsymbol{f}]$ 행렬을 연성행렬이라고 한다.

$$\begin{Bmatrix} \delta_1{}' \\ \delta_2{}' \\ \vdots \\ \delta_n{}' \end{Bmatrix} + \begin{bmatrix} f_{11} & f_{12} & \cdots & f_{1n} \\ f_{21} & f_{22} & \cdots & f_{2n} \\ & & \vdots & \\ f_{n1} & f_{n2} & \cdots & f_{nn} \end{bmatrix} \begin{Bmatrix} X_1 \\ X_2 \\ \vdots \\ X_n \end{Bmatrix} = \begin{Bmatrix} 0 \\ 0 \\ \vdots \\ 0 \end{Bmatrix} \tag{17.3}$$

$$\{\boldsymbol{\delta}'\} + [\boldsymbol{f}]\{\boldsymbol{X}\} = \{\mathbf{0}\} \tag{17.4}$$

17.3 변형일치법에 의한 보의 해석

변형일치법에 의한 부정정 보 해석의 예로 그림 17.2(a)와 같이 한 단부가 고정단이고 다른 단부가 이동단인 보가 등분포하중을 받는 경우 B 단부의 수직 반력 R_B를 잉여력으로 하여 기본 구조물을 그림 17.2(b)와 같이 정할 수 있다. 이 기본 구조물의 B 점의 처짐은 식(13.11)로부터

$$\delta_B{}' = \frac{wl^4}{8EI}$$

이 된다. 그림 17.2(c)와 같이 잉여력 R_B가 오름세로 작용할 때 처짐은 식(13.25)로부터 다음과 같이 주어진다.

$$\delta_B{}'' = -\frac{R_B l^3}{3EI}$$

따라서 원래 구조물인 그림 17.2(a) 보의 B 단부에 대한 $\delta_B{}'$ 및 $\delta_B{}''$의 적합조건식은 다음과 같다.

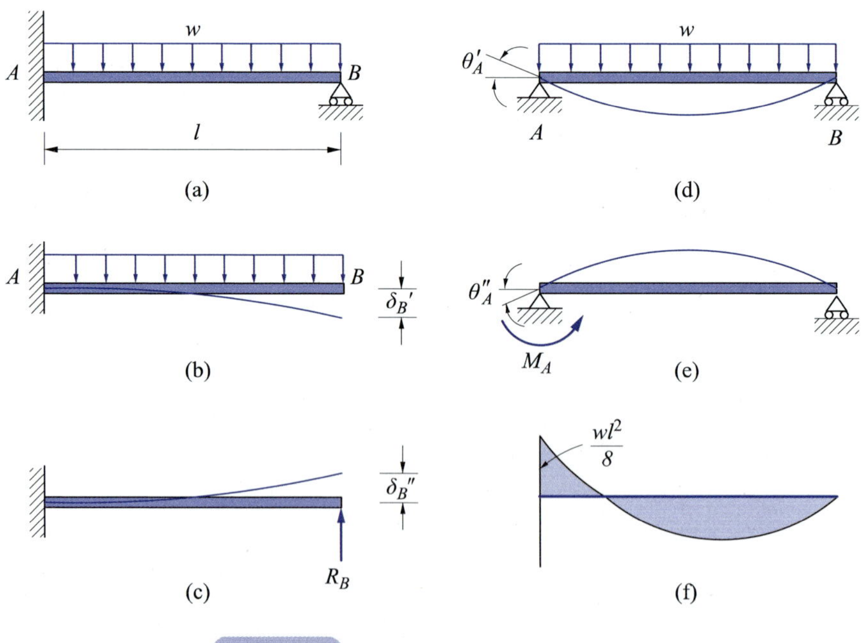

그림 17.2 변형일치법에 의한 보의 해석

$$\delta_B{}' + \delta_B{}'' = \frac{wl^4}{8EI} - \frac{R_B l^3}{3EI} = 0$$

이 식에서 B점의 반력을 계산한다.

$$R_B = \frac{3wl}{8} \tag{17.5}$$

A점의 반력은 힘의 평형조건에 의하여 정해진다. 부정정 보의 휨모멘트 분포는 그림 17.2(f)와 같다.

기본 구조물의 선정에서는 그림 17.2(b)와 달리, 잉여력을 M_A로 하여 그림 17.2(d)와 같은 단순보로 할 수도 있다. 이 기본 구조물의 A점의 처짐각은 식(13.8a)로부터 계산한다.

$$\theta_A{}' = \frac{wl^3}{24EI}$$

그림 17.2(e)와 같이 잉여력 M_A에 의한 처짐각은 공액보법에서 A점이 M_A/EI인 삼각형 하중의 A점 반력에 해당하므로 다음과 같이 계산된다.

$$\theta_A{}'' = -\frac{M_A}{EI}\frac{l}{2} \cdot \frac{2}{3} = \frac{-M_A l}{3EI}$$

따라서 A점 처짐각에 대한 적합조건으로부터 A점의 휨모멘트를 계산한다.

$$\theta_A{}' + \theta_A{}'' = \frac{wl^3}{24EI} - \frac{M_A l}{3EI} = 0$$

$$M_A = \frac{wl^2}{8}$$

휨모멘트도는 그림 17.2(f)에 표시된 값과 같다.

예제 17.1 그림 17.3(a)와 같이 등분포 하중을 받는 양단 고정된 보의 기본 구조물을 캔틸레버보로 하여 보의 휨모멘트를 구하라.

풀이 기본 구조물은 그림 17.3(b)의 캔틸레버보로 하는 경우 잉여력은 B점의 수직 반력 R_B와 단부 휨모멘트 M_B가 되며, 단부 B의 변형은 식(13.10a,b)로부터 다음 식(a)에서 계산한다.

$$\delta_B{}' = \frac{wl^4}{8EI}, \quad \theta_B{}' = \frac{wl^3}{6EI} \tag{a}$$

그림 17.3(c)에서 B점의 수직 단위 하중에 대한 연성계수는 식(13.21)로부터 식(b)와 같이 계산한다.

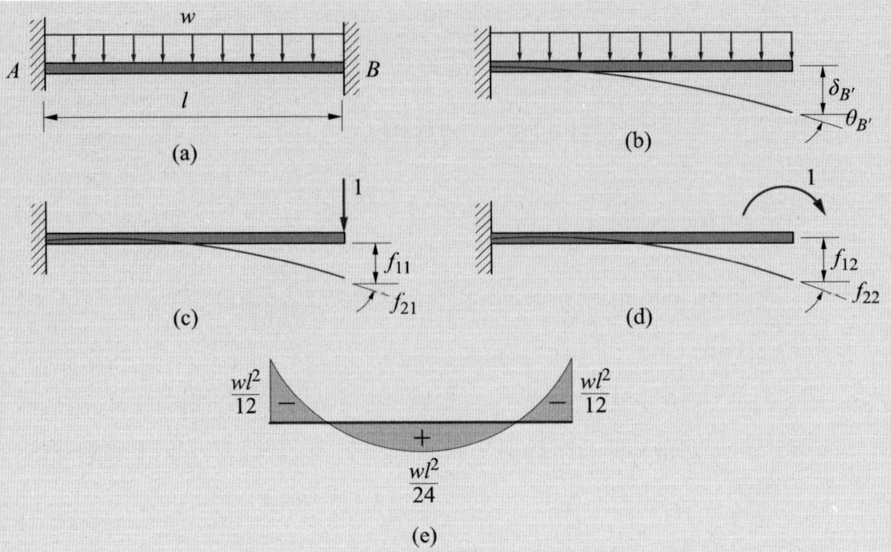

그림 17.3

$$f_{11}=\frac{l^3}{3EI},\ f_{21}=\frac{l^2}{2EI} \tag{b}$$

그림 17.3(d)에서 B점의 단위 휨모멘트에 대한 연성계수는 식(14.21) 및 식(14.22)의 단위 하중법 공식을 적용하여 계산된다.

$$f_{12}=\int_0^l \frac{(-1)[-(l-x)]}{EI}dx=\frac{l^2}{2EI}$$

$$f_{22}=\int_0^l \frac{(-1)(-1)}{EI}dx=\frac{l}{2EI} \tag{c}$$

식(a), (b), (c)의 값들을 식(17.2)에 적용하면, $\delta_B{}'$와 $\theta_B{}'$는 각각 $\delta_1{}'$ 및 $\delta_2{}'$, R_B와 M_B는 각각 X_1 및 X_2에 해당하므로 다음 연립 방정식이 성립된다.

$$\frac{wl^4}{8EI}+\frac{l^3}{3EI}R_B+\frac{l^2}{2EI}M_B=0$$

$$\frac{wl^3}{6EI}+\frac{l^2}{2EI}R_B+\frac{l}{EI}M_B=0$$

잉여력은

$$R_B=-\frac{wl}{2},\ M_B=\frac{wl^2}{12} \tag{17.6}$$

으로 계산되며, 휨모멘트 분포는 그림 17.3(e)와 같다.

예제 17.2 그림 17.4(a)와 같이 한 지점 고정, 세 지점 이동단인 보의 잉여력을 구하라.

풀이 그림 17.4(b)와 같이 등분포하중을 받는 캔틸레버보를 기본 구조물로 하고 이동단 B, C, D의 수직 반력 R_B, R_C, R_D를 잉여력으로 하면, 기본구조물의 B, C, D 처짐은 식(13.10b)로부터 계산한다.

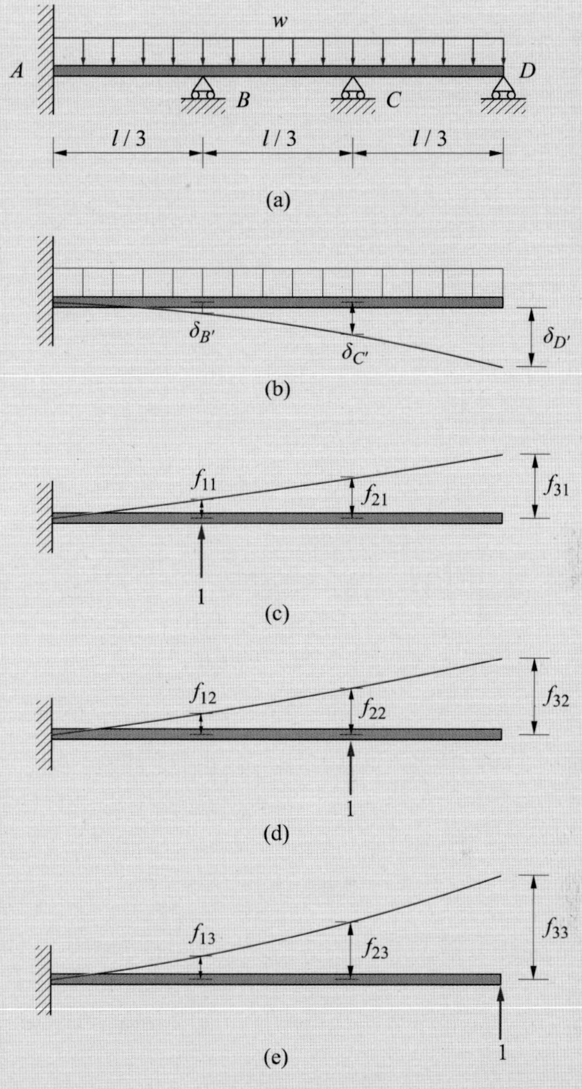

그림 17.4

$$\delta_B{}' = \frac{w}{24EI}\left[6l^2\left(\frac{l}{3}\right)^2 - 4l\left(\frac{l}{3}\right)^3 + \left(\frac{l}{3}\right)^4\right] = \frac{43wl^4}{1,944EI}$$

$$\delta_C{}' = \frac{w}{24EI}\left[6l^2\left(\frac{2l}{3}\right)^2 - 4l\left(\frac{2l}{3}\right)^3 + \left(\frac{2l}{3}\right)^4\right] = \frac{17wl^4}{243EI} \qquad \text{(d)}$$

$$\delta_D{}' = \frac{w}{24EI}\left[6l^4 - 4l^4 + l^4\right] = \frac{wl^4}{8EI}$$

그림 17.4 (c), (d), (e)의 연성계수의 계산에서 예제 13.3의 풀이로부터 자유단에 작용하는 집중하중에 의한 캔틸레버보의 처짐각 및 처짐방정식

$$\frac{dy}{dx} = \frac{P}{2EI}(2lx - x^2) \qquad \left(\frac{dy}{dx}\right)_l = \frac{Pl^2}{2EI}$$

$$y = \frac{P}{6EI}(3lx^2 - x^3) \qquad (y)_l = \frac{Pl^3}{3EI}$$

을 이용하면, 연성계수는 다음과 같다.

$$\begin{aligned}
f_{11} &= \frac{-1}{3EI}\left(\frac{l}{3}\right)^3 = \frac{-l^3}{81EI} \\
f_{21} &= f_{11} + \frac{-1}{2EI}\left(\frac{l}{3}\right)^2 \times \frac{l}{3} = \frac{-5l^3}{162EI} \\
f_{31} &= f_{11} + \frac{-1}{2EI}\left(\frac{l}{3}\right)^2 \times \frac{2l}{3} = \frac{-4l^3}{81EI} \\
f_{12} &= \frac{-1}{6EI}\left[3 \times \frac{2l}{3}\left(\frac{l}{3}\right)^2 - \left(\frac{l}{3}\right)^3\right] = \frac{-5l^3}{162EI} \\
f_{22} &= \frac{-1}{3EI}\left(\frac{2l}{3}\right)^3 = \frac{-8l^3}{81EI} \\
f_{32} &= f_{22} + \frac{-1}{2EI}\left(\frac{2l}{3}\right)^2 \times \frac{l}{3} = \frac{-14l^3}{81EI} \\
f_{13} &= \frac{-1}{6EI}\left[3l\left(\frac{l}{3}\right)^2 - \left(\frac{l}{3}\right)^3\right] = \frac{-4l^3}{81EI} \\
f_{23} &= \frac{-1}{6EI}\left[3l\left(\frac{2l}{3}\right)^2 - \left(\frac{2l}{3}\right)^3\right] = \frac{-14l^3}{81EI} \\
f_{33} &= \frac{-l^3}{3EI}
\end{aligned} \tag{e}$$

연성계수 계산에서 "−" 부호는 기본 구조물의 하중에 의한 변형과 잉여력에 의한 변형의 방향이 반대이기 때문이며 $f_{21} = f_{12}$, $f_{31} = f_{13}$, $f_{23} = f_{32}$ 등 식(14.43)의 연성계수의 대칭성이 성립된다. 식(d) 및 식(e) 값들을 $(\delta_1{}', \delta_2{}', \delta_3{}') = (\delta_B{}', \delta_C{}', \delta_D{}')$, $(X_1, X_2, X_3) = (R_B, R_C, R_D)$로 하여 식(17.2)에 대입하면 다음 연립방정식이 유도된다.

$$\frac{43wl^4}{1{,}944EI} - \frac{l^3}{81EI}R_B - \frac{5l^3}{162EI}R_C - \frac{4l^3}{81EI}R_D = 0$$

$$\frac{17wl^4}{243EI} - \frac{5l^3}{162EI}R_B - \frac{8l^3}{81EI}R_C - \frac{14l^3}{81EI}R_D = 0$$

$$\frac{wl^4}{8EI} - \frac{4l^3}{81EI}R_B - \frac{14l^3}{81EI}R_C - \frac{l^3}{3EI}R_D = 0$$

이 식들은 행렬식을 사용하여 다음을 계산한다.

$$\frac{l^3}{162EI}\begin{bmatrix} 2 & 5 & 8 \\ 5 & 16 & 28 \\ 8 & 28 & 54 \end{bmatrix}\begin{Bmatrix} R_B \\ R_C \\ R_D \end{Bmatrix} = \frac{wl^4}{1{,}944\,EI}\begin{Bmatrix} 43 \\ 136 \\ 243 \end{Bmatrix}$$

$$\begin{aligned}
\begin{Bmatrix} R_B \\ R_C \\ R_D \end{Bmatrix} &= \frac{wl}{12}\begin{bmatrix} 2 & 5 & 8 \\ 5 & 16 & 28 \\ 8 & 28 & 54 \end{bmatrix}^{-1}\begin{Bmatrix} 43 \\ 136 \\ 243 \end{Bmatrix} \\
&= \frac{wl}{12}\left(\frac{1}{26}\right)\begin{bmatrix} 81 & -46 & 12 \\ -46 & 44 & -16 \\ 12 & -16 & 7 \end{bmatrix}\begin{Bmatrix} 43 \\ 136 \\ 243 \end{Bmatrix} \\
&= \frac{wl}{312}\begin{Bmatrix} 100 \\ 118 \\ 41 \end{Bmatrix}
\end{aligned}$$

따라서 지점 B, C, D에서 잉여력의 값은 다음과 같이 계산된다.

$$R_B = \frac{100\,wl}{312}\,,\ R_C = \frac{118\,wl}{312}\,,\ R_D = \frac{41\,wl}{312}$$

그러므로 A점의 반력은

$$R_A = wl - \frac{wl}{312}(100+118+41) = \frac{53}{312}wl$$

$$M_A = -\frac{wl^2}{2} + \frac{wl^2}{312\times 3}\times(100+118\times 2+41\times 3) = \frac{-1}{104}wl^2$$

이 된다.

17.4 변형일치법에 의한 골조 해석

변형일치법에 의한 부정정 골조의 잉여력 해석은 부정정 보 잉여력의 계산과 비슷하게 이루어진다.

그림 17.5(a)와 같이 등분포하중을 지지하는 ㄱ자형 골조의 예에서 그림 17.5(b)의 골조를 기본 구조물로 하고 C지점의 수평 반력 H_C를 잉여력으로 한다. 기본 구조물의 C지점 수평 변위를 구하기 위하여 그림 17.5(c)와 같이 C지점에 오른 쪽으로 단위 수평하중 1을 가하고 식(14.21)의 단위 하중법을 사용하여 휨모멘트를 계산한다.

$$M_{AB} = \frac{w}{2}(lx - x^2)\,,\ M_{BC} = 0$$

$$M^*_{AB} = \frac{h}{l}x\,,\ M^*_{BC} = h - x$$

그러므로 C점의 수평 변위는 식(a)로 계산된다.

$$\delta_C{}' = \int_0^l \left(\frac{MM^*}{EI}\right)_{AB} dx = \int_0^l \frac{1}{EI_b}\frac{w}{2}(lx - x^2)\frac{hx}{l}\,dx$$

$$= \frac{whl^3}{24\,EI_b} \tag{a}$$

그림 17.5(d)의 잉여력 H_C에 의한 C점의 수평변위를 구하기 위해 그림 17.5(e)와 같이 C점에 왼쪽으로 단위 수평하중을 가하고 식(14.21)의 단위하중법을 사용하여 휨모멘트를 계산한다.

$$M_{AB} = -\frac{H_C \cdot h}{l}x\,,\ M^*_{AB} = -\frac{h}{l}x$$

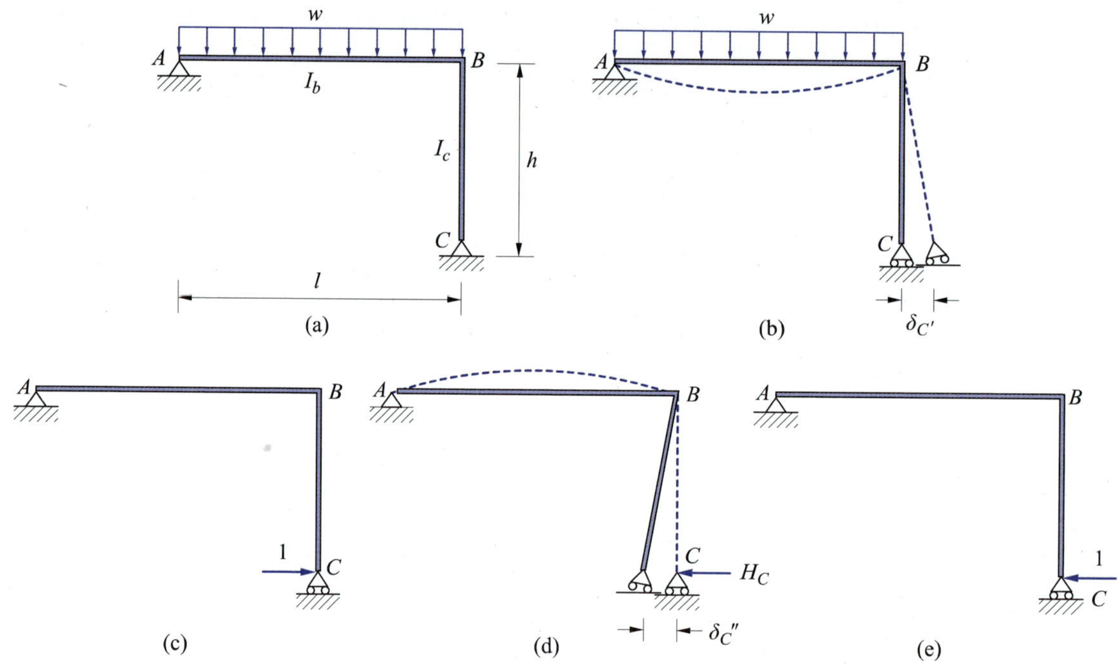

그림 17.5 변형일치법에 의한 골조해석

$$M_{BC} = H_C(-h+x)\,,\ \ M^*_{BC} = -h+x$$

이 식들을 식(14.21)에 대입하면, C점에서 잉여력 H_C에 의한 수평 처짐은 식(b)로 계산된다. 여기서, δ_C''의 "−" 부호는 δ_C'와 반대방향을 의미한다.

$$\begin{aligned}\delta_C'' &= -\left[\int_0^l \frac{H_C}{EI_b}\left(-\frac{h}{l}x\right)^2 dx + \int_0^h \frac{H_C}{EI_c}(-h+x)^2\,dx\right] \\ &= \frac{-H_C h^2}{3E}\left(\frac{l}{I_b}+\frac{h}{I_c}\right)\end{aligned} \tag{b}$$

C점에서는 수평처짐이 생기지 않으므로, C점의 적합방정식은

$$\delta_C' + \delta_C'' = 0$$

이 되며, 이 식에 식(a) 및 식(b)의 값을 대입하여 C점의 수평 반력을 계산한다.

$$\begin{aligned}H_C &= \frac{wl^2}{8h(1+\beta)} \\ \beta &= \frac{I_b}{I_c}\cdot\frac{h}{l}\end{aligned} \tag{17.7}$$

예제 17.3 집중하중을 받는 그림 17.6(a) 골조의 잉여력을 구하라.

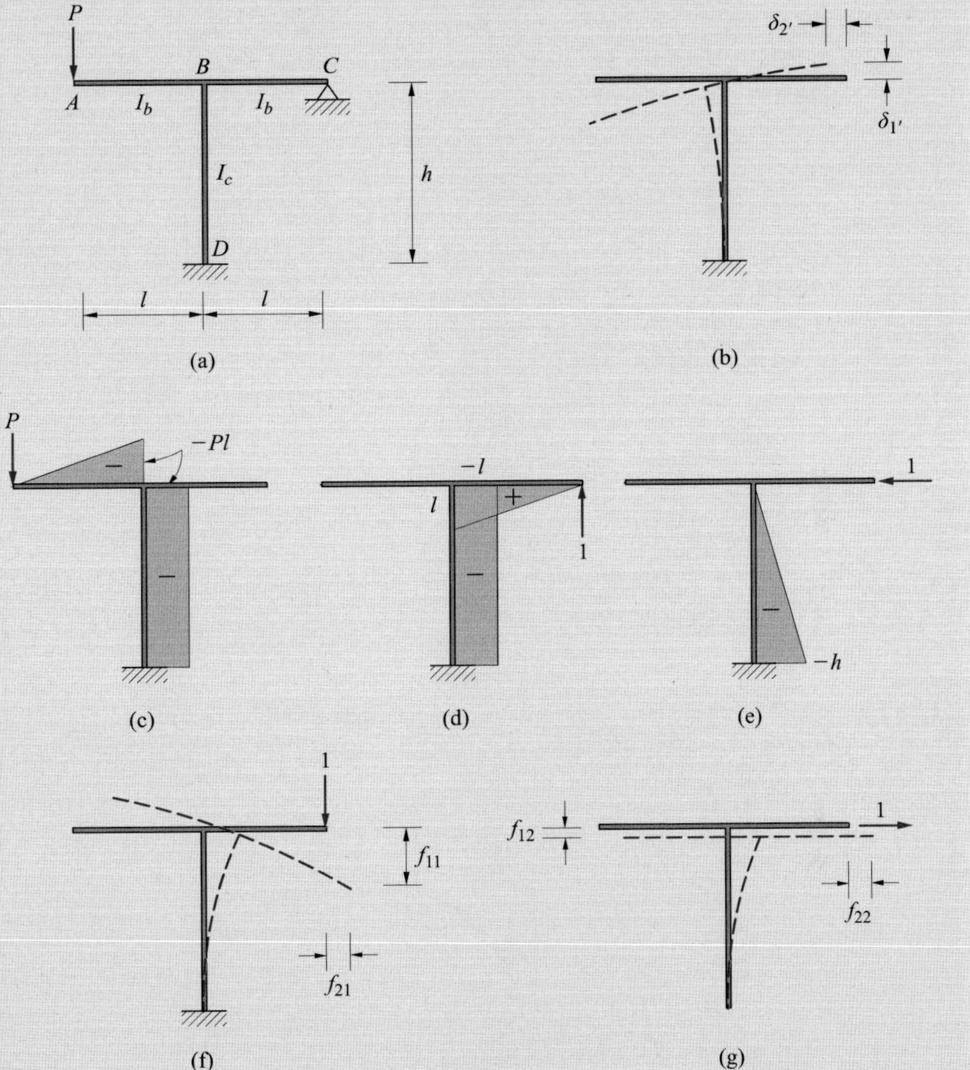

그림 17.6

풀이 C점의 수직 반력 V_C와 수평 반력 H_C를 잉여력으로 하면, 그림 17.6(b)의 기본 구조물 변위 δ_1'와 δ_2'는 각각 그림 17.6 (c)와 (d), 그림 17.6 (c)와 (e)의 휨모멘트에 식(14.21)의 단위 하중법 공식을 적용하여 유도한다.

$$\delta_1' = \int_0^h \frac{-Pl(-l)}{EI_c}\,dx = \frac{Pl^2h}{EI_c}$$

$$\delta_2' = \int_0^h \frac{-Pl(-x)}{EI_c}\,dx = \frac{Plh^2}{2EI_c} \tag{c}$$

잉여력인 수직반력 V_C와 수평반력 H_C에 의한 변위를 구하기 위해 연성계수를 계산한다. 연성계수는 그림 17.6 (f), (g)의 단위 하중 작용 시 휨모멘트에 식(14.21)의 단위 하중법 공식을 적용하면 식(d)로 계산된다. 이때 f의 "$-$" 부호는 δ' 방향과 반대이기 때문이다.

$$f_{11}=-\left[\int_0^l \frac{(l-x)^2}{EI_b}dx+\int_0^h \frac{l^2}{EI_c}dx\right]=-\frac{l^3}{3EI_b}-\frac{l^2h}{EI_c}$$

$$f_{12}=f_{21}=-\int_0^h \frac{lx}{EI_c}dx=-\frac{lh^2}{2EI_c} \tag{d}$$

$$f_{22}=-\int_0^h \frac{x^2}{EI_c}dx=-\frac{h^3}{3EI_c}$$

식(c), 식(d)의 값들을 식(17.2)에 대입하고 $X_1=V_C$, $X_2=H_C$로 하면, 다음의 연립방정식이 성립된다.

$$\frac{Pl^2h}{EI_c}-\left(\frac{l^3}{3EI_b}+\frac{l^2h}{EI_c}\right)V_C-\frac{lh^2}{2EI_c}H_C=0$$

$$\frac{Plh^2}{2EI_c}-\frac{lh^2}{2EI_c}V_C-\frac{h^3}{3EI_c}H_C=0$$

잉여력은 이 식으로부터 계산할 수 있다.

$$V_C=\frac{3P}{3+4/\beta},\ H_C=\frac{6P}{4+3/\beta}\cdot\frac{l}{h}$$

여기서, $\beta=\dfrac{I_b}{I_c}\cdot\dfrac{h}{l}$으로 계산된다.

예제 17.4 그림 17.7(a)와 같이 중앙 최대 높이 h인 2 활절점 포물선 아치의 임의의 위치에 집중하중이 작용할 때 수평 반력 H의 값을 구하라. 포물선 식은 식(15.33)으로 주어지며, EI는 일정하다.

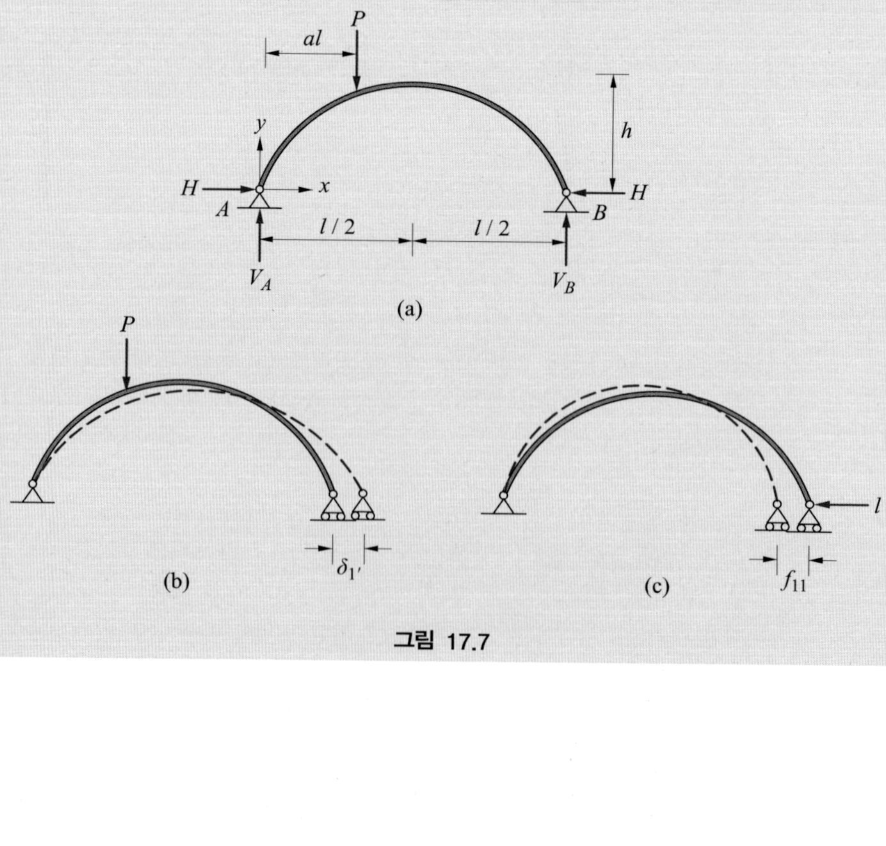

그림 17.7

풀이 그림 17.7(b)의 정정 포물선 아치를 기본 구조물로 하고 B점의 수평 반력 H_B를 잉여력으로 하면, B점의 수평 변위는 단위 하중법에 의하여 계산할 수 있다.

$$\begin{aligned}\delta_1' &= \int_0^{al} \frac{P(1-a)\,x(1y)}{EI}dx + \int_{al}^{l} \frac{Pa(l-x)(1y)}{EI}dx \\ &= \int_0^{al} \frac{P(1-a)x}{EI}\frac{4h(lx-x^2)}{l^2}dx + \int_{al}^{l} \frac{Pa(l-x)}{EI}\frac{4h(lx-x)}{l^2}dx \\ &= \frac{Phl^2}{3EI}(a-2a^3+a^4)\end{aligned}$$

연성계수는 그림 17.7(c)의 단위 수평력에 의한 휨모멘트를 고려하여 계산된다.

$$f_{11} = \int_0^l \frac{(-1y)^2}{EI}dx = \int_0^l \frac{1}{EI}\left[\frac{-4h(lx-x^2)}{l^2}\right]^2 dx = \frac{8h^2l}{15EI}$$

이 값들을 식(17.2)에 대입하면, 다음 식이 된다.

$$\delta_1' + f_{11}H = \frac{Phl^2}{3EI}(a-2a^3+a^4) + \frac{8h^2l}{15}H = 0$$

이로부터 수평 반력은

$$H = \frac{-5Pl}{8h}(a-2a^3+a^4)$$

으로 계산되며, "−" 부호는 압축력을 나타낸다.

예제 17.5 그림 17.8(a)와 같이 등분포하중을 받는 양단 고정 문형 골조의 잉여력을 구하라.

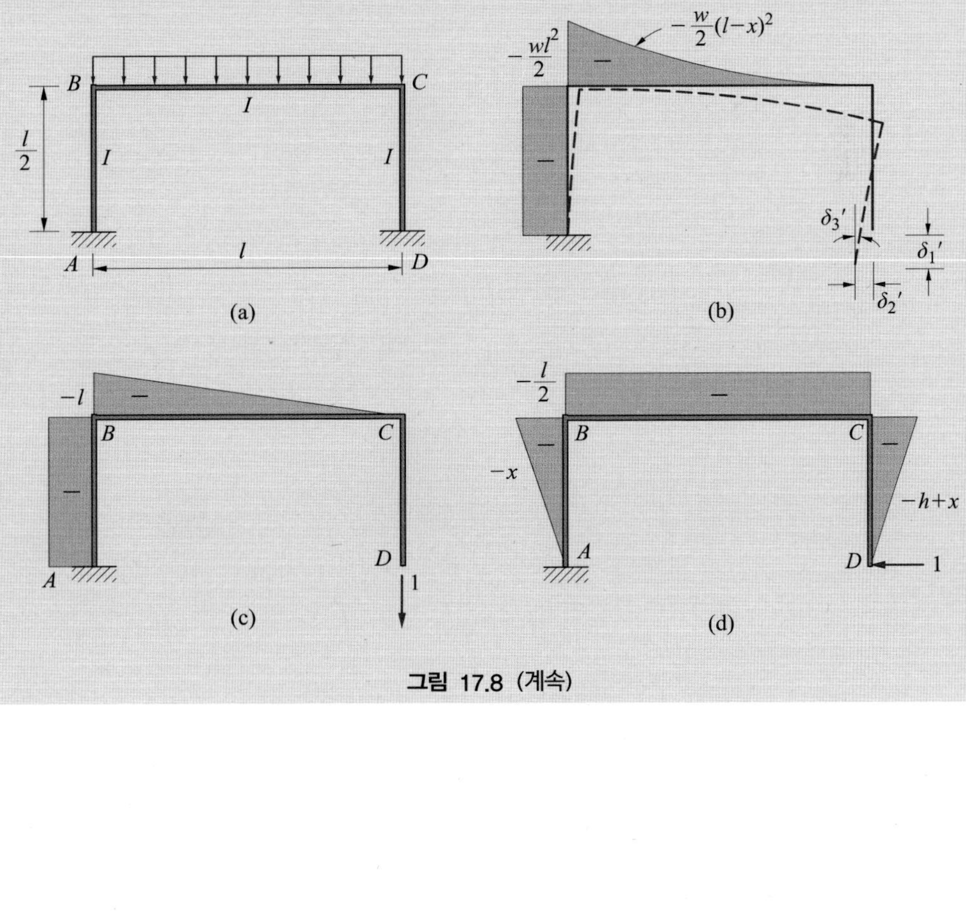

그림 17.8 (계속)

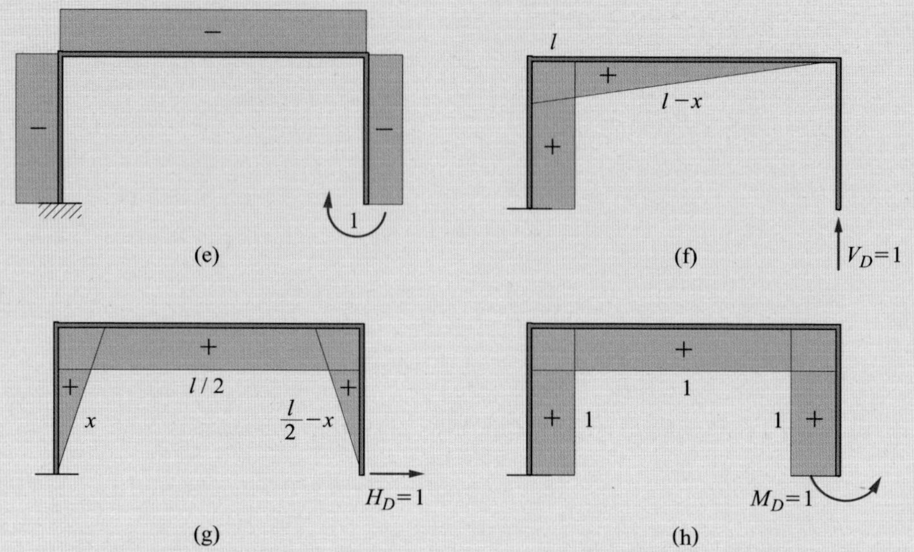

그림 17.8

풀이

그림 17.8(b)의 캔틸레버 골조를 기본 구조물로 하여 D점의 반력 V_D, H_D 및 M_D를 잉여력으로 하며, D점의 변위는 그림 17.8 (b), (c), (d) 및 (e)의 휨모멘트에 식(14.21)의 단위 하중법을 적용하여 계산한다.

$$\delta_1{}' = \int_0^{\frac{l}{2}} \frac{-\frac{wl^2}{2}(-l)}{EI}dx + \int_0^l \frac{-\frac{w}{2}(l-x)^2(-l+x)}{EI}dx = \frac{3wl^4}{8EI}$$

$$\delta_2{}' = \int_0^{\frac{l}{2}} \frac{-\frac{wl^2}{2}(-x)}{EI}dx + \int_0^l \frac{-\frac{w}{2}(l-x)^2(-\frac{l}{2})}{EI}dx = \frac{7wl^4}{48EI} \qquad \text{(e)}$$

$$\delta_3{}' = \int_0^{\frac{l}{2}} \frac{-\frac{wl^2}{2}(-1)}{EI}dx + \int_0^l \frac{-\frac{w}{2}(l-x)^2(-1)}{EI}dx = \frac{5wl^3}{12EI}$$

연성계수는 그림 17.8 (f), (g), (h)의 휨모멘트 분포로부터 계산된다.

$$f_{11} = \int_0^{\frac{l}{2}} \frac{-1(l)^2}{EI}dx + \int_0^l \frac{-1(l-x)^2}{EI}dx = \frac{-5l^3}{6EI}$$

$$f_{12} = f_{21} = \int_0^{\frac{l}{2}} \frac{-1(lx)}{EI}dx + \int_0^{\frac{l}{2}} \frac{-1(l-x)\left(\frac{l}{2}\right)}{EI}dx = \frac{-3l^3}{8EI}$$

$$f_{22} = \int_0^{\frac{l}{2}} \frac{-1(x)^2}{EI}dx + \int_0^l \frac{-1\left(\frac{l}{2}\right)^2}{EI}dx + \int_0^{\frac{l}{2}} \frac{-1\left(\frac{l}{2}-x\right)^2}{EI}dx = \frac{-l^3}{3EI} \qquad \text{(f)}$$

$$f_{13} = f_{31} = \int_0^{\frac{l}{2}} \frac{-1(l)(1)}{EI}dx + \int_0^l \frac{-1(l-x)(1)}{EI}dx = \frac{-l^2}{EI}$$

$$f_{23}=f_{32}=\int_0^{\frac{l}{2}}\frac{-1(x)(1)}{EI}dx\times 2+\int_0^{l}\frac{-1\left(\frac{l}{2}\right)(1)}{EI}dx=-\frac{3l^2}{4EI}$$

$$f_{33}=\int_0^{\frac{l}{2}}\frac{-1(1)^2}{EI}dx\times 2+\int_0^{l}\frac{-1(1)^2}{EI}dx=-\frac{2l}{EI}$$

식(e)와 식(f)의 값들을 식(17.2)에 대입하면, 다음 연립방정식이 유도된다.

$$\frac{3wl^4}{8EI}-\frac{5l^3}{6EI}V_D-\frac{3l^3}{8EI}H_D-\frac{l^2}{EI}M_D=0$$

$$\frac{7wl^4}{48EI}-\frac{3l^3}{8EI}V_D-\frac{l^3}{3EI}H_D-\frac{3l^2}{4EI}M_D=0$$

$$\frac{5wl^3}{12EI}-\frac{l^2}{EI}V_D-\frac{3l^2}{4EI}H_D-\frac{2l}{EI}M_D=0$$

이 식들은 행렬식을 사용하면, 미지의 반력들은 식(17.8)로 계산된다.

$$\frac{l}{48EI}\begin{bmatrix}40l^2 & 18l^2 & 48l\\ 18l^2 & 16l^2 & 36l\\ 48l & 36l & 96\end{bmatrix}\begin{Bmatrix}V_D\\ H_D\\ M_D\end{Bmatrix}=\frac{wl^3}{48EI}\begin{Bmatrix}18l\\ 7l\\ 20\end{Bmatrix}$$

$$\begin{aligned}\begin{Bmatrix}V_D\\ H_D\\ M_D\end{Bmatrix}&=\begin{bmatrix}40l^2 & 18l^2 & 48l\\ 18l^2 & 16l^2 & 36l\\ 48l & 36l & 96\end{bmatrix}^{-1}\begin{Bmatrix}18wl^3\\ 7wl^3\\ 20wl^2\end{Bmatrix}\\ &=\frac{1}{3840l^4}\begin{bmatrix}240l^2 & 0 & -120l^2\\ 0 & 1536l^2 & -576l^2\\ -120l^3 & -576l^3 & 316l^2\end{bmatrix}\begin{Bmatrix}18wl^3\\ 7wl^3\\ 20wl^2\end{Bmatrix}\\ &=\begin{Bmatrix}\frac{wl}{2}\\ -\frac{wl}{5}\\ \frac{wl^2}{30}\end{Bmatrix}\end{aligned}\tag{17.8}$$

이 계산에서 H_D의 값이 "$-$" 부호를 가지는 이유는 D점에 작용하는 수평 반력이 그림 17.8(g)에서 가정한 방향과 반대이기 때문이다.

17.5 변형일치법에 의한 트러스 해석

부정정 트러스는 반력의 수가 평형조건 수보다 많은 외적 부정정 트러스와 부재 수가 절점의 평형조건으로 풀 수 있는 수보다 많은 내적 부정정 트러스로 나뉘며, 외적 부정정 트러스에서는 반력, 내적 부정정 트러스에서는 부재력을 잉여력으로 한다.

그림 17.9(a)와 같이 양 지점이 회전단으로 되어 있는 트러스는 네 개의 반력을 가지므로 1차 외적 부정정차수의 트러스이다. 이 트러스의 B지점 수평 반력을 잉여력으로 하면, 기본 구조물은 그림 4.9(b)의 트러스가 되며, 주어진 절점 하중에 대하여 계산된 부재력은 각 트러스의 부재에 표시된 값과 같다. 이 값에서 "+" 부호는 인장, "−" 부호는 압축을 나타낸다.

트러스의 모든 부재의 단면과 탄성계수가 같은 경우 l = 3.0 m로 하면, 그림 17.9(b) 및 (c)의 부재력으로부터 트러스의 B점의 수평 변위는 외부 절점하중에 대하여 다음과 같다.

$$\delta_B{}' = \Sigma\left(\frac{NN^*}{EA}l\right)_{AC,\,CD,\,DB} = \frac{l}{EA}[(37.5)(1.0)\times 2 + (30)\times(1.0)]$$

$$= \frac{105\,l}{EA} \tag{a}$$

단위 수평 하중에 대하여 식(b)에 의해 계산된다.

$$\delta_B{}'' = \Sigma\left(\frac{N^{*2}}{EA}l\right)_{AC,\,CD,\,DB} = \frac{(1)^2}{EA}l\times 3 = \frac{3l}{EA} \tag{b}$$

H_B의 수평 반력에 의한 변형의 적합조건은 다음과 같다.

$$\delta_B{}' + H_B\,\delta_B{}'' = 0$$

이 식에 식(a)와 식(b)의 값들을 대입하여 수평 반력을 계산할 수 있다.

$$H_B = \frac{-105\,l/EA}{3l/EA} = -35\,\text{kN}$$

따라서 AC, CD 및 DB 부재에는 $H_B = -35$ kN의 수평 반력에 의하여 $N = -35 \times 1 = -35$ kN의 부재력이 도입되어, 부정정 트러스의 부재력은 그림 17.9(d)와 같이 된다.

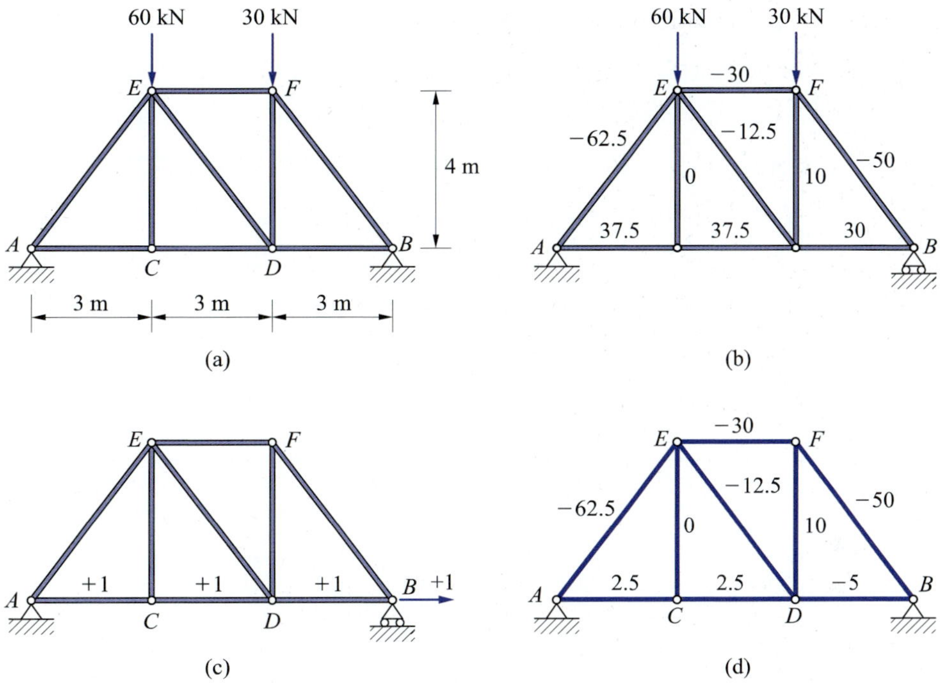

그림 17.9 변형일치법에 의한 트러스 해석

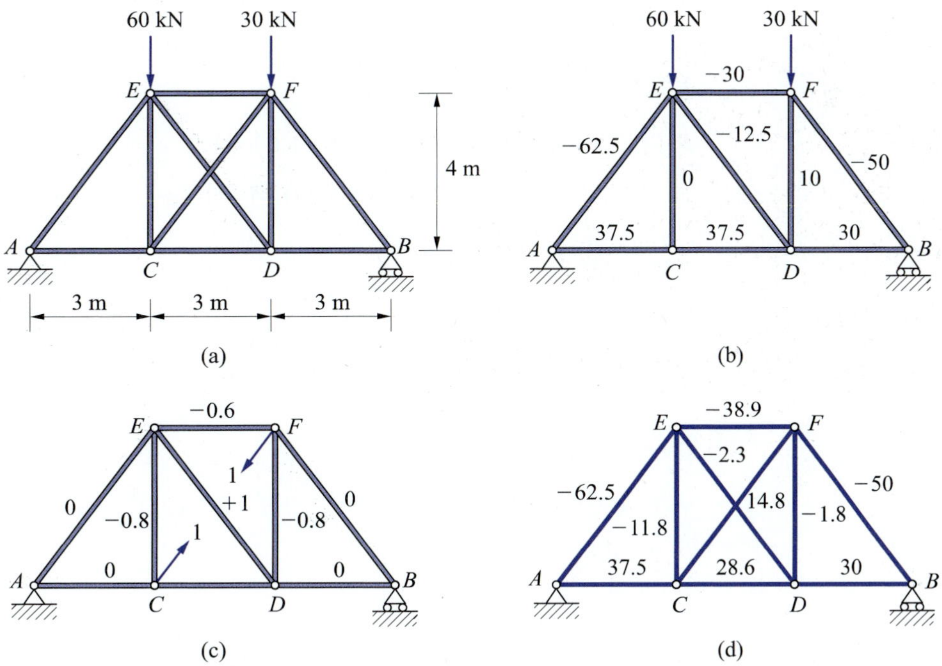

그림 17.10 변형일치법에 의한 내적 부정정 트러스 해석

그림 17.10(a) 트러스는 그림 17.9(a) 트러스와 달리 반력수는 세 개로 외적 정정이나, 부재수가 절점의 평형조건으로 풀 수 있는 수 보다 하나 더 많아 1차 내적 부정정이 된 경우이다. 잉여 부재를 CF 부재로 하여 절단되어 부재력이 없는 것으로 가상하면, 기본 구조물은 그림 17.10(b)의 트러스가 되며, 외부의 절점 하중에 대한 kN 단위의 부재력은 부재에 표시된 수치와 같다.

잉여 부재력을 구하기 위하여 그림 17.10(c)와 같이 C 및 F 절점에 부재 CF 방향으로 단위 하중을 가하면 부재력은 그림 17.10(c)에 표시된 바와 같이 계산된다.

트러스의 모든 부재의 단면과 탄성계수가 같은 경우 식(14.19)의 단위 하중법으로 수평 변위 계산을 위한 값들을 정리하면 다음과 같다.

부재	N (kN)	N^* (kN)	EA	l (m)	상대길이
CD	+37.5	−0.6	EA	3	0.6 l
CE	0.00	−0.8	EA	4	0.8 l
DE	−12.5	+1.0	EA	5	1.0 l
DF	10.0	−0.8	EA	4	0.8 l
EF	−30.0	−0.6	EA	3	0.6 l

이 표로부터 기본 구조물의 $C-F$ 방향의 외부 절점 하중에 의한 변위는 다음과 같다.

$$\begin{aligned}\delta_{CF}' &= \Sigma \frac{NN^* l}{EA} \\ &= [(37.5)(-0.6)\times 0.6 + (-12.5)(1.0)\times 1.0 \\ &\qquad + (10.0)(-0.8)\times 0.8 + (-30.0)(-0.6)\times 0.6]\frac{l}{EA} \\ &= \frac{-21.6l}{EA} \qquad \text{(c)}\end{aligned}$$

단위 하중에 의한 변위는 식(d)에 의해 계산된다.

$$\begin{aligned}\delta_{CF}'' &= \Sigma \frac{N^* N^* l}{EA} \\ &= [(-0.6)^2\times 0.6\times 2 + (-0.8)^2\times 0.8\times 2 + (1.0)^2\times 1.0]\frac{l}{EA} \\ &= \frac{2.456l}{EA} \qquad \text{(d)}\end{aligned}$$

절점 C와 F에 부재 CF가 설치되면, 부재력 N_{CF}에 의하여 $N_{CF}(l/EA)_{CF}$만큼의 변형이 생기기 때문에 적합조건은 다음과 같다.

$$\delta_{CF}{}' + N_{CF}\,\delta_{CF}{}'' = N_{CF}\left(\frac{l}{EA}\right)_{CF}$$

이 식에 식(c) 및 식(d)의 값들을 대입하여 부재력을 계산한다.

$$N_{CF} = \frac{21.6\,l/EA}{(2.456-1)\,l/EA} = 14.8\,\text{kN}$$

이 부재력에 의하여 CD 및 EF 부재에는 $-0.6\times14.8 = -8.9$ kN, CE 및 DF 부재에는 $-0.8\times14.8 = -11.8$ kN, DE 부재에는 14.8 kN의 부재력이 생겨, 그림 17.10(a) 부정정 트러스의 부재력은 그림 17.10(d)와 같이 주어진다.

예제 17.6 그림 17.11(a)와 같은 외적 부정정 트러스의 부재력을 구하라.

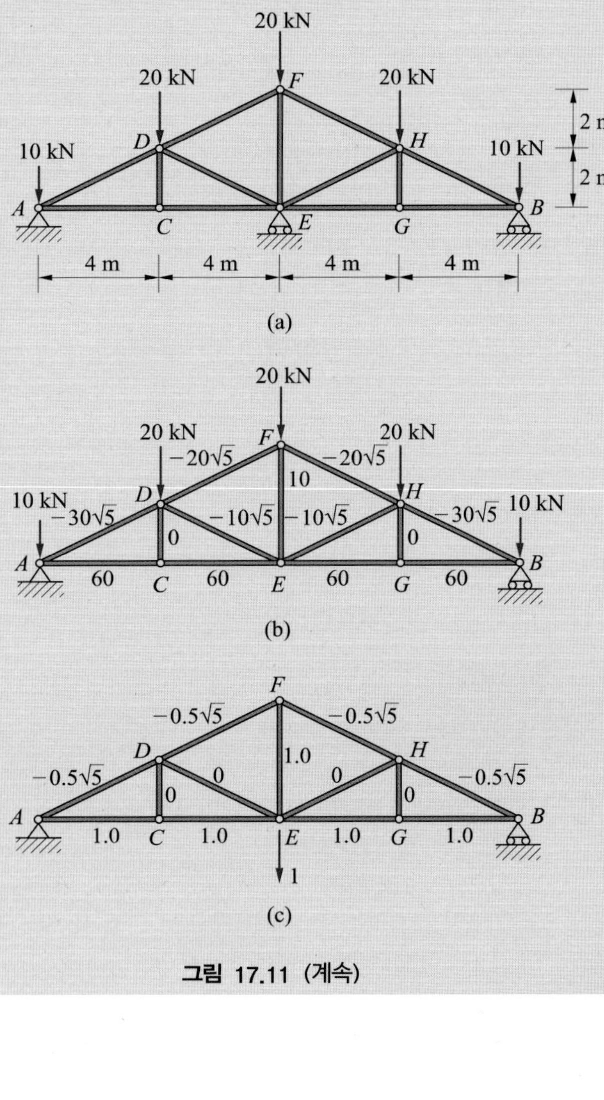

그림 17.11 (계속)

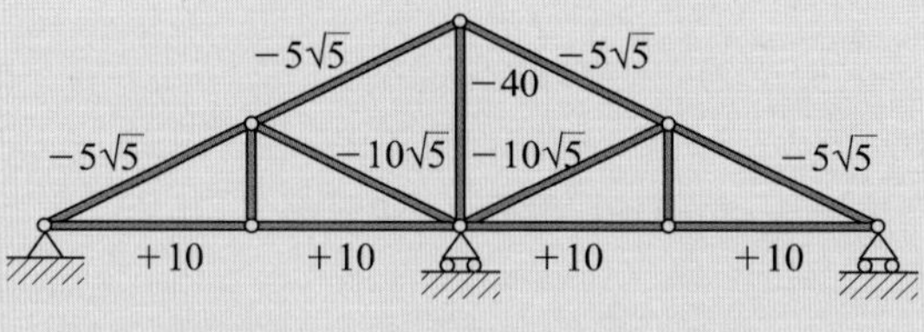

(d)

그림 17.11

풀이

트러스 중앙의 E지점 수직 반력을 잉여력으로 하면, 기본 구조물은 그림 17.11(b)와 같이 되며, 이 정정 트러스에 대한 kN 단위의 부재력은 그림 5.3(f)의 예로부터 그림 17.11(b)의 부재에 표시한 값과 같다.

그림 17.11(c)와 같이 트러스의 중앙에 단위 하중을 작용시키면, 부재력은 부재에 표시한 값으로 계산되며, 식(14.19)의 단위 하중법 적용에 필요한 값들은 다음과 같이 정리된다.

부재	N(kN)	N^*(kN)	EA	l
$AC,\ CE,\ EG,\ GB$	60	1.0	EA	$4.0l$
$AD,\ BH$	$-30\sqrt{5}$	$-0.5\sqrt{5}$	EA	$2\sqrt{5}\,l$
$DF,\ FH$	$-20\sqrt{5}$	$-0.5\sqrt{5}$	EA	$2\sqrt{5}\,l$
EF	10	1.0	EA	$4.0l$

이 값들로부터 기본 구조물의 외력에 의한 중앙부 처짐을 계산한다.

$$\begin{aligned}\delta_E' &= \Sigma\frac{NN^*l}{EA}\\ &= [(60)(1.0)\times4\times4+(-30\sqrt{5})(-0.5\sqrt{5})\times2\sqrt{5}\times2\\ &\qquad +(-20\sqrt{5})(-0.5\sqrt{5})\times2\sqrt{5}\times2+(10)\times(1.0)\times4]\frac{l}{EA}\\ &= (1000+500\sqrt{5})\frac{l}{EA}\end{aligned} \tag{e}$$

중앙부에 작용하는 단위 하중에 의한 처짐은 식(f)에 의해 계산된다.

$$\begin{aligned}\delta_E'' &= \Sigma\frac{N^*N^*l}{EA}\\ &= [(1.0)^2\times4\times5+(-0.5\sqrt{5})^2\times2\sqrt{5}\times4]\frac{l}{EA}\\ &= (20+10\sqrt{5})\frac{l}{EA}\end{aligned} \tag{f}$$

실제 구조물에서 E점은 처짐이 생기지 않으므로 E점의 변형 적합방정식은

$$\delta_E' + R_E\delta_E'' = 0$$

이 되며, 이 식에 식(e) 및 식(f)의 값을 대입하면 E점의 수직 반력을 계산할 수 있다.

$$R_E = \frac{-(1000+500\sqrt{5})l/EA}{(20+10\sqrt{5})l/EA} = -50\,\text{kN}$$

E지점의 오름세 수직 반력 $R_E = -50\,\text{kN}$에 따라 그림 17.11(c)에서 AC, CE, EG, GB 및 EF 부재에는 $-50\times1=-50\,\text{kN}$의 압축력, AD, DF, FH, HB 부재에는 $-50\times(-0.5\sqrt{5})=25\sqrt{5}\,\text{kN}$의 인장력이 도입되어 부정정 트러스의 부재력은 그림 17.11(d)에 표시된 값이 된다.

17.6 최소일법

앞 절의 변형일치법에서는 잉여 반력이나 잉여 부재력을 제외한 기본 구조물의 부재력을 구한 후 변형에 대한 적합조건과 겹침원리를 적용하여 잉여력을 구한다.

그러나 카스틸리아노의 제2정리를 변위가 구속되는 지점에 적용하면 n개의 부정정력 $X_i\,(i=1,\ 2,\ \cdots\ n)$에 대하여 식(17.9)가 성립한다.

$$\delta_i = \frac{\partial U}{\partial X_i} = 0 \quad (i=1,\ 2,\ \cdots\ n) \tag{17.9}$$

이 식에서 U는 구조물의 변형에너지로 부정정력을 포함한 외력의 함수이므로, 식(17.9)로부터 n개의 연립방정식을 얻어 부정정력 $X_i\,(i=1,\ 2,\ \cdots\ n)$를 유일해로 얻을 수 있다.

식(17.9)는 외력이 작용하면 구조물은 평형을 유지하기 위하여 최소한의 일을 하고 있음을 나타내는 식이다. 따라서 보나 골조 또는 트러스 등에 외력이 작용하면, 그 구조물은 평형을 유지하는 데 필요한 최소한의 변형만 하며, 그 이상의 일은 하지 않는다. 이런 의미에서 식(17.9)를 카스틸리아노의 적합방정식이라고 하고 이 식에 의한 부정정 구조해석 방법을 최소일법(method of least work)이라고 한다.

식(14.32)의 변형에너지를 식(17.9)에 적용하고, 변위를 식(14.31)로 나타내면, 미지의 부정정력 $P_i\,(i=1,\ 2,\ \cdots\ k)$와 $M_j\,(j=k+1,\ k+2,\ \cdots\ n)$에 대하여 카스틸리아노의 적합방정식은 식(17.10a,b)의 형태로 주어진다.

$$\delta_i = \int_0^l \frac{N}{EA}\frac{\partial N}{\partial P_i}dx + \int_0^l \frac{M}{EI}\frac{\partial M}{\partial P_i}dx + \int_0^l \frac{\beta V}{GA}\frac{\partial V}{\partial P_i}dx = 0$$
$$(i=1,\ 2,\ \cdots\ k) \tag{17.10a}$$

$$\theta_j = \int_0^l \frac{N}{EA}\frac{\partial N}{\partial M_j}dx + \int_0^l \frac{M}{EI}\frac{\partial M}{\partial M_j}dx + \int_0^l \frac{\beta V}{GA}\frac{\partial V}{\partial M_j}dx = 0$$
$$(j=k+1,\ k+2,\ \cdots\ n) \tag{17.10b}$$

이 식은 변위가 구속되어 생기지 않는 경우이고, 부동침하나 제작상의 오차로 변위가 생긴 경우에는 그 값을 0 대신에 δ_i 또는 θ_j로 사용한다.

17.7 최소일법에 의한 보와 골조 해석

최소일법에 의한 카스틸리아노의 적합방정식은 부정정 보와 골조의 잉여력을 구하는 데 편리하게 사용된다.

보와 골조에서는 축방향력에 의한 일과 전단력에 의한 일이 휨모멘트에 의한 일에 비하여 무시할 정도로 작기 때문에 식(17.10a,b)에서 이들 항을 무시하여, 적합방정식은 식(17.11a,b)로 주어진다.

$$\delta_i = \int_0^l \frac{M}{EI}\frac{\partial M}{\partial P_i}dx = 0 \quad (i = 1,\ 2,\ \cdots\ k) \tag{17.11a}$$

$$\theta_j = \int_0^l \frac{M}{EI}\frac{\partial M}{\partial M_j}dx = 0 \quad (j = k+1,\ k+2,\ \cdots\ n) \tag{17.11b}$$

식(17.11a,b)에 의한 부정정보 해석의 예로, 그림 17.12의 보는 1차 부정정구조이므로 반력 R_A를 잉여력으로 하면, 카스틸리아노의 적합방정식은 식(17.11a)로부터 주어진다.

$$\delta_A = \int_0^l \frac{M}{EI}\frac{\partial M}{\partial R_A}dx = 0 \tag{a}$$

그림 17.12에서 보의 휨모멘트를 계산한다.

$$M = R_A x - \frac{wx^2}{2}$$

이 식을 식(a)에 대입하면, A점의 수직 반력은 다음과 같다.

$$\int_0^l \frac{1}{EI}\left(R_A x - \frac{wx^2}{2}\right)(x)dx = \frac{1}{EI}\left(\frac{R_A l^3}{3} - \frac{wl^4}{8}\right) = 0$$

$$R_A = \frac{3wl}{8}$$

이 값은 식(17.5)의 값과 일치한다.

그림 17.13의 골조는 1차 부정정이므로 반력 V_A를 잉여력으로 하면, C점의 휨모멘트 평형조건으로부터 수평 반력은 식(b)로 주어진다.

$$H_A = -2\left(V_A - \frac{wl}{2}\right) \tag{b}$$

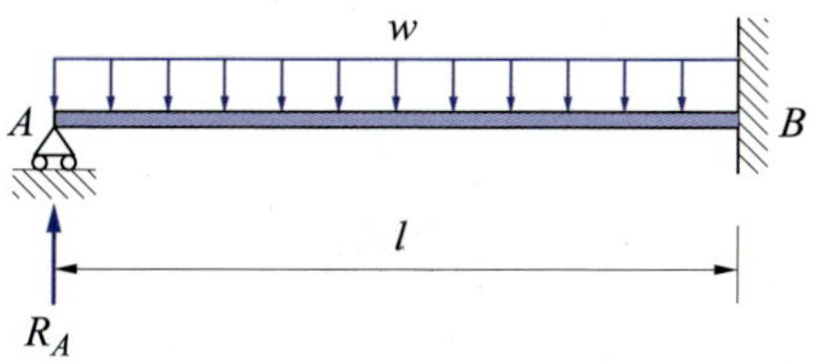

그림 17.12 최소일법에 의한 보해석

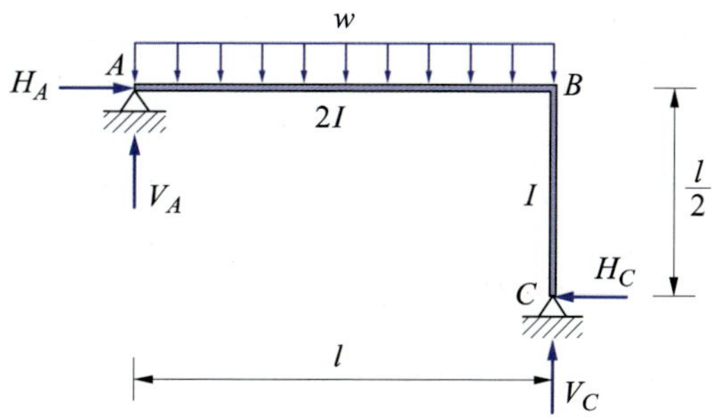

그림 17.13 최소일법에 의한 골조해석

휨모멘트 분포는

$$AB \text{ 구간 } : M = V_A x - \frac{w}{2}x^2, \quad \frac{\partial M}{\partial V_A} = x$$

$$BC \text{ 구간 } : M = V_A l - \frac{w}{2}l^2 + H_A \cdot x$$

$$= \left(V_A - \frac{w}{2}l\right)(l-2x), \quad \frac{\partial M}{\partial V_A} = (l-2x)$$

이므로, 이 식들을 식(17.11a)에 대입하면

$$\int_0^l \frac{1}{2EI}\left(V_A x - \frac{w}{2}x^2\right)(x)\,dx + \int_0^{\frac{l}{2}} \frac{1}{EI}\left(V_A - \frac{w}{2}l\right)(l-2x)^2 dx$$

$$= \frac{1}{EI}\left(\frac{V_A l^3}{3} - \frac{7}{48}wl^4\right) = 0$$

의 식을 얻게 된다. 이 식으로부터 수직 반력을 계산한다.

$$V_A = \frac{7}{16}wl$$

이 값을 식(b)에 대입하여 수평 반력을 계산하며, 이 수평 반력은 식(17.7)로 계산된 값과 같다.

$$H_A = \frac{wl}{8}$$

예제 17.7 그림 17.14(a)와 같이 집중하중을 받는 양단 고정된 보의 잉여 반력을 구하는 일반식을 유도하고 집중하중이 보 중앙에 작용할 때 휨모멘트를 계산하라.

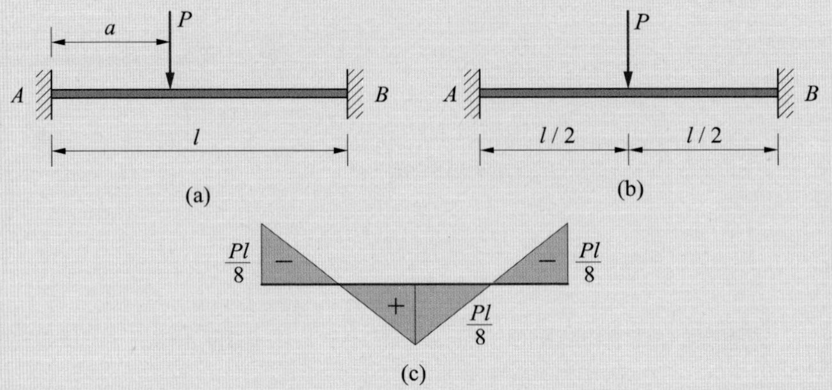

그림 17.14

풀이

양단 고정된 보는 3차 부정정구조이나, 수평력이 고려되지 않은 경우 두 개의 반력이 잉여력이 된다. A점에 시계 반대방향의 고정단모멘트 M_A와 오름세의 수직 반력 R_A를 잉여력으로 선정하면, 보의 휨모멘트 식은 식(c)가 된다.

$$M_x = \begin{cases} -M_A + R_A x & x \le a \\ -M_A + R_A x - P(x-a) & x \ge a \end{cases} \tag{c}$$

식(17.11a,b)에 따라

$$\int_0^l \frac{M}{EI}\frac{\partial M}{\partial R_A}dx = \int_0^l \frac{-M_A + R_A x}{EI}(x)dx - \int_a^l \frac{P(x-a)}{EI}(x)dx = 0$$

$$\int_0^l \frac{M}{EI}\frac{\partial M}{\partial M_A}dx = \int_0^l \frac{-M_A + R_A x}{EI}(-1)dx - \int_a^l \frac{P(x-a)}{EI}(-1)dx = 0$$

의 식으로부터 미지수 R_A 및 M_A에 대한 연립방정식을 구한다.

$$-\frac{M_A l^2}{2} + \frac{R_A l^3}{3} - P\left(\frac{l^3}{3} - \frac{al^2}{2} + \frac{a^3}{6}\right) = 0$$

$$M_A l - \frac{R_A l^2}{2} + P\left(\frac{l^2}{2} - al + \frac{a^2}{2}\right) = 0$$

미지의 반력 공식은 식(17.12)로 유도된다.

$$R_A = P\left(1 - 3\frac{a^2}{l^2} + 2\frac{a^3}{l^3}\right)$$

$$M_A = P\left(\frac{a^3}{l^2} - 2\frac{a^2}{l} + a\right) \tag{17.12}$$

그림 17.14(b)와 같이 집중하중이 보 중앙에 작용하는 경우 식(17.12)에 $a = l/2$를 대입하면, A점의 반력은 식(17.13)이 된다.

$$R_A = \frac{P}{2}, \ M_A = \frac{Pl}{8} \tag{17.13}$$

식(c)로부터 휨모멘트 식은

$$M_x = \begin{cases} -\frac{Pl}{8} + \frac{Px}{2} & x \le \frac{l}{2} \\ -\frac{Pl}{8} + \frac{Px}{2} - P(x - \frac{l}{2}) & x \ge \frac{l}{2} \end{cases} \tag{d}$$

으로 그림 17.14(c)와 같이 분포된다.

예제 17.8 그림 17.15의 등분포하중을 받는 양단 고정된 보의 휨모멘트를 구하라.

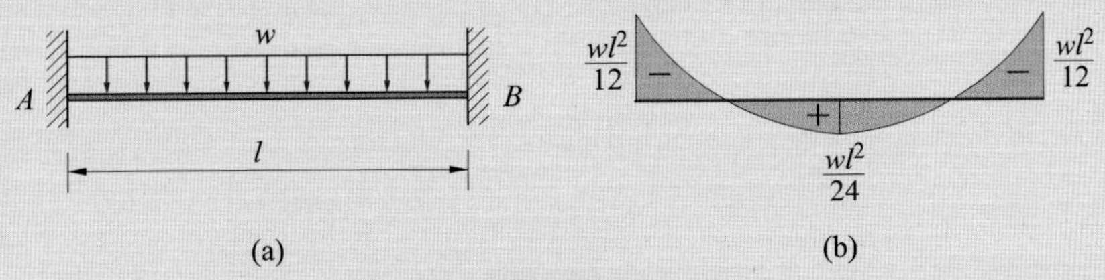

그림 17.15

풀이 그림 17.15(a)와 같이 등분포 하중을 받는 양단 고정된 보에서 하중의 대칭 조건으로부터 A점의 수직 반력은 $R_A = wl/2$이 된다. A점의 고정단 휨모멘트가 반시계방향으로 작용하는 것으로 가정하여 휨모멘트를 계산한다.

$$M_x = -M_A + \frac{w}{2}(lx - x^2) \tag{e}$$

단부 휨모멘트 M_A의 값을 구하기 위하여 식(17.11b)를 사용하여 다음 식을 유도한다.

$$\int_0^l \frac{M}{EI}\frac{\partial M}{\partial M_A}dx = \int_0^l \frac{1}{EI}\left[-M_A + \frac{w}{2}(lx - x^2)\right](-1)dx$$
$$= \frac{1}{EI}\left(-M_A l + \frac{wl^3}{12}\right) = 0$$

보의 반력은 식(17.14)가 된다.

$$R_A = \frac{wl}{2},\ M_A = \frac{wl^2}{12} \tag{17.14}$$

이 값들을 식(e)에 대입하여 휨모멘트 식을 계산하며, 이 식에 의한 휨모멘트 분포는 그림 17.15(b)와 같다.

$$M_x = -\frac{wl^2}{12} + \frac{w}{2}(lx - x^2)$$

예제 17.9 그림 17.16 골조의 잉여 반력들을 최소일법으로 구하라.

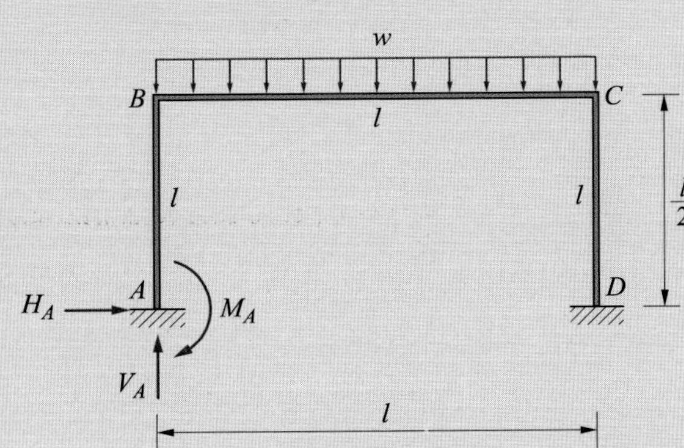

그림 17.16

풀이

그림 17.16 골조는 3차 부정정구조이나, 구조물과 하중이 대칭으로 분포되어 있으므로 A점의 수직 반력은 $wl/2$이 되며, A점의 나머지 반력 H_A 및 M_A를 잉여력으로 하면, 휨모멘트와 휨모멘트의 잉여력에 대한 편미분은 구간별로 다음과 같다.

구간	M	$\dfrac{\partial M}{\partial H_A}$	$\dfrac{\partial M}{\partial M_A}$
AB	$M_A - H_A x$	$-x$	1
BC	$M_A - \dfrac{H_A}{2} l + \dfrac{w}{2}(lx - x^2)$	$-\dfrac{l}{2}$	1
CD	$M_A - \dfrac{H_A}{2}(l - 2x)$	$-\dfrac{1}{2}(l-2x)$	1

이 식들을 식(17.11a,b)의 적합방정식에 대입하여 다음을 계산한다.

$$\begin{aligned}\int \frac{M}{EI}\frac{\partial M}{\partial H_A}dx &= \int_0^{\frac{l}{2}} \frac{1}{EI}(M_A - H_A x)(-x)dx \\ &+ \int_0^{l} \frac{1}{EI}\left[M_A - \frac{H_A}{2} l + \frac{w}{2}(lx - x^2)\right]\left(-\frac{l}{2}\right)dx \\ &+ \int_0^{\frac{l}{2}} \frac{1}{EI}\left[M_A - \frac{H_A}{2}(l-2x)\right]\left[-\frac{1}{2}(l-2x)\right]dx \\ &= \frac{1}{EI}\left(-\frac{3}{4}M_A l^2 + \frac{1}{3}H_A l^3 - \frac{wl^4}{24}\right) = 0\end{aligned}$$

$$\begin{aligned}\int \frac{M}{EI}\frac{\partial M}{\partial M_A}dx &= \int_0^{\frac{l}{2}} \frac{1}{EI}(M_A - H_A x)(1)dx \\ &+ \int_0^{l} \frac{1}{EI}\left[M_A - \frac{H_A}{2} l + \frac{w}{2}(lx - x^2)\right](1)dx \\ &+ \int_0^{\frac{l}{2}} \frac{1}{EI}\left[M_A - \frac{H_A}{2}(l-2x)\right](1)\,dx \\ &= \frac{1}{EI}\left(2M_A l - \frac{3}{4}H_A l^2 + \frac{wl^3}{12}\right) = 0\end{aligned}$$

정리하면 다음 연립방정식이 유도된다.

$$-\frac{3}{4}M_A l^2 + \frac{1}{3}H_A l^3 = \frac{wl^4}{24}$$

$$2M_A l - \frac{3}{4}H_A l^2 = -\frac{wl^3}{12}$$

이로부터 잉여 반력은 다음과 같이 계산된다.

$$H_A = \frac{wl}{5}, \ M_A = \frac{wl^2}{30}$$

이 계산 결과와 반력의 작용방향은 예제 17.5에서 변형일치법으로 구한 결과와 일치한다. 카스틸리아노의 공식 적용에서 AB, BC, CD 구간에 대하여 적분하고 있으나, 하중과 구조의 대칭성을 이용하여 AB 전 구간과 BC 구간의 반을 적분한 값을 두 배로 해도 같은 결과를 얻게 된다.

17.8 최소일법에 의한 트러스 해석

트러스 해석에서는 휨모멘트와 전단력이 고려되지 않으며, 트러스 부재가 변단면이 아닌 경우 부재에 작용하는 축방향력은 부재 길이에 걸쳐 일정하기 때문에 트러스 해석을 위한 카스틸리아노의 적합방정식은 변위가 구속되는 지점의 반력에 대하여서는 식(17.10a)로부터 식(17.15)로 주어진다.

$$\delta_i = \Sigma \frac{N}{EA} \frac{\partial N}{\partial P_i} l = 0 \tag{17.15}$$

그러나 잉여 부재에 대한 적합조건에서는 잉여부재 j가 강체가 아닌 경우 $(Pl/EA)_j$의 탄성 변형이 생기기 때문에 잉여 부재를 가진 트러스의 적합방정식은 식(17.16)이 된다.

$$\delta_j = \Sigma \frac{N}{EA} \frac{\partial N}{\partial P_j} l = \left(\frac{Pl}{EA}\right)_j \tag{17.16}$$

17.5절에서 다룬 바 있는 그림 17.9(a) 트러스에서 정정 트러스에 잉여 반력 H_B에 의하여 생기는 부재력은 그림 17.17에서 트러스 부재에 표시한 값과 같다. 이 트러스 부재에서 부재력이 H_B의 함수인 AC, CD 및 DB 부재에 대하여 축력과 잉여력 H_B에 대한 편미분은 구간별로 다음과 같다.

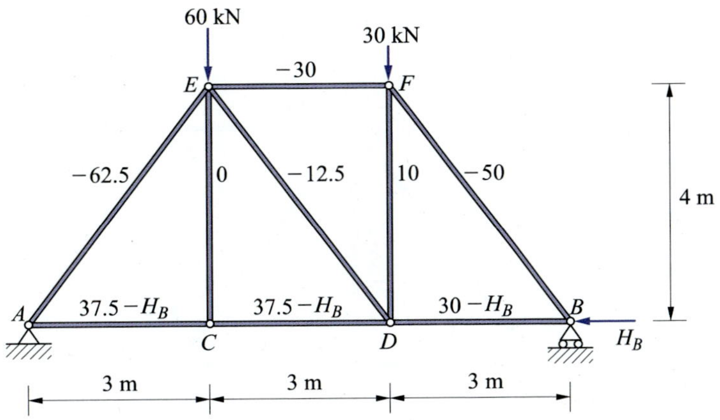

그림 17.17 최소일법에 의한 트러스 해석

구간	N	$\partial N/\partial H_B$	EA	$l\,(=3\text{m})$
AC, CD	$37.5-H_B$	-1	EA	l
DB	$30-H_B$	-1	EA	l

이 값들을 식(17.15)에 적용하면, B점의 적합조건은 다음과 같다.

$$\begin{aligned}\delta_B &= \Sigma \frac{N}{EA}\frac{\partial N}{\partial H_B}l \\ &= \frac{l}{EA}\left[(37.5-H_B)(-1)\times 2+(30-H_B)(-1)\right] \\ &= -\frac{l}{EA}(105-3H_B)=0\end{aligned}$$

이 식으로부터 미지의 잉여 반력은 그림 17.9의 예에서와 같게 계산된다.

$$H_B=\frac{105}{3}=35\,\text{kN}$$

그림 17.10(a)의 트러스에서 잉여 부재 CF를 절점력 N_{CF}로 바꿔 놓으면, 외부 하중과 절점력 N_{CF}에 의한 부재력은 그림 17.18의 부재에 표시된 값이며, 이 부재력 중 N_{CF}의 함수인 부재력과 이의 편미분 및 부재 성능은 표 (a)와 같다.

잉여 부재 CF의 위치에서의 적합조건은 식(17.16)으로부터

$$\delta_{CF}=\Sigma\frac{N}{EA}\frac{\partial N}{\partial N_{CF}}l=N_{CF}\left(\frac{l}{EA}\right)_{CF}$$

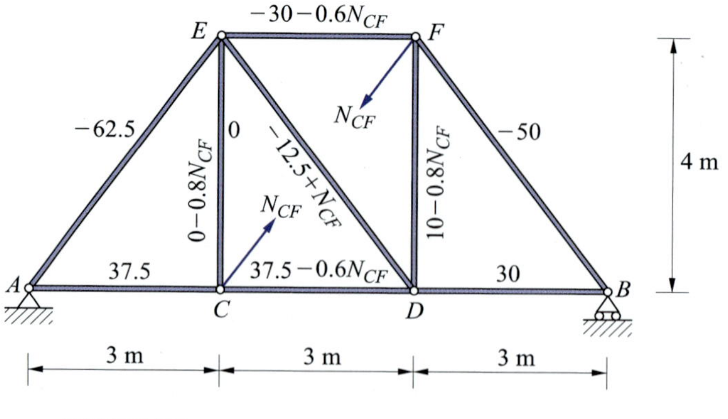

그림 17.18 최소일법에 의한 내적 부정정 트러스 해석

표 a

구간	N	$\partial N/\partial N_{CF}$	EA	l
CD	$37.5-0.6N_{CF}$	-0.6	EA	$0.6\,l$
CE	$-0.8N_{CF}$	-0.8	EA	$0.8\,l$
DE	$-12.5+N_{CF}$	1.0	EA	$1.0\,l$
DF	$10-0.8N_{CF}$	-0.8	EA	$0.8\,l$
EF	$-30-0.6N_{CF}$	-0.6	EA	$0.6\,l$

로 주어진다. 이 식에 표 (a)의 자료들을 적용하면, 다음 식이 유도된다.

$$\begin{aligned}&[(37.5-0.6N_{CF})(-0.6)\times 0.6+(-0.8N_{CF})(-0.8)\\&\quad\times 0.8+(-12.5+N_{CF})(1.0)\times 1.0+(10-0.8N_{CF})\\&\quad\times(-0.8)\times 0.8+(-30-0.6N_{CF})(-0.6)\times 0.6]\frac{l}{EA}\\&=(-21.6+2.456N_{CF})\frac{l}{EA}=\frac{N_{CF}\,l}{EA}\end{aligned}$$

이로부터 잉여 부재력을 계산한다.

$$N_{CF}=\frac{21.6}{2.456-1}=14.8\,\text{kN}$$

이 값도 17.5절의 변형일치법에 의한 그림 17.10의 트러스 해석 시 계산된 잉여 부재력의 값과 일치한다.

연습문제

17.1 그림 17.19 및 17.20 보의 휨모멘트를 변형일치법으로 구하라.

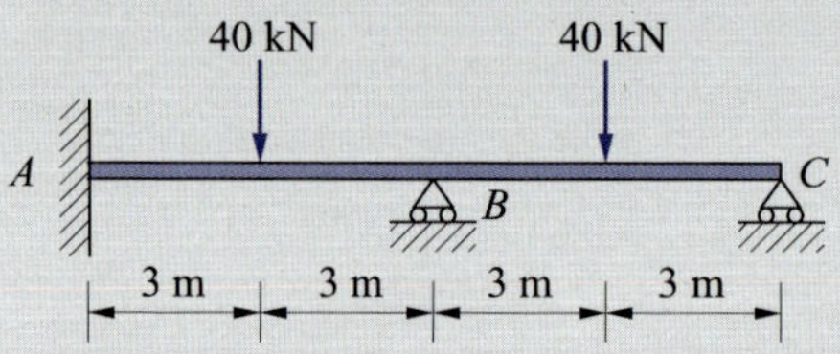

그림 17.19

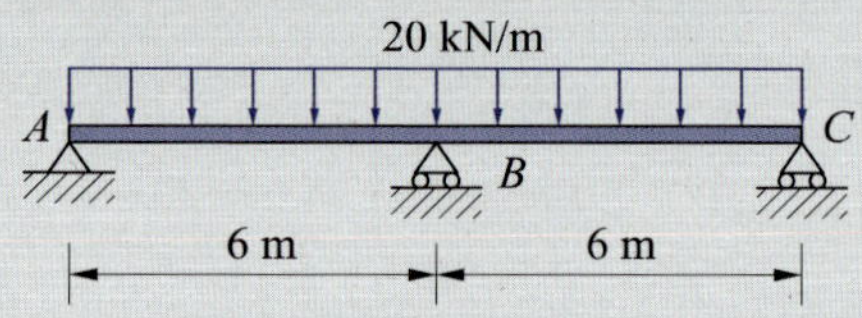

그림 17.20

17.2 그림 17.21 및 17.22 보의 단부 휨모멘트를 변형일치법으로 구하라.

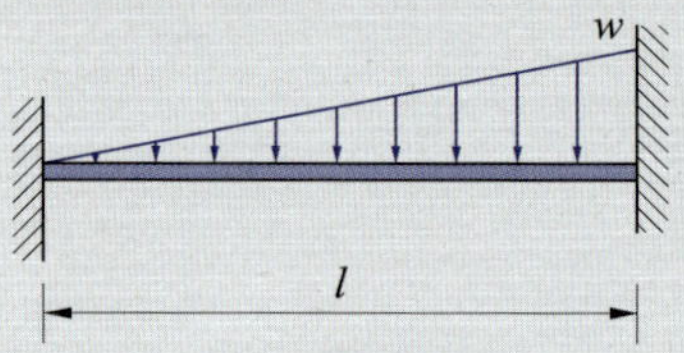

그림 17.21

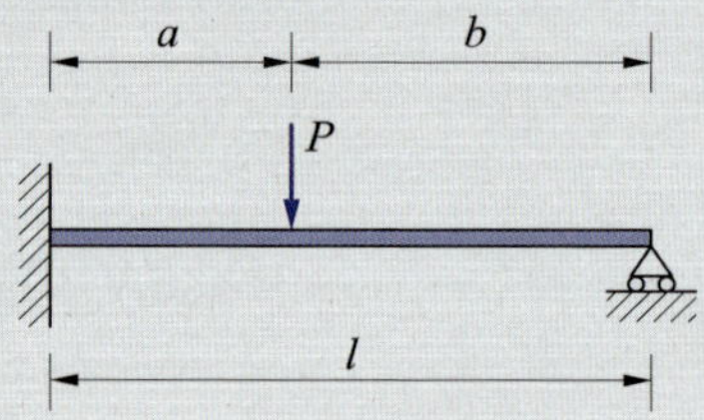

그림 17.22

17.3 그림 17.23 및 17.24 골조의 잉여력을 변형일치법으로 구하라.

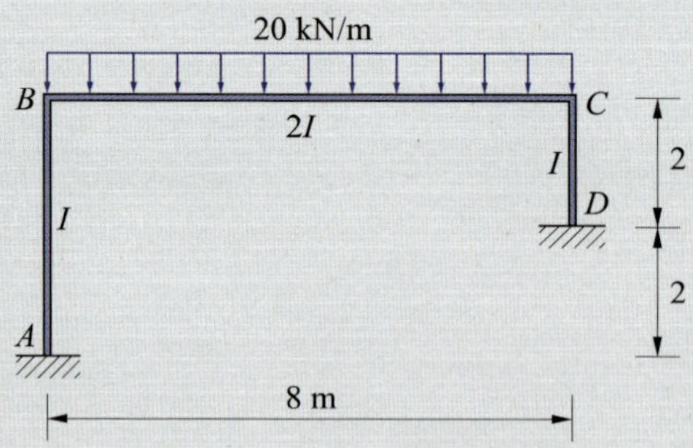

그림 17.23

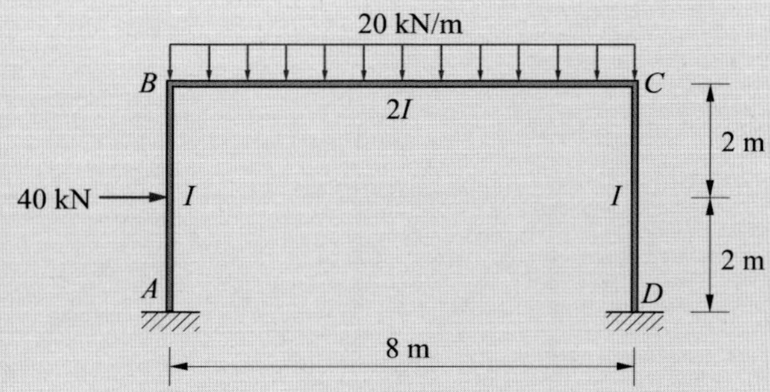

그림 17.24

17.4 그림 17.25 및 17.26 골조의 휨모멘트를 변형일치법으로 구하라.

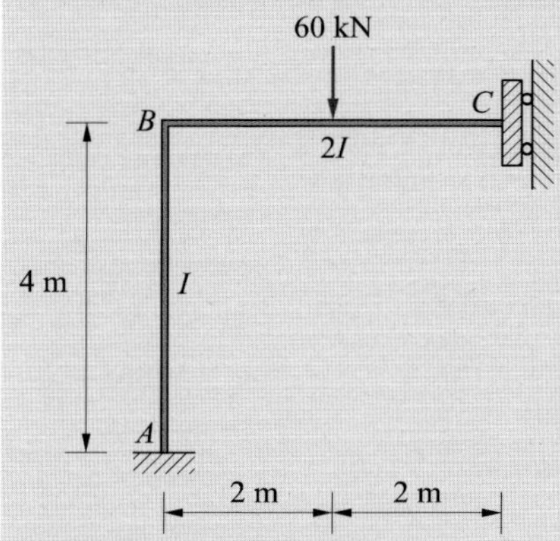

그림 17.25

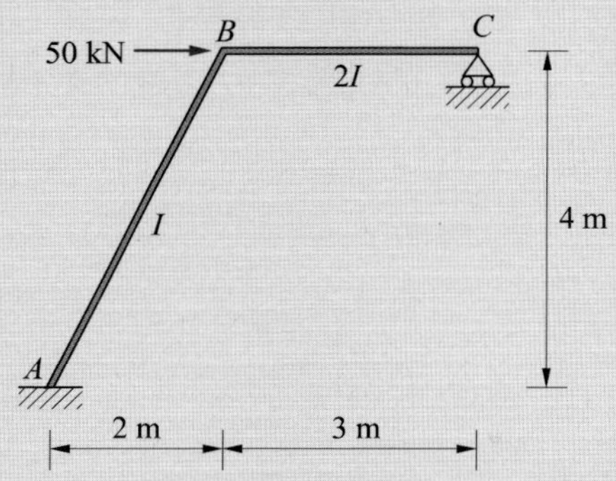

그림 17.26

17.5 그림 17.27 및 17.28 트러스의 부재력을 변형일치법으로 구하라.

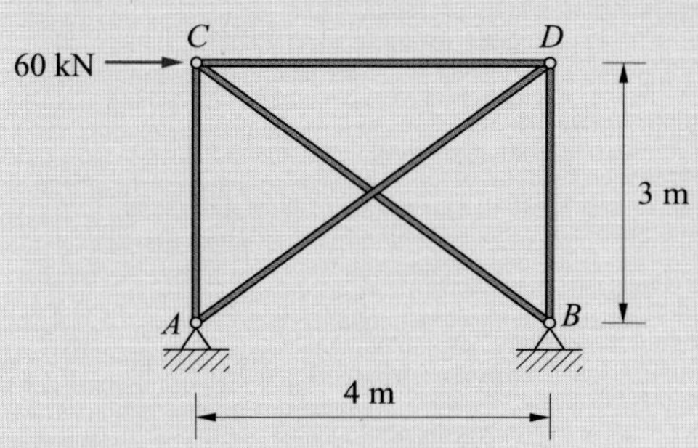

그림 17.27

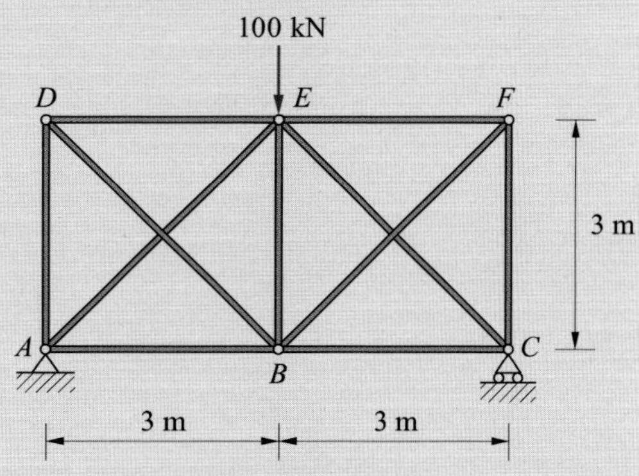

그림 17.28

17.6 그림 17.29 트러스의 부재력을 변형일치법으로 구하라.

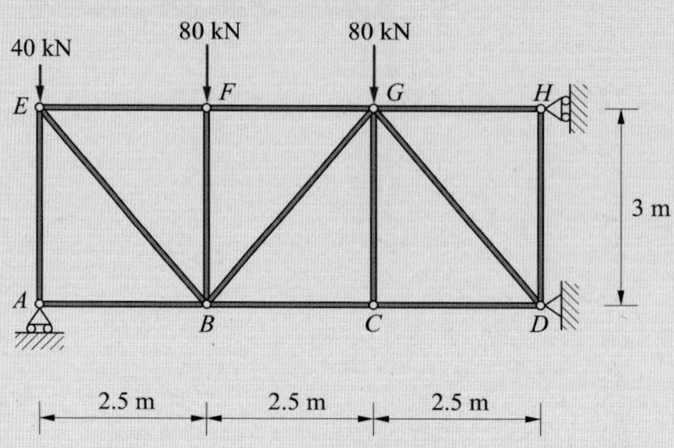

그림 17.29

17.7 그림 17.19 및 그림 17.20 보의 휨모멘트를 최소일법으로 구하여 연습문제 17.1의 결과와 비교하라.

17.8 그림 17.21 및 17.22 보의 단부 휨모멘트를 최소일법으로 구하여 연습문제 17.2의 결과와 비교하라.

17.9 그림 17.23 및 17.24 골조의 잉여력을 최소일법으로 구하여 연습문제 17.3의 결과와 비교하라.

17.10 그림 17.25 및 17.26 골조의 휨모멘트를 최소일법으로 구하여 연습문제 17.4의 결과와 비교하라.

17.11 그림 17.27 및 17.28 트러스의 부재력을 최소일법으로 구하여 연습문제 17.5의 결과와 비교하라.

17.12 그림 17.29 트러스의 부재력을 최소일법으로 구하여 연습문제 17.6의 결과와 비교하라.

제18장

처짐각법

18.1 개요

17장에서 거론된 변형일치법과 최소일법 등 응력법은 부재력 또는 지점반력 등 힘을 미지수로 하나, 처짐각법은 보나 골조의 절점 처짐각과 처짐을 미지수로 하는 변위법이다.

처짐각법(slope deflection method)은 휨모멘트가 지배적인 보와 강접 골조에만 적용되며 트러스 해석에는 적용되지 않는다. 처짐각법에서 보나 골조의 부재에서 절점모멘트는 부재에 작용하는 횡방향 하중과 절점의 처짐 및 처짐각의 함수로 표시되며, 경계조건에 의하여 구속되는 변위 이외의 처짐 또는 처짐각이 구조해석의 미지수가 된다. 처짐각법으로 해석되는 구조물은 절점 이동을 하지 않는 구조물과 절점 이동을 하는 구조물로 나뉘어 절점 이동을 하지 않는 구조물에서는 미지의 처짐과 처짐각이 절점의 모멘트 평형조건에 의하여 풀리나, 절점 이동을 하는 구조물에서는 절점모멘트 평형조건에 추가하여 수평력의 평형조건이 고려되어야 한다.

절점모멘트와 수평력의 평형조건 적용으로 미지수만큼의 연립방정식이 유도되며 여기에서 얻은 처짐, 처짐각 및 부재 회전각의 값을 처짐각 방정식에 적용하여 부재 단부의 모멘트를 계산한다. 휨모멘트를 주로 받는 부재에 한정하여 처짐각법은 이론적으로 잘 정립되어 있고 계산 과정이 응력법에 비하여 간편한 효율적인 해석 방법이다.

18.2 처짐각 방정식

하중을 지지하는 부정정 골조 중의 한 부재 AB가 그림 18.1과 같이 변형하여 부재 단부에 θ_A 및 θ_B의 처짐각과 Δ의 상대 처짐이 생겼을 때, 이 부재의 하중과 단부 변형에 관련하여 단부 모멘트를 다음과 같이 나타낼 수 있다.

$$M = M^{(1)} + M^{(2)} + M^{(3)} \tag{18.1}$$

여기서, $M^{(1)}$: 처짐각 θ_A 및 θ_B에 의한 모멘트

$M^{(2)}$: 상대 처짐 Δ에 의한 모멘트

$M^{(3)}$: 부재에 작용하는 횡하중에 의한 모멘트

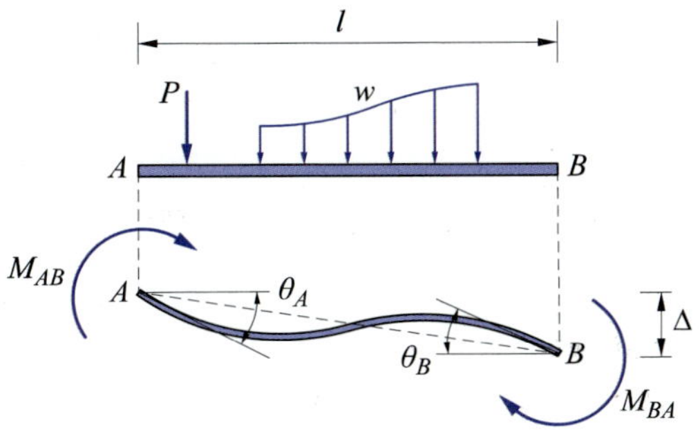

그림 18.1 부재의 변형

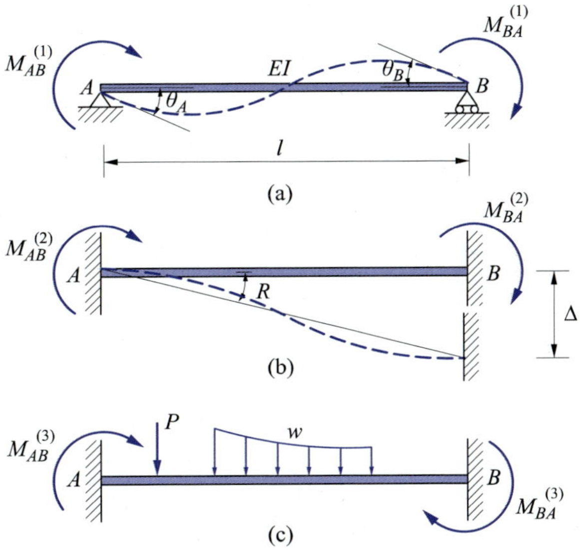

그림 18.2 재단모멘트

처짐각법에서 부재의 단부 모멘트를 재단(材端)모멘트라고 하며, 두 개의 아래첨자로 위치를 표시한다. 그림 18.1에서 M_{AB}의 A 또는 M_{BA}의 B 등 첫 번째 아래첨자는 해당 단부이고, 다음의 아래첨자는 맞은 편 단부를 나타낸다. 모멘트와 처짐각은 표 4.2에 표시된 바와 같이 시계방향을 정방향으로 한다. 그림 18.1의 모멘트와 처짐각은 모두 정방향이다.

식(18.1)의 모멘트를 모두 정방향으로 나타내면, $M^{(1)}$ 모멘트는 그림 18.2(a)와 같이 단부의 처짐 변형은 구속되고 각 변형만 허용된 상태에서의 재단모멘트이고, $M^{(2)}$는 이와 반대로 그림 18.2(b)와 같이 각 변형은 구속되고 처짐 변형만 허용된 상태에서의 재단모멘트이며, $M^{(3)}$는 그림 18.2(c)와 같이 단부의 처짐 변형과 각 변형이 모두 구

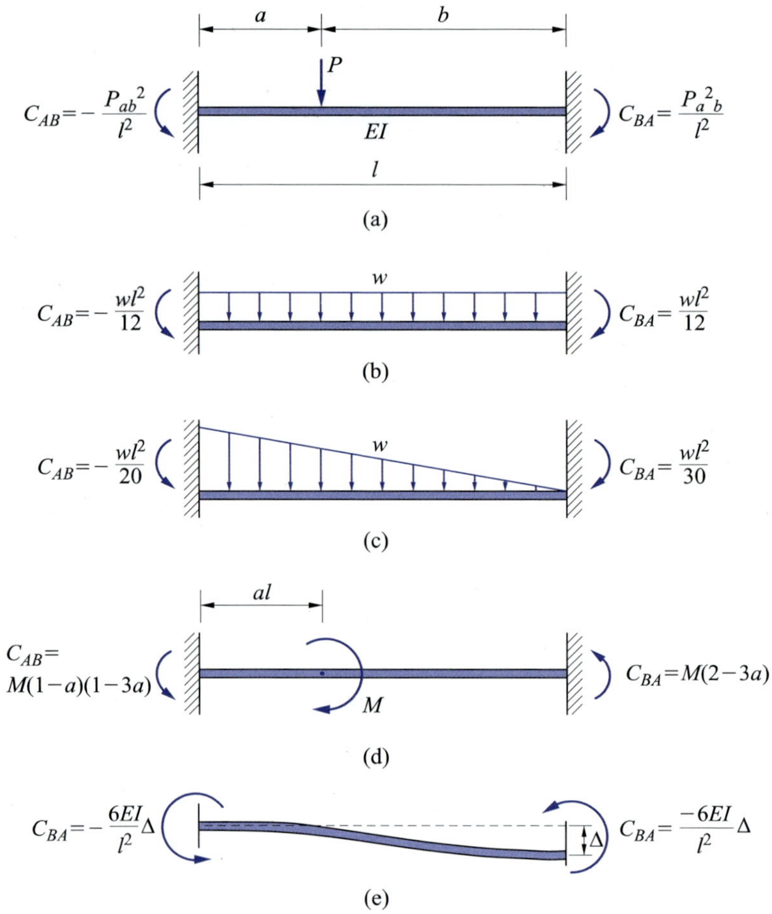

그림 18.3 고정단모멘트

속된 고정 상태에서 부재에 횡방향으로 작용하는 하중에 의하여 생기는 재단모멘트이다.

이런 의미에서 $M^{(3)}$ 모멘트를 고정단모멘트(fixed-end moment) 또는 하중에 의하여 생기는 값이므로 하중항이라고 하며 C_{AB}, C_{BA} 등으로 나타낸다. 주요 하중에 의한 고정단모멘트를 그림 18.3과 같다.

그림 18.2와 같이 재단모멘트가 작용하는 상태에서 부재 중의 모멘트는 식(a)로 주어진다.

$$M = M_{AB} - \frac{M_{AB} + M_{BA}}{l} x \tag{a}$$

처짐각과 처짐을 구하기 위하여 이중 적분법을 사용하면, 식(13.5)과 식(13.6)에 식(a)

를 대입하여 식(b)의 처짐각과 처짐의 식을 얻게 된다.

$$\frac{dy}{dx} = \frac{1}{EI}\left(\frac{M_{AB}+M_{BA}}{2l}x^2 - M_{AB}x\right) + C_1$$

$$y = \frac{1}{EI}\left(\frac{M_{AB}+M_{BA}}{6l}x^3 - \frac{M_{AB}x^2}{2}\right) + C_1 x + C_2 \tag{b}$$

그림 18.2(a)의 각 변형에서 양 단부의 처짐은 생기지 않으므로, 다음의 경계조건을 식(b)에 적용하여 상수 C_1과 C_2를 구한 후 식(b)에 대입하면, 처짐각－모멘트 관계식을 구할 수 있다.

$$(y)_{x=0} = 0\,,\ (y)_{x=l} = 0$$

$$\frac{dy^{(1)}}{dx} = \frac{1}{EI}\left[M_{AB}^{(1)}\left(\frac{x^2}{2l} - x + \frac{l}{3}\right) + M_{BA}^{(1)}\left(\frac{x^2}{2l} - \frac{l}{6}\right)\right]$$

$$\theta_A = \left(\frac{dy^{(1)}}{dx}\right)_{x=0} = \frac{l}{6EI}\left(2M_{AB}^{(1)} - M_{BA}^{(1)}\right)$$

$$\theta_B = \left(\frac{dy^{(1)}}{dx}\right)_{x=l} = \frac{l}{6EI}\left(-M_{AB}^{(1)} + 2M_{BA}^{(1)}\right)$$

처짐각에 대한 모멘트－처짐각 방정식은 식(18.2a,b)로 유도된다.

$$M_{AB}^{(1)} = \frac{2EI}{l}(2\theta_A + \theta_B) \tag{18.2a}$$

$$M_{BA}^{(1)} = \frac{2EI}{l}(\theta_A + 2\theta_B) \tag{18.2b}$$

그림 18.2(b)의 변형에서는 양단 처짐각이 구속되고 있으며, A점을 기준점으로 하면, 경계조건은

$$\left(\frac{dy}{dx}\right)_{x=0} = 0\,,\ \left(\frac{dy}{dx}\right)_{x=l} = 0\,,\ (y)_{x=0} = 0$$

이 된다. 이 조건식들을 식(b)에 적용하면, $C_1 = C_2 = 0$이 되어 그림 18.2(b)의 처짐식은 다음 식으로 주어진다.

$$y^{(2)} = \frac{1}{6EI}\left[M_{AB}^{(2)}\left(\frac{x^3}{l} - 3x^2\right) + M_{BA}^{(2)}\frac{x^3}{l}\right]$$

B단부의 처짐식

$$\Delta = \left(y^{(2)}\right)_{x=l} = \frac{l^2}{6EI}\left(-2M_{AB}^{(2)} - M_{BA}^{(2)}\right) \tag{c}$$

에서 부재가 일정하면, 변곡점은 부재 중앙에 생기므로, 식(a)로부터 다음을 구한다.

$$M^{(2)} = M_{AB}^{(2)} - \frac{M_{AB}^{(2)} + M_{BA}^{(2)}}{l}\frac{l}{2} = \frac{1}{2}\left(M_{AB}^{(2)} - M_{BA}^{(2)}\right) = 0$$

즉, $M_{AB}^{(2)} = M_{BA}^{(2)}$ 이므로 이 식을 식(c)에 대입하여 식(18.3)을 유도한다.

$$M_{AB}^{(2)} = -\frac{6EI}{l^2}\Delta,\ M_{BA}^{(2)} = -\frac{6EI}{l^2}\Delta \tag{18.3}$$

식(18.2)와 식(18.3)을 식(18.1)에 대입하고 $M_{AB}^{(3)} = C_{AB}$, $M_{BA}^{(3)} = C_{BA}$ 의 고정단모멘트로 바꾸면, 처짐각 방정식은 식(18.4)로 주어진다.

$$\begin{aligned} M_{AB} &= \frac{2EI}{l}\left(2\theta_A + \theta_B - 3\frac{\Delta}{l}\right) + C_{AB} \\ M_{BA} &= \frac{2EI}{l}\left(2\theta_B + \theta_A - 3\frac{\Delta}{l}\right) + C_{BA} \end{aligned} \tag{18.4}$$

부재의 강성계수 K와 그림 18.2(b)의 부재 회전각 R은 식(18.5)로 정의된다.

$$K = \frac{I}{l},\ R = \frac{\Delta}{l} \tag{18.5}$$

이 식들을 식(18.4)에 대입하면 처짐각 방정식은 식(18.6)으로 정리된다.

$$\begin{aligned} M_{AB} &= 2EK(2\theta_A + \theta_B - 3R) + C_{AB} \\ M_{BA} &= 2EK(2\theta_B + \theta_A - 3R) + C_{BA} \end{aligned} \tag{18.6}$$

이 처짐각 방정식은 부재의 양 단부가 지점 또는 다른 단부와 강접(剛接)되어 있어 처짐각이 접합된 부재의 처짐각과 같음을 전제로 하고 있다. 그러나 부재의 접합이 회전 절점으로 되어 있는 경우에는 식(18.4)의 적용이 어려워진다. 예를 들어, AB 부재의 B단부가 회전 절점으로 연결되어 있을 때에는 $M_{BA} = 0$이므로, 식(18.6)으로부터

$$\begin{aligned} M_{AB} &= 2EK(2\theta_A + \theta_B - 3R) + C_{AB} \\ M_{BA} &= 2EK(2\theta_B + \theta_A - 3R) + C_{BA} = 0 \end{aligned}$$

이 되며, 이 두 식으로부터 회전 절점 처짐각인 θ_B를 소거하면 B단부를 회전 절점으로 하는 AB 부재의 처짐각 방정식은 식(18.7)로 주어진다.

$$M_{AB} = 3EK(\theta_A - R) + C_{AB} - \frac{1}{2} C_{BA}$$
$$M_{BA} = 0 \tag{18.7}$$

18.3 연속보의 해석

처짐각법을 이용하여 연속보를 해석하는 방법을 예제 17.2의 그림 17.4(a) 연속보를 예로 하여 고찰한다.

모든 보는 같은 경간 길이에 같은 등분포하중을 받으므로 고정단모멘트는 그림 18.3(b)로부터

$$C = \frac{w(l/3)^2}{12} = \frac{wl^2}{108}$$

으로 하면,

$$C_{AB} = C_{BC} = C_{CD} = -C$$
$$C_{BA} = C_{CB} = C_{DC} = C$$

가 되며, 부재의 처짐은 생기지 않으므로 모든 부재에서 $R = 0$이다.

처짐각 방정식의 적용에서 AB 및 BC 부재는 양 단부 모두 강접되어 있으므로 식(18.6), CD 부재는 D 단부가 단순 지지되어 있으므로, 식(18.7)의 적용을 받는다. 모든 부재의 탄성계수, 단면2차모멘트 및 길이가 같으므로 동일한 EK 값을 사용하여 처짐각 방정식은 다음과 같이 주어진다.

$$\begin{aligned} M_{AB} &= 2EK(2\theta_A + \theta_B) - C \\ M_{BA} &= 2EK(2\theta_B + \theta_A) + C \\ M_{BC} &= 2EK(2\theta_B + \theta_C) - C \\ M_{CB} &= 2EK(2\theta_C + \theta_B) + C \\ M_{CD} &= 3EK(\theta_C) - C - C/2 \end{aligned} \tag{d}$$

이 식에서 고정단인 A단부에서는 처짐각이 생기지 않으므로 $\theta_A = 0$으로 하고, B 및 C지점의 모멘트 평형조건은 다음과 같다.

$$M_{BA} + M_{BC} = 0$$
$$M_{CB} + M_{CD} = 0$$

여기에 식(d)를 적용하여 다음 연립방정식을 구한다.

$$\theta_A = 0$$
$$4\theta_B + \theta_C = 0$$
$$2\theta_B + 7\theta_C = \frac{C}{2EK}$$

이 식으로부터 다음의 처짐각을 계산할 수 있다.

$$\theta_A = 0, \ \theta_B = -\frac{C}{52EK}, \ \theta_C = \frac{C}{13EK}$$

이 값들을 식(d)에 대입하면 다음의 재단모멘트들이 정해진다.

$$M_{AB} = -\frac{wl^2}{104}, \ M_{BA} = \frac{wl^2}{117}, \ M_{BC} = -\frac{wl^2}{117}$$
$$M_{CB} = \frac{11wl^2}{936}, \ M_{CD} = -\frac{11wl^2}{936}, \ M_{DC} = 0$$

이들 값 중 M_{AB}는 예제 17.2에서 변형 일치법으로 구한 값과 같다. 그러나 변형 일치법에 비하여 처짐각법이 간편하여 계산의 노력이 적게 든다.

예제 18.1 그림 18.4(a) 연속보의 반력을 구하여 전단력도와 휨모멘트도를 그리라.

풀이 그림 18.4(a) 연속보의 하중에 대한 그림 18.3의 공식으로부터 고정단모멘트를 계산한다.

$$-C_{AB} = C_{BA} = \frac{24(8)^2}{12} = 128\,\text{kN}\cdot\text{m}$$
$$C_{BC} = -\frac{64(5)(3)^2}{8^2} = -45\,\text{kN}\cdot\text{m}$$
$$C_{CB} = \frac{64(5)^2(3)}{8^2} = 75\,\text{kN}\cdot\text{m}$$

처짐각 방정식은 식(18.6)으로부터 계산한다.

$$M_{AB} = 4EK(2\theta_A + \theta_B) - 128$$

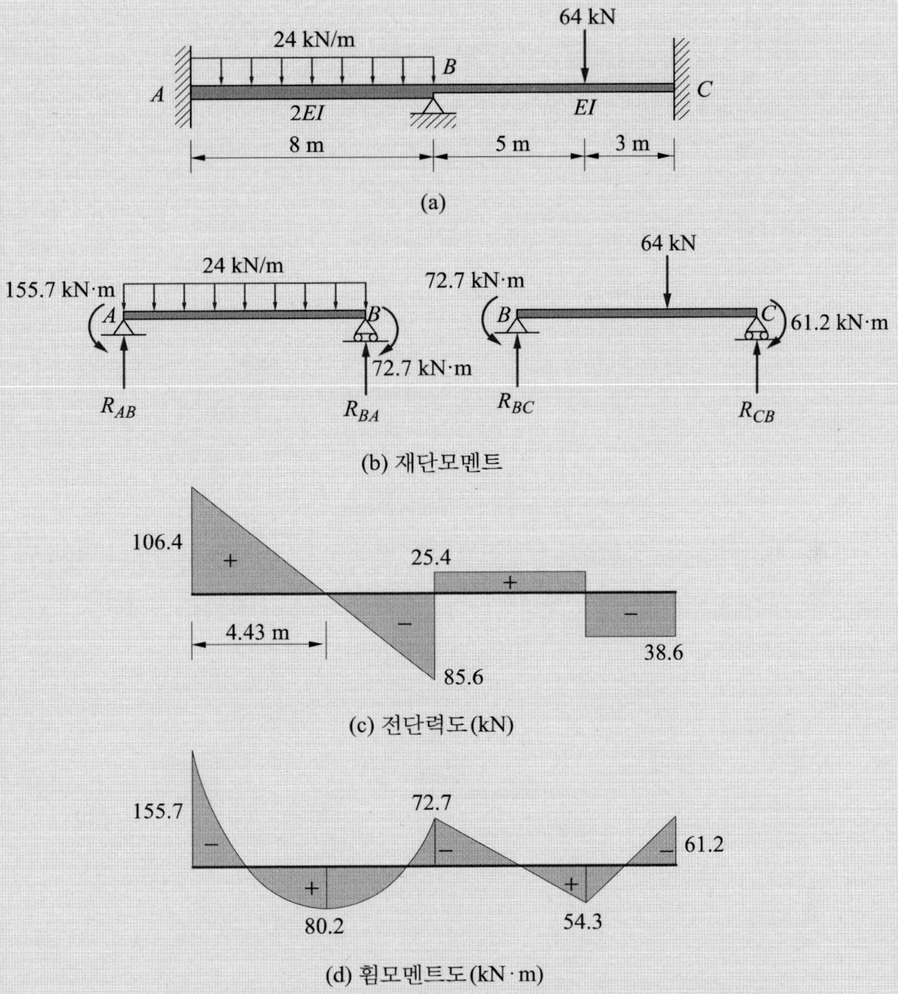

그림 18.4

$$M_{BA}=4EK(2\theta_B+\theta_A)+128 \quad \text{(e)}$$
$$M_{BC}=2EK(2\theta_B+\theta_C)-45$$
$$M_{CB}=2EK(2\theta_C+\theta_B)+75$$

이 식에서 고정단의 경계조건을 적용하여 $\theta_A=\theta_C=0$으로 한다. B지점의 모멘트 평형조건에 식(e)의 M_{BA}와 M_{BC}를 대입하여 B절점의 처짐각을 계산한다.

$$M_{BA}+M_{BC}=0$$
$$\theta_B=\frac{-6.92}{EK}$$

이 값을 식(e)에 대입하여 재단모멘트를 계산한다.

$M_{AB}=-155.7\,\text{kN}\cdot\text{m}$ $\qquad M_{BA}=72.7\,\text{kN}\cdot\text{m}$

$M_{BC}=-72.7\,\text{kN}\cdot\text{m}$ $\qquad M_{CB}=61.2\,\text{kN}\cdot\text{m}$

이 재단모멘트와 작용하중에 대하여 그림 18.4(b)와 같은 자유물체도를 얻을 수 있으며, 수직 반력은 단부의 모멘트 평형조건을 이용하여 수직 반력을 계산한다.

$$V_{AB}=\frac{24\times 8}{2}+\frac{155.7-72.7}{8}=106.4\,\text{kN}$$

$$V_{BA}=\frac{24\times 8}{2}-\frac{155.7-72.7}{8}=85.6\,\text{kN}$$

$$V_{BC}=\frac{64\times 3}{8}+\frac{72.7-61.2}{8}=25.4\,\text{kN}$$

$$V_{CB}=\frac{64\times 5}{8}-\frac{72.7-61.2}{8}=38.6\,\text{kN}$$

이 반력과 작용 하중에 의한 전단력 분포는 그림 18.4(c)와 같다.
전단력이 0이 되는 점에서 구간별로 최대 정모멘트를 계산한다.

$$M^+_{A-B}=-155.7+106.4\times 4.43-\frac{24\times(4.43)^2}{2}=80.2\,\text{kN}\cdot\text{m}$$

$$M^+_{B-C}=-72.7+25.4\times 5=54.3\,\text{kN}\cdot\text{m}$$

재단모멘트와 최대 정모멘트를 포함한 연속보의 휨모멘트는 그림 18.4(d)와 같다.

예제 18.2 그림 18.5의 보에서 B지점에 18 mm의 부동침하가 생겼을 때 재단모멘트를 계산하라. 단, $E=200{,}000\,\text{N/mm}^2$, $I=720\times 10^6\,\text{mm}^4$으로 한다.

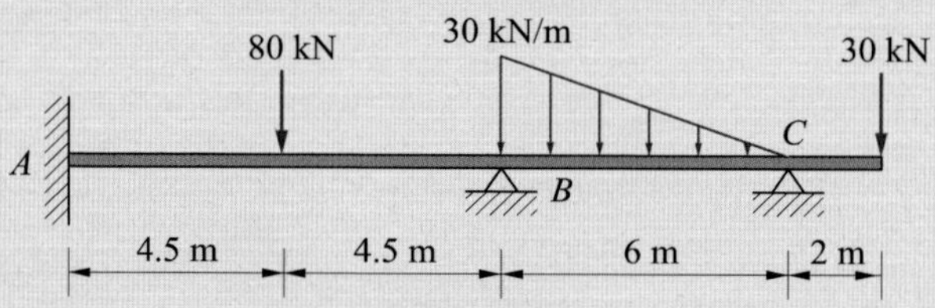

그림 18.5

풀이 고정단모멘트는 그림 18.3의 공식으로부터 계산한다.

$$-C_{AB}=C_{BA}=\frac{80(4.5)^3}{(9)^2}=90\,\text{kN}\cdot\text{m}$$

$$C_{BC}=-\frac{30(6)^2}{20}=-54\,\text{kN}\cdot\text{m}$$

$$C_{CB}=\frac{30(6)^2}{30}=36\,\text{kN}\cdot\text{m}$$

부재의 강성계수와 부재 회전각은 식(18.5)로부터 계산한다.

$$K_{AB}=K=\frac{I}{9{,}000}=80{,}000\,\text{mm}^3,\ K_{BC}=\frac{I}{6{,}000}=1.5K$$

$$R_{AB}=\frac{18}{9{,}000}=0.002,\ R_{AB}=\frac{-18}{6{,}000}=-0.003$$

고정단인 A지점에서 $\theta_A=0$이므로, 처짐각 방정식은 식(18.6)으로부터 유도한다.

$$M_{AB}=2EK(\theta_B-3\times 0.002)-90$$

$$M_{BA}=2EK(2\theta_B-3\times 0.002)+90$$

$$M_{BC} = 3EK(2\theta_B + \theta_C + 3 \times 0.003) - 54 \quad \text{(f)}$$

$$M_{CB} = 3EK(2\theta_C + \theta_B + 3 \times 0.003) + 36$$

B 지점 및 C 지점에서의 모멘트 평형조건에 식(f)의 처짐각 방정식을 적용한다.

$$M_{BA} + M_{BC} = 0$$

$$M_{CB} = 30 \times 2 = 60\,\text{kN} \cdot \text{m}$$

$$10\theta_B + 3\theta_c + 0.015 = \frac{-36}{EK}$$

$$\theta_B + 2\theta_C + 0.009 = \frac{8}{EK}$$

이 연립방정식에서 $EK = 200 \times 80\,\text{kN} \cdot \text{m} = 16{,}000\,\text{kN} \cdot \text{m}$ 이므로

$$\theta_B = -0.00053, \ \theta_C = -0.00399$$

으로 계산되며, 이 값을 식(18.13)에 대입하여 재단모멘트를 계산한다.

$$M_{AB} = 29.9\,\text{kN} \cdot \text{m}, \ M_{BA} = -135.9\,\text{kN} \cdot \text{m}$$

$$M_{BC} = 135.6\,\text{kN} \cdot \text{m}, \ M_{CB} = 59.5\,\text{kN} \cdot \text{m}$$

이 계산에서 M_{BA} 와 M_{BC} 또는 M_{CB} 와 60 kN · m 와의 차이 등은 θ_B 및 θ_C 값의 소수점 처리에 의한 것이다.

18.4 절점이 이동하지 않는 골조 해석

절점이 이동하지 않고 회전만 허용된 부정정 골조의 해석에서는 식(18.6)의 처짐각 방정식 중 부재 회전각 R 이 제외되기 때문에 미지의 처짐각에 대한 연립 방정식의 유도와 해석이 간단해진다.

간단한 예로, 그림 18.6 골조에 대한 처짐각 방정식을 식(18.6) 및 식(18.7)로부터 계산한다.

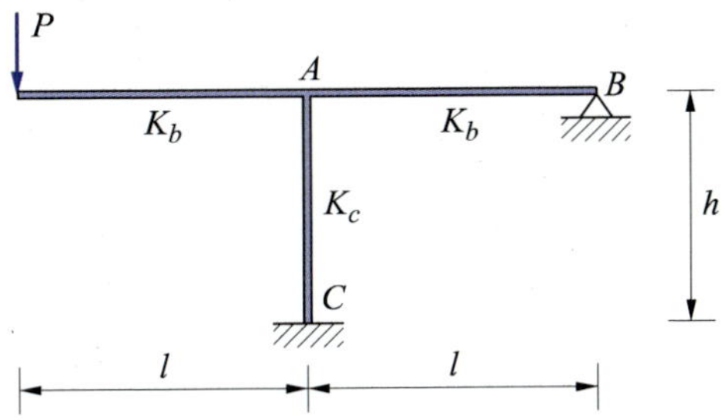

그림 18.6 절점이 이동하지 않는 골조

$$M_{AB} = 3EK_b(\theta_A)$$
$$M_{AC} = 2EK_b(2\theta_A)$$

절점 A에서 모멘트의 평형조건에 절점 방정식을 대입하여 미지의 절점각 θ_A를 계산한다.

$$-Pl + M_{AB} + M_{AC} = 0$$
$$\theta_A = \frac{Pl}{EK_C(4+3\beta)}$$

여기서, $\beta = \dfrac{K_b}{K_c}$

이 값을 절점각 방정식에 대입하여 절점모멘트를 계산한다.

$$M_{AB} = 3EK_b \times \frac{Pl}{EK_c(4+3\beta)} = \frac{3Pl}{3+4/\beta}$$
$$M_{AC} = 4EK_c \times \frac{Pl}{EK_c(4+3\beta)} = \frac{4Pl}{4+3/\beta}$$

이 결과는 예제 17.3의 내용과 일치한다.

부재 변형의 대칭성이나 역대칭성을 이용하면 미지의 처짐각 수를 줄일 수 있어 계산이 간편해진다. 예를 들면, 예제 17.5에서 다룬바 있는 그림 17.8(a) 골조의 경우 부재와 하중이 대칭이므로 대칭 변형을 하는 전형적인 골조이다.

이 골조의 고정단모멘트는 다음과 같다.

$$-C_{BC} = C_{CB} = \frac{wl^2}{12}$$

보와 기둥의 단면 성능은 같으나 기둥의 길이가 보 길이의 1/2이기 때문에 $K_b = K$에 대하여 $K_c = 2K$가 된다. 따라서 처짐각 방정식은

$$M_{AB} = 4EK(\theta_B)$$
$$M_{BA} = 4EK(2\theta_B)$$
$$M_{BC} = 2EK(2\theta_B + \theta_C) - \frac{wl^2}{12}$$
$$M_{CB} = 2EK(2\theta_C + \theta_B) + \frac{wl^2}{12}$$

$$M_{CD} = 4EK(2\theta_C)$$
$$M_{DC} = 4EK(\theta_C)$$

이 된다. 이 식에서는 θ_B와 θ_C의 두 미지수가 있기 때문에 B 및 C 절점의 모멘트 평형조건에 의한 연립방정식에 의하여 θ_B 및 θ_C의 값이 결정된다.

$$M_{BA} + M_{BC} = 0$$
$$M_{CB} + M_{CD} = 0$$

그러나 변형의 대칭성을 이용하는 경우

$$\theta_B = -\theta_C$$

의 관계가 성립되기 때문에 처짐각 방정식은 다음과 같다.

$$M_{AB} = 4EK(\theta_B)$$
$$M_{BA} = 4EK(2\theta_B)$$
$$M_{BC} = 2EK(2\theta_B - \theta_B) - \frac{wl^2}{12} = 2EK(\theta_B) - \frac{wl^2}{12}$$

여기서, 미지수는 θ_B뿐이므로, B절점의 모멘트 평형조건

$$M_{BA} + M_{BC} = 0$$

만 있으면 골조의 모든 재단모멘트를 산정할 수 있어, 그림 17.8(a) 골조의 경우 변형의 대칭성을 이용하면 계산량이 절반으로 줄어들게 된다.

실제 계산에서 B절점의 처짐각은 다음과 같이 계산된다.

$$M_{BA} + M_{BC} = (8+2)EK\theta_B - \frac{wl^2}{12} = 0$$

$$\theta_B = \frac{wl^2}{120EK}$$

이 처짐각에 의하여 재단모멘트가 정해진다.

$$M_{AB} = 4EK\theta_B = \frac{wl^2}{30}$$

$$M_{BA} = 8EK\theta_B = -\frac{wl^2}{15}$$

$$M_{BC} = 2EK\theta_B - \frac{wl^2}{12} = \frac{wl^2}{15}$$

그러므로 변형의 대칭성에 의하여 다음의 관계를 가진다.

$$M_{CB} = -M_{BC}\,,\ M_{CD} = -M_{BA}\,,\ M_{DC} = -M_{AB}$$

이 모멘트 값은 예제 17.5에서 해석된 내용과 일치한다.

예제 18.3 그림 18.7(a) 골조의 휨모멘트를 구하라.

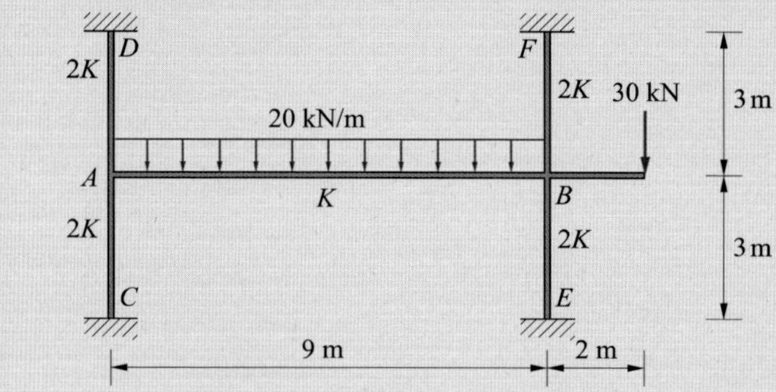

(a)

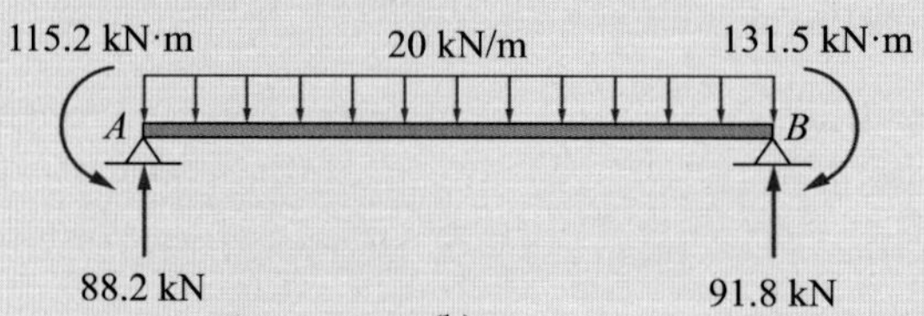

(b)

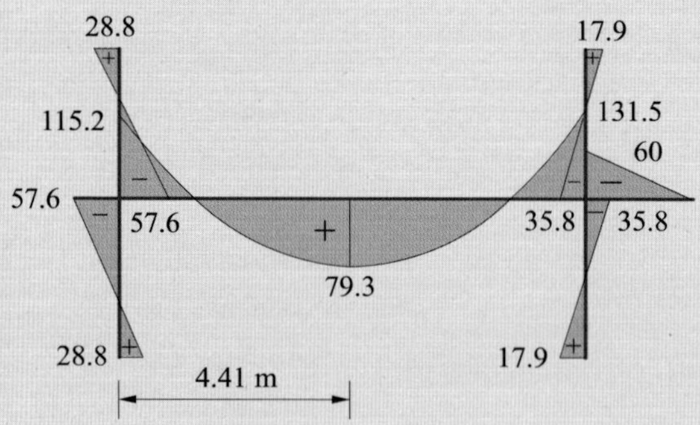

(c) 휨 모멘트도

그림 18.7

풀이

고정단모멘트를 그림 18.3의 공식으로부터 계산한다.

$$-C_{AB}=C_{BA}=20\times\frac{(9)^2}{12}=135\,\text{kN}\cdot\text{m}$$

고정단 처짐각 θ_C, θ_D, θ_E, θ_F의 값은 0이므로, 처짐각 방정식은 식(18.6)으로부터 다음이 된다.

$$M_{AC}=M_{AD}=4EK(2\theta_A)$$
$$M_{CA}=M_{DA}=4EK(\theta_A)$$
$$M_{AB}=2EK(2\theta_A+\theta_B)-135$$
$$M_{BA}=2EK(2\theta_B+\theta_A)+135$$
$$M_{BE}=M_{BF}=4EK(2\theta_B)$$
$$M_{EB}=M_{FB}=4EK(\theta_B)$$

절점 A와 B에서 모멘트의 평형조건은 다음과 같다.

$$M_{AB}+M_{AC}+M_{AD}=0$$
$$M_{BA}+M_{BE}+M_{BF}=30\times 2=60\,\text{kN}\cdot\text{m}$$

이 조건식을 처짐각 방정식에 적용하여 미지의 처짐각을 계산한다.

$$EK(20\theta_A+2\theta_B)-135=0$$
$$EK(2\theta_A+20\theta_B)+135=60$$
$$\theta_A=\frac{7.197}{EK},\ \theta_B=\frac{-4.470}{EK}$$

처짐각 방정식으로부터 재단모멘트를 계산할 수 있다.

$$M_{AC}=M_{AD}=57.6\,\text{kN}\cdot\text{m}$$
$$M_{CA}=M_{DA}=28.8\,\text{kN}\cdot\text{m}$$
$$M_{AB}=-115.2\,\text{kN}\cdot\text{m}$$
$$M_{BA}=131.5\,\text{kN}\cdot\text{m}$$
$$M_{BE}=M_{BF}=-35.8\,\text{kN}\cdot\text{m}$$
$$M_{EB}=M_{FB}=-17.9\,\text{kN}\cdot\text{m}$$

그림 18.7(b)의 AB부재 자유물체도에서 반력을 계산한다.

$$V_{AB}=\frac{20\times 9}{2}+\frac{115.2-131.5}{9}=88.2\,\text{kN}$$
$$V_{BA}=\frac{20\times 9}{2}-\frac{115.2-131.5}{9}=91.8\,\text{kN}$$

전단력이 0이 되는 위치는 A절점으로부터

$$88.2-20\cdot x=0,\ x=4.41\,\text{m}$$

이며, 이 점에서의 최대 정모멘트를 계산한다.

$$M_{A-B}^{+}=-115.2+88.2\times 4.41-\frac{20\times(4.41)^2}{2}=79.3\,\text{kN}\cdot\text{m}$$

최종적으로 휨모멘트도는 그림 18.7(c)와 같이 작성된다.

예제 18.4 그림 18.8 골조의 재단모멘트를 구하라. 단, 모든 부재의 탄성계수와 단면2차모멘트는 같은 것으로 한다.

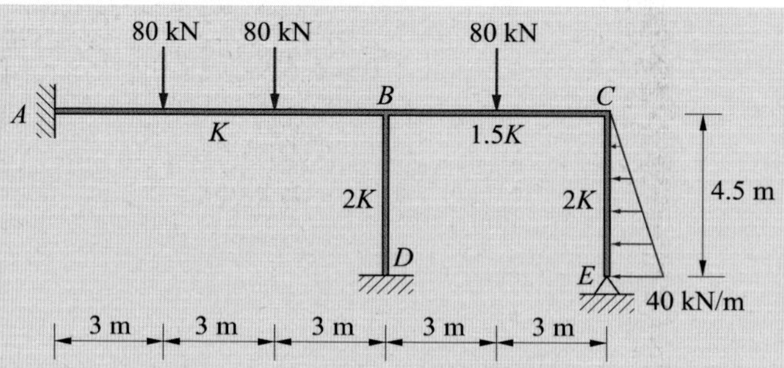

그림 18.8

풀이 표준 강성계수를

$$K = \frac{I}{9m}$$

으로 하면, 그림 18.8에 표시된 바와 같이 $K_{AB} = K$, $K_{BC} = 1.5K$, $K_{BD} = K_{CE} = 2K$가 된다.

고정단모멘트를 그림 18.3의 공식으로부터 계산한다.

$$-C_{AB} = C_{BA} = \frac{80(3)(6)}{(9)^2}(3+6) = 160\,\text{kN}\cdot\text{m}$$

$$-C_{BC} = C_{CB} = \frac{80(3)(3)^2}{(6)^2} = 60\,\text{kN}\cdot\text{m}$$

$$C_{CE} = -\frac{40(4.5)^2}{30} = -27\,\text{kN}\cdot\text{m}$$

$$C_{EC} = \frac{40(4.5)^2}{20} = 40.5\,\text{kN}\cdot\text{m}$$

$\theta_A = 0$으로 하여 식(18.6)으로부터 처짐각 방정식을 구한다.

$$M_{AB} = 2EK(\theta_B) - 160$$
$$M_{BA} = 2EK(2\theta_B) + 160$$
$$M_{BC} = 3EK(2\theta_B + \theta_C) - 60$$
$$M_{CB} = 3EK(2\theta_C + \theta_B) + 60$$
$$M_{BD} = 4EK(2\theta_B)$$
$$M_{DB} = 4EK(\theta_B)$$
$$M_{CE} = 6EK(\theta_C) - 27 - \frac{40.5}{2} = 6EK\theta_C - 47.25$$

절점 B와 C에서 모멘트의 평형조건은 다음과 같다.

$$M_{BA} + M_{BC} + M_{BD} = 0$$
$$M_{CB} + M_{CE} = 0$$

이 조건식을 처짐각 방정식에 적용하여 연립방정식을 구하고, 이 식으로부터 미지의 절점각을 계산한다.

$$EK(18\theta_B + 3\theta_C) + 100 = 0$$
$$EK(3\theta_B + 12\theta_C) + 12.75 = 0$$

$$\theta_B = \frac{-5.612}{EK},\ \theta_C = \frac{0.341}{EK}$$

따라서 처짐각 방정식으로부터 재단모멘트를 계산할 수 있다.

$$M_{AB} = -171.2\,\text{kN}\cdot\text{m}$$

$$M_{BA} = 137.6\,\text{kN}\cdot\text{m}$$

$$M_{BC} = -92.7\,\text{kN}\cdot\text{m}$$

$$M_{CB} = 45.2\,\text{kN}\cdot\text{m}$$

$$M_{BD} = -44.9\,\text{kN}\cdot\text{m}$$

$$M_{DB} = -22.4\,\text{kN}\cdot\text{m}$$

$$M_{CE} = -45.2\,\text{kN}\cdot\text{m}$$

$$M_{EC} = 0.0$$

예제 18.5 그림 18.9(a) 골조의 휨모멘트도를 작성하라

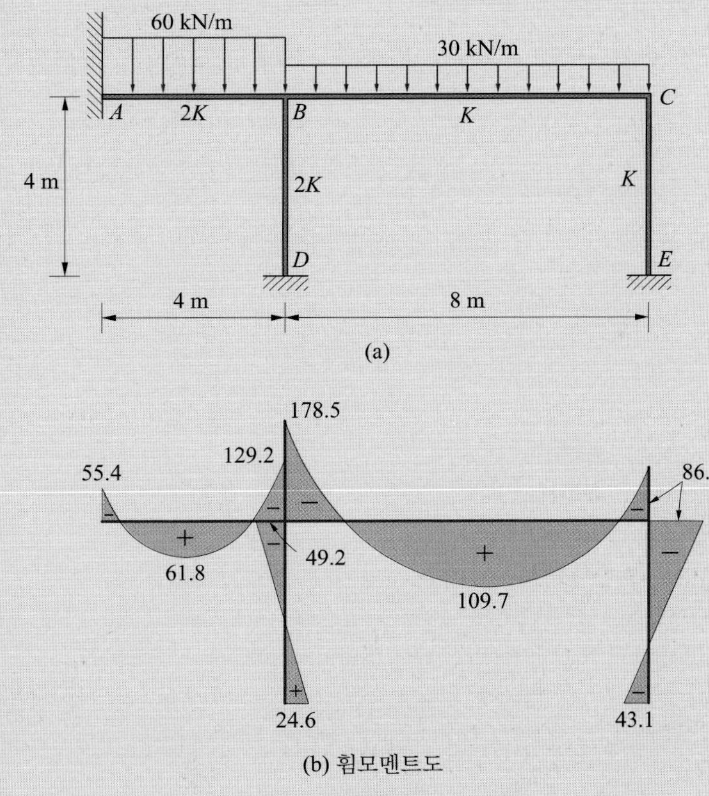

그림 18.9

풀이

고정단모멘트를 그림 18.3의 공식에서 계산한다.

$$-C_{AB}=C_{BA}=\frac{60\times(4)^2}{12}=80\,\mathrm{kN\cdot m}$$

$$-C_{BC}=C_{CB}=\frac{30\times(8)^2}{12}=160\,\mathrm{kN\cdot m}$$

식(18.6)의 공식을 사용하여 처짐각 방정식을 계산한다.

$$M_{AB}=4EK(\theta_B)-80$$
$$M_{BA}=4EK(2\theta_B)+80$$
$$M_{BC}=2EK(2\theta_B+\theta_C)-160$$
$$M_{CB}=2EK(2\theta_C+\theta_B)+160$$
$$M_{BD}=4EK(2\theta_B)$$
$$M_{DB}=4EK(\theta_B)$$
$$M_{CE}=2EK(2\theta_C)$$
$$M_{EC}=2EK(\theta_C)$$

절점 B 및 C에서 모멘트의 평형조건을 처짐각 방정식에 적용하여 처짐각을 계산한다.

$$M_{BA}+M_{BC}+M_{BD}=0$$
$$M_{CB}+M_{CE}=0$$
$$\theta_B=\frac{240}{39EK},\ \theta_C=\frac{-840}{EK}$$

재단모멘트는 처짐각 방정식으로부터 계산할 수 있다.

$$M_{AB}=-55.4\,\mathrm{kN\cdot m}$$
$$M_{BA}=129.2\,\mathrm{kN\cdot m}$$
$$M_{BC}=-178.5\,\mathrm{kN\cdot m}$$
$$M_{CB}=86.2\,\mathrm{kN\cdot m}$$
$$M_{BD}=49.2\,\mathrm{kN\cdot m}$$
$$M_{DB}=24.6\,\mathrm{kN\cdot m}$$
$$M_{CE}=-86.2\,\mathrm{kN\cdot m}$$
$$M_{EC}=-43.1\,\mathrm{kN\cdot m}$$

AB 부재에서 $M_{AB}=-55.4\,\mathrm{kN\cdot m}$, $M_{BA}=129.2\,\mathrm{kN\cdot m}$, 하중 $w=60\,\mathrm{kN/m}$에 대하여 최대 정모멘트는 $61.8\,\mathrm{kN\cdot m}$, BC 부재에서 $M_{BC}=-178.5\,\mathrm{kN\cdot m}$, $M_{CB}=86.2\,\mathrm{kN\cdot m}$, 하중 $w=30\,\mathrm{kN/m}$에 대하여 최대 정모멘트는 $109.7\,\mathrm{kN\cdot m}$으로 계산되어 휨모멘트도는 그림 18.9(b)와 같다.

18.5 절점이 이동하는 골조 해석

외력의 작용에 의하여 절점이 이동하는 부정정 골조에서는 절점의 회전각에 부재 회전각의 미지수가 더해지기 때문에 절점의 모멘트 평형조건만으로는 방정식의 수가 미지수의 수보다 적어 미지수의 유일해를 구할 수 없다. 따라서 추가 방정식을 얻기 위하여 전단력의 평형조건을 고려하여야 한다.

예를 들어, 그림 18.10(a)의 골조에서 절점 B에 수평하중 P가 작용하면 부재는 그림 18.10(b)와 같이 변형하여 B절점의 회전각 θ_B와 AB 부재의 회전각 R이 생긴다.

이 부재에는 하중에 작용하지 않으므로 고정단모멘트는 생기지 않으며, 처짐각 방정식은 식(18.6)과 식(18.7)로부터 식(a)가 되며 θ_B 및 R의 두 미지수를 포함하게 된다.

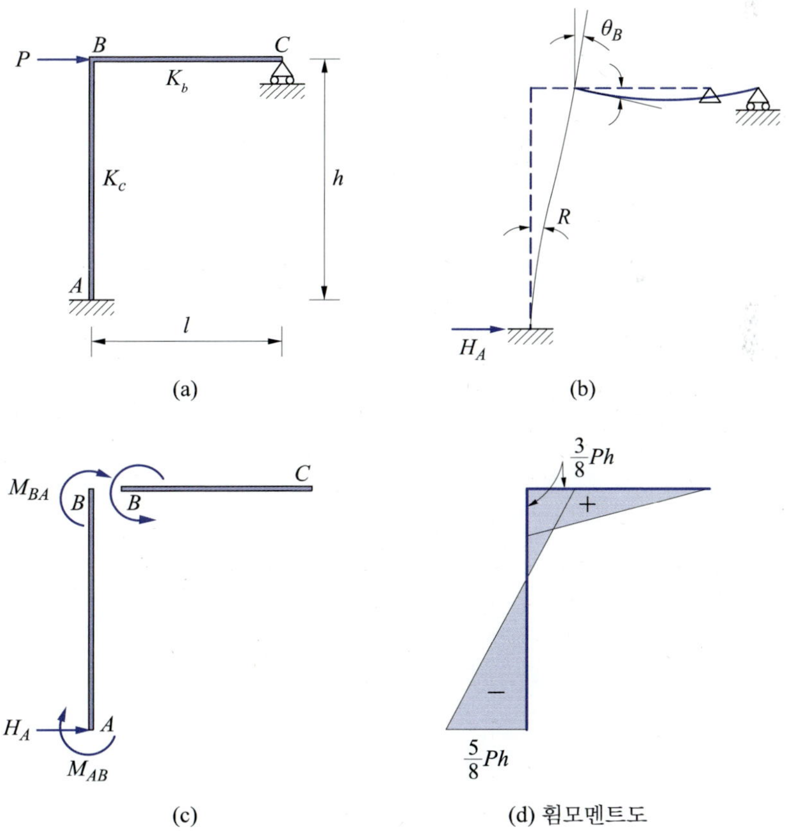

그림 18.10 절점이동 골조 해석

$$M_{AB} = 2EK_C(\theta_B - 3R)$$
$$M_{BA} = 2EK_C(2\theta_B - 3R) \quad \text{(a)}$$
$$M_{BC} = 3EK_B(\theta_B)$$

이에 대하여 절점의 모멘트 평형조건으로부터 식(b)의 한 방정식만 얻게 되어 θ_B 및 R의 값을 유일하게 정할 수 없어 수평 방향 힘의 평형조건이 더 필요하게 된다.

$$M_{BA} + M_{BC} = 0 \quad \text{(b)}$$

골조가 그림 18.10(b)와 같이 변형하였을 때 AB 부재의 재단모멘트의 작용방향은 그림 18.10(c)와 같으며, A점의 수평반력 H_A는 AB 부재의 모멘트 평형조건으로부터 다음 식으로 계산한다.

$$H_A = \frac{M_{AB} + M_{BA}}{h}$$

수평방향 힘의 평형조건은 다음과 같다.

$$\sum F_x = P + H_A = 0$$

즉,

$$P + \frac{M_{AB} + M_{BA}}{h} = 0 \quad \text{(c)}$$

으로 주어진다. 이 수평력의 평형조건을 전단방정식 또는 층방정식이라고 한다.

식(a)의 처짐각 방정식에 식(b) 및 식(c)의 두 조건식을 적용하고 $\beta = K_b/K_c$의 기호를 사용하면 다음의 연립방정식을 얻게 된다.

$$(4+3\beta)\theta_B - 6R = 0$$
$$3\theta_B - 6R = -\frac{Ph}{2EK_c}$$

이로부터 미지수를 계산할 수 있다.

$$\theta_B = \frac{Ph}{2EK_c}\left(\frac{1}{1+3\beta}\right), \quad 3R = \frac{Ph}{2EK_c}\left(\frac{4+3\beta}{1+3\beta}\right)\left(\frac{1}{2}\right)$$

이 값을 식(a)에 대입하면 재단모멘트는 식(18.8)로 정해진다.

$$M_{AB} = -\frac{2+3\beta}{2+6\beta}Ph$$

$$M_{BA} = -\frac{3\beta}{2+6\beta}Ph \qquad (18.8)$$

$$M_{BC} = \frac{3\beta}{2+6\beta}Ph$$

보와 기둥의 강성계수가 같은 경우에는 $\beta=1$이므로 재단모멘트는

$$M_{AB} = -\frac{5}{8}Ph,\ M_{BA} = -\frac{3}{8}Ph,\ M_{BC} = \frac{3}{8}Ph$$

으로, 그림 18.10(d)와 같다.

그림 18.11(a)와 같은 문형 골조가 수평력에 의하여 절점이 수평이동 할 때 수평변위 Δ는 모든 기둥에서 동일하게 일어나는 것으로 가정한다.

고정단모멘트는 그림 18.3을 참조하여 유도할 수 있다.

$$-C_{AB} = C_{BA} = \frac{Ph}{8}$$

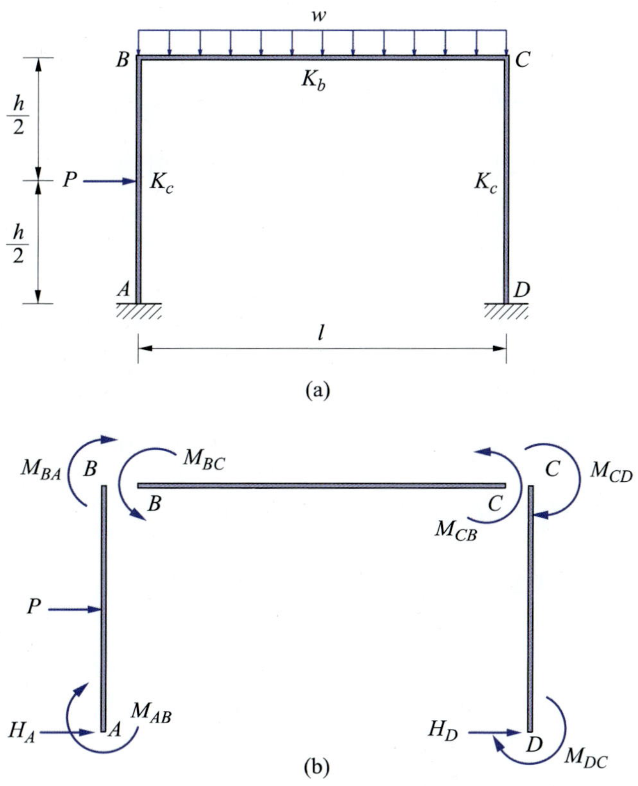

그림 18.11 문형골조의 절점이동 골조해석

$$-C_{BC}=C_{CB}=\frac{wl^2}{12}$$

그러므로 처짐각 방정식은 식(d)로 주어진다.

$$\begin{aligned}
M_{AB}&=2EK_C(\theta_B-3R)-\frac{Ph}{8}\\
M_{BA}&=2EK_C(2\theta_B-3R)+\frac{Ph}{8}\\
M_{BC}&=2EK_b(2\theta_B+\theta_C)-\frac{wl^2}{12}\\
M_{CB}&=2EK_b(2\theta_C+\theta_B)+\frac{wl^2}{12}\\
M_{CD}&=2EK_c(2\theta_C-3R)\\
M_{DC}&=2EK_c(\theta_C-3R)
\end{aligned} \tag{d}$$

절점 B와 C에서 모멘트의 평형조건은 다음과 같다.

$$\begin{aligned}
M_{BA}+M_{BC}&=0\\
M_{CB}+M_{CD}&=0
\end{aligned} \tag{e}$$

θ_B, θ_C, R의 세 미지수에 대한 또 하나의 방정식은 전단 방정식이 된다.

$$P+H_A+H_D=0$$

이 식에서 지점의 수평 반력 H_A와 H_D를 재단모멘트의 항으로 나타내기 위하여 그림 18.11(b)의 자유물체도에서 AB 부재의 B점, CD 부재의 C점에 대하여

$$\Sigma M_B=M_{AB}+M_{BA}-P\left(\frac{h}{2}\right)-H_Ah=0$$

$$\Sigma M_C=M_{CD}+M_{DC}-H_Dh=0$$

의 평형조건으로부터 수평 반력의 값을 구한다.

$$H_A=-\frac{P}{2}+\frac{M_{AB}+M_{BA}}{h}$$

$$H_D=\frac{M_{CD}+M_{DC}}{h}$$

전단 방정식은 다음과 같다.

$$P+\left(-\frac{P}{2}+\frac{M_{AB}+M_{BA}}{h}\right)+\frac{M_{CD}+M_{DC}}{h}=0$$

즉,

$$M_{AB}+M_{BA}+M_{CD}+M_{DC}+\frac{P}{2}h=0 \tag{f}$$

식(d)의 처짐각 방정식을 식(e) 및 식(f)의 평형조건식에 대입하고, $\beta=K_b/K_c$의 기호를 사용하면 식(g)의 연립방정식이 유도된다.

$$\begin{aligned}
&2(1+\beta)\theta_B+\beta\theta_C-3R=\frac{1}{2EK_c}\left(\frac{wl^2}{12}-\frac{Ph}{8}\right)\\
&\beta\theta_B+2(1+\beta)\theta_C-3R=\frac{1}{2EK_c}\left(-\frac{wl^2}{12}\right)\\
&3\theta_B+3\theta_C-12R=\frac{1}{2EK_c}\left(-\frac{Ph}{2}\right)
\end{aligned} \tag{g}$$

이 방정식으로부터 θ_B, θ_C 및 R의 값을 정하여 식(d)에 대입하면 그림 18.11(a) 골조의 재단모멘트가 계산된다. 예를 들어, $K_b=K_c$이고 $w=15\,\text{kN/m}$, $P=100\,\text{kN}$, $l=8\,\text{m}$, $h=4\,\text{m}$인 경우 식(g)는 식(h)가 된다.

$$\begin{aligned}
&4\theta_B+\theta_C-3R=\frac{30}{2EK_c}\\
&\theta_B+4\theta_C-3R=\frac{-80}{2EK_c}\\
&3\theta_B+3\theta_C-12R=\frac{-200}{2EK_c}
\end{aligned} \tag{h}$$

이 연립방정식으로부터 미지수들을 계산한다.

$$\theta_B=\frac{1}{2EK_c}\left(\frac{535}{21}\right),\ \theta_C=\frac{1}{2EK_c}\left(-\frac{235}{21}\right),\ R=\frac{1}{2EK_c}\left(\frac{425}{21}\right)$$

이 변수의 값들을 식(d)에 대입하면 재단모멘트는 식(i)으로 계산된다.

$$\begin{aligned}
&M_{AB}=-85.2\,\text{kN}\cdot\text{m},\ M_{BA}=40.2\,\text{kN}\cdot\text{m}\\
&M_{BC}=-40.2\,\text{kN}\cdot\text{m},\ M_{CB}=83.1\,\text{kN}\cdot\text{m}\\
&M_{CD}=-83.1\,\text{kN}\cdot\text{m},\ M_{DC}=-71.9\,\text{kN}\cdot\text{m}
\end{aligned} \tag{i}$$

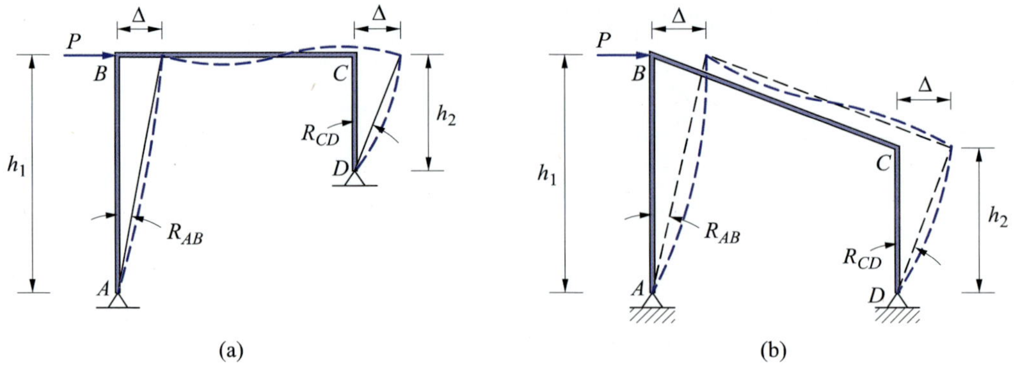

그림 18.12 기둥길이가 다른 골조의 해석

절점이 이동하는 골조에서 보와 기둥이 직사각형으로 되어 있을 때에는 보-기둥 절점의 이동이 같은 층에서는 같게 생기는 것으로 가정하여 계산한다. 예를 들어, 그림 18.12와 같이 기둥 길이가 다를 때 B 및 C절점의 수평변위는 모두 Δ이기 때문에 보의 부재 회전각은 생기지 않으며, 기둥의 부재 회전각은

$$R_{AB} = \frac{\Delta}{h_1},\ R_{CD} = \frac{\Delta}{h_2}$$

으로 계산되므로, 이 두 식에서 CD부재의 회전각은 식(18.9)로 나타낼 수 있다.

$$R_{CD} = \frac{h_1}{h_2} R_{AB} \tag{18.9}$$

골조를 이루는 기둥이 보와 수직이 아니고 임의의 각도로 경사를 이루고 있는 경우, 예를 들어, 그림 18.13(a)와 같이 CD부재가 수평방향과 θ의 경사를 가진 경우 B절점이 Δ만큼 수평 이동할 때 C절점은 C''위치로 옮기면서 수평 변위 CC', 수직 변위 $C'C''$의 변형을 한다.

$\Delta CC'C''$에서 선분 길이는 다음과 같다.

$$CC' = \Delta,\ C'C'' = \frac{\Delta}{\tan\theta},\ CC'' = \frac{\Delta}{\sin\theta}$$

그러므로 부재 회전각은 시계방향에 대하여

$$R_{AB} = \frac{\Delta}{h_1},\ R_{BC} = -\frac{C'C''}{l},\ R_{CD} = \frac{CC''}{h_2}$$

으로 주어지며, 다음과 같이 R_{AB}의 함수로 정리할 수 있다.

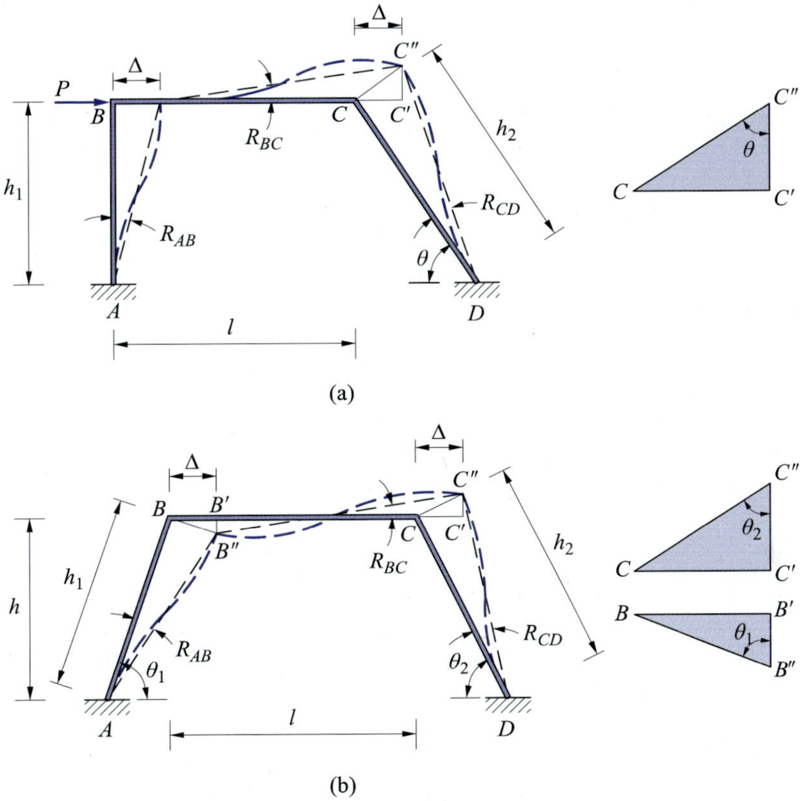

그림 18.13 경사기둥 골조의 해석

$$
\begin{aligned}
R_{AB} &= \frac{\Delta}{h_1} \\
R_{BC} &= -\frac{h_1}{l\tan\theta} R_{AB} \\
R_{CD} &= \frac{h_1}{h_2 \sin\theta} R_{AB}
\end{aligned}
\tag{18.10}
$$

그림 18.13(b)와 같이 두 기둥이 수평면에 θ_1 및 θ_2 각으로 경사질 때 BC절점을 수평 방향으로 Δ만큼 이동시키면, 기둥의 경사로 인하여 B절점에는 $B'B''$, C절점에는 $C'C''$의 수직 변위가 동반하여 B절점과 C절점은 각각 $\Delta BB'B''$ 및 $\Delta CC'C''$의 변위도를 구성하게 된다. $\Delta BB'B''$와 $\Delta CC'C''$에서 선분 길이는 다음과 같다.

$$
BB' = \Delta,\ \ B'B'' = \frac{\Delta}{\tan\theta_1},\ \ BB'' = \frac{\Delta}{\sin\theta_1}
$$

$$CC' = \Delta\,,\ \ C'C'' = \frac{\Delta}{\tan\theta_2}\,,\ \ CC'' = \frac{\Delta}{\sin\theta_2}$$

그러므로 부재 회전각은 식(18.11)로 주어진다.

$$\begin{aligned} R_{AB} &= \frac{BB''}{h_1} = \frac{\Delta}{h_1 \sin\theta_1} \\ R_{BC} &= -\frac{B'B'' + C'C''}{l} = -\frac{\Delta}{l}\left(\frac{1}{\tan\theta_1} + \frac{1}{\tan\theta_2}\right) \\ R_{CD} &= \frac{CC''}{h_2} = \frac{\Delta}{h_2 \sin\theta_2} \end{aligned} \tag{18.11}$$

부재 회전각의 기준값을

$$R = \frac{\Delta}{h}$$

으로 하면 $h = h_1 \sin\theta_1 = h_2 \sin\theta_2$의 관계로부터 식(18.12)가 된다.

$$\begin{aligned} R_{AB} &= R \\ R_{BC} &= -\frac{Rh}{l}\left(\frac{1}{\tan\theta_1} + \frac{1}{\tan\theta_2}\right) \\ R_{CD} &= R \\ R &= \frac{\Delta}{h} \end{aligned} \tag{18.12}$$

예제 18.6 그림 18.14 골조의 재단모멘트를 계산하라. 단, E는 일정한 것으로 한다.

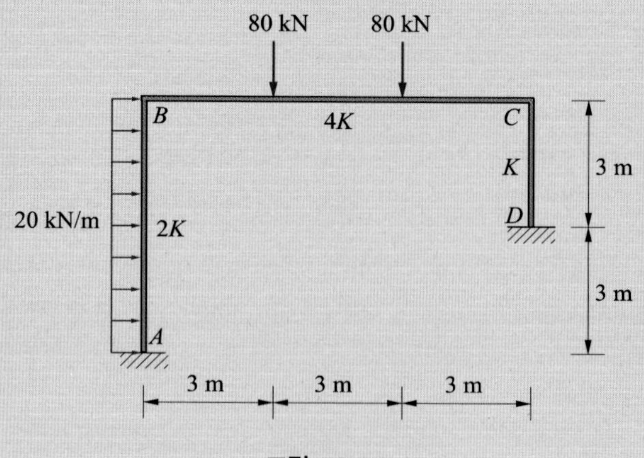

그림 18.14

풀이

고정단모멘트를 그림 18.3의 공식으로부터 계산한다.

$$-C_{AB}=C_{BA}=\frac{20\times(6)^2}{12}=60\,\mathrm{kN\cdot m}$$

$$-C_{BC}=C_{CB}=\frac{80\times3\times6}{(9)^2}(3+6)=160\,\mathrm{kN\cdot m}$$

부재 회전각은 식(18.9)로부터 계산한다.

$$R_{AB}=R,\ R_{CD}=\frac{6}{3}R=2R$$

고정단에서 $\theta_A=\theta_D=0$이므로, 처짐각 방정식은 식(18.6)으로부터 계산한다.

$$\begin{aligned}M_{AB}&=4EK(\theta_B-3R)-60\\M_{BA}&=4EK(2\theta_B-3R)+60\\M_{BC}&=8EK(2\theta_B+\theta_C)-160\\M_{CB}&=8EK(2\theta_C+\theta_B)+160\\M_{CD}&=2EK(2\theta_C-6R)\\M_{DC}&=2EK(\theta_C-6R)\end{aligned}\qquad\text{(i)}$$

전단 방정식을 계산한다.

$$20\times6+H_A+H_D=0$$

M_{AB}, M_{BA} 및 M_{CD}, M_{DC}의 재단모멘트와 함께

$$\Sigma M_B=-H_A\times6-\frac{20\times(6)^2}{2}+M_{AB}+M_{BA}=0$$

$$\Sigma M_C=-H_D\times3+M_{CD}+M_{DC}=0$$

의 평형조건으로부터 H_A와 H_D를 계산한다.

$$H_A=\frac{M_{AB}+M_{BA}}{6}-60$$

$$H_D=\frac{M_{CD}+M_{DC}}{3}$$

그러므로 절점의 모멘트 평형조건과 전단 방정식은 다음과 같다.

$$M_{BA}+M_{BC}=0$$

$$M_{CB}+M_{CD}=0$$

$$M_{AB}+M_{BA}+2(M_{CD}+M_{DC})=-360$$

이 조건식을 식(i) 처짐각 방정식에 적용하면 다음 연립방정식이 성립한다.

$$\begin{bmatrix}24&8&-12\\8&20&-12\\12&12&-72\end{bmatrix}\begin{Bmatrix}\theta_B\\\theta_C\\R\end{Bmatrix}=\left(\frac{1}{EK}\right)\begin{Bmatrix}100\\-160\\-360\end{Bmatrix}$$

이 식으로부터 미지수를 계산할 수 있다.

$$\theta_B=\frac{9.667}{EK},\ \theta_C=-\frac{8.759}{EK},\ R=\frac{5.148}{EK}$$

이 값을 식(i)의 처짐각 방정식에 대입하여 재단모멘트를 계산할 수 있다.

$$M_{AB}=-83.1\,\mathrm{kN\cdot m},\ M_{BA}=75.6\,\mathrm{kN\cdot m}$$

$$M_{BC}=-75.4\,\mathrm{kN\cdot m},\ M_{CB}=97.2\,\mathrm{kN\cdot m}$$

$M_{CD} = -96.8\,\text{kN}\cdot\text{m},\ M_{DC} = -79.3\,\text{kN}\cdot\text{m}$

예제 18.7 그림 18.15(a) 골조의 재단모멘트와 지점 반력을 구하라.

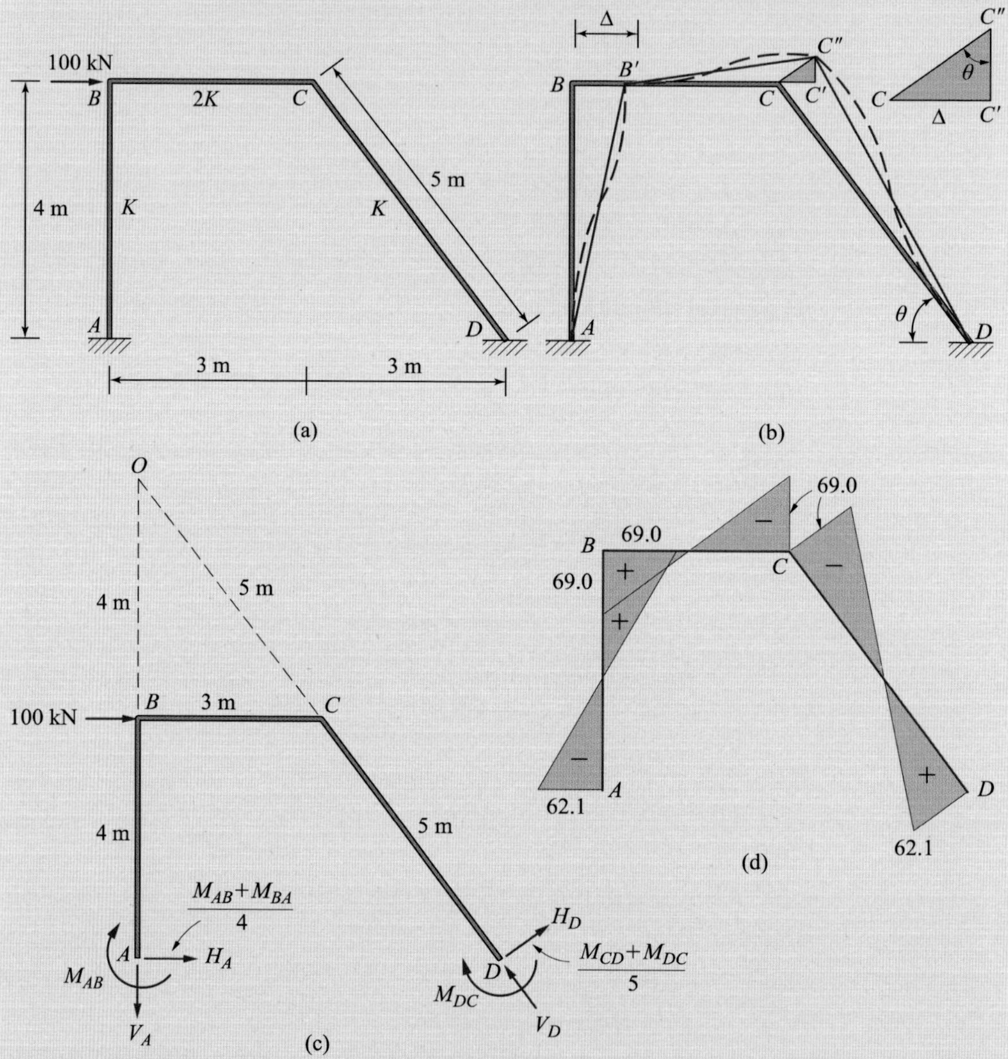

그림 18.15

풀이 그림 18.15(a) 골조가 이루는 각도를 계산한다.

$$\sin\theta = \frac{4}{5},\ \tan\theta = \frac{4}{3}$$

수평력에 의하여 그림 18.15(b)와 같이 절점이 이동하였을 때 부재 회전각은 식(18.10)에서 $R = \Delta/4$으로 하면

$$R_{AB} = \frac{\Delta}{4} = R$$

$$R_{BC} = -\frac{4}{3\times 4/3}R = -R$$

$$R_{CD} = \frac{4}{5\times 4/5}R = R$$

으로 주어진다. 따라서 처짐각 방정식을 식(18.6)으로부터 계산할 수 있다,

$$M_{AB} = 2EK(\theta_B - 3R)$$

$$M_{BA} = 2EK(2\theta_B - 3R)$$

$$M_{BC} = 4EK(2\theta_B + \theta_C + 3R)$$

$$M_{CB} = 4EK(2\theta_C + \theta_B + 3R)$$

$$M_{CD} = 2EK(2\theta_C - 3R)$$

$$M_{DC} = 2EK(\theta_C - 3R)$$

위의 방정식에서 세 개의 미지수 θ_B, θ_C, R에 대하여 두 개의 방정식은 B, C 절점의 모멘트 평형조건으로부터 얻어진다.

$$M_{BA} + M_{BC} = 0$$

$$M_{CB} + M_{CD} = 0$$

그러나 전단 방정식은 CD부재의 경사에 의하여 축방향력이 개입되어 계산이 곤란하기 때문에 그림 18.15(c)의 자유물체도에서 기둥의 연장선이 만나는 점 O에 대한 모멘트의 평형조건을 계산한다.

$$\Sigma M_o = M_{AB} + M_{DC} - \frac{M_{AB} + M_{BA}}{4}(8) - \frac{M_{CD} + M_{DC}}{5}(10) - 100(4) = 0$$

이 식을 세 번째 식으로 하여 처짐각 방정식을 적용한다.

$$6\theta_B + 2\theta_C + 3R = 0$$

$$2\theta_B + 6\theta_C + 3R = 0$$

$$5\theta_B + 5\theta_C - 18R = -\frac{400}{2EK}$$

연립방정식으로부터 미지수를 계산한다.

$$\theta_B = \theta_C = \frac{-1}{2EK}\left(\frac{200}{29}\right),\ 3R = \frac{1}{2EK}\left(\frac{1600}{29}\right)$$

이 값들을 처짐각 방정식에 대입하여 골조의 재단모멘트를 계산한다.

$$M_{AB} = -62.1\,\text{kN}\cdot\text{m},\ M_{BA} = -69.0\,\text{kN}\cdot\text{m}$$

$$M_{BC} = 69.0\,\text{kN}\cdot\text{m},\ M_{CB} = 69.0\,\text{kN}\cdot\text{m}$$

$$M_{CD} = -69.0\,\text{kN}\cdot\text{m},\ M_{DC} = -62.1\,\text{kN}\cdot\text{m}$$

휨모멘트는 그림 18.15(d)의 분포가 된다.

지점 반력의 계산에서는 그림 18.15(c)에서

$$H_A = \frac{M_{AB} + M_{BA}}{4} = \frac{-62.1 - 69.0}{4} = -32.8\,\text{kN}$$

따라서 그림 18.15(d)에 표시된 것과 반대로 작용한다.

D점에 대한 모멘트 평형조건을 이용하여 A지점의 수직 반력을 계산한다.

$$\Sigma M_D = M_{AB} + M_{DC} + 100\times 4 - V_A\times 6 = 0$$

$$V_A = \frac{-62.1 \times 2 + 400}{6} = 46.0\text{kN} \ (\downarrow)$$

D지점의 수평 반력과 수직 반력을 평형조건으로부터 계산한다.

$$\sum F_x = 100 + H_A + H_B = 100 - 32.8 + H_B = 0$$

$$\sum F_y = V_A + V_B = 46.0 + V_B = 0$$

$$H_B = -67.2\,\text{kN}(\leftarrow)$$

$$V_B = -46.0\,\text{kN}(\uparrow)$$

예제 18.8 그림 18.16(a) 골조의 재단모멘트를 구하기 위한 연립방정식을 작성하라.

풀이 그림 18.16(a) 골조에는 θ_B, θ_C, θ_D, θ_E의 네 절점 회전각과 R_1, R_2의 두 부재 회전각 등 여섯 개의 미지수가 있으므로 여섯 개의 선형 독립된 방정식이 작성되어야 한다.

고정단모멘트를 그림 18.3의 공식을 참조하여 계산한다.

$$-C_{BE} = C_{EB} = \frac{120 \times 8}{8} = 120\,\text{kN} \cdot \text{m}$$

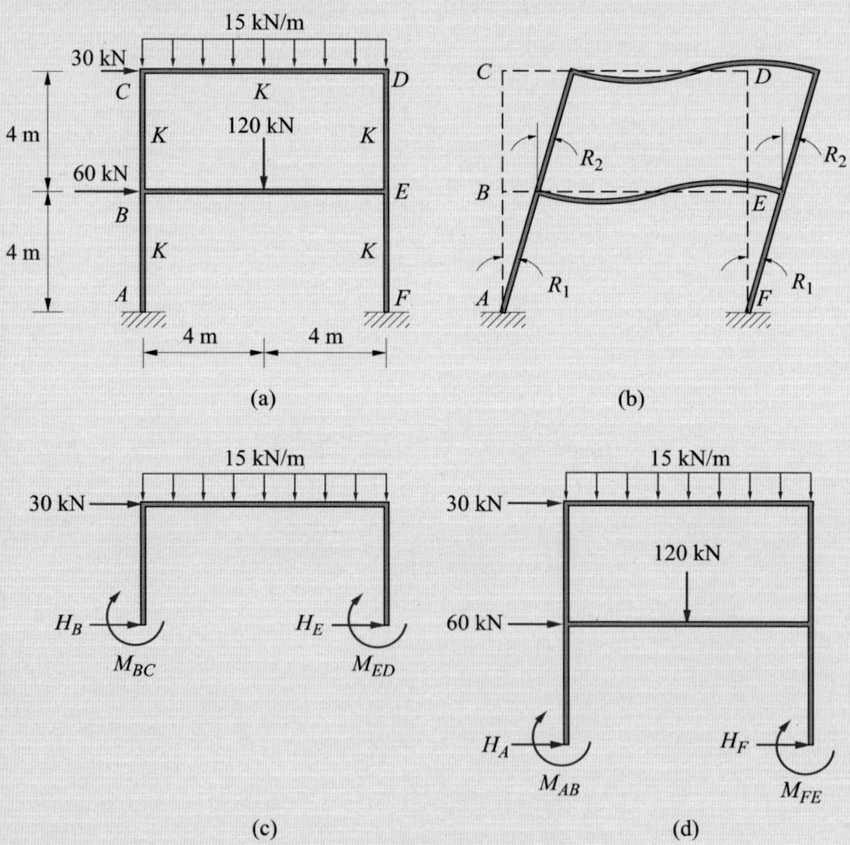

그림 18.16

$$-C_{CD} = C_{DC} = \frac{15 \times (8)^2}{12} = 80\,\text{kN} \cdot \text{m}$$

처짐각 방정식을 식(18.6)으로부터 계산한다.

$$\begin{aligned}
&M_{AB} = 2EK(\theta_B - 3R_1)\\
&M_{BA} = 2EK(2\theta_B - 3R_1)\\
&M_{FE} = 2EK(\theta_E - 3R_1)\\
&M_{EF} = 2EK(2\theta_E - 3R_1)\\
&M_{BC} = 2EK(2\theta_B + \theta_C - 3R_2)\\
&M_{CB} = 2EK(2\theta_C + \theta_B - 3R_2)\\
&M_{DE} = 2EK(2\theta_D + \theta_E - 3R_2)\\
&M_{ED} = 2EK(2\theta_E + \theta_D - 3R_2)\\
&M_{BE} = 2EK(2\theta_B + \theta_E) - 120\\
&M_{EB} = 2EK(2\theta_E + \theta_B) + 120\\
&M_{CD} = 2EK(2\theta_C + \theta_D) - 80\\
&M_{DC} = 2EK(2\theta_D + \theta_C) + 80
\end{aligned} \tag{j}$$

각 절점에서 모멘트 평형조건은 다음과 같다.

$$\begin{aligned}
&\sum M_B = M_{BA} + M_{BE} + M_{BC} = 0\\
&\sum M_C = M_{CB} + M_{CD} = 0\\
&\sum M_D = M_{DC} + M_{DE} = 0\\
&\sum M_E = M_{ED} + M_{EB} + M_{EF} = 0
\end{aligned} \tag{k}$$

전단 방정식은 그림 18.16(c) 및 (d)의 자유물체도로부터 주어지며, 이를 이용하여 절점의 수평반력을 계산한다.

$$\sum F_{x,BE} = 30 + H_B + H_E = 0$$

$$\sum F_{x,AF} = 30 + 60 + H_A + H_F = 0$$

$$H_A = \frac{M_{AB} + M_{BA}}{4}, \quad H_B = \frac{M_{BC} + M_{CB}}{4}$$

$$H_E = \frac{M_{DE} + M_{ED}}{4}, \quad H_F = \frac{M_{EF} + M_{FE}}{4}$$

그러므로 전단 방정식은 식(l)이 된다.

$$\begin{aligned}
&M_{BC} + M_{CB} + M_{DE} + M_{ED} + 120 = 0\\
&M_{AB} + M_{BA} + M_{EF} + M_{FE} + 360 = 0
\end{aligned} \tag{l}$$

식(k)와 식(l)을 식(j)에 적용하면 θ_B, θ_C, θ_D, θ_E, R_1, R_2 등 여섯 개의 미지수에 대하여 연립방정식이 유도되며, 가우스 소거법 등 행렬 해법으로 해를 구하게 된다.

$$\begin{bmatrix} 6 & 1 & 0 & 1 & -3 & -3 \\ 1 & 4 & 1 & 0 & 0 & -3 \\ 0 & 1 & 4 & 1 & 0 & -3 \\ 1 & 0 & 1 & 6 & -3 & -3 \\ 3 & 3 & 3 & 3 & 0 & -12 \\ 3 & 0 & 0 & 3 & -12 & 0 \end{bmatrix} \begin{Bmatrix} \theta_B \\ \theta_C \\ \theta_D \\ \theta_E \\ R_1 \\ R_2 \end{Bmatrix} = \left(\frac{1}{2EK}\right) \begin{Bmatrix} 120 \\ 80 \\ -80 \\ -120 \\ -120 \\ -360 \end{Bmatrix}$$

연습문제

18.1 그림 18.17 연속보의 재단모멘트를 처짐각법으로 구하라.

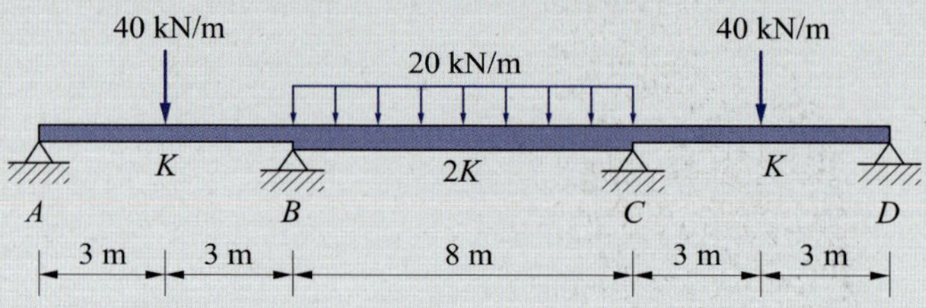

그림 18.17

18.2 그림 18.18 연속보의 휨모멘트도와 전단력도를 처짐각법을 이용하여 만들라.

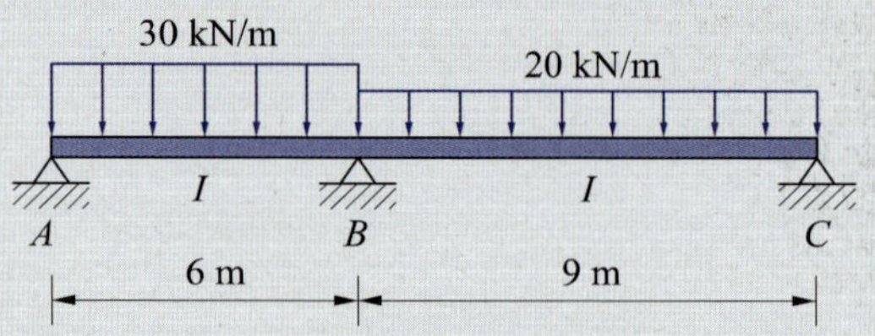

그림 18.18

18.3 그림 18.19 연속보의 재단모멘트를 처짐각법으로 구하라.

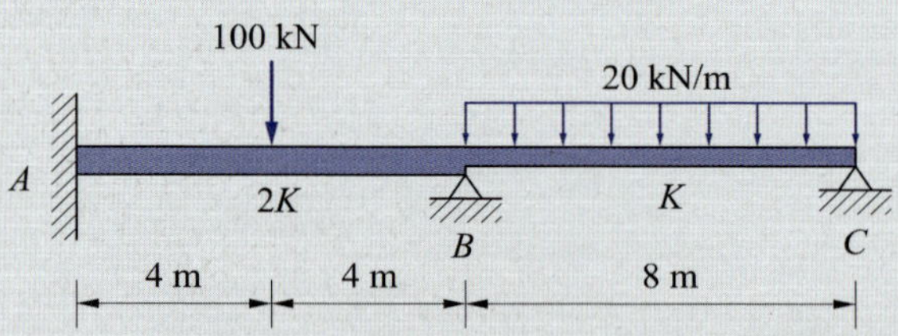

그림 18.19

18.4 처짐각법을 이용하여 그림 18.20 골조의 휨모멘트도를 작성하라.

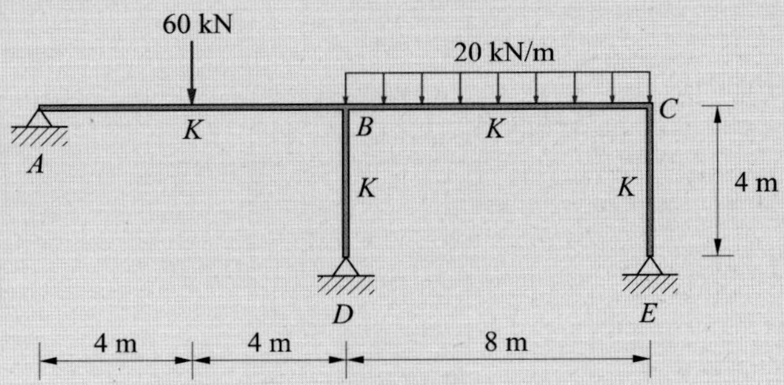

그림 18.20

18.5 처짐각법을 이용하여 그림 18.21 골조의 휨모멘트도와 전단력도를 만들라.

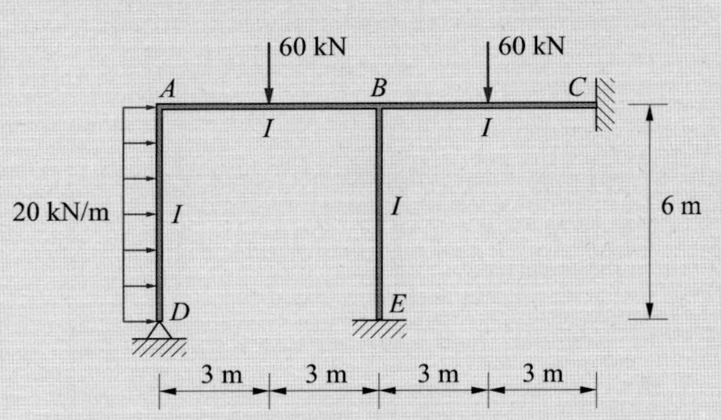

그림 18.21

18.6 그림 18.22 골조의 재단모멘트를 처짐각법으로 구하라.

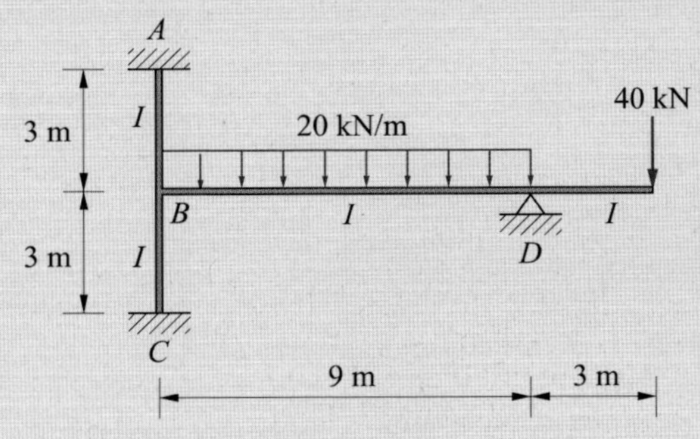

그림 18.22

18.7 그림 18.23 골조의 재단모멘트와 전단력의 값을 처짐각법으로 계산하라.

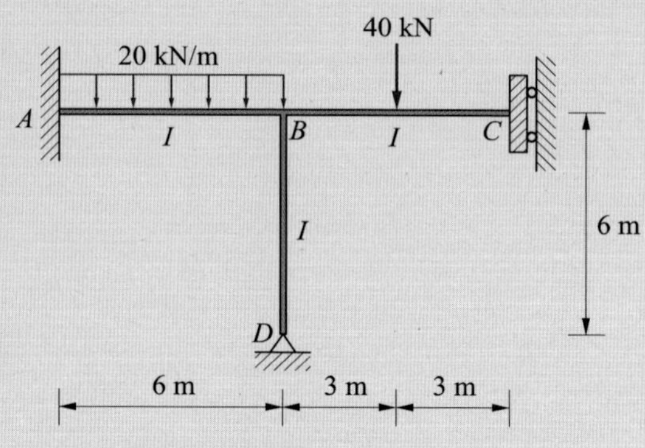

그림 18.23

18.8 그림 18.24 골조의 휨모멘트도를 처짐각법으로 작성하라.

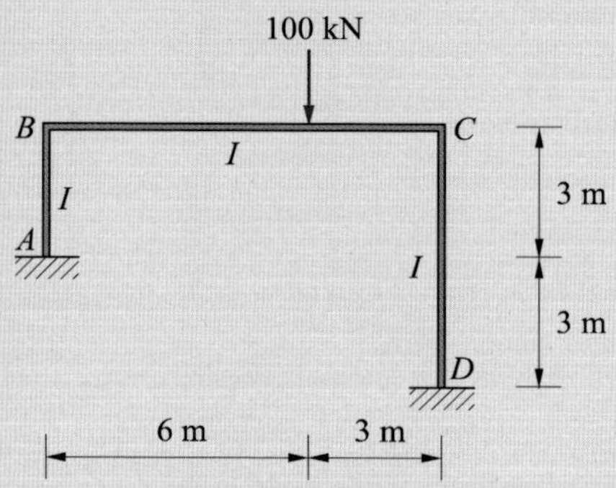

그림 18.24

18.9 처짐각법을 이용하여 그림 18.25 골조의 휨모멘트도를 만들라.

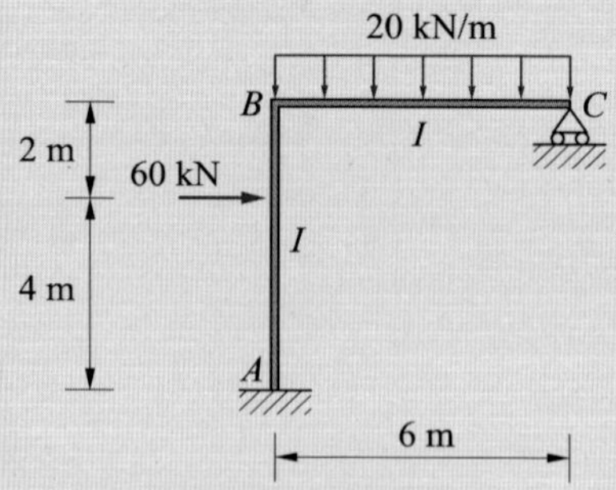

그림 18.25

18.10 그림 18.26 골조의 휨모멘트도 및 전단력도를 처짐각법으로 만들라.

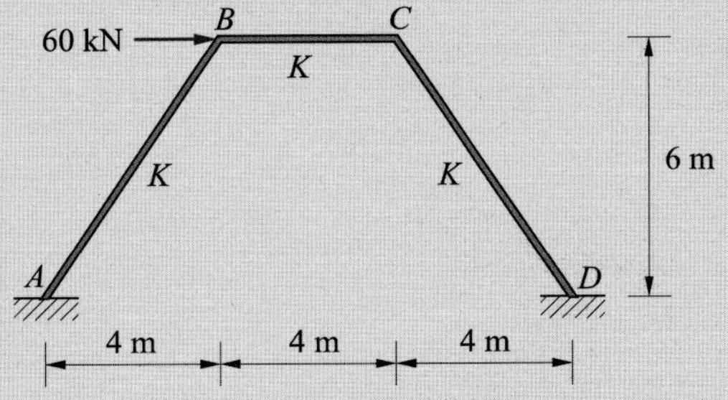

그림 18.26

MEMO

제19장

모멘트 분배법

19.1 개요

18장에서 다루어진 처짐각법은 휨모멘트가 지배적인 연속보나 강접 골조에서 계산의 간편성이나 정확도에서 매우 효율이 높은 구조해석 방법이다. 그러나 이 효율성도 단층 단구간 정도의 골조까지만 보장되며 예제 18.8에서 경험한 바와 같이 2층 단구간 골조만 해도 6개의 미지수로 (6 × 6) 행렬을 풀어야 하기 때문에 손 계산의 한계를 벗어나게 된다.

모멘트 분배법은 처짐각과 이론적인 근거를 같이 하면서도 재단모멘트 계산에서는 연립방정식을 푸는 대신 반복계산 방법을 사용하여 적용성과 계산의 효율성을 높인 근사해석 방법이다.

모멘트 분배법에서는 모든 절점이 고정된 것으로 가정하여 계산된 고정단모멘트를 절점에 모인 부재의 강성에 따라 분배시킴으로써 균형을 이루고, 다시 고정된 것으로 가정된 상태에서 전달되어 온 모멘트를 분배시켜 반복작업에 의하여 절점의 불균형 모멘트를 해소하여 정해로 수렴시켜 나가기 때문에 고정 모멘트법으로 불리기도 한다.

모멘트 분배법을 사용하면 2～3회 반복 계산만으로도 실제 설계에 적용할 수 있는 해석 결과를 얻을 수 있어 예비 구조 설계와 간단한 구조물의 설계에 효율적으로 사용되고 있다.

19.2 모멘트 분배와 전달

한 절점에 생긴 휨모멘트가 절점에 모인 부재에 분배되고 고정단으로 전달되는 과정은 그림 19.1의 예에서 적절하게 설명될 수 있다. 18장의 처짐각법에서 다룬 바 있는 식(18.6)의 처짐각 방정식을 이용하면 그림 19.1 골조의 재단모멘트는 식(19.1)이 된다.

$$
\begin{aligned}
M_{AB} &= 2EK_{AB}(2\theta_A) & M_{BA} &= 2EK_{AB}(\theta_A) \\
M_{AC} &= 2EK_{AC}(2\theta_A) & M_{CA} &= 2EK_{AC}(\theta_A) \\
M_{AD} &= 2EK_{AD}(2\theta_A) & M_{DA} &= 2EK_{AD}(\theta_A)
\end{aligned}
\tag{19.1}
$$

A 절점의 휨모멘트 평형조건은 $M = Pl$로 하면

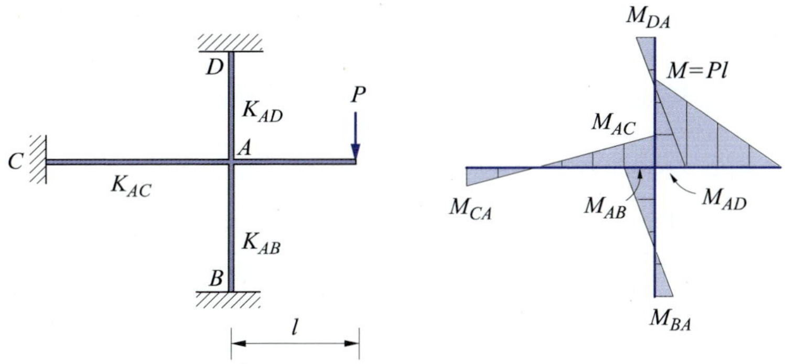

그림 19.1 모멘트 분배 및 전달

$$M_{AB}+M_{AC}+M_{AD}=M \tag{a}$$

이 된다. 이 식에 식(19.1)의 처짐방정식을 적용하여 A 절점의 처짐각 θ_A를 계산한다.

$$4E(K_{AB}+K_{AC}+K_{AD})\theta_A=M$$

$$\theta_A=\frac{M}{4E(K_{AB}+K_{AC}+K_{AD})}$$

A 절점에 모인 부재의 재단모멘트는 식(a)로부터 계산할 수 있다.

$$\begin{aligned}M_{AB}&=\frac{K_{AB}}{K_{AB}+K_{AC}+K_{AD}}M\\M_{AC}&=\frac{K_{AC}}{K_{AB}+K_{AC}+K_{AD}}M\\M_{AD}&=\frac{K_{AD}}{K_{AB}+K_{AC}+K_{AD}}M\end{aligned} \tag{19.2}$$

이 식에서 등호 오른 편 분모는 A 절점에 모인 부재의 강성계수의 합이고, 분자는 해당 부재의 강성계수이므로 분배율을 식(19.3)과 같이 정의한다.

$$D_{ij}=\frac{K_{ij}}{\sum K} \tag{19.3}$$

분배율은 절점 모멘트가 ij 부재로 분배되는 몫을 나타내며, 분배되는 모멘트, 즉 분배모멘트의 값을 식(19.4)로 나타낼 수 있다.

$$M_{ij}=D_{ij}\,M \tag{19.4}$$

따라서 식(19.1)의 재단모멘트는 식(19.5)이 된다.

$$M_{AB} = D_{AB}M\,,\ M_{AC} = D_{AC}M\,,\ M_{AD} = D_{AD}M \tag{19.5}$$

이와 같이 분배된 모멘트는 맞은 편 단부가 고정단일 경우 그림 19.1(b)와 같이 그 단부로 전달되는데, 전달모멘트의 값도 식(19.1)의 처짐각 방정식에서 고찰할 수 있다. 이 식에서 M_{AB}, M_{AC}, M_{AD} 등은 분배모멘트이고 M_{BA}, M_{CA}, M_{DA}는 분배모멘트가 고정단으로 전달된 모멘트로 M_{AB}와 M_{BA}, M_{AC}와 M_{CA} 또는 M_{AD}와 M_{DA}를 비교하면 전달모멘트는 분배모멘트의 1/2인 것을 쉽게 알 수 있다. 분배모멘트를 M_{ij}, 전달모멘트를 M_{ji}로 하면 전달률은 식(19.6)이 된다.

$$C_{ij} = \frac{M_{ji}}{M_{ij}} \tag{19.6}$$

즉, 분배모멘트에 대한 전달모멘트의 비율로 정의되며, 부재가 일정한 단면의 경우 $C_{ij} = 0.5$의 값을 가진다.

19.3 휨 강성과 유효 강성계수

구조물의 거동이 탄성한계에 있는 동안 힘과 변형 사이에는 일정한 비례 상수가 존재하며, 이 비례 상수를 강성(剛性)이라고 한다. 강성은 단위 변형을 일으키는 데 필요한 힘으로 정의되지만, 개념적으로 외력에 대한 구조물의 변형 저항 능력을 의미한다.

휨모멘트와 회전 변형의 관계에서 식(19.1)을 일반화하여

$$M = 4EK\theta \tag{19.7a}$$

또는 더 구체적으로

$$M = \frac{4EI}{l}\theta \tag{19.7b}$$

으로 나타내면, $\theta = 1$의 단위 회전을 일으키는 데 $4EK$ 또는 $4EI/l$의 휨모멘트가 소요되기 때문에 부재의 휨 강성은 $4EK$ 또는 $4EI/l$가 되며, 식(18.5)로 정의된 강성계

수 $K = I/l$ 은 탄성계수 E 가 같은 골조에서 E 를 생략한 휨 강성의 약식 표현이다.

모멘트 분배법에서는 19.4절에 설명되는 바와 같이 고정단모멘트의 분배에서 시작하여 모멘트의 전달 및 분배의 반복 과정이 모두 식(19.3)의 분배율과 $C = 1/2$의 전달률에 의하여 이루어지며, 분배율은 식(19.3)에서 보는 바와 같이 강성계수만으로 계산될 수 있으므로, 탄성계수가 같은 부재나 골조에서 휨 강성은 사용되지 않고 강성계수만 사용된다.

부재의 경계조건이나 회전 변형 특성에 따라 수정된 강성계수를 유효강성계수라 하며, K_e 로 표시한다. 모멘트 분배법에 사용되는 유효강성계수는 다음과 같이 유도된다.

19.3.1 회전단

임의의 부재 AB의 한 단부가 B가 회전단으로 되어 있는 경우 처짐각 방정식은

$$M_{AB} = 2EK(2\theta_A + \theta_B)$$
$$M_{BA} = 2EK(2\theta_B + \theta_A) = 0$$

이 된다. 두 번째 식에서 $\theta_B = -\theta_A/2$의 값을 첫 번째 식에 대입하면

$$M_{AB} = 4E\left(\frac{3}{4}K\right)\theta_A$$

의 식이 유도된다. 따라서 한 단부가 회전단인 부재의 유효 강성계수는 식(19.8)로 주어진다.

$$K_e = \frac{3}{4}K \tag{19.8}$$

19.3.2 대칭 휨변형

부재 AB의 단부에 그림 19.2(a)와 같이 방향이 반대이고 같은 크기의 휨모멘트가 작용하면 부재는 대칭 휨 변형을 하여 단부의 회전각은 $\theta_B = -\theta_A$가 된다. 이에 따라 처짐각 방정식은

$$M_{AB} = 2EK(2\theta_A + \theta_B) = 4E\left(\frac{1}{2}K\right)\theta_A$$
$$M_{BA} = 2EK(2\theta_B + \theta_A) = 4E\left(\frac{1}{2}K\right)\theta_B = -M_{AB}$$

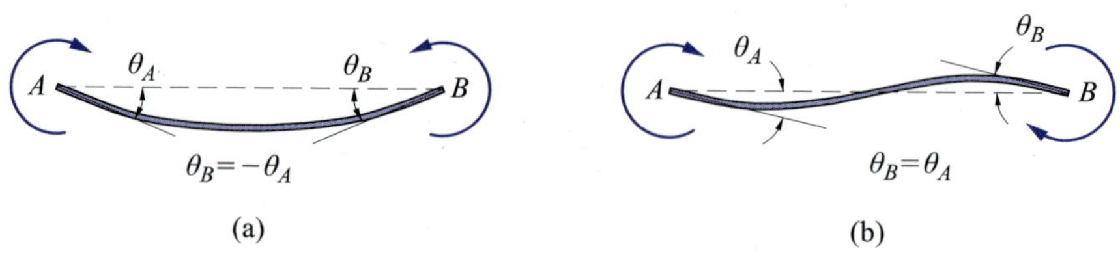

그림 19.2 보의 대칭 및 역대칭 휨변형

가 되어, 대칭 휨변형을 하는 부재의 유효 강성계수는 식(19.9)와 같이 주어진다.

$$K_e = \frac{1}{2}K \tag{19..9}$$

19.3.3 역대칭 휨 변형

부재 AB가 그림 19.2(b)와 같이 양단에 작용하는 같은 방향, 같은 크기의 휨모멘트에 의하여 역대칭 휨 변형을 하는 경우 $\theta_A = \theta_B$가 되므로 처짐각 방정식은

$$M_{AB} = 2EK(2\theta_A + \theta_B) = 4E\left(\frac{3}{2}K\right)\theta_A$$

$$M_{BA} = 2EK(2\theta_B + \theta_A) = 4E\left(\frac{3}{2}K\right)\theta_B = M_{AB}$$

으로 주어진다. 따라서 역대칭 휨 변형을 하는 부재의 유효 강성계수는 식(19.10)이 된다.

$$K_e = \frac{3}{2}K \tag{19.10}$$

19.4 해석 방법

모멘트 분배법으로 구조해석을 하기 위하여서는 먼저 절점에서 각 부재의 모멘트 분배율과 고정단모멘트가 계산되어야 한다. 예제 18.5에서 다뤄진 그림 18.9(a) 또는 그림 19.3(a)의 골조를 예로 하면, B 절점에서 $\Sigma K = 2K + 2K + K = 5K$, C 절점에서 $\Sigma K = K + K = 2K$이므로 모멘트 분배율을 식(19.3)으로부터 계산한다.

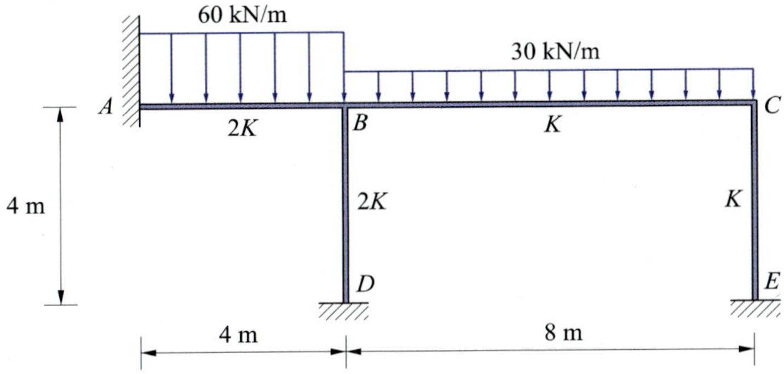

(a)

	Ⓐ AB	Ⓑ BA	BD	BC	Ⓒ CB	CE
DF	0	0.4	0.4	0.2	0.5	0.5
FEM	−80	80	0	−160	160	0
DM_1	0	32	32	16	−80	−80
CM_1	16	0	0	−40	8	0
DM_2	0	16	16	8	−4	−4
CM_2	8	0	0	−2	4	0
DM_3	0	0.8	0.8	0.4	−2	−2
ΣM	−56	128.8	48.8	−177.6	86	−86

(b)

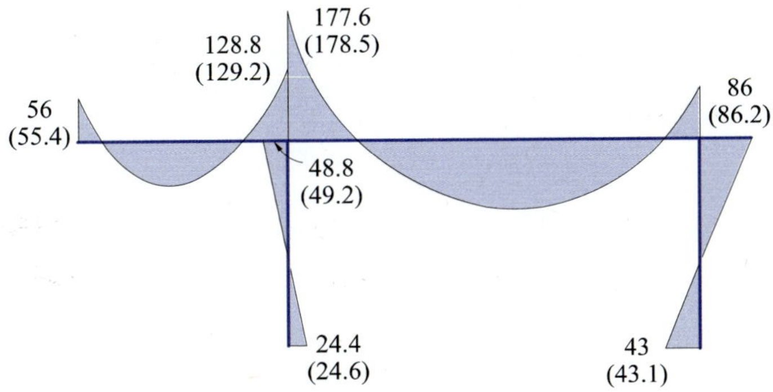

(c) 휨모멘트도

그림 19.3 골조 구조해석

$$D_{BA}=\frac{2}{5}=0.4\,,\ D_{BD}=\frac{2}{5}=0.4\,,\ D_{BC}=\frac{1}{5}=0.2$$

$$D_{CB}=\frac{1}{2}=0.5\,,\ D_{CE}=\frac{1}{2}=0.5 \tag{a}$$

고정단모멘트는 그림 18.3의 공식으로부터 정해진다.

$$-C_{AB}=C_{BA}=\frac{60(4)^2}{12}=80\,\text{kN}\cdot\text{m}$$

$$-C_{BC}=C_{CB}=\frac{30(8)^2}{12}=160\,\text{kN}\cdot\text{m} \tag{b}$$

이 고정단모멘트는 골조 구조물의 모든 절점이 고정되어 절점 회전이 생기지 않는 것으로 가정하여 계산된 모멘트이다. 그러나 실제 구조물의 절점에서는 그 절점에 강접된 부재들의 강성에 의하여 부분적인 회전의 구속을 받기는 하나, 나머지 회전은 허용되기 때문에 고정단모멘트에 의한 불균형 모멘트, 예를 들면 B 절점에서는

$$C_{BA}+C_{BC}=80-160=-80\,\text{kN}\cdot\text{m}$$

의 모멘트를 절점에 접합된 각 부재에 분배율에 따라 분배하면서 방출하여 균형을 취하려는 성향을 나타내게 된다. 따라서 가상으로 고정된 절점을 실제 상태로 되돌렸을 때 분배모멘트는 불균형 모멘트에 분배율을 곱한 값의 음수로 하여 식(a)와 식(b)로부터 계산된다.

$$\begin{aligned}
B\text{ 절점}:\ & M_{BA}^{D1}=-(C_{BA}+C_{BC})D_{BA}=32\,\text{kN}\cdot\text{m}\\
& M_{BD}^{D1}=-(C_{BA}+C_{BC})D_{BD}=32\,\text{kN}\cdot\text{m}\\
& M_{BC}^{D1}=-(C_{BA}+C_{BC})D_{BC}=16\,\text{kN}\cdot\text{m}\\
C\text{ 절점}:\ & M_{CB}^{D1}=-C_{BC}D_{CB}=-80\,\text{kN}\cdot\text{m}\\
& M_{CE}^{D1}=-C_{BC}D_{CE}=-80\,\text{kN}\cdot\text{m}
\end{aligned} \tag{c}$$

여기서 1회 분배가 끝나게 된다. 지금까지 진행된 식(a), 식(b) 및 식(c)의 계산 결과는 그림 19.3(b)와 같이 표를 만들어 정리한다.

2회부터는 전달모멘트에 의한 불균형 모멘트를 분배시켜 균형을 이루는 계산 과정이 된다.

1회에서와 같이 각 절점이 고정된 것으로 가정하면, 분배모멘트와 1/2이 맞은 편 단부로 전달되기 때문에 전달모멘트는 B 절점과 C 절점에서 각각 계산된다.

$$M_{BC}^{C1} = M_{CB}^{D1} \times \left(\frac{1}{2}\right) = -40\,\text{kN}\cdot\text{m}$$
$$M_{CB}^{C1} = M_{BC}^{D1} \times \left(\frac{1}{2}\right) = 8\,\text{kN}\cdot\text{m} \quad \text{(d)}$$

B 절점과 C 절점에서 이 두 모멘트 이 외에 다른 모멘트는 없기 때문에 이 두 모멘트가 불균형 모멘트가 되어 절점의 고정이 해소되어 실제 절점 상태로 되돌려졌을 때 균형을 이루기 위하여 1회 분배에서와 같이 분배되어 2회 계산이 마무리된다.

$$B \text{ 절점 : } M_{BA}^{D2} = -M_{BC}^{C1} \times D_{BA} = 16\,\text{kN}\cdot\text{m}$$
$$M_{BD}^{D2} = -M_{BC}^{C1} \times D_{BD} = 16\,\text{kN}\cdot\text{m}$$
$$M_{BC}^{D2} = -M_{BC}^{C1} \times D_{BC} = 8\,\text{kN}\cdot\text{m} \quad \text{(e)}$$
$$C \text{ 절점 : } M_{CB}^{D2} = -M_{CB}^{C1} \times D_{CB} = -4\,\text{kN}\cdot\text{m}$$
$$M_{CE}^{D2} = -M_{CB}^{C1} \times D_{CE} = -4\,\text{kN}\cdot\text{m}$$

식(d) 및 식(e)의 값도 그림 19.3(b)의 1회 계산 아래에 차례로 정리한다. 2회까지의 재단모멘트 값은 표 19.1에서 보는 바와 같이 처짐각법에 의한 정해와 비교하여 큰 오차가 없기 때문에 그대로 설계에 적용할 수도 있다.

재단모멘트의 정확도를 높이기 위하여 3회 계산을 하는 경우에는 2회와 같은 계산 과정을 거쳐 전달모멘트는 B 절점과 C 절점에서 각각 다음과 같이 계산된다.

$$M_{BC}^{C2} = M_{CB}^{D2} \times \left(\frac{1}{2}\right) = -2\,\text{kN}\cdot\text{m}$$
$$M_{CB}^{C2} = M_{BC}^{D2} \times \left(\frac{1}{2}\right) = 4\,\text{kN}\cdot\text{m} \quad \text{(f)}$$

표 19.1 재단모멘트의 비교(단위 : kN · m)

재단모멘트	처짐각법에 의한 해	1회		2회		3회	
		모멘트	오차(%)	모멘트	오차(%)	모멘트	오차(%)
M_{AB}	−55.4	−80	44.4	−64	15.5	−56	1.1
M_{BA}	129.2	112	13.3	128	0.9	128.8	0.3
M_{BC}	−178.5	−144	19.3	−176	1.4	−177.6	0.5
M_{CB}	86.2	80	7.2	84	2.6	86	0.2
M_{BD}	49.2	32	35	48	2.4	48.8	0.8
M_{CE}	−86.2	−80	7.2	−84	2.6	−86	0.2

이 전달모멘트에 의한 불균형 모멘트는 식(g)의 분배모멘트로 방출되면서 3차 균형을 찾게 된다.

$$
\begin{aligned}
B\ \text{절점}:\ & M_{BA}^{D3} = -M_{BC}^{C2} \times D_{BA} = 0.8\,\text{kN}\cdot\text{m} \\
& M_{BD}^{D3} = -M_{BC}^{C2} \times D_{BD} = 0.8\,\text{kN}\cdot\text{m} \\
& M_{BC}^{D3} = -M_{BC}^{C2} \times D_{BC} = 0.4\,\text{kN}\cdot\text{m} \\
C\ \text{절점}:\ & M_{CB}^{D3} = -M_{CB}^{C2} \times D_{CB} = -2\,\text{kN}\cdot\text{m} \\
& M_{CE}^{D3} = -M_{CB}^{C2} \times D_{CE} = -2\,\text{kN}\cdot\text{m}
\end{aligned}
\tag{g}
$$

식(f) 및 식(g)의 3회 계산 결과도 그림 19.3(b)의 3회 칸에 각 부재별로 정리하면, 3회 계산이 끝난다. 그림 19.3(b)에서 DF는 분배율, FEM은 고정단모멘트이며, $DM1$, $DM2$, $DM3$는 각각 1차, 2차 및 3차 분배모멘트, $CM1$, $CM2$는 1차 및 2차 전달모멘트를 나타낸다. 각 부재별로 고정단모멘트와 분배모멘트 및 전달모멘트를 합산하면 그 부재의 재단모멘트가 되며, 그림 19.3(b)에서 ΣM의 란에 쓰인 값들이다.

모멘트 분배법에서 의한 계산의 정확도를 검토하기 위하여 1회, 2회 및 3회 반복에 의한 재단모멘트 값과 그림 18.9(b)에 표시된 처짐각법에 의한 값과 비교하면 표 19.1과 같다.

이 표에서 보는 바와 같이 1회 계산값은 실용적이 되지 못하나, 2회 계산값의 오차는 A 단부 이외에는 3퍼센트 미만으로 실제 설계에 적용할 수 있으며, 3회 계산값에서는 구조물의 모든 부분이 2퍼센트 미만의 정확도를 보이고 있다.

19.5 연속보 해석

연속보는 한 절점에 두 부재만 접합되어 있기 때문에 모멘트 분배율, 분배모멘트 및 전달모멘트 계산이 간편하고 수렴이 빨라 모멘트 분배법을 적용하기에 적합하다.

간단한 예로, 예제 18.1에서 다룬 바 있는 그림 18.4(a) 또는 그림 19.4(a)의 연속보에서 분배율은 다음과 같다.

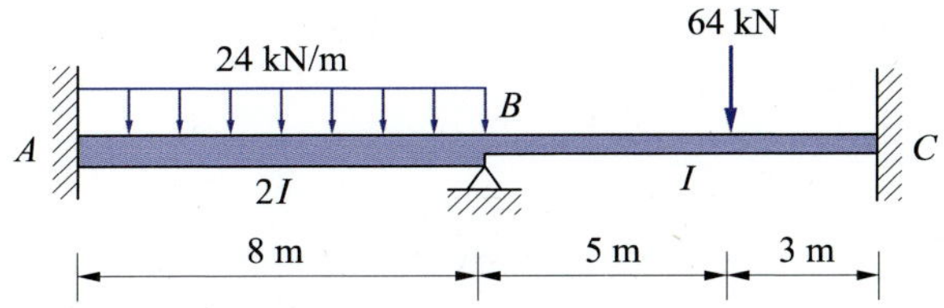

(a)

	AB	BA	BC	CB
DF	0	2/3	1/3	0
FEM	−128	128	−45	75
DM_1	0	−55.3	−27.7	0
CM_1	−27.7	0	0	−13.8
DM_2	0	0	0	0
ΣM	−155.7	72.7	−72.7	61.2

(b)

그림 19.4 연속보 구조해석

$$D_{AB}=0,\ D_{BA}=\frac{2}{3},\ D_{BC}=\frac{1}{3},\ D_{CB}=0$$

고정단모멘트는 그림 18.3의 공식으로부터 계산할 수 있다.

$$-C_{AB}=C_{BA}=\frac{24(8)^2}{12}=128\,\text{kN}\cdot\text{m}$$

$$C_{BC}=\frac{64(5)(3)^2}{(8)^2}=-45\,\text{kN}\cdot\text{m}$$

$$C_{CB}=\frac{64(5)^2(3)}{(8)^2}=75\text{kN}\cdot\text{m}$$

이 값들을 그림 19.4(b)의 해당되는 곳에 쓰고 19.4절에 기술된 바와 같이 1차 분배시킨 후 전달모멘트를 계산하여 2차 분배시키면 완전 해에 수렴하게 된다. 각 부재의 재단모멘트를 예제 18.1의 계산 결과인 그림 18.4(d)의 값들과 비교하면 소수점 처리에 의한 아주 작은 차이 이외에는 완전히 일치하고 있어 연속보 해석에 대한 모멘트 분배법의 효율성이 입증되고 있다.

예제 19.1 그림 19.5(a)의 연속보에 대하여 모멘트 분배법으로 휨모멘트와 전단력을 구하고 예제 17.2의 변형일치법에 의한 결과와 비교하라.

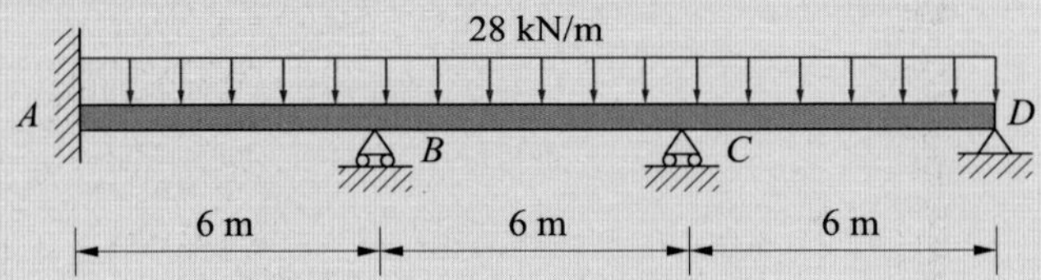

(a)

	AB	BA	BC	CB	CD	DC
DF	0	1/2	1/2	4/7	3/7	0
FEM	−84	84	−84	84	−126	0
DM_1	0	0	0	24	18	0
CM_1	0	0	12	0	0	0
DM_2	0	−6	−6	0	0	0
CM_2	−3	0	0	−3	0	0
DM_3	0	0	0	1.7	1.3	0
ΣM	−87	78	−78	106.7	−106.7	0

(b)

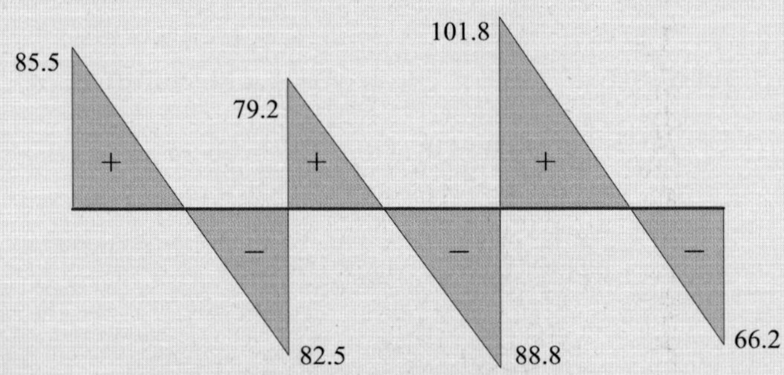

(c) 전단력도 (kN)

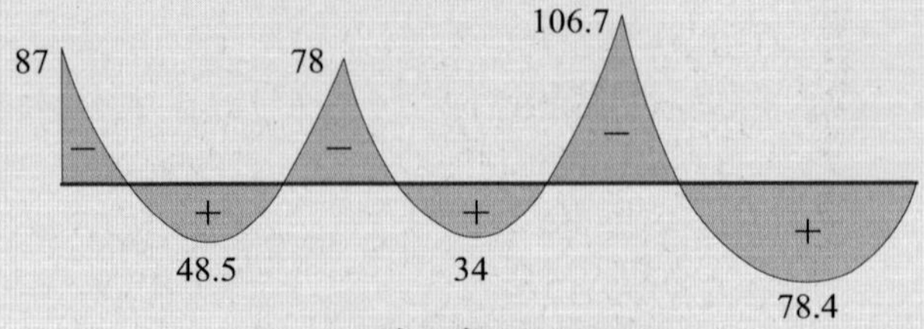

(d) 휨모멘트도 (kN·m)

그림 19.5

풀이

보의 단면과 경간 길이가 일정하므로, AB 및 BC 보의 강성계수는 K이나, CD보는 D단부 회전이 허용되므로 식(19.8)에 따라 유효강성계수를 $3K/4$로 하여 분배율을 계산한다.

$D_{BC}=D_{BC}=0.5$, $D_{CB}=4/7$, $D_{CD}=3/7$

고정단모멘트는 그림 18.3의 공식과 한 단부가 회전 절점일 때의 고정단모멘트 계산식(18.7)을 사용하여 계산할 수 있다.

$$-C_{AB}=C_{BA}=-C_{BC}=C_{CB}=\frac{28\times(6)^2}{12}=84\,\text{kN}\cdot\text{m}$$

$$C_{CD}=-\frac{28\times(6)^2}{12}\times1.5=-126\,\text{kN}\cdot\text{m}$$

이 값들을 그림 19.5(b)의 표에 써서 정리한 후 분배, 전달 및 재분배 등 3회 계산하면 ΣM에 쓰여진 휨모멘트의 값을 얻게 된다. 재단모멘트와 등분포하중 $w=28\,\text{kN/m}$에 의한 전단력 및 휨모멘트 분포는 그림 19.5(c) 및 식(d)와 같다.

예제 17.2에서 $w=28\,\text{kN/m}$과 $l=18.0\,\text{m}$로 계산된 지점 반력과 그림 19.5(c) 및 그림 19.5(d)에 의한 지점 반력을 비교하면 다음과 같다.

	M_A (kN · m)	R_A (kN)	R_B (kN)	R_C (kN)	R_D (kN)
변형 일치법	87.2	85.6	161.5	190.6	66.2
모멘트 분배법	87.0	85.5	161.7	190.6	66.2
오차(%)	0.23	0.13	0.12	0.0	0.0

예제 19.2

그림 19.6(a)의 연속보에서 B절점이 20mm 침하되었을 때 재단모멘트를 모멘트 분배법으로 구하라. 단, $E=200{,}000\,\text{N/mm}^2$, $I=500\times10^6\,\text{mm}^4$이다.

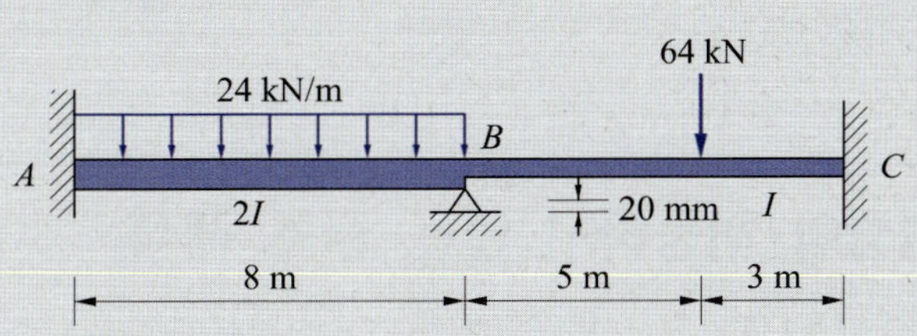

(a)

	AB	BA	BC	CB
DF	0	2/3	1/3	0
FEM	−503	−247	142.5	262.5
DM_1	0	−69.7	−34.8	0
CM_1	−34.8	0	0	−17.4
DM_2	0	0	0	0
ΣM	−537.8	−316.7	107.7	245.1

(b)

그림 19.6

풀이

분배율은 그림 19.4(b)에서와 같이 계산된다.

$$D_{AB}=0,\ D_{BA}=\frac{2}{3},\ D_{BC}=\frac{1}{3},\ D_{CB}=0$$

B절점이 $\Delta=20\,\mathrm{mm}$ 침하되었을 때 침하에 따른 휨모멘트는 식(18.3)으로부터 계산할 수 있으며, 이때 AB부재의 I는 $2I$가 된다.

$$M_{AB}^{\Delta}=M_{BA}^{\Delta}=-\frac{6EI}{l^2}\Delta=-\frac{6\times 200{,}000\times 2\times 500\times 10^6}{(8000)^2}\times 20$$

$$=-375\times 10^6\mathrm{N\cdot mm}=-375\,\mathrm{kN\cdot m}$$

$$M_{BC}^{\Delta}=M_{CB}^{\Delta}=187.5\,\mathrm{kN\cdot m}$$

그러므로 고정단모멘트는 다음과 같다.

$$C_{AB}=-\frac{24(8)^2}{12}+M_{AB}^{\Delta}=-503\,\mathrm{kN\cdot m}$$

$$C_{BA}=\frac{24(8)^2}{12}+M_{BA}^{\Delta}=-247\,\mathrm{kN\cdot m}$$

$$C_{BC}=-\frac{64(5)(3)^2}{(8)^2}+M_{BC}^{\Delta}=142.5\,\mathrm{kN\cdot m}$$

$$C_{CB}=\frac{64(5)^2(3)}{(8)^2}+M_{CB}^{\Delta}=262.5\,\mathrm{kN\cdot m}$$

분배율과 고정단모멘트의 값을 각각 그림 19.6(b)의 첫째 및 둘째 란에 쓰고 1차 분배시킨 다음 분배모멘트의 1/2을 각 부재의 맞은편에 전달시켜 2차 분배시키면 완전 해로 수렴한다.
AB 및 BC 부재의 재단모멘트는 그림 19.6(b)의 $\sum M$ 란의 값과 같다.

19.6 절점이 이동하지 않는 골조 해석

절점이 이동하지 않는 골조에서는 절점의 이동에 따른 식(18.3)의 모멘트가 고려되지 않기 때문에 모멘트의 분배 및 전달이 연속보와 같이 단순하지는 않으나 비교적 간단하게 계산된다.

예제 18.3에서 처짐각법으로 해석된 바 있는 그림 18.7(a) 또는 그림 19.7(a)의 골조에서 A 및 B 절점에 접합된 부재의 강성계수의 합이 각각 $\sum K=5K$이므로 분배율은 다음과 같다.

$$D_{CA}=D_{DA}=D_{EB}=D_{FB}=0,\ D_{AB}=D_{BA}=0.2$$

$$D_{AC}=D_{AD}=D_{BE}=D_{BF}=0.4$$

이를 이용하여 고정단모멘트를 계산할 수 있다.

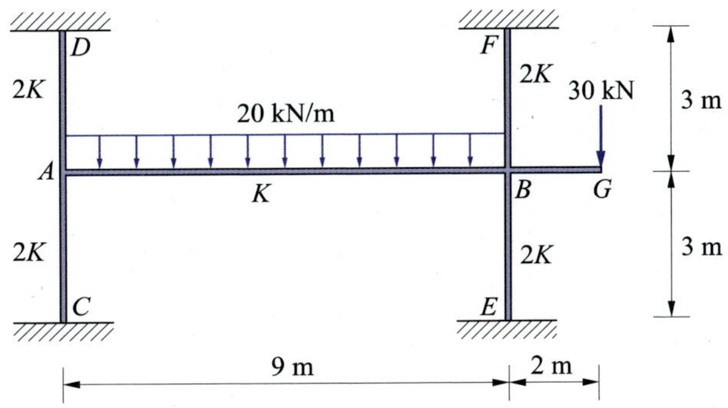

(a)

	AD	AC	AB		BA	BE	BF	BG
DF	0.4	0.4	0.2		0.2	0.4	0.4	
FEM	0	0	−135		135	0	0	−60
DM_1	54	54	27		−15	−30	−30	0
CM_1	0	0	−7.5		13.5	0	0	0
DM_2	3	3	1.5		−2.7	−5.4	−5.4	0
CM_2	0	0	−1.4		0.8	0	0	0
DM_3	0.5	0.5	0.3		−0.2	−0.3	−0.3	0
ΣM	57.5	57.5	−115.1		131.4	−35.7	−35.7	−60

(b)

그림 19.7 다층골조 구조해석

$$-C_{AB} = C_{BA} = \frac{20 \times (9)^2}{12} = 135\,\text{kN} \cdot \text{m}$$

이 값들을 그림 19.7(b)의 첫째 및 둘째 란에 쓰고, 3차에 걸쳐 고정단모멘트 및 전달모멘트를 분배하면 재단모멘트는 ΣM 란의 값으로 합산된다. 여기서 얻은 재단모멘트의 값을 그림 18.7(c)의 휨모멘트 값과 비교하면 오차 0.3퍼센트 미만의 매우 정확한 값이 증명된다.

예제 19.3 예제 18.4에서 다룬 그림 19.8 골조의 재단모멘트를 모멘트 분배법으로 구하라.

풀이 그림 18.8 또는 그림 19.8(a)에서 E 지점이 회전단이므로 유효강성계수를 계산한다.

$$\frac{3}{4} \times 2K = 1.5K$$

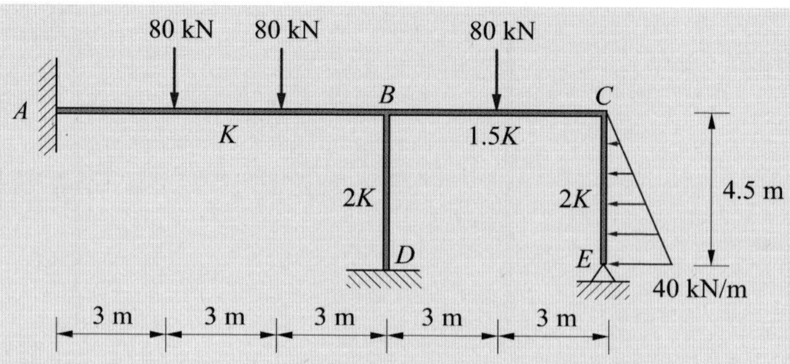

(a)

	AB	BA	BD	BC	CB	CE
DF	0	2/9	4/9	3/9	1/2	1/2
FEM	−160	160	0	−60	60	−47.3
DM_1	0	−22.2	−44.4	−33.3	−6.4	−6.4
CM_1	−11.1	0	0	−3.2	−16.7	0
DM_2	0	0.7	1.4	1.1	8.4	8.4
CM_2	0.04	0	0	4.2	0.6	0
DM_3	0.5	−0.9	−1.9	−1.4	−0.3	−0.3
ΣM	−170.7	137.6	−44.9	−92.6	45.6	−45.6

(b)

그림 19.8

그러므로 모멘트 분배율은 다음과 같다.

$$D_{AB}=0,\ D_{BA}=\frac{2}{9},\ D_{BD}=\frac{4}{9},\ D_{BC}=\frac{3}{9},\ D_{CB}=\frac{1}{2},\ D_{CE}=\frac{1}{2}$$

E 지점이 회전단이므로 그림 18.3의 공식을 사용하여 고정단모멘트 C_{CE}를 계산한다.

$$-C_{AB}=C_{BA}=\frac{80(3)(6)}{(9)^2}(3+6)=160\,\text{kN}\cdot\text{m}$$

$$-C_{BC}=C_{CB}=\frac{80(3)(3)}{(6)^2}=60\,\text{kN}\cdot\text{m}$$

$$C_{CE}=-\frac{40(4.5)^2}{30}-\frac{1}{2}\frac{40(4.5)^2}{20}=-47.25\,\text{kN}\cdot\text{m}$$

분배율과 고정단모멘트의 값을 그림 19.8(b)의 첫째 및 둘째 란에 쓰고 고정단모멘트와 전달모멘트를 3회 분배하여 계산한 모멘트는 ΣM 란의 값과 같으며 예제 18.4에서 처짐각법으로 계산된 값과 비교하면 다음과 같다.

	M_{AB}	M_{BA}	M_{BD}	M_{BC}	M_{CB}
처짐각법	−171.2	137.6	−44.9	−92.7	45.2
모멘트 분배법	−170.7	137.6	−44.9	−92.6	45.6
오차(%)	0.3	0.0	0.0	0.1	0.9

예제 19.4 그림 19.9(a)의 2구간 2층 골조가 가새 등에 의하여 절점 이동이 구속되어 있는 경우 부재 휨모멘트를 모멘트 분배법으로 구하라.

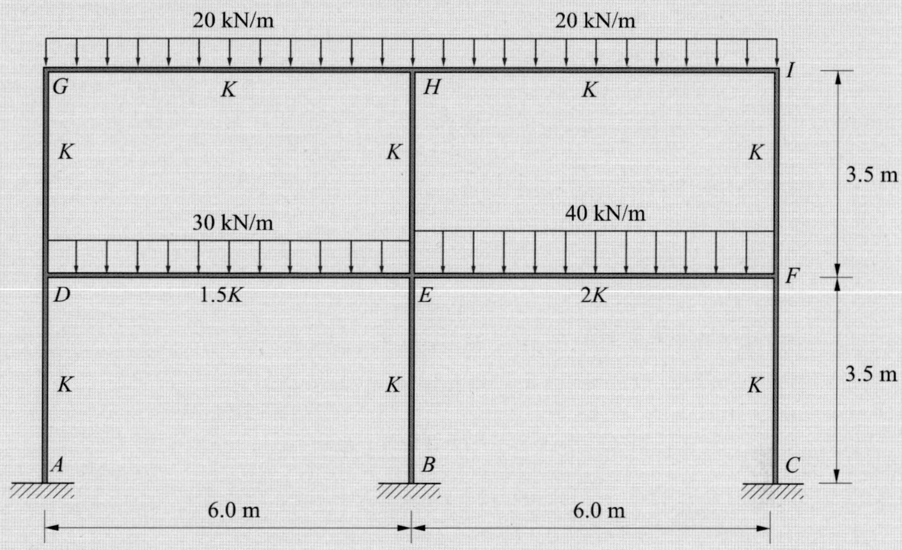

(a)

	GD	GH	HG	HE	HI	IH	IF
DF	1/2	1/2	1/3	1/3	1/3	1/2	1/2
FEM	0	−60	60	0	−60	60	0
DM_1	30	30	0	0	0	−30	−30
CM_1	12.9	0	15	2.7	−15	0	−15
DM_2	−6.4	−6.4	−0.9	−0.9	−0.9	7.5	7.5
CM_2	−2.7	−0.5	−3.2	1.0	3.8	−0.5	1.2
DM_3	1.6	1.6	−0.5	−0.5	−0.5	−0.4	−0.4
ΣM	35.4	−35.3	70.4	2.3	−72.6	−36.6	−36.7

	DG	DA	DE	ED	EH	EB	EF	FE	FI	FC
DF	2/7	2/7	3/7	3/11	2/11	2/11	4/11	1/2	1/4	1/4
FEM	0	0	−90	90	0	0	−120	120	0	0
DM_1	25.7	25.7	38.6	8.2	5.5	5.5	10.9	−60	−30	−30
CM_1	15	0	4.1	19.3	0	0	−30	5.5	−15	0
DM_2	−5.5	−5.5	−8.2	2.9	1.9	1.9	3.9	4.8	2.4	2.4
CM_2	−3.2	0	1.5	−4.1	−0.5	0	2.4	1.9	3.8	0
DM_3	0.5	0.5	0.7	0.6	0.4	0.4	0.8	−2.9	−1.4	−1.4
ΣM	32.5	20.7	−53.3	116.9	7.5	7.8	−132	69.3	−40.2	−29

(b)

그림 19.9

풀이

그림 19.9(a)에 표시된 부재의 강성계수를 계산한다.

D 절점 : $D_{DA}=\dfrac{2}{7}$, $D_{DE}=\dfrac{3}{7}$, $D_{DG}=\dfrac{2}{7}$

E 절점 : $D_{EB}=\dfrac{2}{11}$, $D_{EH}=\dfrac{2}{11}$, $D_{ED}=\dfrac{3}{11}$, $D_{EF}=\dfrac{4}{11}$

F 절점 : $D_{FC}=\dfrac{1}{4}$, $D_{FI}=\dfrac{1}{4}$, $D_{FE}=\dfrac{1}{2}$

G 절점 : $D_{GD}=\dfrac{1}{2}$, $D_{GH}=\dfrac{1}{2}$

H 절점 : $D_{HE}=\dfrac{1}{3}$, $D_{HG}=\dfrac{1}{3}$, $D_{HI}=\dfrac{1}{3}$

I 절점 : $D_{IF}=\dfrac{1}{2}$, $D_{IH}=\dfrac{1}{2}$

그러므로 고정단모멘트는 다음과 같이 계산된다.

$$-C_{DE}=C_{ED}=\frac{30\times 6^2}{12}=90\,\text{kN}\cdot\text{m}$$

$$-C_{EF}=C_{FE}=\frac{40\times 6^2}{12}=120\,\text{kN}\cdot\text{m}$$

$$-C_{GH}=C_{HG}=-C_{HI}=C_{IH}=\frac{20\times 6^2}{12}=60\,\text{kN}\cdot\text{m}$$

모멘트 분배법에 의한 계산 결과는 그림 19.9(b)와 같다. 이 계산에서는 보에서와 같이 기둥에서도 모멘트가 전달되고 있다.

19.7 절점이 이동하는 골조 해석

18.5절에서 거론된 바와 같이 골조가 비대칭이거나 횡하중을 받으면 절점이 이동한다.

모멘트 분배법으로 절점이 이동하는 골조를 해석하는 경우에도 그림 19.10에 예시된 바와 같이 골조의 절점 이동을 구속하는 이동단을 가상으로 설정하여 절점 이동이 생기지 않는 상태에서 골조의 재단모멘트와 가상 이동단에 생기는 수평 반력을 계산한 다음 이동단을 해제하여 이동단의 수평 반력이 작용하는 상태에서 재단모멘트를 계산하여 겹침원리를 적용한다.

예를 들어, 그림 19.11(a) 골조에서 BC 부재의 C 단부는 이동단이므로 식(19.8)에 따라 유효 강성계수를 $(3/4)\ (2K)=1.5K$로 하면 B 절점에서 분배율은 다음이 된다.

$$D_{BA}=\frac{1}{1+1.5}=0.4,\ D_{BC}=\frac{1.5}{1+1.5}=0.6$$

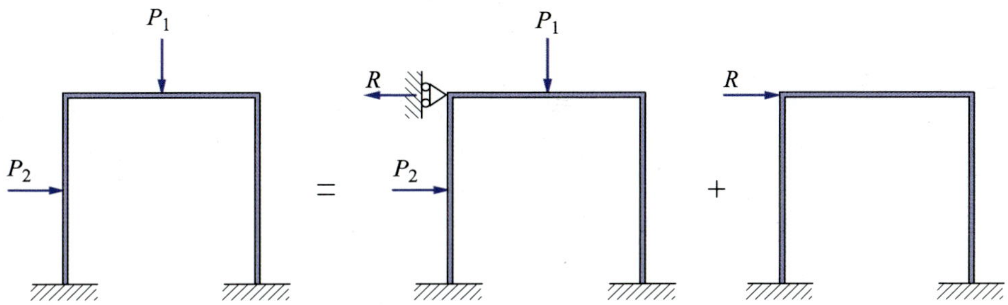

그림 19.10 절점이동 골조 구조해석 방법

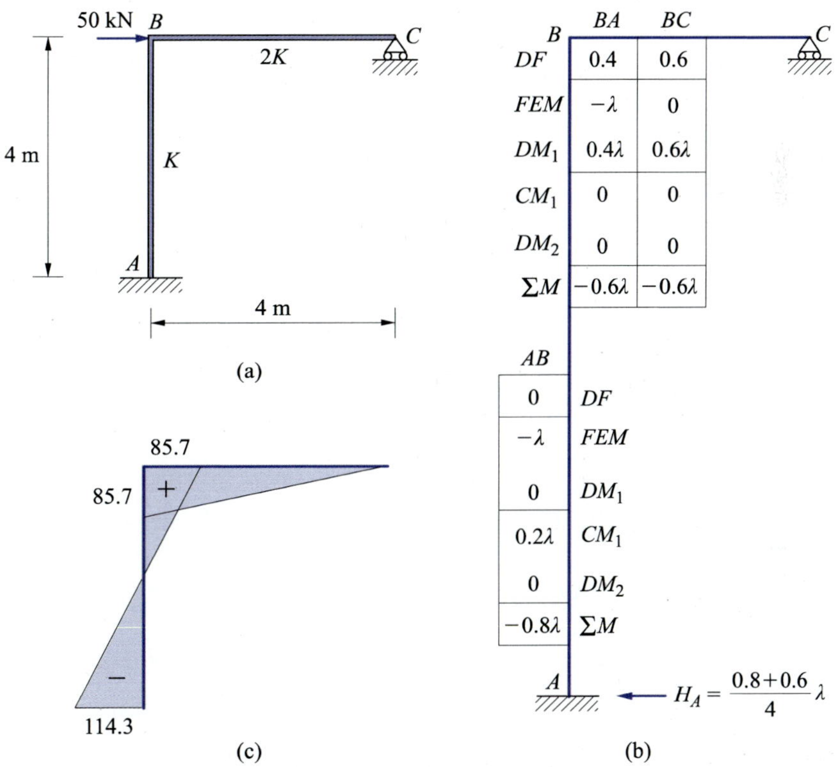

그림 19.11 절점이동 골조 구조해석 예

절점이 이동하는 경우 고정단모멘트는 그림 18.3(e)의 공식으로 계산되며 이 공식에서 Δ는 미지수이므로

$$\lambda = \frac{6EI}{l^2}\Delta$$

으로 두면 B 절점의 이동에 의한 AB 부재의 고정단모멘트는 다음과 같다.

$$C_{AB} = -\lambda, \ C_{BA} = -\lambda$$

이 분배율과 고정단모멘트에 의한 재단모멘트는 그림 16.11(b)의 계산 결과로부터 주어진다.

$$M_{AB} = -0.8\lambda, \ M_{BA} = -0.6\lambda, \ M_{BC} = 0.6\lambda \tag{a}$$

AB 부재의 자유물체도에서 B 절점에 대한 휨모멘트 평형조건으로부터 A점의 수평반력 H_A를 계산한다.

$$\begin{aligned} \Sigma M_B &= M_{AB} + M_{BA} + H_A h \\ &= -(0.8+0.6)\lambda + H_A \times 4 = 0 \end{aligned}$$

$$H_A = \frac{1.4}{4}\lambda \tag{b}$$

수평력의 평형조건으로부터 절점의 이동에 의한 고정단모멘트의 값을 계산한다.

$$\begin{aligned} \Sigma F_x &= 50 - H_A \\ &= 50 - \frac{1.4}{4}\lambda = 0 \end{aligned} \tag{c}$$

$$\lambda = 50 \times \frac{4}{1.4} = 142.9\,\text{kN} \cdot \text{m} \tag{d}$$

식(a)로부터 재단모멘트는 그림 19.11(c)와 같이 계산된다.

$$M_{AB} = -114.3\,\text{kN} \cdot \text{m}, \ M_{BA} = -85.7\,\text{kN} \cdot \text{m}, \ M_{BC} = 85.7\,\text{kN} \cdot \text{m}$$

이 값은 식(18.8)에서 $\beta = 2$, $P = 50\,\text{kN}$, $h = 4\,\text{m}$로 하여 계산한 값과 일치한다.

그림 19.12(a)와 같이 등분포 수직하중과 집중 수평하중을 받는 골조에서는 그림 19.10에 예시한 바에 따라 그림 19.12(b)와 같이 B 절점에 가상 이동단을 설치하여 절점의 이동이 구속된 상태에서 재단모멘트를 모멘트 분배법으로 계산한다.

B 및 C 절점에서 분배율은 다음과 같다.

$$D_{BA} = D_{BC} = D_{CB} = D_{CD} = \frac{1}{2}$$

고정단모멘트는 그림 18.3의 공식으로부터 계산할 수 있다.

$$-C_{AB} = C_{BA} = \frac{Ph}{8} = 50\,\text{kN} \cdot \text{m}$$

$$-C_{BC}=C_{CB}=\frac{wl^2}{12}=80\,\mathrm{kN\cdot m}$$

그림 19.12(b)의 모멘트 분배법에 의한 계산으로부터 재단모멘트를 계산한다.

$$\begin{aligned}
&M_{AB}^{(1)}=-37.5\,\mathrm{kN\cdot m} && M_{BA}^{(1)}=76.0\,\mathrm{kN\cdot m}\\
&M_{BC}^{(1)}=-75.9\,\mathrm{kN\cdot m} && M_{CB}^{(1)}=46.2\,\mathrm{kN\cdot m}\\
&M_{CD}^{(1)}=-46.3\,\mathrm{kN\cdot m} && M_{DC}^{(1)}=-21.9\,\mathrm{kN\cdot m}
\end{aligned} \tag{e}$$

AB 부재에서 B 절점에 대한 휨모멘트 평형조건은 다음과 같다.

$$\begin{aligned}
\Sigma M_B &= M_{AB}^{(1)}+M_{BA}^{(1)}-P\left(\frac{h}{2}\right)+H_A h\\
&=-37.5+76.0-100\left(\frac{4}{2}\right)+H_A(4)=0
\end{aligned}$$

CD 부재에서 C점에 대한 휨모멘트 평형조건으로부터 A 및 D 절점에서 수평 반력을 계산한다.

$$\begin{aligned}
\Sigma M_C &= M_{CD}^{(1)}+M_{DC}^{(1)}+H_D h\\
&=-46.3-21.9+H_D(4)=0
\end{aligned}$$

$$H_A=40.4\,\mathrm{kN},\ H_D=17.1\,\mathrm{kN}$$

B 절점의 가상 수평 반력은 수평 방향력 평형조건으로부터 계산할 수 있다.

$$\begin{aligned}
\Sigma F_x &= 100-H_A-H_D-R\\
&=100-40.2-17.1-R=0
\end{aligned}$$

$$R=42.5\,\mathrm{kN}$$

수평 방향력의 분포는 그림 19.12(c)와 같다.

해석의 다음 순서는 가상 구속 지점을 해제했을 때의 재단모멘트 계산이다. B점에 가상 지점이 해제되었을 때에는 수평 반력 R이 반대로 작용하게 된다.

그림 19.12(a)의 골조에 다른 하중이 작용하지 않고 B 절점에 수평력 $R=42.5\,\mathrm{kN}$만 작용하면 부재는 역대칭 휨 변형하므로 그림 19.12(d)와 같이 수평력 $R/2$에 부재의 반만 고려하며, 반곡점이 생기는 보의 중앙은 이동단으로 한다. 이때 보의 유효 강성계수는 식(19.10)에 따라

$$\left(\frac{3}{2}\right)(K)=1.5K$$

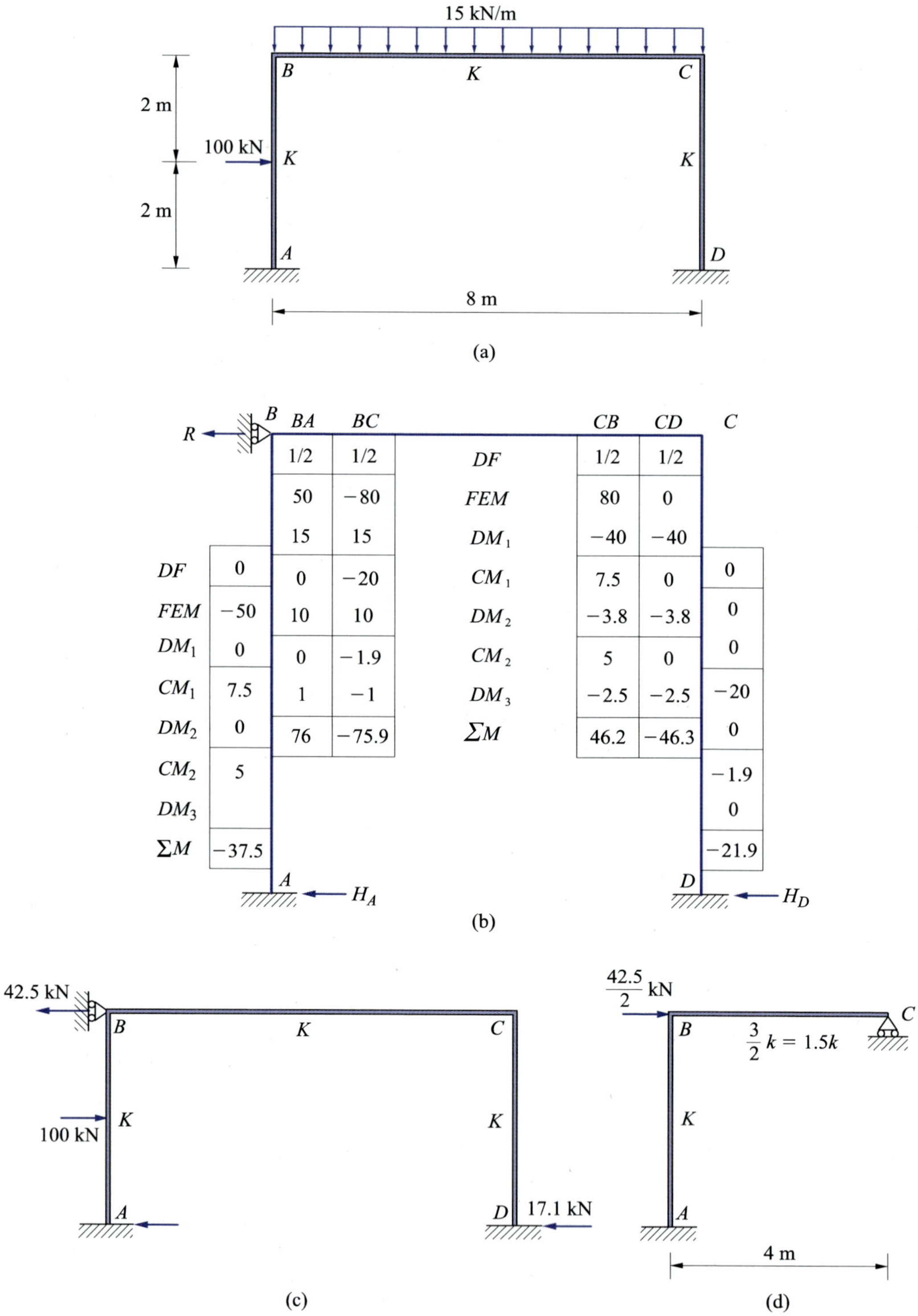

그림 19.12 수직 및 수평하중 작용 골조 구조해석

가 되며 B점에 작용하는 하중 이외의 조건은 그림 19.11(a)와 일치하게 된다. 따라서 A 점의 수평 반력과 수평력의 평형조건인 식(b)와 식(c)에서 수평력 50 kN 대신에 $R/2 = 42.5/2$ kN을 사용하여 고정단모멘트를 계산한다.

$$\lambda = \frac{42.5}{2} \times \frac{4}{1.4} = 60.7\,\text{kN} \cdot \text{m}$$

이 값을 식(a)에 대입하여 가상 절점의 해제에 의한 재단모멘트를 구할 수 있다.

$$\begin{aligned} M_{AB}^{(2)} &= -0.8\lambda = -48.6\,\text{kN} \cdot \text{m} \\ M_{BA}^{(2)} &= -0.6\lambda = -36.4\,\text{kN} \cdot \text{m} \\ M_{BC}^{(2)} &= 0.6\lambda = 36.4\,\text{kN} \cdot \text{m} \\ M_{CB}^{(2)} &= M_{BC}^{(2)} = 36.4\,\text{kN} \cdot \text{m} \\ M_{DC}^{(2)} &= M_{AB}^{(2)} = -48.6\,\text{kN} \cdot \text{m} \end{aligned} \tag{f}$$

골조의 재단모멘트는 겹침원리에 따라 식(e)와 식(f)의 재단모멘트 값을 각 절점별로 합산하여 계산한다.

$M_{AB} = -86.1\,\text{kN} \cdot \text{m}$ $M_{BA} = 39.6\,\text{kN} \cdot \text{m}$ $M_{BC} = -39.5\,\text{kN} \cdot \text{m}$

$M_{CB} = 82.6\,\text{kN} \cdot \text{m}$ $M_{CD} = -82.7\,\text{kN} \cdot \text{m}$ $M_{DC} = 70.5\,\text{kN} \cdot \text{m}$

이 값들은 처짐각법으로 계산된 18.5절의 식(i)의 모멘트 값과 비교하여 2퍼센트 미만의 오차를 나타내고 있다.

예제 19.5 그림 19.13(a) 골조의 재단모멘트를 모멘트 분배법으로 구하라.

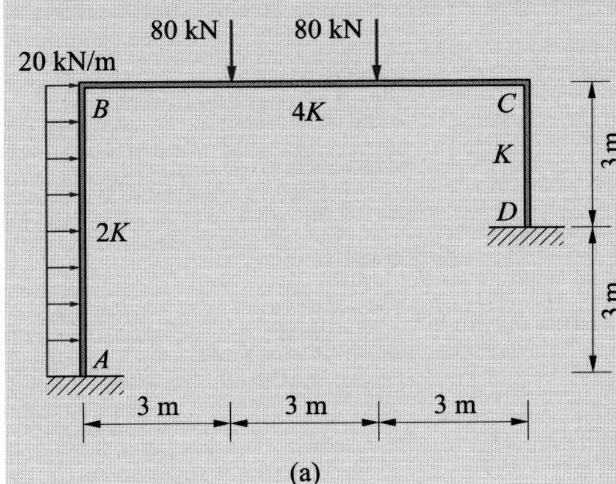

(a)

	AB	BA	BC	CB	CD	DC
DF	0	1/3	2/3	4/5	1/5	0
FEM	−60	60	−160	160	0	0
DM_1	0	33.3	66.7	−128	−32	0
CM_1	16.7	0	−64	33.3	0	−16
DM_2	0	21.3	42.7	−26.6	−6.7	0
CM_2	10.7	0	−13.3	21.3	0	−3.3
DM_3	0	4.4	8.9	−17	−4.4	0
ΣM	−32.6	119	−119	43	−43	−19.3

(b)

그림 19.13 (계속)

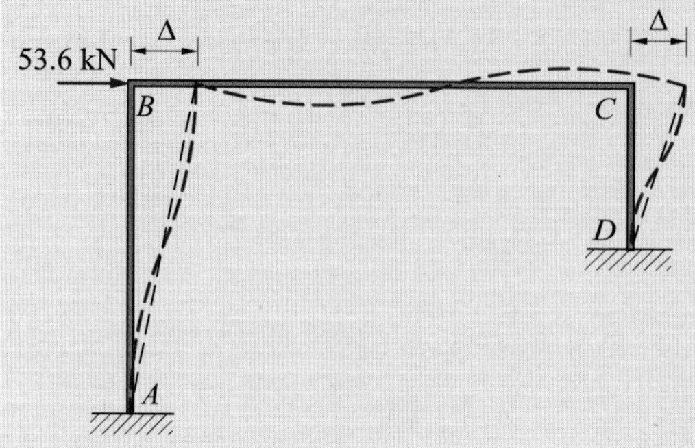

(c)

	AB
DF	0
FEM	$-\lambda$
DM_1	0
CM_1	0.17λ
DM_2	0
CM_2	-0.07λ
DM_3	0
ΣM	-0.9λ

	BA	BC
DF	1/3	2/3
FEM	$-\lambda$	0
DM_1	0.33λ	0.67λ
CM_1	0	0.4λ
DM_2	-0.13λ	-0.27λ
CM_2	0	-0.13λ
DM_3	0.04λ	0.09λ
ΣM	-0.76λ	0.76λ

	CB	CD
DF	4/5	1/5
FEM	0	$-\lambda$
DM_1	0.8λ	0.2λ
CM_1	0.33λ	0
DM_2	-0.26λ	-0.07λ
CM_2	-0.13λ	0
DM_3	0.1λ	0.03λ
ΣM	0.84λ	-0.84λ

	DC
DF	0
FEM	$-\lambda$
DM_1	0
CM_1	0.1λ
DM_2	0
CM_2	-0.03λ
DM_3	0
ΣM	-0.93λ

(d)

그림 19.13

풀이

절점 B에 가상의 이동단을 설치하여 절점 이동이 구속된 골조로 하면 분배율은 그림 19.13(a)에 표시된 부재의 강성계수에 대하여 다음과 같다.

$$D_{BA}=\frac{1}{3},\ D_{BC}=\frac{2}{3},\ D_{CB}=\frac{4}{5},\ D_{CD}=\frac{1}{5}$$

고정단모멘트는 그림 18.3의 공식으로부터 계산된다.

$$-C_{AB}=C_{BA}=\frac{20\times(6)^2}{12}=60\,\text{kN}\cdot\text{m}$$

$$-C_{BC}=C_{CB}=\frac{80\times3\times6}{(9)^2}(3+6)=160\,\text{kN}\cdot\text{m}$$

이 값들에 의한 모멘트 분배 및 전달은 그림 19.13(b)에 표시된 값들과 같으며 재단모멘트는 식(g)에 의해 계산된다.

$$\begin{aligned} &M_{AB}^{(1)}=-32.6\,\text{kN}\cdot\text{m} && M_{BA}^{(1)}=119\,\text{kN}\cdot\text{m}\\ &M_{BC}^{(1)}=-119\,\text{kN}\cdot\text{m} && M_{CB}^{(1)}=43\,\text{kN}\cdot\text{m}\\ &M_{CD}^{(1)}=-43\,\text{kN}\cdot\text{m} && M_{DC}^{(1)}=-19.3\,\text{kN}\cdot\text{m}\end{aligned}\tag{g}$$

수평하중의 작용 방향을 (+) 방향으로 하면, AB 부재에서 B 절점에 대한 평형조건은 다음과 같다.

$$\begin{aligned}\sum M_B&=M_{AB}^{(1)}+M_{BA}^{(1)}-\frac{20\times(6)^2}{2}-H_A\times6\\&=-32.6+119-360-H_A\times6=0\end{aligned}$$

CD 부재에서 C 절점에 대한 평형조건으로부터 A 및 D 지점의 수평 반력을 계산한다.

$$\begin{aligned}\sum M_C&=M_{CD}^{(1)}+M_{DC}^{(1)}-H_D\times3\\&=-43-19.3-H_D\times3=0\end{aligned}$$

$$H_A=-45.6\,\text{kN},\ H_D=-20.8\,\text{kN}$$

B 절점에 설치된 가상 이동단의 수평 반력은 다음 평형조건으로부터 계산할 수 있다.

$$\begin{aligned}\sum F_x&=20\times6+H_A+H_D+R\\&=120-45.6-20.8+R=0\end{aligned}$$

$$R=-53.6\,\text{kN}$$

수평 이동의 구속이 해제되었을 때에는 그림 19.13(c)와 같이 R이 B 절점에 반대 방향으로 작용하는 결과가 된다. B 및 C 절점이 수평력 53.6 kN에 의하여 Δ만큼 이동하였을 때 AB 부재 및 CD 부재의 고정단모멘트는 각각 다음과 같이 주어진다.

$$C_{AB}=C_{BA}=-\frac{6E(2K)}{l}\Delta=-6E\frac{(2K)}{6}\Delta=-2EK\Delta$$

$$C_{CD}=C_{DC}=-\frac{6EK}{3}\Delta E=-2EK\Delta$$

계산의 편의를 위하여

$$2EK\Delta=\lambda$$

로 하면 수평력 53.6 kN에 의한 재단모멘트는 그림 19.13(d)와 같이 계산된다.

그림 19.13(d)의 골조에서 수평력의 평형조건으로부터 절점 이동에 의한 고정단모멘트의 값을 계산할 수 있다.

$$\begin{aligned}\Sigma F_x &= \frac{M_{AB}+M_{BA}}{6}+\frac{M_{CD}+M_{DC}}{3}+53.6\\ &=-\left(\frac{0.9+0.76}{6}+\frac{0.84+0.93}{3}\right)\lambda+53.6=0\end{aligned}$$

$$\lambda=\frac{53.6}{0.867}=61.8\,\text{kN}\cdot\text{m}$$

그림 19.13(d)에서 계산된 값으로부터 B 절점에 작용하는 수평력 53.6 kN에 의한 재단모멘트는 식(h)로 주어진다.

$$\begin{aligned}&M_{AB}^{(2)}=-55.6\,\text{kN}\cdot\text{m} && M_{BA}^{(2)}=-47.0\,\text{kN}\cdot\text{m}\\ &M_{BC}^{(2)}=47.0\,\text{kN}\cdot\text{m} && M_{CB}^{(2)}=51.9\,\text{kN}\cdot\text{m}\\ &M_{CD}^{(2)}=-51.9\,\text{kN}\cdot\text{m} && M_{DC}^{(2)}=-57.5\,\text{kN}\cdot\text{m}\end{aligned} \tag{h}$$

따라서 겹침원리를 적용하여 식(g) 및 (h)의 값을 합산하면 그림 19.13(a) 골조의 재단모멘트는 다음과 같이 계산된다.

$$\begin{aligned}&M_{AB}=-88.2\,\text{kN}\cdot\text{m} && M_{BA}=72.0\,\text{kN}\cdot\text{m}\\ &M_{BC}=-72.0\,\text{kN}\cdot\text{m} && M_{CB}=94.9\,\text{kN}\cdot\text{m}\\ &M_{CD}=-94.9\,\text{kN}\cdot\text{m} && M_{DC}=-76.8\,\text{kN}\cdot\text{m}\end{aligned}$$

이 값들은 예제 18.6의 처짐각법에 의한 해석 결과와 비교하여 최대 6.14퍼센트의 오차를 보이고 있다.

예제 19.6 그림 19.14(a) 골조의 재단모멘트를 모멘트 분배법으로 구하라.

풀이 B 절점 및 C 절점에서 모멘트 분배율은 다음과 같다.

$$D_{BA}=\frac{1}{3},\ D_{BC}=D_{CB}=\frac{2}{3},\ D_{CD}=\frac{1}{3}$$

CD 부재의 경사각 θ를 계산한다.

$$\sin\theta=\frac{4}{5},\ \tan\theta=\frac{4}{3}$$

그림 18.15(b)의 절점 이동에 의한 변형에서의 변형량을 계산한다.

$$BB'=CC'=\Delta$$

$$C'C''=-\frac{\Delta}{\tan\theta}=-\frac{3}{4}\Delta$$

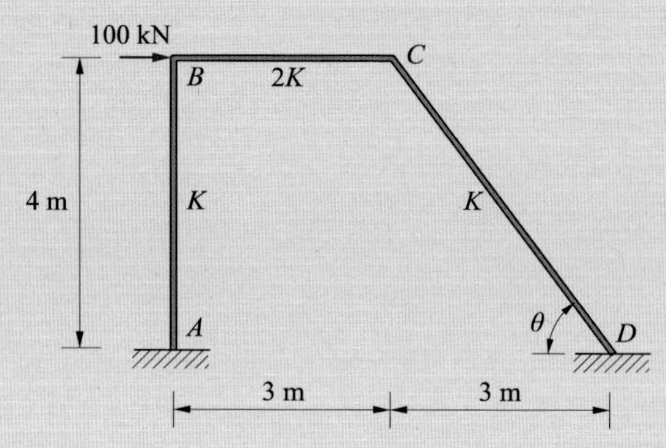

(a)

	AB	BA	BC	CB	CD	DC
DF	0	1/3	2/3	2/3	1/3	0
FEM	$-\lambda$	$-\lambda$	2λ	2λ	$-\lambda$	$-\lambda$
DM_1	0	-0.33λ	-0.67λ	-0.67λ	-0.33λ	0
CM_1	-0.17λ	0	-0.33λ	-0.33λ	0	-0.17λ
DM_2	0	0.11λ	0.22λ	0.22λ	0.11λ	0
CM_2	0.06λ	0	0.11λ	0.11λ	0	0.06λ
DM_3	0	-0.04λ	-0.07λ	-0.07λ	-0.04λ	0
ΣM	-1.11λ	-1.26λ	1.26λ	1.26λ	-1.26λ	-1.11λ

(b)

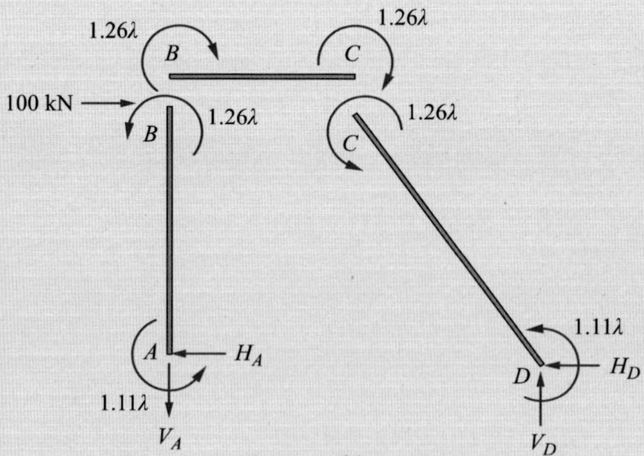

(c)

그림 19.14

$$CC'' = \frac{\Delta}{\sin\theta} = \frac{5}{4}\Delta$$

그러므로 고정단모멘트는 다음과 같다.

$$C_{AB} = C_{BA} = -\frac{6EK}{AB}(BB') = -\frac{6EK}{4}\Delta = -1.5EK\Delta$$

$$C_{BC} = C_{CB} = -\frac{6E(2K)}{BC}(C'C'') = -\frac{12EK}{3}\left(-\frac{3}{4}\Delta\right) = 3EK\Delta$$

$$C_{CD} = C_{DC} = -\frac{6EK}{CD}(CC'') = -\frac{6EK}{5}\left(\frac{5}{4}\Delta\right) = -1.5EK\Delta$$

단위 모멘트를 $\lambda = 1.5EK\Delta$으로 하면 고정단모멘트를 다음과 같이 나타낼 수 있다.

$$C_{AB} = C_{BA} = -\lambda,\ C_{BC} = C_{CB} = 2\lambda,\ C_{CD} = C_{DC} = -\lambda$$

이 고정단모멘트와 분배율에 의하여 모멘트 분배법으로 재단모멘트를 계산하는 과정은 그림 19.14(b)에 표시된 바와 같다.

A 및 D 절점의 수평 및 수직 반력이 그림 19.14(c)의 자유물체도에 표시된 방향으로 작용하는 것으로 가정하여 AB 부재의 B 절점에서의 평형조건을 계산한다.

$$\sum M_B = -1.11\lambda - 1.26\lambda + H_A \times 4 = 0$$

CD 부재의 C 절점에서의 평형조건

$$\sum M_C = -1.11\lambda - 1.26\lambda - V_D \times 3 + H_D \times 4 = 0$$

전체 골조의 D점에서의 평형조건

$$\sum M_D = 100 \times 4 - 1.11\lambda - 1.11\lambda - V_A \times 6 = 0$$

및 수직력의 평형조건

$$\sum F_y = -V_A + V_D = 0$$

으로부터 A 지점과 D 지점의 수평 및 수직 반력을 계산한다.

$$H_A = 0.5925\lambda,\ V_A = V_D = 66.67 - 0.37\lambda,\ H_D = 0.315\lambda + 50$$

지점 반력에서 미지수로 남아 있는 λ의 값은 수평력의 평형조건

$$\begin{aligned}\sum F_x &= 100 - H_A - H_D \\ &= 100 - 0.5925\lambda - (0.315\lambda + 50) = 0\end{aligned}$$

으로부터 $\lambda = 55.1\,\mathrm{kN \cdot m}$으로 정해진다. 이 값을 그림 19.14(b)에서 얻어진 값에 대입하여 재단모멘트를 계산한다.

$$M_{AB} = -61.2\,\mathrm{kN \cdot m} \quad M_{BA} = -69.4\,\mathrm{kN \cdot m}$$

$$M_{BC} = 69.4\,\mathrm{kN \cdot m} \quad M_{CB} = 69.4\,\mathrm{kN \cdot m}$$

$$M_{CD} = -69.4\,\mathrm{kN \cdot m} \quad M_{DC} = -61.2\,\mathrm{kN \cdot m}$$

이들 재단모멘트의 값은 예제 18.7에서 처짐각법으로 계산된 재단모멘트의 값에 대하여 최대 1.45 퍼센트의 오차를 나타내고 있다.

연습문제

19.1 그림 18.17과 그림 18.19 연속보의 재단모멘트를 모멘트 분배법으로 구하라.

19.2 그림 19.15 연속보의 재단모멘트를 모멘트 분배법으로 계산하라.

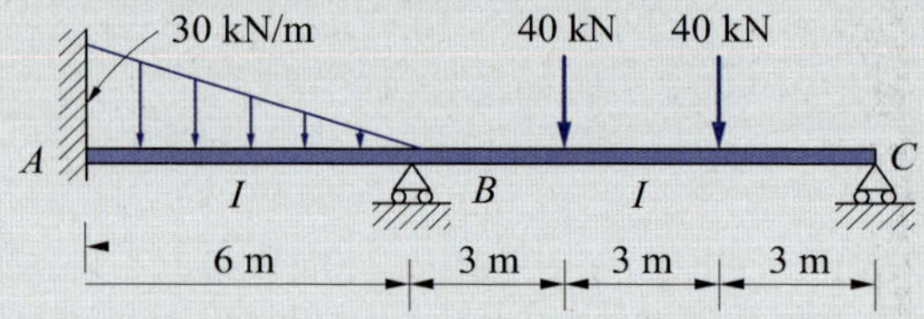

그림 19.15

19.3 그림 19.16 연속보의 재단모멘트를 모멘트 분배법으로 구하여 전단력도와 휨모멘트도를 만들라.

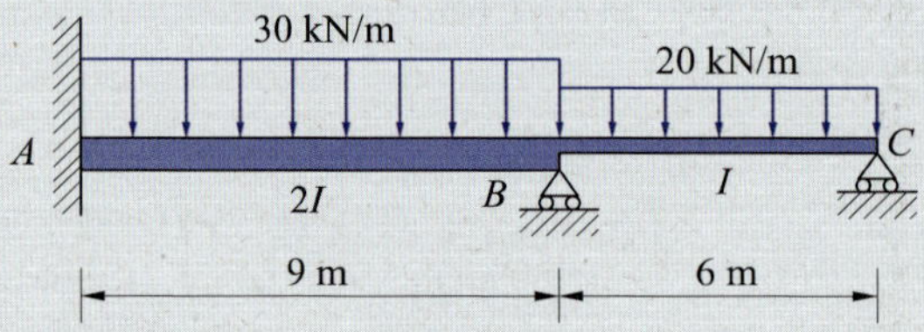

그림 19.16

19.4 그림 18.20 및 18.22 골조의 재단모멘트를 모멘트 분배법으로 구하라.

19.5 그림 19.17 골조의 재단모멘트를 모멘트 분배법으로 계산하라.

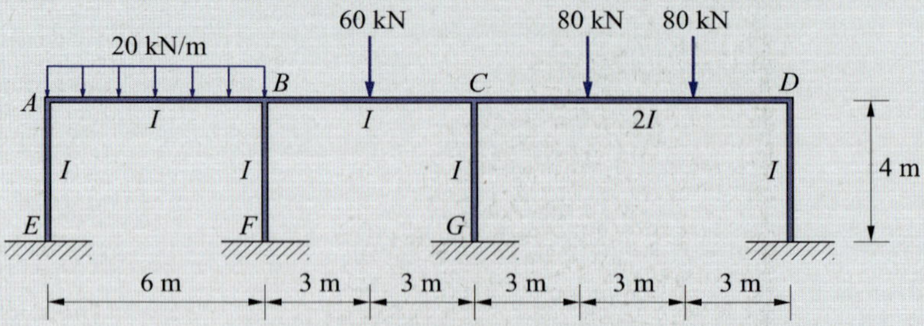

그림 19.17

19.6 그림 19.18 골조의 재단모멘트를 모멘트 분배법으로 계산하여 휨모멘트도를 만들라.

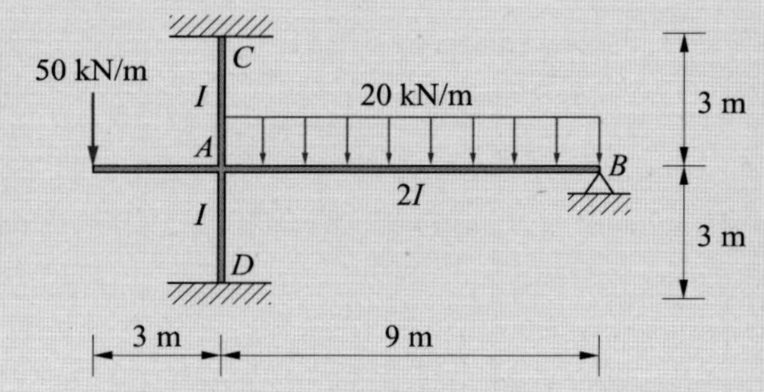

그림 19.18

19.7 그림 19.19 골조의 재단모멘트를 모멘트 분배법으로 구하라.

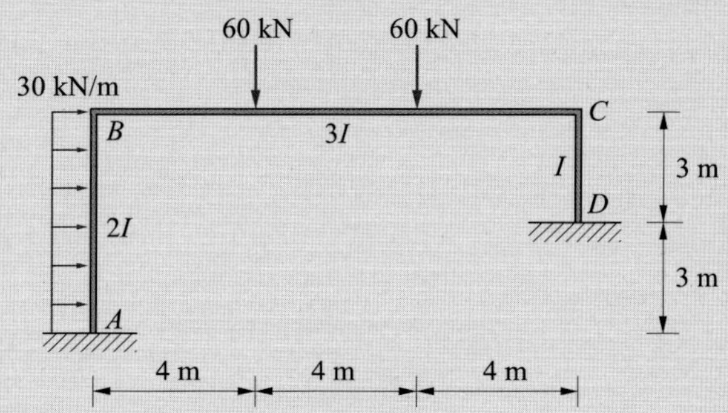

그림 19.19

19.8 그림 19.20 골조의 재단모멘트를 모멘트 분배법으로 구하라.

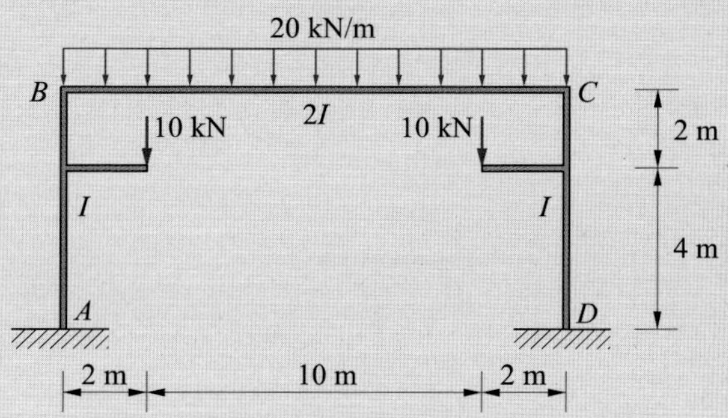

그림 19.20

19.9 그림 19.21 골조의 재단모멘트를 모멘트 분배법으로 구하여 휨모멘트도를 만들라.

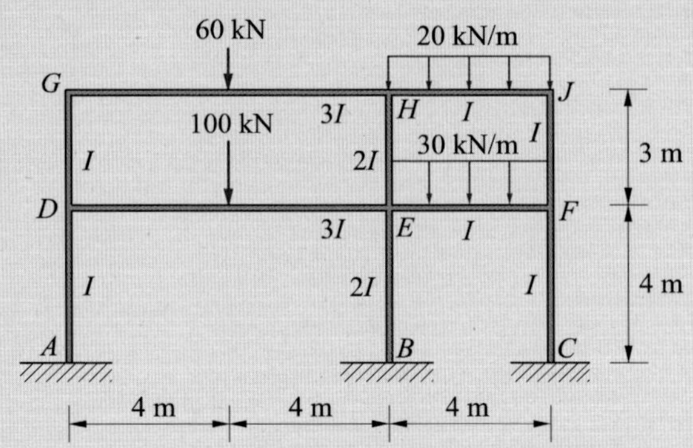

그림 19.21

19.10 그림 18.23 및 18.24 골조의 재단모멘트를 모멘트 분배법으로 계산하라.

19.11 그림 19.22 골조의 재단모멘트를 모멘트 분배법으로 구하라.

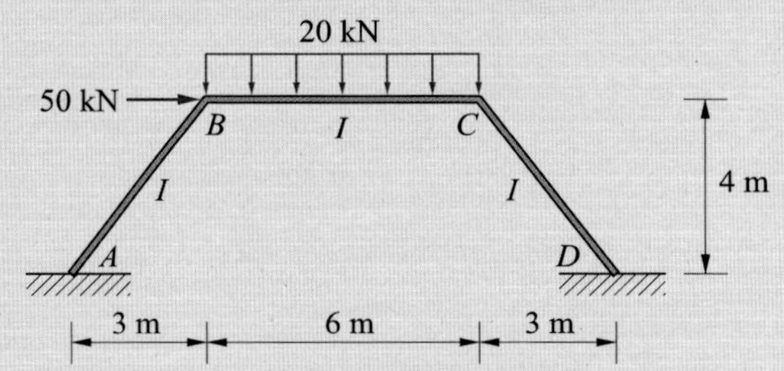

그림 19.22

19.12 그림 19.23 및 19.24 골조의 재단모멘트를 구하여 휨모멘트도를 만들고 휨모멘트의 분포를 비교하라.

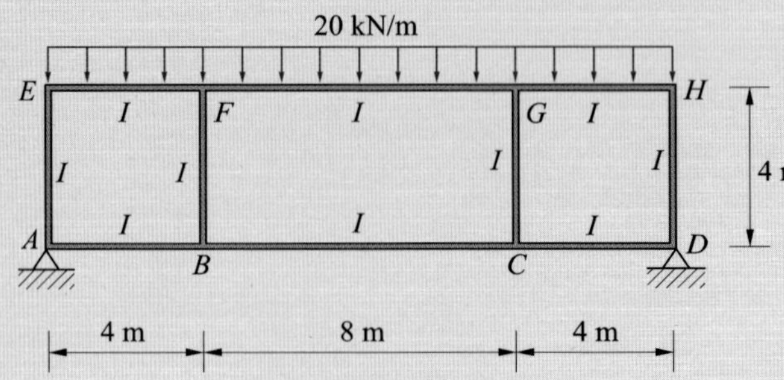

그림 19.23

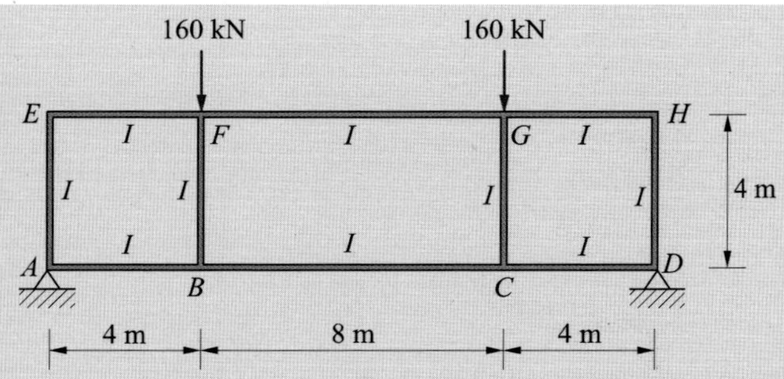

그림 19.24

MEMO

제20장

강성법에 의한 구조해석

20.1 개요

탄성한계 내에서 힘과 변위는 선형 비례하므로, n개의 변위와 그에 상응하는 힘 사이에는 n차 연립방정식이 성립된다. 이 방정식에서 힘을 미지수로 했을 때를 연성법, 변위를 미지수로 했을 때를 강성법이라고 한다.

연성법이나 강성법은 모두 행렬식으로 구성되며, 컴퓨터의 행렬 연산에 의하여 변위와 부재력을 구하게 되어 있으나, 연성법에 비하여 강성법이 체계적으로 되어 있고, 컴퓨터 적용이 쉬워 대형 구조물의 구조해석은 대부분 강성법으로 이루어지고 있다.

강성법은 구조 원리의 적용과 이론적인 근거는 고전적인 구조해석 방법과 다름이 없으나, 행렬식이라는 수학적인 수단과 컴퓨터라는 문명의 이기에 의하여 모든 계산이 이루어지기 때문에 강성행렬의 좌표 변환, 부재 하중의 절점력 변환 등 고전 해석 방법에 추가하여 인식을 새로이 해야 하는 부분들이 생기게 된다.

이런 점들이 감안되어 이 장에서는 강성법에 의한 구조해석의 가장 기본적인 계산 과정이 예제들과 함께 설명된다.

먼저, 20.2절 및 20.3절에서는 절점변위 벡터와 절점력 벡터를 연결하는 연성행렬과 강성행렬의 개념 소개에 이어 강성행렬의 작성 방법이 구조물의 절점 및 부재 표시, 부재의 강성행렬, 좌표 변환, 전체 강성행렬의 내용으로 다루어진다.

전체 강성행렬이 작성되면 경계조건의 적용 후 행렬식의 연산에 의하여 변위가 계산되며, 변위가 정하여지면 전체 강성행렬과 부재 강성행렬에 의하여 반력과 부재력이 계산되어 구조해석이 끝나는데, 이 과정은 20.4절에서 거론된다.

강성법에 의한 구조해석의 실제 적용으로 트러스, 보 및 골조 해석 방법이 간단한 예제들과 함께 다루어지며, 계산된 결과들이 변형 일치법이나 처짐각법 등 고전적인 방법에 의한 해석 결과들과 비교 검토된다.

이 장에서 절점력과 절점변위의 방향은 그림 20.1에 표시된 방향을 "+"로 한다.

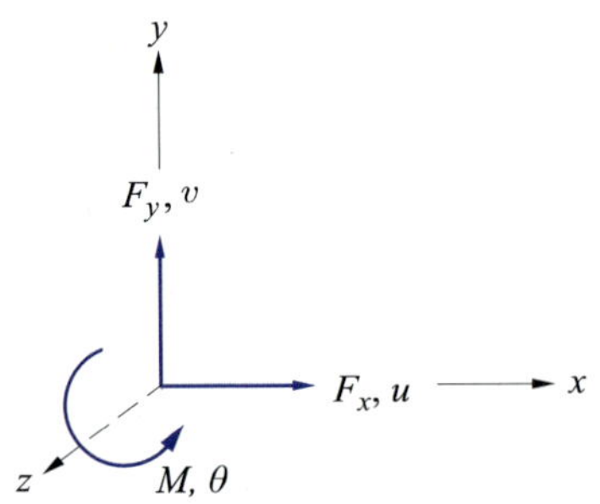

그림 20.1 절점력과 절점변위의 (+)방향

20.2 연성행렬과 강성행렬

20.2.1 연성행렬

강성법은 강성행렬을 사용하여 구조물의 변위와 부재력을 계산하는 방법이다. 따라서 강성법에 의한 구조해석에서는 구조물의 강성행렬을 유도하는 것이 가장 핵심적인 일이 되며, 강성행렬의 성질을 이해하기 위해서는 17장에서 다룬 바 있는 연성행렬의 이해가 전제되어야 한다.

구조물의 연성행렬을 유도하는 한 예로써, 그림 20.2(a)의 캔틸레버 보에서 절점 1 및 절점 2에 작용하는 수직력 P_1, P_2와 휨모멘트 M에 의한 처짐 v_1, v_2와 처짐각 θ_2를 계산하기 위해서는 예제 17.1 및 예제 17.2에서 경험한 바와 같이 연성계수를 사용하는 것이 체계적이며 편리하다.

그림 20.2(a) 캔틸레버 보의 연성계수는 그림 20.2(b)와 같이 P_1, P_2 및 M의 위치에 단위 하중을 작용시켜 표 20.1의 캔틸레버 보 처짐 공식으로부터 구할 수 있으며, 이 연성계수에 실제 하중을 곱하여 겹침원리를 적용하면, 절점 1의 처짐과 절점 2의 처짐 및 처짐각은 다음과 같이 계산된다.

$$\begin{aligned} v_1 &= f_{11}P_1 + f_{12}P_2 + f_{13}M \\ v_2 &= f_{21}P_1 + f_{22}P_2 + f_{23}M \\ \theta_2 &= f_{31}P_1 + f_{32}P_2 + f_{33}M \end{aligned} \tag{20.1}$$

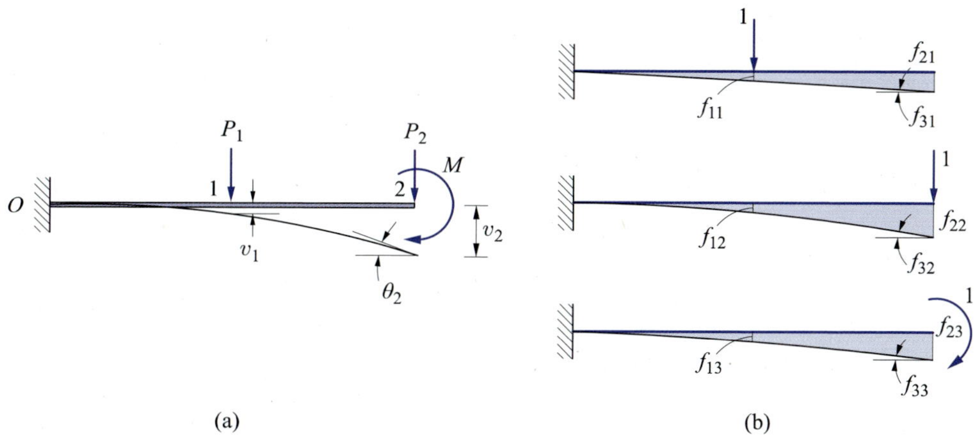

그림 20.2 연성계수

표 20.1 캔틸레버보 처짐공식

구분		처짐 v	처짐각 θ
(a)	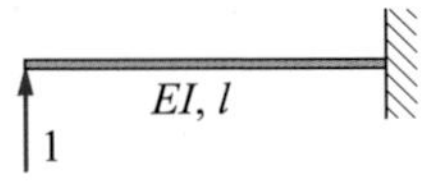	$\dfrac{l^3}{3EI}$	$-\dfrac{l^2}{2EI}$
(b)	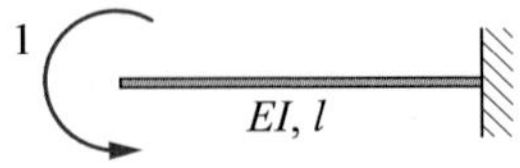	$-\dfrac{l^2}{2EI}$	$\dfrac{l}{EI}$
(c)	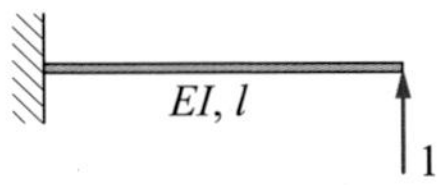	$\dfrac{l^3}{3EI}$	$\dfrac{l^2}{2EI}$
(d)	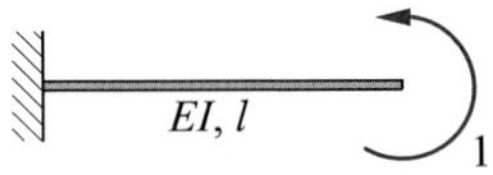	$\dfrac{l^2}{2EI}$	$\dfrac{l}{EI}$

식(20.1)을 일반화시켜 $v_1 = \delta_1$, $v_2 = \delta_2$, $\theta_3 = \delta_3$로 하고 $P_1 = F_1$, $P_2 = F_2$, $M = F_3$로 하면 식(20.1)을 식(20.2a)로 변경할 수 있다.

$$\begin{Bmatrix} \delta_1 \\ \delta_2 \\ \delta_3 \end{Bmatrix} = \begin{bmatrix} f_{11} & f_{12} & f_{13} \\ f_{21} & f_{22} & f_{23} \\ f_{31} & f_{32} & f_{33} \end{bmatrix} \begin{Bmatrix} F_1 \\ F_2 \\ F_3 \end{Bmatrix} \tag{20.2a}$$

또는 간단하게 식(20.2b)의 행렬 형태로 나타낼 수 있다.

$$\{\boldsymbol{\delta}\} = [\boldsymbol{f}]\{\mathbf{F}\} \tag{20.2b}$$

이 식에서

$$\{\boldsymbol{\delta}\} = \{\delta_1, \delta_2, \delta_3\}^T \tag{20.3}$$

를 절점변위 벡터라 한다. 또한

$$\{\mathbf{F}\} = \{F_1, F_2, F_3\}^T \tag{20.4}$$

를 절점력 벡터라고 하며, 절점변위 벡터와 절점력 벡터를 연결하는 행렬을 연성행렬이라고 한다.

$$\{\mathbf{f}\} = \begin{bmatrix} f_{11} & f_{12} & f_{13} \\ f_{21} & f_{22} & f_{23} \\ f_{31} & f_{32} & f_{33} \end{bmatrix} \tag{20.5}$$

연성행렬의 요소인 연성계수 f_{ij}는 막스웰의 상반정리에 따라 식(14.43)과 같이 $f_{ij} = f_{ji}$의 대칭성을 가지므로 식(20.5)의 연성행렬은 대칭 행렬이 된다.

20.2.2 강성행렬

식(20.2)는 절점변위가 연성행렬에 의하여 절점력의 함수로 되어 있는 경우이나, 이와 반대로 절점력을 절점변위의 함수로 나타낼 수도 있다. 식(20.2)에서 연성행렬의 역행렬 $[\mathbf{f}]^{-1}$을 양변에 곱하면, 식(20.6)이 된다.

$$\{\mathbf{F}\} = [\mathbf{f}]^{-1}\{\boldsymbol{\delta}\} \tag{20.6}$$

연성행렬의 역행렬을 강성행렬이라고 하며, $[\mathbf{k}]$로 나타낸다. 따라서

$$[\mathbf{f}]^{-1} = [\mathbf{k}] \tag{20.7}$$

의 관계가 있다. 식(20.6) 및 식(20.7)로부터 절점력과 절점변위의 관계식은 식(20.8)이 된다.

$$\{\mathbf{F}\} = [\mathbf{k}]\{\boldsymbol{\delta}\} \tag{20.8}$$

연성행렬이 대칭 행렬인 것과 같이 강성행렬도 대칭이 된다.

그림 20.2(a)의 캔틸레버 보의 경우에는 식(20.2a)로부터 식(20.9)가 주어진다.

$$\begin{aligned}\begin{Bmatrix} F_1 \\ F_2 \\ F_3 \end{Bmatrix} &= \begin{bmatrix} f_{11} & f_{12} & f_{13} \\ f_{21} & f_{22} & f_{23} \\ f_{31} & f_{32} & f_{33} \end{bmatrix}^{-1} \begin{Bmatrix} \delta_1 \\ \delta_2 \\ \delta_3 \end{Bmatrix} \\ &= \begin{bmatrix} k_{11} & k_{12} & k_{13} \\ k_{21} & k_{22} & k_{23} \\ k_{31} & k_{32} & k_{33} \end{bmatrix} \begin{Bmatrix} \delta_1 \\ \delta_2 \\ \delta_3 \end{Bmatrix}\end{aligned} \tag{20.9}$$

강성행렬의 요소인 강성계수 k_{ij}의 역학적인 의미는 한 변위만 단위 값으로 하고 다른 변위를 0으로 놓았을 때 쉽게 고찰할 수 있다. 예를 들어 식(20.9)에서 $\delta_1 = 1$, $\delta_2 = \delta_3 = 0$으로 하면, 절점력은

$$F_1 = k_{11},\ F_2 = k_{21},\ F_3 = k_{31}$$

이 된다. 이 식의 내용은 δ_1의 변위를 1로 하기 위하여 F_1, F_2 및 F_3의 위치에서 소요되는 힘이 강성계수임을 나타내는 것으로, 일반적인 의미에서 강성계수 k_{ij}는 j 위치의

변위를 단위 값으로 하는 데 소요되는 i 위치의 힘으로 정의된다. 이 정의는 연성계수 f_{ij}가 j 위치에 작용하는 단위 힘에 의하여 i 위치에 생기는 변위인 것에 대응하는 의미를 내포하고 있다.

강성행렬에 의한 구조해석에는 구조물의 모든 절점이 구속되지 않고 구조물의 변형에 따라 이동이나 회전하는 것으로 하여 절점변위 벡터와 그에 대응하는 절점력 벡터 및 강성행렬을 작성한 후 절점의 구속된 변위는 경계조건으로 하여 행렬 계산에서 반영한다.

부재 절점의 이동 또는 회전 등 변형 성분을 자유도라고 한다. 예를 들어, 2차원 평면 구조물에서 트러스 요소의 절점은 임의의 축방향 변형이 x 및 y 방향의 이동으로 분해되기 때문에 두 개의 자유도를 가지며, 보 요소의 절점은 두 방향 이동에 추가하여 회전 변형하므로 세 개의 자유도를 가진다.

강성법에서 구조물의 절점변위 벡터는 모든 절점의 자유도를 나타내고 절점력 벡터는 그에 대응하는 힘이 되며, 강성행렬은 행과 열의 수를 모든 절점의 자유도의 합으로 하는 정사각 대칭 행렬이 된다.

예를 들어, 그림 20.2(a)의 캔틸레버 보에서는 0, 1, 2의 세 절점이 각각 세 개의 자유도를 가지며, 0절점에서 구속되는 자유도까지 포함하여 9개의 자유도가 존재하므로 절점변위 벡터와 절점력 벡터의 요소는 각각 9개이며, 강성행렬은 (9 × 9) 정사각 행렬이 된다.

예제 20.1

그림 20.3(a) 캔틸레버 보의 절점 2에 수직력 F_1과 휨모멘트 F_2가 작용할 때 변위 δ_1 및 δ_2에 대한 강성계수를 구하라.

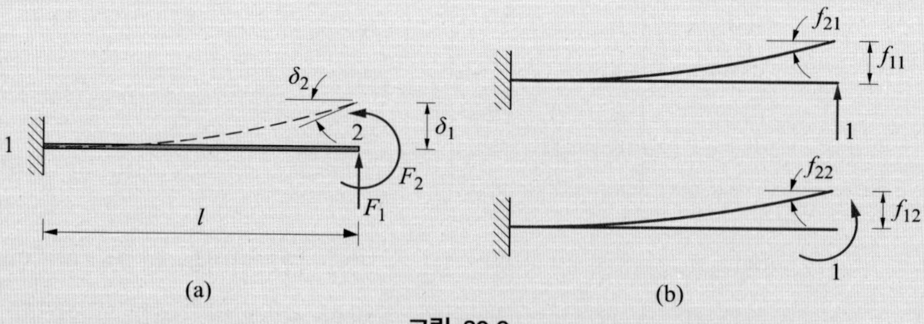

그림 20.3

풀이

그림 20.3(b) 및 표 20.1 (c), (d)로부터 2절점에 작용하는 단위 힘에 대한 연성계수를 구한다.

$$f_{11} = \frac{l^3}{3EI},\ f_{12} = \frac{l^2}{2EI}$$

$$f_{21} = \frac{l^2}{2EI},\ f_{22} = \frac{l}{EI}$$

절점에 절점력 벡터와 절점변위 벡터는 각각 다음과 같다.

$$\{\mathbf{F}\}=\begin{Bmatrix} F_1 \\ F_2 \end{Bmatrix},\ \{\boldsymbol{\delta}\}=\begin{Bmatrix} \delta_1 \\ \delta_2 \end{Bmatrix}$$

연성행렬에 의한 절점변위와 절점력의 관계는 식(a)로 주어진다.

$$\begin{Bmatrix} \delta_1 \\ \delta_2 \end{Bmatrix}=\frac{l}{6EI}\begin{bmatrix} 2l^2 & 3l \\ 3l & 6 \end{bmatrix}\begin{Bmatrix} F_1 \\ F_2 \end{Bmatrix} \tag{a}$$

식(a)의 연성행렬은 대칭 행렬로 $f_{ij}=f_{ji}$의 대칭성이 유지되고 있다. 식(a)의 연성행렬을 역행렬로 하여 절점력을 절점변위의 함수로 나타내면 식(b)이 된다.

$$\begin{Bmatrix} F_1 \\ F_2 \end{Bmatrix}=\frac{6EI}{l}\begin{bmatrix} 2l^2 & 3l \\ 3l & 6 \end{bmatrix}^{-1}\begin{Bmatrix} \delta_1 \\ \delta_2 \end{Bmatrix} \tag{b}$$

식(b)의 역행렬은 식(20.12)로 계산된다.

$$\begin{bmatrix} 2l^2 & 3l \\ 3l & 6 \end{bmatrix}^{-1}=\frac{1}{3l^2}\begin{bmatrix} 6 & -3l \\ -3l & 2l^2 \end{bmatrix} \tag{c}$$

식(b)와 식(c)로부터 절점력-절점변위 식이 유도된다.

$$\begin{Bmatrix} F_1 \\ F_2 \end{Bmatrix}=\frac{2EI}{l^3}\begin{bmatrix} 6 & -3l \\ -3l & 2l^2 \end{bmatrix}\begin{Bmatrix} \delta_1 \\ \delta_2 \end{Bmatrix} \tag{d}$$

이 식에서 강성행렬은 $k_{ij}=k_{ji}$의 대칭 요소로 된 대칭 행렬이다.

$$[\mathbf{k}]=\frac{2EI}{l^3}\begin{bmatrix} 6 & -3l \\ -3l & 2l^2 \end{bmatrix}=\begin{bmatrix} 12EI/l^3 & -6EI/l^2 \\ -6EI/l^2 & 4EI/l \end{bmatrix}$$

20.3 강성행렬의 작성

20.3.1 구조물의 절점 및 부재 표시

강성행렬로 구조해석하는 첫 번째 순서는 구조물의 기본 좌표계를 정하는 일이다. 2차원 평면 골조의 구조해석에는 x, y 직선 직교 좌표가 사용되며, 보통 수평방향을 x축, 수직방향을 y축으로 한다.

기본 좌표계는 전체 좌표계 또는 구조 좌표계라고 한다. 좌표계가 정하여지면 구조물의 지점 및 절점과 부재에 고유의 일련번호를 붙인다. 예를 들어, 그림 20.4와 같은 스프링 트러스 구조에서 전체 좌표계 x, y를 정한 후 수평재, 수직재 및 경사재가 만나는 각 절점에 차례로 1, 2, 3의 연속된 고유 숫자로 번호를 붙이고 부재도 ①, ②, ③의 번호를 붙인다. 그림 20.4 트러스의 예에서 ① 부재 단부는 1 및 2 절점, ② 부재의 단부는 1 및 3 절점, ③ 부재의 단부는 2 및 3 절점이 된다.

절점과 부재의 번호를 붙이는 데 특별한 제한은 없으나, 부재의 양 절점 번호 차이가 작게 생기도록 일련번호를 붙이는 것이 바람직하다.

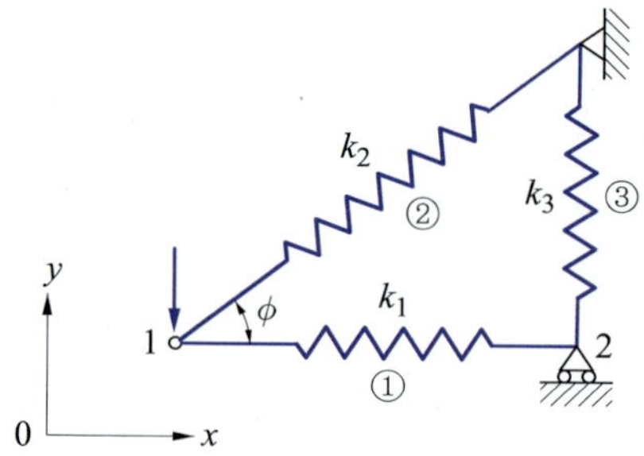

그림 20.4 스프링 트러스 부재의 모델링

20.3.2 부재의 강성행렬

구조물의 전체 강성행렬은 구조물을 이루는 모든 부재의 강성행렬로 이루어지기 때문에 구조물의 절점과 부재에 고유번호가 붙여지면, 부재 번호의 순서대로 부재의 강성행렬을 구해야 한다.

부재의 강성행렬은 여러 가지 방법으로 구할 수 있으나, 일반적으로 기하학적인 방법과 카스틸리아노의 정리를 이용한 방법이 많이 사용된다.

이런 방법들을 설명하기 위하여 그림 20.4 트러스에서 ① 부재를 예로 들면, 강성행렬은 부재 절점이 구속되지 않은 상태에서 각 절점변위의 단위 값에 대한 절점력이므로, 그림 20.5(a)와 같이 양 절점에 F_{x1} 및 F_{x2}의 절점력이 작용하고 u_1 및 u_2 크기로 x방향 변위를 일으키는 축방향 부재로 생각할 수 있다.

기하학적인 방법은 양 절점이 구속되지 않은 부재에서 한 절점씩 번갈아 변위를 구속하여 각 절점력을 구한 후 겹침원리의 적용에 의하여 이루어지는 그 부재의 전체 절점력－절점변위 관계식으로부터 강성행렬을 유도하는 방법이다.

그림 20.5(a)의 축방향 부재에서 먼저 그림 20.5(b)와 같이 2절점의 변형은 구속되고 1 절점의 변형만 허용되는 경우, 1 절점의 절점력은

$$F_{x1} = k_1 u_1$$

2 절점의 절점력은 평형조건 $\sum F_x = F_{x1} + F_{x2} = 0$으로부터

$$F_{x2} = -F_{x1} = -k_1 u_1$$

으로 계산된다. 절점력과 절점변위 관계식은 식(a)로 주어진다.

$$\begin{Bmatrix} F_{x1} \\ F_{x2} \end{Bmatrix} = \begin{bmatrix} k_1 & 0 \\ -k_1 & 0 \end{bmatrix} \begin{Bmatrix} u_1 \\ u_2 \end{Bmatrix} \tag{a}$$

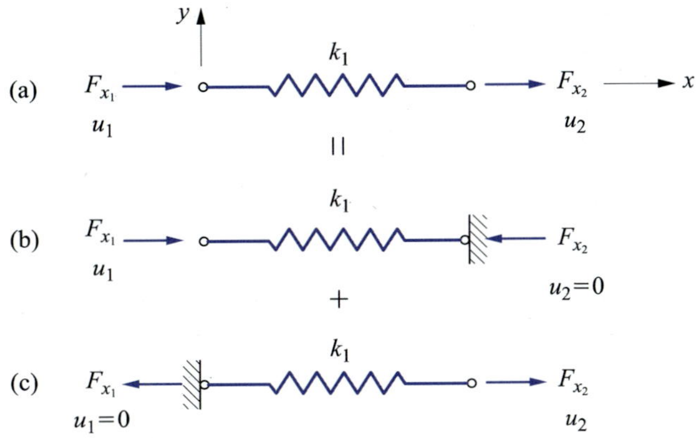

그림 20.5 부재의 강성행렬

다음에, 그림 20.5(c)와 같이 1 절점의 변형은 구속되고 2 절점의 변형만 허용되는 경우 2 절점의 절점력은

$$F_{x2} = k_1 u_2$$

1 절점의 절점력은 평형조건 $\sum F_x = F_{x1} + F_{x2} = 0$ 으로부터

$$F_{x1} = -F_{x2} = -k_1 u_2$$

으로 계산된다. 절점력과 절점변위 관계식은 식(b)로 주어진다.

$$\begin{Bmatrix} F_{x1} \\ F_{x2} \end{Bmatrix} = \begin{bmatrix} 0 & -k_1 \\ 0 & k_1 \end{bmatrix} \begin{Bmatrix} u_1 \\ u_2 \end{Bmatrix} \tag{b}$$

따라서 ① 부재의 전체 절점력과 절점변위 관계식은 식(a)와 식(b)로부터 겹침원리에 의하여 식(20.10)으로 주어진다.

$$\begin{Bmatrix} F_{x1} \\ F_{x2} \end{Bmatrix} = \begin{bmatrix} k_1 & -k_1 \\ -k_1 & k_1 \end{bmatrix} \begin{Bmatrix} u_1 \\ u_2 \end{Bmatrix} \tag{20.10}$$

이 식으로부터 강성계수는 식(20.11)으로 유도된다.

$$k_{11} = k_1,\ k_{12} = k_{21} = -k_1,\ k_{22} = k_1 \tag{20.11}$$

구조물의 변형에너지 U가 잘 정의되어 있는 경우에는 카스틸리아노의 제1정리를 적용하여 강성계수를 체계적으로 구할 수 있다.

카스틸리아노의 제1정리에 따르면, n 자유도의 부재 또는 구조물에 대하여 절점력과 변형에너지의 관계는 식(14.25a)로부터 식(20.12)과 같이 주어진다.

$$F_i = \frac{\partial U}{\partial \delta_i} \quad (i = 1,\ 2,\ \cdots\ n) \tag{20.12}$$

절점력은 n 자유도의 절점변위에 대하여 강성계수를 사용하여 식(20.13)으로 나타낼 수 있다.

$$F_i = \sum_{j=1}^{n} k_{ij}\, \delta_j \tag{20.13}$$

그러므로 강성계수는 절점력에

$$k_{ij} = \frac{\partial F_i}{\partial \delta_j} \tag{20.14}$$

의 편미분 관계를 가지게 되며, 변형에너지로부터 강성계수를 구하는 공식은 식(20.12)과 식(20.14)로부터 유도된다.

$$k_{ij} = \frac{\partial^2 U}{\partial \delta_i \partial \delta_j} \tag{20.15}$$

그림 20.5(a)의 부재에서 1 절점과 2 절점의 x방향 변위가 각각 u_1 및 u_2의 크기로 생겼을 때 부재의 x방향 변형량은 다음과 같이 계산된다.

$$\Delta = u_2 - u_1$$

이 변형량에 의하여 부재에 생기는 변형에너지는 식(20.16)이다.

$$U = \frac{1}{2} k_1 \Delta^2 = \frac{1}{2} k_1 (u_2 - u_1)^2 \tag{20.16}$$

따라서, 이 식에 식(20.15)의 공식을 적용하여 강성계수를 구할 수 있다.

$$k_{11} = \frac{\partial^2 U}{\partial u_1^2} = k_1\,,\ \ k_{22} = \frac{\partial^2 U}{\partial u_2^2} = k_1$$

$$k_{12} = k_{21} = \frac{\partial^2 U}{\partial u_1 \partial u_2} = -\,k_1 \tag{20.17}$$

이 계산 결과는 기하학적인 방법으로 얻은 식(20.11)의 강성계수의 값과 같다.

식(20.10) 또는 식(20.17)로부터 얻어지는 강성행렬

$$[\mathbf{k}] = \begin{bmatrix} k_1 & -k_1 \\ -k_1 & k_1 \end{bmatrix} \tag{20.18}$$

는 앞에서 거론된 바와 같이 대칭 행렬이면서 행렬식이 0이 되어 역행렬이 존재하지 않는 특이(特異) 행렬이다.

20.3.3 좌표 변환

앞 절에서 다룬 그림 20.4 골조의 부재 ①의 강성행렬은 ① 부재의 축과 전체 좌표축이 일치하기 때문에 좌표 변환의 문제가 생기지 않았으나, 부재 ② 또는 부재 ③과 같이 재축 방향이 전체 좌표계의 x축과 일치하지 않는 경우에는 좌표 변환의 문제가 생긴다.

부재 ②에 대하여 그림 20.6과 같이 재축 방향을 $\overline{x}$축, 직교 방향을 $\overline{y}$축으로 하는 국부 좌표계를 설정했을 때, 부재의 절점력 벡터와 절점변위 벡터는 각각 다음과 같다.

$$\{\overline{\mathrm{F}}\} = \begin{Bmatrix} F_{\overline{x}1} \\ F_{\overline{y}1} \\ F_{\overline{x}3} \\ F_{\overline{y}3} \end{Bmatrix} \qquad \{\overline{\boldsymbol{\delta}}\} = \begin{Bmatrix} \overline{u_1} \\ \overline{v_1} \\ \overline{u_3} \\ \overline{v_3} \end{Bmatrix} \tag{20.19}$$

식(20.10)의 강성행렬은 부재 좌표, 즉 국부 좌표계에서 계산되므로, 국부 좌표계에서 부재 ②의 절점력－절점변위 관계식은 식(20.20a)가 된다.

$$\begin{Bmatrix} F_{\overline{x}1} \\ F_{\overline{y}1} \\ F_{\overline{x}3} \\ F_{\overline{y}3} \end{Bmatrix} = \begin{bmatrix} k_2 & 0 & -k_2 & 0 \\ 0 & 0 & 0 & 0 \\ -k_2 & 0 & k_2 & 0 \\ 0 & 0 & 0 & 0 \end{bmatrix} \begin{Bmatrix} \overline{u_1} \\ \overline{v_1} \\ \overline{u_3} \\ \overline{v_3} \end{Bmatrix} \tag{20.20a}$$

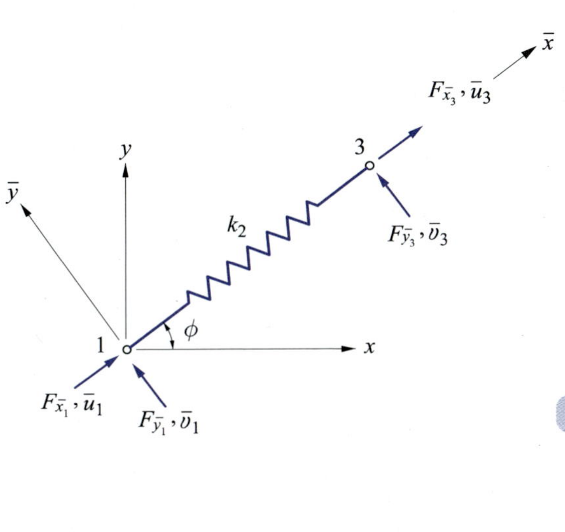

그림 20.6 좌표 변환

또는 일반적인 표현으로 식(20.20b)로 나타낼 수 있다.

$$\{\overline{\mathbf{F}}\} = [\overline{\mathbf{k}}]\{\overline{\boldsymbol{\delta}}\} \tag{20.20b}$$

$\overline{x}$, $\overline{y}$ 국부 좌표계가 x, y 전체 좌표계에 반시계방향으로 ϕ만큼 회전된 위치에 설정되었을 때 그림 8.16과 식(8.25)에서 거론된 바와 같이 x, y 좌표계와 $\overline{x}$, $\overline{y}$ 좌표계 사이에는 식(20.21)의 변환법칙이 존재한다.

$$\begin{Bmatrix} \overline{x} \\ \overline{y} \end{Bmatrix} = \begin{bmatrix} \cos\phi & \sin\phi \\ -\sin\phi & \cos\phi \end{bmatrix} \begin{Bmatrix} x \\ y \end{Bmatrix} \tag{20.21}$$

따라서, 전체 좌표계와 국부 좌표계에서 절점력은 식(20.22a), 식(20.22b)의 관계를 가진다.

$$\begin{Bmatrix} F_{\overline{x}1} \\ F_{\overline{y}1} \\ F_{\overline{x}3} \\ F_{\overline{y}3} \end{Bmatrix} = \begin{bmatrix} \cos\phi & \sin\phi & 0 & 0 \\ -\sin\phi & \cos\phi & 0 & 0 \\ 0 & 0 & \cos\phi & \sin\phi \\ 0 & 0 & -\sin\phi & \cos\phi \end{bmatrix} \begin{Bmatrix} F_{x1} \\ F_{y1} \\ F_{x3} \\ F_{y3} \end{Bmatrix} \tag{20.22a}$$

또는

$$\{\overline{\mathbf{F}}\} = [\mathbf{T}]\{\mathbf{F}\} \tag{20.22b}$$

절점변위는 식(20.23a,b)의 관계를 가진다.

$$\begin{Bmatrix} \overline{u_1} \\ \overline{v_1} \\ \overline{u_3} \\ \overline{v_3} \end{Bmatrix} = \begin{bmatrix} \cos\phi & \sin\phi & 0 & 0 \\ -\sin\phi & \cos\phi & 0 & 0 \\ 0 & 0 & \cos\phi & \sin\phi \\ 0 & 0 & -\sin\phi & \cos\phi \end{bmatrix} \begin{Bmatrix} u_1 \\ v_1 \\ u_3 \\ v_3 \end{Bmatrix} \tag{20.23a}$$

또는

$$\{\overline{\boldsymbol{\delta}}\} = [\mathbf{T}]\{\boldsymbol{\delta}\} \tag{20.23b}$$

식(20.22) 및 식(20.23)에서 식(20.24)를 유도하며 이를 좌표변환 행렬, 또는 단순히 변환 행렬이라고 한다.

$$[\mathbf{T}] = \begin{bmatrix} \cos\phi & \sin\phi & 0 & 0 \\ -\sin\phi & \cos\phi & 0 & 0 \\ 0 & 0 & \cos\phi & \sin\phi \\ 0 & 0 & -\sin\phi & \cos\phi \end{bmatrix} \tag{20.24}$$

국부 좌표계에서 계산된 부재 강성행렬을 전체 좌표계에서의 값으로 변환시키기 위하여 식(20.22b)와 식(20.23b)를 식(20.20b)에 대입하면 식(c)가 된다.

$$[\mathbf{T}]\{\mathbf{F}\}=[\bar{\mathbf{k}}][\mathbf{T}]\{\boldsymbol{\delta}\} \tag{c}$$

$$\begin{bmatrix} \cos\phi & \sin\phi \\ -\sin\phi & \cos\phi \end{bmatrix}^{-1}=\begin{bmatrix} \cos\phi & -\sin\phi \\ \sin\phi & \cos\phi \end{bmatrix}$$

즉, 변환 행렬의 역행렬은 전치 행렬이 되므로, 식(c)는 식(20.25)로 주어진다.

$$\begin{aligned}\{\mathbf{F}\} &= [\mathbf{T}]^{-1}[\bar{\mathbf{k}}][\mathbf{T}]\{\boldsymbol{\delta}\} \\ &= [\mathbf{T}]^{\mathrm{T}}[\bar{\mathbf{k}}][\mathbf{T}]\{\boldsymbol{\delta}\}\end{aligned} \tag{20.25}$$

전체 좌표계에서 절점력과 절점변위는 식(d)이다.

$$\{\mathbf{F}\}=[\mathbf{k}]\{\boldsymbol{\delta}\} \tag{d}$$

이 식과 식(20.25)를 비교하면, 국부 좌표계에서 계산된 강성행렬은

$$[\mathbf{k}]=[\mathbf{T}]^{\mathrm{T}}[\bar{\mathbf{k}}][\mathbf{T}] \tag{20.26}$$

의 과정을 거쳐 전체 좌표계에서의 강성행렬로 변환된다.

따라서 각 부재의 강성행렬은 그 부재의 국부 좌표계에 맞춰 계산한 후 국부 좌표계와 전체 좌표계가 이루는 각도 ϕ에 따라 식(20.24)의 좌표 변환 행렬을 식(20.26)에 적용하여 전체 좌표계에서의 값으로 변환한다.

그림 20.4의 트러스에서 스프링 계수 k_i인 부재의 국부 좌표계가 전체 좌표계에 대하여

$$\sin\phi=s\,,\ \cos\phi=c$$

으로 설정됐을 때 전체 좌표계에서의 강성행렬은 식(20.18), 식(20.24) 및 식(20.26)으로부터 식(20.27)로 주어진다.

$$[\mathbf{k}]=(k_i)\begin{bmatrix} c^2 & cs & -c^2 & -cs \\ cs & s^2 & -cs & -s^2 \\ -c^2 & -cs & c^2 & cs \\ -cs & -s^2 & cs & s^2 \end{bmatrix} \tag{20.27}$$

20.3.4 전체 강성행렬

구조물의 전체 강성행렬은 기본 좌표계로 변환된 모든 부재의 강성행렬로부터 이루어진다.

그림 20.4의 트러스에서 $\phi=\tan^{-1}(3/4)$으로 하면, 각 부재의 절점력－절점변위 관계는 식(20.27)의 전체 좌표계 강성행렬에 의하여 다음과 같이 주어진다.

(1) 부재 ①

전체 좌표계와 국부 좌표계가 일치하여 $\phi=0$이므로 $c=1$, $s=0$이 된다.

$$\begin{Bmatrix} F_{x1} \\ F_{y1} \\ F_{x2} \\ F_{y2} \end{Bmatrix} = (k_1) \begin{bmatrix} 1 & 0 & -1 & 0 \\ 0 & 0 & 0 & 0 \\ -1 & 0 & 1 & 0 \\ 0 & 0 & 0 & 0 \end{bmatrix} \begin{Bmatrix} u_1 \\ v_1 \\ u_2 \\ v_2 \end{Bmatrix} \tag{d}$$

(2) 부재 ②

$\phi=\tan^{-1}(3/4)$이므로, $c=\dfrac{4}{5}=0.8$, $s=\dfrac{3}{5}=0.6$

$$\begin{Bmatrix} F_{x1} \\ F_{y1} \\ F_{x3} \\ F_{y3} \end{Bmatrix} = (k_2) \begin{bmatrix} 0.64 & 0.48 & -0.64 & -0.48 \\ 0.48 & 0.36 & -0.48 & -0.36 \\ -0.64 & -0.48 & 0.64 & 0.48 \\ -0.48 & -0.36 & 0.48 & 0.36 \end{bmatrix} \begin{Bmatrix} u_1 \\ v_1 \\ u_3 \\ v_3 \end{Bmatrix} \tag{e}$$

(3) 부재 ③

$\phi=90^\circ$이므로 $c=0$, $s=1$이 된다.

$$\begin{Bmatrix} F_{x2} \\ F_{y2} \\ F_{x3} \\ F_{y3} \end{Bmatrix} = (k_3) \begin{bmatrix} 0 & 0 & 0 & 0 \\ 0 & 1 & 0 & -1 \\ 0 & 0 & 0 & 0 \\ 0 & -1 & 0 & 1 \end{bmatrix} \begin{Bmatrix} u_2 \\ v_2 \\ u_3 \\ v_3 \end{Bmatrix} \tag{f}$$

식(d), 식(e), 식(f)에 겹침원리를 적용하면 구조물 전체의 절점력과 절점변위 식은 전체 강성행렬에 의하여 식(20.28)이 된다.

$$\begin{Bmatrix} F_{x1} \\ F_{y1} \\ F_{x2} \\ F_{y2} \\ F_{x3} \\ F_{y3} \end{Bmatrix} = \begin{bmatrix} k_1+0.64k_2 & 0.48k_2 & -k_1 & 0 & -0.64k_2 & -0.48k_2 \\ 0.48k_2 & 0.36k_2 & 0 & 0 & -0.48k_2 & -0.36k_2 \\ -k_1 & 0 & k_1 & 0 & 0 & 0 \\ 0 & 0 & 0 & k_3 & 0 & -k_3 \\ -0.64k_2 & -0.48k_2 & 0 & 0 & 0.64k_2 & 0.48k_2 \\ -0.48k_2 & -0.36k_2 & 0 & -k_3 & 0.48k_2 & 0.36k_2+k_3 \end{bmatrix} \begin{Bmatrix} u_1 \\ v_1 \\ u_2 \\ v_2 \\ u_3 \\ v_3 \end{Bmatrix} \tag{20.28}$$

식(20.28)의 전체 강성행렬도 부재 강성행렬과 같이 대칭 행렬이며, 역행렬이 존재하지 않는 특이 행렬이다.

20.4 변위, 반력 및 부재력 계산

20.4.1 경계조건의 적용과 행렬의 분할

n개의 절점 자유도를 가진 구조물의 전체 강성행렬에 의한 절점력－절점변위의 일반식은 식(20.29)로 주어진다.

$$\begin{Bmatrix} F_1 \\ F_2 \\ \vdots \\ F_n \end{Bmatrix} = \begin{bmatrix} k_{11} & k_{12} & \cdots\cdots & k_{1n} \\ k_{21} & k_{22} & \cdots\cdots & k_{2n} \\ \vdots & \vdots & \vdots & \vdots \\ k_{n1} & k_{n2} & \cdots\cdots & k_{nn} \end{bmatrix} \begin{Bmatrix} \delta_1 \\ \delta_2 \\ \vdots \\ \delta_n \end{Bmatrix} \tag{20.29}$$

이 식은 수학적으로 n개의 미지수를 푸는 데 필요한 연립 1차 방정식이므로, 절점력 벡터와 절점변위 벡터에 n개의 미지수와 더불어 n개의 기지수가 있어야 각 미지수에 대하여 유일한 값을 구할 수 있다.

구조물 중 변위가 구속되지 않은 부분에 작용하는 절점력은 설계하중으로부터 계산되므로 절점력은 기지수, 절점변위는 미지수가 된다. 이와 반대로 절점변위가 구속되는 부분에서는 절점변위가 기지수가 되고 반력으로 나타나는 절점력은 미지수가 되므로, 절점력 벡터와 절점변위 벡터 안에는 미지수와 기지수가 대응하는 형태가 된다.

따라서 미지수와 기지수를 구분하기 위하여 식(20.29)에서 구속되지 않은 미지의 절점변위 벡터와 그에 대응하는 기지의 절점력 벡터를 위로 하고 구속된 절점변위 벡터와 그에 대응하는 미지의 반력 벡터를 아래로 배열하여 전체 강성행렬을 분할한다.

예를 들어, 1에서 i까지의 절점변위는 허용되고 j에서 n까지의 절점변위는 구속된 구조물의 절점력－절점변위의 관계식은 식(20.30)으로 재배열된다.

$$\left\{\begin{array}{c} F_1 \\ F_2 \\ \vdots \\ F_i \\ \hdashline F_j \\ \vdots \\ F_n \end{array}\right\} = \left[\begin{array}{cccc:ccc} k_{11} & k_{12} & \cdots & k_{1i} & k_{1j} & \cdots & k_{1n} \\ k_{21} & k_{22} & \cdots & k_{2i} & k_{2j} & \cdots & k_{2n} \\ \vdots & & & \vdots & \vdots & & \vdots \\ k_{i1} & k_{i2} & \cdots & k_{ii} & k_{ij} & \cdots & k_{in} \\ \hdashline k_{j1} & k_{j2} & \cdots & k_{ji} & k_{jj} & \cdots & k_{jn} \\ \vdots & & & \vdots & \vdots & & \vdots \\ k_{n1} & k_{n2} & \cdots & k_{ni} & k_{nj} & \cdots & k_{nn} \end{array}\right] \left\{\begin{array}{c} \delta_1 \\ \delta_2 \\ \vdots \\ \delta_n \\ \hdashline \delta_j \\ \vdots \\ \delta_n \end{array}\right\} \tag{20.30}$$

이 식에서 절점에 작용하는 하중 벡터를 $\mathbf{F}_{\boldsymbol{\alpha}}$, 미지의 반력 벡터를 $\mathbf{F}_{\boldsymbol{\beta}}$로 하고, 미지의 절점변위 벡터를 $\boldsymbol{\delta}_{\boldsymbol{\alpha}}$, 경계조건에 의하여 규정된 절점변위 벡터를 $\boldsymbol{\delta}_{\boldsymbol{\beta}}$로 하면,

$$\mathbf{F}_{\alpha}=\begin{Bmatrix}F_1\\F_2\\\vdots\\F_i\end{Bmatrix},\ \mathbf{F}_{\beta}=\begin{Bmatrix}F_j\\F_{j+1}\\\vdots\\F_n\end{Bmatrix},\ \boldsymbol{\delta}_{\alpha}=\begin{Bmatrix}\delta_1\\\delta_2\\\vdots\\\delta_i\end{Bmatrix},\ \boldsymbol{\delta}_{\beta}=\begin{Bmatrix}\delta_j\\\delta_{j+1}\\\vdots\\\delta_n\end{Bmatrix}$$

이 되며, 식(20.30)을 식(20.31)로 나타낼 수 있다.

$$\begin{Bmatrix}\mathbf{F}_{\alpha}\\\mathbf{F}_{\beta}\end{Bmatrix}=\begin{bmatrix}\mathbf{K}_{\alpha\alpha} & \mathbf{K}_{\alpha\beta}\\\mathbf{K}_{\beta\alpha} & \mathbf{K}_{\beta\beta}\end{bmatrix}\begin{Bmatrix}\boldsymbol{\delta}_{\alpha}\\\boldsymbol{\delta}_{\beta}\end{Bmatrix} \tag{20.31}$$

20.4.2 변위 및 반력 계산

식(20.31)은 다음과 같이 전개된다.

$$\mathbf{F}_{\alpha}=\mathbf{K}_{\alpha\alpha}\,\boldsymbol{\delta}_{\alpha}+\mathbf{K}_{\alpha\beta}\,\boldsymbol{\delta}_{\beta} \tag{20.32a}$$

$$\mathbf{F}_{\beta}=\mathbf{K}_{\beta\alpha}\,\boldsymbol{\delta}_{\alpha}+\mathbf{K}_{\beta\beta}\,\boldsymbol{\delta}_{\beta} \tag{20.32b}$$

이 식에서 $\mathbf{K}_{\alpha\alpha}$, $\mathbf{K}_{\alpha\beta}$, $\mathbf{K}_{\beta\alpha}$ 및 $\mathbf{K}_{\beta\beta}$로 표시된 분할 행렬은 특이행렬이 아니어서 역행렬이 존재하므로 미지의 절점변위는 식(20.32a)로부터 식(20.33)에 의하여 계산된다.

$$\boldsymbol{\delta}_{\alpha}=\mathbf{K}_{\alpha\alpha}^{-1}(\mathbf{F}_{\alpha}-\mathbf{K}_{\alpha\beta}\,\boldsymbol{\delta}_{\beta}) \tag{20.33}$$

식(20.33)의 $\boldsymbol{\delta}_{\alpha}$를 식(20.32b)에 대입하면 미지의 반력을 식(20.34)로 유도된다.

$$\mathbf{F}_{\beta}=\mathbf{K}_{\beta\alpha}\,\mathbf{K}_{\alpha\alpha}^{-1}\,\mathbf{F}_{\alpha}-(\mathbf{K}_{\beta\alpha}\,\mathbf{K}_{\alpha\alpha}^{-1}\,\mathbf{K}_{\alpha\beta}-\mathbf{K}_{\beta\beta})\,\boldsymbol{\delta}_{\beta} \tag{20.34}$$

식(20.33)과 식(20.34)에서 $\boldsymbol{\delta}_{\beta}$는 경계조건에 의한 기지의 절점변위로, 구조물의 제작오차나 부동침하 등에 의하여 일정한 값이 주어지는 경우도 있으나, 대부분은 완전 구속된 것으로 하며, 이런 경우에는 $\boldsymbol{\delta}_{\beta}$의 값은 0이므로 미지의 절점변위와 절점반력은 식(20.33) 및 식(20.34)로부터 각각 식(20.35)와 식(20.36)으로 계산된다.

$$\boldsymbol{\delta}_{\beta}=\mathbf{K}_{\alpha\alpha}^{-1}\,\mathbf{F}_{\alpha} \tag{20.35}$$

$$\mathbf{F}_{\beta}=\mathbf{K}_{\beta}\,\mathbf{K}_{\alpha\alpha}^{-1}\,\mathbf{F}_{\alpha} \tag{20.36}$$

20.4.3 부재력 계산

구조물의 모든 절점변위가 결정되면, 절점변위에 의하여 각 부재에 작용하는 부재 절점력을 계산하여야 한다.

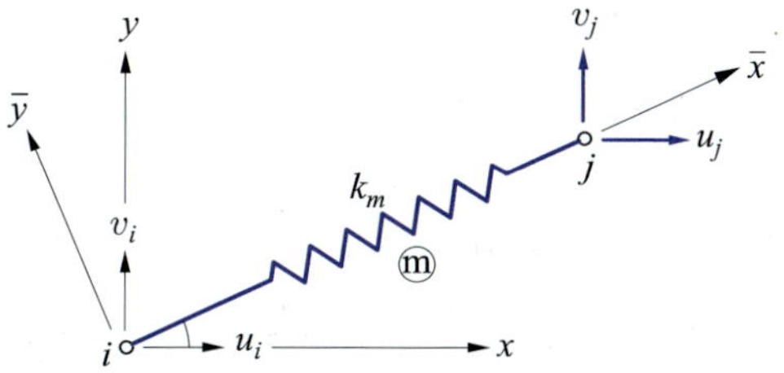

그림 20.7 국부좌표계에서 부재의 절점력 계산

예를 들어, 어떤 구조물의 ⓜ부재가 그림 20.7과 같이 i 절점과 j 절점에 연결되어 있고 부재의 국부 좌표계는 전체 좌표계에 대하여 반시계방향으로 ϕ 각만큼 달리 할 때 이 부재의 절점력은 국부 좌표계에서의 절점력－절점변위 관계식인 식(20.20b)에 의하여 정해진다.

따라서 전체 좌표계에서 정하여진 절점변위 u_i, v_i 및 u_j, v_j를 국부 좌표계에서의 변위 $\overline{u_i}$, $\overline{v_i}$ 및 $\overline{u_j}$, $\overline{v_j}$로 변환시켜야 하며, 이 변환식은 식(20.23)에 의하여 식(20.37)로 주어진다.

$$\begin{Bmatrix} \overline{u_i} \\ \overline{v_i} \\ \overline{u_j} \\ \overline{v_j} \end{Bmatrix} = \begin{bmatrix} \cos\phi & \sin\phi & 0 & 0 \\ -\sin\phi & \cos\phi & 0 & 0 \\ 0 & 0 & \cos\phi & \sin\phi \\ 0 & 0 & -\sin\phi & \cos\phi \end{bmatrix} \begin{Bmatrix} u_i \\ v_i \\ u_j \\ v_j \end{Bmatrix} \tag{20.37}$$

이 변환식에 의하여 국부 좌표계에서 부재 ⓜ의 절점변위가 계산된다.

국부 좌표계에서 절점변위가 정해지면, 부재 절점력은 식(20.20b)의 절점력－절점변위 관계식(20.38)에 의하여 계산된다.

$$\begin{Bmatrix} F_{\bar{x}i} \\ F_{\bar{y}i} \\ F_{\bar{x}j} \\ F_{\bar{y}j} \end{Bmatrix} = \begin{bmatrix} k_m & 0 & -k_m & 0 \\ 0 & 0 & 0 & 0 \\ -k_m & 0 & k_m & 0 \\ 0 & 0 & 0 & 0 \end{bmatrix} \begin{Bmatrix} \overline{u_i} \\ \overline{v_i} \\ \overline{u_j} \\ \overline{v_j} \end{Bmatrix} \tag{20.38}$$

20.5 트러스 해석

20.5.1 강성행렬과 좌표 변환

트러스 부재는 축방향력만 지지하므로 그림 20.4의 스프링 트러스와 같은 형태이며, 스프링 계수 k만 결정되면, 부재의 강성행렬은 식(20.18)과 같이 된다.

그림 20.8과 같이 탄성계수 E, 단면적 A, 길이 l인 트러스 부재에 x 방향으로 F_{x1}, F_{x2}의 절점력이 작용하고, 그에 따라 절점변위 u_1, u_2가 생겼을 때 부재에 생기는 내력과 변형량은 다음과 같다.

$$P = F_{x1} - F_{x2}\ ,\ \ \Delta = u_1 - u_2 \tag{a}$$

이 내력과 변형에 의한 응력 및 변형률은 각각 식(b)로 주어진다.

$$\sigma = \frac{P}{A}\ ,\ \ \varepsilon = \frac{\Delta}{l} \tag{b}$$

부재가 탄성 범위에서 거동하는 경우 후크의 법칙에 의한 응력－변형률 관계식은

$$\sigma = E \cdot \varepsilon$$

이므로, 이 식에 식(b)의 응력과 변형률의 식을 대입하면, 힘－변형의 관계식은 식(20.39)가 된다.

$$P = \frac{EA}{l}\Delta \tag{20.39}$$

이 식은 스프링 부재의 힘－변형의 일반식

$$P = k\Delta$$

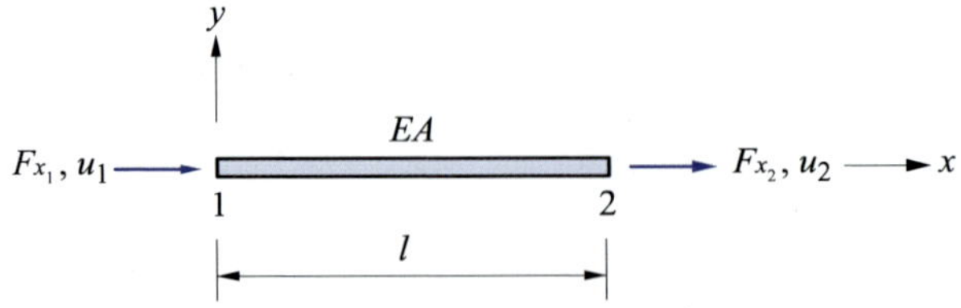

그림 20.8 트러스 부재의 절점력과 변위

와 비교하면, 트러스 부재의 축방향 변형에 대한 스프링 계수는 식(20.40)이 되며, 이를 트러스 부재의 축강성이라고 한다.

$$k = \frac{EA}{l} \tag{20.40}$$

따라서, 트러스 부재의 강성행렬은 식(20.18)과 식(20.40)으로부터 식(20.41)이 유도된다.

$$[\mathbf{k}] = \frac{EA}{l}\begin{bmatrix} 1 & -1 \\ -1 & 1 \end{bmatrix} \tag{20.41}$$

카스틸리아노의 정리를 적용하는 경우 변형률은 식(a)와 식(b)로부터 다음 식을 구할 수 있다.

$$\varepsilon = \frac{u_2 - u_1}{l}$$

변형에너지는 다음과 같다.

$$U = \frac{1}{2}\int_V \sigma_x\, \varepsilon_x\, dV = \frac{1}{2}\int_0^l E\,(\varepsilon_x)^2 A\, dx = \frac{1}{2}\frac{EA}{l}(u_2 - u_1)^2$$

축강성 계수는 식(20.15)로부터 유도된다.

$$k_{11} = \frac{\partial^2 U}{\partial u_1^2} = \frac{EA}{l}, \quad k_{22} = \frac{\partial^2 U}{\partial u_2^2} = \frac{EA}{l}$$

$$k_{12} = k_{21} = \frac{\partial^2 U}{\partial u_1\, \partial u_2} = -\frac{EA}{l}$$

이 값은 식(20.41)과 일치한다. 카스틸리아노 정리에 의한 축강성 유도는 14.6절에서 다루어진 바 있다.

식(20.41)의 강성행렬에 의하여 그림 20.8 트러스 부재의 절점력－절점변위 관계식은

$$\begin{Bmatrix} F_{x1} \\ F_{x2} \end{Bmatrix} = \frac{EA}{l}\begin{bmatrix} 1 & -1 \\ -1 & 1 \end{bmatrix}\begin{Bmatrix} u_1 \\ u_2 \end{Bmatrix}$$

가 되나, y 방향의 변형 및 좌표 변환을 고려하여 트러스 부재의 절점력－절점변위의 일반식은 식(20.42)가 된다.

$$\begin{Bmatrix} F_{x1} \\ F_{y1} \\ F_{x2} \\ F_{y2} \end{Bmatrix} = \frac{EA}{l} \begin{bmatrix} 1 & 0 & -1 & 0 \\ 0 & 0 & 0 & 0 \\ -1 & 0 & 1 & 0 \\ 0 & 0 & 0 & 0 \end{bmatrix} \begin{Bmatrix} u_1 \\ v_1 \\ u_2 \\ v_2 \end{Bmatrix} \tag{20.42}$$

따라서 국부 좌표계에서 트러스의 부재 강성행렬은 식(20.43)으로 주어진다.

$$[\bar{\mathbf{k}}] = \frac{EA}{l} \begin{bmatrix} 1 & 0 & -1 & 0 \\ 0 & 0 & 0 & 0 \\ -1 & 0 & 1 & 0 \\ 0 & 0 & 0 & 0 \end{bmatrix} \tag{20.43}$$

부재의 국부 좌표계가 구조물의 전체 좌표계와 일치하지 않는 경우 좌표변환 행렬은 식(20.24)와 같으며, 전체 좌표계로 변환된 부재의 강성행렬은 식(20.24), 식(20.26) 및 식(20.43)으로부터 식(20.44)로 주어진다.

$$[\mathbf{k}] = \frac{EA}{l} \begin{bmatrix} c^2 & cs & -c^2 & -cs \\ cs & s^2 & -cs & -s^2 \\ -c^2 & -cs & c^2 & cs \\ -cs & -s^2 & cs & s^2 \end{bmatrix} \tag{20.44}$$

$$c = \cos\phi, \ s = \sin\phi$$

이 식에서 ϕ는 전체 좌표계에서 반시계방향으로 잰 국부 좌표계의 각도이다.

20.5.2 트러스 해석의 예

강성법에 의한 트러스 해석의 결과와 가상일법에 의한 해석 결과를 비교하기 위하여, 14.4절에서 다루어진 그림 14.9(a) 트러스를 예로 하면, 강성행렬 해석을 위하여 그림 20.9와 같이 기본 좌표계를 설정하고 절점과 부재의 번호 매김을 한다.

부재 ①에서 $l = 4a$, $\phi = 0$이므로 전체 좌표계로 변환된 부재의 강성행렬은 식(20.44)로부터 구한다.

$$\begin{matrix} & u_1 & v_1 & u_2 & v_2 \end{matrix}$$

$$[\mathbf{k}]_{①} = \frac{EA}{4a} \begin{bmatrix} 1 & 0 & -1 & 0 \\ 0 & 0 & 0 & 0 \\ -1 & 0 & 1 & 0 \\ 0 & 0 & 0 & 0 \end{bmatrix} \tag{c}$$

부재 ②에서 $l = 5a$, $\phi = -\tan^{-1}(3/4)$이므로,

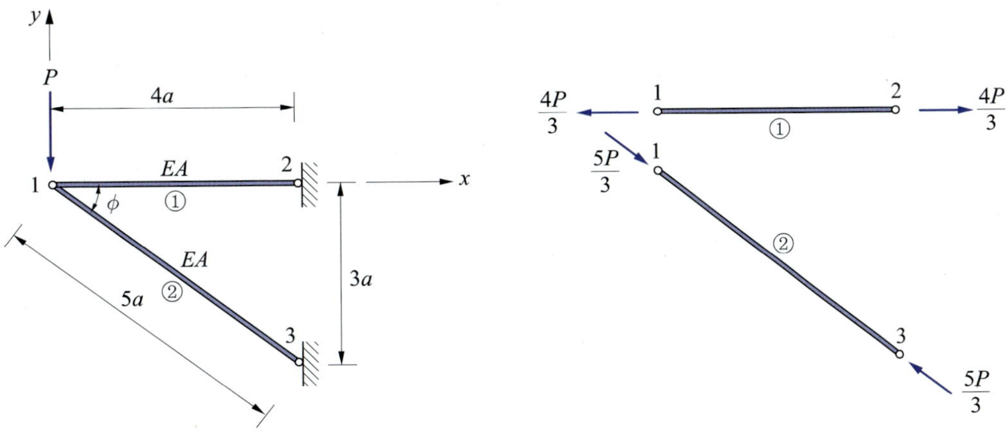

그림 20.9 트러스 해석 예

$$[\mathbf{k}]_{②} = \frac{EA}{5a}\begin{bmatrix} 0.64 & -0.48 & -0.64 & 0.48 \\ -0.48 & 0.36 & 0.48 & -0.36 \\ -0.64 & 0.48 & 0.64 & -0.48 \\ 0.48 & -0.36 & -0.48 & 0.36 \end{bmatrix} \quad (u_1,\ v_1,\ u_3,\ v_3) \tag{d}$$

트러스의 전체 강성행렬은 식(c)와 식(d)의 겹침에 의하여 이루어지며, 절점변위 중 2절점과 3절점은 구속되어 있으므로, 이를 고려하여 절점력－절점변위 관계식을 식(20.30) 형태의 분할 행렬로 정리하면 다음과 같다.

$$\begin{Bmatrix} F_{x1}=0 \\ F_{y1}=-P \\ \hline F_{x2} \\ F_{y2} \\ F_{x3} \\ F_{y3} \end{Bmatrix} = \frac{EA}{5a}\left[\begin{array}{cc|cccc} 1.89 & -0.48 & -1.25 & 0 & -0.64 & 0.48 \\ -0.48 & 0.36 & 0 & 0 & 0.48 & -0.36 \\ \hline -1.25 & 0 & 1.25 & 0 & 0 & 0 \\ 0 & 0 & 0 & 0 & 0 & 0 \\ -0.64 & 0.48 & 0 & 0 & 0.64 & -0.48 \\ 0.48 & -0.36 & 0 & 0 & -0.48 & 0.36 \end{array}\right]\begin{Bmatrix} u_1 \\ v_1 \\ \hline u_2=0 \\ v_2=0 \\ u_3=0 \\ v_3=0 \end{Bmatrix} \tag{20.45}$$

이 식은

$$\begin{Bmatrix} 0 \\ -P \end{Bmatrix} = \frac{EA}{5a}\begin{bmatrix} 1.89 & -0.48 \\ -0.48 & 0.36 \end{bmatrix}\begin{Bmatrix} u_1 \\ v_1 \end{Bmatrix} \tag{e}$$

$$\begin{Bmatrix} F_{x2} \\ F_{y2} \\ F_{x3} \\ F_{y3} \end{Bmatrix} = \frac{EA}{5a} \begin{bmatrix} -1.25 & 0 \\ 0 & 0 \\ -0.64 & 0.48 \\ 0.48 & -0.36 \end{bmatrix} \begin{Bmatrix} u_1 \\ v_1 \end{Bmatrix} \tag{f}$$

으로 전개되며, 식(e)로부터 1절점의 변위는 식(20.35)와 같이 $\mathbf{K}_{\alpha\alpha}$의 역행렬을 이용하여 식(20.46)을 계산한다.

$$\begin{aligned} \begin{Bmatrix} u_1 \\ v_1 \end{Bmatrix} &= \frac{5a}{EA} \begin{bmatrix} 1.89 & -0.48 \\ -0.48 & 0.36 \end{bmatrix}^{-1} \begin{Bmatrix} 0 \\ -P \end{Bmatrix} \\ &= \frac{5a}{EA} \left(\frac{1}{0.45} \right) \begin{bmatrix} 0.36 & 0.48 \\ 0.48 & 1.89 \end{bmatrix} \begin{Bmatrix} 0 \\ -P \end{Bmatrix} \\ &= \frac{-Pa}{3EA} \begin{Bmatrix} 16 \\ 63 \end{Bmatrix} \end{aligned} \tag{20.46}$$

이와 같이 계산된 1절점의 수평 및 수직 변위 값은 14.4절에서 그림 14.9(a) 트러스에 대하여 가상일법으로 계산된 절점변위 값과 일치하고 있다. 식(20.46)의 u_1 및 v_1 값을 식(f)에 대입하면 변위가 구속된 2, 3절점에서 반력은 식(20.47)로 계산된다.

$$\begin{Bmatrix} F_{x2} \\ F_{y2} \\ F_{x3} \\ F_{y3} \end{Bmatrix} = \left(\frac{EA}{5a} \right) \left(\frac{-Pa}{3EA} \right) \begin{bmatrix} -1.25 & 0 \\ 0 & 0 \\ -0.64 & 0.48 \\ 0.48 & -0.36 \end{bmatrix} \begin{Bmatrix} 16 \\ 63 \end{Bmatrix} = \begin{Bmatrix} 4P/3 \\ 0 \\ -4P/3 \\ P \end{Bmatrix} \tag{20.47}$$

부재력을 계산하기 위해서는 20.4.3절에서 거론된 바와 같이 전체 좌표계에서의 변위를 각 부재의 국부 좌표계로 변환시키고 국부 강성행렬에 의한 절점력－절점변위 식을 적용하여야 한다.

부재 ①에서 부재의 국부 좌표계는 트러스의 전체 좌표계와 일치하므로, 다음을 구할 수 있다.

$$\begin{Bmatrix} \overline{u_1} \\ \overline{v_1} \end{Bmatrix} = \begin{Bmatrix} u_1 \\ v_1 \end{Bmatrix} = \frac{-Pa}{3EA} \begin{Bmatrix} 16 \\ 63 \end{Bmatrix}, \quad \begin{Bmatrix} \overline{u_2} \\ \overline{v_2} \end{Bmatrix} = \begin{Bmatrix} 0 \\ 0 \end{Bmatrix}$$

따라서 식(20.42)에 의한 부재 ①의 절점력－절점변위 식에서 부재력은 식(20.48)이 된다.

$$\begin{Bmatrix} \bar{F}_{x1} \\ \bar{F}_{y1} \\ \bar{F}_{x2} \\ \bar{F}_{y2} \end{Bmatrix} = \frac{EA}{4a}\begin{bmatrix} 1 & 0 & -1 & 0 \\ 0 & 0 & 0 & 0 \\ -1 & 0 & 1 & 0 \\ 0 & 0 & 0 & 0 \end{bmatrix}\left(\frac{-Pa}{3EA}\right)\begin{Bmatrix} 16 \\ 63 \\ 0 \\ 0 \end{Bmatrix} = \begin{Bmatrix} -4P/3 \\ 0 \\ 4P/3 \\ 0 \end{Bmatrix} \tag{20.48}$$

부재 ②의 국부 좌표계는 전체 좌표계에 대하여 $\phi = -\tan^{-1}(3/4)$ 회전된 위치에 있으므로 $\cos\phi = 0.8$, $\sin\phi = -0.6$이다.

국부 좌표계에서의 변위는 식(20.23b) 및 식(20.24)으로부터 다음을 구한다.

$$\begin{Bmatrix} \bar{u}_1 \\ \bar{v}_1 \\ \bar{u}_3 \\ \bar{v}_3 \end{Bmatrix} = \begin{bmatrix} 0.8 & -0.6 & 0 & 0 \\ 0.6 & 0.8 & 0 & 0 \\ 0 & 0 & 0.8 & -0.6 \\ 0 & 0 & 0.6 & 0.8 \end{bmatrix}\left(\frac{-Pa}{3EA}\right)\begin{Bmatrix} 16 \\ 63 \\ 0 \\ 0 \end{Bmatrix} = \frac{-Pa}{3EA}\begin{Bmatrix} -25 \\ 60 \\ 0 \\ 0 \end{Bmatrix}$$

부재 ①의 국부 좌표계에서의 절점력-절점변위 식으로부터 부재력은 식(20.49)로 계산된다.

$$\begin{Bmatrix} \bar{F}_{x1} \\ \bar{F}_{y1} \\ \bar{F}_{x3} \\ \bar{F}_{y3} \end{Bmatrix} = \frac{EA}{5a}\begin{bmatrix} 1 & 0 & -1 & 0 \\ 0 & 0 & 0 & 0 \\ -1 & 0 & 1 & 0 \\ 0 & 0 & 0 & 0 \end{bmatrix}\left(\frac{-Pa}{3EA}\right)\begin{Bmatrix} -25 \\ 60 \\ 0 \\ 0 \end{Bmatrix} = \begin{Bmatrix} 5P/3 \\ 0 \\ -5P/3 \\ 0 \end{Bmatrix} \tag{20.49}$$

식(20.48) 및 식(20.49)에서 부재 절점력은 다음과 같다.

① 부재 $\bar{F}_{x1} = -\bar{F}_{x2} = -\dfrac{4}{3}P$ (인장)

② 부재 $\bar{F}_{x1} = -\bar{F}_{x3} = \dfrac{5}{3}P$ (압축)

이 부재력을 그림 20.1의 좌표계에 따라 표시하면 그림 20.9(b)와 같이 되어, ① 부재에는 $4P/3$의 인장력 ② 부재에는 $5P/3$의 압축력의 부재력이 생기며, 이 부재력의 크기와 방향은 절점법으로 계산한 크기 및 방향에 일치한다.

예제 20.2 그림 20.10(a) 트러스의 부재력과 절점변위를 강성법으로 구하라. 트러스의 모든 부재의 단면적은 같다.

풀이 그림 20.10(a) 트러스는 구조 형태와 하중 작용 상태가 대칭이므로, 그림 20.10(b)와 같이 트러스의 반만 떼어내어 중앙이 수직 이동단으로 되어 있는 독립된 트러스 구조로 하며, 구조 좌표계를 설정하고 부재 및 절점의 번호 매김을 한다.

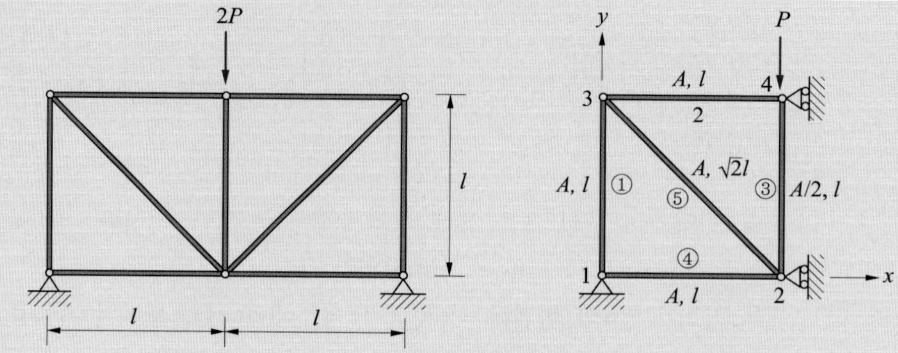

(a) (b)

그림 20.10

각 부재의 강성행렬은 식(20.44)로부터 다음과 같이 계산된다.

부재 ① : $\phi=90°$, $c=0$, $s=1$

$$[\,\mathbf{k}\,]_{①}=\frac{EA}{l}\begin{array}{c}\begin{matrix} u_1 & v_1 & u_3 & v_3 \end{matrix}\\ \begin{bmatrix} 0 & 0 & 0 & 0 \\ 0 & 1 & 0 & -1 \\ 0 & 0 & 0 & 0 \\ 0 & -1 & 0 & 1 \end{bmatrix}\end{array}$$

부재 ② : $\phi=0°$, $c=1$, $s=0$

$$[\,\mathbf{k}\,]_{②}=\frac{EA}{l}\begin{array}{c}\begin{matrix} u_3 & v_3 & u_4 & v_4 \end{matrix}\\ \begin{bmatrix} 1 & 0 & -1 & 0 \\ 0 & 0 & 0 & 0 \\ -1 & 0 & 1 & 0 \\ 0 & 0 & 0 & 0 \end{bmatrix}\end{array}$$

부재 ③ : $\phi=90°$, $c=0$, $s=1$

$$[\,\mathbf{k}\,]_{③}=\frac{E(A/2)}{l}\begin{array}{c}\begin{matrix} u_2 & v_2 & u_4 & v_4 \end{matrix}\\ \begin{bmatrix} 0 & 0 & 0 & 0 \\ 0 & 1 & 0 & -1 \\ 0 & 0 & 0 & 0 \\ 0 & -1 & 0 & 1 \end{bmatrix}\end{array}$$

부재 ④ : $\phi=0°$, $c=1$, $s=0$

$$[\,\mathbf{k}\,]_{④}=\frac{EA}{l}\begin{array}{c}\begin{matrix} u_1 & v_1 & u_2 & v_2 \end{matrix}\\ \begin{bmatrix} 1 & 0 & -1 & 0 \\ 0 & 0 & 0 & 0 \\ -1 & 0 & 1 & 0 \\ 0 & 0 & 0 & 0 \end{bmatrix}\end{array}$$

부재 ⑤ : $\phi=135°$, $c=-1\sqrt{2}$, $s=1\sqrt{2}$

$$[\,\mathbf{k}\,]_{⑤}=\frac{EA}{\sqrt{2}\,l}\begin{array}{c}\begin{matrix} u_2 & v_2 & u_3 & v_3 \end{matrix}\\ \begin{bmatrix} 1/2 & -1/2 & -1/2 & 1/2 \\ -1/2 & 1/2 & 1/2 & -1/2 \\ -1/2 & 1/2 & 1/2 & -1/2 \\ 1/2 & -1/2 & -1/2 & 1/2 \end{bmatrix}\end{array}$$

그림 20.10(b)의 트러스에서 절점력은 유일하게 $F_{y4}=-P$이고, 절점변위는 $u_1=v_1=u_2=u_4=0$이므로, 전체 트러스의 절점력-절점변위 식은 다음과 같다.

$$
\begin{Bmatrix} F_{x1} \\ F_{y1} \\ F_{x2} \\ \hdashline 0 \\ 0 \\ 0 \\ \hdashline F_{x4} \\ \hdashline -P \end{Bmatrix} = \frac{EA}{l}
\left[\begin{array}{ccc:ccc:c:c}
1 & 0 & -1 & 0 & 0 & 0 & 0 & 0 \\
0 & 1 & 0 & 0 & 0 & -1 & 0 & 0 \\
-1 & 0 & 1\frac{1}{2\sqrt{2}} & -\frac{1}{2\sqrt{2}} & -\frac{1}{2\sqrt{2}} & \frac{1}{2\sqrt{2}} & 0 & 0 \\
\hdashline
0 & 0 & -\frac{1}{2\sqrt{2}} & \frac{1}{2\sqrt{2}}+\frac{1}{2} & \frac{1}{2\sqrt{2}} & -\frac{1}{2\sqrt{2}} & 0 & -\frac{1}{2} \\
0 & 0 & -\frac{1}{2\sqrt{2}} & \frac{1}{2\sqrt{2}} & 1\frac{1}{2\sqrt{2}} & -\frac{1}{2\sqrt{2}} & -1 & 0 \\
0 & -1 & \frac{1}{2\sqrt{2}} & -\frac{1}{2\sqrt{2}} & -\frac{1}{2\sqrt{2}} & 1\frac{1}{2\sqrt{2}} & 0 & 0 \\
\hdashline
0 & 0 & 0 & 0 & -1 & 0 & 1 & 0 \\
\hdashline
0 & 0 & 0 & -\frac{1}{2} & 0 & 0 & 0 & \frac{1}{2}
\end{array}\right]
\begin{Bmatrix} 0 \\ 0 \\ 0 \\ \hdashline v_2 \\ u_3 \\ v_3 \\ \hdashline 0 \\ \hdashline v_4 \end{Bmatrix} \tag{20.50}
$$

이 식은 다시 두 식으로 나뉜다.

$$
\begin{Bmatrix} F_{x1} \\ F_{y1} \\ F_{x2} \\ F_{x4} \end{Bmatrix} = \frac{EA}{l}
\begin{bmatrix}
0 & 0 & 0 & 0 \\
0 & 0 & -1 & 0 \\
-\frac{1}{2\sqrt{2}} & -\frac{1}{2\sqrt{2}} & \frac{1}{2\sqrt{2}} & 0 \\
0 & -1 & 0 & 0
\end{bmatrix}
\begin{Bmatrix} v_2 \\ u_3 \\ v_3 \\ v_4 \end{Bmatrix} \tag{g}
$$

$$
\begin{Bmatrix} 0 \\ 0 \\ 0 \\ -P \end{Bmatrix} = \frac{EA}{l}
\begin{bmatrix}
\frac{1}{2\sqrt{2}}+\frac{1}{2} & \frac{1}{2\sqrt{2}} & -\frac{1}{2\sqrt{2}} & -\frac{1}{2} \\
\frac{1}{2\sqrt{2}} & 1\frac{1}{2\sqrt{2}} & -\frac{1}{2\sqrt{2}} & 0 \\
-\frac{1}{2\sqrt{2}} & -\frac{1}{2\sqrt{2}} & 1\frac{1}{2\sqrt{2}} & 0 \\
-\frac{1}{2} & 0 & 0 & \frac{1}{2}
\end{bmatrix}
\begin{Bmatrix} v_2 \\ u_3 \\ v_3 \\ v_4 \end{Bmatrix} \tag{h}
$$

식(h)로부터 절점변위는 식(20.51)로 계산된다.

$$
\begin{Bmatrix} v_2 \\ u_3 \\ v_3 \\ v_4 \end{Bmatrix} = \frac{Pl}{EA}
\begin{Bmatrix} -(2\sqrt{2}+2) \\ 1 \\ -1 \\ -(2\sqrt{2}+4) \end{Bmatrix} \tag{20.51}
$$

이 절점변위의 값을 식(g)에 대입하면 변위가 구속된 지점의 반력은 식(20.52)로 정해진다.

$$
\begin{Bmatrix} F_{x1} \\ F_{y1} \\ F_{x2} \\ F_{x4} \end{Bmatrix} =
\begin{Bmatrix} 0 \\ P \\ P \\ -P \end{Bmatrix} \tag{20.52}
$$

부재력은 다음과 같이 계산된다.

부재 ① : $\phi=90°$, $c=0$, $s=1$

$$
\begin{Bmatrix} \overline{u_1} \\ \overline{v_1} \end{Bmatrix} = \begin{Bmatrix} 0 \\ 0 \end{Bmatrix}
$$

$$
\begin{Bmatrix} \overline{u_3} \\ \overline{v_3} \end{Bmatrix} = \begin{bmatrix} c & s \\ -s & c \end{bmatrix} \begin{Bmatrix} u_3 \\ v_3 \end{Bmatrix} = \frac{Pl}{EA} \begin{Bmatrix} -1 \\ -1 \end{Bmatrix}
$$

$$\begin{Bmatrix} \overline{F}_{x1} \\ \overline{F}_{y1} \\ \overline{F}_{x3} \\ \overline{F}_{y3} \end{Bmatrix} = \frac{EA}{l}\begin{bmatrix} 1 & 0 & -1 & 0 \\ 0 & 0 & 0 & 0 \\ -1 & 0 & 1 & 0 \\ 0 & 0 & 0 & 0 \end{bmatrix}\left(\frac{Pl}{EA}\right)\begin{Bmatrix} 0 \\ 0 \\ -1 \\ -1 \end{Bmatrix} = \begin{Bmatrix} P \\ 0 \\ -P \\ 0 \end{Bmatrix} \tag{i}$$

부재 ② : $\phi = 0°$(전체 좌표계와 일치함)

$$\begin{Bmatrix} \overline{F}_{x3} \\ \overline{F}_{y3} \\ \overline{F}_{x4} \\ \overline{F}_{y4} \end{Bmatrix} = \frac{EA}{l}\begin{bmatrix} 1 & 0 & -1 & 0 \\ 0 & 0 & 0 & 0 \\ -1 & 0 & 1 & 0 \\ 0 & 0 & 0 & 0 \end{bmatrix}\left(\frac{Pl}{EA}\right)\begin{Bmatrix} 1 \\ -1 \\ 0 \\ -(2\sqrt{2}+4) \end{Bmatrix} = \begin{Bmatrix} P \\ 0 \\ -P \\ 0 \end{Bmatrix} \tag{j}$$

부재 ③ : $\phi = 90°,\ c = 0,\ s = 1$

$$\begin{Bmatrix} \overline{u}_2 \\ \overline{v}_2 \end{Bmatrix} = \begin{bmatrix} 0 & 1 \\ -1 & 0 \end{bmatrix}\left(\frac{Pl}{EA}\right)\begin{Bmatrix} 0 \\ -(2\sqrt{2}+2) \end{Bmatrix} = \frac{Pl}{EA}\begin{Bmatrix} -(2\sqrt{2}+2) \\ 0 \end{Bmatrix}$$

$$\begin{Bmatrix} \overline{u}_4 \\ \overline{v}_4 \end{Bmatrix} = \begin{bmatrix} 0 & 1 \\ -1 & 0 \end{bmatrix}\left(\frac{Pl}{EA}\right)\begin{Bmatrix} 0 \\ -(2\sqrt{2}+4) \end{Bmatrix} = \frac{Pl}{EA}\begin{Bmatrix} -(2\sqrt{2}+4) \\ 0 \end{Bmatrix}$$

$$\begin{Bmatrix} \overline{F}_{x2} \\ \overline{F}_{y1} \\ \overline{F}_{x4} \\ \overline{F}_{y4} \end{Bmatrix} = \frac{E(A/2)}{l}\begin{bmatrix} 1 & 0 & -1 & 0 \\ 0 & 0 & 0 & 0 \\ -1 & 0 & 1 & 0 \\ 0 & 0 & 0 & 0 \end{bmatrix}\left(\frac{Pl}{EA}\right)\begin{Bmatrix} -(2\sqrt{2}+2) \\ 0 \\ -(2\sqrt{2}+4) \\ 0 \end{Bmatrix} = \begin{Bmatrix} 2P \\ 0 \\ -2P \\ 0 \end{Bmatrix} \tag{k}$$

부재 ④ : $\phi = 0°$ (전체 좌표계와 일치함)

$$\begin{Bmatrix} \overline{F}_{x1} \\ \overline{F}_{y1} \\ \overline{F}_{x2} \\ \overline{F}_{y2} \end{Bmatrix} = \frac{EA}{l}\begin{bmatrix} 1 & 0 & -1 & 0 \\ 0 & 0 & 0 & 0 \\ -1 & 0 & 1 & 0 \\ 0 & 0 & 0 & 0 \end{bmatrix}\left(\frac{Pl}{EA}\right)\begin{Bmatrix} 0 \\ 0 \\ 0 \\ -(2\sqrt{2}+4) \end{Bmatrix} = \begin{Bmatrix} 0 \\ 0 \\ 0 \\ 0 \end{Bmatrix} \tag{l}$$

부재 ⑤ : $\phi = 135°,\ c = -1\sqrt{2},\ s = 1\sqrt{2}$

$$\begin{Bmatrix} \overline{u}_2 \\ \overline{v}_2 \end{Bmatrix} = \begin{bmatrix} -1/\sqrt{2} & 1/\sqrt{2} \\ -1/\sqrt{2} & -1/\sqrt{2} \end{bmatrix}\left(\frac{Pl}{EA}\right)\begin{Bmatrix} 0 \\ -(2\sqrt{2}+2) \end{Bmatrix} = \frac{Pl}{EA}\begin{Bmatrix} -(2+\sqrt{2}) \\ (2+\sqrt{2}) \end{Bmatrix}$$

$$\begin{Bmatrix} \overline{u}_3 \\ \overline{v}_3 \end{Bmatrix} = \begin{bmatrix} -1/\sqrt{2} & 1/\sqrt{2} \\ -1/\sqrt{2} & -1/\sqrt{2} \end{bmatrix}\left(\frac{Pl}{EA}\right)\begin{Bmatrix} 1 \\ -1 \end{Bmatrix} = \frac{Pl}{EA}\begin{Bmatrix} -\sqrt{2} \\ 0 \end{Bmatrix}$$

$$\begin{Bmatrix} \overline{F}_{x2} \\ \overline{F}_{y2} \\ \overline{F}_{x3} \\ \overline{F}_{y3} \end{Bmatrix} = \frac{EA}{\sqrt{2}\,l}\begin{bmatrix} 1 & 0 & -1 & 0 \\ 0 & 0 & 0 & 0 \\ -1 & 0 & 1 & 0 \\ 0 & 0 & 0 & 0 \end{bmatrix}\left(\frac{Pl}{EA}\right)\begin{Bmatrix} -(2+\sqrt{2}) \\ (2+\sqrt{2}) \\ -\sqrt{2} \\ 0 \end{Bmatrix} = \begin{Bmatrix} -\sqrt{2}P \\ 0 \\ \sqrt{2}P \\ 0 \end{Bmatrix} \tag{m}$$

식(i)~식(m)까지 부재력은

부재 ① : $\overline{F}_{x1} = -\overline{F}_{x3} = P$ (압축)

부재 ② : $\overline{F}_{x3} = -\overline{F}_{x4} = P$ (압축)

부재 ③ : $\overline{F}_{x2} = -\overline{F}_{x4} = 2P$ (압축)

부재 ④ : $\overline{F}_{x1} = -\overline{F}_{x4} = 0$

부재 ⑤ : $\overline{F}_{x2} = -\overline{F}_{x3} = -\sqrt{2}P$ (인장)

으로 정리된다. 이 해석 결과는 가상일법과 절점법에 의한 해석 결과와 일치한다.

20.6 보 해석

20.6.1 강성행렬

보의 양 절점이 구속되지 않은 상태에서 절점에 작용하는 힘과 그에 의한 변형은 그림 20.11(a)와 같으며, 부재의 강성행렬에 관련하여 절점력 벡터와 절점변위 벡터는 각각 식(20.53)으로 주어진다.

$$\{\,\mathbf{F}\,\} = \begin{Bmatrix} F_{y1} \\ M_1 \\ F_{y2} \\ M_2 \end{Bmatrix}, \;\{\,\boldsymbol{\delta}\,\} = \begin{Bmatrix} v_1 \\ \theta_1 \\ v_2 \\ \theta_2 \end{Bmatrix} \tag{20.53}$$

보의 강성행렬을 기하학적인 방법으로 구하는 경우에는 그림 20.5(b)와 (c)의 트러스의 경우와 같이 한 절점씩 번갈아 변위를 구속하여 각 절점력을 구한 후 겹침원리를 적용하여 절점력－절점변위의 식으로부터 강성행렬을 유도한다.

기하학적인 방법의 첫 단계로, 그림 20.11(b)와 같이 절점 2의 모든 변형은 구속되고 절점 1의 변형은 허용되는 경우, 절점 1에 작용하는 F_{y1} 및 M_1의 절점력에 대하여 절점변위는 표 20.1의 (a)와 (b)의 공식으로부터 주어진다.

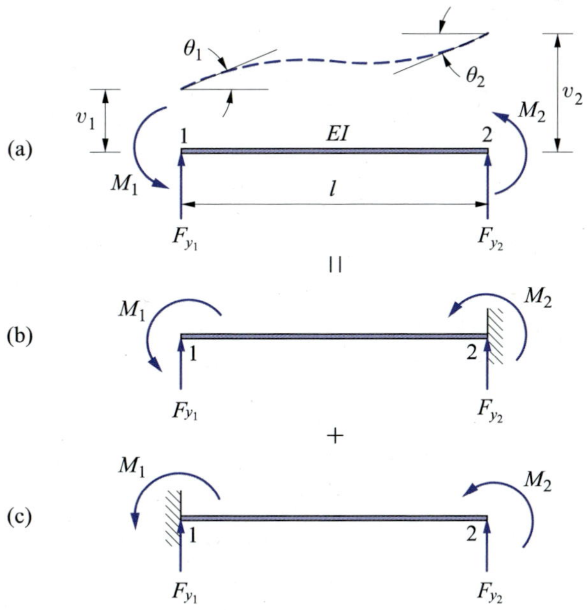

그림 20.11 보의 강성행렬

$$\begin{Bmatrix} v_1 \\ \theta_1 \end{Bmatrix} = \frac{1}{6EI}\begin{bmatrix} 2l^2 & -3l \\ -3l & 6 \end{bmatrix}\begin{Bmatrix} F_{y1} \\ M_1 \end{Bmatrix}$$

이 식은 역행렬에 의하여 식(a)가 된다.

$$\begin{Bmatrix} F_{y1} \\ M_1 \end{Bmatrix} = \frac{EI}{l^3}\begin{bmatrix} 12 & 6l \\ 6l & 4l^2 \end{bmatrix}\begin{Bmatrix} v_1 \\ \theta_1 \end{Bmatrix} \tag{a}$$

구속된 2 절점에는 F_{y2} 및 M_2의 반력이 생기며, 이 반력은 1 절점의 절점력과 평형을 이룬다.

$$\Sigma F_y = F_{y1} + F_{y2} = 0$$
$$\Sigma M = M_1 + M_2 - F_{y1}l = 0$$

평형조건과 식(a)로부터, 2 절점의 반력을 계산한다.

$$\begin{Bmatrix} F_{y2} \\ M_2 \end{Bmatrix} = \begin{bmatrix} -1 & 0 \\ l & -1 \end{bmatrix}\begin{Bmatrix} F_{y1} \\ M_1 \end{Bmatrix} = \begin{bmatrix} -1 & 0 \\ l & -1 \end{bmatrix}\left(\frac{EI}{l^3}\right)\begin{bmatrix} 12 & 6l \\ 6l & 4l^2 \end{bmatrix}\begin{Bmatrix} v_1 \\ \theta_1 \end{Bmatrix}$$
$$= \frac{EI}{l^3}\begin{bmatrix} -12 & -6l \\ 6l & 2l^2 \end{bmatrix}\begin{Bmatrix} v_1 \\ \theta_1 \end{Bmatrix} \tag{b}$$

따라서 절점 1이 자유이고 절점 2가 구속된 상태에서 절점력－절점변위 식은 식(a)와 식(b)로부터 식(c)가 주어진다.

$$\begin{Bmatrix} F_{y1} \\ M_1 \\ F_{y2} \\ M_2 \end{Bmatrix} = \frac{EI}{l^3}\begin{bmatrix} 12 & 6l & 0 & 0 \\ 6l & 4l^2 & 0 & 0 \\ -12 & -6l & 0 & 0 \\ 6l & 2l^2 & 0 & 0 \end{bmatrix}\begin{Bmatrix} v_1 \\ \theta_1 \\ v_2 \\ \theta_2 \end{Bmatrix} \tag{c}$$

두 번째 순서로 그림 20.11(c)와 같이 1 절점은 구속되고 2 절점은 자유인 경우, 절점 2에 작용하는 절점력 F_{y2} 및 M_2에 의한 절점 2의 변위는 표 20.1의 (c) 및 (d)의 공식으로부터 유도할 수 있다.

$$\begin{Bmatrix} v_2 \\ \theta_2 \end{Bmatrix} = \frac{1}{6EI}\begin{bmatrix} 2l^2 & 3l \\ 3l & 6 \end{bmatrix}\begin{Bmatrix} F_{y_2} \\ M_2 \end{Bmatrix}$$

이 식은 식(a)의 경우와 같이 역행렬에 의하여 식(d)가 된다.

$$\begin{Bmatrix} F_{y2} \\ M_2 \end{Bmatrix} = \frac{EI}{l^3}\begin{bmatrix} 12 & -6l \\ -6l & 4l^2 \end{bmatrix}\begin{Bmatrix} v_2 \\ \theta_2 \end{Bmatrix} \tag{d}$$

절점 2에 작용하는 F_{y2} 및 M_2 와 절점 x 의 반력 사이에는 다음의 평형조건이 성립한다.

$$\sum F_y = F_{y1} + F_{y2} = 0$$
$$\sum M = M_1 + M_2 + F_{y2}\, l = 0$$

이 평형조건과 식(d)로부터 1 절점의 반력을 유도한다.

$$\begin{Bmatrix} F_{y1} \\ M_1 \end{Bmatrix} = \begin{bmatrix} -1 & 0 \\ -l & -1 \end{bmatrix} \begin{Bmatrix} F_{y2} \\ M_2 \end{Bmatrix} = \begin{bmatrix} -1 & 0 \\ -l & -1 \end{bmatrix} \left(\frac{EI}{l^3} \right) \begin{bmatrix} 12 & -6l \\ -6l & 4l^2 \end{bmatrix} \begin{Bmatrix} v_2 \\ \theta_2 \end{Bmatrix}$$
$$= \frac{EI}{l^3} \begin{bmatrix} -12 & 6l \\ -6l & 2l^2 \end{bmatrix} \begin{Bmatrix} v_2 \\ \theta_2 \end{Bmatrix} \tag{e}$$

절점 2는 자유이고 절점 1이 구속된 상태에서 절점력-절점변위 식은 식(d)와 식(e)로부터 식(f)를 구한다.

$$\begin{Bmatrix} F_{y1} \\ M_1 \\ F_{y2} \\ M_2 \end{Bmatrix} = \frac{EI}{l^3} \begin{bmatrix} 0 & 0 & -12 & 6l \\ 0 & 0 & -6l & 2l^2 \\ 0 & 0 & 12 & -6l \\ 0 & 0 & -6l & 4l^2 \end{bmatrix} \begin{Bmatrix} v_1 \\ \theta_1 \\ v_2 \\ \theta_2 \end{Bmatrix} \tag{f}$$

따라서 부재의 전체 절점력과 절점변위의 관계식은 식(c)와 식(f)로부터 겹침원리에 의하여 식(20.54)를 유도한다.

$$\begin{Bmatrix} F_{y1} \\ M_1 \\ F_{y2} \\ M_2 \end{Bmatrix} = \frac{EI}{l^3} \begin{bmatrix} 12 & 6l & -12 & 6l \\ 6l & 4l^2 & -6l & 2l^2 \\ -12 & -6l & 12 & -6l \\ 6l & 2l^2 & -6l & 4l^2 \end{bmatrix} \begin{Bmatrix} v_1 \\ \theta_1 \\ v_2 \\ \theta_2 \end{Bmatrix} \tag{20.54}$$

이 식으로부터 보의 강성행렬은 식(20.55)로 주어진다.

$$[\,\mathbf{k}\,] = \frac{EI}{l^3} \begin{bmatrix} 12 & 6l & -12 & 6l \\ 6l & 4l^2 & -6l & 2l^2 \\ -12 & -6l & 12 & -6l \\ 6l & 2l^2 & -6l & 4l^2 \end{bmatrix} \tag{20.55}$$

보의 강성행렬은 처짐각 방정식으로부터도 쉽게 유도할 수 있다.

식(18.4)의 처짐각 방정식에서, 절점 모멘트는 $M_{AB} = M_1$, $M_{BA} = M_2$ 이며, 고정단 모멘트는 고려되지 않으므로 $C_{AB} = C_{BA} = 0$ 으로 한다. 또한, 그림 20.11(a)에서 $\Delta = v_2 - v_1$ 으로 하면, 식(18.4)를 다음의 절점력-절점변위 식으로 바꿀 수 있다.

$$\begin{Bmatrix} M_1 \\ M_2 \end{Bmatrix} = \frac{EI}{l^3}\begin{bmatrix} 6l & 4l^2 & -6l & 2l^2 \\ 6l & 2l^2 & -6l & 4l^2 \end{bmatrix}\begin{Bmatrix} v_1 \\ \theta_1 \\ v_2 \\ \theta_2 \end{Bmatrix} \tag{g}$$

그림 20.11(a)와 같이 절점력이 작용하는 보에서 수직력과 휨모멘트의 평형조건은 다음과 같다.

$$M_1 + M_2 - F_{y1} \cdot l = 0$$

$$F_{y1} + F_{y2} = 0$$

그러므로 전단력과 휨모멘트의 관계는 다음과 같다.

$$\begin{Bmatrix} F_{y1} \\ F_{y2} \end{Bmatrix} = \frac{1}{l}\begin{bmatrix} 1 & 1 \\ -1 & -1 \end{bmatrix}\begin{Bmatrix} M_1 \\ M_2 \end{Bmatrix}$$

이 식에 식(g)를 대입하면, 절점 전단력과 절점변위 관계식은

$$\begin{Bmatrix} F_{y1} \\ F_{y2} \end{Bmatrix} = \frac{EI}{l^3}\begin{bmatrix} 12 & 6l & -12 & 6l \\ -12 & -6l & 12 & -6l \end{bmatrix}\begin{Bmatrix} v_1 \\ \theta_1 \\ v_2 \\ \theta_2 \end{Bmatrix} \tag{h}$$

으로 유도되며, 식(g)와 식(h)에 겹침원리를 적용하면 식(20.54)가 된다.

20.6.2 부재 하중의 절점력 변환

트러스 구조해석은 절점 하중을 대상으로 하기 때문에 강성법 적용이 편리하나, 보에서는 절점 하중보다 부재 중간에 작용하는 하중이 훨씬 많기 때문에 이런 부재들을 적절하게 절점력으로 변환시켜야 한다.

이 변환은 일의 등가(等價), 즉 변환 전의 하중이 보의 변위에 대한 일과 변환된 절점력이 절점변위에 대한 일이 같아야 하는 이론적인 근거에 의하여 이루어진다.

이 변환의 첫 단계는 보의 변위를 절점변위로 바꿀 수 있는 변환 함수를 찾아내는 일이다.

보는 양 절점에 v_1, θ_1 및 v_2, θ_2의 네 자유도를 가지므로, 보의 처짐을 네 개의 상수를 가지는 다항식으로 근사화할 수 있다.

$$v = C_0 + C_1 x + C_2 x^2 + C_3 x^3 \tag{i}$$

이 식에 사용된 상수들을 절점변위로 나타내기 위하여, 절점의 경계조건을 적용한다.

$$v_1 = (v)_{x=0} = C_0$$
$$\theta_1 = \left(\frac{dv}{dx}\right)_{x=0} = C_1$$
$$v_2 = (v)_{x=l} = C_0 + C_1 l + C_2 l^2 + C_3 l^3$$
$$\theta_2 = \left(\frac{dv}{dx}\right)_{x=l} = C_1 + 2C_2 l + 3C_3 l^2$$

이를 이용하여 상수를 계산한다.

$$C_0 = v_1$$
$$C_1 = \theta_1$$
$$C_2 = \frac{1}{l^2}(-3v_1 - 2\theta_1 l + 3v_2 - \theta_2 l)$$
$$C_3 = \frac{1}{l^3}(2v_1 + \theta_1 l - 2v_2 + \theta_2 l)$$

이 상수들의 값을 식(i)에 대입한다.

$$\begin{aligned} N_1(x) &= 1 - 3\left(\frac{x}{l}\right)^2 + 2\left(\frac{x}{l}\right)^3 \\ N_2(x) &= x - 2\frac{x^2}{l} + \frac{x^3}{l^2} \\ N_3(x) &= 3\left(\frac{x}{l}\right)^2 - 2\left(\frac{x}{l}\right)^3 \\ N_4(x) &= -\frac{x^2}{l} + \frac{x^3}{l^2} \end{aligned} \tag{20.56}$$

그러므로 보의 처짐을 식(20.57)과 같이 절점변위의 항으로 나타낼 수 있다.

$$v = N_1(x)v_1 + N_2(x)\theta_1 + N_3(x)v_2 + N_4(x)\theta_2 \tag{20.57}$$

식(20.56)의 $N_1(x)$, $N_2(x)$, $N_3(x)$, $N_4(x)$는 해당 변위에 대해서만 단위 값을 가지고 다른 변위에 대해서는 0의 값을 가지는 함수로 형상함수라고 하며, 부재 하중의 절점력 변환에 변환 함수로 쓰인다.

보에 작용하는 임의의 하중 $w(x)$에 의하여 보의 처짐이 $v(x)$ 생겼을 때 이 하중에 의한 일은 다음과 같다.

$$W = \int_0^l w(x)v(x)\,dx$$

처짐을 식(20.57)과 같이 형상함수와 절점변위로 나타내면 식(20.58)이 된다.

$$W_1 = \int_0^l w(x)[N_1(x)N_2(x)N_3(x)N_4(x)]\begin{Bmatrix} v_1 \\ \theta_1 \\ v_2 \\ \theta_2 \end{Bmatrix} dx \tag{20.58}$$

$w(x)$ 부재 하중이 절점력으로 변환됐을 때 이 변환된 절점력의 절점변위에 대한 일은 식(20.59)로 주어진다.

$$W_2 = [\ F_{y1}^* \ M_1^* \ F_{y2}^* \ M_2^*\ ]\begin{Bmatrix} v_1 \\ \theta_1 \\ v_2 \\ \theta_2 \end{Bmatrix} \tag{20.59}$$

W_1과 W_2의 일의 양은 같아야 하므로 식(20.58)과 식(20.59)를 등식으로 놓으면, 변환 공식은 식(20.60)으로 유도된다.

$$\begin{Bmatrix} F_{y1}^* \\ M_1^* \\ F_{y2}^* \\ M_2^* \end{Bmatrix} = \begin{Bmatrix} \int_0^l w(x)\,N_1(x)\,dx \\ \int_0^l w(x)\,N_2(x)\,dx \\ \int_0^l w(x)\,N_3(x)\,dx \\ \int_0^l w(x)\,N_4(x)\,dx \end{Bmatrix} \tag{20.60}$$

부재 하중을 절점력으로 변환하는 한 예로써 그림 20.12(a)와 같이 등분포 하중 w를 받는 보의 절점력은 식(20.60)과 식(20.56)으로부터 계산할 수 있으며 그림 20.12(b)에 표시된 절점력으로 변환된다.

$$\begin{Bmatrix} F_{y1}^* \\ M_1^* \\ F_{y2}^* \\ M_2^* \end{Bmatrix} = \int_0^l \begin{Bmatrix} 1-3(x/l)^2+2(x/l)^3 \\ x-2x^2/l+x^3/l^3 \\ 3(x/l)^2-2(x/l)^3 \\ -x^2/l+x^3/l^2 \end{Bmatrix} \{w\}\,\mathrm{dx} = \begin{Bmatrix} wl/2 \\ wl^2/12 \\ wl/2 \\ -wl^2/12 \end{Bmatrix} \tag{20.61}$$

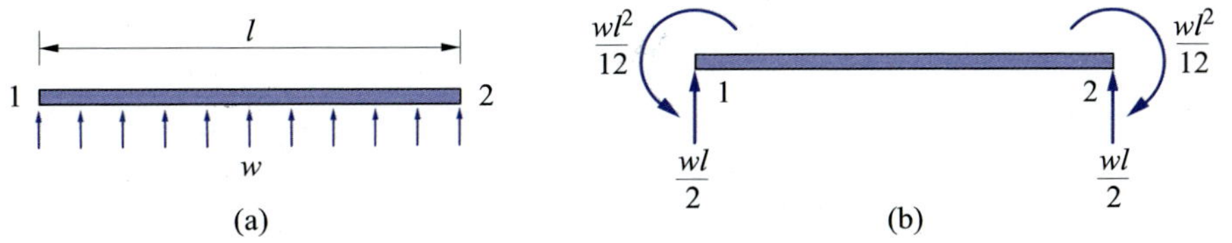

그림 20.12 부재하중의 절점력 변환

예제 20.3 그림 20.13(a)와 같이 1절점에서 a거리에 작용하는 집중하중 P를 절점력으로 변환하라.

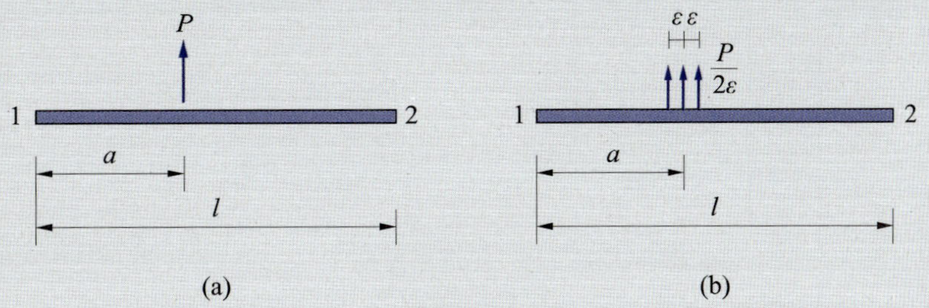

그림 20.13

풀이 그림 20.13(a)의 집중하중을 그림 20.13(b)와 같이 좁은 폭 2ε에 작용하는 $P/2\varepsilon$의 분포하중으로 바꾸면, 식(20.60)과 식(20.56)으로부터 절점력을 구한다.

$$F^*_{y1} = \int_{a-\varepsilon}^{a+\varepsilon} \left[1 - 3\left(\frac{x}{l}\right)^2 + 2\left(\frac{x}{l}\right)^3\right]\left(\frac{P}{2\varepsilon}\right)dx$$

$$= \left[2\varepsilon - \frac{2}{l^2}(3a^2\varepsilon + \varepsilon^3) + \frac{4}{l^3}(a^3\varepsilon + a\varepsilon^3)\right]\left(\frac{P}{2\varepsilon}\right)$$

$$M^*_1 = \int_{a-\varepsilon}^{a+\varepsilon} \left[x - 2\frac{x^2}{l} + \frac{x^3}{l^2}\right]\left(\frac{P}{2\varepsilon}\right)dx$$

$$= \left[2a\varepsilon - \frac{2}{3l}(6a^2\varepsilon + 2\varepsilon^3) + \frac{2}{l^2}(a^3\varepsilon + a\varepsilon^3)\right]\left(\frac{P}{2\varepsilon}\right)$$

$$F^*_{y2} = \int_{a-\varepsilon}^{a+\varepsilon} \left[3\left(\frac{x}{l}\right)^2 - 2\left(\frac{x}{l}\right)^3\right]\left(\frac{P}{2\varepsilon}\right)dx$$

$$= \left[\frac{2}{l^2}(3a^2\varepsilon + \varepsilon^3) - \frac{4}{l^3}(a^3\varepsilon + a\varepsilon^3)\right]\left(\frac{P}{2\varepsilon}\right)$$

$$M^*_2 = \int_{a-\varepsilon}^{a+\varepsilon} \left[-\frac{x^2}{l} + \frac{x^3}{l^2}\right]\left(\frac{P}{2\varepsilon}\right)dx$$

$$= \left[-\frac{1}{3l}(6a^2\varepsilon + 2\varepsilon^3) + \frac{2}{l^2}(a^3\varepsilon + a\varepsilon^3)\right]\left(\frac{P}{2\varepsilon}\right)$$

이 중 ε^3은 매우 작은 값이므로 이를 무시하면 절점력은 식(20.62)가 된다.

$$\begin{Bmatrix} F_{y1}^* \\ M_1^* \\ F_{y2}^* \\ M_2^* \end{Bmatrix} = \begin{Bmatrix} P\dfrac{(l-a)^2(l+2a)}{l^3} \\ P\dfrac{a(l-a)^2}{l^2} \\ P\dfrac{a^2(3l-2a)}{l^3} \\ P\dfrac{a^2(-l+a)}{l^2} \end{Bmatrix} \tag{20.62}$$

집중하중이 보 중앙에 작용하는 경우에는 $a=l/2$이므로, 식(20.62)로부터 절점력은 식(20.63)으로 계산된다.

$$\begin{Bmatrix} F_{y1}^* \\ M_1^* \\ F_{y2}^* \\ M_2^* \end{Bmatrix} = \begin{Bmatrix} \dfrac{P}{2} \\ \dfrac{Pl}{8} \\ \dfrac{P}{2} \\ -\dfrac{Pl}{8} \end{Bmatrix} \tag{20.63}$$

20.6.3 보 해석의 예

부재 하중이 절점력으로 변환되면, 절점력 벡터에 추가되므로, 부재 하중을 받는 보의 절점력－절점변위 관계식은 식(20.54)로부터 식(20.64)를 구할 수 있다.

$$\begin{Bmatrix} F_{y1}+F_{y1}^* \\ M_1+M_1^* \\ F_{y2}+F_{y2}^* \\ M_2+M_2^* \end{Bmatrix} = \frac{EI}{l^3}\begin{bmatrix} 12 & 6l & -12 & 6l \\ 6l & 4l^2 & -6l & 2l^2 \\ -12 & -6l & 12 & -6l \\ 6l & 2l^2 & -6l & 4l^2 \end{bmatrix}\begin{Bmatrix} v_1 \\ \theta_1 \\ v_2 \\ \theta_2 \end{Bmatrix} \tag{20.64}$$

절점력 벡터에서 *표가 붙은 절점력은 부재 하중에서 변환된 값이다.

보 해석의 간단한 예로, 그림 20.14(a)와 같이 중앙에 집중하중 $-P$를 지지하는 캔틸레버 보의 경우 집중하중은 식(20.63)에 의하여 식(j)로 변환되며, 그림 20.14(b)와 같이 작용한다.

$$\begin{Bmatrix} F_{y1}^* \\ M_1^* \\ F_{y2}^* \\ M_2^* \end{Bmatrix} = \begin{Bmatrix} -\dfrac{P}{2} \\ -\dfrac{Pl}{8} \\ -\dfrac{P}{2} \\ \dfrac{Pl}{8} \end{Bmatrix} \tag{j}$$

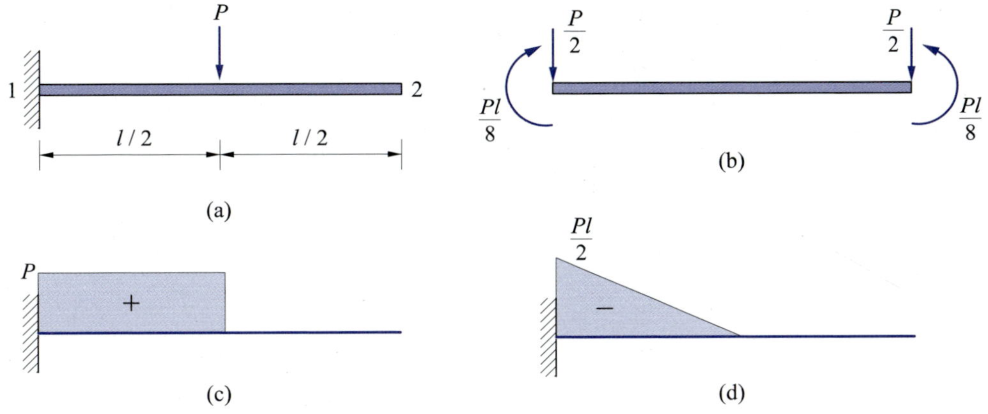

그림 20.14 강성법에 의한 보 해석의 예

그림 20.14(a) 캔틸레버 보에서 1 절점은 구속되어 $v_1 = \theta_1 = 0$으로, 반력 F_{y1}, M_1은 미지수이며, 변위가 허용되는 2 절점은 원래의 절점력은 없으므로 식(20.64) 및 식(j)로부터 다음 식이 유도된다.

$$\begin{Bmatrix} F_{y1} - \dfrac{P}{2} \\ M_1 - \dfrac{Pl}{8} \\ \hline 0 - \dfrac{P}{2} \\ 0 + \dfrac{Pl}{8} \end{Bmatrix} = \frac{EI}{l^3} \left[\begin{array}{cc|cc} 12 & 6l & -12 & 6l \\ 6l & 4l^2 & -6l & 2l^2 \\ \hline -12 & -6l & 12 & -6l \\ 6l & 2l^2 & -6l & 4l^2 \end{array} \right] \begin{Bmatrix} v_1 = 0 \\ \theta_1 = 0 \\ \hline v_2 \\ \theta_2 \end{Bmatrix}$$

이 식은 다음과 같이 전개된다.

$$\begin{Bmatrix} F_{y1} - \dfrac{P}{2} \\ M_1 - \dfrac{Pl}{8} \end{Bmatrix} = \frac{EI}{l^3} \begin{bmatrix} -12 & 6l \\ -6l & 2l^2 \end{bmatrix} \begin{Bmatrix} v_2 \\ \theta_2 \end{Bmatrix} \tag{k}$$

$$\begin{Bmatrix} -\dfrac{P}{2} \\ \dfrac{Pl}{8} \end{Bmatrix} = \frac{EI}{l^3} \begin{bmatrix} 12 & -6l \\ -6l & 4l^2 \end{bmatrix} \begin{Bmatrix} v_2 \\ \theta_2 \end{Bmatrix} \tag{l}$$

절점 2의 변위는 식(l)로부터 식(20.65)가 계산된다.

$$\begin{Bmatrix} v_2 \\ \theta_2 \end{Bmatrix} = \frac{l^3}{EI}\begin{bmatrix} 12 & -6l \\ -6l & 4l^2 \end{bmatrix}^{-1}\begin{Bmatrix} -\frac{P}{2} \\ \frac{Pl}{8} \end{Bmatrix}$$

$$= \frac{l}{12EI}\begin{bmatrix} 4l^2 & 6l \\ 6l & 12 \end{bmatrix}\begin{Bmatrix} -\frac{P}{2} \\ \frac{Pl}{8} \end{Bmatrix}$$

$$= \begin{Bmatrix} -\frac{5Pl^3}{48EI} \\ -\frac{Pl^2}{8EI} \end{Bmatrix} \tag{20.65}$$

이 변위의 값을 식(k)에 대입하면 다음과 같다.

$$\begin{Bmatrix} F_{y1} - \frac{P}{2} \\ M_1 - \frac{Pl}{8} \end{Bmatrix} = \frac{EI}{l^3}\begin{bmatrix} -12 & 6l \\ -6l & 2l^2 \end{bmatrix}\begin{Bmatrix} -\frac{5Pl^3}{48EI} \\ -\frac{Pl^2}{8EI} \end{Bmatrix} = \begin{Bmatrix} \frac{P}{2} \\ \frac{3Pl}{8} \end{Bmatrix}$$

여기서 1 절점의 반력을 구한다.

$$\begin{Bmatrix} F_{y1} \\ M_1 \end{Bmatrix} = \begin{Bmatrix} P \\ \frac{Pl}{2} \end{Bmatrix}$$

이 해석에 의한 전단력도 및 휨모멘트도는 그림 20.14(c) 및 (d)와 같으며 처짐, 처짐각 및 반력은 모두 보 이론에서 계산된 값과 같다.

예제 20.4 그림 20.15 연속보의 휨모멘트와 전단력을 강성법으로 구하라.

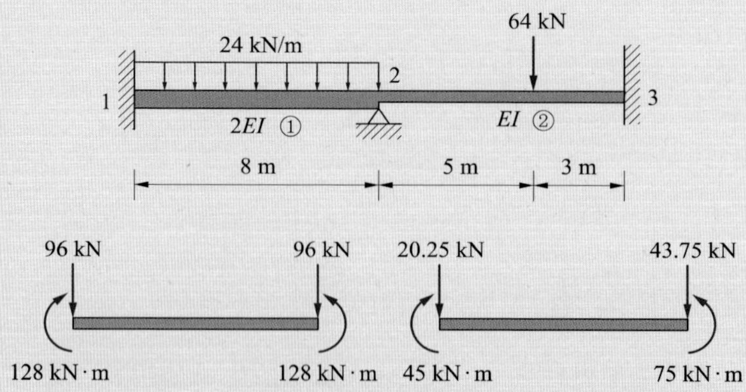

그림 20.15

풀이

부재 ①과 부재 ②의 부재 하중에 의한 절점력은 식(20.61)과 식(20.62)로부터 계산할 수 있다.

$$\begin{Bmatrix} F_{y1}^* \\ M_1^* \\ F_{y2}^* \\ M_2^* \end{Bmatrix}_{①} = \begin{Bmatrix} -\dfrac{24\times 8}{2} \\ -\dfrac{24\times(8)^2}{12} \\ -\dfrac{24\times 8}{2} \\ \dfrac{24\times(8)^2}{12} \end{Bmatrix} = \begin{Bmatrix} -96\ \text{kN} \\ -128\ \text{kN}\cdot\text{m} \\ -96\ \text{kN} \\ 128\ \text{kN}\cdot\text{m} \end{Bmatrix}$$

$$\begin{Bmatrix} F_{y1}^* \\ M_1^* \\ F_{y2}^* \\ M_2^* \end{Bmatrix}_{②} = \begin{Bmatrix} (-64)\left[\dfrac{(8-5)^2(8+2\times 5)}{(8)^3}\right] \\ (-64)\left[\dfrac{(5)(8-5)^2}{(8)^2}\right] \\ (-64)\left[\dfrac{(5)^2(3\times 8-2\times 5)}{(8)^3}\right] \\ (-64)\left[\dfrac{(5)^2(-8+5)}{(8)^2}\right] \end{Bmatrix} = \begin{Bmatrix} -20.25\ \text{kN} \\ -45\ \text{kN}\cdot\text{m} \\ -43.75\ \text{kN} \\ 75\ \text{kN}\cdot\text{m} \end{Bmatrix}$$

부재의 강성행렬은 다음과 같다.

부재 ① :

$$[\mathbf{k}]_{①} = \frac{2EI}{l^3}\begin{bmatrix} 12 & 6l & -12 & 6l \\ 6l & 4l^2 & -6l & 2l^2 \\ -12 & -6l & 12 & -6l \\ 6l & 2l^2 & -6l & 4l^2 \end{bmatrix} \quad (v_1,\ \theta_1,\ v_2,\ \theta_2)$$

부재 ② :

$$[\mathbf{k}]_{②} = \frac{EI}{l^3}\begin{bmatrix} 12 & 6l & -12 & 6l \\ 6l & 4l^2 & -6l & 2l^2 \\ -12 & -6l & 12 & -6l \\ 6l & 2l^2 & -6l & 4l^2 \end{bmatrix} \quad (v_2,\ \theta_2,\ v_3,\ \theta_3)$$

절점변위는 $v_1=\theta_1=v_2=v_3=\theta_3=0$으로 구속되며, 절점력 벡터를 구한다.

$$\begin{Bmatrix} F_{y1}-96 \\ M_1-128 \\ F_{y2}-96-20.25 \\ M_2+128-45 \\ F_{y3}-43.75 \\ M_3+75 \end{Bmatrix} = \begin{Bmatrix} F_{y1}-96 \\ M_1-128 \\ F_{y2}-116.25 \\ 83 \\ F_{y3}-43.75 \\ M_3+75 \end{Bmatrix}$$

구조물 강성행렬은 $[\mathbf{k}]_{①}$과 $[\mathbf{k}]_{②}$의 겹침에 의하여 계산된다.

$$[\mathbf{k}] = \frac{EI}{l^3}\begin{bmatrix} 24 & 12l & -24 & 12l & 0 & 0 \\ 12l & 8l^2 & -12l & 4l^2 & 0 & 0 \\ -24 & -12l & 24+12 & -12l+6l & -12 & 6l \\ 12l & 4l^2 & -12l+6l & 8l^2+4l^2 & -6l & 2l^2 \\ 0 & 0 & -12 & -6l & 12 & -6l \\ 0 & 0 & 6l & 2l^2 & -6l & 4l^2 \end{bmatrix} \quad (v_1,\ \theta_1,\ v_2,\ \theta_2,\ v_3,\ \theta_3)$$

$$
= \frac{EI}{l^3}\begin{bmatrix} 24 & 12l & -24 & 12l & 0 & 0 \\ 12l & 8l^2 & -12l & 4l^2 & 0 & 0 \\ -24 & -12l & 36 & -6l & -12 & 6l \\ 12l & 4l^2 & -6l & 12l^2 & -6l & 2l^2 \\ 0 & 0 & -12 & -6l & 12 & -6l \\ 0 & 0 & 6l & 2l^2 & -6l & 4l^2 \end{bmatrix}
\quad (\text{columns: } v_1,\ \theta_1,\ v_2,\ \theta_2,\ v_3,\ \theta_3)
$$

따라서 연속보의 절점력-절점변위 관계식은 식(m)이 된다.

$$
\begin{Bmatrix} F_{y1}-96 \\ M_1-128 \\ F_{y2}-116.25 \\ \hline 83 \\ \hline F_{y3}-43.75 \\ M_3+75 \end{Bmatrix} = \frac{EI}{l^3}\left[\begin{array}{ccc|c|cc} 24 & 12l & -24 & 12l & 0 & 0 \\ 12l & 8l^2 & -12l & 4l^2 & 0 & 0 \\ -24 & -12l & 36 & -6l & -12 & 6l \\ \hline 12l & 4l^2 & -6l & 12l^2 & -6l & 2l^2 \\ \hline 0 & 0 & -12 & -6l & 12 & -6l \\ 0 & 0 & 6l & 2l^2 & -6l & 4l^2 \end{array}\right]\begin{Bmatrix} v_1=0 \\ \theta_1=0 \\ v_2=0 \\ \hline \theta_2 \\ \hline v_3=0 \\ \theta_3=0 \end{Bmatrix} \tag{m}
$$

이 식으로부터 미지의 절점변위를 구하고, 여기서 처짐각을 계산한다.

$$\{83\} = \frac{EI}{l^3}[12l^2]\{\theta_2\}$$

$$\theta_2 = \frac{83l}{12EI}$$

이 값을 식(m)에 대입하여 반력을 계산한다.

$$
\begin{Bmatrix} F_{y1} \\ M_1 \\ F_{y2} \\ F_{y3} \\ M_3 \end{Bmatrix} = \begin{Bmatrix} 96 \\ 128 \\ 116.25 \\ 43.75 \\ -75 \end{Bmatrix} + \frac{EI}{l^3}\begin{bmatrix} 12l \\ 4l^2 \\ -6l \\ -6l \\ 2l^2 \end{bmatrix}\left(\frac{83l}{12EI}\right) = \begin{Bmatrix} 106.4\text{ kN} \\ 155.7\text{ kN}\cdot\text{m} \\ 111.1\text{ kN} \\ 38.6\text{ kN} \\ -61.2\text{ kN}\cdot\text{m} \end{Bmatrix}
$$

연속보의 부재력은 다음과 같이 계산된다.

부재 ① :

$$
\begin{Bmatrix} F_{y1} \\ M_1 \\ F_{y2} \\ M_2 \end{Bmatrix} = \begin{Bmatrix} 96 \\ 128 \\ 96 \\ -128 \end{Bmatrix} + \frac{2EI}{l^3}\begin{bmatrix} 12 & 6l & -12 & 6l \\ 6l & 4l^2 & -6l & 2l^2 \\ -12 & -6l & 12 & -6l \\ 6l & 2l^2 & -6l & 4l^2 \end{bmatrix}\left(\frac{l}{EI}\right)\begin{Bmatrix} 0 \\ 0 \\ 0 \\ \frac{83}{12} \end{Bmatrix} = \begin{Bmatrix} 106.4\text{ kN} \\ 155.7\text{ kN}\cdot\text{m} \\ 85.6\text{ kN} \\ -72.7\text{ kN}\cdot\text{m} \end{Bmatrix}
$$

부재 ② :

$$
\begin{Bmatrix} F_{y2} \\ M_2 \\ F_{y3} \\ M_3 \end{Bmatrix} = \begin{Bmatrix} 20.25 \\ 45 \\ 43.75 \\ -75 \end{Bmatrix} + \frac{EI}{l^3}\begin{bmatrix} 12 & 6l & -12 & 6l \\ 6l & 4l^2 & -6l & 2l^2 \\ -12 & -6l & 12 & -6l \\ 6l & 2l^2 & -6l & 4l^2 \end{bmatrix}\left(\frac{l}{EI}\right)\begin{Bmatrix} 0 \\ \frac{83}{12} \\ 0 \\ 0 \end{Bmatrix} = \begin{Bmatrix} 25.4\text{ kN} \\ 72.7\text{ kN}\cdot\text{m} \\ 38.6\text{ kN} \\ -61.2\text{ kN}\cdot\text{m} \end{Bmatrix}
$$

부재력의 계산 결과는 그림 18.4(c) 및 (d)의 처짐각법에 의한 해석의 전단력도 및 휨모멘트도와 일치한다.

예제 20.5 그림 20.16(a) 연속보의 휨모멘트와 전단력을 강성법으로 계산하라. 보의 모든 단면은 같다.

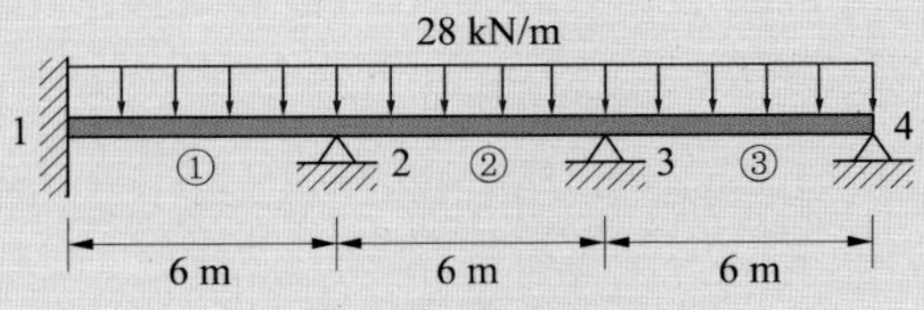

(a)

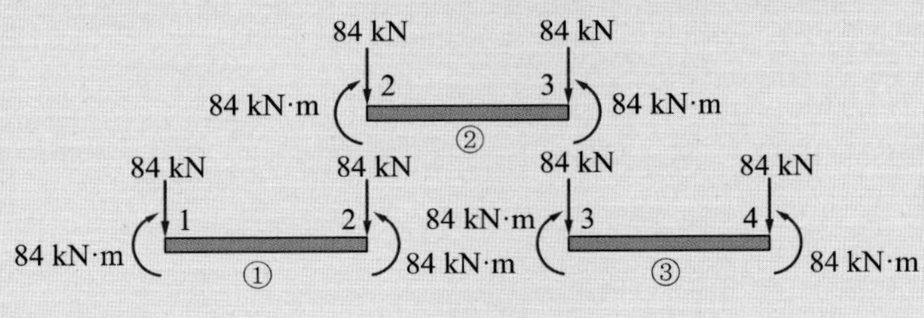

(b)

그림 20.16

풀이 각 부재에 작용하는 등분포 하중을 절점력으로 변환시키면, 식(20.61)로부터 다음을 구할 수 있다.

$$F^*_{yi} = F^*_{yj} = -\frac{28\times 6}{2} = -84\,\text{kN}\ \ (i=1,\ 2,\ 3)$$

$$M^*_i = -M^*_j = -\frac{28\times 6^2}{2} = -84\,\text{kN}\cdot\text{m}\ \ (j=2,\ 3,4)$$

절점력 벡터를 구한다.

$$\begin{Bmatrix} F_{y1}-84 \\ M_1-84 \\ F_{y2}-84-84 \\ 0+84-84 \\ F_{y3}-84-84 \\ 0-84+84 \\ F_{y4}-84 \\ 0+84 \end{Bmatrix} = \begin{Bmatrix} F_{y1}-84 \\ M_1-84 \\ F_{y2}-168 \\ 0 \\ F_{y3}-168 \\ 0 \\ F_{y4}-84 \\ 84 \end{Bmatrix}$$

세 부재의 단면과 길이가 같으므로, 강성행렬은 다음과 같다.

$$[\mathbf{k}]_{①,②,③} = \frac{EI}{216}\begin{bmatrix} 12 & 36 & -12 & 36 \\ 36 & 144 & -36 & 72 \\ -12 & -36 & 12 & -36 \\ 36 & 72 & -36 & 144 \end{bmatrix} \quad (\text{열: } v_i,\ \theta_i,\ v_j,\ \theta_j)$$

부재 ① ② ③
i = 1, 2, 3
j = 2, 3, 4

연속보의 전체 강성행렬은 세 부재 강성행렬의 겹침에 의하여 이루어지므로, 절점력－절점변위 식을 구한다.

$$\begin{Bmatrix} F_{y1}-84 \\ M_1-84 \\ F_{y2}-168 \\ 0 \\ F_{y3}-168 \\ 0 \\ F_{y4}-84 \\ 84 \end{Bmatrix} = \frac{EI}{216}\begin{bmatrix} 12 & 36 & -12 & 36 & 0 & 0 & 0 & 0 \\ 36 & 144 & -36 & 72 & 0 & 0 & 0 & 0 \\ -12 & -36 & 24 & 0 & -12 & 36 & 0 & 0 \\ 36 & 72 & 0 & 288 & -36 & 72 & 0 & 0 \\ 0 & 0 & -12 & -36 & 24 & 0 & -12 & 36 \\ 0 & 0 & 36 & 72 & 0 & 288 & -36 & 72 \\ 0 & 0 & 0 & 0 & -12 & -36 & 12 & -36 \\ 0 & 0 & 0 & 0 & 36 & 72 & -36 & 144 \end{bmatrix}\begin{Bmatrix} 0 \\ 0 \\ 0 \\ \theta_2 \\ 0 \\ \theta_3 \\ 0 \\ \theta_4 \end{Bmatrix}$$

이 식은 다음의 두 식으로 나누어진다.

$$\begin{Bmatrix} F_{y1}-84 \\ M_1-84 \\ F_{y2}-168 \\ F_{y3}-168 \\ F_{y4}-84 \end{Bmatrix} = \frac{EI}{216}\begin{bmatrix} 36 & 0 & 0 \\ 72 & 0 & 0 \\ 0 & 36 & 0 \\ -36 & 0 & 36 \\ 0 & -36 & -36 \end{bmatrix}\begin{Bmatrix} \theta_2 \\ \theta_3 \\ \theta_4 \end{Bmatrix} \tag{n}$$

$$\begin{Bmatrix} 0 \\ 0 \\ 84 \end{Bmatrix} = \frac{EI}{216}\begin{bmatrix} 288 & 72 & 0 \\ 72 & 288 & 72 \\ 0 & 72 & 144 \end{bmatrix}\begin{Bmatrix} \theta_2 \\ \theta_3 \\ \theta_4 \end{Bmatrix} \tag{s}$$

식(s)로부터 2, 3, 4절점에서 처짐각을 계산한다.

$$\begin{Bmatrix} \theta_2 \\ \theta_3 \\ \theta_4 \end{Bmatrix} = \frac{3}{13EI}\begin{Bmatrix} 42 \\ -168 \\ 630 \end{Bmatrix}$$

이 값을 식(n)에 대입하여 지점 반력들을 구할 수 있다.

$$\begin{Bmatrix} F_{y1} \\ M_1 \\ F_{y2} \\ F_{y3} \\ F_{y4} \end{Bmatrix} = \begin{Bmatrix} 84 \\ 84 \\ 168 \\ 168 \\ 84 \end{Bmatrix} + \frac{EI}{216}\begin{bmatrix} 36 & 0 & 0 \\ 72 & 0 & 0 \\ 0 & 36 & 0 \\ -36 & 0 & 36 \\ 0 & -36 & -36 \end{bmatrix}\left(\frac{3}{13EI}\right)\begin{Bmatrix} 42 \\ -168 \\ 630 \end{Bmatrix} = \begin{Bmatrix} 85.6\text{ kN} \\ 87.2\text{ kN}\cdot\text{m} \\ 161.5\text{ kN} \\ 190.6\text{ kN} \\ 66.2\text{ kN} \end{Bmatrix}$$

부재력 계산은 다음과 같다.

부재력 ① :

$$\begin{Bmatrix} F_{y1} \\ M_1 \\ F_{y2} \\ M_2 \end{Bmatrix} = \begin{Bmatrix} 84 \\ 84 \\ 84 \\ -84 \end{Bmatrix} + \frac{EI}{216}\begin{bmatrix} 12 & 36 & -12 & 36 \\ 36 & 144 & -36 & 72 \\ -12 & -36 & 12 & -36 \\ 36 & 72 & -36 & 144 \end{bmatrix}\left(\frac{3}{13EI}\right)\begin{Bmatrix} 0 \\ 0 \\ 0 \\ 42 \end{Bmatrix} = \begin{Bmatrix} 85.6\text{ kN} \\ 87.2\text{ kN}\cdot\text{m} \\ 82.4\text{ kN} \\ -77.5\text{ kN}\cdot\text{m} \end{Bmatrix}$$

부재력 ② :

$$\begin{Bmatrix} F_{y2} \\ M_2 \\ F_{y3} \\ M_3 \end{Bmatrix} = \begin{Bmatrix} 84 \\ 84 \\ 84 \\ -84 \end{Bmatrix} + \frac{EI}{216}\begin{bmatrix} 12 & 36 & -12 & 36 \\ 36 & 144 & -36 & 72 \\ -12 & -36 & 12 & -36 \\ 36 & 72 & -36 & 144 \end{bmatrix}\left(\frac{3}{13EI}\right)\begin{Bmatrix} 0 \\ 42 \\ 0 \\ -168 \end{Bmatrix} = \begin{Bmatrix} 79.2\text{ kN} \\ 77.5\text{ kN}\cdot\text{m} \\ 88.8\text{ kN} \\ -106.6\text{ kN}\cdot\text{m} \end{Bmatrix}$$

부재력 ③ :

$$\begin{Bmatrix} F_{y3} \\ M_3 \\ F_{y4} \\ M_4 \end{Bmatrix} = \begin{Bmatrix} 84 \\ 84 \\ 84 \\ -84 \end{Bmatrix} + \frac{EI}{216}\begin{bmatrix} 12 & 36 & -12 & 36 \\ 36 & 144 & -36 & 72 \\ -12 & -36 & 12 & -36 \\ 36 & 72 & -36 & 144 \end{bmatrix}\left(\frac{3}{13EI}\right)\begin{Bmatrix} 0 \\ -168 \\ 0 \\ 630 \end{Bmatrix} = \begin{Bmatrix} 101.8\text{ kN} \\ 106.6\text{ kN}\cdot\text{m} \\ 66.2\text{ kN} \\ 0 \end{Bmatrix}$$

이 부재력의 계산 결과를 그림 19.5(c) 및 (d)의 모멘트 분배법의 결과와 비교하면, 최대 오차는 3퍼센트 미만으로 잘 들어맞고 있으며, 절점 2, 3, 4에서의 반력은 예제 17.2의 해석 결과와 일치하고 있다.

20.7 골조 해석

20.7.1 강성행렬과 좌표 변환

2차원 골조에서 각 부재는 그림 20.17에 표시된 바와 같이 각 절점에 F_x, F_y 및 M의 절점력과 u_1, v_1, θ의 절점변위를 가지므로, 한 부재의 절점력 벡터는 식(20.66)이 된다.

$$\{\mathbf{F}\}^T = \left\{F_{x_1}\ F_{y_1}\ M_1\ F_{x_2}\ F_{y_2}\ M_2\right\} \tag{20.66}$$

절점변위 벡터는 식(20.67)로 주어진다.

$$\{\boldsymbol{\delta}\}^T = \{u_1\ v_1\ \theta_1\ u_2\ v_2\ \theta_2\} \tag{20.67}$$

그림 20.17의 골조 부재와 그림 20.8의 트러스 부재 및 그림 20.11(a)의 보 부재를 비교하면, 골조 부재의 절점력과 절점변위는 각각 보 부재의 절점력과 절점변위에 트러스 부재의 절점력과 절점변위를 합친 것을 알 수 있다.

따라서 식(20.42)의 트러스 부재 절점력－절점변위 식에 식(20.54)로 주어지는 보 부재의 절점력－절점변위 식을 겹치면, 골조 부재의 절점력－절점변위 관계식은 식(20.68)이 된다.

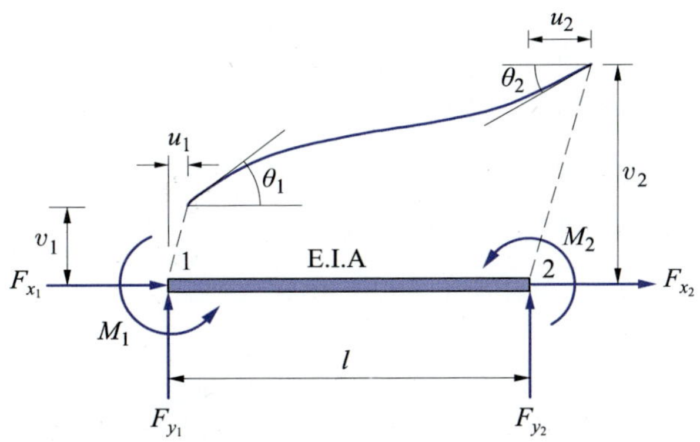

그림 20.17 골조부재의 절점력과 절점변위

$$\begin{Bmatrix} F_{x1} \\ F_{y1} \\ M_1 \\ \hdashline F_{x2} \\ F_{y2} \\ M_2 \end{Bmatrix} = \left[\begin{array}{ccc:ccc} \dfrac{EA}{l} & 0 & 0 & -\dfrac{EA}{l} & 0 & 0 \\ 0 & \dfrac{12EI}{l^3} & \dfrac{6EI}{l^2} & 0 & -\dfrac{12EI}{l^3} & \dfrac{6EI}{l^2} \\ 0 & \dfrac{6EI}{l^2} & \dfrac{4EI}{l} & 0 & -\dfrac{6EI}{l^2} & \dfrac{2EI}{l} \\ \hdashline -\dfrac{EA}{l} & 0 & 0 & \dfrac{EA}{l} & 0 & 0 \\ 0 & -\dfrac{12EI}{l^3} & -\dfrac{6EI}{l^2} & 0 & \dfrac{12EI}{l^3} & -\dfrac{6EI}{l^2} \\ 0 & \dfrac{6EI}{l^2} & \dfrac{2EI}{l} & 0 & -\dfrac{6EI}{l^2} & \dfrac{4EI}{l} \end{array} \right] \begin{Bmatrix} u_1 \\ v_1 \\ \theta_1 \\ \hdashline u_2 \\ v_2 \\ \theta_2 \end{Bmatrix} \tag{20.68}$$

그러므로 골조 부재의 강성행렬은 식(20.69)로 주어진다.

$$[\mathbf{k}] = \begin{bmatrix} \dfrac{EA}{l} & 0 & 0 & -\dfrac{EA}{l} & 0 & 0 \\ 0 & \dfrac{12EI}{l^3} & \dfrac{6EI}{l^2} & 0 & -\dfrac{12EI}{l^3} & \dfrac{6EI}{l^2} \\ 0 & \dfrac{6EI}{l^2} & \dfrac{4EI}{l} & 0 & -\dfrac{6EI}{l^2} & \dfrac{2EI}{l} \\ -\dfrac{EA}{l} & 0 & 0 & \dfrac{EA}{l} & 0 & 0 \\ 0 & -\dfrac{12EI}{l^3} & -\dfrac{6EI}{l^2} & 0 & \dfrac{12EI}{l^3} & -\dfrac{6EI}{l^2} \\ 0 & \dfrac{6EI}{l^2} & \dfrac{2EI}{l} & 0 & -\dfrac{6EI}{l^2} & \dfrac{4EI}{l} \end{bmatrix} \tag{20.69}$$

골조는 여러 부재가 절점에서 접합되어 하중을 지지하는 구조물이므로, 모든 부재의 재축(材軸)을 따라 설정되는 국부 좌표계가 전체 좌표계와 일치하지는 않는다. 그림 20.18과 같이 임의의 부재의 국부 좌표계 $\bar{x}$, $\bar{y}$가 전체 좌표계 x, y에 대하여 반시계 방향으로 ϕ의 각도를 가질 때 국부 좌표계에서의 절점력 $\{\overline{\mathbf{F}}\}$와 전체 좌표계에서의 절점력 $\{\mathbf{F}\}$는 각 절점에서 식(20.70)과 같다.

$$\begin{Bmatrix} F_{\bar{x}} \\ F_{\bar{y}} \\ M \end{Bmatrix} = \begin{bmatrix} \cos\phi & \sin\phi & 0 \\ -\sin\phi & \cos\phi & 0 \\ 0 & 0 & 1 \end{bmatrix} \begin{Bmatrix} F_x \\ F_y \\ M \end{Bmatrix} \tag{20.70}$$

절점변위는 식(20.71)의 관계를 가진다.

$$\begin{Bmatrix} \bar{u} \\ \bar{v} \\ \theta \end{Bmatrix} = \begin{bmatrix} \cos\phi & \sin\phi & 0 \\ -\sin\phi & \cos\phi & 0 \\ 0 & 0 & 1 \end{bmatrix} \begin{Bmatrix} u \\ v \\ \theta \end{Bmatrix} \tag{20.71}$$

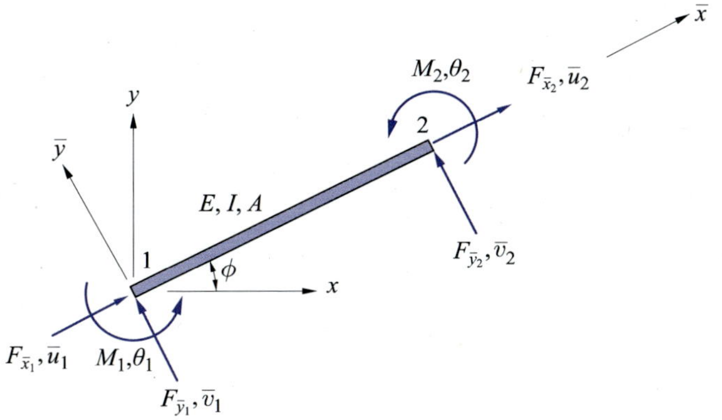

그림 20.18 골조부재의 좌표 변환

위의 두 식에서 M과 θ는 z방향의 축에 대한 회전이므로 평면 좌표 변환의 영향을 받지 않는다.

식(20.70) 및 식(20.71)로부터 좌표 변환 행렬은 식(20.72)로 주어진다.

$$[\mathbf{T}] = \left[\begin{array}{ccc|ccc} \cos\phi & \sin\phi & 0 & 0 & 0 & 0 \\ -\sin\phi & \cos\phi & 0 & 0 & 0 & 0 \\ 0 & 0 & 1 & 0 & 0 & 0 \\ \hline 0 & 0 & 0 & \cos\phi & \sin\phi & 0 \\ 0 & 0 & 0 & -\sin\phi & \cos\phi & 0 \\ 0 & 0 & 0 & 0 & 0 & 1 \end{array}\right] \tag{20.72}$$

골조 부재에서도 좌표 변환은 트러스 및 보의 경우와 같으므로, 국부 좌표계에서 식(20.69)에 의하여 구하여진 강성행렬은 식(20.26)과 같이

$$[\mathbf{k}] = [\mathbf{T}]^T[\bar{\mathbf{k}}][\mathbf{T}]$$

의 과정을 거쳐 전체 좌표계의 강성행렬로 변환된다.

국부 좌표계에서 식(20.69) 강성행렬의 요소에서 $\beta = Al^2/I$으로 하고, 식(20.27)에서와 같이 $c=\cos\phi$, $s=\sin\phi$의 기호를 사용하면, 전체 좌표계에서의 강성행렬은 식(20.26), 식(20.69), 식(20.72)으로부터 식(20.73)으로 유도된다.

$$[\mathbf{k}] = \frac{EI}{l^3}\begin{array}{c} \begin{array}{ccc|ccc} u_1 & v_1 & \theta_1 & u_2 & v_2 & \theta_2 \end{array} \\ \left[\begin{array}{ccc|ccc} \beta c^2+12s^2 & (\beta-12)cs & -6ls & -\beta c^2+12s^2 & -(\beta-12)cs & -6ls \\ (\beta-12)cs & \beta s^2+12c^2 & 6lc & -(\beta-12)cs & -\beta s^2+12c^2 & 6lc \\ -6ls & 6lc & 4l^2 & 6ls & -6ls & 2l^2 \\ \hline -\beta c^2+12s^2 & -(\beta-12)cs & -6ls & \beta c^2+12s^2 & (\beta-12)cs & 6ls \\ -(\beta-12)cs & -\beta s^2+12c^2 & -6lc & (\beta-12)cs & \beta s^2+12c^2 & -6lc \\ -6lc & 6ls & 2l^2 & 6ls & -6lc & 4l^2 \end{array}\right] \end{array}$$

$$\beta = Al^2/I,\ c = \cos\phi,\ s = \sin\phi \tag{20.73}$$

20.7.2 골조 해석의 예

강성법을 사용한 골조 해석의 간단한 예로, 그림 20.19의 골조에서 기둥과 보의 단면 성능이 같고, $\beta = Al^2/I = 600$인 경우 절점력 벡터와 절점변위 벡터는 각각

$$\{\mathbf{F}\}^T = \{F_{x1}\ F_{y1}\ M_1\ 0\ 0\ M_o\ F_{x3}\ F_{y3}\ 0\}$$
$$\{\boldsymbol{\delta}\}^T = \{0\ \ 0\ \ 0\ \ u_2\ v_2\ \theta_2\ \ 0\ \ 0\ \ \theta_3\} \tag{a}$$

으로 주어지며, 부재 강성행렬은 식(20.73)으로부터 다음과 같이 계산된다.

부재 ① : $\phi = 90°,\ c = 0,\ s = 1$

$$[\mathbf{k}]_{①} = \frac{EI}{l^3}\begin{bmatrix} 12 & 0 & -6l & -12 & 0 & -6l \\ 0 & 600 & 0 & 0 & -600 & 0 \\ -6l & 0 & 4l^2 & 6l & 0 & 2l^2 \\ -12 & 0 & 6l & 12 & 0 & 6l \\ 0 & -600 & 0 & 0 & 600 & 0 \\ -6l & 0 & 2l^2 & 6l & 0 & 4l^2 \end{bmatrix} \quad (u_1\ v_1\ \theta_1\ u_2\ v_2\ \theta_2)$$

부재 ② : $\phi = 0°,\ c = 1,\ s = 0$

$$[\mathbf{k}]_{②} = \frac{EI}{l^3}\begin{bmatrix} 600 & 0 & 0 & -600 & 0 & 0 \\ 0 & 12 & 6l & 0 & -12 & 6l \\ 0 & 6l & 4l^2 & 0 & -6l & 2l^2 \\ -600 & 0 & 0 & 600 & 0 & 0 \\ 0 & -12 & -6l & 0 & 12 & -6l \\ 0 & 6l & 2l^2 & 0 & -6l & 4l^2 \end{bmatrix} \quad (u_1\ v_1\ \theta_1\ u_3\ v_3\ \theta_3)$$

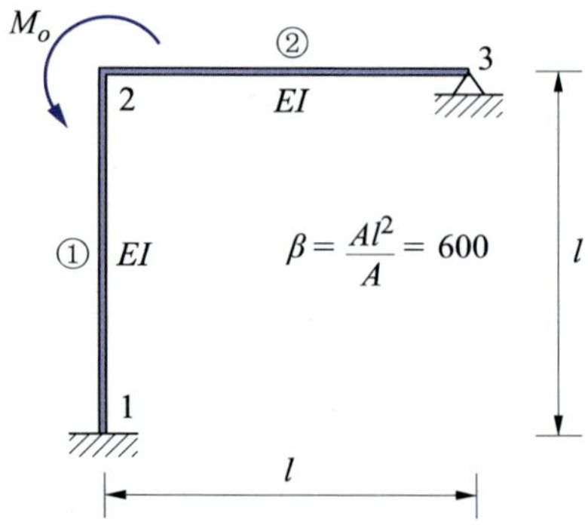

그림 20.19 강성법에 의한 골조해석

식(a)의 절점력 및 절점변위 벡터와 부재 강성행렬로부터 구조물의 절점력－절점변위 식은

$$
\begin{Bmatrix} F_{x1} \\ F_{y1} \\ M_1 \\ \hline 0 \\ 0 \\ M_o \\ \hline F_{x3} \\ F_{y3} \\ \hline 0 \end{Bmatrix} = \frac{EI}{l^3} \left[\begin{array}{ccc|ccc|ccc} 12 & 0 & -6l & -12 & 0 & -6l & 0 & 0 & 0 \\ 0 & 600 & 0 & 0 & -600 & 0 & 0 & 0 & 0 \\ -6l & 0 & 4l^2 & 6l & 0 & 2l^2 & 0 & 0 & 0 \\ \hline -12 & 0 & 6l & 612 & 0 & 6l & -600 & 0 & 0 \\ 0 & -600 & 0 & 0 & -612 & 6l & 0 & -12 & 6l \\ -6l & 0 & 2l^2 & 6l & 6l & 8l^2 & 0 & -6l & 2l^2 \\ \hline 0 & 0 & 0 & -600 & 0 & 0 & 600 & 0 & 0 \\ 0 & 0 & 0 & 0 & -12 & -6l & 0 & 12 & -6l \\ \hline 0 & 0 & 0 & 0 & 6l & 2l^2 & 0 & -6l & 4l^2 \end{array} \right] \begin{Bmatrix} 0 \\ 0 \\ 0 \\ \hline u_2 \\ v_2 \\ \theta_2 \\ \hline 0 \\ 0 \\ \hline \theta_3 \end{Bmatrix} \tag{b}
$$

으로 주어지며, 이 식은 다음의 두 식으로 나누어진다.

$$
\begin{Bmatrix} F_{x1} \\ F_{y1} \\ M_1 \\ F_{x3} \\ F_{y3} \end{Bmatrix} = \frac{EI}{l^3} \begin{bmatrix} -12 & 0 & -6l & 0 \\ 0 & -600 & 0 & 0 \\ 6l & 0 & 2l^2 & 0 \\ -600 & 0 & 0 & 0 \\ 0 & -12 & -6l & -6l \end{bmatrix} \begin{Bmatrix} u_2 \\ v_2 \\ \theta_2 \\ \theta_3 \end{Bmatrix} \tag{c}
$$

$$
\begin{Bmatrix} 0 \\ 0 \\ M_o \\ 0 \end{Bmatrix} = \frac{EI}{l^3} \begin{bmatrix} 612 & 0 & 6l & 0 \\ 0 & 612 & 6l & 6l \\ 6l & 6l & 8l^2 & 2l^2 \\ 0 & 6l & 2l^2 & 4l^2 \end{bmatrix} \begin{Bmatrix} u_2 \\ v_2 \\ \theta_2 \\ \theta_3 \end{Bmatrix} \tag{d}
$$

미지의 절점변위는 식(d)로부터 다음과 같이 계산된다.

$$
\begin{Bmatrix} u_2 \\ v_2 \\ \theta_2 \\ \theta_3 \end{Bmatrix} = \frac{M_o l}{EI} \begin{Bmatrix} -0.0014\,l \\ -0.0007\,l \\ 0.1444 \\ -0.0711 \end{Bmatrix}
$$

이 값을 식(c)에 대입하여 반력을 계산한다.

$$
\begin{Bmatrix} F_{x1} \\ F_{y1} \\ M_1 \\ F_{x3} \\ F_{y3} \end{Bmatrix} = \frac{EI}{l^3} \begin{bmatrix} -12 & 0 & -6l & 0 \\ 0 & -600 & 0 & 0 \\ 6l & 0 & 2l^2 & 0 \\ -600 & 0 & 0 & 0 \\ 0 & -12 & -6l & -6l \end{bmatrix} \left(\frac{M_o l}{EI} \right) \begin{Bmatrix} -0.0014\,l \\ -0.0007\,l \\ 0.1444 \\ -0.0711 \end{Bmatrix} = \begin{Bmatrix} -0.85\,M_o/l \\ 0.42\,M_o/l \\ 0.28\,M_o \\ 0.84\,M_o/l \\ -0.43\,M_o/l \end{Bmatrix}
$$

부재 ①의 절점력 계산에서 전체 좌표계의 변위를 부재 ①의 국부 좌표계의 변위로 바꾸기 위하여 변환 행렬을 사용하면, $\phi = 90°$, $\cos\phi = 0$, $\sin\phi = 1$ 이므로

$$\begin{Bmatrix} \overline{u_2} \\ \overline{v_2} \\ \overline{\theta_2} \end{Bmatrix}_{①} = \begin{bmatrix} 0 & 1 & 0 \\ -1 & 0 & 0 \\ 0 & 0 & 1 \end{bmatrix} \begin{Bmatrix} u_2 \\ v_2 \\ \theta_2 \end{Bmatrix} = \begin{Bmatrix} v_2 \\ -u_2 \\ \theta_2 \end{Bmatrix}$$

부재 ①의 절점력 – 절점변위 식

$$\begin{Bmatrix} F_{\bar{x}1} \\ F_{\bar{y}1} \\ M_1 \\ F_{\bar{x}2} \\ F_{\bar{y}2} \\ M_2 \end{Bmatrix} = \frac{EI}{l^3} \begin{bmatrix} 600 & 0 & 0 & -600 & 0 & 0 \\ 0 & 12 & 6l & 0 & -12 & 6l \\ 0 & 6l & 4l^2 & 0 & -6l & 2l^2 \\ -600 & 0 & 0 & 600 & 0 & 0 \\ 0 & -12 & -6l & 0 & 12 & -6l \\ 0 & 6l & 2l^2 & 0 & -6l & 4l^2 \end{bmatrix} \left(\frac{M_o l}{EI}\right) \begin{Bmatrix} 0 \\ 0 \\ 0 \\ -0.0007\,l \\ 0.0014\,l \\ 0.1444 \end{Bmatrix}$$

으로부터 절점력을 계산한다.

$$\begin{Bmatrix} F_{\bar{x}1} \\ F_{\bar{y}1} \\ M_1 \end{Bmatrix} = \begin{Bmatrix} 0.42\,M_o/l \\ 0.85\,M_o/l \\ 0.28\,M_o \end{Bmatrix}, \quad \begin{Bmatrix} F_{\bar{x}2} \\ F_{\bar{y}2} \\ M_2 \end{Bmatrix} = \begin{Bmatrix} -0.42\,M_o/l \\ -0.85\,M_o/l \\ 0.57\,M_o \end{Bmatrix}$$

부재 ②의 국부 좌표계는 전체 좌표계와 일치하므로, 부재의 절점력 – 절점변위 식은

$$\begin{Bmatrix} F_{\bar{x}2} \\ F_{\bar{y}2} \\ M_2 \\ F_{\bar{x}3} \\ F_{\bar{y}3} \\ M_3 \end{Bmatrix} = \frac{EI}{l^3} \begin{bmatrix} 600 & 0 & 0 & -600 & 0 & 0 \\ 0 & 12 & 6l & 0 & -12 & 6l \\ 0 & 6l & 4l^2 & 0 & -6l & 2l^2 \\ -600 & 0 & 0 & 600 & 0 & 0 \\ 0 & -12 & -6l & 0 & 12 & -6l \\ 0 & 6l & 2l^2 & 0 & -6l & 4l^2 \end{bmatrix} \left(\frac{M_o l}{EI}\right) \begin{Bmatrix} -0.0014\,l \\ -0.0007\,l \\ 0.1444 \\ 0 \\ 0 \\ -0.0711 \end{Bmatrix}$$

으로 주어지며, 이 식으로부터 부재력을 계산한다.

$$\begin{Bmatrix} F_{\bar{x}2} \\ F_{\bar{y}2} \\ M_2 \end{Bmatrix} = \begin{Bmatrix} -0.84\,M_o/l \\ 0.43\,M_o/l \\ 0.43\,M_o \end{Bmatrix}, \quad \begin{Bmatrix} F_{\bar{x}3} \\ F_{\bar{y}3} \\ M_3 \end{Bmatrix} = \begin{Bmatrix} 0.84\,M_o/l \\ -0.43\,M_o/l \\ 0.0 \end{Bmatrix}$$

부재 절점력의 계산 결과는 소수점 반올림에 의한 오차가 생기고 있으나, 예제 17.3 및 그림 18.6 골조에 대한 해석 결과와 일치하고 있다.

예제 20.6 그림 20.20(a) 골조의 절점변위와 반력 및 절점력을 강성법으로 구하라.

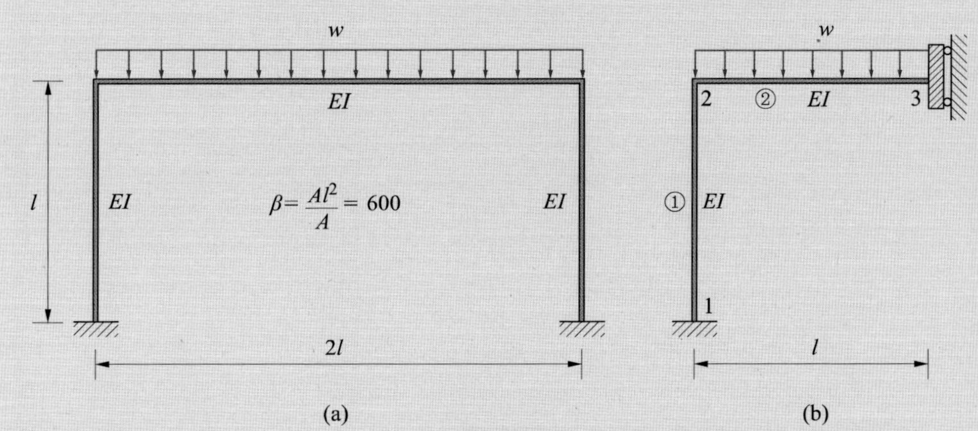

그림 20.20

풀이 그림 20.20(a) 골조는 구조물과 하중 상태가 대칭이므로, 보 중앙은 처짐 변형을 하나 처짐각은 생기지 않으므로, 그림 20.20(b) 골조와 같이 단순화시킬 수 있다.

그림 20.20(b) 골조에서 부재 하중에 의한 절점력 식(20.61)로부터 다음을 구한다.

$$F_{y2}^* = F_{y3}^* = -\frac{wl}{2}, \quad M_2^* = -M_3^* = -\frac{wl^2}{12}$$

절점력 벡터와 절점변위 벡터는 각각 다음과 같다.

$$\{\mathbf{F}\}^T = \left\{ F_{x1} \;\; F_{y1} \;\; M_1 \;\; 0 \;\; -\frac{wl}{2} \;\; -\frac{wl^2}{12} \;\; F_{x3} - \frac{wl}{2} \;\; M_3 + \frac{wl^2}{12} \right\}$$

$$\{\boldsymbol{\delta}\}^T = \{0 \;\; 0 \;\; 0 \;\; u_2 \;\; v_2 \;\; \theta_2 \;\; 0 \;\; v_3 \;\; 0\}$$

부재 ① 및 부재 ②의 강성행렬은 그림 20.19 골조의 경우와 같다. 따라서 구조물의 전체 강성행렬을 식(b) 강성행렬과 같이 하면, 그림 20.20(b) 골조의 절점력－절점변위 식은 다음으로 주어진다.

$$\begin{Bmatrix} F_{x1} \\ F_{y1} \\ M_1 \\ 0 \\ -\dfrac{wl}{2} \\ -\dfrac{wl^2}{12} \\ F_{x3} \\ -\dfrac{wl}{2} \\ M_3 + \dfrac{wl^2}{12} \end{Bmatrix} = \frac{EI}{l^3} \begin{bmatrix} 12 & 0 & -6l & -12 & 0 & -6l & 0 & 0 & 0 \\ 0 & 600 & 0 & 0 & -600 & 0 & 0 & 0 & 0 \\ -6l & 0 & 4l^2 & 6l & 0 & 2l^2 & 0 & 0 & 0 \\ -12 & 0 & 6l & 612 & 0 & 6l & -600 & 0 & 0 \\ 0 & -600 & 0 & 0 & -612 & 6l & 0 & -12 & 6l \\ -6l & 0 & 2l^2 & 6l & 6l & 8l^2 & 0 & -6l & 2l^2 \\ 0 & 0 & 0 & -600 & 0 & 0 & 600 & 0 & 0 \\ 0 & 0 & 0 & 0 & -12 & -6l & 0 & 12 & -6l \\ 0 & 0 & 0 & 0 & 6l & 2l^2 & 0 & -6l & 4l^2 \end{bmatrix} \begin{Bmatrix} 0 \\ 0 \\ 0 \\ u_2 \\ v_2 \\ \theta_2 \\ 0 \\ v_3 \\ 0 \end{Bmatrix}$$

절점변위의 구속 여부에 따라 다음의 두 식으로 나누어진다.

$$\begin{Bmatrix} F_{x1} \\ F_{y1} \\ M_1 \\ F_{x3} \\ M_3 + \dfrac{wl^2}{12} \end{Bmatrix} = \frac{EI}{l^3} \begin{bmatrix} -12 & 0 & -6l & 0 \\ 0 & -600 & 0 & 0 \\ 6l & 0 & 2l^2 & 0 \\ -600 & 0 & 0 & 0 \\ 0 & 6l & 2l^2 & -6l \end{bmatrix} \begin{Bmatrix} u_2 \\ v_2 \\ \theta_2 \\ v_3 \end{Bmatrix} \tag{e}$$

$$\begin{Bmatrix} 0 \\ -\dfrac{wl}{2} \\ -\dfrac{wl^2}{12} \\ -\dfrac{wl}{2} \end{Bmatrix} = \frac{EI}{l^3} \begin{bmatrix} 612 & 0 & 6l & 0 \\ 0 & 612 & 6l & -12 \\ 6l & 6l & 8l^2 & -6l \\ 0 & -12 & -6l & 12 \end{bmatrix} \begin{Bmatrix} u_2 \\ v_2 \\ \theta_2 \\ v_3 \end{Bmatrix} \tag{f}$$

변위가 구속되지 않은 지점의 절점변위는 식(f)로부터 계산할 수 있다.

$$\begin{Bmatrix} u_2 \\ v_2 \\ \theta_2 \\ v_3 \end{Bmatrix} = \frac{l^3}{EI} \begin{Bmatrix} 0.00066\, wl \\ -0.00166\, wl \\ -0.06746\, w \\ -0.07706\, wl \end{Bmatrix}$$

이 변위 값들을 식(e)에 대입하면, 변위가 구속된 지점의 반력 값을 계산할 수 있다.

$$\begin{Bmatrix} F_{x1} \\ F_{y1} \\ M_1 \\ F_{x3} \\ M_3 \end{Bmatrix} = \begin{Bmatrix} 0 \\ 0 \\ 0 \\ 0 \\ -\dfrac{wl^2}{12} \end{Bmatrix} + \frac{EI}{l^3} \begin{bmatrix} -12 & 0 & -6l & 0 \\ 0 & -600 & 0 & 0 \\ 6l & 0 & 2l^2 & 0 \\ -600 & 0 & 0 & 0 \\ 0 & 6l & 2l^2 & -6l \end{bmatrix} \left(\frac{l^3}{EI}\right) \begin{Bmatrix} 0.00066\, wl \\ -0.00166\, wl \\ -0.06746\, w \\ -0.07706\, wl \end{Bmatrix}$$

$$= \begin{Bmatrix} 0.40\, wl \\ wl \\ -0.13\, wl^2 \\ -0.40\, wl \\ 0.23\, wl^2 \end{Bmatrix}$$

이 반력 중 F_{x1}, F_{y1} 및 M_1의 값은 식(17.8)에서 $2l$에 대하여 계산된 값과 일치한다.

부재 ①의 절점력을 계산하기 위하여 국부 좌표계와 전체 좌표계 사이의 반시계방향 $\phi = 90°$에 대하여 절점변위를 변환시키면 다음과 같다.

$$\begin{Bmatrix} \overline{u}_2 \\ \overline{v}_2 \\ \overline{\theta}_2 \end{Bmatrix}_{①} = \begin{bmatrix} 0 & 1 & 0 \\ -1 & 0 & 0 \\ 0 & 0 & 1 \end{bmatrix} \begin{Bmatrix} u_2 \\ v_2 \\ \theta_2 \end{Bmatrix} = \begin{Bmatrix} v_2 \\ -u_2 \\ \theta_2 \end{Bmatrix}$$

부재 ①의 절점력은

$$\begin{Bmatrix} F_{x1} \\ F_{y1} \\ M_1 \\ F_{x2} \\ F_{y2} \\ M_2 \end{Bmatrix} = \frac{EI}{l^3} \begin{bmatrix} 600 & 0 & 0 & -600 & 0 & 0 \\ 0 & 12 & 6l & 0 & -12 & 6l \\ 0 & 6l & 4l^2 & 0 & -6l & 2l^2 \\ -600 & 0 & 0 & 600 & 0 & 0 \\ 0 & -12 & -6l & 0 & 12 & -6l \\ 0 & 6l & 2l^2 & 0 & -6l & 4l^2 \end{bmatrix} \left(\frac{l^3}{EI}\right) \begin{Bmatrix} 0 \\ 0 \\ 0 \\ -0.00166\, wl \\ -0.00066\, wl \\ -0.06746\, w \end{Bmatrix} = \begin{Bmatrix} wl \\ -0.4\, wl \\ -0.13\, wl \\ -wl \\ 0.4\, wl \\ -0.27\, wl^2 \end{Bmatrix}$$

으로 계산된다.

부재 ②의 국부 좌표계는 전체 좌표계와 일치하며, 등분포 하중에 의한 등가 절점력이 포함되므로, 부재의 절점력－절점변위 식으로부터 절점력은 다음과 같이 계산할 수 있다.

$$\begin{Bmatrix} F_{x2} \\ F_{y2} \\ M_2 \\ F_{x3} \\ F_{y3} \\ M_3 \end{Bmatrix} = \begin{Bmatrix} 0 \\ \dfrac{wl}{2} \\ \dfrac{wl^2}{12} \\ 0 \\ \dfrac{wl}{2} \\ -\dfrac{wl^2}{12} \end{Bmatrix} + \frac{EI}{l^3}\begin{bmatrix} 600 & 0 & 0 & -600 & 0 & 0 \\ 0 & 12 & 6l & 0 & -12 & 6l \\ 0 & 6l & 4l^2 & 0 & -6l & 2l^2 \\ -600 & 0 & 0 & 600 & 0 & 0 \\ 0 & -12 & -6l & 0 & 12 & -6l \\ 0 & 6l & 2l^2 & 0 & -6l & 4l^2 \end{bmatrix}\left(\frac{l^3}{EI}\right)\begin{Bmatrix} -0.00066\,wl \\ -0.00166\,wl \\ -0.06746\,w \\ 0 \\ -0.07706\,wl \\ 0 \end{Bmatrix}$$

$$= \begin{Bmatrix} 0.4\,wl \\ wl \\ -0.27\,wl^2 \\ -0.4\,wl \\ 0 \\ -0.23\,wl^2 \end{Bmatrix}$$

연습문제

20.1 그림 20.2의 캔틸레버 보의 하중 상태에서 연성행렬을 표 20.1의 공식으로 구하고 그로부터 역행렬을 사용하여 강성행렬을 유도하라.

20.2 그림 20.21의 트러스의 각 부재 단면 성능이 $E=200{,}000\ \mathrm{N/mm^2}$, $A=2{,}000\ \mathrm{mm^2}$으로 일정할 때 부재력과 절점변위를 강성법으로 구하라.

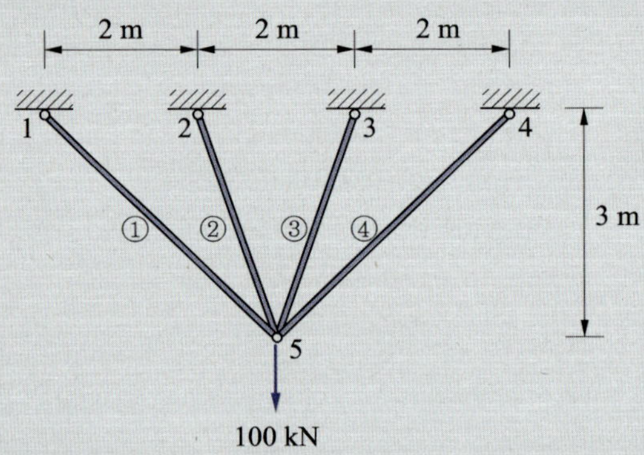

그림 20.21

20.3 그림 20.22 트러스의 각 부재 부재력과 절점 1 및 절점 3의 변위를 강성법으로 구하라. 각 부재의 EA는 같은 것으로 한다.

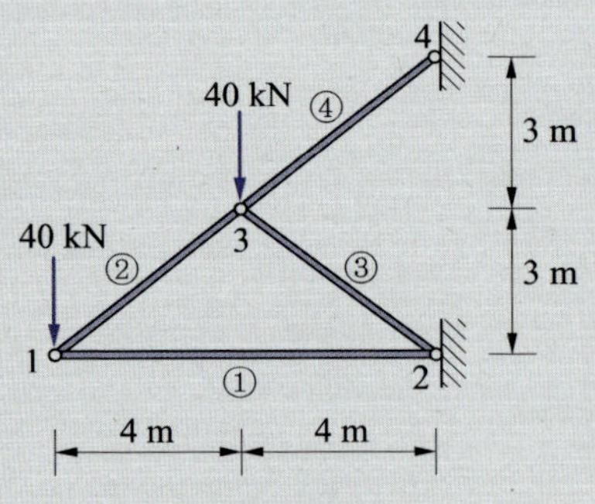

그림 20.22

20.4 그림 20.23 트러스에서 기둥 및 보의 단면적 $A=1{,}500\ \mathrm{mm^2}$에 대하여 대각 가새의 단면적이 500 $\mathrm{mm^2}$, 1,000 $\mathrm{mm^2}$ 및 1,500 $\mathrm{mm^2}$일 때 절점 3의 수평 변위를 강성법으로 계산하여 비교하라.

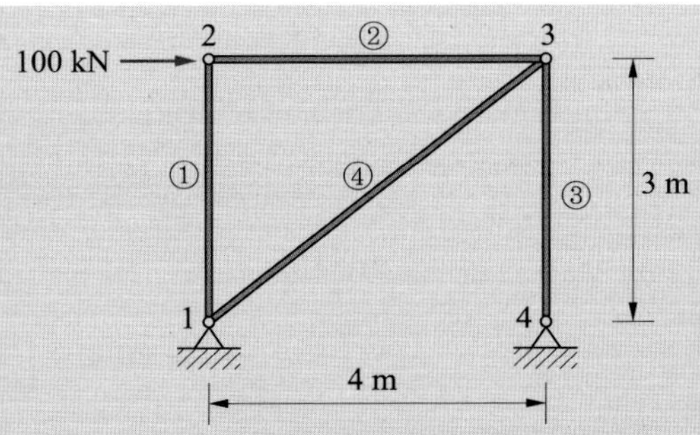

그림 20.23

20.5 식(20.60)을 사용하여 그림 20.24(a), (b)의 분포하중을 절점력으로 변환시키라.

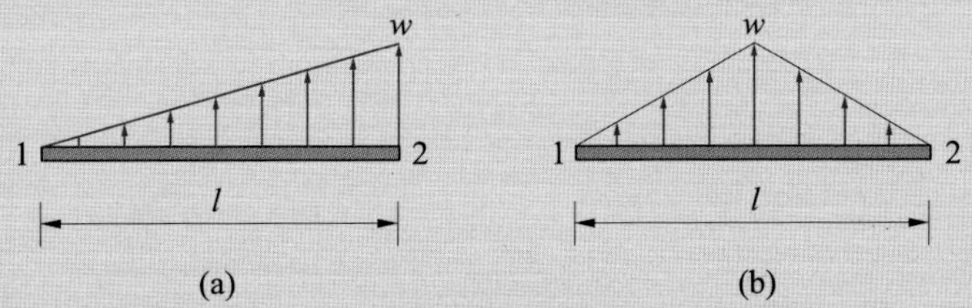

그림 20.24

20.6 그림 20.25 보에서 재단모멘트와 최대 처짐을 강성법으로 계산하라.

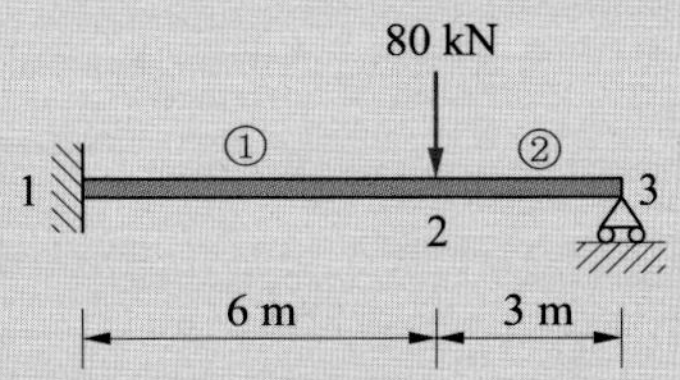

그림 20.25

20.7 그림 20.26 연속보의 재단모멘트를 강성법으로 구하라.

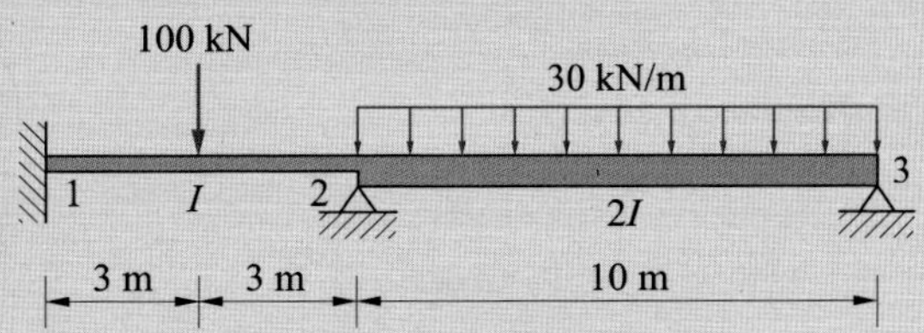

그림 20.26

20.8 그림 20.27 보의 휨모멘트 및 전단력을 강성법으로 계산하라.

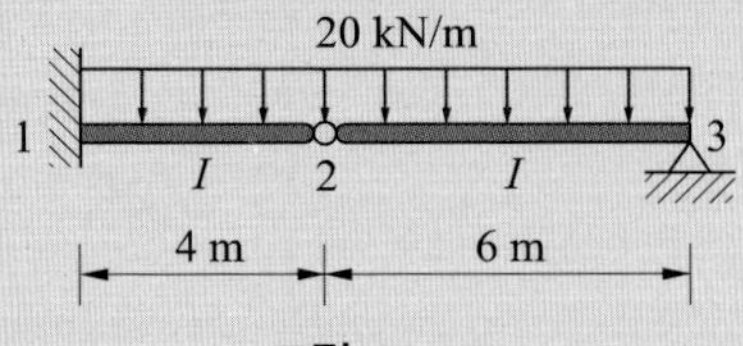

그림 20.27

20.9 그림 20.28과 같이 부분적으로 케이블에 지지되는 캔틸레버 보의 절점 2에서의 처짐과 처짐각을 강성법으로 구하여 케이블이 없을 때의 처짐 및 처짐각과 비교하라. $E = 200{,}000\ \mathrm{N/mm^2}$, 보의 단면 2차모멘트는 $I = 400 \times 10^6\ \mathrm{mm^4}$, 케이블의 단면적은 $A = 500\ \mathrm{mm^2}$으로 한다.

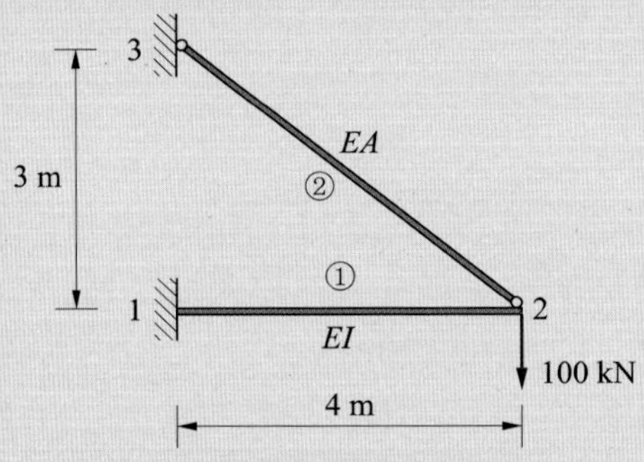

그림 20.28

20.10 그림 17.8(a) 골조의 지점 반력을 강성법으로 구하여 변형 일치법에 의한 해석 결과와 비교하라.

20.11 그림 18.7(a) 골조의 재단모멘트를 강성법으로 구하여 처짐각법에 의한 해석 결과와 비교하라.

20.12 그림 20.29 골조의 절점력과 절점변위를 강성법으로 구하라.

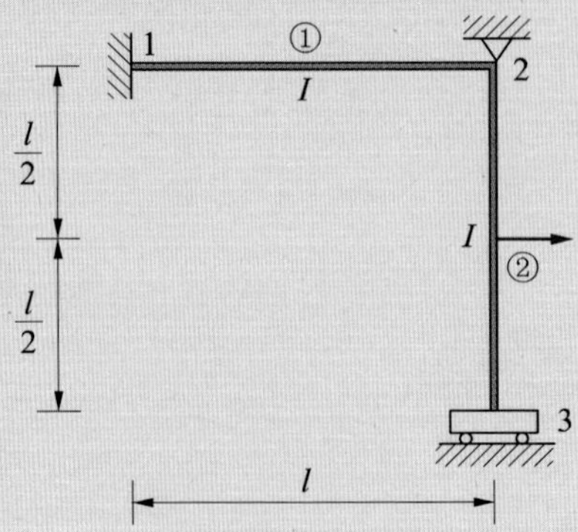

그림 20.29

20.13 그림 20.30 골조에서 모든 부재의 단면 성능이 $E=200{,}000\ \text{N/mm}^2$, $I=200\times10^6\ \text{mm}^4$, $A=10{,}000\ \text{mm}^2$일 때 부재의 절점력과 절점변위를 계산하라.

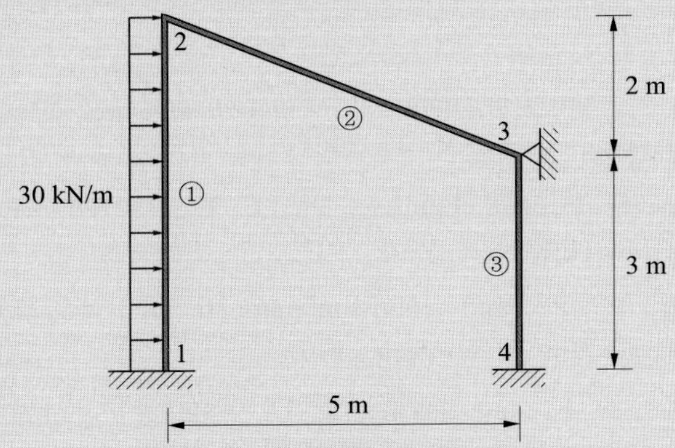

그림 20.30

20.14 그림 20.31 골조에서 기둥 및 보의 단면2차모멘트 $I=200\times10^6\ \text{mm}^4$, $A=10{,}000\ \text{mm}^2$, 대각 가새의 단면적이 $A=20{,}000\ \text{mm}^2$일 때 가새를 사용했을 때와 사용하지 않았을 때의 절점 3의 수평 변위를 강성법으로 계산해 비교하라. (단, $E=200{,}000\ \text{N/mm}^2$)

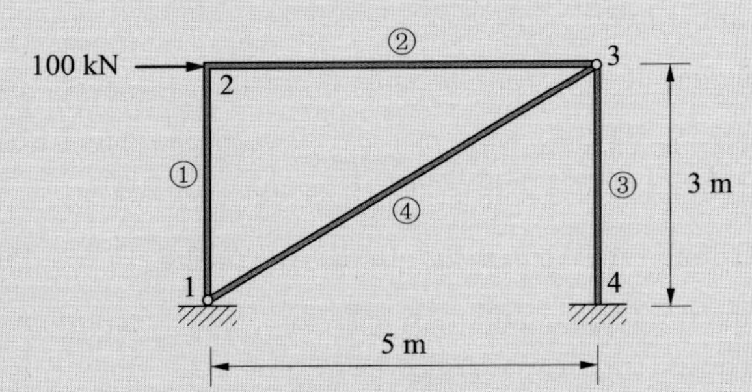

그림 20.31

참고문헌

1. Au, T., and Christiano, P., *Fundamentals of Structural Analysis*, Prentice Hall, Englewood Cliffs, N. J., 1993.
2. Beer, F, P., and Johnston, Jr., E. R., *Vector Mechanics of Engineers : Statics*, McGraw-Hill, New York, 1972.
3. Beer, F. P,. and Johnston, Jr., E, R., *Mechanics of Materials*, 2nd ed., McGraw-Hill, New York, 1992.
4. Byars, E, F., and Snyder, R. D., *Engineering Mechanics of Deformable Bodies*, 3rd ed., Intext Int, Pub., New York, 1975.
5. Case, J., and Chilver, A. H., Strength of Materials and Structures, 2nd ed., Arnold, London, 1971.
6. Gutkowski, R, M., *Structures; Fundamental Theory and Behavior*, Van Nostrand Reinhold, New York, 1981,
7. Hirschfeld, K., *Baustatik Theorie and Beispiele*, dritten Aufl., Springer Verlag, Berlin, 1969.
8. Hibbeler, R. C., *Engineering Mechanics: Statics*, McMillan, New York, 1974.
9. Hsieh, Y-Y., and Mau, S, T., *Elementary Theory of Structures*, 4th ed., Prentice Hall, Englewood Cliffs, N. J., 1995.
10. Kassimali, A., *Structural Analysis*, 2nd ed., PWS Publishing, Pacific Grove, 1999.
11. Lardner, T. J., and Archer, R. R., *Mechanics of Soleds : An Introduction*, McGraw-Hill, New York, 1994.
12. McDonald, A., *Structure &Architecture*, Butterworth Architecture, Oxford, 1995.
13. Megson, T. H., G., *Structural and Stress Analysis*, Arnold, London, 1996.
14. Meriam, J. L., *Statics*, John Wiley & Sons, New York, 1966.
15. Norris, C. H. Wilbur, J. B,. and Utku, S., *Elementary Structural Analysis*, 3rd ed., McGraw-Hill, New York, 1976.
16. Popov, E. P., *Introduction to Mechanics of Solids*, Prentice Hall, Englewood Cliffs, N. J., 1968.
17. Przemieniecki, J. S., *Theroy of Matrix Structural Analysis*, McGraw-Hill, New York, 1968.
18. Schodek, K.L., *Structures*, 2nd ed., Prentice Hall, Englewood Cliffs, N.J., 1992.

19. Schueller, W., *The Design of Building Structures*, Prentice Hall, Upper Saddle River, N. J., 1996.

20. Smith, M. J., and Bell, B. J., *Theory of Structures*, George Godwin Ltd., London, 1980.

21. Tartaglione, L., *Structural Analysis*, McGraw-Hill, New York, 1991.

22. Tauchert, T. R., *Energy Principles in Structural Mechanics*, McGraw-Hill, New York, 1974.

23. Timoshenko, S. P., *History of Strength of Materials*, McGraw-Hill, New York, 1953.

24. Timoshenko, S. P., and Young, D. H., *Elements of Strength of Materials*, 5th ed., Van Nostrand Reinhold, New York, 1968.

25. Timoshenko, S. P., and Young, D. H., *Theory of Structures*, 2nd ed., McGraw-Hill, New York, 1965.

26. Wang, C. K., *Statically Indeterminate Structures*, McGraw-Hill, New York, 1953.

27. Yang, T. Y., *Finite Element Structural Analysis*, Prentice Hall, Englewood Cliffs, N. J., 1986.

28. 二見秀雄, 構造力學, 實教出版, 1953.

29. 坪井善勝, 濟藤_次, 構造設計, 彰國社, 1962.

30. 梅村魁 外 4人, 骨組, 板, 曲板の力學, 建築學大系10, 彰國社, 1968.

31. 谷資信, 杉山英男, 建築構造演習, オーム社, 1960

32. 金根德 外 4人, 建築構造力學, 技文堂, 1997.

33. 양창현, 구조역학, 4판 청문각, 2000.

34. 김상식, 구조 안정 해석, 문운당, 1998.

35. 김상식, 구조체의 탄성해석, 인하대학교 출판부, 1999.

36. 김상식, 윤성기, 철골구조 설계, 문운당, 2000.

찾아보기

김상식 인하대학교 건축공학과 명예교수
이정윤 성균관대학교 건설환경공학부 교수
최광호 남서울대학교 건축공학과 교수

구조역학 정가 32,000원

발 행 2021년 3월 10일 초판 1쇄
저 자 김상식 · 이정윤 · 최광호
발행인 정우용
발행처 도서출판 동화기술
경기도 파주시 광인사길 201(문발동, 파주출판도시)
Tel (031)955-4211~6 donghwapub@nate.com
Fax (031)955-4217 www.donghwapub.co.kr
(등록) 1977년 12월 19일/9-16호

Copyright ⓒ 2021 by 김상식 · 이정윤 · 최광호
Printed in Korea

ISBN 978-89-425-9330-9

불법복사는 지적재산을 훔치는 범죄행위입니다.
저작권자와 출판사의 허락 없이 내용의 일부를 발췌하거나 복사하는 것을 금합니다.